高等职业教育土建类新编技能型规划教材

建筑力学与结构

主编　冯朝印　刘青宜

黄河水利出版社
·郑州·

内 容 提 要

本书根据现行高职建筑类专业教学要求编写，主要内容包括建筑力学的基础知识、静定结构的反力计算、轴向拉压杆的强度计算、平面图形的几何性质、剪切和扭转杆的强度计算、弯曲杆的强度计算、组合变形杆的强度计算、压杆的稳定计算、静定结构体系分析、超静定结构体系分析、建筑结构与材料、建筑结构设计的基本原理、混凝土受弯构件、受扭构件、钢筋混凝土结构拉压受力体系、预应力混凝土结构体系、多高层房屋结构体系、砌体结构、钢筋混凝土单层工业厂房、钢结构等。

本书可作为高等职业技术院校、高等学校专科、职工大学、业余大学、夜大学、函授大学、成人教育学院等大专层次的建筑力学与结构教材，并可作为大学本科少学时的建筑力学教材和有关工程技术人员的参考书。

图书在版编目(CIP)数据

建筑力学与结构/冯朝印，刘青宜主编. —郑州：黄河水利出版社，2013.2

高等职业教育土建类新编技能型规划教材

ISBN 978 - 7 - 5509 - 0415 - 6

Ⅰ.①建… Ⅱ.①冯… ②刘… Ⅲ.①建筑科学 - 力学 - 高等职业教育 - 教材②建筑结构 - 高等职业教材 - 教材 Ⅳ.①TU3

中国版本图书馆 CIP 数据核字(2013)第 008676 号

出 版 社：黄河水利出版社

地址：河南省郑州市顺河路黄委会综合楼 14 层　　邮政编码：450003

发行单位：黄河水利出版社

发行部电话：0371 - 66026940、66020550、66028024、66022620(传真)

E-mail：hhslcbs@126.com

承印单位：郑州海华印务有限公司

开本：787 mm × 1 092 mm　1/16

印张：22.25

字数：540 千字　　印数：1—4 000

版次：2013 年 2 月第 1 版　　印次：2013 年 2 月第 1 次印刷

定价：39.00 元

前　言

高等职业教育的教学改革和建设，其核心是课程的改革和建设。而课程的改革和建设的重点是教学内容的改革和建设，所以教材建设是高等职业教育教学的关键，既要充分体现技术的先进性和知识的全面性，又要兼顾现实应用能力与技术跟踪能力的培养，使教学内容、一线实际与职业发展相连接。

建筑力学与结构是为高职高专建筑工程技术专业的学生开设的一门理论性较强的专业基础课，旨在培养学生应用力学的基本原理，分析和研究建筑结构和构件在各种条件下的强度、刚度、稳定性方面的问题的能力。通过本课程的学习，要求学生掌握平面体系的平衡条件及分析方法，掌握平面结构的几何组成规律，掌握平面静定结构的内力分析和位移计算，掌握平面超静定结构体系在各种条件下的受力分析方法和相应的近似分析方法，掌握结构的计算方法，掌握水平结构体系的基本概念和结构设计方法，掌握框架结构的计算方法和构造措施，了解砌体结构、混凝土结构和钢结构的特点及基本计算方法，了解结构抗震原理，为后续专业课的学习奠定必要的基础。

本书的编写通过教学情境的划分，重在基本概念、基本方法和基本理论的表述，编写内容在保证教材结构体系完整的前提下，追求过程简明、清晰和准确，做到重点突出、叙述简练、易教易学。

本书编写人员及编写分工如下：许昌职业技术学院杨彩绘编写学习情境一、二、三，许昌职业技术学院冯朝印编写学习情境四、七、十八，许昌职业技术学院刘青宜编写学习情境五、十三，许昌职业技术学院侯家奎编写学习情境六，内蒙古建筑职业技术学院刘瑞兵编写学习情境八、十一、十二，许昌职业技术学院晁晓宇编写学习情境九，许昌职业技术学院刘小梅编写学习情境十、十六，哈尔滨铁道职业技术学院付春风编写学习情境十四，哈尔滨铁道职业技术学院梁卿编写学习情境十五，许昌九鼎工程造价咨询有限公司严凤巧编写学习情境十七，聊城安泰黄河水利工程维修养护有限公司张鹏编写学习情境十九。全书由冯朝印、刘青宜担任主编并负责全书统稿，由侯家奎、刘小梅、杨彩绘、刘瑞兵担任副主编。

本书可作为高职高专教材使用，也可供从事土建类相关专业的技术人员阅读。

限于编者水平，文中不足之处敬请指正。

编　者

2012 年 11 月

目　录

学习情境一　建筑力学的基本知识

【知识点】 建筑力学的研究对象及任务；建筑力学的约束、支座和约束反力；结构的计算简图。

【教学目标】 理解建筑力学的研究对象及任务；掌握工程中常见几种约束类型的约束作用、简图及其反力；掌握选择结构计算简图的原则和方法，熟悉结构计算简图的选取。

子情境一　建筑力学的任务

一、建筑力学的研究对象

(一) 荷载

任何建筑物在施工过程中和建成后的使用过程中，都要受到各种各样的力的作用。例如，建筑物各部分的自重、人和设备的重力、风力、地震力等，这种力在工程上称为荷载(又称为主动力)。

(1)根据荷载作用时间的久暂，荷载可分为恒荷载和活荷载(也叫可变荷载)。

恒荷载是指长期作用在结构上的大小和方向不变的荷载，如结构的自重等。

活荷载是指随着时间的推移，其大小、方向或作用位置发生变化的荷载，如雪荷载、风荷载、人的重量等。

(2)根据荷载的分布范围，荷载可分为集中荷载和分布荷载。

集中荷载是指分布面积远小于结构尺寸的荷载，如吊车的轮压，由于这种荷载的分布面积较集中，因此在计算简图上可把这种荷载看成是作用于结构上的某一点处。

分布荷载是指连续分布在结构上的荷载，当连续分布在结构内部各点上时叫体分布荷载，当连续分布在结构表面上时叫面分布荷载，当沿着某条线连续分布时叫线分布荷载，当为均匀分布时叫均布荷载。

(3)根据荷载位置的变化情况，荷载可分为固定荷载和移动荷载。

固定荷载是指荷载的作用位置固定不变的荷载，如所有恒载、风载、雪载等。

移动荷载是指在荷载作用期间，其位置不断变化的荷载，如吊车梁上的吊车荷载、钢轨上的火车荷载等。

(4)根据荷载的作用性质，荷载可分为静力荷载和动力荷载。

静力荷载的数量、方向和位置不随时间变化或变化极为缓慢，因而不使结构产生明显的运动，如结构的自重和其他恒载。

动力荷载是随时间迅速变化的荷载，使结构产生显著的运动，如锤头冲击锻坯时的冲击荷载、地震作用等。

(二) 结构

在建筑物中承受和传递荷载而起骨架作用的部分称为结构。组成结构的部件称为构件。图 1-1 是一个单层工业厂房结构的示意图，它由屋面板、屋架、吊车梁、柱子及基础等构

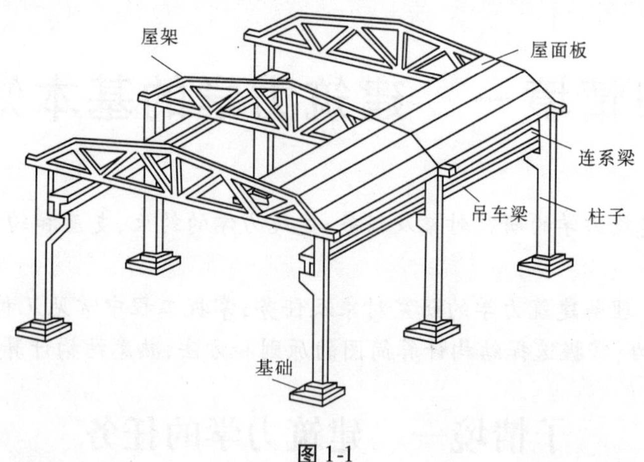

图 1-1

件组成，每一个构件都起着承受和传递荷载的作用。如屋面板承受着屋面上的荷载并通过屋架传给柱子，吊车荷载通过吊车梁传给柱子，柱子将其受到的各种荷载传给基础，最后传给地基。

根据构件的几何特征，可以将各种各样的构件归纳为如下四类：

(1)杆：如图 1-2(a)所示，它的几何特征是细而长，即 $l \gg h, l \gg b$。杆又可分为直杆和曲杆。

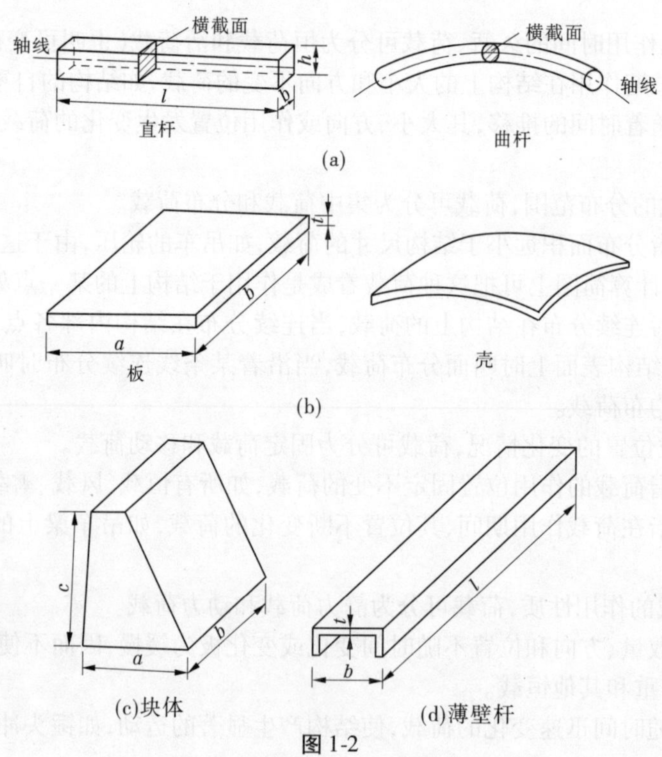

图 1-2

(2)板和壳：如图 1-2(b)所示，它的几何特征是宽而薄，即 $a \gg t, b \gg t$。平面形状的称为板，曲面形状的称为壳。

(3)块体：如图 1-2(c)所示，它的几何特征是三个方向的尺寸都是同量级大小的。

(4)薄壁杆:如图 1-2(d)所示,它的几何特征是长、宽、厚三个尺寸都相差很悬殊,即 $l \gg b \gg t$。

由杆件组成的结构称为杆系结构。杆系结构是建筑工程中应用最广的一种结构。本书所研究的主要对象是均匀连续的、各向同性的、弹性变形的固体,且限于小变形范围的杆件和杆件组成的杆系结构。

(三)强度、刚度和稳定性

无论是工业厂房还是民用建筑、公共建筑,它们的结构及组成结构的各构件都相对于地面保持着静止状态,这种状态工程上称为平衡状态。当结构承受和传递荷载时,各构件都必须能够正常工作,这样才能保证整个结构的正常使用。为此,首先要求构件在受荷载作用时不发生破坏。如当吊车起吊重物时荷载过大,会使吊车梁发生弯曲断裂。但只是不发生破坏并不能保证构件的正常工作。例如,吊车梁的变形如果超过一定的限度,吊车就不能在它上面正常地行驶;楼板变形过大,其上的抹灰就会脱落。此外,有一些构件在荷载作用下,其原来形状的平衡可能丧失稳定性。例如,细长的中心受压柱,当压力超过某一定值时,会突然地改变原来的直线平衡状态而发生弯曲,以致构件倒塌,这种现象称为"失稳"。由此可见,要保证构件的正常工作必须满足三个要求:

(1)在荷载作用下构件不发生破坏,即应具有足够的强度。

(2)在荷载作用下构件所产生的变形在工程的允许范围内,即应具有足够的刚度。

(3)承受荷载作用时,构件在其原有形状下的平衡应保持稳定的平衡,即应具有足够的稳定性。

构件的承载能力,是指构件在荷载作用下,能够满足强度、刚度和稳定性要求的能力。所谓强度,是指构件抵抗破坏的能力,所谓刚度,是指构件抵抗变形的能力,所谓稳定性,是指构件保持原有平衡状态的能力。

二、建筑力学的研究任务

构件的强度、刚度和稳定性,其高低与构件的材料性质、截面的几何形状及尺寸、受力性质、工作条件及构造情况等因素有关。在结构设计中,如果把构件截面设计得过小,构件会因刚度不足导致变形过大而影响正常使用,或因强度不足而迅速破坏;如果构件截面设计得过大,其能承受的荷载过分大于所受的荷载,则又会不经济,造成人力、物力上的浪费。因此,结构和构件的安全性与经济性是矛盾的。建筑力学的任务就在于力求合理地解决这种矛盾,即通过研究结构的强度、刚度、稳定性,材料的力学性能,结构的几何组成规则,在保证结构既安全可靠又经济节约的前提下,为构件选择合适的材料、确定合理的截面形状和尺寸提供计算理论及计算方法。

子情境二　结构计算简图

一、常见约束和支座

(一)约束和约束反力

可在空间自由运动不受任何限制的物体称为自由体,例如,空中飘浮物。在空间某些方向的运动受到一定限制的物体称为非自由体。在建筑工程中所研究的物体，一般都要受到其他物体的限制、阻碍而不能自由运动。例如，基础受到地基的限制，梁受到柱子或者墙的限制等，均属于非自由体。

于是，将限制、阻碍非自由体运动的物体称为约束物体，简称约束。例如，上面提到的地基是基础的约束，墙或柱子是梁的约束。而非自由体称为被约束物体。由于约束限制了被约束物体的运动，在被约束物体沿着约束所限制的方向有运动或运动趋势时，约束必然对被约束物体有力的作用，以阻碍被约束物体的运动或运动趋势，这种力称为约束反力，简称反力。因此，约束反力的方向必与该约束所能阻碍物体的运动方向相反。运用这个准则，可确定约束反力的方向和作用点的位置。

在一般情况下物体总是同时受到主动力和约束反力的作用。主动力常常是已知的，约束反力是未知的。这需要利用平衡条件来确定未知反力。

工程中常见的几种约束类型及其约束反力如下：

(1)柔体约束。用柔软的皮带、绳索、链条阻碍物体运动而构成的约束称为柔体约束。这种约束只能限制物体沿着柔体中心线使柔体张紧方向的移动，且柔体约束只能承受拉力，不能承受压力，所以约束反力一定通过接触点，沿着柔体中心线背离被约束物体的方向，且恒为拉力，用 $\boldsymbol{T}$ 或 $\boldsymbol{F}_{\mathrm{T}}$ 表示，如图 1-3 所示。

(2)光滑接触面约束。当两物体在接触处的摩擦力很小而略去不计时，就是光滑接触面约束。这种约束不论接触面的形状如何，都不能限制物体沿光滑接触面的公切线方向的运动或离开光滑面，只能限制物体沿着接触面的公法线向光滑面内的运动，所以光滑接触面约束反力是通过接触点，沿着接触面的公法线指向被约束的物体，只能是压力，用 $\boldsymbol{N}$ 或 $\boldsymbol{F}_{\mathrm{N}}$ 表示，如图 1-4 所示。

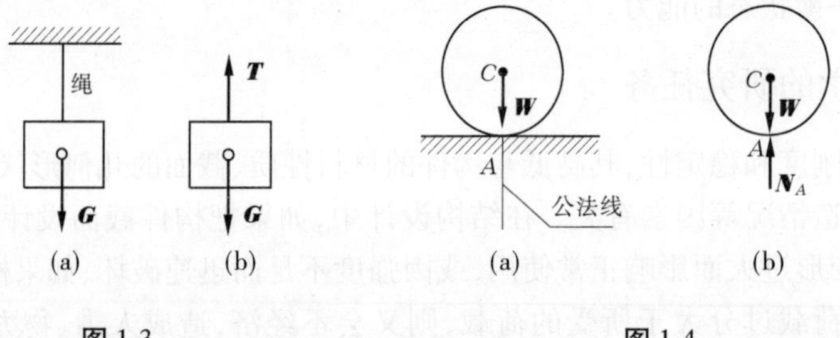

图 1-3　　图 1-4

(3)圆柱铰链约束。圆柱铰链简称铰链或铰，它是由一个圆柱形销钉插入两个物体的圆孔中而构成的，如图 1-5(a)、(b)所示，并假设销钉与圆孔的表面都是完全光滑的。圆柱铰链的计算简图如图 1-5(c)或(d)所示。圆柱铰链的约束反力在垂直于销钉轴线的平面内，通过销钉中心，而方向未定。在对物体进行受力分析时，通常把圆柱铰链的约束反力用两个相互垂直的分力 $\boldsymbol{R}_x$ 和 $\boldsymbol{R}_y$ 来表示(见图 1-5(f))。

(4)链杆约束。链杆就是两端用光滑销钉与物体相连而中间不受力的刚性直杆。如图 1-6所示的支架，横木 *AB* 在 *A* 端用铰链与墙连接，在 *B* 处与 *BC* 杆铰链连接，斜木 *BC* 在 *C* 端用铰链与墙连接，在 *B* 处与 *AB* 杆铰链连接，*BC* 杆是两端用光滑铰链连接而中间不受力的刚性直杆。*BC* 杆就可以看成是 *AB* 杆的链杆约束。这种约束只能限制物体沿链杆的轴线方向运动。链杆可以受拉或者受压，但不能限制物体沿其他方向的运动。所以，链杆约束

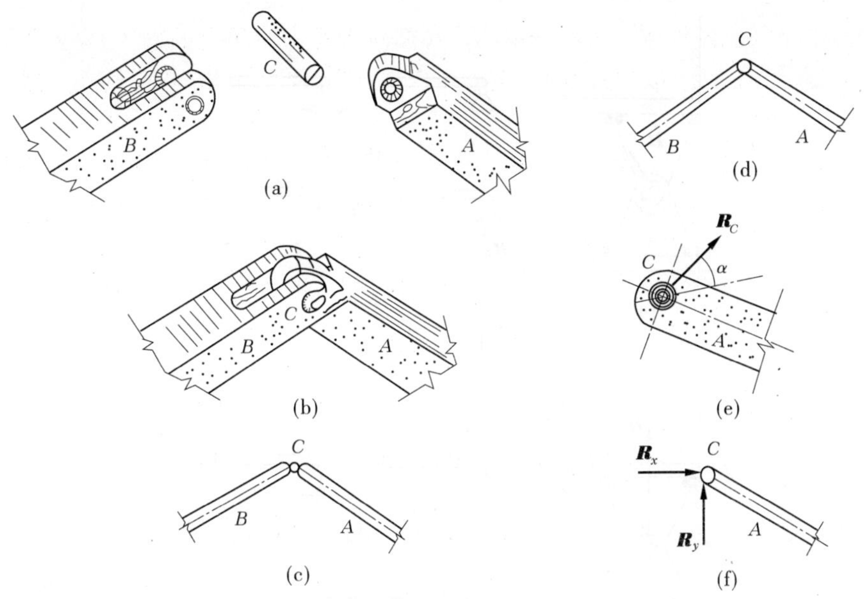

图 1-5

的约束反力沿着链杆的轴线,其指向不定,如图 1-6 所示。

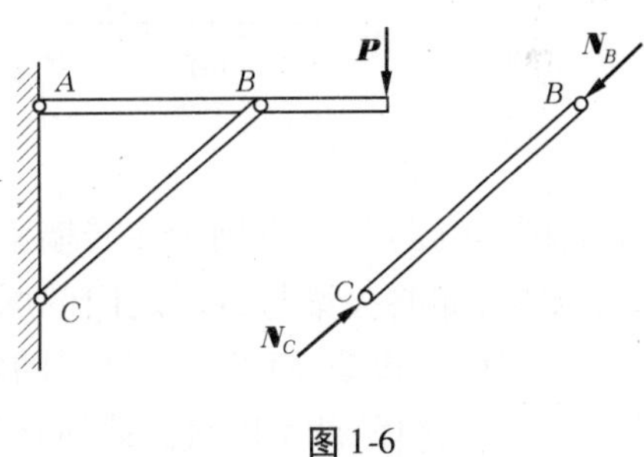

图 1-6

(二)工程上常见的几种支座和支座反力

工程上将结构或构件连接在支承物上的装置称为支座。在工程上常常通过支座将构件支承在基础或另一静止的构件上。支座对构件就是一种约束。支座对它所支承的构件的约束反力也叫支座反力。支座的构造是多种多样的,其具体情况也是比较复杂的,因此加以简化,归纳成几个类型,以方便分析计算。建筑结构的支座通常分为固定铰支座、可动铰支座和固定端支座三类。

(1)固定铰支座。图 1-7(a)是固定铰支座的示意图。构件与支座用光滑的圆柱铰链连接,构件不能产生沿任何方向的移动,但可以绕销钉转动,可见固定铰支座的约束反力与圆柱铰链相同,即约束反力一定作用于接触点,垂直于销钉轴线,并通过销钉中心,而方向未定。固定铰支座的简图如图 1-7 (b)所示。约束反力如图 1-7(c)所示,可以用 $\boldsymbol{R}_A$ 和一未知方向的角 α 表示,也可以用一个水平力 $\boldsymbol{X}_A$ 和垂直力 $\boldsymbol{Y}_A$ 表示。

建筑结构中这种理想的支座是不多见的,通常把不能产生移动,只可能产生微小转动的支座视为固定铰支座。

(2)可动铰支座。图 1-8(a)是可动铰支座的示意图。构件与支座用销钉连接,而支座可沿支承面移动,这种约束只能约束构件沿垂直于支承面方向的移动,而不能阻止构件绕销钉的转动和沿支承面方向的移动。所以,它的约束反力的作用点就是约束与被约束物体的接触点,约束反力通过销钉的中心,垂直于支承面,方向可能指向构件,也可能背离构件,要视主动力情况而定。这种支座的简图如 1-8(b)所示。

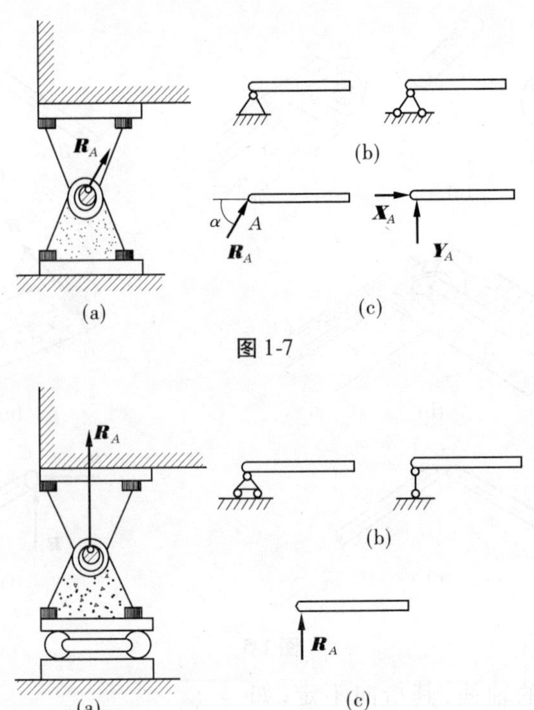

图 1-7

图 1-8

例如，图 1-9(a)是一个搁置在砖墙上的梁，砖墙就是梁的支座，如略去梁与砖墙之间的摩擦力，则砖墙只能限制梁向下运动，而不能限制梁的转动与沿水平方向的移动。这样，就可以将砖墙简化为可动铰支座，如图 1-9(b)所示。

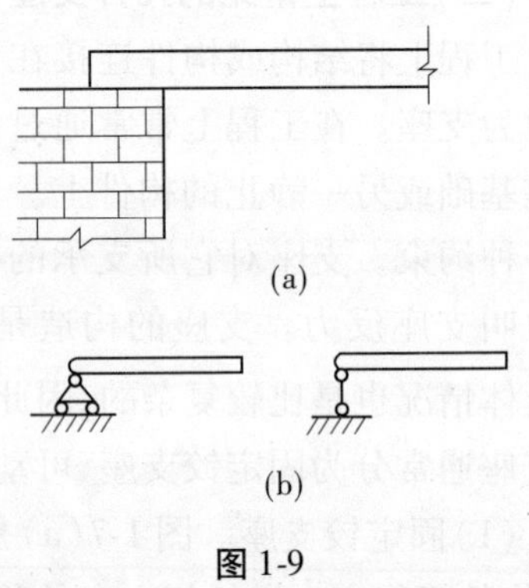

图 1-9

(3)固定端支座。整浇钢筋混凝土的雨篷，它的一端完全嵌固在墙中，另一端悬空，再如基础与地基浇筑在一起等，如图 1-10(a)、(b)所示，这样的支座叫固定端支座。在嵌固端，既不能沿任何方向移动，也不能转动，所以固定端支座除产生水平和竖直方向的约束反力外，还有一外约束反力偶(力偶将在后面讨论)。这种支座的简图如图 1-10(c)所示，其支座反力 X_A、Y_A、M_A 表示如图 1-10(d)所示。

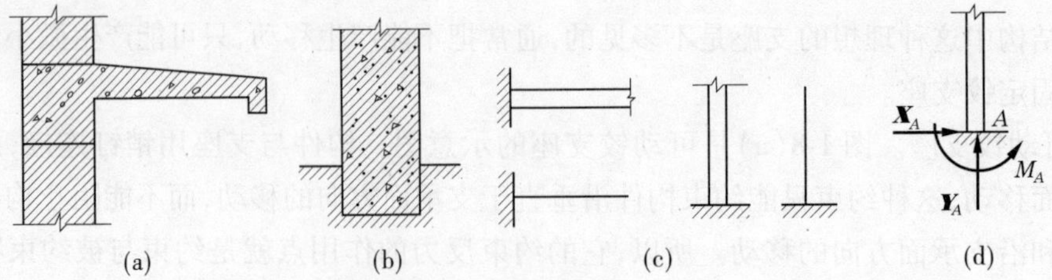

图 1-10

二、结构的计算简图

(一)结构计算简图的简化原则

实际工程中,结构的构造多种多样,结构上作用的荷载也比较复杂,要完全按照结构的实际情况进行分析,会使问题非常繁杂,有时也没有必要。分析实际结构时,必须对结构作一些简化,略去某些次要的影响因素,突出反映结构主要的特征,用一个简化了的结构图形来代替实际的结构,这种图形称为结构的计算简图。在建筑力学中,是以计算简图为依据进行力学分析和计算的,因此实际结构的计算简图的选取是一项十分重要的工作。

选取结构计算简图应遵循以下两条原则:

(1)正确反映结构的实际情况,使计算结果精确可靠。

(2)略去次要因素,突出结构的主要特征,以便分析和计算。

工程中的结构都是空间结构,各构件互相连接成一个空间整体,以便承受各个方向可能出现的荷载。但是,在土建、水利等工程中,大量的空间杆系结构,在一定的条件下,根据结构的受力状态和特点,常可以简化为平面杆系结构进行计算。例如,图 1-1 所示的厂房结构是一个复杂的空间杆系结构。沿横向,柱子和屋架组成排架;沿纵向,各排架按一定的间距均匀地排列,中间有吊车梁、屋面板等纵向构件相联系。作用在结构上的荷载,通过屋面板和吊车梁等传递到横向排架上。如果略去排架间纵向构件的影响,每一个排架所受的荷载,便可以看作是处于排架所在的平面内,此时,各排架便可以按平面结构来分析。

建筑力学主要是以平面杆系结构为研究对象的。

(二)平面杆系结构的计算简图

对于一个实际结构,选取平面杆系结构的计算简图时,需要作以下三方面的简化。

1. 构件及结点的简化

实际结构中,杆件截面的大小及形状虽千变万化,但它的尺寸总远远小于杆件的长度。以后我们会知道,杆件中的每一个截面,只要计算出截面形心处的内力、变形,则整个截面上各点的受力、变形情况就能确定。因此,在结构的计算简图中,截面以它的形心来替代,而整个杆件则以其轴线来代表。

在结构中,杆件之间相互连接的部分称为结点(节点)。尽管杆件之间的连接方法各不相同,构造形式多种多样,差异很大,但在结构的计算简图中,只把结点简化成两种极端理想化的基本形式:铰结点和刚结点。

铰结点是指杆件与杆件之间用圆柱铰链约束连接,连接后杆件之间可以绕结点中心自由地作相对转动而不能产生相对移动。在工程实际中,完全用理想铰来连接杆件的实例是非常少见的。但是,从结点的构造来分析,把它们近似地看成铰结点所造成的误差并不显著。如图 1-11(a)所示的木屋架结点,一般认为各杆件之间可以产生比较微小的转动,所以其杆件与杆件之间的连接方式,在计算简图中常简化成如图 1-11(b)所示的铰结点。又如图 1-12(a)所示的桥梁板的企口结合或木结构的斜搭结合处,在计算时也可以简化为铰结点,得到如图 1-12(b)所示的计算简图。即在计算简图中,铰结点用杆件交点处的小圆圈来表示。

刚结点是指杆件之间的连接是采用焊接(如钢结构的连接)或者是现浇(如钢筋混凝土梁与柱子现浇在一起)的连接方式,则杆件之间相互连接后,在连接处的任何相对运动都受

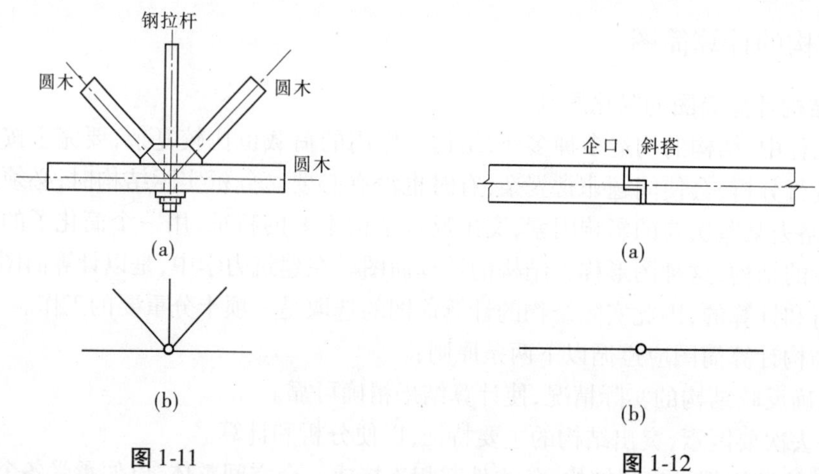

图 1-11　　图 1-12

到了限制,既不能产生相对移动,也不能产生相对转动,即使结构在荷载的作用下发生了变形,在结点处各杆端之间的夹角也仍然保持不变。在计算简图中,刚结点用杆件轴线的交点来表示,如图 1-13 所示。

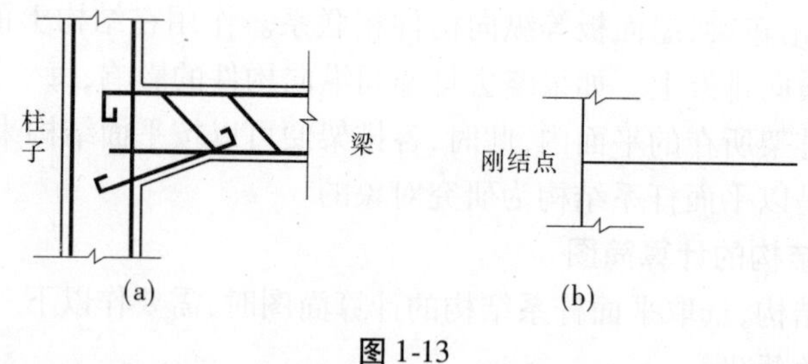

图 1-13

2. 支座的简化

在实际工程结构中,各种支承的装置随着结构形式或材料的差异而各不相同。在选取计算简图时,可根据实际构造和约束情况,参照上述所讲支座内容进行恰当的简化。

3. 荷载的简化

荷载的简化是指将实际结构构件上所受到的各种荷载简化为作用在构件纵轴上的线荷载、集中荷载或力偶。在简化时应注意力的作用点、方向和大小。

下面举例说明如何选取结构的计算简图:

如图 1-14(a)所示为某排架结构单层厂房的剖面图,图 1-14(b)为其平面布置图,屋面板为大型预应力屋面板,基础为预制杯形基础,并用细石混凝土灌缝,试确定该排架结构的计算简图。

结构体系的简化:将该空间结构简化为一平面体系的结构,即取一平面排架作为研究对象,而不考虑相邻排架对它的影响。

结构构件的简化:柱用其轴线表示,屋架因其平面内刚度很大,故也可用一直杆表示。

结点的简化:在该平面排架内的结点只有屋架与柱的连接结点,一般该结点均为螺栓连接或焊接,结点对屋架转动的约束较弱,故可简化为铰结点。

支座的简化:由于柱插入基础后,用细石混凝土灌缝嵌固,限制了柱在竖直方向和水平方向的移动及转动,因此柱子按固定支座考虑。

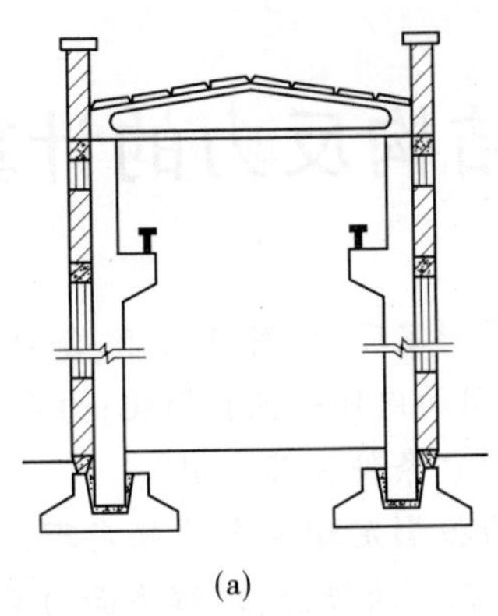

(a)

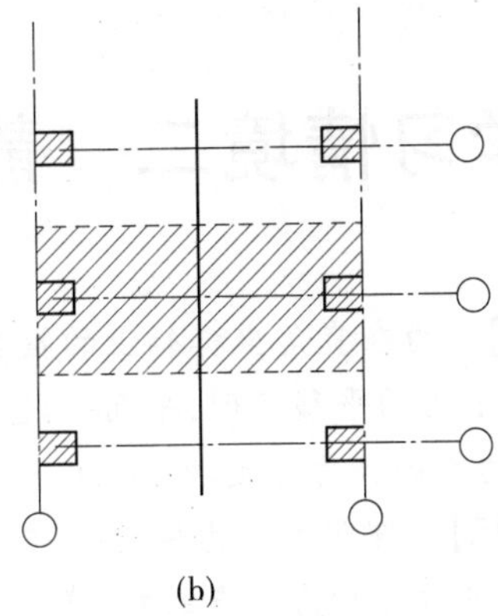

(b)

图 1-14

荷载的简化：如图 1-15 中所示。

该平面排架结构的计算简图如图 1-15 所示。

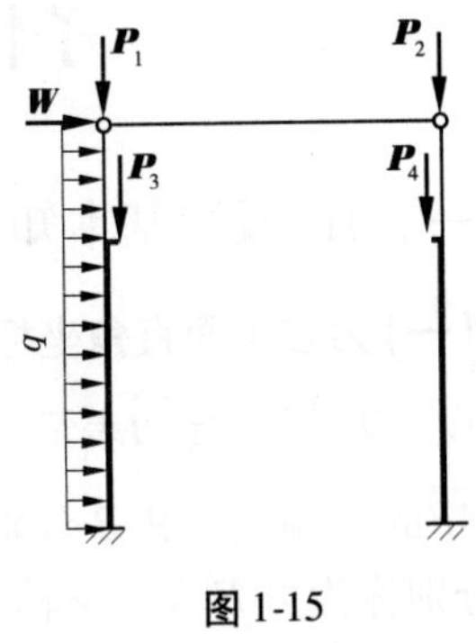

图 1-15

必须指出，恰当地选取实际结构的计算简图，是结构设计中十分重要的问题。为此，不仅要掌握上面所述的基本原则，还要有丰富的实践经验。对于一些新型结构，往往还要通过反复试验和实践，才能获得比较合理的计算简图。另外，由于结构的重要性、设计进行的阶段、计算问题的性质以及计算工具等因素的不同，即使是同样一个结构，也可以取得不同的计算简图。对于重要的结构，应该选取比较精确的计算简图；在初步设计阶段，可选取比较粗略的计算简图，而在技术设计阶段应选取比较精确的计算简图；对结构进行静力计算时，应选取比较复杂的计算简图，而对结构进行动力稳定计算时，由于问题比较复杂，则可以选取比较简单的计算简图；当计算工具比较先进时，应选取比较精确的计算简图等。

习　题

1-1　图 1-16 所示为房屋建筑中楼面的梁板结构，梁的两端支承在砖墙上，梁上的板用以支承楼面上的人群、设备重量等。试绘制出梁的计算简图。

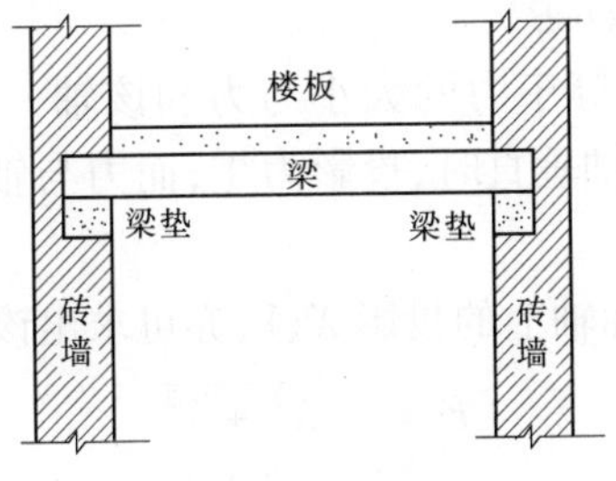

图 1-16

学习情境二　静定结构反力的计算

【知识点】 力在直角坐标轴上的投影,合力投影定理;力对点之矩,合力矩定理;力偶、力偶矩的概念;力的平移定理,平面一般力系向作用面内任一点的简化;力系的主矢量和主矩;平面一般力系的合力矩定理;平面一般力系的平衡条件及其应用。

【教学目标】 理解力和力偶的性质;理解合力投影定理及合力矩定理,能熟练地计算力在坐标轴上的投影和力对点的矩;掌握力偶及力偶矩的概念,理解平面力系的简化理论,能运用平面力系平衡方程求解单个构件和简单结构的反力计算问题。

子情境一　静力学的基本知识

一、力的投影基本知识

(一)力在平面直角坐标轴上的投影

设力 $\boldsymbol{F}$ 用矢量$\overrightarrow{AB}$表示,如图 2-1 所示。取直角坐标系 xOy,使力 $\boldsymbol{F}$ 在 xOy 平面内。过力矢量$\overrightarrow{AB}$的两端点 A 和 B 分别向 x、y 轴作垂线,得垂足 a、b 及 a'、b',带有正负号的线段 ab 与 $a'b'$分别称为力 $\boldsymbol{F}$ 在 x、y 轴上的投影,记作 X、Y。同时规定:当力的始端的投影到终端的投影的方向与投影轴的正向一致时,力的投影取正值;反之,当力的始端的投影到终端的投影的方向与投影轴的正向相反时,力的投影取负值。

力的投影的值与力的大小及方向有关,设力 $\boldsymbol{F}$ 与 x 轴的夹角为 α,则从图 2-1 可知

$$X = -F\cos\alpha$$
$$Y = -F\sin\alpha$$

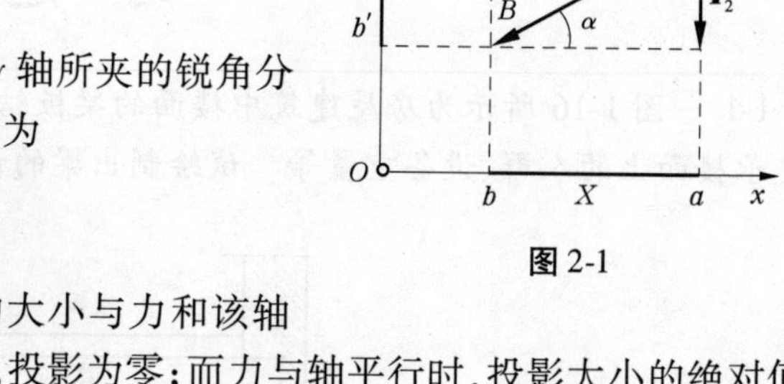

图 2-1

一般情况下,若已知力 $\boldsymbol{F}$ 与 x 轴和 y 轴所夹的锐角分别为 α、β,则该力在 x、y 轴上的投影分别为

$$X = \pm F\cos\alpha$$
$$Y = \pm F\cos\beta$$

即:力在坐标轴上的投影,等于力的大小与力和该轴所夹锐角余弦的乘积。当力与轴垂直时,投影为零;而力与轴平行时,投影大小的绝对值等于该力的大小。

反过来,若已知力 $\boldsymbol{F}$ 在坐标轴上的投影 X、Y,亦可求出该力的大小和方向角

$$F = \sqrt{X^2 + Y^2}$$
$$\tan\alpha = \left|\frac{Y}{X}\right|$$

式中:α 为力 $\boldsymbol{F}$ 与 x 轴所夹的锐角,其所在的象限由 X、Y 的正负号来确定。

力在平面直角坐标轴上的投影计算，在力学计算中应用非常普遍，必须熟练掌握。

【例 2-1】 如图 2-2 所示，已知 $F_1=100$ N，$F_2=200$ N，$F_3=300$ N，$F_4=400$ N，各力的方向如图所示，试分别求各力在 x 轴和 y 轴上的投影。

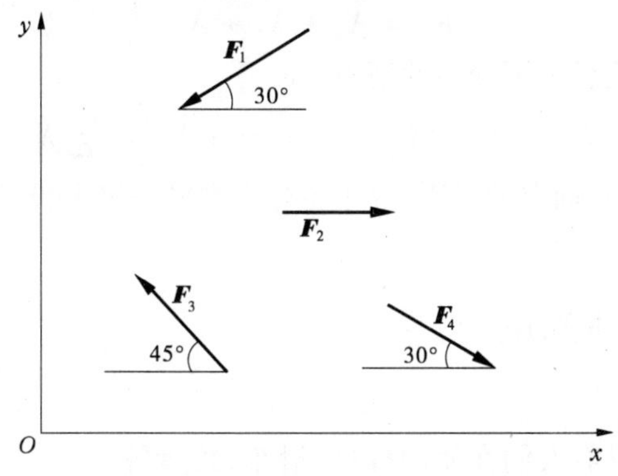

图 2-2

解 力在 x 轴、y 轴上的投影计算如下表所示

力	力在 x 轴上的投影（$\pm F\cos\alpha$）	力在 y 轴上的投影（$\pm F\sin\alpha$）
$\boldsymbol{F}_1$	$-100\times\cos30°=-50\sqrt{3}$（N）	$-100\times\sin30°=-50$（N）
$\boldsymbol{F}_2$	$200\times\cos0°=200$（N）	$200\times\sin0°=0$
$\boldsymbol{F}_3$	$-300\times\cos45°=-150\sqrt{2}$（N）	$300\times\sin45°=150\sqrt{2}$（N）
$\boldsymbol{F}_4$	$400\times\cos30°=200\sqrt{3}$（N）	$-400\times\sin30°=-200$（N）

（二）合力投影定理

为了计算平面汇交力系的合力，必须先讨论合力及其分力在同一坐标轴上投影的关系。如图 2-3 所示，设有一平面汇交力系 $\boldsymbol{F}_1$、$\boldsymbol{F}_2$、$\boldsymbol{F}_3$ 作用在物体的 O 点。从任一点 A 作力多边形 $ABCD$，如图 2-3（b）所示，则矢量$\overrightarrow{AD}$就表示该力系的合力 $\boldsymbol{R}$ 的大小和方向。取任一轴 x，把各力都投影在 x 轴上，并且令 X_1、X_2、X_3 和 R_x 分别表示各分力 $\boldsymbol{F}_1$、$\boldsymbol{F}_2$、$\boldsymbol{F}_3$ 和合力 $\boldsymbol{R}$ 在 x 轴上的投影，则

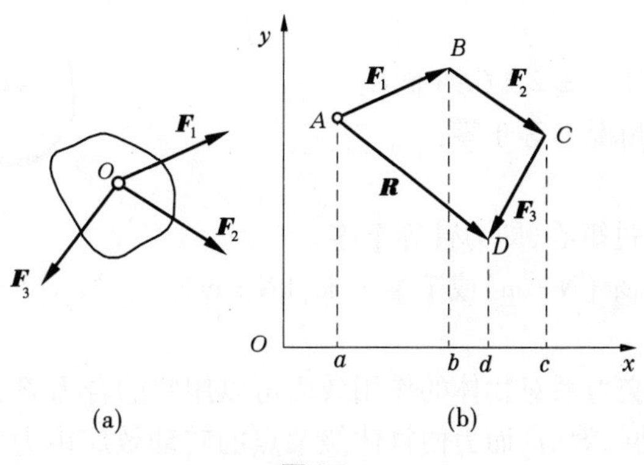

图 2-3

$$X_1 = ab, X_2 = bc, X_3 = -cd, R_x = ad$$

而 $$ad = ab + bc - cd$$

因此可得

$$R_x = X_1 + X_2 + X_3$$

这一关系可推广到任意个汇交力的情形，即

$$R_x = X_1 + X_2 + X_3 + \cdots + X_n = \sum X$$

由此可见，合力在任一轴上的投影，等于各分力在同一轴上投影的代数和。这就是合力投影定理。

二、力对点之矩基本知识

（一）力对点之矩

力对点之矩是很早以前人们在使用杠杆、滑车、绞盘等机械搬运或提升重物时所形成的一个概念。现以扳手拧螺母为例来说明。如图2-4所示，在扳手的 A 点施加一力 $\boldsymbol{F}$，将使扳手和螺母一起绕螺钉中心 O 转动，这就是说，力有使物体（扳手）产生转动的效应。实践经验表明，扳手的转动效果不仅与力 $\boldsymbol{F}$ 的大小有关，而且还与点 O 到力作用线的垂直距离 d 有关。当 d 保持不变时，力 F 越大，转动越快。当力 $\boldsymbol{F}$ 不变时，d 值越大，转动也越快。若改变力的作用方向，则扳手的转动方向就会发生改变。因此，我们用 F 与 d 的乘积再冠以适当的正负号来表示力 $\boldsymbol{F}$ 使物体绕 O 点转动的效应，并称为力 $\boldsymbol{F}$ 对 O 点之矩，简称力矩，以符号 $M_O(\boldsymbol{F})$ 表示，即

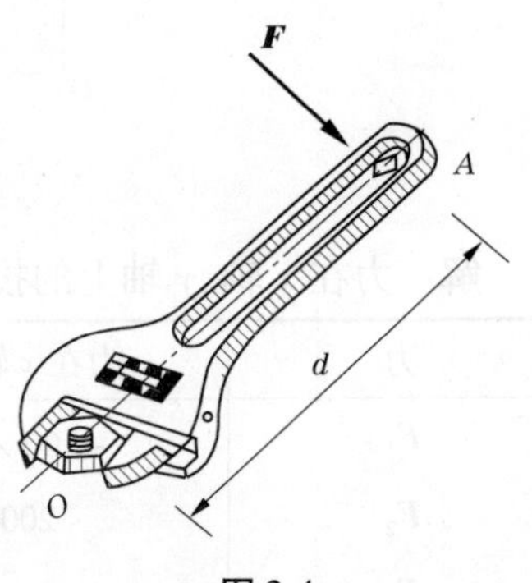

图2-4

$$M_O(\boldsymbol{F}) = \pm Fd$$

O 点称为转动中心，简称矩心。矩心 O 到力作用线的垂直距离 d 称为力臂。式中的正负号表示力矩的转向。通常规定：力使物体绕矩心作逆时针方向转动时，力矩为正，反之为负。在平面力系中，力矩或为正值，或为负值，因此力矩可视为代数量。

由图2-5可以看出，力对点之矩还可以用以矩心为顶点、以力矢量为底边所构成的三角形的面积的2倍来表示，即

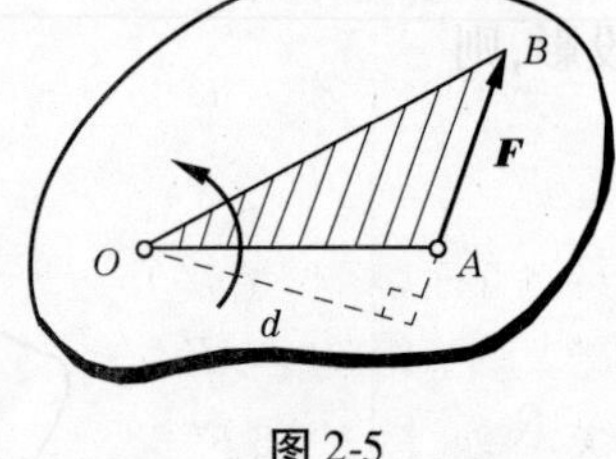

图2-5

$$M_O(\boldsymbol{F}) = \pm 2\triangle OAB \text{ 面积}$$

显然，力矩在下列两种情况下等于零：

（1）力等于零；

（2）力的作用线通过矩心，即力臂等于零。

力矩的单位是牛·米（N·m）或千牛·米（kN·m）。

（二）合力矩定理

我们知道，平面汇交力系对物体的作用效应可以用它的合力 $\boldsymbol{R}$ 来代替。这里的作用效应包括物体绕某点转动的效应，而力使物体绕某点的转动效应由力对该点之矩来度量。因此，平面汇交力系的合力对平面内任一点之矩等于该力系的各分力对该点之矩的代数和，这

个结论称为合力矩定理。

三、力偶

在生产实践和日常生活中，经常遇到大小相等、方向相反、作用线不重合的两个平行力所组成的力系。这种力系只能使物体产生转动效应而不能使物体产生移动效应。例如，司机用双手操纵方向盘（见图 2-6(a)），钳工用丝锥攻螺纹（见图 2-6(b)），以及用拇指和食指开关自来水龙头或拧钢笔套等。这种作用在同一个物体上的大小相等、方向相反、作用线不重合的两个平行力称为力偶，用符号$(\boldsymbol{F},\boldsymbol{F}')$表示。力偶的两个力作用线间的垂直距离 d 称为力偶臂，力偶的两个力所构成的平面称为力偶作用面。

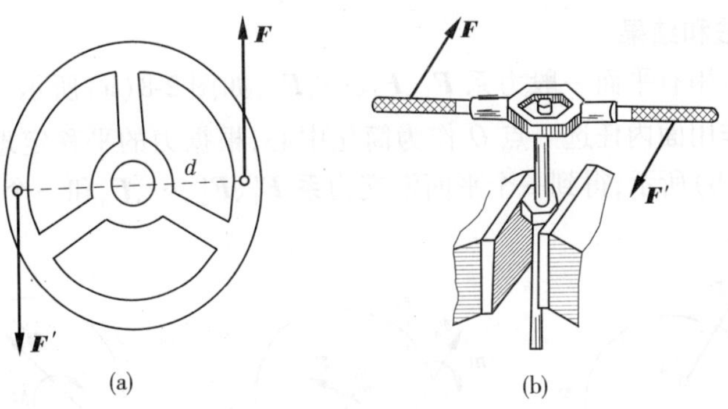

图 2-6

实践表明，力偶的力 $\boldsymbol{F}$ 越大，或力偶臂 d 越大，则力偶使物体的转动效应就越强；反之就越弱。因此，与力矩类似，我们用 F 与 d 的乘积来度量力偶对物体的转动效应，并把这一乘积冠以适当的正负号，称为力偶矩，用 m 表示，即

$$m = \pm Fd$$

式中正负号表示力偶矩的转向。通常规定：若力偶使物体作逆时针方向转动，力偶矩为正；反之为负。在平面力系中，力偶矩是代数量。力偶矩的单位与力矩相同。

四、力的平移定理

为了将平面一般力系简化为力和力偶，首先必须解决力的作用线如何平行移动的问题。

设刚体的 A 点作用着一个力 $\boldsymbol{F}$，如图 2-7(a)所示，在此刚体上任取一点 O。现在来讨论怎样才能把力 $\boldsymbol{F}$ 平移到 O 点，而不改变其原来的作用效应。为此，可在 O 点加上两个大小相等、方向相反，与 $\boldsymbol{F}$ 平行的力 $\boldsymbol{F}'$ 和 $\boldsymbol{F}''$，且 $F' = -F'' = F$，如图 2-7(b)所示。根据加减平衡力系公理，$\boldsymbol{F}$、$\boldsymbol{F}'$ 和 $\boldsymbol{F}''$ 与图 2-7(a)的 $\boldsymbol{F}$ 对刚体的作用效应相同。显然 $\boldsymbol{F}''$ 和 $\boldsymbol{F}$ 组成一个力偶，其力偶矩为

$$m = Fd = M_O(\boldsymbol{F})$$

这三个力可转换为作用在 O 点的一个力和一个力偶，如图 2-7(c)所示。由此可得力的平移定理：

作用在刚体上的力 $\boldsymbol{F}$，可以平移到同一刚体上的任一点 O，但必须附加一个力偶，其力偶矩等于力 $\boldsymbol{F}$ 对新作用点 O 之矩。

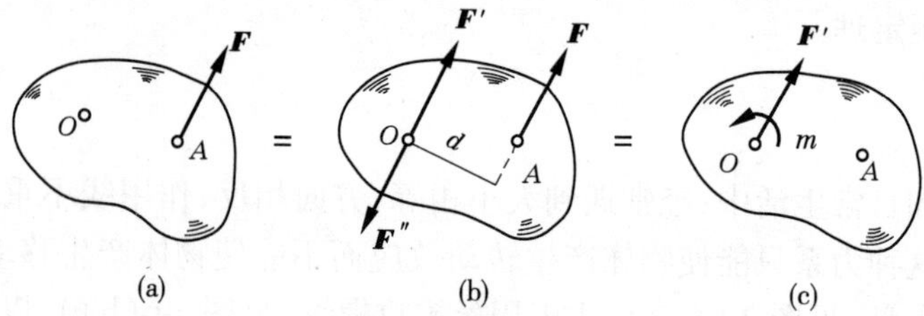

图 2-7

五、平面一般力系向作用面内任一点简化

(一)简化方法和结果

设在物体上作用有平面一般力系 $\boldsymbol{F}_1$、$\boldsymbol{F}_2$、…、$\boldsymbol{F}_n$，如图 2-8(a)所示。为将这力系简化，首先在该力系的作用面内任选一点 O 作为简化中心，根据力的平移定理，将各力全部平移到 O 点，如图 2-8(b)所示，得到一个平面汇交力系 $\boldsymbol{F}'_1$、$\boldsymbol{F}'_2$、…、$\boldsymbol{F}'_n$和一个附加的平面力偶系 m_1、m_2、…、m_n。

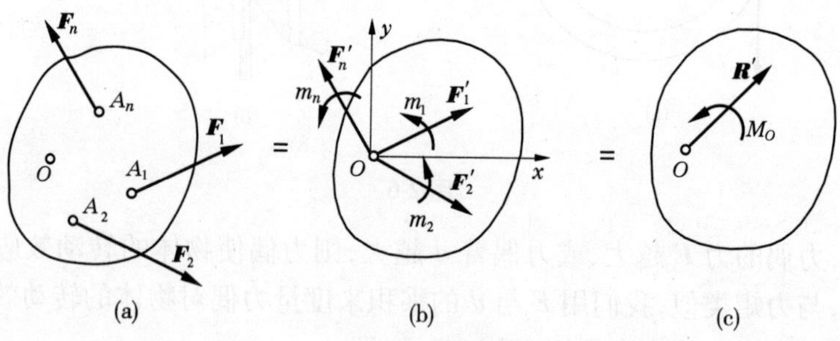

图 2-8

其中，平面汇交力系中各力的大小和方向分别与原力系中对应的各力相同，即

$$\boldsymbol{F}'_1=\boldsymbol{F}_1,\ \boldsymbol{F}'_2=\boldsymbol{F}_2,\cdots,\boldsymbol{F}'_n=\boldsymbol{F}_n$$

各附加的力偶矩分别等于原力系中各力对简化中心 O 点之矩，即

$$m_1=M_O(\boldsymbol{F}_1),m_2=M_O(\boldsymbol{F}_2),\cdots,m_n=M_O(\boldsymbol{F}_n)$$

由平面汇交力系合成的理论可知，$\boldsymbol{F}'_1$、$\boldsymbol{F}'_2$、…、$\boldsymbol{F}'_n$可合成为一个作用于 O 点的力 $\boldsymbol{R}'$，并称为原力系的主矢，如图 2-8(c)所示，即

$$\boldsymbol{R}'=\boldsymbol{F}'_1+\boldsymbol{F}'_2+\cdots+\boldsymbol{F}'_n=\boldsymbol{F}_1+\boldsymbol{F}_2+\cdots+\boldsymbol{F}_n=\sum\boldsymbol{F}_i$$

求主矢 $\boldsymbol{R}'$的大小和方向，可应用解析法。过 O 点取直角坐标系 xOy，如图 2-8(b)所示。主矢 $\boldsymbol{R}'$在 x 轴和 y 轴上的投影为

$$R'_x=X'_1+X'_2+\cdots+X'_n=X_1+X_2+\cdots+X_n=\sum X$$

$$R'_y=Y'_1+Y'_2+\cdots+Y'_n=Y_1+Y_2+\cdots+Y_n=\sum Y$$

由于 $\boldsymbol{F}'_i$ 和 $\boldsymbol{F}_i$ 大小相等、方向相同，所以它们在同一轴上的投影相等。

主矢 $\boldsymbol{R}'$的大小和方向为

$$R'=\sqrt{R'^2_x+R'^2_y}=\sqrt{(\sum X)^2+(\sum Y)^2}$$

$$\tan\alpha = \frac{|R'_y|}{|R'_x|} = \frac{\left|\sum Y\right|}{\left|\sum X\right|}$$

式中：α 为 $\boldsymbol{R}'$与 x 轴所夹的锐角，$\boldsymbol{R}'$的指向由$\sum X$ 和$\sum Y$ 的正负号确定。

由力偶系合成的理论知，m_1、m_2、…、m_n 可合成为一个力偶，如图 2-8(c)所示，并称为原力系对简化中心 O 的主矩，即

$$M_O = m_1 + m_2 + \cdots + m_n = M_O(\boldsymbol{F}_1) + M_O(\boldsymbol{F}_2) + \cdots + M_O(\boldsymbol{F}_n) = \sum M_O(\boldsymbol{F}_i)$$

综上所述，得到如下结论：平面一般力系向作用面内任一点简化的结果，是一个力和一个力偶。这个力作用在简化中心，它的矢量称为原力系的主矢，并等于原力系中各力的矢量和；这个力偶的力偶矩称为原力系对简化中心的主矩，并等于原力系各力对简化中心的力矩的代数和。

应当注意，作用于简化中心的力 $\boldsymbol{R}'$一般并不是原力系的合力，力偶矩 M_O 也不是原力系的合力偶，只有 $\boldsymbol{R}'$与 M_O 两者相结合才与原力系等效。

由于主矢等于原力系各力的矢量和，因此主矢 $\boldsymbol{R}'$的大小和方向与简化中心的位置无关。而主矩等于原力系各力对简化中心的力矩的代数和，取不同的点作为简化中心，各力的力臂都要发生变化，则各力对简化中心的力矩也会改变，因而主矩一般随着简化中心的位置不同而改变。

（二）平面一般力系简化结果的讨论

平面力系向一点简化，一般可得到一个力和一个力偶，但这并不是最后的简化结果。根据主矢与主矩是否存在，可能出现下列几种情况：

(1)若 $R'=0$，$M_O \neq 0$，说明原力系与一个力偶等效，而这个力偶的力偶矩就是主矩。

(2)若 $R' \neq 0$，$M_O = 0$，则作用于简化中心的力 $\boldsymbol{R}'$就是原力系的合力，作用线通过简化中心。

(3)若 $R' \neq 0$，$M_O \neq 0$，这时根据力的平移定理的逆过程，可以进一步合成为合力 $\boldsymbol{R}$，如图 2-9 所示。

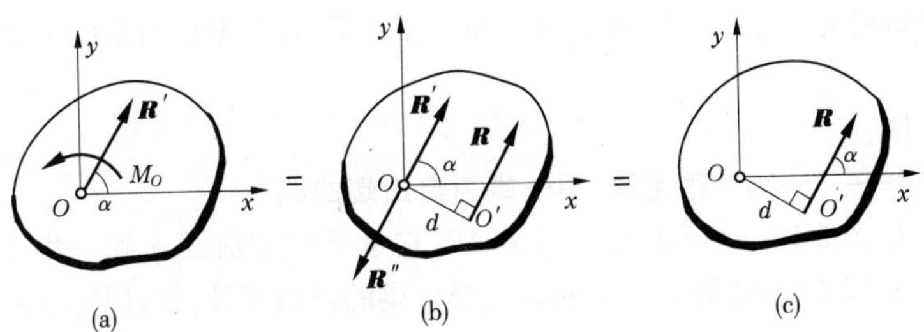

图 2-9

将力偶矩为 M_O 的力偶用两个反向平行力 $\boldsymbol{R}$、$\boldsymbol{R}''$表示，并使 $\boldsymbol{R}'$和 $\boldsymbol{R}''$等值、共线，使它们构成一平衡力，如图 2-9(b)所示，为保持 M_O 不变，只要取力臂 d 为

$$d = \frac{|M_O|}{R'} = \frac{|M_O|}{R}$$

将 $\boldsymbol{R}''$和 $\boldsymbol{R}'$这一平衡力系去掉，这样就只剩下力 $\boldsymbol{R}$ 与原力系等效，如图 2-9(c)所示。合力 $\boldsymbol{R}$ 在 O 点的哪一侧，由 $\boldsymbol{R}$ 对 O 点的矩的转向应与主矩 M_O 的转向相一致来确定。

(4)若 $R'=0, M_O=0$,则此时力系处于平衡状态。

六、平面一般力系的平衡条件

平面一般力系向任一点简化时,当主矢、主矩同时等于零时,则该力系为平衡力系。因此,平面一般力系处在平衡状态的必要与充分条件是力系的主矢与力系对于任一点的主矩都等于零,即

$$R' = 0 \qquad M_O = 0$$

$$\left.\begin{aligned} R' &= \sqrt{R'^2_x + R'^2_y} = \sqrt{(\sum X)^2 + (\sum Y)^2} = 0 \\ M_O &= m_1 + m_2 + \cdots + m_n = M_O(\boldsymbol{F}_1) + M_O(\boldsymbol{F}_2) + \cdots + M_O(\boldsymbol{F}_n) = \sum M_O(\boldsymbol{F}_i) = 0 \end{aligned}\right\}$$

得

$$\left.\begin{aligned} \sum X &= 0 \\ \sum Y &= 0 \\ \sum M_O &= 0 \end{aligned}\right\} \tag{2-1}$$

即力系中所有各力在两个坐标轴上的投影的代数和均等于零,所有各力对任一点之矩的代数和等于零。式中包含两个投影方程和一个力矩方程,是平面一般力系平衡方程的基本形式。这三个方程是彼此独立的(即其中的一个不能由另外两个得出),因此可求解三个未知量。

子情境二　静定结构的反力计算

一、单跨静定梁的反力计算

计算步骤:

第一步:以整个单跨静定梁作为研究对象,画出其受力分析图;

第二步:分析研究对象所受的力系属于哪一种力系,并根据该力系的平衡条件列出平衡方程求解;

第三步:校核。

(一)悬臂梁——一端为固定端,另一端为自由端的梁

【例 2-2】　如图 2-10(a)所示的悬臂梁 AB,它承受均布荷载 q 和一集中力 $\boldsymbol{P}$ 的作用。已知 $P=10$ kN, $q=2$ kN/m,跨度 $l=4$ m, $\alpha=45°$,梁的自重不计,试计算支座 A 的反力。

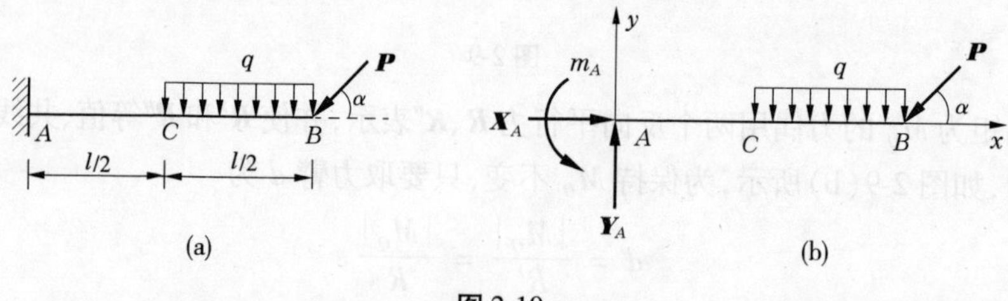

图 2-10

解　(1)取梁 AB 为研究对象,其受力如图 2-10(b)所示。支座反力的指向是假定的,若

所求结果为正值,则反力的真实方向与假设方向相同;否则,相反。

(2)梁上所受的荷载和支座反力,既有力,又有力偶,因此梁 AB 所受的力系为平面一般力系。根据平面一般力系的平衡条件式(2-1),列平衡方程。

$$\sum X = 0 \qquad X_A - P\cos\alpha = 0$$

$$X_A = P\cos\alpha = 10 \times 0.707 = 7.07(\text{kN})$$

$$\sum Y = 0 \qquad Y_A - \frac{ql}{2} - P\sin\alpha = 0$$

$$Y_A = \frac{ql}{2} + P\sin\alpha = \frac{2 \times 4}{2} + 10 \times 0.707 = 11.07(\text{kN})$$

$$\sum M_A = 0 \qquad m_A - \frac{ql}{2}\left(\frac{l}{2} + \frac{l}{4}\right) - P\sin\alpha \cdot l = 0$$

$$m_A = \frac{3ql^2}{8} + P\sin\alpha \cdot l = \frac{3 \times 2 \times 4^2}{8} + 10 \times 0.707 \times 4 = 40.28(\text{kN} \cdot \text{m})$$

(3)力系既然平衡,则力系中各力在任一轴上的投影的代数和必然等于零,力系中各力对任一点之矩的代数和也必然为零。因此,我们可以列出其他的平衡方程,用来校核计算有无错误。

校核 $$\sum M_B = \frac{ql}{2} \times \frac{l}{4} - Y_A \cdot l + m_A = \frac{2 \times 4}{2} \times \frac{4}{4} - 11.07 \times 4 + 40.28 = 0$$

可见,Y_A 和 m_A 计算无误。

(二)简支梁—— 一端为固定铰支座,另一端为可动铰支座的梁

【例 2-3】 如图 2-11(a)所示的简支梁 AD,试计算其支座反力。

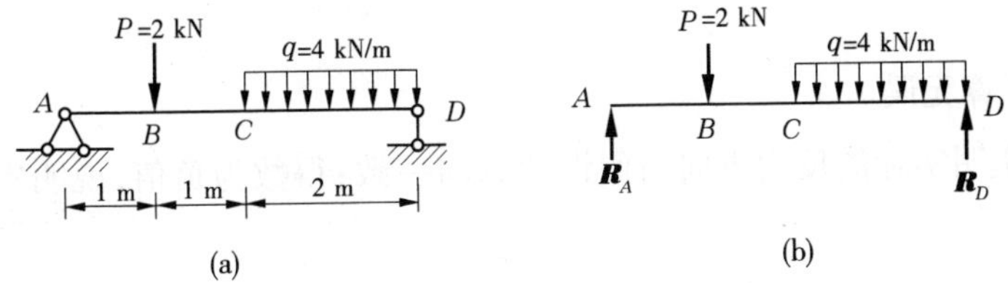

图 2-11

解 (1)取梁 AD 为研究对象,画出受力图,如图 2-11(b)所示。

(2)梁上所受的荷载和支座反力互相平行,因此梁 AD 所受的力系为平面平行力系。根据平面平行力系的平衡条件式,列平衡方程。

$$\sum M_D = 0 \qquad -R_A \times 4 + P \times 3 + 2q \times 1 = 0$$

$$R_A = \frac{1}{4} \times (2 \times 3 + 2 \times 4 \times 1) = 3.5(\text{kN})$$

$$\sum M_A = 0 \qquad -P \times 1 - 2q \times 3 + R_D \times 4 = 0$$

$$R_D = \frac{1}{4} \times (2 \times 1 + 2 \times 4 \times 3) = 6.5(\text{kN})$$

(3)校核

$$\sum Y = R_A - P - 2 \times q + R_D = 3.5 - 2 - 2 \times 4 + 6.5 = 0$$

可知，计算无误。

（三）外伸梁——梁的一端或两端伸出支座的简支梁

【例2-4】 如图2-12(a)所示的伸臂梁，受到荷载 $P=2\ \mathrm{kN}$，三角形分布荷载 $q=1\ \mathrm{kN/m}$ 作用。如果不计梁重，试计算支座 A、B 的反力。

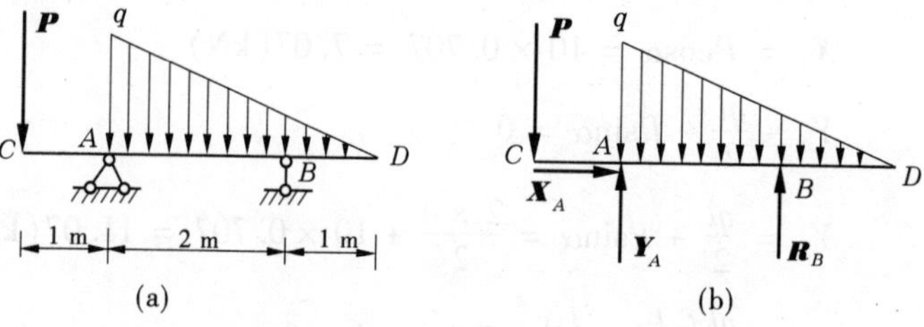

图2-12

解 (1)取梁 CD 为研究对象，受力图如图2-12(b)所示。

(2)根据平面一般力系的平衡条件，列方程

$$\sum X=0 \qquad X_A=0$$

$$\sum M_A=0 \qquad P\times 1-\frac{1}{2}\times q\times 3\times 1+2R_B=0$$

$$R_B=\frac{1}{2}\times\left(\frac{3}{2}\times 1-2\times 1\right)=-0.25(\mathrm{kN})$$

$$\sum Y=0 \qquad Y_A+R_B-P-\frac{1}{2}\times q\times 3=0$$

$$Y_A=P+\frac{3}{2}q-R_B=2+\frac{3}{2}\times 1-(-0.25)=3.75(\mathrm{kN})$$

(3)校核

$\sum M_B=0$，计算无误。

得数为正值，说明实际的反力方向与假设的方向一致；得数为负值，说明实际的反力方向与假设的方向相反。

二、多跨静定梁反力的计算

若干根梁用中间铰连接在一起，并以若干支座与基础相连，或者搁置于其他构件上而组成的静定梁，称为多跨静定梁。在实际的建筑工程中，多跨静定梁常用来跨越几个相连的跨度。图2-13(a)所示为一公路桥梁中常采用的多跨静定梁结构形式之一，其计算简图如图2-13(b)所示。

在房屋建筑结构中的木檩条，也是多跨静定梁的结构形式，如图2-14(a)所示为木檩条的构造图，其计算简图如图2-14(b)所示。

连接单跨梁的一些中间铰，在钢筋混凝土结构中，其主要形式常采用企口结合，而在木结构中常采用斜搭接或并用螺栓连接。

从结构组成上可以看出，图2-13(b)中 AB 梁直接由链杆支座与地基相连，是可以独立工作的，梁 AB 本身不依赖梁 BC 和 CD 就可以独立承受荷载，所以称为基本部分。如果仅受竖向荷载作用，CD 梁也能独立承受荷载维持平衡，同样可视为基本部分。短梁 BC 依靠

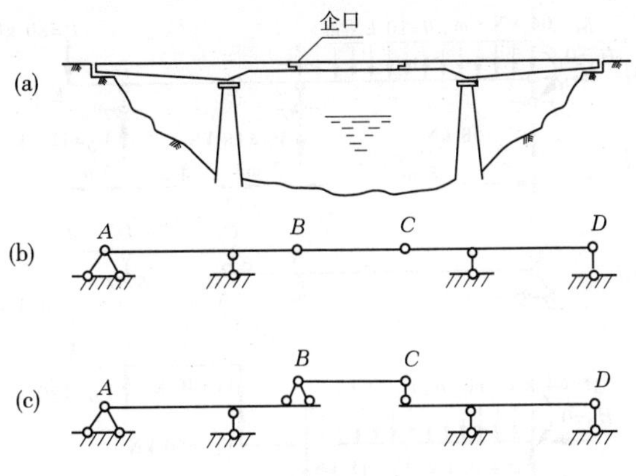

图 2-13

基本部分的支承才能承受荷载并保持平衡，所以称为附属部分。同样道理，在图 2-14(b)中梁 AB、CD 和梁 EF 均为基本部分，梁 BC 和梁 DE 为附属部分。为了更清楚地表示各部分之间的支承关系，把基本部分画在下层，将附属部分画在上层，分别如图 2-13(c)和图 2-14(c)所示，我们称它为关系图或层叠图。

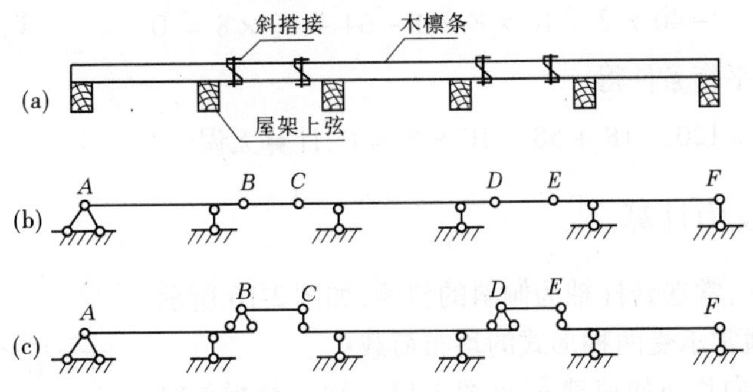

图 2-14

从受力分析来看，当荷载作用于基本部分时，只有该基本部分受力，而与其相连的附属部分不受力；当荷载作用于附属部分时，则不仅该附属部分受力，且通过铰接部分将力传至与其相关的基本部分上去。因此，计算多跨静定梁时，必须先从附属部分计算，再计算基本部分，按组成顺序的逆过程进行。例如图 2-13(c)，应先从附属梁 BC 计算，再依次考虑梁 CD、AB。这样便把多跨梁化为单跨梁，分别进行计算，从而可避免解算联立方程。

【例 2-5】 试计算图 2-15(a)所示多跨静定梁的支座反力。

解 (1)作层叠图。

如图 2-15(b)所示，梁 AC 为基本部分，梁 CE 通过铰 C 连接在梁 AC 上，要依靠梁 AC 才能保证其正常工作，所以梁 CE 为附属部分。

(2)计算支座反力。

从层叠图看出，应先从附属部分 CE 开始取隔离体，如图 2-15(c)所示。

$$\sum M_C = 0 \qquad -80 \times 6 + V_D \times 4 = 0 \qquad V_D = 120\ \text{kN}(\uparrow)$$

$$\sum M_D = 0 \qquad -80 \times 2 + V_C \times 4 = 0 \qquad V_C = 40\ \text{kN}(\downarrow)$$

将 V_C 反向，作用于梁 AC 上，计算基本部分

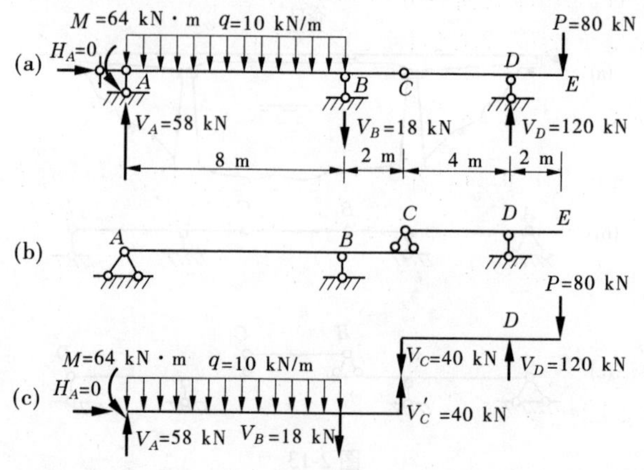

图 2-15

$$\sum X = 0 \qquad H_A = 0$$

$$\sum M_A = 0 \qquad -40\times 10 + V_B\times 8 + 10\times 8\times 4 - 64 = 0 \qquad V_B = 18\ \text{kN}(\downarrow)$$

$$\sum M_B = 0 \qquad -40\times 2 - 10\times 8\times 4 - 64 + V_A\times 8 = 0 \qquad V_A = 58\ \text{kN}(\uparrow)$$

校核:由整体平衡条件得

$\sum Y = -80 + 120 - 18 + 58 - 10\times 8 = 0$,计算无误。

三、斜梁的反力计算

在建筑工程中,常遇到杆轴为倾斜的斜梁,如图 2-16 所示的楼梯梁。斜梁通常承受两种形式的均布荷载:

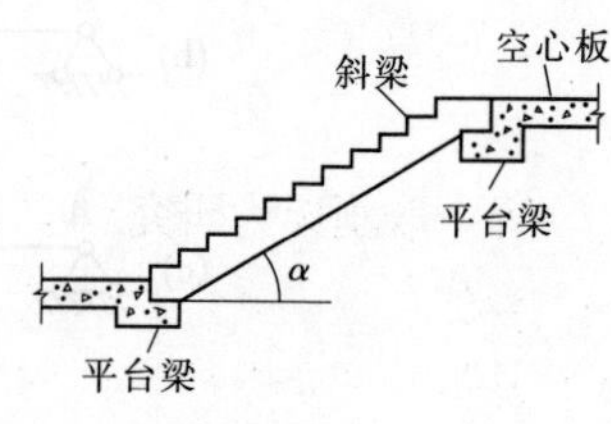

图 2-16

(1)沿水平方向均布的荷载 q(见图 2-17(a))。楼梯斜梁承受的人群荷载就是沿水平方向均匀分布的荷载。

(2)沿斜梁轴线均匀分布的荷载 q'(见图 2-17(b))。等截面斜梁的自重就是沿梁轴均匀分布的荷载。

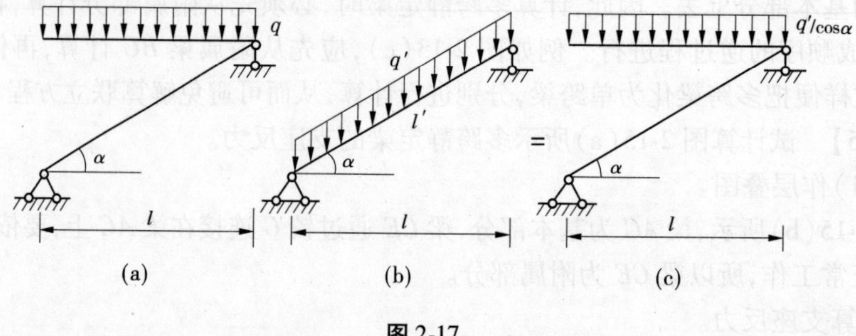

图 2-17

由于斜梁按水平均匀分布的荷载计算起来更为方便,故可根据总荷载不变的原则,将 q' 等效换算成 q 后再作计算,即由 $q'l' = ql$ 得

$$q = q'\frac{l'}{l} = q'\frac{1}{l/l'} = \frac{q'}{\cos\alpha}$$

上式表明，沿斜梁轴线分布的荷载 q' 除以 $\cos\alpha$ 就可化为沿水平方向分布的荷载 q。这样换算以后，对斜梁的反力都可按图 2-17(c)所示的简图进行，计算方法和简支梁一样。

四、静定平面刚架反力计算

刚架(亦称框架)是由若干根直杆组成的具有刚结点的结构。由于刚架具有刚结点，横杆和竖杆能作为一个整体共同承担荷载的作用，结构整体性好，刚度大，内力分布较均匀。在大跨度、重荷载的情况下，是一种较好的承重结构，所以刚架结构在工业与民用建筑中被广泛地采用。

【例 2-6】 钢筋混凝土刚架，所受荷载及支承情况如图 2-18(a)所示。已知 $q = 4$ kN/m，$P = 10$ kN，$m = 2$ kN·m，$Q = 20$ kN，试求支座处的反力。

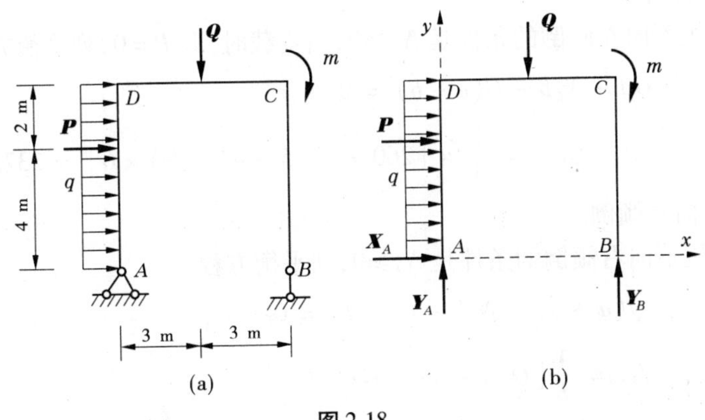

图 2-18

解 取刚架为研究对象，画其受力图如图 2-18(b)所示，图中各支座反力指向都是假设的。

本题有一个力偶荷载，由于力偶在任一轴上的投影为零，故写投影方程时不必考虑力偶；由于力偶对平面内任一点的矩都等于力偶矩，故写力矩方程时，可直接将力偶矩 m 列入。

设坐标系如图 2-18(b)所示，列三个平衡方程

$$\sum X = 0 \qquad X_A + P + 6q = 0$$

$$X_A = -P - 6q = -10 - 6 \times 4 = -34(\text{kN})(\leftarrow)$$

$$\sum M_A = 0 \qquad Y_B \times 6 - P \times 4 - Q \times 3 - m - 6q \times 3 = 0$$

$$Y_B = \frac{4P + 3Q + m + 18q}{6} = \frac{4 \times 10 + 3 \times 20 + 2 + 18 \times 4}{6}$$

$$= 29(\text{kN})(\uparrow)$$

$$\sum Y = 0 \qquad Y_A + Y_B - Q = 0$$

$$Y_A = Q - Y_B = 20 - 29 = -9(\text{kN})(\downarrow)$$

校核

$$\sum M_C = 6X_A - 6Y_A + 2P + 3Q - m + 6q \times 3$$

$$= 6 \times (-34) - 6 \times (-9) + 2 \times 10 + 3 \times 20 - 2 + 6 \times 4 \times 3$$

$$= 0$$

说明计算无误。

五、起重设备的验算

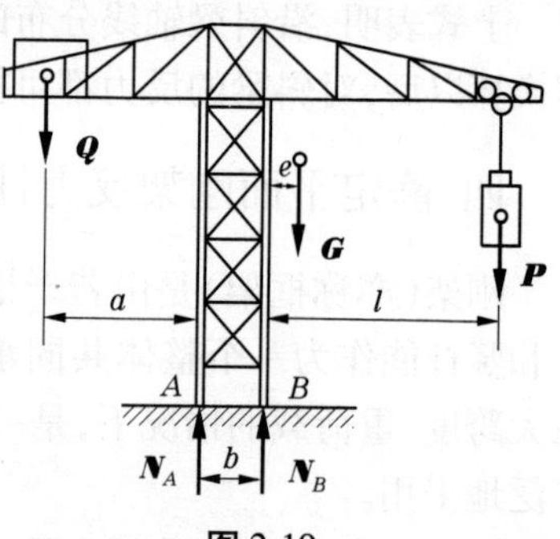

图 2-19

【例 2-7】 如图 2-19 所示为塔式起重机。已知轨距 $b=4$ m，机身重 $G=260$ kN，其作用线到右轨的距离 $e=1.5$ m，起重机平衡重 $Q=80$ kN，其作用线到左轨的距离 $a=6$ m，荷载 P 的作用线到右轨的距离 $l=12$ m。

（1）试证明空载时（$P=0$ 时）起重机是否会向左倾倒；

（2）求出起重机不向右倾倒的最大荷载 $\boldsymbol{P}$。

解 以起重机为研究对象，作用于起重机上的力有主动力 $\boldsymbol{G}$、$\boldsymbol{P}$、$\boldsymbol{Q}$ 及约束力 $\boldsymbol{N}_A$ 和 $\boldsymbol{N}_B$，它们组成一个平行力系。

（1）使起重机不向左倾倒的条件是 $N_B \geqslant 0$，当空载时，取 $P=0$，列平衡方程

$$\sum M_A = 0 \qquad Qa + N_B b - G(e+b) = 0$$

$$N_B = \frac{1}{b}[G(e+b) - Qa] = \frac{1}{4} \times [260 \times (1.5+4) - 80 \times 6] = 237.5(\text{kN}) > 0$$

所以起重机不会向左倾倒。

（2）使起重机不向右倾倒的条件是 $N_A \geqslant 0$，列平衡方程

$$\sum M_B = 0 \qquad Q(a+b) - N_A b - Ge - Pl = 0$$

$$N_A = \frac{1}{b}[Q(a+b) - Ge - Pl]$$

欲使 $N_A \geqslant 0$，则需

$$Q(a+b) - Ge - Pl \geqslant 0$$

$$P \leqslant \frac{1}{l}[Q(a+b) - Ge] = \frac{1}{12} \times [80 \times (6+4) - 260 \times 1.5] = 34.17(\text{kN})$$

因此，当荷载 $P \leqslant 34.17$ kN 时，起重机是稳定的。

习　题

2-1 计算图 2-20 各图中力 $\boldsymbol{P}$ 对 O 点的力矩。

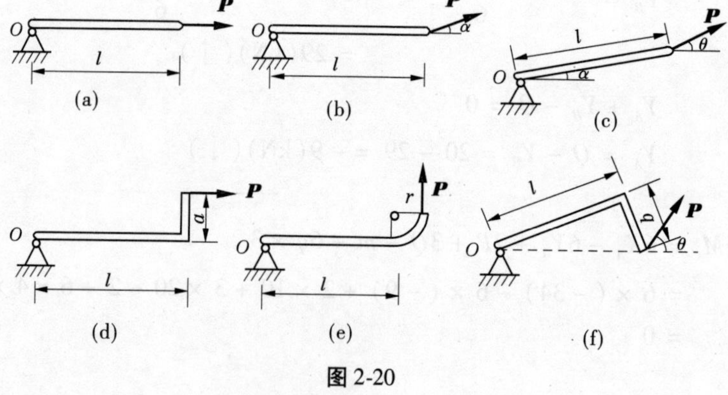

图 2-20

2-2　分别计算图 2-21 中三个力偶的力偶矩。已知：$F_1 = F_1' = 80$ N，$F_2 = F_2' = 130$ N，$F_3 = F_3' = 100$ N；$d_1 = 70$ cm，$d_2 = 60$ cm，$d_3 = 50$ cm。

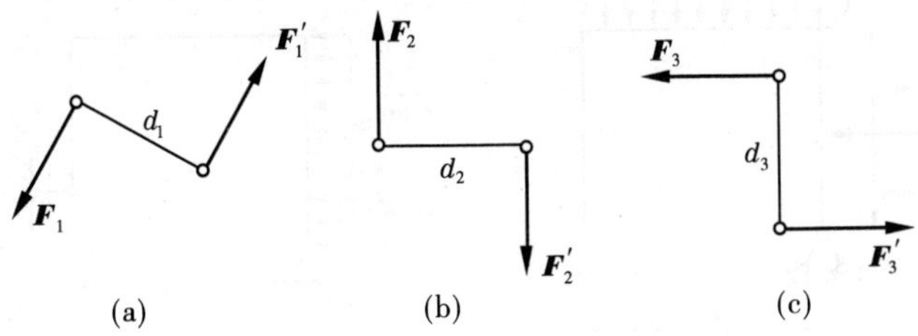

图 2-21

2-3　各梁受荷载情况如图 2-22 所示，试计算：(1)各力偶分别对 A、B 点的矩；(2)各力偶中两个力在 x、y 轴上的投影。

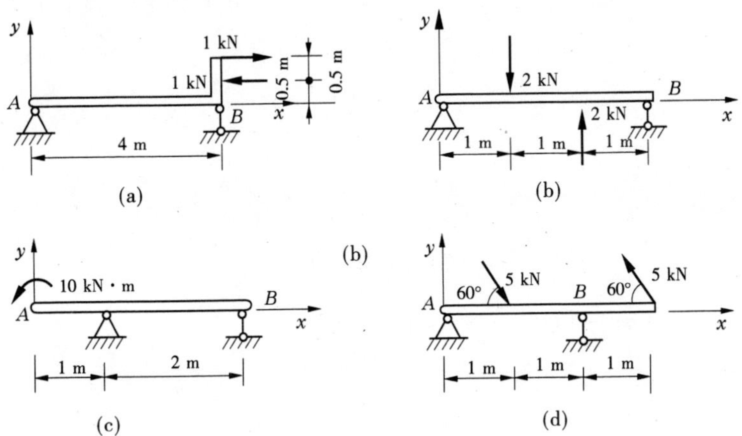

图 2-22

2-4　试计算图 2-23 所示各梁的支座反力。

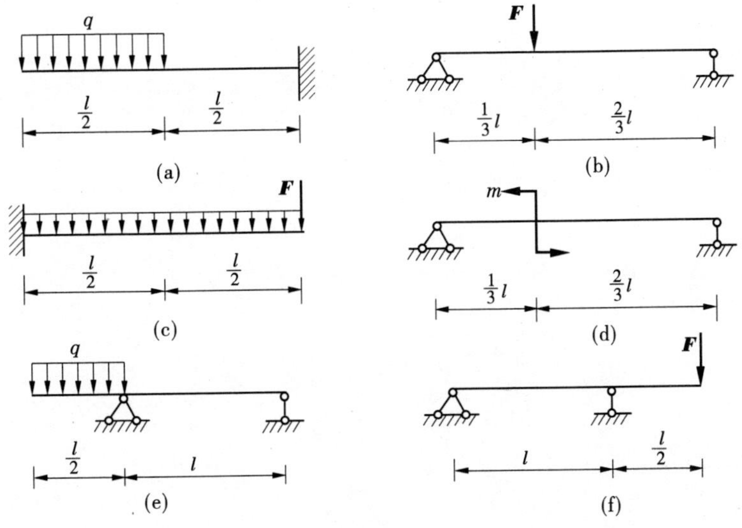

图 2-23

2-5　试计算图 2-24 所示各刚架的支座反力。

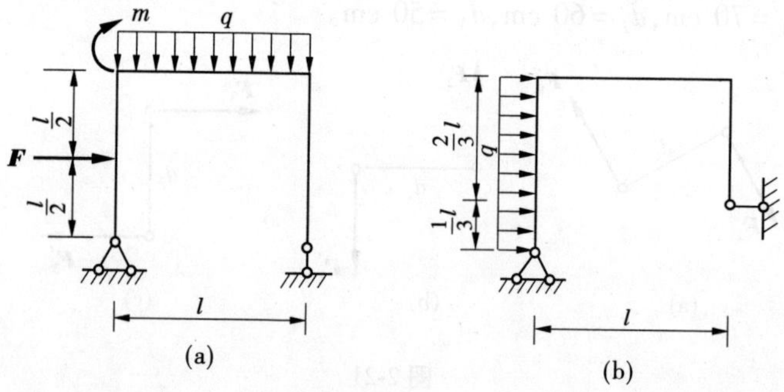

图 2-24

学习情境三　轴向拉伸和压缩杆的强度计算

【知识点】 内力、截面法;应力、正应力、剪应力、变形和应变等。

【教学目标】 掌握内力、截面法、应力、变形和应变的概念;掌握运用截面法计算轴力及画轴力图;掌握拉压杆横截面上的应力计算;掌握轴向拉压杆变形的计算、虎克定律的适用范围;掌握拉压杆的强度条件及强度计算。

子情境一　轴向拉伸和压缩杆的内力、应力和应变

一、轴向拉伸和压缩杆的内力计算

(一)轴向拉伸和压缩的概念

在建筑物和机械等工程结构中,经常使用受拉伸或压缩的构件。如图 3-1 所示拔桩机在工作时,油缸顶起吊臂,将桩从地下拔起,油缸杆受压缩变形,桩在拔起时受拉伸变形,钢丝绳受拉伸变形。图 3-2 所示桥墩承受桥面传来的载荷,以压缩变形为主。

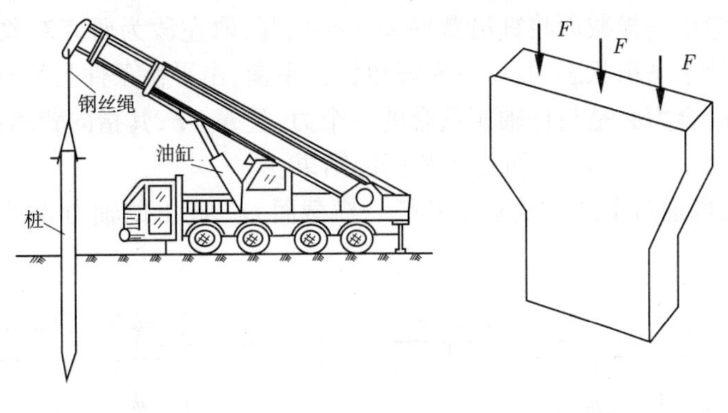

图 3-1　　　　图 3-2

图 3-3 所示钢木组合桁架中的竖杆、斜杆和上下弦杆,以拉伸和压缩变形为主。图 3-4 所示厂房用的混凝土立柱就是以压缩变形为主。

在工程中以拉伸或压缩为主要变形的杆件,称为拉杆或压杆,若杆件所承受的外力或外力合力作用线与杆轴线重合,称为轴向拉伸或轴向压缩。

(二)内力的概念

杆件在外力作用下产生变形,从而杆件内部各部分之间就产生相互作用力,这种由外力引起的杆件内部之间的相互作用力,称为内力。

内力随外力的增大、变形的增大而增大,当内力达到某一限度时,就会引起构件的破坏。因此,要进行构件的强度计算就必须先分析构件的内力。

(三)计算杆件内力的基本方法——截面法

研究杆件内力的基本方法是截面法。截面法是假想地用一平面将杆件在需求内力的截

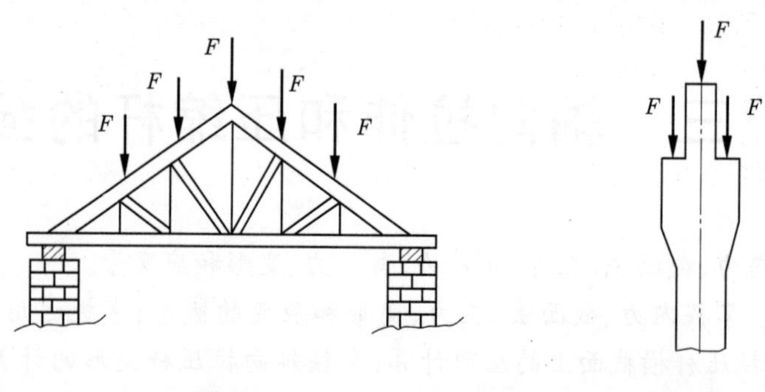

图 3-3　　　　图 3-4

面处截开,将杆件分为两部分;取其中一部分作为研究对象,此时,截面上的内力被显示出来,变成研究对象上的外力;再由平衡条件求出内力。

截面法可归纳为如下三个步骤:

(1)截开:用一假想平面将杆件在所求内力截面处截开,分为两部分;

(2)代替:取出其中任一部分为研究对象,以内力代替弃掉部分对所取部分的作用,画出受力图;

(3)平衡:列出研究对象上的静力平衡方程,求解内力。

(四)轴向拉伸和压缩杆的内力——轴力

在轴向外力 F 作用下的等直拉杆,如图 3-5(a)所示,利用截面法,可以确定 $m—m$ 横截面上的内力。假想用一横截面将杆沿截面 $m—m$ 截开,取左段为研究对象(见图 3-5(b))。由于整个杆件是处于平衡状态的,所以左段也保持平衡,由平衡条件 $\sum X=0$ 可知,截面 $m—m$ 上的分布内力的合力必是与杆轴相重合的一个力,且 $N=F$,其指向背离截面。同样,若取右段为研究对象(见图 3-5(c)),可得出相同的结果。

对于压杆,也可通过上述方法求得其任一横截面 $m—m$ 上的轴力 N,其指向如图 3-6 所示。

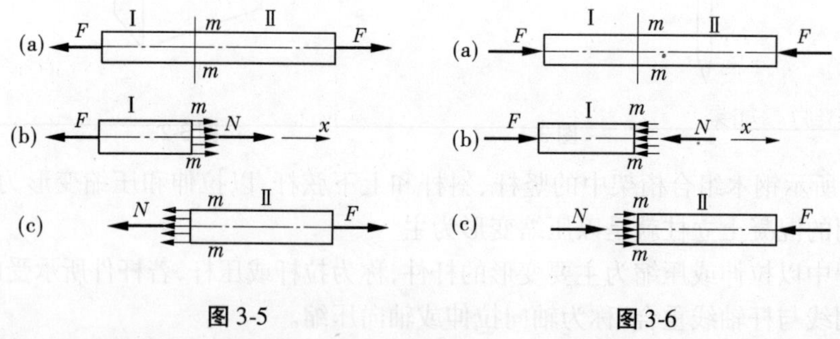

图 3-5　　　　图 3-6

把作用线与杆轴线相重合的内力称为轴力,用符号 N 表示。背离截面的轴力称为拉力,指向截面的轴力称为压力。通常规定:拉力为正,压力为负。

轴力的单位为牛(N)或千牛(kN)。

(五)轴力图

当杆件受到多个轴向外力作用时,在杆的不同截面上轴力将不相同,在这种情况下,对杆件进行强度计算时,必须知道杆的各个横截面上的轴力,最大轴力的数值及其所在截面的位置。为了直观地看出轴力沿横截面位置的变化情况,可按选定的比例尺,用平行于轴线的坐标表示横截面的位置,用垂直于杆轴线的坐标表示各横截面轴力的大小,绘出表示轴力与截面位置关系的图线,该图线就称为轴力图。画图时,习惯上将正值的轴力画在上侧,负值的轴力画在下侧。

【例 3-1】 杆件受力如图 3-7(a)所示。试求杆内的轴力并作出轴力图。

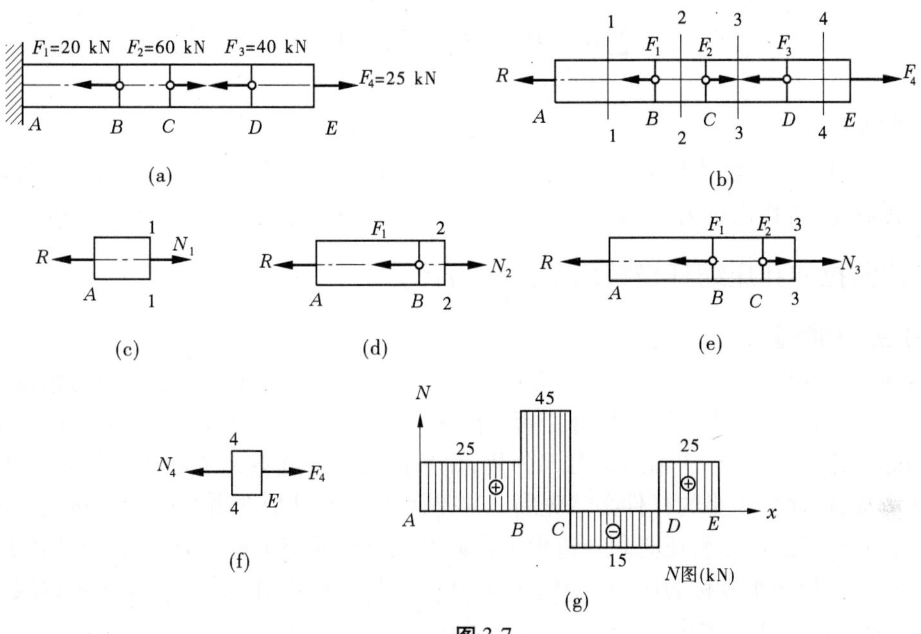

图 3-7

解 (1)为了运算方便,首先求出支座反力。根据平衡条件可知,轴向拉压杆固定端的支座反力只有 R,如图 3-7(b)所示,取整根杆为研究对象,列平衡方程

$$\sum X = 0 \qquad -R - F_1 + F_2 - F_3 + F_4 = 0$$

$$R = -F_1 + F_2 - F_3 + F_4 = -20 + 60 - 40 + 25 = 25(\text{kN})(\text{拉力})$$

(2)求各段杆的轴力。

在计算中,为了使计算结果的正负号与轴力规定的符号一致,在假设截面轴力指向时,一律假设为拉力。如果计算结果为正,表明内力的实际指向与假设指向相同,轴力为拉力;如果计算结果为负,表明内力的实际指向与假设指向相反,轴力为压力。

求 AB 段的轴力:用截面 1—1 将杆件截断,取左段为研究对象,如图 3-7(c)所示,以 N_1 表示截面上的轴力,由平衡方程

$$\sum X = 0 \qquad -R + N_1 = 0$$

$$N_1 = R = 25 \text{ kN}\ (\text{拉力})$$

求 BC 段的轴力:用截面 2—2 将杆件截断,取左段为研究对象,如图 3-7(d)所示,由平衡方程

$$\sum X = 0 \qquad -R + N_2 - F_1 = 0$$

$$N_2 = F_1 + R = 20 + 25 = 45(\text{kN})\ (\text{拉力})$$

求 CD 段的轴力:用截面 3—3 将杆件截断,取左段为研究对象,如图 3-7(e)所示,由平衡方程

$$\sum X = 0 \qquad N_3 + F_2 - F_1 - R = 0$$

$$N_3 = F_1 + R - F_2 = 20 + 25 - 60 = -15(\text{kN})\ (压力)$$

求 DE 段的轴力：用截面 4—4 将杆件截断，取右段为研究对象，如图 3-7(f)所示，由平衡方程

$$\sum X = 0 \qquad F_4 - N_4 = 0$$

$$N_4 = 25\ \text{kN}\ (拉力)$$

(3)画轴力图。

以平行于杆轴的 x 轴为横坐标，以垂直于杆轴的坐标轴为 N 轴，按一定比例将各段轴力标在坐标轴上，可作出轴力图，如图 3-7(g)所示。

二、轴向拉伸和压缩杆横截面上的应力计算

(一)应力的概念

用截面法可求出拉压杆横截面上分布内力的合力，它只表示截面上总的受力情况。单凭内力的合力的大小，还不能判断杆件是否会因强度不足而破坏，例如，两根材料相同、截面面积不同的杆，受同样大小的轴向拉力 F 作用，显然两根杆件横截面上的内力是相等的，随着外力的增加，截面面积小的杆件必然先断。这是因为轴力只是杆横截面上分布内力的合力，而要判断杆的强度问题，还必须知道内力在截面上分布的密集程度(简称内力集度)。

内力在一点处的集度称为应力。为了说明截面上某一点 E 处的应力，可绕 E 点取一微小面积 ΔA，作用在 ΔA 上的内力合力记为 ΔF，如图 3-8(a)所示，则比值

$$p = \frac{\Delta F}{\Delta A}$$

称为 ΔA 上的应力。

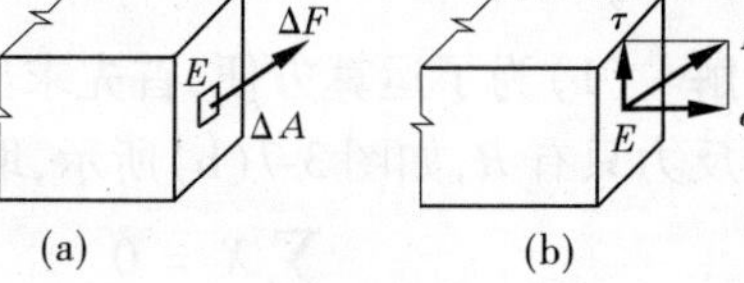

图 3-8

应力 p 也称为 E 点的总应力。通常，应力 p 与截面既不垂直也不相切，力学中总是将它分解为垂直于截面和相切于截面的两个分量，如图 3-8(b)所示。与截面垂直的应力分量称为正应力(或法向应力)，用 σ 表示；与截面相切的应力分量称为剪应力(或切向应力)，用 τ 表示。

应力的单位是帕斯卡，简称为帕，符号为"Pa"。

$$1\ \text{Pa} = 1\ \text{N/m}^2$$

工程实际中应力数值较大，常用千帕(kPa)、兆帕(MPa)及吉帕(GPa)作为单位。

$$1\ \text{kPa} = 10^3\ \text{Pa} \qquad 1\ \text{MPa} = 10^6\ \text{Pa} \qquad 1\ \text{GPa} = 10^9\ \text{Pa}$$

工程图纸上，长度尺寸常以 mm 为单位，则

$$1\ \text{MPa} = 10^6\ \text{N/m}^2 = 1\ \text{N/mm}^2$$

(二)横截面上的应力计算

轴力是轴向拉压杆横截面上的唯一内力分量，但是，轴力不是直接衡量拉压杆强度的指标，因此必须研究拉压杆横截面上的应力，即轴力在横截面上分布的集度，试验方法是研究杆件横截面应力分布的主要途径。图 3-9(a)表示横截面为正方形的试样，其边长为 a，在试样表面相距 l 处画了两个垂直轴线的边框线 m—m 和 n—n。试验开始，在试样两端缓慢加

轴向外力，当到达 F 值时，可以观察到边框线 $m—m$ 和 $n—n$ 相对产生了位移 Δl，如图 3-9(b)所示，同时，正方形的边长 a 减小，但其形状保持不变，$m'—m'$ 和 $n'—n'$ 仍垂直于轴线。根据试验现象，可作以下假设：受轴向拉伸的杆件，变形后横截面仍保持为平面，两平面相对移动了一段距离，这个假设称为平面假设。根据这个假设，可以推论 $m'—n'$ 段纵向纤维伸长一样。根据材料均匀性假设，变形相同，则截面上每点受力相同，即轴力在横截面上均匀分布，轴力在横截面上各点的分布集度相同，结论为：轴向拉伸等截面直杆，横截面上正应力均匀分布，表达为

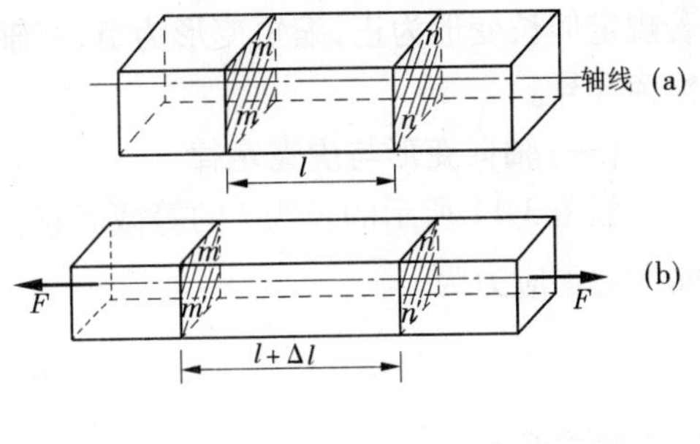

图 3-9

$$\sigma = \frac{N}{A} \tag{3-1}$$

式中：N 为轴力；A 为杆件的横截面面积。

经试验证实，式(3-1)也适用于轴向压缩杆。正应力与轴力有相同的正负号，即拉应力为正，压应力为负。

【例 3-2】 一阶梯形直杆受力如图 3-10(a)所示，已知横截面面积为 $A_1 = 400\ \text{mm}^2$，$A_2 = 300\ \text{mm}^2$，$A_3 = 200\ \text{mm}^2$，试求各横截面上的应力。

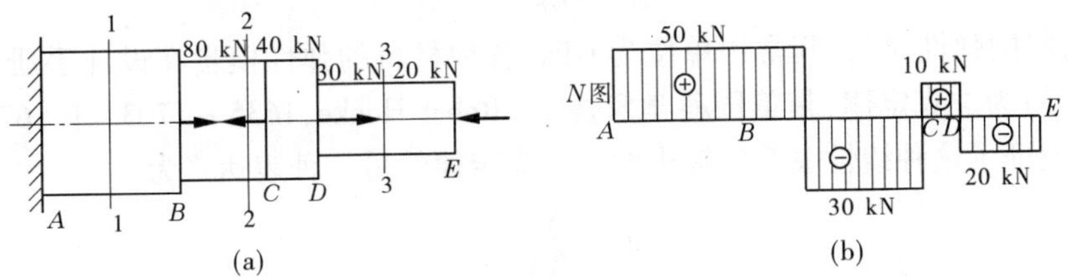

图 3-10

解 (1)计算轴力，画轴力图。

利用截面法可求得阶梯杆各段的轴力为 $N_1 = 50\ \text{kN}$，$N_2 = -30\ \text{kN}$，$N_3 = 10\ \text{kN}$，$N_4 = -20\ \text{kN}$。轴力图如图 3-10(b)所示。

(2)计算各段的正应力。

AB 段 $\qquad \sigma_{AB} = \dfrac{N_1}{A_1} = \dfrac{50 \times 10^3}{400} = 125(\text{MPa})$ （拉应力）

BC 段 $\qquad \sigma_{BC} = \dfrac{N_2}{A_2} = \dfrac{-30 \times 10^3}{300} = -100(\text{MPa})$ （压应力）

CD 段 $\qquad \sigma_{CD} = \dfrac{N_3}{A_2} = \dfrac{10 \times 10^3}{300} = 33.3(\text{MPa})$ （拉应力）

DE 段 $\qquad \sigma_{DE} = \dfrac{N_4}{A_3} = \dfrac{-20 \times 10^3}{200} = -100(\text{MPa})$ （压应力）

三、轴向拉(压)杆的变形

等截面直杆在轴向外力作用下，其主要变形为轴向伸长或缩短，同时，横向缩短或伸长。

若规定伸长变形为正,缩短变形为负,在轴向外力作用下,等截面直杆轴向变形和横向变形恒为异号。

(一)轴向变形与虎克定律

如图 3-11 所示的长为 l 的等截面直杆,在轴向力 F 作用下,伸长了 $\Delta l = l_1 - l$,杆件横截面上的正应力为

$$\sigma = \frac{N}{A} = \frac{F}{A}$$

轴向线应变为

$$\varepsilon = \frac{\Delta l}{l} \tag{3-2}$$

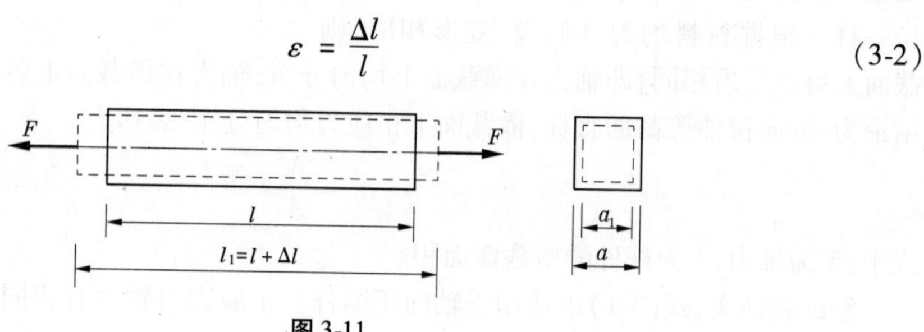

图 3-11

试验表明,当杆内的应力不超过材料的某一极限值时,正应力和应变呈线性正比关系,即

$$\sigma = E\varepsilon \tag{3-3}$$

式中,E 称为材料的弹性模量,其常用单位为 GPa,各种材料的弹性模量在设计手册中均可以查到。式(3-3)为虎克定律,是英国科学家虎克(Robet Hooke,1635 ~ 1703)于 1678 年首次用试验方法论证了这种线性关系后提出的。虎克定律的另一种表达式为

$$\Delta l = \frac{Nl}{EA} \tag{3-4}$$

式中,EA 称为杆的拉压刚度。式(3-4)只适用于杆长为 l 长度内 N、E、A 均为常值的情况,即在杆为 l 长度内变形是均匀的情况。

(二)横向变形和泊松比

横截面为正方形的等截面直杆,在轴向外力 F 作用下,边长由 a 变为 a_1,$\Delta a = a_1 - a$,则横向线应变为

$$\varepsilon' = -\frac{\Delta a}{a} \tag{3-5}$$

试验结果表明,当应力不超过一定限度时,横向线应变 ε' 与轴向线应变 ε 之比的绝对值是一个常数,即

$$\mu = \left|\frac{\varepsilon'}{\varepsilon}\right|$$

式中,μ 称为横向变形系数或泊松比,是法国科学家泊松(Simon Denis Poisson,1781 ~ 1840)于 1829 年从理论上推演得出的结果,后又经试验验证。考虑到杆件轴向线应变和横向线应变的正负号恒相反,上式可以表达为

$$\varepsilon' = -\mu\varepsilon \tag{3-6}$$

(三)拉压杆的位移

等截面直杆在轴向外力作用下发生变形,会引起杆上某点处在空间位置的改变,即产生了位移。位移与变形密切相关,一根轴向拉压杆的位移可以直接用变形来度量。在建筑行业,由于构件的自重较大,在求其变形和位移时往往要考虑自重的影响。

【例 3-3】 如图 3-12(a)所示阶梯形钢杆,所受荷载 $F_1 = 30$ kN,$F_2 = 10$ kN。AC 段的横截面面积 $A_{AC} = 500$ mm²,CD 段的横截面面积 $A_{CD} = 200$ mm²,弹性模量 $E = 200$ GPa。试求:(1)各段杆横截面上的内力和应力;(2)杆件内最大正应力;(3)杆件的总变形。

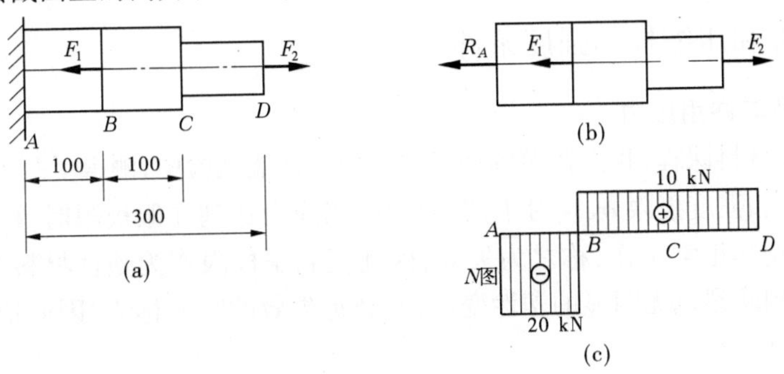

图 3-12 (单位:mm)

解 (1)计算支座反力。

以杆件为研究对象,受力图如图 3-12(b)所示。由平衡方程

$$\sum X = 0 \qquad F_2 - F_1 - R_A = 0$$

$$R_A = F_2 - F_1 = 10 - 30 = -20(\text{kN})$$

(2)计算各段杆件横截面上的轴力。

AB 段 $\quad N_{AB} = R_A = -20$ kN (压力)

BD 段 $\quad N_{BD} = F_2 = 10$ kN (拉力)

(3)画出轴力图,如图 3-12(c)所示。

(4)计算各段应力。

AB 段 $\quad \sigma_{AB} = \dfrac{N_{AB}}{A_{AC}} = \dfrac{-20 \times 10^3}{500} = -40(\text{MPa})$ (压应力)

BC 段 $\quad \sigma_{BC} = \dfrac{N_{BD}}{A_{AC}} = \dfrac{10 \times 10^3}{500} = 20(\text{MPa})$ (拉应力)

CD 段 $\quad \sigma_{CD} = \dfrac{N_{BD}}{A_{CD}} = \dfrac{10 \times 10^3}{200} = 50(\text{MPa})$ (拉应力)

(5)计算杆件内最大应力。

最大正应力发生在 CD 段,其值为

$$\sigma_{\max} = \frac{10 \times 10^3}{200} = 50(\text{MPa})$$

(6)计算杆件的总变形。

由于杆件各段的面积和轴力不一样,则应分段计算变形,再求代数和。

$$\Delta l = \Delta l_{AB} + \Delta l_{BC} + \Delta l_{CD} = \frac{N_{AB} l_{AB}}{EA_{AC}} + \frac{N_{BD} l_{BC}}{EA_{AC}} + \frac{N_{BD} l_{CD}}{EA_{CD}}$$

$$= \frac{1}{200 \times 10^3} \times \left(\frac{-20 \times 10^3 \times 100}{500} + \frac{10 \times 10^3 \times 100}{500} + \frac{10 \times 10^3 \times 100}{200} \right)$$

$$= 0.015(\text{mm})$$

整个杆件伸长 0.015 mm。

子情境二　轴向拉伸和压缩杆的强度计算

一、轴向拉伸和压缩杆的强度条件

（一）安全因数与许用应力

通过学习建筑材料课程，我们在做各种材料的力学性能试验中，测得了两个重要的强度指标：屈服极限 σ_s 和强度极限 σ_b。对于塑性材料，当应力达到屈服极限时，构件已发生明显的塑性变形，影响其正常工作，称之为失效，因此把屈服极限作为塑性材料的极限应力。对于脆性材料，直到断裂也无明显的塑性变形，断裂是失效的唯一标志，因而把强度极限作为脆性材料的极限应力。

根据失效的准则，将屈服极限与强度极限通称为极限应力，用 σ^0 表示。

为了保障构件在工作中有足够的强度，构件在荷载作用下的工作应力必须低于极限应力。为了确保安全，构件还应有一定的安全储备。在强度计算中，把极限应力 σ^0 除以一个大于 1 的因数，得到的应力值称为许用应力，用 $[\sigma]$ 表示，即

$$[\sigma] = \frac{\sigma^0}{n}$$

式中，大于 1 的因数 n 称为安全因数。

许用拉应力用 $[\sigma_t]$ 表示，许用压应力用 $[\sigma_c]$ 表示。在工程中安全因数 n 的取值范围由国家标准规定，一般不能任意改变。对于一般常用材料的安全因数及许用应力数值，在国家标准或有关手册中均可以查到。

（二）轴向拉伸和压缩杆的强度条件

为了保障构件安全工作，构件内最大工作应力必须小于许用应力，表示为

$$\sigma_{max} = \left(\frac{N}{A}\right)_{max} \leqslant [\sigma] \tag{3-7}$$

式(3-7)称为拉压杆的强度条件。对于等截面拉压杆，表示为

$$\sigma_{max} = \frac{N_{max}}{A} \leqslant [\sigma] \tag{3-8}$$

在计算中，若工作应力不超过许用应力的 5%，在工程中仍然是允许的。

二、轴向拉伸和压缩杆的强度计算

利用强度条件，可以解决以下三类强度问题：

(1)强度校核。在已知拉压杆的形状、尺寸和许用应力及受力情况下，检验构件能否满足上述强度条件，以判别构件能否安全工作。

(2)设计截面。已知拉压杆所受的荷载及所用材料的许用应力，根据强度条件设计截

面的形状和尺寸。

(3)计算许可荷载。已知拉压杆的截面尺寸及所用材料的许用应力,计算杆件所能承受的许可轴力,再根据此轴力计算许可荷载。

【例3-4】 如图3-13所示,起重吊钩的上端借螺母固定,若吊钩螺栓内径 $d=55$ mm,$F=170$ kN,材料许用应力$[\sigma]=160$ MPa,试校核螺栓部分的强度。

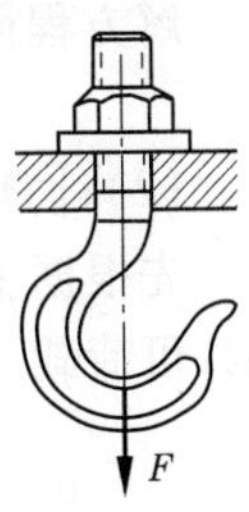

图3-13

解 计算螺栓内径处的面积

$$A=\frac{\pi d^2}{4}=\frac{\pi\times55^2}{4}=2\,375(\mathrm{mm}^2)$$

$$\sigma=\frac{N}{A}=\frac{F}{A}=\frac{170\times10^3}{2\,375}=71.6(\mathrm{MPa})<[\sigma]=160\ \mathrm{MPa}$$

吊钩螺栓部分安全。

【例3-5】 如图3-14所示的一托架,AC是圆钢杆,许用拉应力$[\sigma_t]=160$ MPa,BC是方木杆,$F=60$ kN,试选定钢杆直径 d。

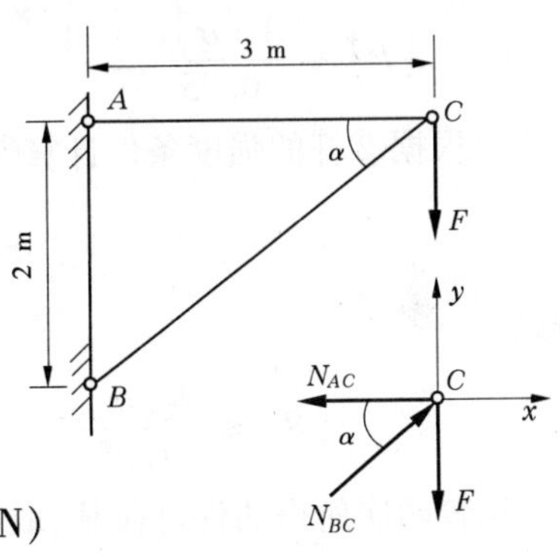

图3-14

解 (1)轴力分析。

取结点 C 为研究对象,并假设钢杆的轴力 N_{AC} 为拉力,木杆轴力 N_{BC} 为压力,由静力平衡条件

$$\sum Y=0\qquad N_{BC}\sin\alpha-F=0$$

$$N_{BC}=\frac{F}{\sin\alpha}=\frac{60}{\dfrac{2}{\sqrt{2^2+3^2}}}=108(\mathrm{kN})$$

$$\sum X=0\qquad -N_{AC}+N_{BC}\cos\alpha=0$$

$$N_{AC}=N_{BC}\cos\alpha=108\times\frac{3}{\sqrt{2^2+3^2}}=90(\mathrm{kN})$$

(2)设计截面。

钢杆
$$A=\frac{\pi d^2}{4}\geqslant\frac{N_{AC}}{[\sigma_t]}$$

$$d\geqslant\sqrt{\frac{4N_{AC}}{\pi[\sigma_t]}}=\sqrt{\frac{4\times90\times10^3}{\pi\times160}}=26.8(\mathrm{mm})$$

取 $d=27$ mm。

【例3-6】 如图3-15(a)所示的支架,①杆为直径 $d=16$ mm 的圆截面钢杆,许用应力$[\sigma]_1=160$ MPa,②杆为边长 $a=12$ cm 的正方形截面杆,$[\sigma]_2=10$ MPa,在结点 B 处挂一重物 P,求许可荷载$[P]$。

解 (1)计算杆的轴力。

取结点 B 为研究对象(见图3-15(b)),列平衡方程

$$\sum X=0\qquad -N_1-N_2\cos\alpha=0$$

$$\sum Y=0\qquad -P-N_2\sin\alpha=0$$

式中 α 由几何关系得：$\tan\alpha = \dfrac{2}{1.5} = 1.333$，则$\alpha = 53.13°$。

解方程得：$N_1 = 0.75P$（拉力）

$N_2 = -1.25P$（压力）

(2)计算许可荷载。

先根据①杆的强度条件计算①杆能承受的许可荷载$[P]$

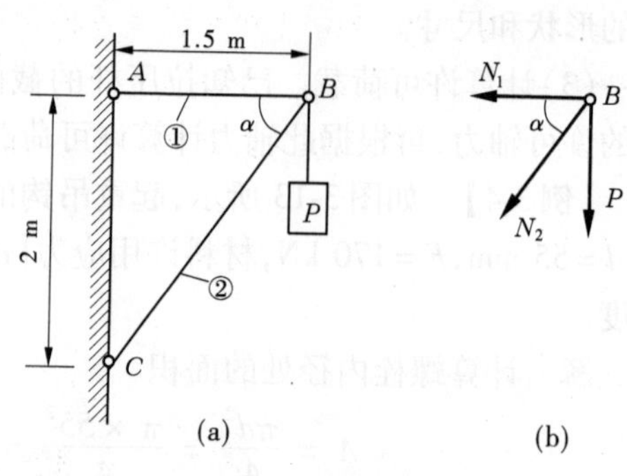

图 3-15

$$\sigma_1 = \frac{N_1}{A_1} = \frac{0.75P}{A_1} \leqslant [\sigma]_1$$

所以

$$[P] \leqslant \frac{A_1[\sigma]_1}{0.75} = \frac{\frac{1}{4} \times 3.14 \times 16^2 \times 160}{0.75} = 4.29 \times 10^4(\text{N}) = 42.9\ \text{kN}$$

再根据②杆的强度条件计算②杆能承受的许可荷载$[P]$

$$\sigma_2 = \frac{N_2}{A_2} = \frac{1.25P}{A_2} \leqslant [\sigma]_2$$

所以

$$[P] \leqslant \frac{A_2[\sigma]_2}{1.25} = \frac{120^2 \times 10}{1.25} = 11.52 \times 10^4(\text{N}) = 115.2\ \text{kN}$$

比较两次所得的许可荷载，取其较小者，则整个支架的许可荷载为$[P] \leqslant 42.9$ kN。

习　题

3-1　计算图 3-16 所示杆各段横截面上的轴力，并绘出杆的轴力图。

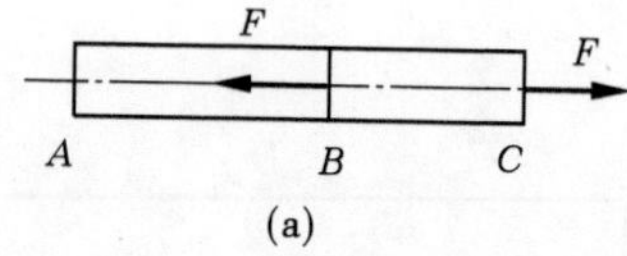

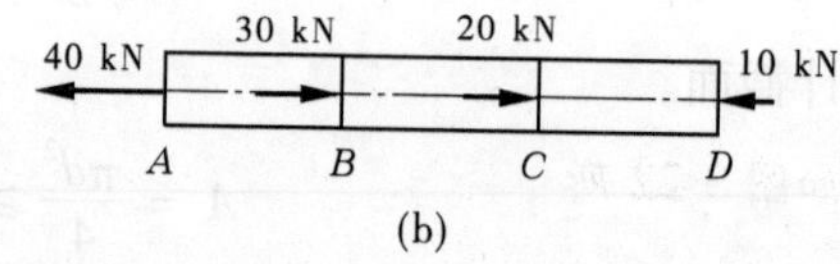

图 3-16

3-2　作出图 3-17 所示阶梯状直杆的轴力图，已知横截面的面积 $A_1 = 200\ \text{mm}^2$，$A_2 = 300\ \text{mm}^2$，$A_3 = 400\ \text{mm}^2$，并计算各横截面上的应力。

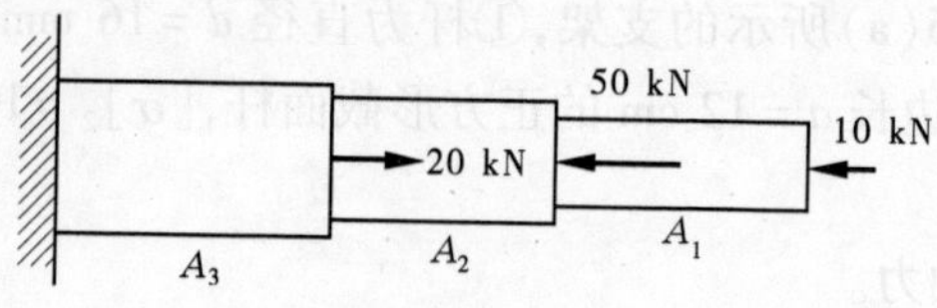

图 3-17

3-3　一起重架由 100 mm × 100 mm 的木杆 BC 和直径为 30 mm 的钢拉杆 AB 组成，如图 3-18 所示。现起吊一重物 $W = 40$ kN，求杆 AB 和杆 BC 中的正应力。

3-4　图 3-19 所示横截面为正方形的阶梯形砖柱承受荷载 $P=40$ kN 作用，材料的弹性模量 $E=2\times10^{5}$ MPa，上、下柱截面尺寸如图所示。(1)作轴力图；(2)计算上、下柱的正应力；(3)计算上、下柱的线应变；(4)计算 A、B 截面的位移。

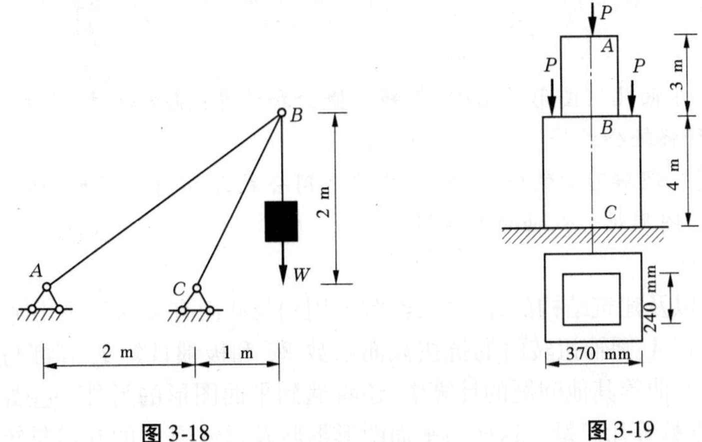

图 3-18　　图 3-19

3-5　图 3-20 所示为一双层吊架，设 1、2 杆的直径为 8 mm，3、4 杆的直径为 12 mm，杆材料的许用应力$[\sigma]=170$ MPa，试验算各杆的强度。

3-6　如图 3-21 所示的起重机，起重量 $P=35$ kN，绳索 AB 的许用应力$[\sigma]=45$ MPa，试根据绳索的强度条件选择其直径 d。

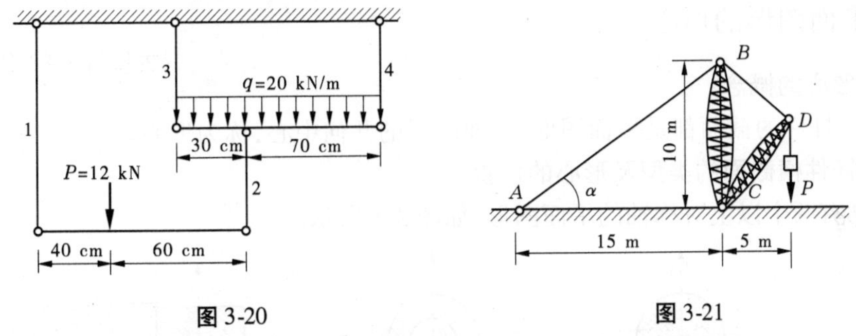

图 3-20　　图 3-21

3-7　如图 3-22 所示的吊架中拉杆 AB 是用直径 $d=6$ mm 钢筋制成的，已知$[\sigma]=170$ MPa，试计算最大的许可荷载 q 为多少？

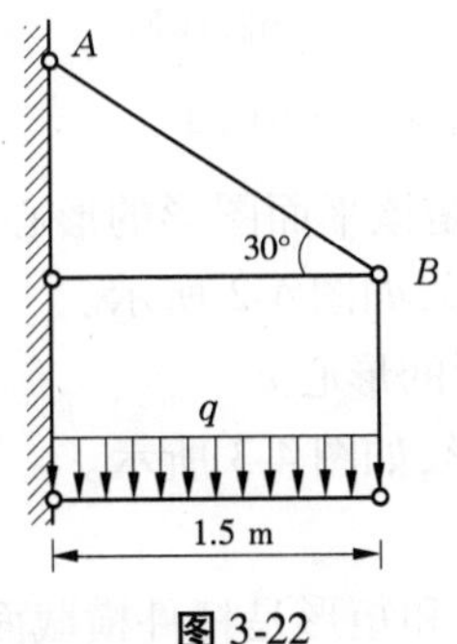

图 3-22

学习情境四　平面图形的几何性质

【知识点】 平面几何图形的形心、静矩的概念和计算；惯性矩、极惯性矩、惯性积、惯性半径的概念；平行移轴公式等。

【教学目标】 理解形心的概念；能够熟练运用公式计算简单图形和组合图形的静矩、惯性矩；识记简单图形对形心轴的惯性矩。

在建筑力学以及建筑结构的计算中，经常要用到与截面有关的一些几何量。例如，轴向拉压的横截面面积 A、圆轴扭转时的抗扭截面系数 W_p 和极惯性矩 I_ρ 等都与构件的强度和刚度有关。杆件弯曲等其他问题的计算中，还将遇到平面图形的另外一些如形心、静矩、惯性矩、抗弯截面系数等几何量。这些与平面图形形状及尺寸有关的几何量统称为平面图形的几何性质。

子情境一　形心坐标和静矩的计算

一、平面图形的形心

（一）形心的概念

工程中杆件的截面都是平面图形，平面图形的几何中心，称为形心。

（二）杆件横截面的类型及形心的位置

（1）具有两个以上对称轴的平面图形，如图 4-1 所示。

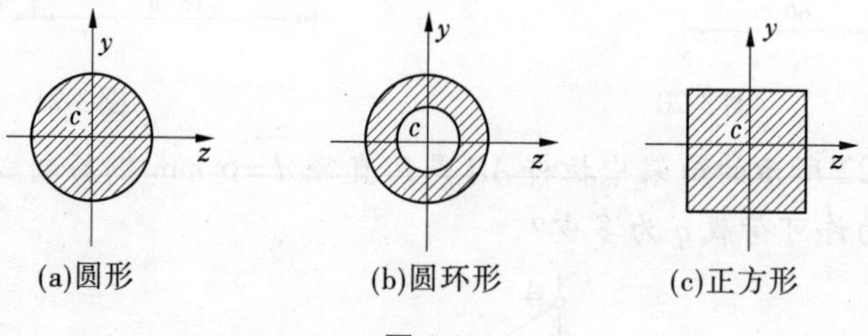

(a)圆形　(b)圆环形　(c)正方形

图 4-1

对称轴的交点，即对称中心，就是该平面图形的形心 c。

（2）具有两个对称轴的平面图形，如图 4-2 所示。

对称轴的交点，即是该平面图形的形心 c。

（3）只有一个对称轴的平面图形，如图 4-3 所示。

平面图形的形心 c 在对称轴上。

从以上一些图形可以看出，圆形和矩形是杆件横截面的最简单图形，其他形状的平面图形均可看成是最简单图形的组合。因此，我们在介绍平面图形的几何性质时，主要介绍圆形和矩形的几何性质。

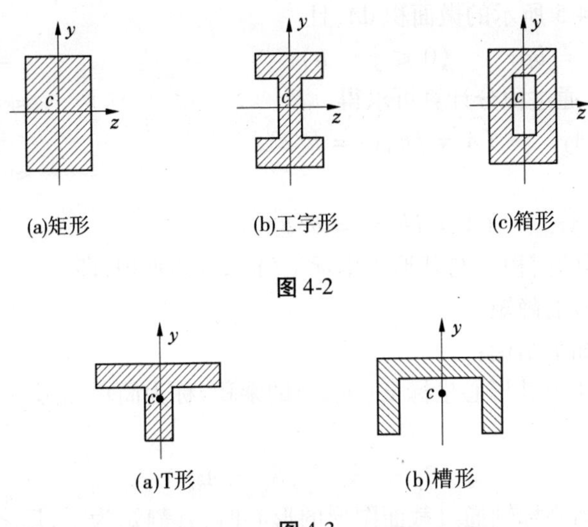

(a)矩形　(b)工字形　(c)箱形

图 4-2

(a)T形　(b)槽形

图 4-3

二、平面图形形心坐标和静矩的计算

(一)静矩的定义

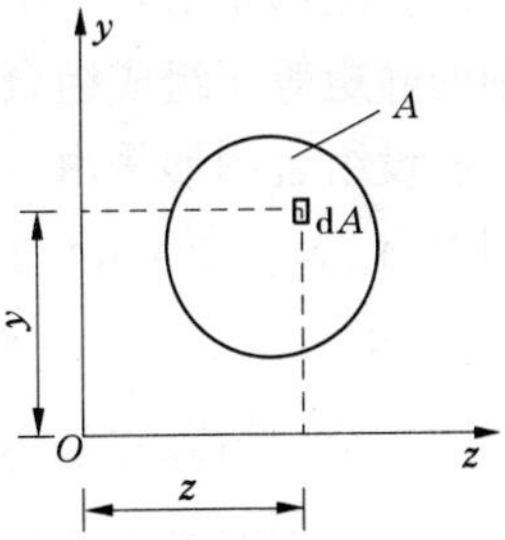

如图 4-4 所示,任意平面图形上所有微面积 dA,与其坐标 y(或 z)乘积的总和,称为该平面图形对 z 轴(或 y 轴)的静矩(又称为面积矩),用 S_z(或 S_y)表示,即

$$S_z = \int_A y\mathrm{d}A \qquad S_y = \int_A z\mathrm{d}A \tag{4-1}$$

图 4-4

由式(4-1)可知,静矩为代数量,它可为正,可为负,也可为零。

静矩常用单位为 m^3 或 mm^3。

(二)简单图形静矩的计算

(1)圆形,如图 4-5 所示。

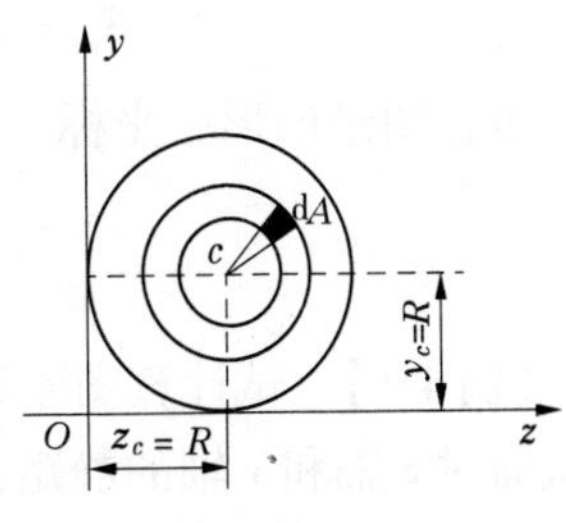

图 4-5

以圆形的形心 c 作为圆心,以 r 为半径作一小圆,再以 $r+\mathrm{d}r$为半径作一小圆($r<R$);然后以与过 c 点的水平线之夹角为 θ 处作一半径 $r+\mathrm{d}r$,再以与过 c 点的水平线之夹角为 $\theta+\mathrm{d}\theta$处作一半径 $r+\mathrm{d}r$,所作的两个圆与两条半径之间所夹的区域即是一个微面积 dA,且

$$\mathrm{d}A = r\mathrm{d}\theta\mathrm{d}r$$

微面积 dA 的坐标为

$$y = R + r\sin\theta$$

$$z = R + r\cos\theta \qquad (0 \leqslant r \leqslant R, 0 \leqslant \theta \leqslant 2\pi)$$

根据静矩的定义,通过积分计算可求得

$$S_z = Ay_c \qquad S_y = Az_c \qquad (\text{圆的面积}:A = \pi R^2)$$

上式的意义:圆形的面积 A 与其形心坐标 y_c(或 z_c)的乘积,即是圆形对 z 轴(或 y 轴)的静矩。

(2)矩形,如图 4-6 所示。

在矩形上取如图 4-5 所示的微面积 dA，且

$$\mathrm{d}A = b\mathrm{d}y \qquad (0 \leqslant y \leqslant h)$$

根据静矩的定义，通过积分计算可求得

$$S_z = Ay_c \qquad (A = bh, y_c = h/2)$$

同理，可以求得

$$S_y = Az_c \qquad (A = bh, z_c = b/2)$$

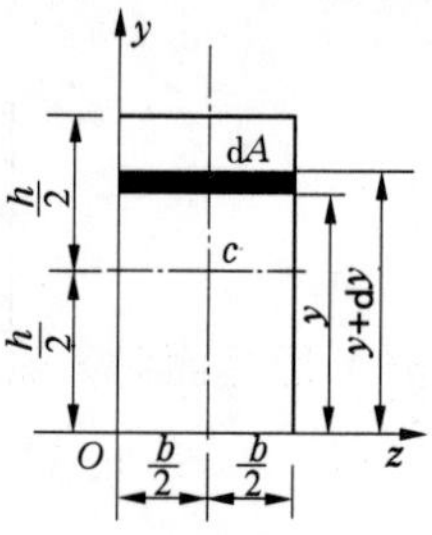

上式的意义：矩形的面积 A 与其形心坐标 y_c（或 z_c）的乘积，即是矩形对 z 轴（或 y 轴）的静矩。

图 4-6

由以上可以得出如下结论：

简单图形的面积 A 与其形心坐标 y_c（或 z_c）的乘积，称为简单图形对 z 轴（或 y 轴）的静矩，即

$$S_z = Ay_c \qquad S_y = Az_c \tag{4-2}$$

从式（4-2）可知，当坐标轴通过截面图形的形心时，其静矩为零；反之，截面图形对某轴的静矩为零，则该轴一定通过截面图形的形心。

（三）组合图形形心坐标和静矩的计算

组合图形是由若干个简单图形组合而成的图形，根据静矩的定义可知：组合图形对某坐标轴的静矩等于组成组合图形的各简单图形对同一个坐标轴静矩的代数和。

假设组合图形是由 n 个简单图形组成的，且面积分别为 A_1、A_2、…、A_i、…、A_n，形心坐标分别为（y_{c1}，z_{c1}）、（y_{c2}，z_{c2}）、…、（y_{ci}，z_{ci}）、…、（y_{cn}，z_{cn}），则

$$S_z = A_1y_{c1} + A_2y_{c2} + \cdots + A_ny_{cn} = \sum A_iy_{ci}$$

$$S_y = A_1z_{c1} + A_2z_{c2} + \cdots + A_nz_{cn} = \sum A_iz_{ci}$$

假设组合图形的面积为 A，形心坐标为（y_c，z_c），则根据简单图形静矩的结论可得

$$S_z = Ay_c \qquad S_y = Az_c$$

所以，组合图形的静矩

$$S_z = Ay_c = \sum A_iy_{ci} \qquad S_y = Az_c = \sum A_iz_{ci} \tag{4-3}$$

组合图形的形心坐标

$$y_c = \frac{\sum A_iy_{ci}}{A} \qquad z_c = \frac{\sum A_iz_{ci}}{A} \tag{4-4}$$

【例 4-1】 试计算图 4-7 所示倒 T 形截面的形心坐标以及截面对 z 轴和 y 轴的静矩（图中尺寸单位为 mm）。

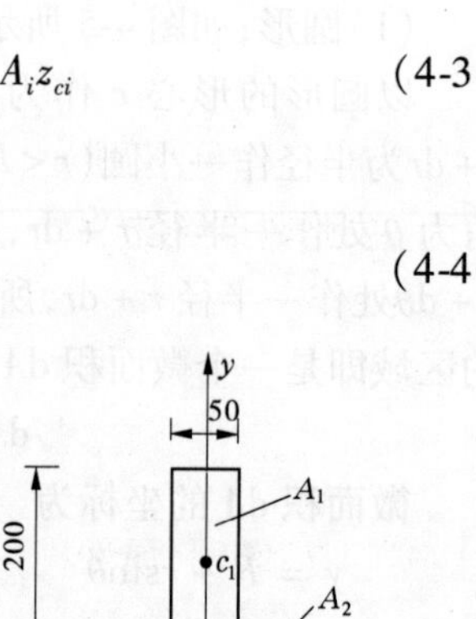

图 4-7 （单位：mm）

解 将倒 T 形截面分为两个矩形，其面积和形心坐标分别为

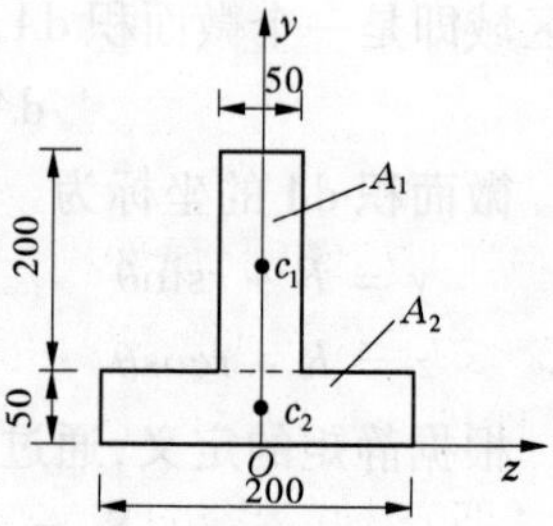

$$A_1 = 50 \times 200 = 1.0 \times 10^4 (\mathrm{mm}^2)$$

$$y_{c1} = 150 \qquad z_{c1} = 0$$

$$A_2 = 50 \times 200 = 1.0 \times 10^4 (\mathrm{mm}^2)$$

$$y_{c2} = 25 \qquad z_{c2} = 0$$

根据式（4-4），可得，倒 T 形截面的形心坐标为

$$y_c = \frac{A_1 y_{c1} + A_2 y_{c2}}{A} = \frac{1.0 \times 10^4 \times (150 + 25)}{2.0 \times 10^4} = 87.5(\text{mm})$$

$$z_c = \frac{A_1 z_{c1} + A_2 z_{c2}}{A} = 0$$

倒 T 形截面对 z 轴和 y 轴的静矩分别为

$$S_z = Ay_c = \sum A_i y_{ci} = 2.0 \times 10^4 \times 87.5 = 1.75 \times 10^6(\text{mm}^3)$$

$$S_y = Az_c = \sum A_i z_{ci} = 2.0 \times 10^4 \times 0 = 0$$

子情境二　惯性矩、极惯性矩、惯性积的计算

一、惯性矩、极惯性矩、惯性积的定义

(一)惯性矩的定义

如图 4-8 所示,任意平面图形上所有微面积 dA 与其坐标 y(或 z)平方乘积的总和,称为该平面图形对 z 轴(或 y 轴)的惯性矩,用 I_z(或 I_y)表示,即

$$\left.\begin{aligned} I_z &= \int_A y^2 \mathrm{d}A \\ I_y &= \int_A z^2 \mathrm{d}A \end{aligned}\right\} \tag{4-5}$$

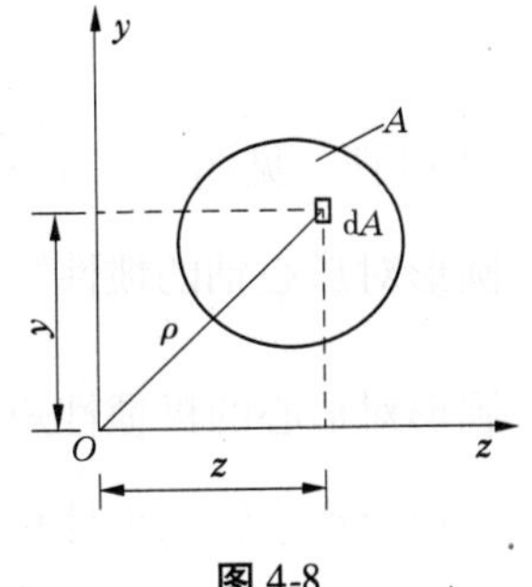

图 4-8

式(4-5)表明,惯性矩恒为正值,常用单位为 m^4 或 mm^4。

(二)极惯性矩的定义

如图 4-8 所示,任意平面图形上所有微面积 dA 与其到坐标原点的距离 ρ 平方乘积的总和,称为该平面图形对坐标原点的极惯性矩,用 I_ρ 表示,即

$$I_\rho = \int_A \rho^2 \mathrm{d}A \tag{4-6}$$

式(4-6)表明,极惯性矩恒为正值,常用单位为 m^4 或 mm^4。

(三)惯性积的定义

如图 4-8 所示,任意平面图形上所有微面积 dA 与其坐标 z、y 乘积的总和,称为该平面图形对 z、y 两轴的惯性积,用 I_{zy}表示,即

$$I_{zy} = \int_A zy \mathrm{d}A \tag{4-7}$$

式(4-7)表明,惯性积为代数量,可为正,可为负,也可为零。在两坐标轴中,只要 z、y 两轴之一为平面图形的对称轴,该平面图形对 z、y 两轴的惯性积一定等于零。

惯性积常用单位为 m^4 或 mm^4。

(四)惯性半径的定义

在工程中为了计算方便,将平面图形的惯性矩表示为图形面积与某一长度平方的乘积,即

$$I_z = i_z^{\ 2} A \qquad I_y = i_y^{\ 2} A \tag{4-8}$$

式中，i_z、i_y 称为平面图形对 z、y 轴的惯性半径。

惯性半径常用单位为 m 或 mm。

二、简单图形对形心轴的惯性矩、极惯性矩、惯性积的计算

过形心的坐标轴，称为形心轴，如图 4-9 所示。根据惯性矩、极惯性矩、惯性积的定义，通过积分计算可得。

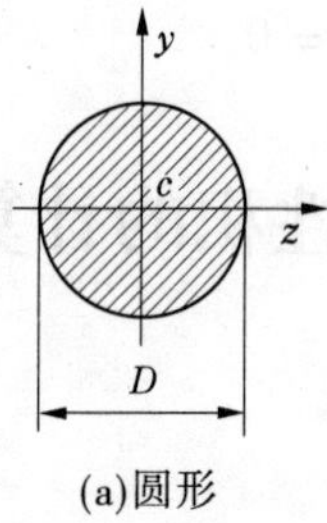

(a)圆形

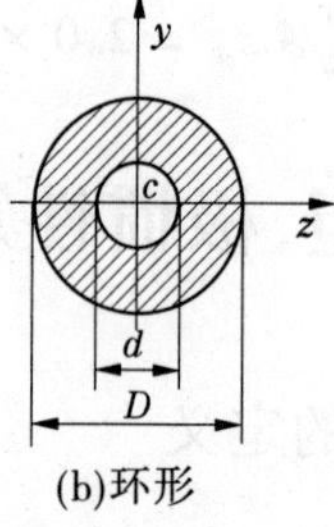

(b)环形

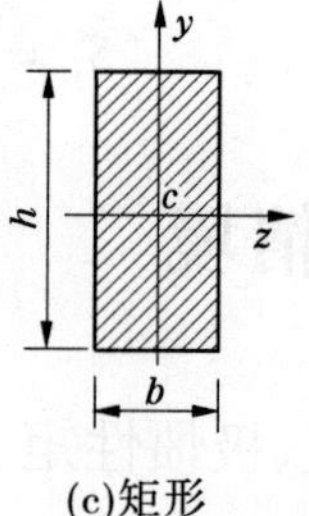

(c)矩形

图 4-9

(1)圆形(见图 4-9(a))：

圆形对形心轴的惯性矩 $I_z = I_y = \dfrac{\pi D^4}{64}$

圆形对形心的极惯性矩 $I_\rho = \dfrac{\pi D^4}{32}$

圆形对形心轴的惯性积 $I_{zy} = 0$

圆形对形心轴的惯性半径 $i_z = i_y = \dfrac{D}{4}$

(2)环形(见图 4-9(b))：

环形对形心轴的惯性矩 $I_z = I_y = \dfrac{\pi(D^4 - d^4)}{64}$

环形对形心的极惯性矩 $I_\rho = \dfrac{\pi(D^4 - d^4)}{32}$

环形对形心轴的惯性积 $I_{zy} = 0$

环形对形心轴的惯性半径 $i_z = i_y = \dfrac{\sqrt{D^2 + d^2}}{4}$

(3)矩形(见图 4-9(c))：

矩形对形心轴的惯性矩 $I_z = \dfrac{bh^3}{12}$ $I_y = \dfrac{hb^3}{12}$

矩形对形心的极惯性矩 $I_\rho = \dfrac{bh^3 + hb^3}{12}$

矩形对形心轴的惯性积 $I_{zy} = 0$

矩形对形心轴的惯性半径 $i_z = \dfrac{h}{\sqrt{12}}$ $i_y = \dfrac{b}{\sqrt{12}}$

习 题

4-1 试计算图 4-10 所示平面图形的形心坐标。

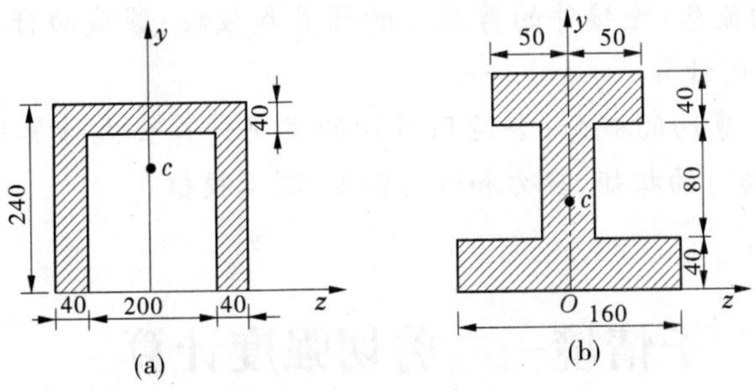

图 4-10 （单位:mm）

学习情境五　剪切和扭转杆的强度计算

【知识点】 剪切的概念；连接件的剪应力的计算和校核；圆截面杆扭转时的内力——扭矩、应力及强度、刚度的计算。

【教学目标】 理解剪切的概念；会运用剪切的实用计算公式计算剪应力进行强度校核；会计算圆截面杆扭转时的扭矩、应力和进行强度、刚度校核。

子情境一　剪切强度计算

一、剪切的概念

剪切变形是杆件的基本变形之一。它是指杆件受到一对垂直于杆轴方向的大小相等、方向相反、作用线相距很近的外力作用所引起的变形，如图5-1(a)所示。此时，截面 cd 相对于 ab 将发生相对错动，即剪切变形。若变形过大，杆件将在两个外力作用面之间的某一截面 $m—m$ 处被剪断，被剪断的截面称为剪切面，如图5-1(b)所示。

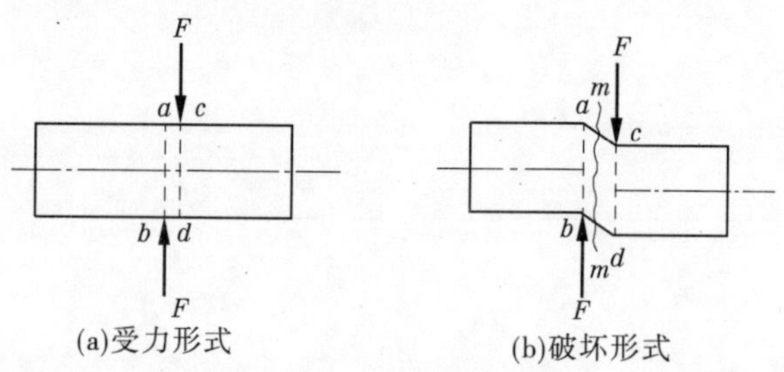

图5-1　剪切变形

工程中遇到的剪切变形常常发生在一些连接零件中，例如铆钉连接中的铆钉（见图5-2(a)）及销轴连接中的销钉（见图5-2(b)）等都是以剪切变形为主的构件。

二、剪切强度的实用计算

剪切面上的内力可用截面法求得。假想将铆钉沿剪切面截开分为上、下两部分，任取其中一部分为研究对象（见图5-3(c)），由平衡条件可知，剪切面上的内力 V 必然与外力方向相反，大小由

$$\sum X = 0,\quad F - V = 0,\quad 得\ V = F$$

这种平行于截面的内力 V 称为剪力。

与剪力 V 相应，在剪切面上有剪应力 τ 存在（见图5-3(d)）。剪应力在剪切面上的分布情况十分复杂，工程上通常采用一种以试验及经验为基础的实用计算方法来计算，假定剪切

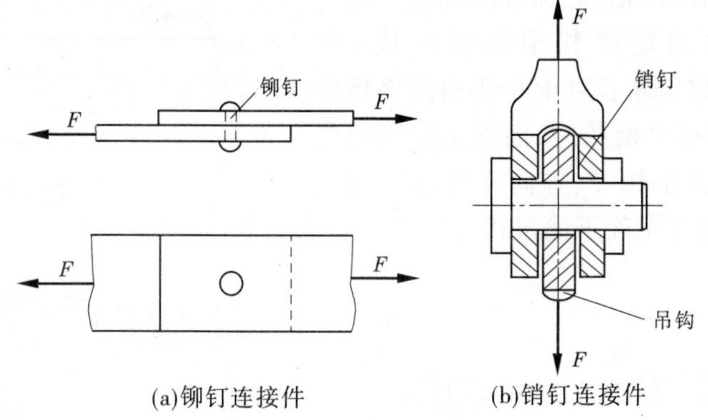

(a)铆钉连接件　(b)销钉连接件

图 5-2　连接件的剪切变形

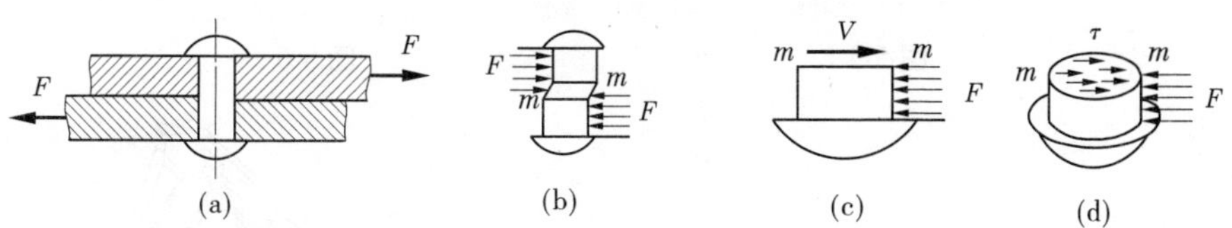

(a)　(b)　(c)　(d)

图 5-3　剪切的实用计算

面上的剪应力 τ 是均匀分布的。因此,平均剪应力为

$$\tau = \frac{V}{A} \tag{5-1}$$

式中:A 为剪切面的面积;V 为剪切面上的剪力。

为保证构件不发生剪切破坏,就要求剪切面上的平均剪应力不超过材料的许用剪应力,即剪切时的强度条件为

$$\tau = \frac{V}{A} \leqslant [\tau] \tag{5-2}$$

式中:$[\tau]$为许用剪应力。许用剪应力由剪切试验测定。

各种材料的许用剪应力可在有关手册中查得。

子情境二　圆截面杆扭转时的强度计算

一、圆截面杆扭转时的内力

(一)扭转的概念

扭转变形是杆件的基本变形之一。在垂直于杆件轴线的两个平面内,作用一对大小相等、方向相反的力偶时,杆件就会产生扭转变形。扭转变形的特点是各横截面绕杆的轴线发生相对转动。我们将杆件任意两横截面之间相对转过的角度 φ 称为扭转角,如图 5-4 所示。在工程中以扭转变形为主的杆件称为轴。

在工程实际中,有很多以扭转变形为主的杆件。如图 5-5 所示的常用的螺丝刀拧螺钉,图 5-6 所示的用手电钻钻孔,螺丝刀杆和钻头都是受扭的杆件。图 5-7 所示的载重汽车的

传动轴。图 5-8 所示的挖掘机的传动轴。

又如雨篷由雨篷梁和雨篷板组成（见图 5-9(a)），雨篷梁每米长度上承受由雨篷板传来的均布力矩，根据平衡条件，雨篷梁嵌固的两端必然产生与之大小相等、方向相反的反力矩（见图 5-9(b)），雨篷梁处于受扭状态。

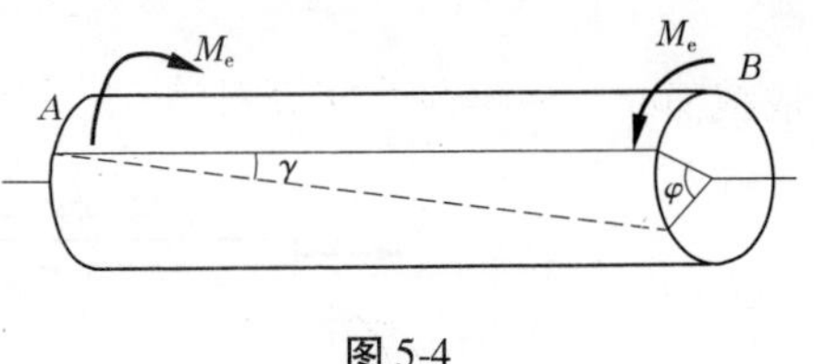

图 5-4

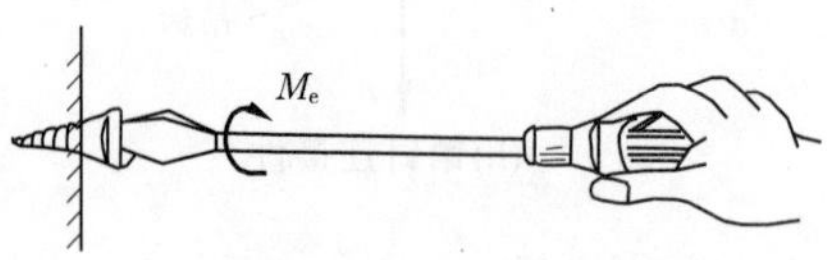

图 5-5

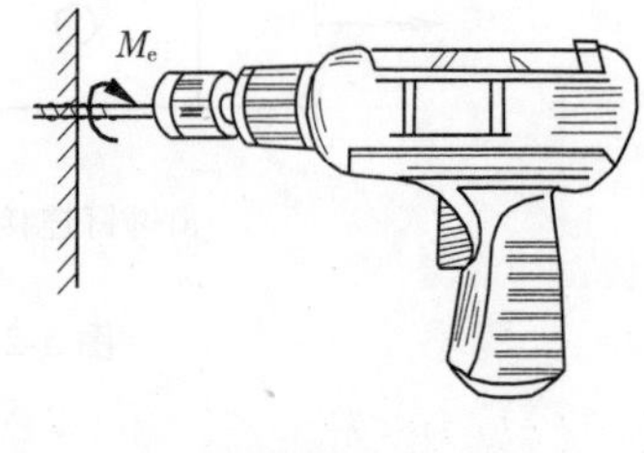

图 5-6

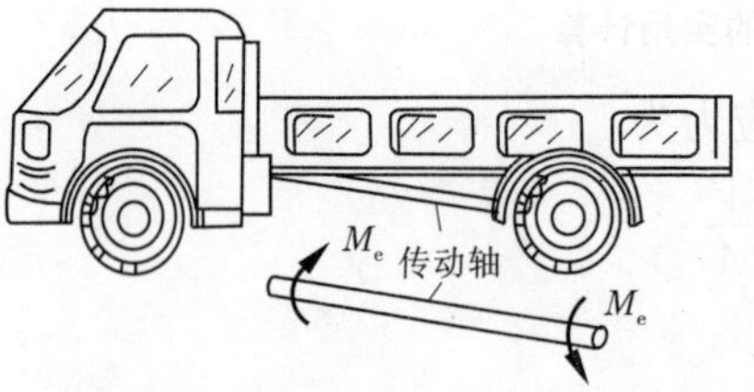

图 5-7

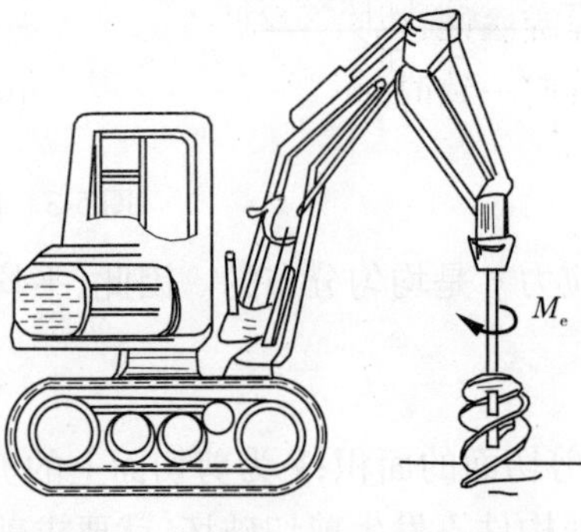

图 5-8

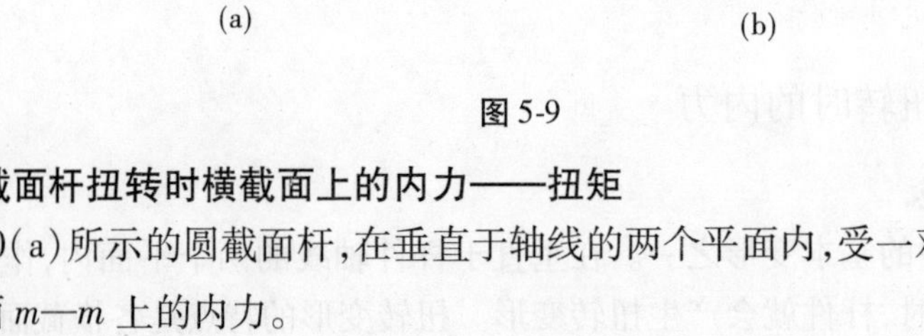

(a)

(b)

图 5-9

（二）圆截面杆扭转时横截面上的内力——扭矩

如图 5-10(a)所示的圆截面杆，在垂直于轴线的两个平面内，受一对外力偶矩 M_e 作用，现求任一截面 $m—m$ 上的内力。

求内力的基本方法仍是截面法，用一个假想横截面在杆件的任意位置 $m—m$ 处将杆件截开，取左段为研究对象，如图 5-10(b)所示。由于左端作用一个外力偶 M_e 作用，为了保持左段轴的平衡，在左截面 $m—m$ 的平面内，必然存在一个与外力偶相平衡的内力偶，其内力偶矩 M_n 称为扭矩，大小由 $\sum M_x=0$ 得

$$M_n = M_e \tag{5-3}$$

若取截面 $m—m$ 右段为研究对象，也可得到同样的结果，但扭矩的转向相反。

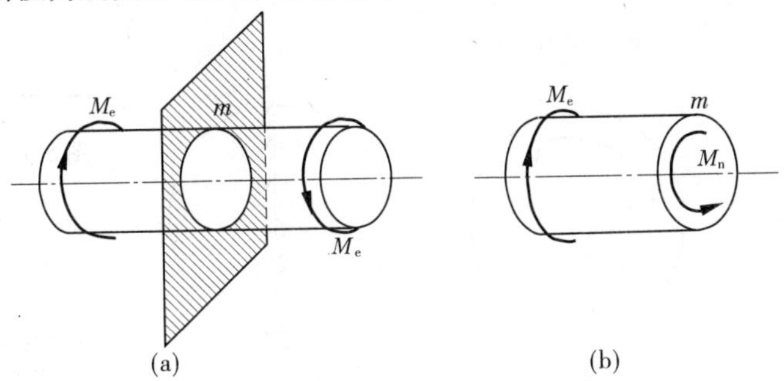

图 5-10

扭矩的单位与力矩相同，常用 N · m 或 kN · m。

为了使由截面的左、右两段求得的扭矩具有相同的正负号，对扭矩的正、负作如下规定：采用右手螺旋法则，以右手弯曲的四指表示扭矩的转向，当与四指相垂直的拇指的指向与截面外法线方向一致时，扭矩为正号；反之为负号。如图 5-11 所示。

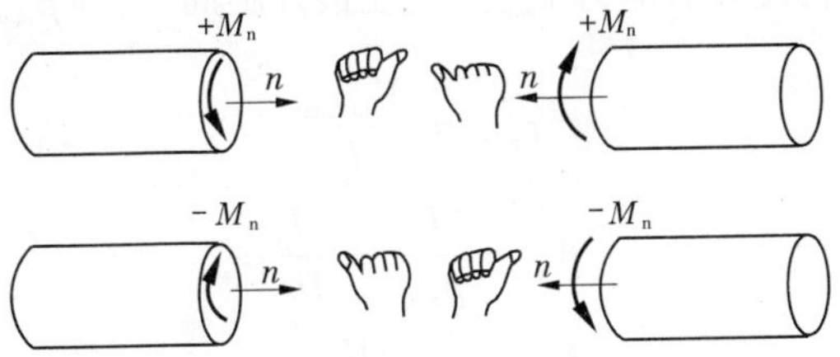

图 5-11

二、圆截面杆扭转时的应力

经过理论研究得知，圆截面杆扭转时横截面上任意点只存在着剪应力，其剪应力 τ 的大小与横截面上的扭矩 M_n 及要求剪应力的点到圆心的距离(半径)ρ 成正比，剪应力的方向垂直于半径，其计算公式为

$$\tau = \frac{M_n \rho}{I_\rho} \tag{5-4}$$

式中，I_ρ 称为截面对形心的极惯性矩，它是一个与截面的形状和尺寸有关的几何量，其定义为

$$I_\rho = \int_A \rho^2 \mathrm{d}A$$

I_ρ 的常用单位为 m^4 或 mm^4。

实心圆截面的极惯性矩为

$$I_\rho = \frac{\pi D^4}{32}$$

空心圆截面的极惯性矩为

$$I_\rho = \frac{\pi}{32}(D^4 - d^4)$$

式中，D、d 分别表示外径和内径。

可以看出，在同一截面上剪应力沿半径方向呈直线变化，同一圆周上各点剪应力相等，如图 5-12 所示。

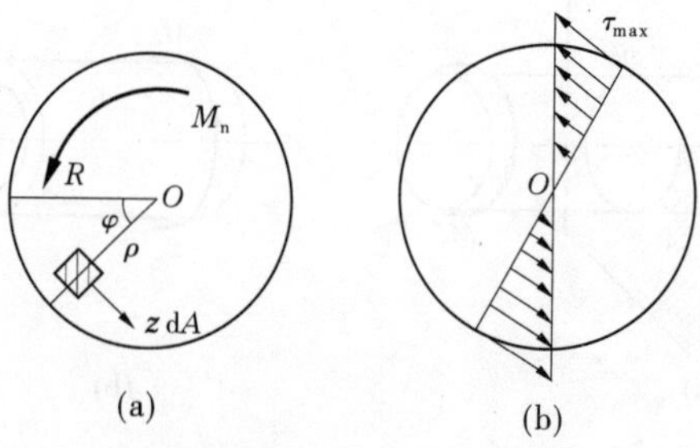

图 5-12　实心圆截面上剪应力分布

三、圆截面杆扭转时的强度计算

（一）最大剪应力

由式（5-4）可以看出，最大剪应力 τ_{max} 发生在最外圆周处，即 $\rho_{max} = \dfrac{D}{2}$ 处。于是

$$\tau_{max} = \frac{M_n \rho_{max}}{I_\rho}$$

$$W_p = \frac{I_\rho}{\rho_{max}} = \frac{I_\rho}{D/2}$$

$$\tau_{max} = \frac{M_n}{W_p} \tag{5-5}$$

式中，W_p 称为抗扭截面系数，其常用单位为 m^3 或 mm^3。

实心圆截面的抗扭截面系数为

$$W_p = \frac{I_\rho}{\rho_{max}} = \frac{\dfrac{\pi D^4}{32}}{\dfrac{D}{2}} = \frac{\pi D^3}{16}$$

空心圆截面的抗扭截面系数为

$$W_p = \frac{\pi D^3}{16}(1 - \alpha^4)$$

式中，$\alpha = d/D$。

（二）圆截面杆扭转时的强度条件

为了保证圆截面杆的正常工作，杆内最大剪应力 τ_{max} 不应超过材料的许用剪应力 $[\tau]$，所以圆截面杆扭转时的强度条件为

$$\tau_{max} = \frac{M_n}{W_p} \leqslant [\tau] \tag{5-6}$$

式中，$[\tau]$ 为材料的许用剪应力。

（三）圆截面杆扭转时的强度计算

根据强度条件，可以对圆截面杆进行三方面计算，即强度校核、设计截面和确定许用

荷载。

【例 5-1】 图 5-13 所示一钢制圆轴，受一对外力偶的作用，其力偶矩 $M_e = 2.5$ kN · m，已知轴的直径 $D = 60$ mm，许用剪应力 $[\tau] = 60$ MPa。试对该轴进行强度校核。

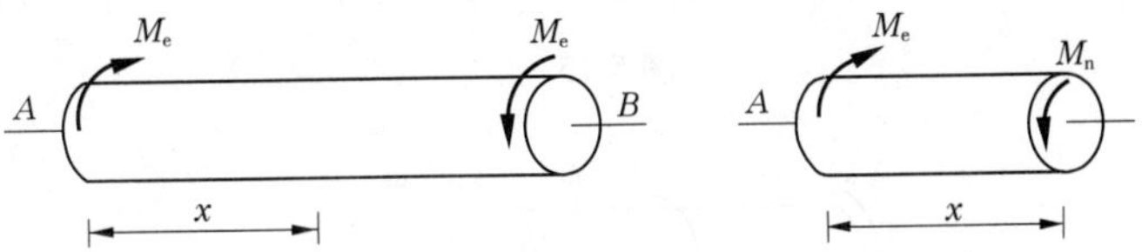

图 5-13

解 （1）计算扭矩 M_n。

$$M_n = M_e = 2.5 \text{ kN} \cdot \text{m}$$

（2）校核强度。

圆轴受扭时最大剪应力发生在横截面的边缘上，根据式（5-5）计算，得

$$\tau_{max} = \frac{M_n}{W_p} = \frac{M_n}{\frac{\pi D^3}{16}} = \frac{2.5 \times 10^6 \times 16}{3.14 \times 60^3} = 59(\text{MPa}) < [\tau] = 60 \text{ MPa}$$

故轴满足强度要求。

习 题

5-1 如图 5-14 所示，正方形的混凝土柱，其横截面边长为 $b = 200$ mm，其基底为边长 $a = 1$ m的正方形混凝土板。柱受轴向压力 $F = 100$ kN 作用，假设地基对混凝土板的反力为均匀分布，混凝土的许用剪应力 $[\tau] = 1.5$ MPa，试问若使柱不致穿过混凝土板，所需的最小厚度 δ 应为多少？

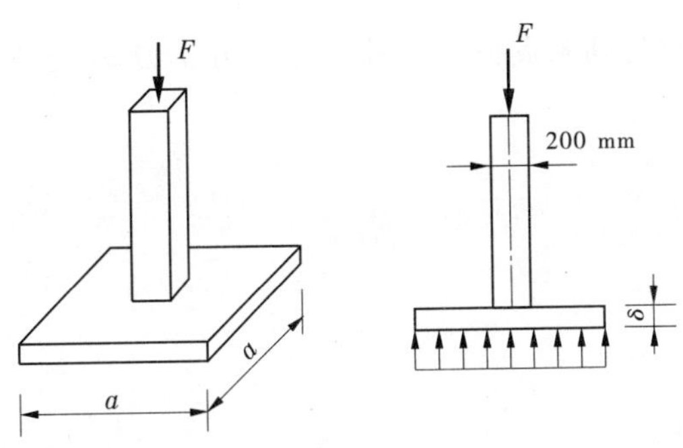

图 5-14

5-2 如图 5-15 所示，厚度 $\delta = 6$ mm 的两块钢板用三个铆钉连接，已知 $F = 50$ kN，连接件的许用剪应力 $[\tau] = 100$ MPa，试确定铆钉直径 d。

5-3 试用截面法求图 5-16 所示两轴各段的扭矩 M_n。

5-4 如图 5-17 所示一圆轴，直径 $D = 110$ mm，力偶矩 $M_e = 14$ kN · m，材料的许用剪应力 $[\tau] = 70$ MPa，试计算横截面 A、B、C 各点处的剪应力，并校核轴的强度。

5-5 一实心圆轴，承受的扭矩为 $M_n = 4$ kN · m，如果材料的许用切应力 $[\tau] = 100$

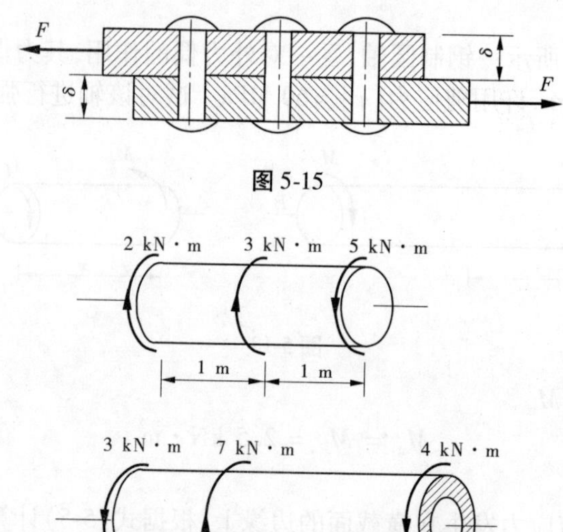

图 5-15

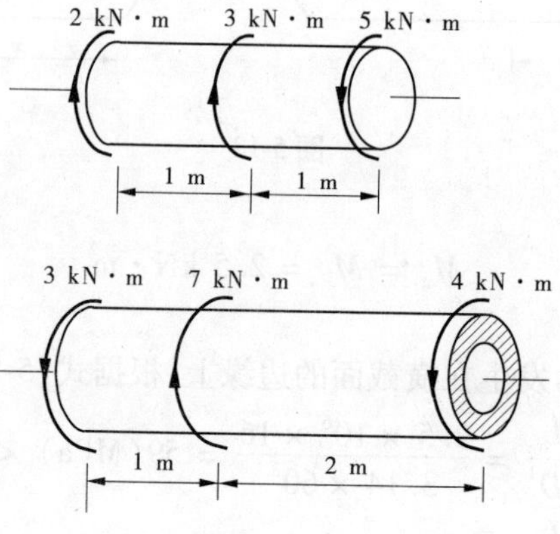

图 5-16

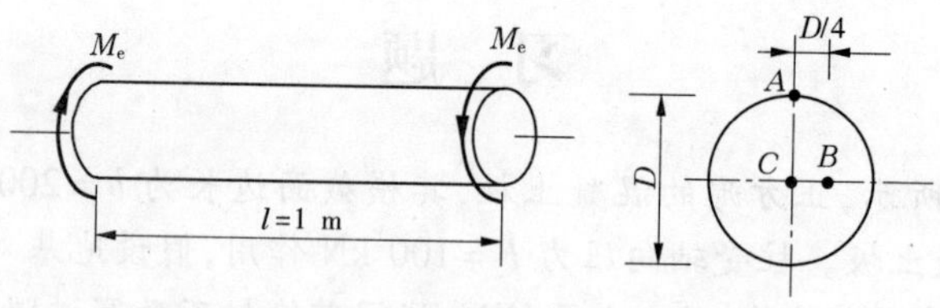

图 5-17

MPa,试设计该轴的直径。

5-6　如果将题 5-5 中的轴制成内径与外径之比为 $d/D=0.5$ 的空心圆截面轴,试设计轴的外径 D。

学习情境六　弯曲杆的强度计算

【知识点】 梁弯曲变形的概念;梁平面弯曲时横截面上的内力——弯矩和剪力、内力正负号规定;截面法求指定截面上的内力;荷载集度、剪力和弯矩之间的微分关系及其在绘制内力图上的应用;叠加法绘制弯矩图;区段叠加法绘制弯矩图。

梁纯弯曲时的正应力分布规律及正应力计算公式;梁的正应力强度条件及强度计算;矩形截面梁与工字形截面梁剪应力的计算公式,常用截面梁的最大剪应力公式;梁的剪切强度条件;梁的合理截面形状,提高梁抗弯强度的措施。

梁变形的概念;抗弯刚度;叠加法求梁的变形;梁的刚度条件;提高梁刚度的措施。

【教学目标】 理解梁平面弯曲的概念及其受力特点、变形特点;会用截面法计算梁的剪力和弯矩;掌握画梁的内力图的基本方法及其规律;理解荷载集度、剪力和弯矩之间的微分关系;理解叠加原理;会用叠加法画弯矩图。

掌握正应力分布规律及横截面上任一点的正应力计算公式;理解正应力强度条件,熟练对梁进行正应力强度计算;了解剪应力的分布规律及剪应力强度条件;掌握梁的变形及刚度条件。

掌握用叠加法求梁的变形,理解梁的挠度与转角的概念;了解刚度条件及刚度计算;了解提高梁抗弯刚度的措施。

子情境一　单跨静定梁弯曲时的内力计算

一、平面弯曲

(一)平面弯曲的概念

当杆件受到垂直于杆轴的外力作用或在纵向平面内受到力偶作用时(见图 6-1),杆轴由直线弯成曲线,这种变形称为弯曲。以弯曲变形为主的杆件称为梁。

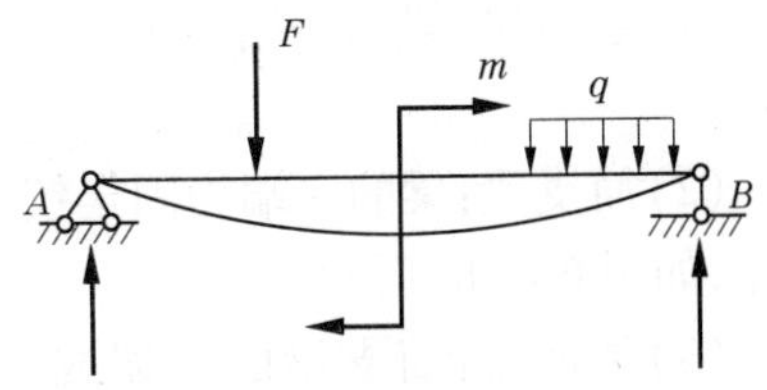

图 6-1　受弯杆件的受力形式

弯曲变形是工程中最常见的一种基本变形。例如房屋建筑中的楼面梁,受到楼面荷载和梁自重的作用,将发生弯曲变形(见图 6-2),阳台挑梁(见图 6-3)等都是以弯曲变形为主的构件。

工程中常见的梁,其横截面往往有一根对称轴,如图 6-4 所示,这根对称轴与梁轴所组成的平面,称为纵向对称平面,如图 6-5 所示。如果作用在梁上的外力(包括荷载和支座反力)和外力偶都位于纵向对称平面内,梁变形后,轴线将在此纵向对称平面内弯曲。

这种梁的弯曲平面与外力作用平面相重合的弯曲,称为平面弯曲。平面弯曲是一种最简单,也是最常见的弯曲变形,该部分内容主要学习等截面直梁的平面弯曲问题。

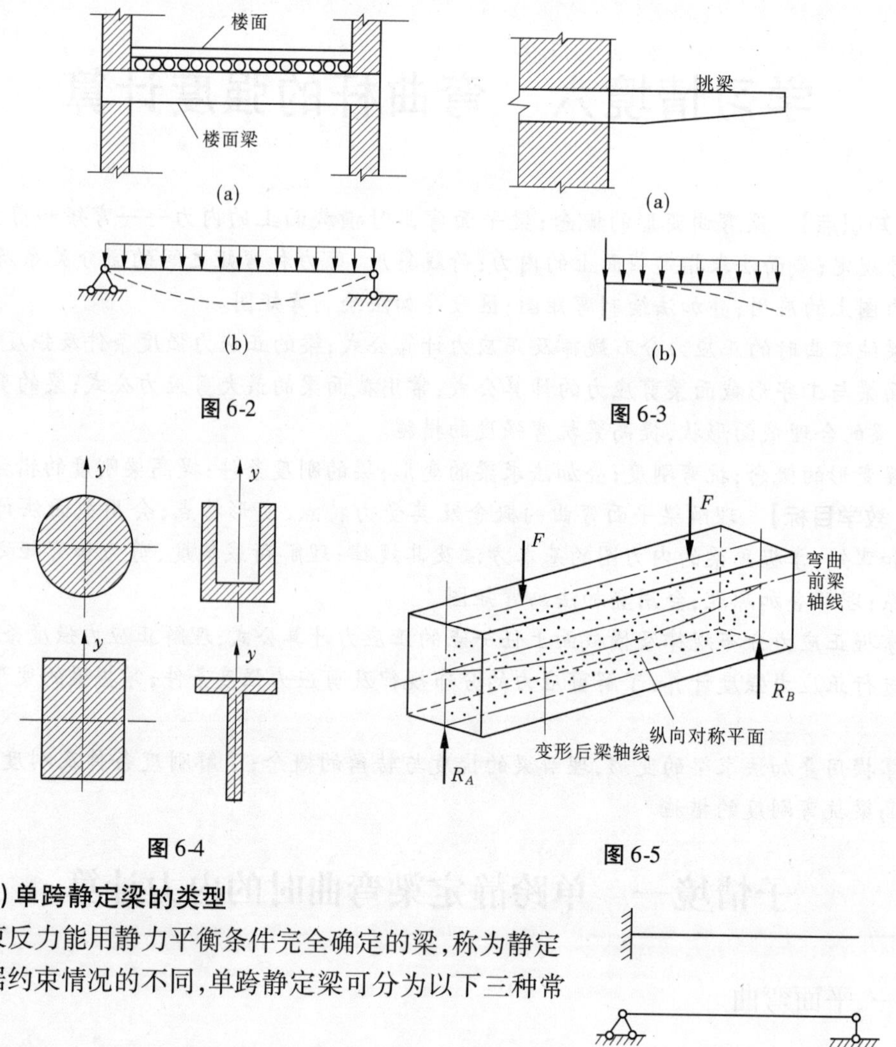

图 6-2　　图 6-3

图 6-4　　图 6-5

(二)单跨静定梁的类型

约束反力能用静力平衡条件完全确定的梁,称为静定梁。根据约束情况的不同,单跨静定梁可分为以下三种常见形式:

(1)悬臂梁:梁的一端固定,另一端自由,如图 6-6(a)所示。

(2)简支梁:梁的一端为固定铰支座,另一端为可动铰支座,如图 6-6(b)所示。

(3)外伸梁:简支梁的一端或两端伸出支座之外,如图 6-6(c)所示。

图 6-6　三种单跨静定梁的力学计算简图

图 6-6 是梁的力学计算简图,作用在梁上的外力(包括梁上的荷载和支承梁的约束反力,一般是已知的,约束反力可由平衡方程求出)和外力偶求出后,就可以讨论梁的内力计算。

二、梁的弯曲内力——剪力和弯矩的计算

(一)截面法计算内力

1. 剪力和弯矩的概念

图 6-7(a)所示为一简支梁,荷载 F 和支座反力 R_A、R_B 是作用在梁的纵向对称平面内的

平衡力系。现用截面法分析任一截面 $m—m$ 上的内力。假想将梁沿截面 $m—m$ 分为两段，现取左段为研究对象，从图 6-7(b)可见，因有支座反力 R_A 作用，为使左段满足 $\sum Y=0$，截面 $m—m$ 上必然有与 R_A 等值、平行且反向的内力 V 存在，这个内力 V 称为剪力。同时，因 R_A 对截面 $m—m$ 的形心 c 点有一个力矩 $R_A \cdot a$ 的作用，为满足 $\sum M_c=0$，截面 $m—m$ 上也必然有一个与力矩 $R_A \cdot a$ 大小相等且方向相反的内力偶矩 M 存在，这个内力偶矩 M 称为弯矩。由此可见，梁发生弯曲时，横截面上同时存在着两个内力素，即剪力和弯矩。

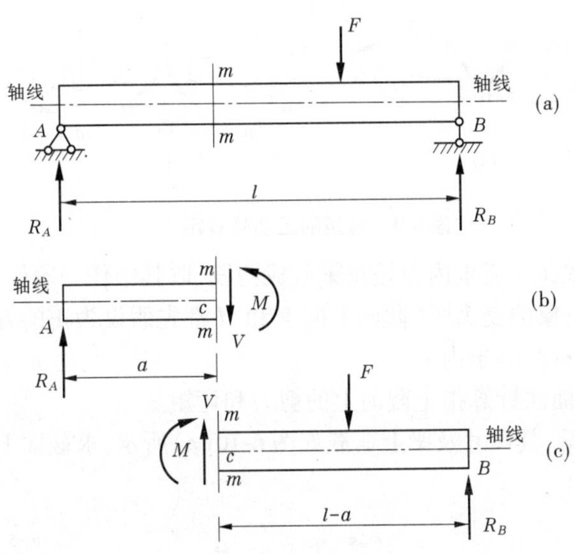

图 6-7　用截面法求梁的内力

剪力的常用单位为 N 或 kN，弯矩的常用单位为 N · m 或 kN · m。

剪力和弯矩的大小，可由左段梁的静力平衡方程求得，即

由 $\sum Y=0$ 得

$$R_A - V = 0 \qquad V = R_A$$

由 $\sum M_c=0$ 得

$$-R_A \cdot a + M = 0 \qquad M = R_A \cdot a$$

如果取右段梁作为研究对象，同样可求得截面 $m—m$ 上的剪力 V 和弯矩 M，根据作用力与反作用力的关系，它们与从左段梁求出的截面 $m—m$ 上的 V 和 M 大小相等、方向相反，如图 6-7(c)所示。

2. 剪力和弯矩的正、负号规定

为了使从左、右两段梁求得的同一截面上的剪力 V 和弯矩 M 具有相同的正负号，并考虑到土建工程上的习惯要求，对剪力和弯矩的正负号特作如下规定：

(1)剪力的正负号：使梁段有顺时针转动趋势的剪力为正，如图 6-8(a)所示；反之，为负，如图 6-8(b)所示。

(2)弯矩的正负号：使梁段产生下凸变形的弯矩为正，如图 6-9(a)所示；反之，为负，如图 6-9(b)所示。

3. 用截面法计算指定截面上的剪力和弯矩的步骤

第一步：计算支座反力；

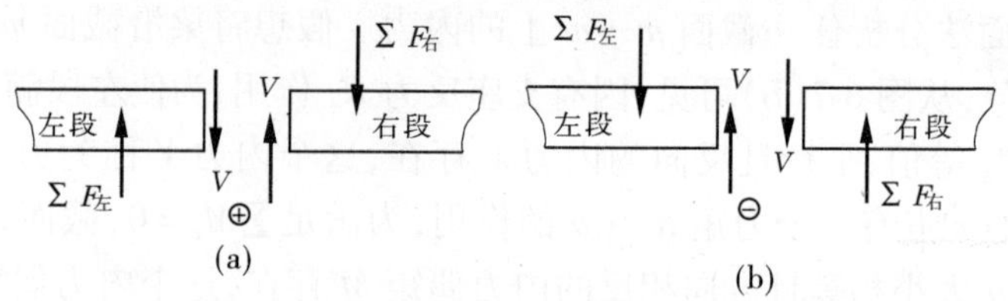

图 6-8 剪力的正负号规定

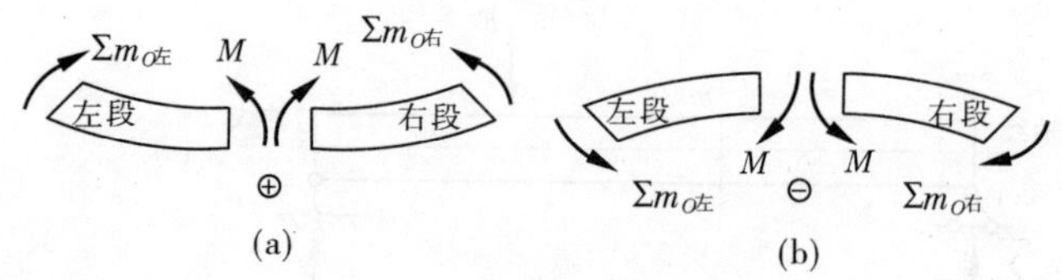

图 6-9 弯矩的正负号规定

第二步:用假想的截面在需求内力处将梁截成两段,取其中任一段作为研究对象;

第三部:画出研究对象的受力图(截面上的 V 和 M 都先假设为正的方向);

第四步:建立平衡方程,解出内力。

下面举例说明用截面法计算指定截面上的剪力和弯矩。

【例 6-1】 某悬臂梁,其尺寸及梁上荷载如图 6-10(a)所示,求截面 1—1 上的剪力和弯矩。

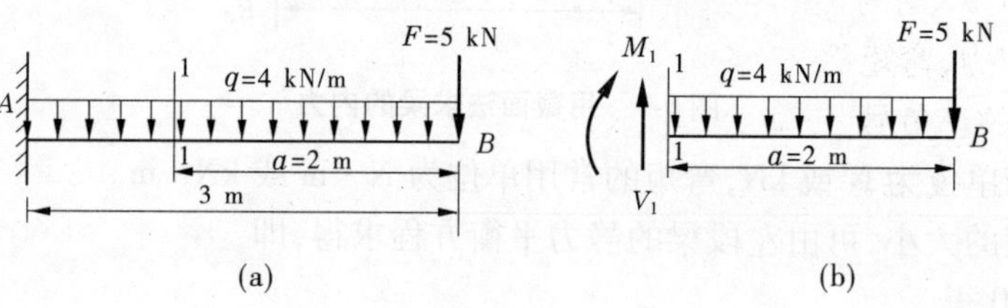

图 6-10

解 对于悬臂梁不需求支座反力,可取右段梁为研究对象,其受力图如图 6-10(b)所示。

由 $\sum Y = 0$ 得 $$V_1 - qa - F = 0$$

$$V_1 = qa + F = 4 \times 2 + 5 = 13(\text{kN})$$

由 $\sum M = 0$ 得 $$-M_1 - qa \cdot \frac{a}{2} - Fa = 0$$

$$M_1 = -q \cdot \frac{a^2}{2} - Fa = -4 \times \frac{2^2}{2} - 5 \times 2 = -18(\text{kN} \cdot \text{m})$$

求得 V_1 为正值,表示 V_1 的实际方向与假定的方向相同;M_1 为负值,表示 M_1 的实际方向与假定的方向相反。所以,按梁内力的符号规定,1—1 截面上的剪力为正,弯矩为负。

【例 6-2】 某简支梁如图 6-11(a)所示。已知 $F_1 = 30$ kN,$F_2 = 30$ kN,试求截面 1—1 上的剪力和弯矩。

解 (1)求支座反力。考虑梁的整体平衡

$$\sum M_B = 0 \qquad F_1 \times 5 + F_2 \times 2 - R_A \times 6 = 0$$

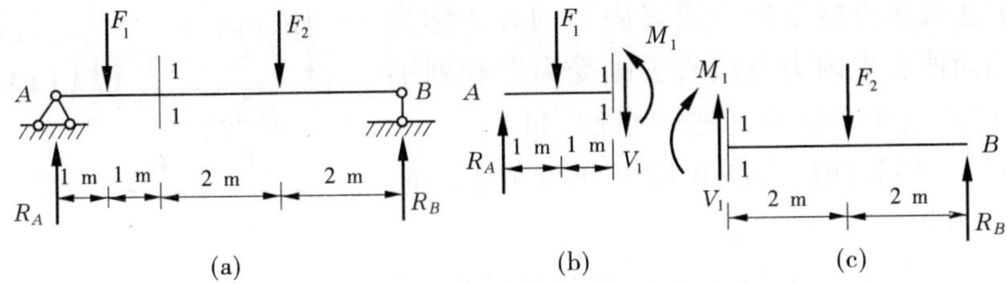

图 6-11

$$\sum M_A = 0 \qquad -F_1 \times 1 - F_2 \times 4 + R_B \times 6 = 0$$

得
$$R_A = 35\ \text{kN}(\uparrow) \qquad R_B = 25\ \text{kN}(\uparrow)$$

校核
$$\sum Y = R_A + R_B - F_1 - F_2 = 35 + 25 - 30 - 30 = 0$$

(2)求截面1—1上的内力。

在截面1—1处将梁截开,取左段梁为研究对象,画出其受力图,内力 V_1 和 M_1 均先假设为正的方向,如图6-11(b)所示,列平衡方程

$$\sum Y = 0 \qquad R_A - F_1 - V_1 = 0$$
$$\sum M = 0 \qquad -R_A \times 2 + F_1 \times 1 + M_1 = 0$$

得
$$V_1 = R_A - F_1 = 35 - 30 = 5(\text{kN})$$
$$M_1 = R_A \times 2 - F_1 \times 1 = 35 \times 2 - 30 \times 1 = 40(\text{kN} \cdot \text{m})$$

求得 V_1 和 M_1 均为正值,表示截面1—1上内力的实际方向与假定的方向相同;按内力的符号规定,剪力、弯矩都是正的。所以,画受力图时一定要先假设内力为正的方向,由平衡方程求得结果的正负号,就能直接代表内力本身的正负。

如取截面1—1右段梁为研究对象,如图6-11(c)所示,可得出同样的结果。

(二)简便法计算内力

通过上述例题,可以总结出直接根据外力计算梁内力的规律。

1. 剪力的规律

计算剪力是对截面左(或右)段梁建立投影平衡方程,经过移项后可得

$$V = \sum Y_{左} \quad \text{或} \quad V = \sum Y_{右}$$

上两式说明:梁内任一横截面上的剪力在数值上等于该截面一侧所有外力在垂直于梁轴线方向上投影的代数和。若以所求内力的截面形心作为转动点,外力使研究对象产生顺时针方向转动趋势时,该外力的投影取正号;反之,取负号。此规律可记为"顺转投影取正"。

2. 求弯矩的规律

计算弯矩是对截面左(或右)段梁建立力矩平衡方程,经过移项后可得

$$M = \sum M_{C左} \quad \text{或} \quad M = \sum M_{C右}$$

上两式说明:梁内任一横截面上的弯矩在数值上等于该截面一侧所有外力(包括力偶)对该截面形心力矩的代数和。若将所求内力的截面固定,外力矩使研究对象产生下凸弯曲变形(即上部受压,下部受拉)时,该外力矩取正号;反之,取负号。此规律可记为"下凸外力矩取正"。

利用上述规律直接由外力求梁内力的方法称为简便法。用简便法求内力可以省去画受力图和列平衡方程,从而简化计算过程。现举例说明如下。

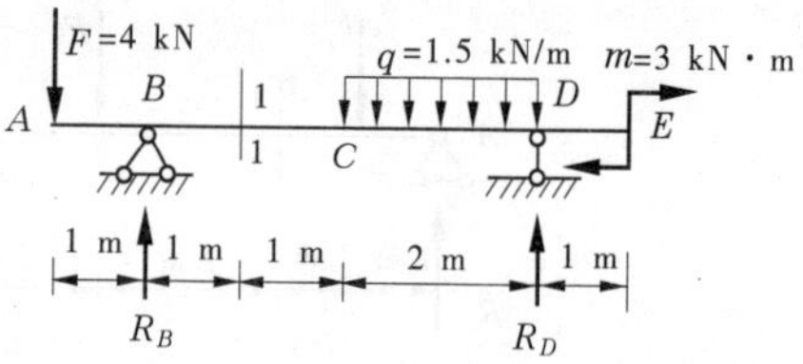

【例 6-3】 用简便法求图 6-12 所示外伸梁截面 1—1 上的剪力和弯矩。

图 6-12

解 (1)求支座反力,取梁整体为研究对象,列平衡方程

由 $\sum M_D = 0$ 得

$$F \times 5 + q \times 2 \times 1 - m - R_B \times 4 = 0 \qquad R_B = 5\ \text{kN}$$

由 $\sum M_B = 0$ 得

$$F \times 1 - q \times 2 \times 3 - m + R_D \times 4 = 0 \qquad R_D = 2\ \text{kN}$$

(2)求截面 1—1 上的内力

由截面 1—1 左侧部分的外力来计算内力,根据“顺转投影取正”和“下凸外力矩取正”得

$$V_1 = -F + R_B = -4 + 5 = 1(\text{kN})$$

$$M_1 = -F \times 2 + R_B \times 1 = -4 \times 2 + 5 \times 1 = -3(\text{kN} \cdot \text{m})$$

子情境二 单跨静定梁弯曲时的内力图绘制方法

为了计算梁的强度和刚度,除要计算指定截面的剪力和弯矩外,还必须知道剪力和弯矩沿梁轴线的变化规律,从而找到梁内剪力和弯矩的最大值以及它们所在的截面位置。

一、绘制内力图的第一种方法——内力方程法

(一)内力方程——剪力方程和弯矩方程

从上一个问题的讨论可以看出,梁内各截面上的剪力和弯矩一般随截面的位置而变化。若横截面的位置用沿梁轴线的坐标 x 来表示,则各横截面上的剪力和弯矩都可以表示为坐标 x 的函数,即

$$V = V(x),\ M = M(x)$$

以上两个函数式表示梁内剪力和弯矩沿梁轴线的变化规律,分别称为剪力方程和弯矩方程。

(二)剪力图和弯矩图

为了形象地表示剪力和弯矩沿梁轴线的变化规律,可以根据剪力方程和弯矩方程分别绘制剪力图和弯矩图。以沿梁轴线的横坐标 x 表示梁横截面的位置,以纵坐标表示相应横截面上的剪力或弯矩,在土建工程中,习惯上把正剪力画在 x 轴上方,负剪力画在 x 轴下方(见图 6-13(a));而把弯矩图画在梁受拉的一侧,即正弯矩画在 x 轴下方,负弯矩画在 x 轴上方(见图 6-13(b))。

【例 6-4】 简支梁受均布荷载作用如图 6-14(a)所示,试画出梁的剪力图和弯矩图。

解 (1)求支座反力。

因对称关系,可得

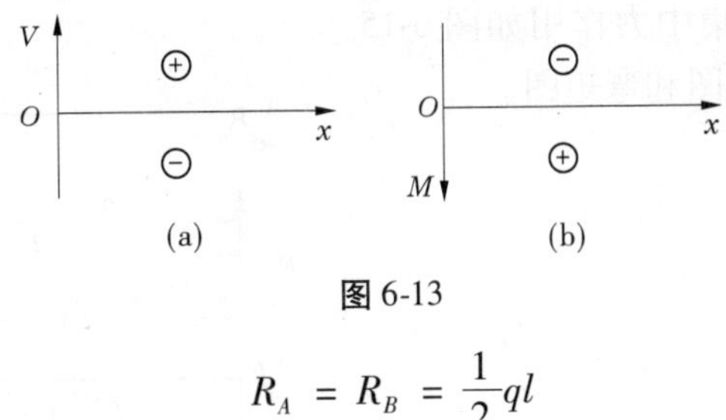

图 6-13

$$R_A = R_B = \frac{1}{2}ql$$

(2)列剪力方程和弯矩方程。

以梁 AB 的轴线为 x 轴,以 A 点作为坐标原点。在梁 AB 上任取一坐标为 x 的截面,根据“顺转投影取正”和“下凸外力矩取正”,得剪力方程和弯矩方程为

$$V = \sum Y_{左} = R_A - qx = \frac{1}{2}ql - qx \qquad (0 < x < l)$$

$$M = \sum M_{C左} = R_A \cdot x - qx \cdot \frac{x}{2} = \frac{1}{2}qlx - \frac{1}{2}qx^2 \qquad (0 \leqslant x \leqslant l)$$

(3)绘制剪力图。

以梁 AB 的轴线为 x 轴,以 A 点作为坐标原点,以在梁 AB 的纵向对称平面内过 A 点且垂直于 x 轴向上的坐标轴作为 V 轴,即建立 $V—O—x$ 坐标系。

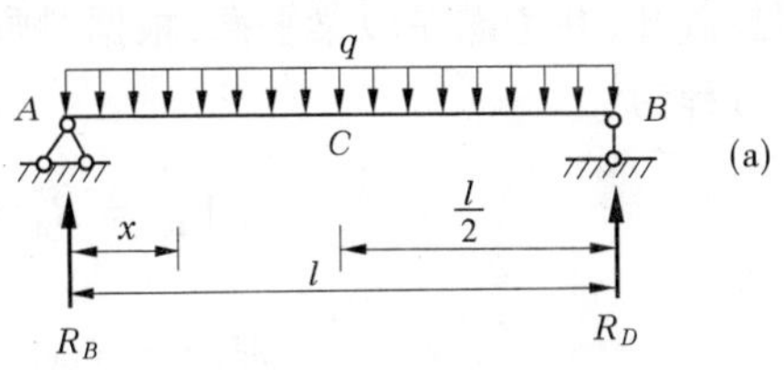

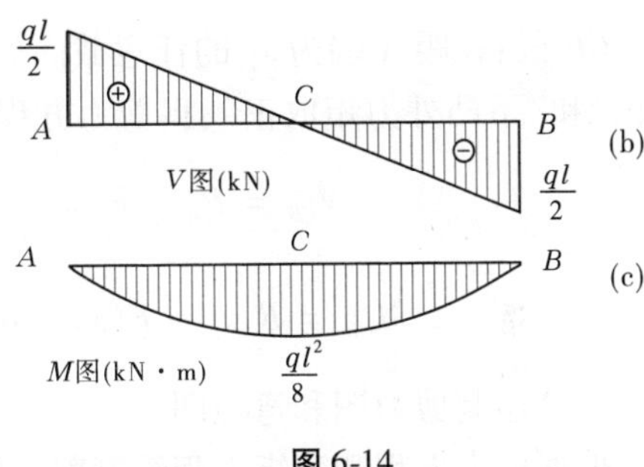

图 6-14

由剪力方程可知,V 是 x 的一次函数,即剪力方程是一条直线方程,剪力图是一条斜直线。

当 $x = 0$ 时　　$V_A = \frac{ql}{2}$

当 $x = l$ 时　　$V_B = -\frac{ql}{2}$

根据这两个截面的剪力值,在 $V—O—x$ 坐标系平面内绘制出剪力图,如图 6-14(b)所示。

(4)绘制弯矩图。

以梁 AB 的轴线为 x 轴,以 A 点作为坐标原点,以在梁 AB 的纵向对称平面内过 A 点且垂直于 x 轴向下的坐标轴作为 M 轴,即建立 $M—O—x$ 坐标系。

由弯矩方程可知,M 是 x 的二次函数,说明弯矩图是一条二次抛物线,应至少计算三个截面的弯矩值,才可描绘出曲线的大致形状。

当 $x = 0$ 时　　$M_A = 0$

当 $x = l/2$ 时　　$M_C = \frac{ql^2}{8}$

当 $x = l$ 时　　$M_B = 0$

根据这三个截面的弯矩值,在 $M—O—x$ 坐标系平面内绘制出弯矩图,如图 6-14(c)所示。

从剪力图和弯矩图可得出结论:在方向向下的均布荷载作用的梁段,剪力图为一条斜向右下方的直线,而弯矩图是一条向下凸的二次抛物线,且在剪力等于零的截面上弯矩有极值。

【例 6-5】 简支梁受集中力作用如图 6-15(a)所示，试画出梁的剪力图和弯矩图。

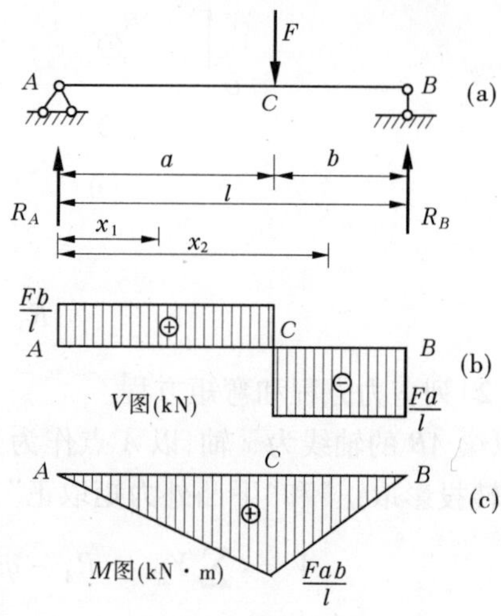

图 6-15

解 (1)求支座反力。

考虑梁的整体平衡

由 $\sum M_B = 0$ 得

$$-R_A \cdot l + Fb = 0 \qquad R_A = \frac{Fb}{l}$$

由 $\sum M_A = 0$ 得

$$R_B \cdot l - Fa = 0 \qquad R_B = \frac{Fa}{l}$$

(2)列剪力方程和弯矩方程。

梁在 C 处有集中力作用，故 AC 段和 CB 段的剪力方程和弯矩方程不相同，要分段列出。

AC 段：在距 A 端为 x_1 的任意截面处将梁假想截开，并考虑左段梁平衡，根据“顺转投影取正”和“下凸外力矩取正”，得剪力方程和弯矩方程为

$$V_{AC} = R_A = \frac{Fb}{l} \qquad (0 < x_1 < a)$$

$$M_{AC} = R_A x_1 = \frac{Fb}{l} x_1 \qquad (0 \leqslant x_1 \leqslant a)$$

CB 段：在距 A 端为 x_2 的任意截面处将梁假想截开，并考虑左段梁平衡，根据“顺转投影取正”和“下凸外力矩取正”，得剪力方程和弯矩方程为

$$V_{CB} = R_A - F = \frac{Fb}{l} - F = -\frac{Fa}{l} \qquad (a < x_2 < l)$$

$$M_{CB} = R_A x_2 - F(x_2 - a) = \frac{Fa}{l}(l - x_2) \qquad (a \leqslant x_2 \leqslant l)$$

(3)绘制剪力图和弯矩图。

根据剪力方程和弯矩方程绘制剪力图和弯矩图。

剪力图：AC 段剪力方程 V_{AC} 为常数，其剪力值为 Fb/l，剪力图是一条平行于 x 轴的直线，且在 x 轴上方。CB 段剪力方程 V_{CB} 也为常数，其剪力值为 $-Fa/l$，剪力图也是一条平行于 x 轴的直线，但在 x 轴下方。画出全梁的剪力图，如图 6-15(b)所示。

弯矩图：AC 段弯矩方程 M_{AC} 是 x_1 的一次函数，弯矩图是一条斜直线，只要计算两个截面的弯矩值，就可以画出弯矩图。

当 $x_1 = 0$ 时 $\qquad M_A = 0$

当 $x_1 = a$ 时 $\qquad M_C = \frac{Fab}{l}$

根据计算结果，可绘制出 AC 段的弯矩图。

CB 段弯矩方程 M_{CB} 是 x_2 的一次函数，弯矩图也是一条斜直线。

当 $x_2 = a$ 时 $\qquad M_C = \frac{Fab}{l}$

当 $x_2 = l$ 时　　　　　　$M_B = 0$

由以上两个弯矩值绘制出 CB 段弯矩。整梁的弯矩图如图 6-15(c)所示。

从剪力图和弯矩图可得出结论:①在无荷载作用的梁段,剪力图是一条平行于梁轴线的直线;而弯矩图是斜直线,且当剪力值为正值时,弯矩图斜向右下方,当剪力值为负值时,弯矩图斜向右上方。②在集中力作用处,左右截面上的剪力图发生突变,其突变值等于该集中力的大小,突变方向与该集中力的方向一致;而弯矩图出现转折,即出现尖点,尖点方向与该集中力方向一致。

【例 6-6】 如图 6-16(a)所示简支梁受集中力偶作用,试画出梁的剪力图和弯矩图。

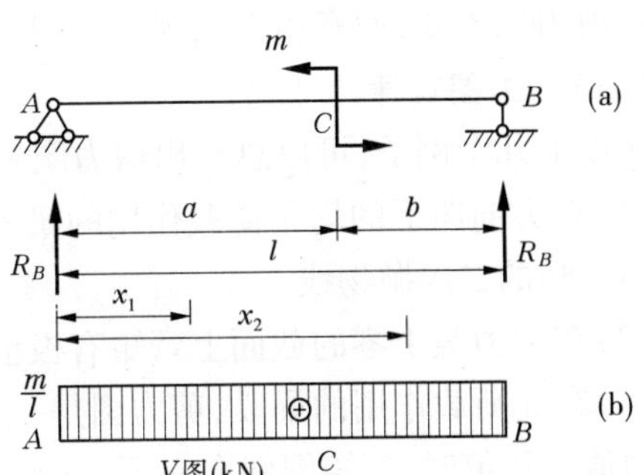

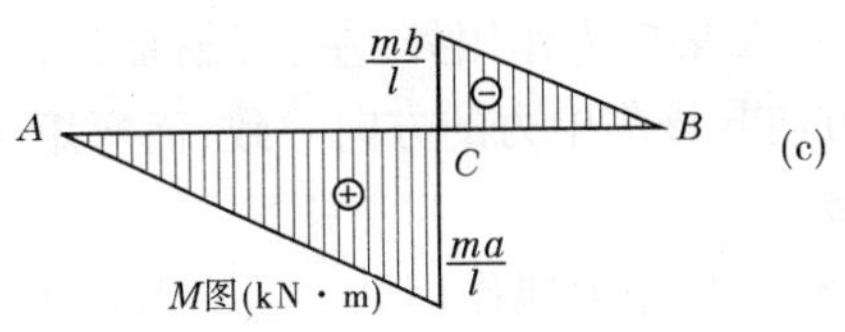

图 6-16

解　(1)求支座反力。

由整梁平衡求得

$$R_A = \frac{m}{l}$$

$$R_B = -\frac{m}{l}$$

(2)列剪力方程和弯矩方程。

梁在 C 截面有集中力偶 m 作用,应分两段列出剪力方程和弯矩方程。

AC 段:在距 A 端为 x_1 的截面处假想将梁截开,考虑左段梁平衡,则剪力方程和弯矩方程为

$$V_{AC} = R_A = \frac{m}{l} \qquad (0 < x_1 \leqslant a)$$

$$M_{AC} = R_A x_1 = \frac{m}{l} x_1 \qquad (0 \leqslant x_1 < a)$$

CB 段:在距 A 端为 x_2 的截面处假想将梁截开,考虑左段梁平衡,则剪力方程和弯矩方程为

$$V_{CB} = R_A = \frac{m}{l} \qquad (a \leqslant x_2 < l)$$

$$M_{CB} = R_A x_2 - m = -\frac{m}{l}(l - x_2) \qquad (a < x_2 \leqslant l)$$

(3)画剪力图和弯矩图。

剪力图:由 AC 段和 CB 段的剪力方程可知,梁在 AC 段和 CB 段的剪力都是正的常数,故剪力图是一条在 x 轴上方且平行于 x 轴的直线。画出剪力图如图 6-16(b)所示。

弯矩图:由 AC 段和 CB 段的弯矩方程可知,梁在 AC 段和 CB 段内弯矩都是 x 的一次函数,故弯矩图是两段斜直线。

AC 段:

当 $x_1 = 0$ 时　　　　　　$M_A = 0$

当 $x_1 = a$ 时　　　　　　$M_{C左} = \dfrac{ma}{l}$

CB 段：

当 $x_2 = a$ 时 $$M_{C右} = -\frac{mb}{l}$$

当 $x_2 = l$ 时 $$M_B = 0$$

绘制出弯矩图，如图 6-16(c)所示。

由内力图可得出结论：①在无荷载作用的梁段，剪力图是一条平行于梁轴线的直线；而弯矩图是斜直线，且当剪力值为正值时，弯矩图斜向右下方。②在集中力偶作用处，左、右截面上的剪力图不变，而弯矩图出现突变，其突变值等于集中力偶的力偶矩。

（三）内力图规律

从以上几个例子，可以总结出剪力图和弯矩图的规律如下：

(1)在方向向下的均布荷载作用的梁段，剪力图为一条斜向右下方的直线，而弯矩图是一条向下凸的二次抛物线。

(2)在剪力等于零的截面上弯矩有极值。

(3)在无荷载作用的梁段，剪力图是一条平行于梁轴线的直线。而弯矩图是斜直线，且当剪力值为正值时，弯矩图斜向右下方；当剪力值为负值时，弯矩图斜向右上方。

(4)在集中力作用处，左、右截面上的剪力图发生突变，其突变值等于该集中力的大小，突变方向与该集中力的方向一致；而弯矩图出现转折，即出现尖点，尖点方向与该集中力方向一致。

(5)在集中力偶作用处，左、右截面上的剪力图不变，而弯矩图出现突变，其突变值等于集中力偶的力偶矩。

二、绘制内力图的第一种方法——微分关系法

（一）剪力 V、弯矩 M 与荷载集度 q 之间的微分关系

研究可知，平面弯曲梁某段上剪力、弯矩与荷载集度之间具有下列微分关系

$$\frac{dV(x)}{dx} = q(x) \tag{6-1}$$

结论一：梁上任一横载面上的剪力对 x 的一阶导数等于作用在该截面处的分布荷载集度。这一微分关系的几何意义是，剪力图上某点切线的斜率等于相应截面处的分布荷载集度。

$$\frac{dM(x)}{dx} = V(x) \tag{6-2}$$

结论二：梁上任一横截面上的弯矩对 x 的一阶导数等于该截面上的剪力。这一微分关系的几何意义是，弯矩图上某点切线的斜率等于相应截面上剪力。

将式(6-2)两边求导，可得

$$\frac{d^2M(x)}{dx^2} = q(x) \tag{6-3}$$

结论三：梁上任一横截面上的弯矩对 x 的二阶导数等于该截面处的分布荷载集度。这一微分关系的几何意义是，弯矩图上某点的曲率等于相应截面处的荷载集度，即由分布荷载集度的正负可以确定弯矩图的凹凸方向。

(二)用微分关系法绘制剪力图和弯矩图

利用剪力、弯矩与荷载集度之间的微分关系及其几何意义，可总结出下列一些规律，以用来校核或绘制梁的剪力图和弯矩图。

1. 在无荷载梁段，即 $q(x)=0$ 时

由式(6-1)可知，$V(x)$ 是常数，即剪力图是一条平行于 x 轴的直线；又由式(6-2)可知，该段弯矩图上各点切线的斜率为常数，因此弯矩图是一条斜直线。

2. 均布荷载梁段，即 $q(x)=$ 常数时

由式(6-1)可知，剪力图上各点切线的斜率为常数，即 $V(x)$ 是 x 的一次函数，剪力图是一条斜直线；又由式(6-2)可知，该段弯矩图上各点切线的斜率为 x 的一次函数，因此 $M(x)$ 是 x 的二次函数，即弯矩图为二次抛物线，这时可能出现两种情况，如图 6-17 所示。

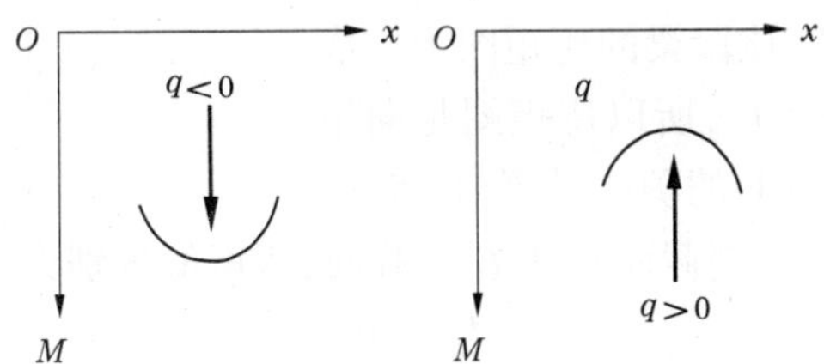

图 6-17　M 图的凹凸方向与 $q(x)$ 的关系

3. 弯矩的极值

由 $\frac{\mathrm{d}M(x)}{\mathrm{d}x}=V(x)=0$ 可知，在 $V(x)=0$ 的截面处，$M(x)$ 具有极值。即在剪力等于零的截面上，弯矩具有极值；反之，在弯矩具有极值的截面上，剪力一定等于零。

利用上述剪力、弯矩与荷载之间的微分关系及规律，可更简捷地绘制梁的剪力图和弯矩图，其步骤如下：

第一步：分段，即根据梁上外力及支承等情况将梁分成若干段；

第二步：根据各段梁上的荷载情况，判断其剪力图和弯矩图的大致形状；

第三步：利用计算内力的简便方法，直接求出若干控制截面上的 V 值和 M 值；

第四步：逐段直接绘出梁的 V 图和 M 图。

【例 6-7】　一外伸梁，梁上荷载如图 6-18(a)所示，已知 $l=4$ m，利用微分关系法绘出外伸梁的剪力图和弯矩图。

解　(1)求支座反力。

由 $\sum M_D=0$　$2q\times5-4R_B+2F=0$　　$R_B=20\ \text{kN}(\uparrow)$

由 $\sum Y=0$　$R_B+R_D-2q-F=0$　　$R_D=8\ \text{kN}(\uparrow)$

(2)根据梁上的外力情况将梁分为 AB、BC 和 CD 三段。

(3)绘制剪力图。根据各段梁上的荷载情况，判断其剪力图的大致形状，计算控制截面上的剪力值，并绘制剪力图。

AB 段梁上有均布荷载，该段梁的剪力图为斜直线，其控制截面为 A、B 二截面，剪力值分别为

$$V_A=0$$

$$V_{B左} = -\frac{1}{2}ql = -\frac{1}{2} \times 4 \times 4 = -8(\text{kN})$$

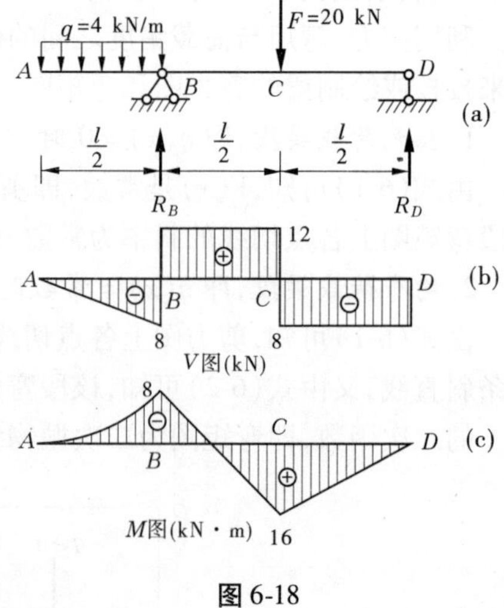

图 6-18

BC 段和 CD 段均为无荷载区段，剪力图均为平行于梁轴线的直线，其控制截面上的剪力分别为

$$V_{B右} = -\frac{1}{2}ql + R_B = -8 + 20 = 12(\text{kN})$$

$$V_D = -R_D = -8 \text{ kN}$$

绘出剪力图，如图 6-18(b)所示。

(4)绘制弯矩图。根据各段梁上的荷载情况，判断其弯矩图的大致形状，计算控制截面上的弯矩值，并绘制弯矩图。

AB 段梁上有均布荷载，该段梁的弯矩图为二次抛物线。因 q 方向向下($q<0$)，所以弯矩图是向下凸的抛物线，又因为 A 截面上的剪力值等于零，因此弯矩图的顶点在 A 点，其控制截面为 A、B 二截面，弯矩值分别为

$$M_A = 0$$

$$M_B = -\frac{1}{2}ql \times \frac{l}{4} = -\frac{1}{8} \times 4 \times 4^2 = -8(\text{kN} \cdot \text{m})$$

BC 段与 CD 段均为无荷载区段，弯矩图均为斜直线，其控制截面为 B、C、D，弯矩值分别为

$$M_B = -8 \text{ kN} \cdot \text{m}$$

$$M_C = R_D \times \frac{l}{2} = 8 \times 2 = 16(\text{kN} \cdot \text{m})$$

$$M_D = 0$$

画出弯矩图，如图 6-18(c)所示。

三、绘制内力图的第二种方法——叠加法和区段叠加法

(一)叠加原理

由于在小变形条件下，梁的内力、支座反力、应力和变形等参数均与荷载呈线性关系，每一荷载单独作用时引起的某一参数不受其他荷载的影响。所以，梁在 n 个荷载共同作用时所引起的某一参数(内力、支座反力、应力和变形等)，等于梁在各个荷载单独作用时所引起的同一参数的代数和，这种关系称为叠加原理。

(二)叠加法绘制弯矩图

根据叠加原理来绘制梁的内力图的方法称为叠加法。由于剪力图一般比较简单，因此不用叠加法绘制。下面只讨论用叠加法作梁的弯矩图。其步骤如下：

第一步：将需要绘制弯矩图的梁等效为在简单荷载分别作用下的几个梁；

第二步：分别绘制出梁在每一个荷载单独作用下的弯矩图；

第三步：将各弯矩图中同一截面上的弯矩进行代数相加，即可得到梁在所有荷载共同作用下的弯矩图。

为了便于应用叠加法绘内力图，在表 6-1 中给出了单跨静定梁在简单荷截作用下的弯

表 6-1　单跨静定梁在简单荷载作用下的弯矩图

梁及荷载形式	弯矩图
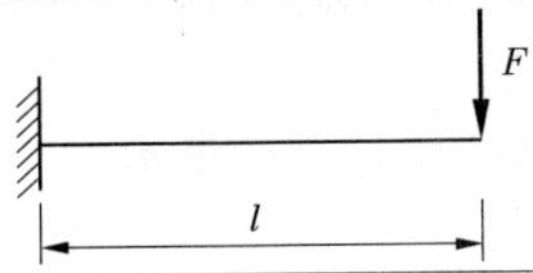 F　l	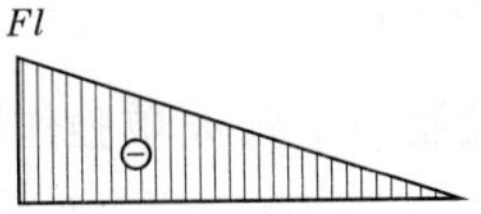 Fl　⊖
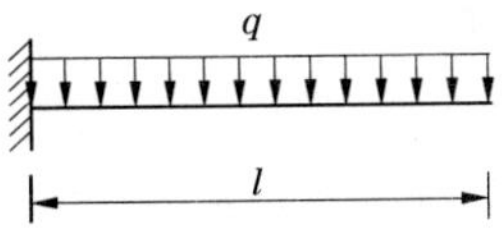 q　l	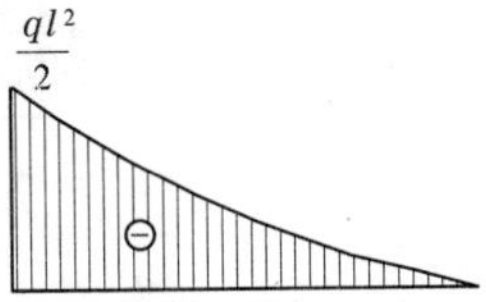 $\frac{ql^2}{2}$　⊖
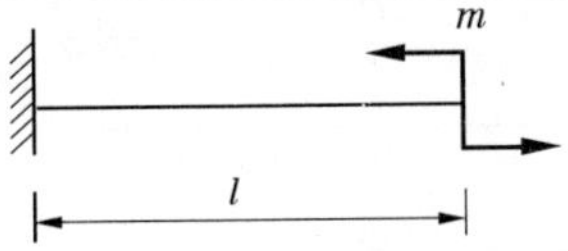 m　l	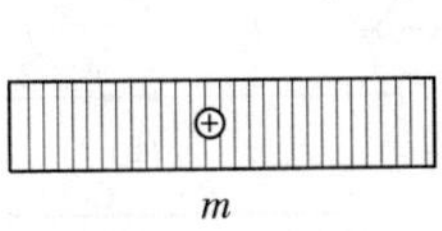 ⊕　m
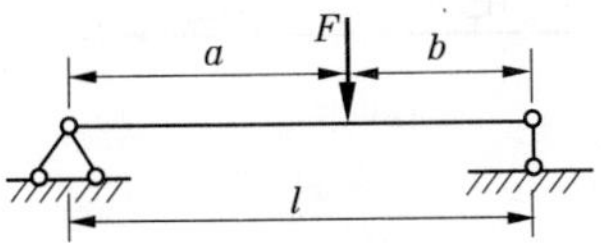 a　F　b　l	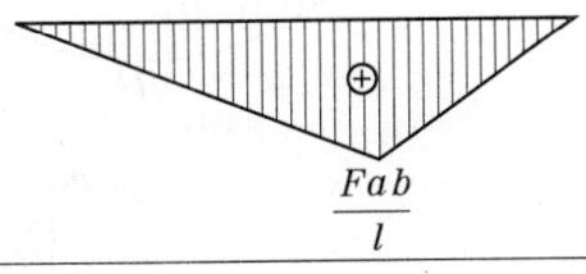 ⊕　$\frac{Fab}{l}$
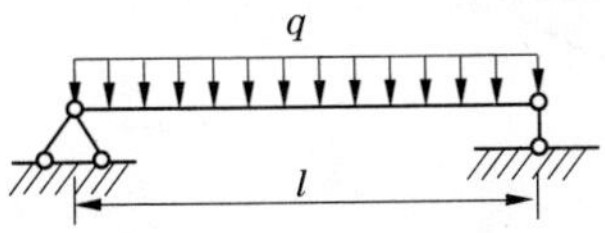 q　l	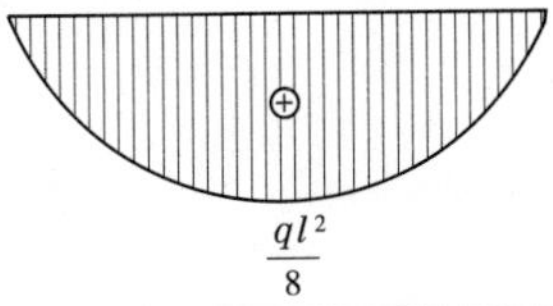 ⊕　$\frac{ql^2}{8}$
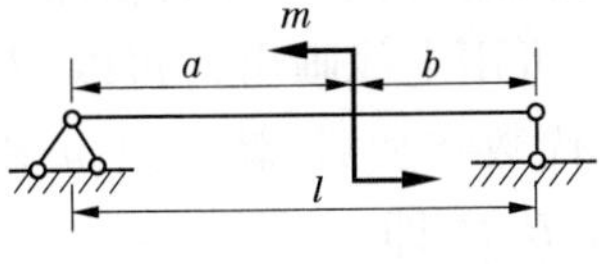 m　a　b　l	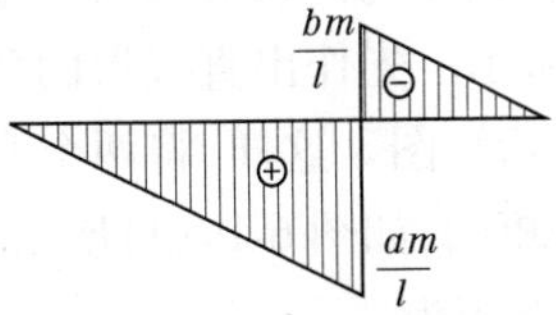 $\frac{bm}{l}$　⊖　⊕　$\frac{am}{l}$
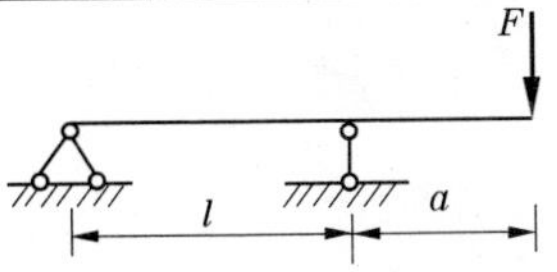 F　l　a	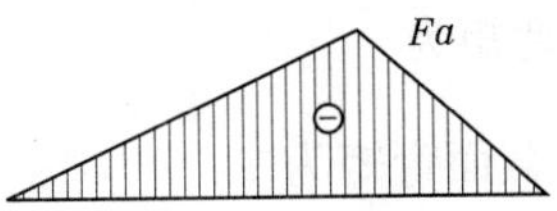 Fa　⊖
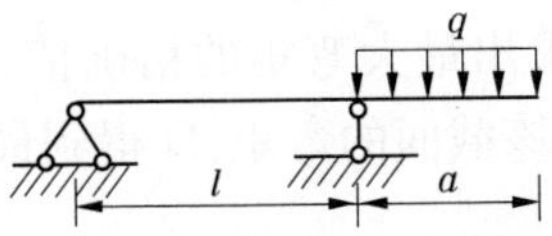 q　l　a	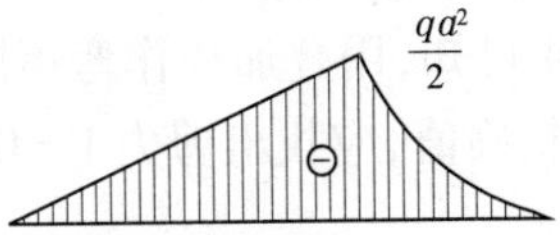 $\frac{qa^2}{2}$　⊖
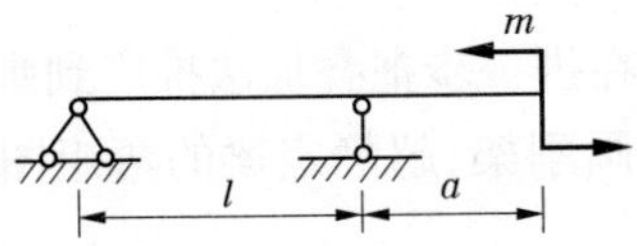 m　l　a	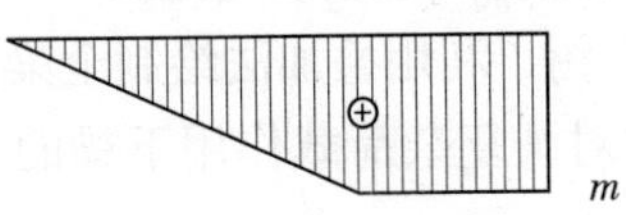 ⊕　m

矩图,可供查用。

【例 6-8】 试用叠加法绘制出图 6-19(a)所示简支梁的弯矩图。

解 (1)将梁等效为均布荷载 q 和集中力偶 m 分布作用的两个梁,如图 6-19(b)、(c)所示。

(2)分别绘制出 q 和 m 单独作用时的弯矩图,如图 6-19(d)、(e)所示。

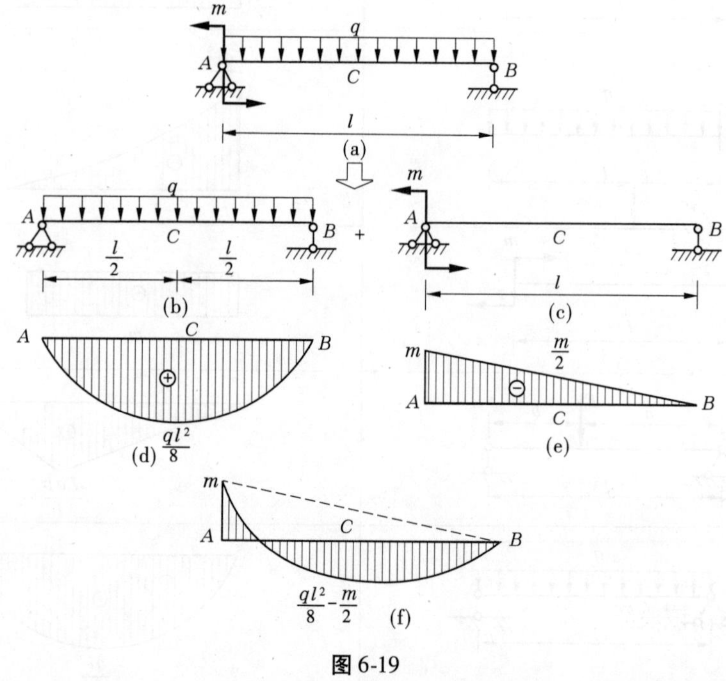

图 6-19

(3)将这两个弯矩图相叠加。叠加时,是将相应截面的纵坐标代数相加。叠加方法如图 6-19(f)所示。先作出直线形的弯矩图(即 ab 直线,可用虚线画出),再以 ab 为基准线作出曲线形的弯矩图。这样,将两个弯矩图相应纵坐标代数相加后,就得到 m 和 q 共同作用下的最后弯矩图,如图 6-19(f)所示。其控制截面为 A、B、C,即

A 截面弯矩为 $M_A = -m + 0 = -m$

B 截面弯矩为 $M_B = 0 + 0 = 0$

跨中 C 截面弯矩为 $M_C = \dfrac{ql^2}{8} - \dfrac{m}{2}$

叠加时宜先画直线形的弯矩图,再叠加上曲线形或折线形的弯矩图。

由例 6-4 可知,用叠加法作弯矩图,一般不能直接求出最大弯矩的精确值,若需要确定最大弯矩的精确值,应找出剪力 $V=0$ 的截面位置,求出该截面的弯矩,即得到最大弯矩的精确值。

(三)区段叠加法绘制弯矩图

上面介绍了利用叠加法绘制全梁的弯矩图。现在进一步把叠加法推广到画某一段梁的弯矩图,这对画复杂荷载作用下梁的弯矩图和今后画刚架、超静定梁的弯矩图是十分有用的。

图 6-20(a)所示为一梁承受荷载 F、q 作用,如果已求出该梁截面 D 的弯矩 m_D 和截面 E

的弯矩 m_E，则可取出 DE 段为脱离体(见图6-20(b))，然后根据脱离体的平衡条件分别求出截面 D、E 的剪力 V_D、V_E。将此脱离体与图6-20(c)的简支梁相比较，由于简支梁受相同的集中力 F 及杆端力偶 m_D、m_E 作用，因此由简支梁的平衡条件可求得支座反力 $R_D = V_D$，$R_E = V_E$。

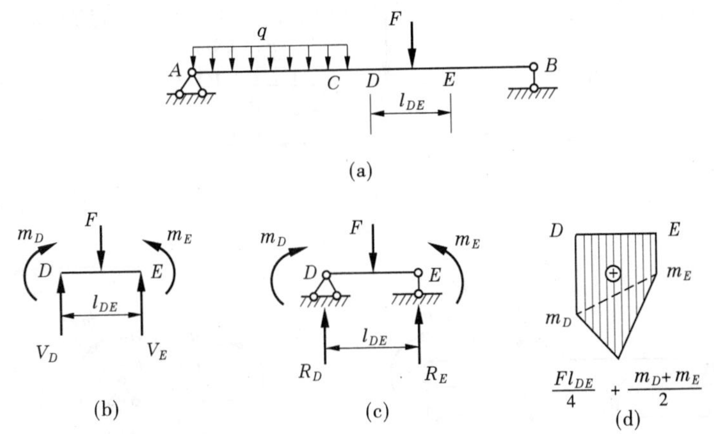

图6-20　区段叠加法

可见，图6-20(b)与图6-20(c)两者受力完全相同，因此两者弯矩图也必然相同。对于图6-20(c)所示的简支梁，可以用上面讲的叠加法作出其弯矩图，如图6-20(d)所示，因此可知 DE 段的弯矩图也可用叠加法作出。由此得出结论：任意段梁都可以当作简支梁，并可以利用叠加法来作该段梁的弯矩图。这种利用叠加法作某一段梁弯矩图的方法称为区段叠加法。

区段叠加法绘制弯矩图的步骤如下：

第一步：分段，即根据作用在梁上的荷载及支座情况将梁分成若干区段，每一段都可以看成是一个由简单荷载作用下的简支梁；

第二步：将各区段当作简支梁，计算各区段端点截面上的弯矩值(即是该简支梁端点所受的集中力偶)；

第三步：根据叠加法在梁上绘制出各区段的弯矩图，即可得到整梁的弯矩图。

【例6-9】　试用区段叠加法绘制出如图6-21(a)所示外伸梁的弯矩图。

解　(1)分段，将梁分为 AC、CE 两个区段。

(2)计算各区段端点截面上的弯矩值

$$M_A = m_A = 0$$

$$M_C = m_C = -3 \times 2 \times 1 = -6(\text{kN} \cdot \text{m})$$

$$M_E = m_E = 0$$

(3)根据叠加法绘制出各区段的弯矩图。

AC 段：可以看成是如图6-21(b)所示的简支梁(AB 段和 BC 段的弯矩图分别为斜直线)，其又可以等效为集中力 F 和集中力偶 m_C 分别作用时的两个梁(其弯矩图参考表6-1)。

其中集中力 F 单独作用时，截面 A、B、C 上的弯矩值分别为

$$M_A(F) = 0 \qquad M_B(F) = \frac{Fab}{l} = \frac{6 \times 4 \times 2}{6} = 8(\text{kN} \cdot \text{m}) \qquad M_C(F) = 0$$

集中力偶 m_C 单独作用时,截面 A、B、C 上的弯矩值分别为

$$M_A(m_C) = 0 \qquad M_B(m_C) = \frac{4}{6} \times m_C = \frac{4}{6} \times (-6) = -4(\text{kN} \cdot \text{m})$$

$$M_C(m_C) = m_C = -6 \text{ kN} \cdot \text{m}$$

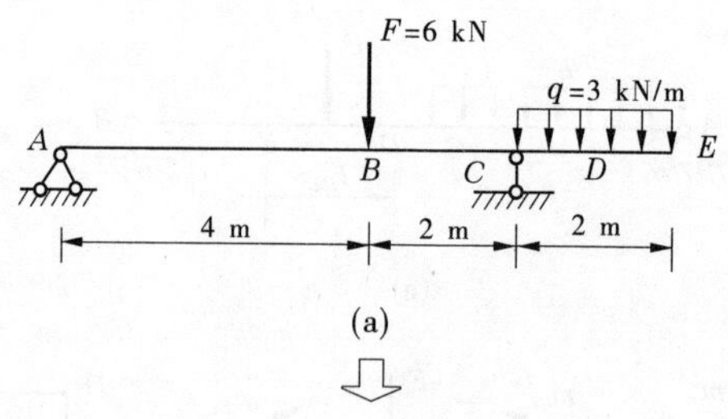

(a)

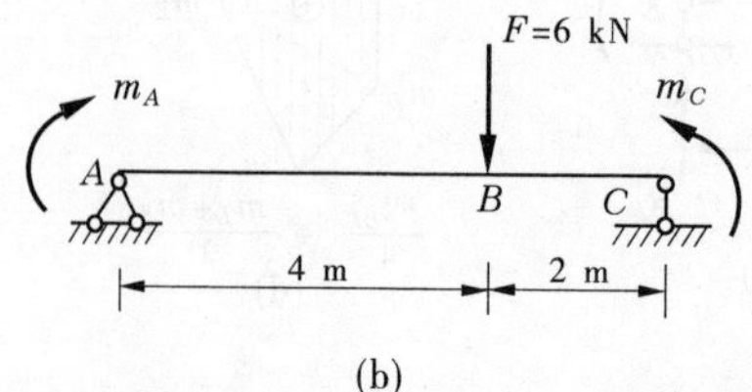

(b)

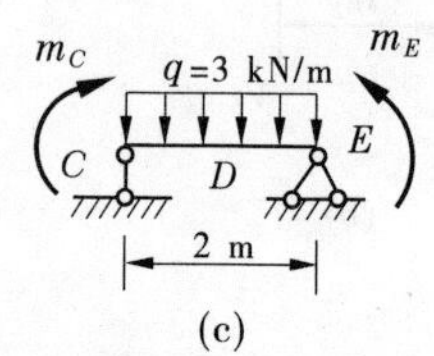

(c)

图 6-21

根据叠加原理可得,AC 段梁的截面 A、B、C 上的弯矩值分别为

$$M_A = M_A(F) + M_A(m_C) = 0$$

$$M_B = M_B(F) + M_B(m_C) = 8 - 4 = 4(\text{kN} \cdot \text{m})$$

$$M_C = M_C(F) + M_C(m_C) = 0 - 6 = -6(\text{kN} \cdot \text{m})$$

绘制 AC 段梁的弯矩图,如图 6-22(a)所示。

CE 段:可以看成是如图 6-21(c)所示的简支梁(弯矩图为光滑的曲线),其又可以等效为均布荷载 q 和集中力偶 m_C 分别作用时的两个梁(其弯矩图参考表 6-1)。

其中均布荷载 q 单独作用时,截面 C、D(CE 的中点)、E 上的弯矩值分别为

$$M_C(q) = 0 \qquad M_D(q) = \frac{ql^2}{8} = \frac{3 \times 2^2}{8} = 1.5(\text{kN} \cdot \text{m}) \qquad M_E(q) = 0$$

集中力偶 m_C 单独作用时,截面 C、D、E 上的弯矩值分别为

$$M_C(m_C) = m_C = -6 \text{ kN} \cdot \text{m} \qquad M_D(m_C) = \frac{1}{2} m_C = \frac{1}{2} \times (-6) = -3(\text{kN} \cdot \text{m})$$

$$M_E(m_C) = 0$$

根据叠加原理可得:CE 段梁的截面 C、D、E 上的弯矩值分别为

$$M_C = M_C(q) + M_C(m_C) = -6 \text{ kN} \cdot \text{m}$$

$$M_D = M_D(q) + M_D(m_C) = 1.5 - 3 = -1.5(\text{kN} \cdot \text{m})$$

$$M_E = M_E(q) + M_E(m_C) = 0$$

绘制 CE 段梁的弯矩图,如图 6-22(b)所示。

将 AC、CE 两个区段的弯矩图对接在一起,即是整个梁的弯矩图,如图 6-22(c)所示。

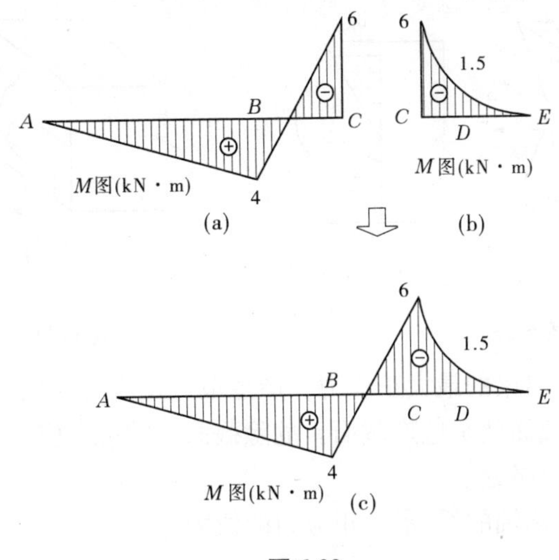

图 6-22

子情境三　单跨静定梁弯曲时的强度计算

由于梁横截面上有剪力 V 和弯矩 M 两种内力存在，所以它们在梁的横截面会引起相应的剪应力 τ 和正应力 σ。

一、梁横截面上的最大正应力和最大剪应力

（一）梁横截面上的最大正应力

梁发生受压弯曲变形时，上部各层缩短，下部各层伸长。从上部各层缩短到下部各层伸长的连续变化中，必有一层既不缩短也不伸长，这一层称为中性层。中性层与横截面的交线称为中性轴，中性轴通过横截面的形心，且与竖向对称轴垂直，并将横截面分为受压和受拉两个区域。由此可知，梁弯曲变形时，各截面绕中性轴转动，使梁内纵向伸长和缩短，中性层上各纵向的长度不变。

通过进一步的分析可知，各层纵向的线应变沿截面高度应为线性变化规律，从而由虎克定律可推出，梁弯曲时横截面上的正应力沿截面高度呈线性分布规律变化，如图 6-23 所示。

根据理论推导（推导从略），梁弯曲时横截面上任一点正应力（见图 6-24）的计算公式为

$$\sigma = \frac{My}{I_z} \tag{6-4}$$

式中：M 为横截面上的弯矩；y 为所计算应力的点到中性轴 z 的距离；I_z 为截面对中性轴的惯性矩。

式(6-4)说明，梁弯曲时横截面上任一点的正应力 σ 与弯矩 M 和该点到中性轴的距离 y 成正比，与截面对中性轴的惯性矩 I_z 成反比，正应力沿截面高度呈线性分布；中性轴上（$y = 0$）各点处的正应力为零；在上、下边缘处（$y = y_{max}$）正应力的绝对值最大。用式(6-4)计算正应力时，M 和 y 均用绝对值代入。当截面上有正弯矩时，中性轴以下部分为拉应力，以上部分为压应力；当截面上有负弯矩时，则相反。

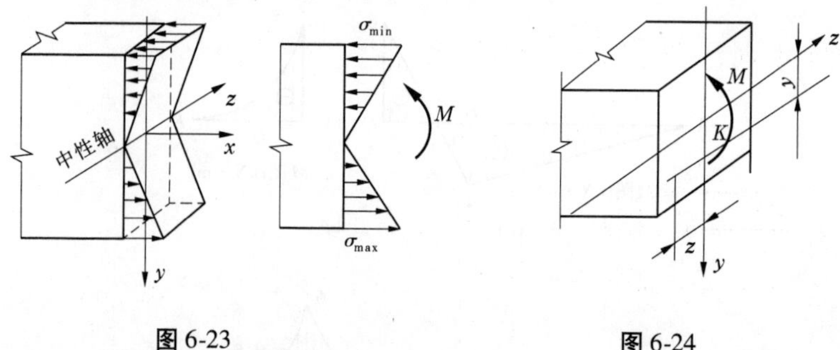

图 6-23　　　　　　图 6-24

在强度计算时必须算出梁的最大正应力。产生最大正应力的截面称为危险截面。对于等直梁,最大弯矩所在的截面就是危险截面。危险截面上的最大应力点称为危险点,它发生在距中性轴最远的上、下边缘处。

对于中性轴是截面对称轴的梁,最大正应力的值为

$$\sigma_{\max} = \frac{M_{\max} y_{\max}}{I_z}$$

令

$$W_z = \frac{I_z}{y_{\max}}$$

则

$$\sigma_{\max} = \frac{M_{\max}}{W_z} \tag{6-5}$$

式中:W_z 称为抗弯截面系数(或模量),它是一个与截面形状和尺寸有关的几何量,其常用单位为 m^3 或 mm^3。

对高为 h、宽为 b 的矩形截面,其抗弯截面系数为

$$W_z = \frac{I_z}{y_{\max}} = \frac{\frac{bh^3}{12}}{\frac{h}{2}} = \frac{bh^2}{6}$$

对直径为 D 的圆形截面,其抗弯截面系数为

$$W_z = \frac{I_z}{y_{\max}} = \frac{\frac{\pi D^4}{64}}{\frac{D}{2}} = \frac{\pi D^3}{32}$$

对于工字钢、槽钢、角钢等型钢截面的抗弯截面系数 W_z,可从相关型钢表中查得。

(二)梁横截面上的最大剪应力

对于高度为 h、宽度为 b 的矩形截面梁,其横截面上的剪力 V 沿 y 轴方向,如图 6-25(a)所示。横截面上各点处的剪应力 τ 都与剪力 V 的方向一致;横截面上距中性轴等距离各点处剪应力大小相等,即沿截面宽度为均匀分布。

根据理论推导(推导从略),梁弯曲时横截面上任一点处剪应力的计算公式为

$$\tau = \frac{VS_z^*}{I_z b} \tag{6-6}$$

式中:V 为横截面上的剪力;I_z 为整个截面对中性轴的惯性矩;b 为需求剪应力处的横截面宽度;S_z^* 为横截面上需求剪应力点处的水平线以上(或以下)部分的面积 A^* 对中性轴的静

矩。

用式(6-6)计算时,V 与 S_z^* 均用绝对值代入即可。

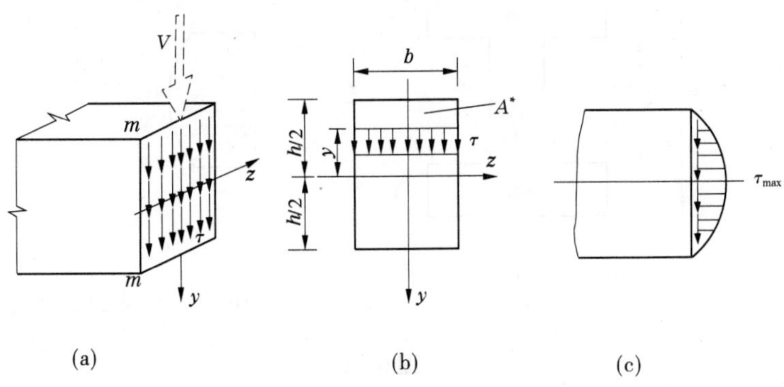

图 6-25

由于等截面直梁各截面的 I_z 和 b 是常数,因此梁的最大剪应力为

$$\tau_{max} = \frac{V_{max} S_{zmax}^*}{I_z b} \tag{6-7}$$

因为截面中性轴以上(或以下)面积对中性轴的静矩才是最大值,因此矩形截面梁上的最大剪应力发生在中性轴上($y=0$),如图 6-25(c)所示。其截面中性轴以上(或以下)面积对中性轴的静矩为

$$S_{zmax}^* = b \times \frac{h}{2} \times \frac{h}{4} = \frac{bh^2}{8}$$

而 $I_z = \frac{bh^3}{12}$,代入式(6-7)得

$$\tau_{max} = \frac{3V_{max}}{2bh} = 1.5\frac{V_{max}}{A}$$

式中:A 为矩形截面的面积;$\frac{V_{max}}{A}$为截面上的平均剪应力。

由此可见,矩形截面梁横截面上的最大剪应力是平均剪应力的 1.5 倍。

对于工字形截面梁,如图 6-26(a)所示,由于腹板是一个狭长的矩形,所以它的剪应力可按矩形截面的剪应力公式计算,即

$$\tau = \frac{VS_z^*}{I_z b}$$

式中:b 为腹板的宽度;S_z^* 为横截面上所求剪应力处的水平线以上(或以下)至边缘部分的面积 A^* 对中性轴的静矩。

由上式可求得剪应力 τ 沿腹板高度按抛物线规律变化,如图 6-26(b)所示。最大剪应力发生在中性轴上,其值为

$$\tau_{max} = \frac{V_{max} S_{zmax}^*}{I_z b} = \frac{V_{max}}{(I_z / S_{zmax}^*) b}$$

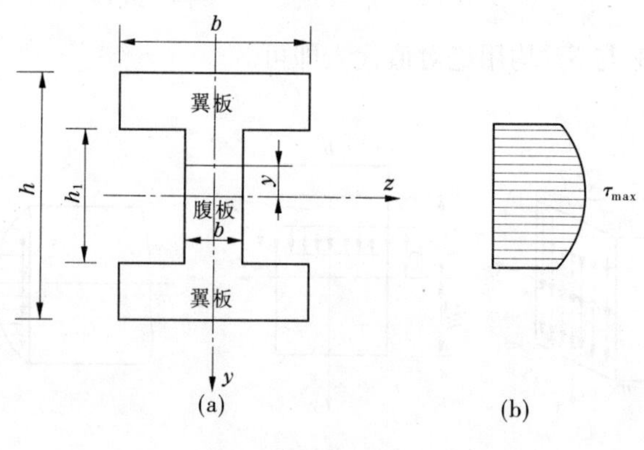

图 6-26

二、梁的强度条件

(一)梁的正应力强度条件

为了保证梁具有足够的强度,必须使梁危险截面上的最大正应力不超过材料的许用应力,即

$$\sigma_{max} = \frac{M_{max}}{W_z} \leqslant [\sigma] \tag{6-8}$$

式(6-8)为梁的正应力强度条件。

根据强度条件可解决工程中有关强度方面的三类问题。

(1)强度校核:在已知梁的横截面形状和尺寸、材料及所受荷载的情况下,可校核梁是否满足正应力强度条件,即校核是否满足式(6-8)。

(2)截面设计:当已知梁的荷载和所用的材料时,可根据强度条件,先计算出所需的最小抗弯截面系数

$$W_z \geqslant \frac{M_{max}}{[\sigma]}$$

然后根据梁的截面形状,由 W_z 值确定截面的具体尺寸或型钢号。

(3)确定许用荷载:已知梁的材料、横截面形状和尺寸,根据强度条件先算出梁所能承受的最大弯矩,即

$$M_{max} \leqslant W_z[\sigma]$$

然后由 M_{max} 与荷载的关系,算出梁所能承受的最大荷载。

(二)梁的剪应力强度条件

为保证梁的剪应力强度,梁的最大剪应力不应超过材料的许用剪应力$[\tau]$,即

$$\tau_{max} = \frac{V_{max}S_{zmax}^*}{I_z b} \leqslant [\tau] \tag{6-9}$$

式(6-9)为梁的剪应力强度条件。

在梁的强度计算中,必须同时满足正应力和剪应力两个强度条件。通常先按正应力强度条件设计出截面尺寸,然后按剪应力强度条件进行校核。对于细长梁,按正应力强度条件设计的梁一般都能满足剪应力强度要求,就不必作剪应力校核。但在以下几种情况下,需校

核梁的剪应力：①最大弯矩很小而最大剪力很大的梁；②焊接或铆接的组合截面梁（如工字形截面梁）；③木梁，因为木材在顺纹方向的剪切强度较低，所以木梁有可能沿中性层发生剪切破坏。

【例6-10】 一外伸工字形钢梁，工字钢的型号为No. 22a，梁上荷载如图6-27(a)所示。已知 $l=6$ m，$F=30$ kN，$q=6$ kN/m，$[\sigma]=170$ MPa，$[\tau]=100$ MPa，检查此梁是否安全。

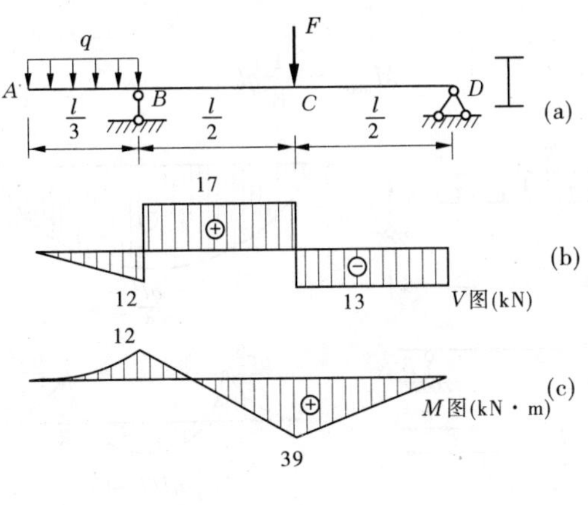

图6-27

解 (1)绘制剪力图、弯矩图如图6-27(b)、(c)所示。

$$M_{max} = 39 \text{ kN} \cdot \text{m}$$

$$V_{max} = 17 \text{ kN}$$

(2)由型钢表查得有关数据

$$b = 0.75 \text{ cm} \qquad \frac{I_z}{S_{max}^*} = 19.2 \text{ cm} \qquad W_z = 310 \text{ cm}^3$$

(3)校核正应力强度及剪应力强度

$$\sigma_{max} = \frac{M_{max}}{W_z} = \frac{39 \times 10^6}{310 \times 10^3} = 126(\text{MPa}) < [\sigma] = 170 \text{ MPa}$$

$$\tau_{max} = \frac{V_{max} S_{max}^*}{I_z b} = \frac{17 \times 10^3}{19.2 \times 10 \times 7.5} = 12(\text{MPa}) < [\tau] = 100 \text{ MPa}$$

所以，梁是安全的。

三、提高梁强度的措施

一般情况下，梁的正应力强度条件

$$\sigma_{max} = \frac{M_{max}}{W_z} \leqslant [\sigma]$$

是梁弯曲强度计算的主要依据。由强度条件可知，要提高梁的弯曲强度可从以下三个方面着手：

(1)合理调整梁的受力情况，以降低危险截面上的最大弯矩值。

(2)采用合理的截面形状，以提高梁的抗弯截面系数。

(3)选用好的材料。

关于结构材料的选用，一直是工程中极为重要的一个问题，对新型优质材料的研究和应用已形成专门学科，在此不作讨论，下面仅讨论前两方面的内容。

（一）合理调整梁的受力情况

要降低梁上的最大弯矩值，不能单靠简单地减少荷载的办法。首先我们可以通过合理布置结构支承来降低最大弯矩值。例如图 6-28(a)所示均布荷载作用下的简支梁，其跨中的最大弯矩值为

$$M_{max} = \frac{1}{8}ql^2$$

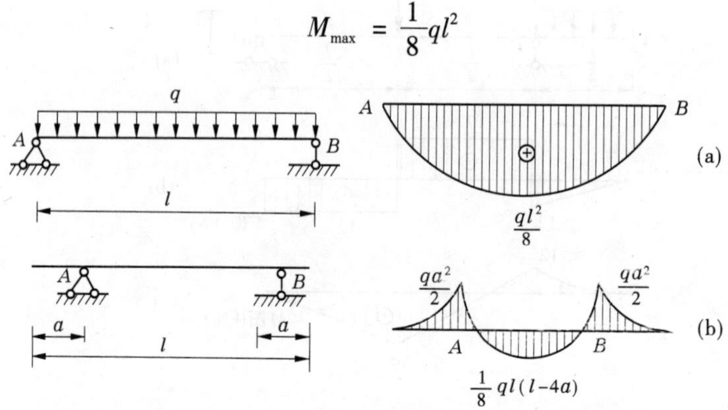

图 6-28

如果将支座 A、B 相互靠近一小段距离成为外伸梁，如图 6-28(b)所示，这样，不仅由于梁跨度的减小降低了最大弯矩值，而且外伸臂上作用的荷载产生的负弯矩也能进一步减小梁跨中的弯矩值。例如图 6-28(b)所示外伸梁跨中的最大弯矩值为

$$M_{max} = \frac{1}{8}ql(l - 4a)$$

如果取 $a=0.15l$，则最大弯矩 M_{max} 为 $ql^2/20$，只相当于原来简支梁的 2/5。如果取 $a=0.2l$，最大弯矩 M_{max} 为 $ql^2/40$，只是原来简支梁的 1/5。因此，按外伸梁布置支座时，梁的承载能力可成倍增加。

如果改简支梁 A、B 的两支座为固定支座（见图 6-29(a)），或者在跨中增加一支座（见图 6-29(b)），它们的弯矩图如图所示（具体计算方法在超静定部分介绍）。与简支梁相比，这两种梁跨中的最大弯矩值都降低的比较多。

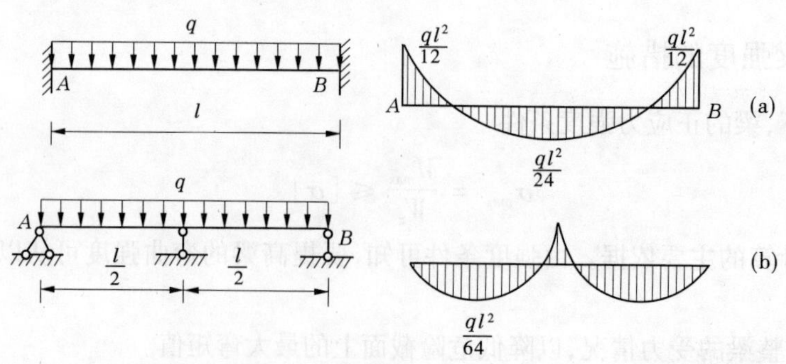

图 6-29

其次,合理布置荷载也可以降低最大弯矩值。例如图 6-30(a)所示简支梁,集中荷载作用在跨中时,其最大弯矩值为

$$M_{\max} = \frac{Fl}{4}$$

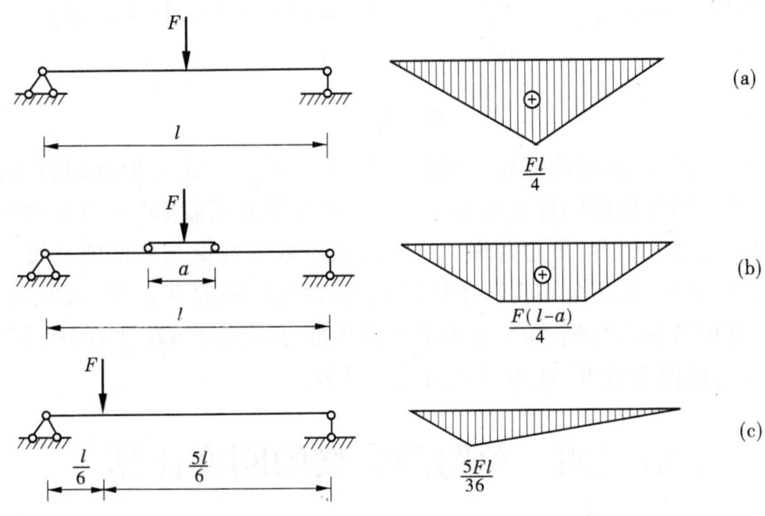

图 6-30

若在梁上增加一个副梁,如图 6-30(b)所示,则主梁上的最大弯矩值将降低为

$$M_{\max} = \frac{F(l-a)}{4}$$

此外,若将荷载布置在靠近支座处,如图 6-30(c)所示,也可较大地降低最大弯矩值。

(二)梁的合理截面

梁弯曲时,截面上的正应力与截面的面积及形状有关。一方面,梁的截面面积与梁的用料量及自重有关,面积越小就越经济;另一方面,梁的抗弯截面系数与弯曲正应力成反比,从强度角度看,抗弯截面系数越大就越有利。分析截面形状是否合理,就是在相同的截面面积情况下,比较它们的抗弯截面系数,抗弯截面系数越大越合理。

矩形截面的抗弯截面系数(见图 6-31(a))为

$$W_z = \frac{bh^2}{6} = \frac{A}{6}h$$

可见,在截面面积 A 保持不变的情况下,高度 h 越大,W_z 也越大,其抗弯能力就越强。

圆形截面的抗弯截面系数(见图 6-31(b))为

$$W_z = \frac{\pi D^3}{32} = \frac{A}{8}D$$

如果圆形截面的面积与边长等于 b 的正方形截面的面积相等,有

$$D = \frac{2}{\sqrt{\pi}}b$$

则圆形截面的抗弯截面系数等于

$$W_z = \frac{A}{8}\left(\frac{2}{\sqrt{\pi}}b\right) \approx \frac{1}{7}b^3$$

比正方形的抗弯截面系数 $b^3/6$ 小。

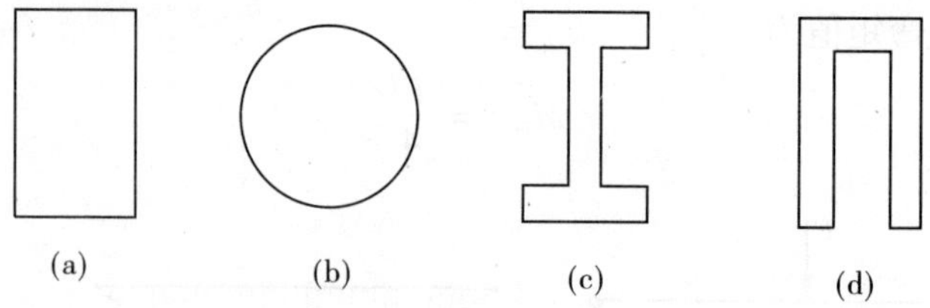

图 6-31

从以上讨论可看到，在截面面积相同的情况下，矩形截面比正方形截面合理，正方形截面比圆形截面合理。如果做成同样面积的工字形、槽形等薄壁截面（见图 6-31(c)、(d)），其抗弯截面系数又将增大很多，更趋合理。抗弯截面系数的数值与截面的高度及截面中面积的分布有关，高度愈高，面积分布得离中性轴愈远，则抗弯截面系数 W_z 就愈大，矩形截面在靠近中性轴处有相当多的面积，而工字形截面的大部分面积分布在远离中性轴的上、下翼缘处，所以它的抗弯截面系数 W_z 比矩形截面的大很多。

子情境四　单跨静定梁的刚度计算

为了保证梁在荷载作用下的正常工作，除满足强度要求外，同时还需满足刚度要求。刚度要求就是控制梁在荷载作用下产生的变形在一定限度内，否则会影响结构的正常使用。例如，楼面梁变形过大时，会使下面的抹灰层开裂、脱落；吊车梁的变形过大时，将影响吊车的正常运行等。

一、挠度和转角

梁在荷载作用下产生弯曲变形后，其轴线为一条光滑的平面曲线，此曲线称为梁的挠曲线或梁的弹性曲线。如图 6-32 所示的悬臂梁，AB 表示梁变形前的轴线，AB' 表示梁变形后的挠曲线。

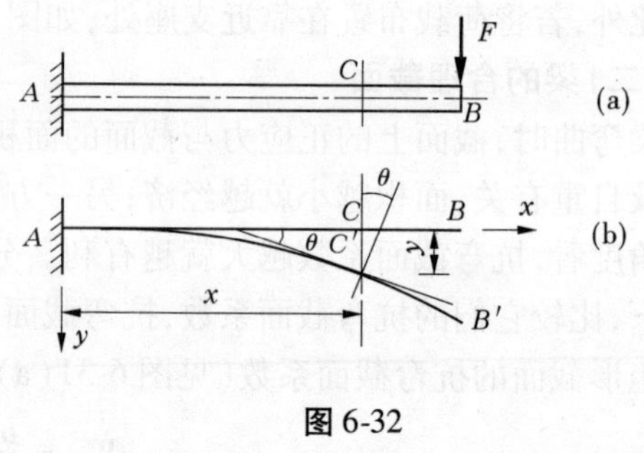

图 6-32

(1)挠度。梁任一横截面形心在垂直于梁轴线方向的竖向位移称为挠度，用 y 表示，单位为 mm，并规定向下为正。

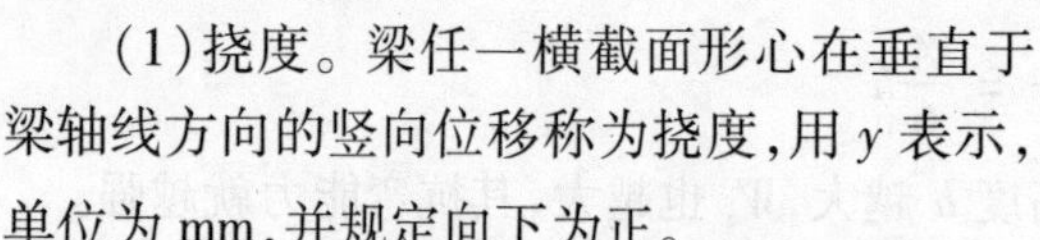

(2)转角。梁任一横截面相对于原来位置所转动的角度称为该截面的转角，用 θ 表示，单位为 rad（弧度），并规定顺时针转动为正。

二、用叠加法计算梁的挠度和转角

由于梁的变形与荷载呈线性关系，所以可以用叠加法计算梁的变形，即先分别计算每一种荷载单独作用时所引起的梁的挠度和转角，然后将它们代数相加，就得到梁在几种荷载共同作用下的挠度和转角。

梁在简单荷载作用下的挠度和转角可从表 6-2 中查得。

表 6-2　梁在简单荷载作用下的挠度和转角

支承和荷载情况	梁端转角	最大挠度	挠曲线方程式
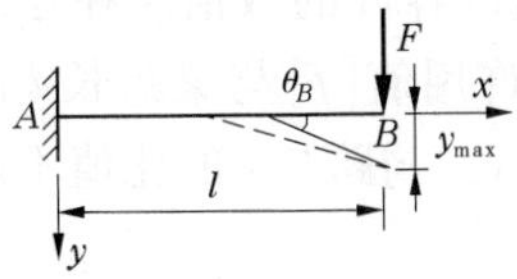	$\theta_B=\dfrac{Fl^2}{2EI_z}$	$y_{\max}=\dfrac{Fl^3}{3EI_z}$	$y=\dfrac{Fx^2}{6EI_z}(3l-x)$
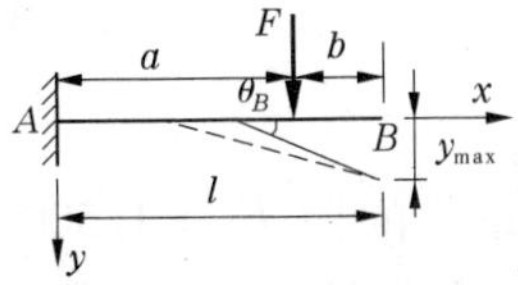	$\theta_B=\dfrac{Fa^2}{2EI_z}$	$y_{\max}=\dfrac{Fa^3}{6EI_z}(3l-a)$	$y=\dfrac{Fx^2}{6EI_z}(3a-x),0\leqslant x\leqslant a$ $y=\dfrac{Fa^2}{6EI_z}(3x-a),a\leqslant x\leqslant l$
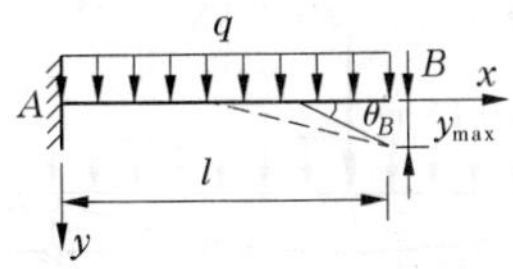	$\theta_B=\dfrac{ql^3}{6EI_z}$	$y_{\max}=\dfrac{ql^4}{8EI_z}$	$y=\dfrac{qx^2}{24EI_z}(x^2+6l^2-4lx)$
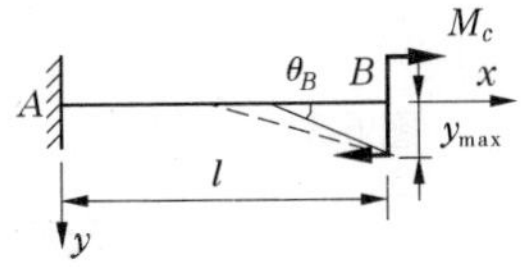	$\theta_B=\dfrac{M_cl}{EI_z}$	$y_{\max}=\dfrac{M_cl^2}{2EI_z}$	$y=\dfrac{M_cx^2}{2EI_z}$
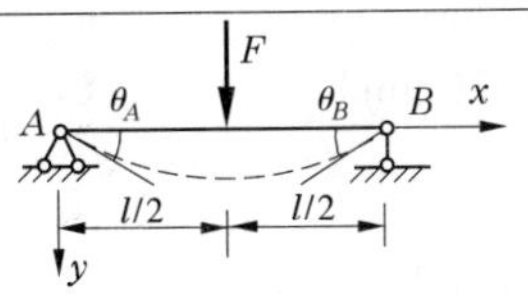	$\theta_A=-\theta_B=\dfrac{Fl^2}{16EI_z}$	$y_{\max}=\dfrac{Fl^3}{48EI_z}$	$y=\dfrac{Fx}{48EI_z}(3l^2-4x^2)$, $0\leqslant x\leqslant\dfrac{l}{2}$
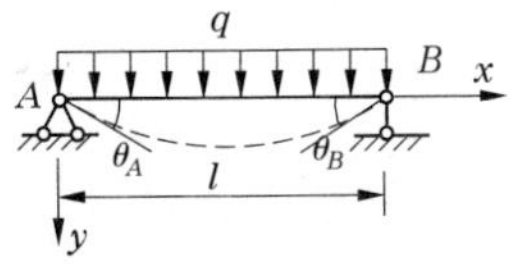	$\theta_A=-\theta_B=\dfrac{ql^3}{24EI_z}$	$y_{\max}=\dfrac{5ql^4}{384EI_z}$	$y=\dfrac{qx}{24EI_z}(l^3-2lx^2+x^3)$
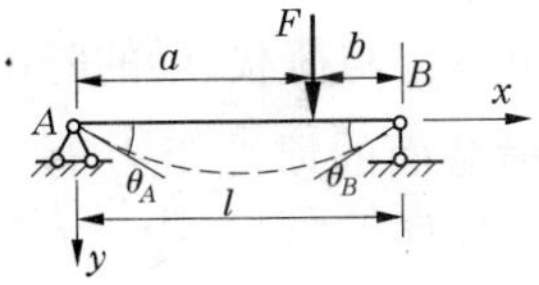	$\theta_A=\dfrac{Fab(l+b)}{6lEI_z}$ $\theta_B=\dfrac{-Fab(l+a)}{6lEI_z}$	$y_{\max}=-\dfrac{Fb}{9\sqrt{3}lEI}\cdot$ $(l^2-b^2)^{3/2}$ 在 $x=\dfrac{\sqrt{l^2-b^2}}{3}$处	$y=\dfrac{Fbx}{6lEI_z}(l^2-b^2-x^2)x$, $0\leqslant x\leqslant a$ $y=\dfrac{F}{EI_z}\left[\dfrac{b}{6l}(l^2-b^2-x^2)x+\right.$ $\left.\dfrac{1}{6}(x-a)^3\right],a\leqslant x\leqslant l$
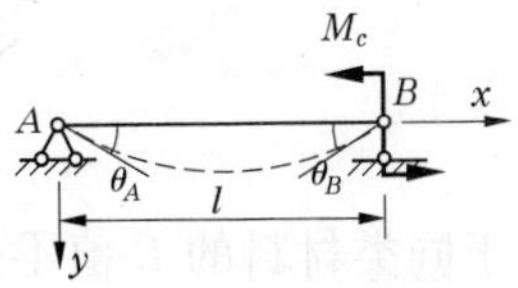	$\theta_A=\dfrac{M_cl}{6EI_z}$ $\theta_B=-\dfrac{M_cl}{3EI_z}$	$y_{\max}=\dfrac{M_cl^2}{9\sqrt{3}EI_z}$ 在 $x=\dfrac{l}{\sqrt{3}}$处	$y=\dfrac{M_cx}{6lEI_z}(l^2-x^2)$

三、梁的刚度条件

梁的刚度校核,就是检查梁在荷载作用下所产生的变形是否超过容许的数值。在建筑工程中,通常只校核梁的挠度(不校核梁的转角),并且是以挠度的许用值[f]与梁跨长 l 的比值[f/l]作为校核的标准。即梁在荷载作用下产生的最大挠度 $f = y_{max}$ 与跨长 l 的比值不能超过[f/l]

$$\frac{f}{l} = \frac{y_{max}}{l} \leqslant \left[\frac{f}{l}\right] \tag{6-10}$$

式(6-10)即是梁的刚度条件。

一般钢筋混凝土梁的[f/l] = 1/200 ~ 1/300,钢筋混凝土吊车梁的[f/l] = 1/500 ~ 1/600。工程设计中,应先按强度条件选择截面尺寸,再用刚度条件进行校核。

【例6-11】 在图6-33所示的工字钢梁中,已选定工字钢的型号为 No. 20b,材料的弹性模量 $E = 2.0 \times 10^5$ MPa,$I_z = 2\,500\ \text{cm}^4$,[f/l] = 1/400,试校核其刚度。

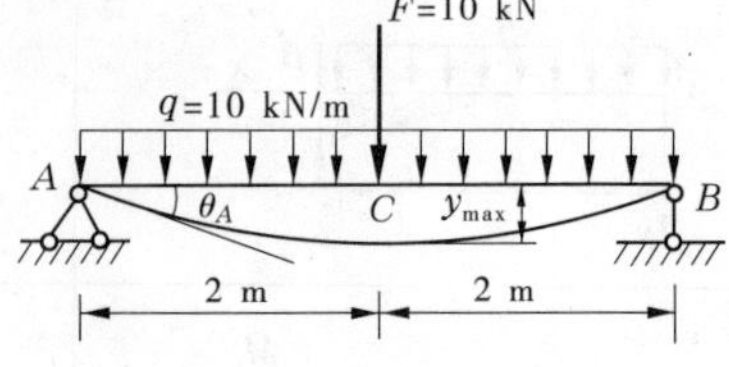

图6-33

解 由表6-2可以查得 q 与 F 分别单独作用时所产生的最大挠度

$$y_{q\max} = \frac{5ql^4}{384EI_z} = \frac{5 \times 10 \times (4 \times 10^3)^4}{384 \times 2.0 \times 10^5 \times 2\,500 \times 10^4} = 6.7(\text{mm})$$

$$y_{F\max} = \frac{Fl^3}{48EI_z} = \frac{10 \times 10^3 \times (4 \times 10^3)^3}{48 \times 2.0 \times 10^5 \times 2\,500 \times 10^4} = 2.7(\text{mm})$$

所以,梁的最大挠度为

$$y_{max} = y_{q\max} + y_{F\max} = 6.7 + 2.7 = 9.4(\text{mm})$$

根据梁的刚度条件可知

$$\frac{f}{l} = \frac{9.4}{4 \times 10^3} = \frac{0.94}{400} < \left[\frac{f}{l}\right] = \frac{1}{400}$$

所以满足刚度条件。

四、提高梁刚度的措施

从各梁的最大挠度计算公式(见表6-2)可以看出,梁的最大挠度 y_{max} 与荷载、梁的跨度、支承情况(支座情况不同时,系数也不同)、材料的弹性模量 E、梁横截面的惯性矩 I_z 有关。以上各要素可以概括为

$$y_{max} = \frac{\text{系数} \cdot \text{荷载} \cdot l^n}{EI_z}$$

从上式可以看出,要提高梁的刚度,需从以上各要素考虑。

(一)提高梁的抗弯刚度 EI_z

梁的变形与 EI_z 成反比,增大梁的 EI_z 将使梁的变形减小。由于同类材料的 E 值不变,因而只能设法增大梁横截面的惯性矩 I_z。在面积不变的情况下,采用合理的截面形状,例如采用工字形、箱形及圆环形等截面,可提高惯性矩 I_z,从而也就提高了 EI_z。

(二)减小梁的跨度

梁的变形与梁的跨长 l 的 n 次幂成正比。设法减小梁的跨度,将会有效地减小梁的变形。例如将简支梁的支座向中间适当移动变成外伸梁,或在梁的中间增加支座,都是减小梁的变形的有效措施。

(三)改善荷载的分布情况

在结构允许的条件下,合理地调整荷载的作用位置及分布情况,以降低最大弯矩,从而减小梁的变形。例如将集中力分散作用,或改为分布荷载,都可起到降低弯矩、减小变形的作用。

习 题

6-1 如图 6-34 所示,试用截面法计算各梁中截面 $n—n$ 上的剪力和弯矩。

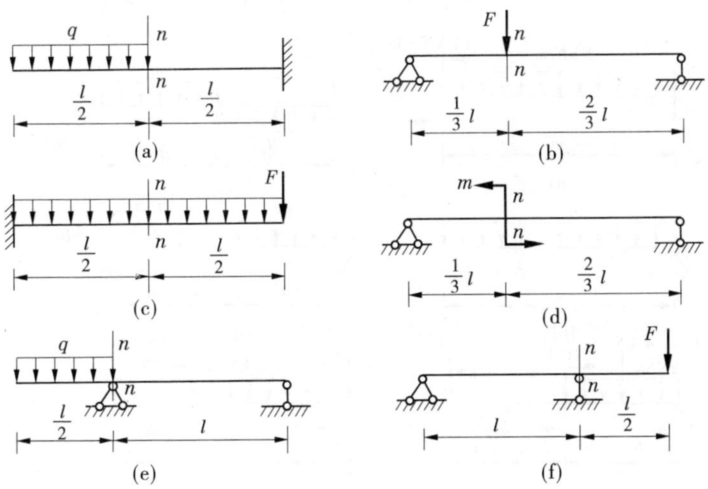

图 6-34

6-2 绘制图 6-35 所示各梁的剪力图和弯矩图。

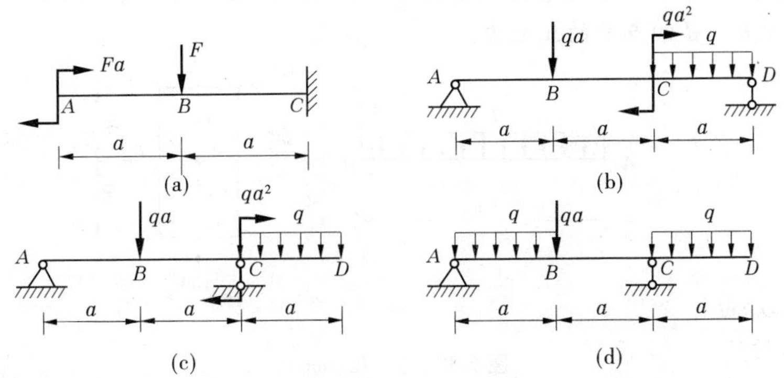

图 6-35

6-3 试用叠加法绘制出图 6-36 所示各梁的弯矩图。

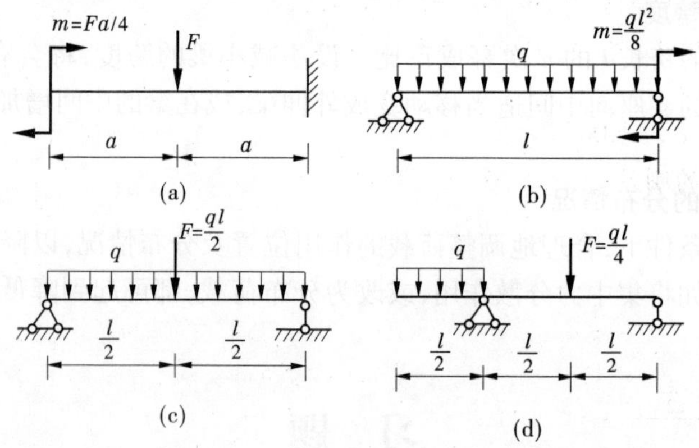

图 6-36

6-4　试用区段叠加法绘制图 6-37 所示各梁的弯矩图。

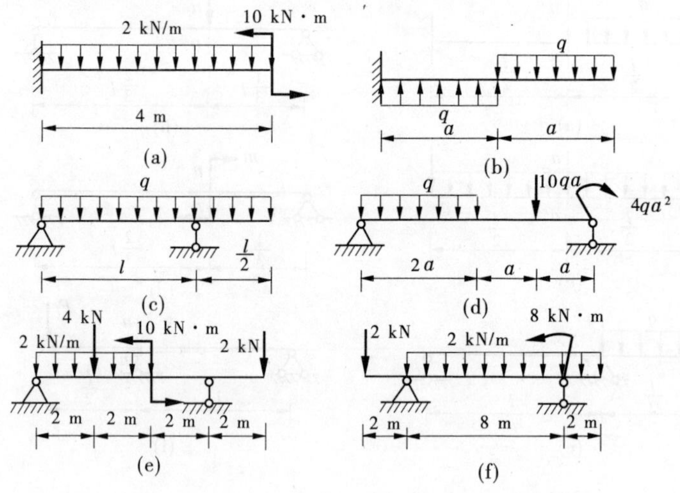

图 6-37

6-5　如图 6-38 所示的悬臂梁受集中力 $F=10$ kN 和均布荷载 $q=28$ kN/m 作用，试计算 $A_{右}$ 截面上 a、b、c、d 四点处的正应力。

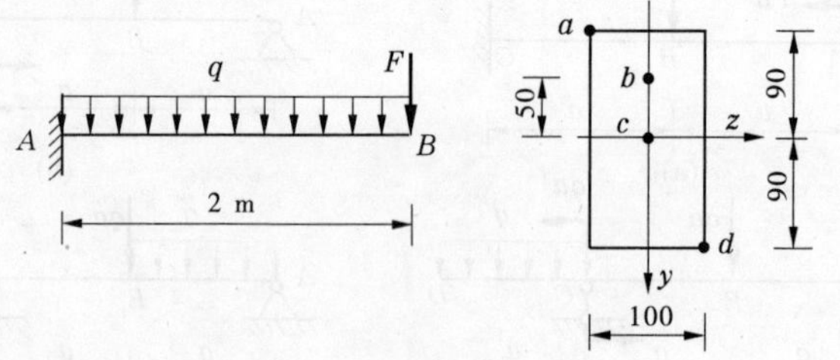

图 6-38　(单位:mm)

6-6　如图 6-39 所示简支梁由 No. 22b 工字钢梁制成，上面作用一集中力，材料的许用应力$[\sigma]=170$ MPa，试校核该梁的正应力强度。(No. 22b 工字钢的 $W_z=325\ \text{cm}^3$)

6-7　试用叠加法计算图 6-40 所示梁自由端截面的挠度和转角。

6-8　一简支梁用型号为 No. 20b 的工字钢制成，承受荷载如图 6-41 所示，已知 $l=6\ \text{m}$，$q=4\ \text{kN/m}$，$F=10\ \text{kN}$，$\left[\dfrac{f}{l}\right]=\dfrac{1}{400}$，钢材的弹性模量 $E=200\ \text{GPa}$，试校核梁的刚度。（No. 20b 工字钢的 $I_z=3\ 570\ \text{cm}^4$）

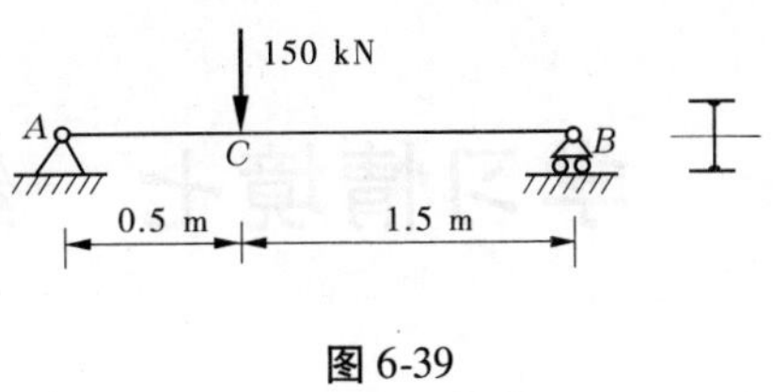

图 6-39

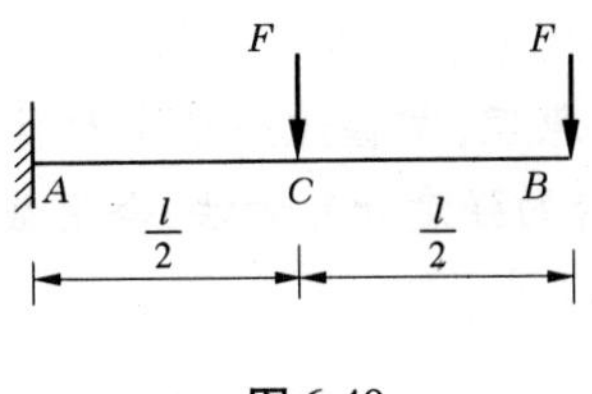

图 6-40

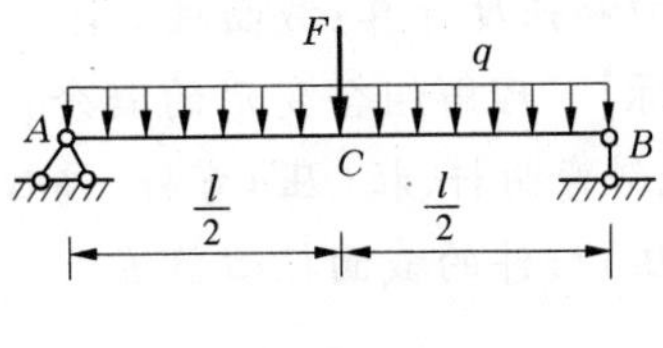

图 6-41

学习情境七　组合变形杆的强度计算

【知识点】 组合变形的概念及工程实例；斜弯曲变形的应力及强度计算；偏心压缩（拉伸）杆件的应力和强度计算；截面核心等。

【教学目标】 理解组合变形的概念；了解叠加原理，掌握组合变形杆件强度计算的基本思路。掌握斜弯曲杆、拉（压）弯杆、偏心拉（压）杆的强度计算方法；会用截面核心的概念确定偏心拉（压）杆件的截面核心位置。

前面几章对杆件在基本变形（拉伸、压缩、剪切、扭转、弯曲）时的应力已分别进行了分析，并建立了相应的强度条件。在实际工程中，有许多构件在荷载作用下常常同时发生两种或者两种以上的基本变形，这种情况称为组合变形。

例如图7-1所示厂房的吊车柱子，由于屋架和吊车梁传给柱子的荷载 F_1 和 F_2 与柱子的轴线不重合，再加上水平方向风荷载 q 等作用，该柱子将发生压缩和弯曲的组合变形。

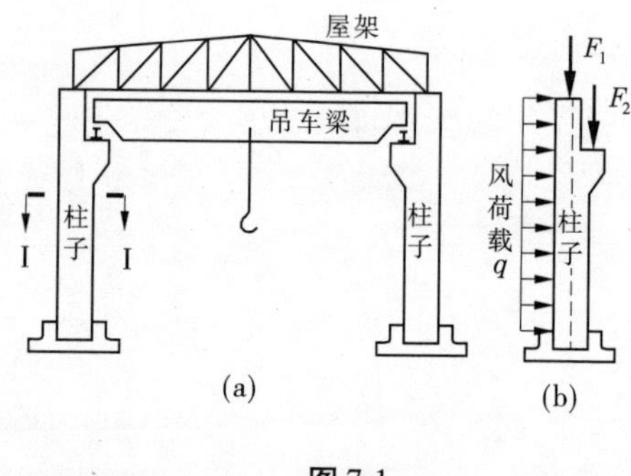

图7-1

图7-2所示为屋架上的工字形檩条，可以作为简支梁来对待，它受到从屋面传来的荷载 q 的作用，q 的作用线虽通过工字形截面的形心，但与工字形截面的两条对称轴都不重合，所以引起的不是平面弯曲，而是 y、z 两个方向上平面弯曲的组合，称为斜弯曲或者双向弯曲。

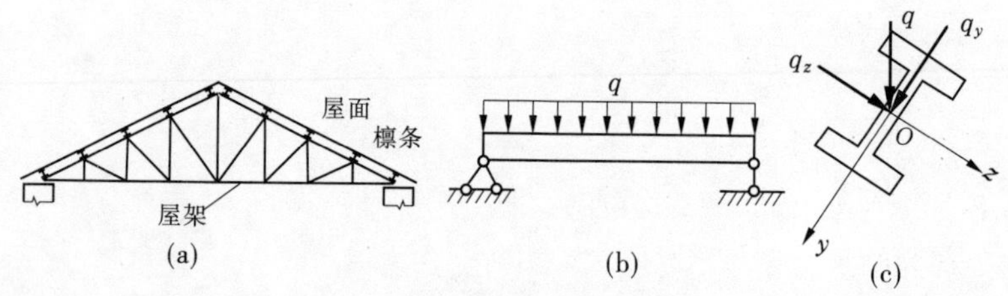

图7-2

其他如卷扬机的机轴、雨篷梁等，同时承受扭转和弯曲的作用。楼梯的斜梁、烟囱、挡土墙等构件都同时承受压缩和平面弯曲的共同作用。

对发生组合变形的杆件计算应力和变形时，可先将荷载进行简化或分解，使简化或分解后的静力等效荷载各自只引起一种简单变形，分别计算，再进行叠加，就得到原来的荷载引起的组合变形时的应力和变形。当然，必须满足小变形假设以及力与位移之间呈线性关系这两个条件才能应用叠加原理。

下面分别讨论工程实际中常见的斜弯曲、拉伸(或压缩)与弯曲的组合作用、偏心拉伸(压缩)等情况。

子情境一　斜弯曲变形杆的强度计算

一、斜弯曲变形

横截面具有对称轴的梁,当外力作用在纵向对称平面内时,梁的轴线在变形后将变成为一条位于纵向对称面内的平面曲线,这种变形形式称为平面弯曲。

当外力 F 不作用在纵向对称平面内时,如图 7-3 所示的工字形、矩形截面杆件。工字形、矩形截面具有两个对称轴(即为主形心轴),外力虽通过横截面的形心,但不与两主形心轴重合。如果将荷载沿两主形心轴分解,此时梁在两个分荷载作用下,分别在横向对称平面(Oxz 平面)和纵向对称平面(Oxy 平面)内发生平面弯曲,这类杆件的弯曲变形称为斜弯曲,它是两个互相垂直方向的平面弯曲的组合。

二、斜弯曲变形杆的应力和强度计算

现以矩形截面悬臂梁为例来说明斜弯曲的应力和强度的计算。

如图 7-4 所示悬臂梁,在自由端受集中力 F 作用,F 通过截面形心并与 y 轴成 φ 角。

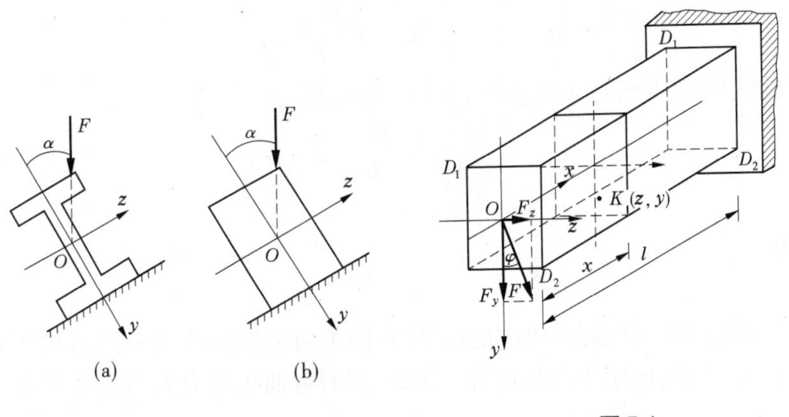

图 7-3　　　　图 7-4

选取坐标系如图 7-4 所示,梁轴线作为 x 轴,两个对称轴分别作为 y 轴和 z 轴。将力 F 沿 y 轴和 z 轴分解为两个分量 F_y 和 F_z,得

$$F_y = F\cos\varphi$$

$$F_z = F\sin\varphi$$

这两个分量分别引起沿纵向对称平面和横向对称平面的平面弯曲。现求距自由端为 x 的截面上任意点 K 的正应力,该点的坐标假设为(z,y),如图 7-4 所示。

先求出 x 截面的弯矩 M_z 和 M_y

$$M_z = F_y x = F\cos\varphi x = M\cos\varphi$$

$$M_y = F_z x = F\sin\varphi x = M\sin\varphi$$

式中:$M = Fx$ 是 F 对 x 截面的弯矩。

由上两式可知，弯矩 M_z 和 M_y 也可以由总弯矩 M 沿两坐标轴按矢量分解。

由于已把 x 截面上的弯矩分解为两个引起平面弯曲的弯矩，所以任一点 K 的正应力可以应用学习情境六中的计算公式进行计算，设 M_z 引起的应力为 σ'，M_y 引起的应力为 σ''，则有

$$\sigma' = \pm \frac{M_z}{I_z}y = \pm \frac{F\cos\varphi x}{I_z}y = \pm \frac{M\cos\varphi}{I_z}y$$

$$\sigma'' = \pm \frac{M_y}{I_y}z = \pm \frac{F\sin\varphi x}{I_y}z = \pm \frac{M\sin\varphi}{I_y}z$$

应力的正负号可以通过观察梁的变形来确定。拉应力取正号，压应力取负号。根据叠加原理，K 点的应力为

$$\sigma = \sigma' + \sigma'' = \pm \frac{M_z}{I_z}y \pm \frac{M_y}{I_y}z$$

在作强度计算时，须先确定危险截面，然后在危险截面上确定危险点。对斜弯曲来说，与平面弯曲一样，通常也是由最大正应力控制。所以，对图 7-4 所示的悬臂梁来说，危险截面显然在固定端，因为该处弯矩 M_z 和 M_y 的绝对值达到最大。至于要确定该截面上的危险点的位置，则对于工程中常用的具有凸角而又有两条对称轴的截面，如矩形、工字形等，根据对变形的判断，可知最大正应力 $\sigma_{\max}$ 发生在 D_1 点，最小正应力 $\sigma_{\min}$ 发生在 D_2 点，且 $y_{\max} = |y_{\min}|, z_{\max} = |z_{\min}|, \sigma_{\max} = |\sigma_{\min}|$，因此

$$\sigma_{\max} = \frac{M_{z\max}}{I_z}y_{\max} + \frac{M_{y\max}}{I_y}z_{\max}$$

若材料的抗拉强度与抗压强度相同，其强度条件就可以写为

$$\sigma_{\max} = \frac{M_{z\max}}{W_z} + \frac{M_{y\max}}{W_y} \leqslant [\sigma]$$

式中

$$W_z = \frac{I_z}{y_{\max}} \qquad W_y = \frac{I_y}{z_{\max}}$$

对于不易确定危险点的截面，例如边界没有棱角而呈弧线的截面，如图 7-5 所示，则需要研究应力的分布规律，确定中性轴位置。为此，将斜弯曲正应力表达式改写为

$$\sigma = M\left(\frac{\cos\varphi}{I_z}y + \frac{\sin\varphi}{I_y}z\right)$$

上式表明，发生斜弯曲时，截面上的正应力是 y 和 z 的线性函数，所以它的分布规律是一个平面，如图 7-6 所示。此应力平面与 y、z 坐标平面（即 x 截面）相交于一直线，在此直线上应力均等于零，所以该直线为中性轴。

设中性轴上点的坐标为 (y_0, z_0)，由于中性轴上应力等于零，所以把 y_0、z_0 代入上式，并令其等于零，即

$$\sigma = M\left(\frac{\cos\varphi}{I_z}y_0 + \frac{\sin\varphi}{I_y}z_0\right) = 0$$

由于 M 不等于 0，则

$$\frac{\cos\varphi}{I_z}y_0 + \frac{\sin\varphi}{I_y}z_0 = 0$$

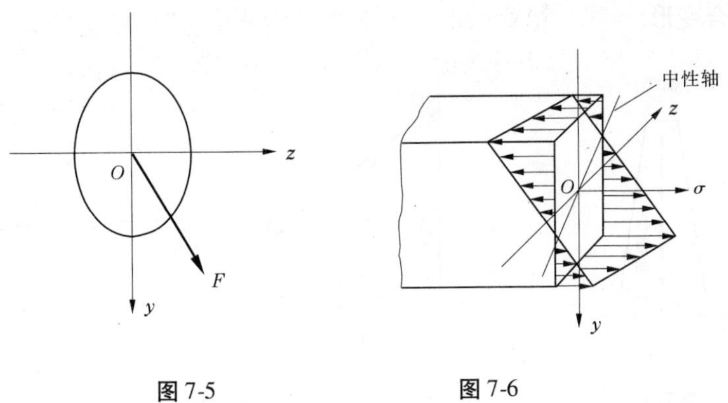

图 7-5　　图 7-6

由上式可见,中性轴是一条通过横截面形心的直线。设它与 z 轴的夹角为 α,如图 7-7 所示,则有

$$\tan\alpha = \frac{y_0}{z_0} = -\frac{I_z}{I_y}\tan\varphi$$

上式表明:①当力 F 通过第一、三象限时,中性轴通过第二、四象限;②中性轴与力 F 的作用线并不垂直,这正是斜弯曲的特点。除非 $I_z = I_y$ 即截面的两个形心主惯性矩相等,例如截面为正多边形的情形,此时中性轴才与力 F 的作用线垂直,而此时不论力 F 的 φ 角等于多少,梁所发生的总是平面弯曲。工程上常用的正方形或圆形截面梁就是这种情况。

当中性轴的位置确定后,就很容易确定应力最大的点,这只要在截面的周边上作两条与中性轴平行的切线,如图 7-8 所示,切点 E_1 和 E_2 即为距中性轴最远的点,其上应力的绝对值最大,其中一个是最大拉应力 σ_{max},另一个是最大压应力 σ_{min}(按代数值)。把这两点的应力与材料的许用正应力相比较,即可进行强度计算。

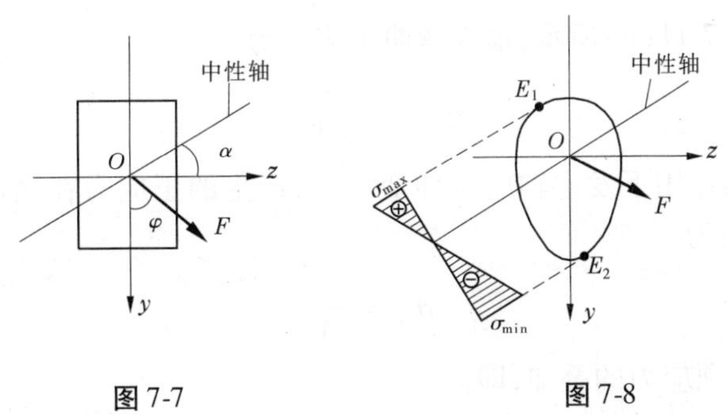

图 7-7　　图 7-8

子情境二　拉(压)弯曲组合变形杆的强度计算

如果杆件除在通过其轴线的纵向平面内受到垂直于轴线的荷载外,还受到轴向拉(压)力的作用,则此时杆件将发生拉伸(压缩)和弯曲的组合变形。拉(压)弯曲的组合变形在工程中是经常遇到的。例如,如图 7-9 所示的烟囱在自重作用下产生轴线压缩,在风力作用下产生弯曲,因此烟囱的变形就是轴向压缩与弯曲的组合变形。

又如简易吊车架的横梁 AB,如图 7-10 所示,当吊钩吊起重物 F 时,它除受到横向集中力 F 的作用外,还由于 B 端斜杆 BC 的拉力而产生轴力 N 的作用,因此梁 AB(简支梁)产生压缩和弯曲的组合变形。

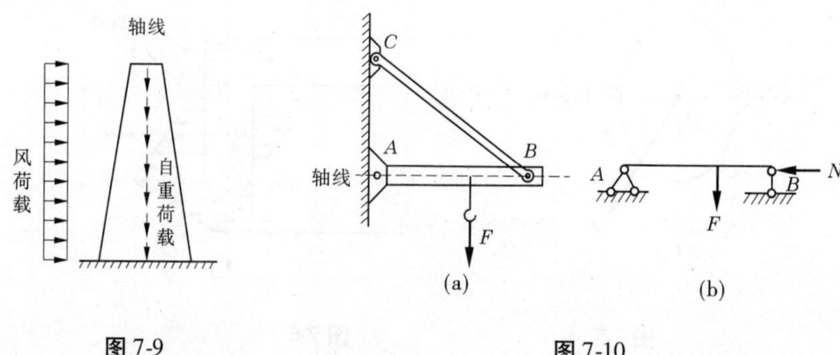

图 7-9　　　　图 7-10

下面以图 7-11 所示的矩形截面简支梁受横向力 F 与轴向力 N 的作用为例来计算拉(压)弯曲组合变形杆的强度。

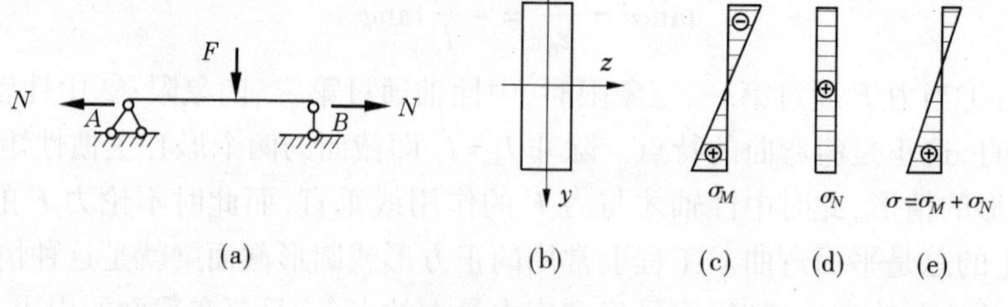

图 7-11

梁在横向力 F 的作用下发生弯曲变形，弯曲正应力 σ_M 为

$$\sigma_M = \pm \frac{M}{I_z}y$$

其分布规律如图 7-11(c)所示，最大弯曲正应力为

$$\sigma_{M\max} = \frac{M_{\max}}{W_z}$$

梁在轴向力 N 的作用下发生轴向拉伸变形，所产生的正应力在横截面上均匀分布，如图 7-11(d)所示，其值为

$$\sigma_N = \frac{N}{A}$$

总的正应力为两项应力的叠加，即

$$\sigma = \sigma_M + \sigma_N = \pm \frac{M}{I_z}y + \frac{N}{A}$$

式中弯曲正应力 σ_M 的正负号由变形情况判定。当点处于弯曲变形的受压区时取负号，处于受拉区时取正号。

总正应力的分布规律如图 7-11(e)所示(假设 $\sigma_{M\max} > \sigma_N$)，则最大应力为

$$\sigma_{\max} = \frac{N}{A} \pm \frac{M_{\max}}{W_z}$$

所以，拉(压)弯曲组合变形杆的强度条件为

$$\sigma_{\max} = \left| \frac{N}{A} \pm \frac{M_{\max}}{W_z} \right| \leqslant [\sigma]$$

注意：若材料的许用拉应力和许用压应力不同，则最大拉应力和最大压应力必须分别满足杆件的拉、压强度条件。

子情境三　偏心拉伸（压缩）杆件的强度计算

作用在杆件上的外力，当其作用线与杆的轴线平行但不重合时，杆件就受到偏心受压（拉伸）。对这类问题，仍然运用叠加原理来解决。

一、偏心拉伸（压缩）杆件的强度计算

如图 7-12（a）所示的柱子，在柱子的顶端截面上作用有一荷载 F，荷载 F 的作用线与柱子的轴线不重合，该荷载称为偏心力，荷载 F 的作用点到截面形心的距离 e 称为偏心距。如果偏心力 F 只在 y 轴（或 z 轴）一个方向上有偏离，即荷载的作用点在 y 轴（或 z 轴）上，称为单向偏心受压（受拉），如图 7-12（b）所示。如果偏心力 F 在 y、z 两个方向上都有偏离，称为双向偏心受压（受拉）。

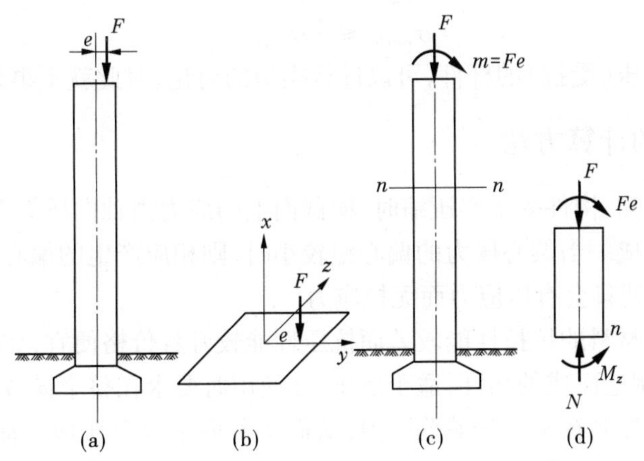

图 7-12

下面，我们以矩形截面杆件的单向偏心受压为例来讨论杆件的强度计算问题。

将偏心力 F 向截面形心平移，得到一个通过柱轴线的轴向压力 F 和一个力偶矩 $m = Fe$ 的力偶，如图 7-12（c）所示。可见，偏心压缩实际上是轴向压缩和平面弯曲的组合变形。

运用截面法可求得任意横截面 $n—n$ 上的内力。由图 7-12（d）所示，横截面 $n—n$ 上的内力为轴力 N 和弯矩 M_z，其值分别为

$$N = -F$$

$$M_z = m = Fe$$

显然，偏心受压的杆件，所有横截面的内力是相同的。

横截面 $n—n$ 上的任一点 K，由轴力 N 所引起的正应力为

$$\sigma_N = \frac{N}{A} = -\frac{F}{A}$$

由弯矩 M_z 所引起的正应力为

$$\sigma_M = \pm\frac{M_z}{I_z}y = \pm\frac{Fe}{I_z}y$$

根据叠加原理,K 点的总应力为

$$\sigma = \sigma_N + \sigma_M = -\frac{F}{A} \pm \frac{Fe}{I_z}y$$

式中弯曲正应力 σ_M 的正负号由变形情况判定。当 K 点处于弯曲变形的受压区时取负号,处于受拉区时取正号。

从上述的推导过程可知:最大压应力发生在截面与偏心力 F 较近的边线上;最大拉应力发生在截面与偏心力 F 较远的边线上。其值分别为

$$\sigma_{\max压} = \left|\frac{F}{A} + \frac{Fe}{I_z}y_{\max近}\right|$$

$$\sigma_{\max拉} = \left|-\frac{F}{A} + \frac{Fe}{I_z}y_{\max远}\right|$$

截面上各点均处于单向应力状态,所以单向偏心压缩的强度条件为

$$\sigma_{\max压} \leqslant [\sigma]_{压}$$

$$\sigma_{\max拉} \leqslant [\sigma]_{拉}$$

对于双向偏心受压(受拉)的杆件,可以进行类似的讨论,对此就不再赘述。

二、截面核心的计算方法

从前面的分析可知,构件受偏心压缩时,横截面上的应力由轴向压力引起的应力和偏心弯矩引起的应力所组成。当偏心压力的偏心距较小时,则相应产生的偏心弯矩较小,从而使 $\sigma_M \leqslant \sigma_N$,即横截面上就只会有压应力而无拉应力。

在工程上有不少材料的抗拉性能较差而抗压性能较好且价格便宜,如砖、石材、混凝土、铸铁等,用这些材料制造而成的构件,适于承压,在使用时要求在整个横截面上没有拉应力。这就要求把偏心压力控制在某一区域范围内,从而使截面上只有压应力而无拉应力。这一范围即为截面核心。因此,截面核心是指某一个区域,当压力作用在该区域内时,截面上就只产生压应力。

下面以一个例子来说明截面核心的计算方法。

【例 7-1】 如图 7-13 所示的矩形截面,已知矩形截面的边长分别为 b 和 h,求作截面核心。

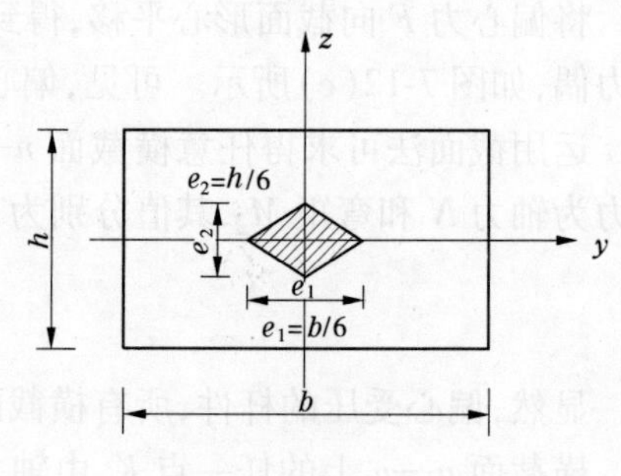

图 7-13

解 (1)先假设偏心压力作用于 y 轴上距离原点的偏心距为 e_1 处,根据截面核心的概念,应有

$$\sigma_M \leqslant \sigma_N$$

即

$$\frac{M_z}{W_z} \leqslant \frac{N}{A}$$

式中

$$M_z = Ne_1 \qquad W_z = \frac{1}{6}hb^2 \qquad A = bh$$

代入上式得

$$e_1 \leqslant \frac{b}{6}$$

(2)再假设偏心压力作用于 z 轴上距离原点的偏心距为 e_2 处，则利用上述同样的方法可以求得

$$e_2 \leqslant \frac{h}{6}$$

(3)将偏心压力作用于截面上任一点，根据截面核心的概念，不难推出，当偏心压力作用于图 7-13 所示矩形中的菱形阴影部分时，截面上的压力全部为压应力。所以，矩形截面的截面核心即是如图 7-13 所示的菱形阴影部分。

同理，可以推导出圆形、工字形和槽形等三种截面的截面核心，如图 7-14 所示，其中 $i_y^2 = \frac{I_y}{A}, i_z^2 = \frac{I_z}{A}$。

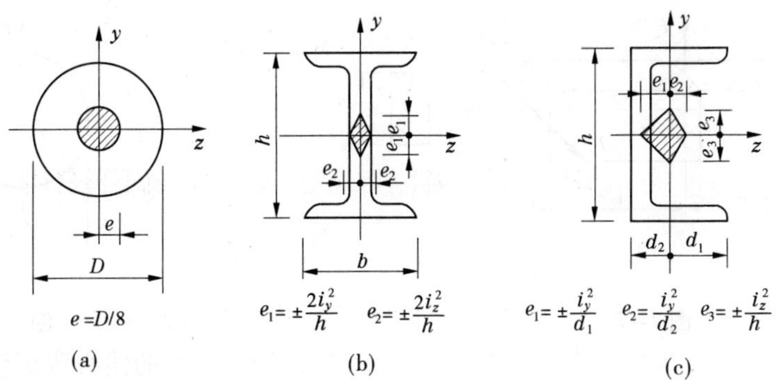

图 7-14

习　题

7-1　图 7-15 所示檩条两端简支于屋架上，檩条的跨度 $l = 4$ m，承受均布荷载 $q = 2$ kN/m，矩形截面 $b \times h = 15$ cm × 20 cm，木材的许用应力 $[\sigma] = 10$ MPa，试校核该檩条的强度。

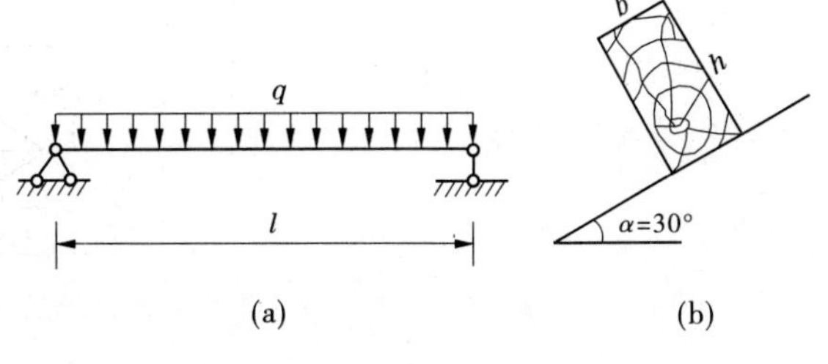

图 7-15

7-2　图 7-16 所示简支梁，选用 No. 25a 号工字钢制成。作用在跨中截面的集中荷载 $F = 5$ kN，其作用线与截面的形心主轴 y 的夹角为 30°，钢材的许用应力 $[\sigma] = 160$ MPa，试校核此梁的强度。

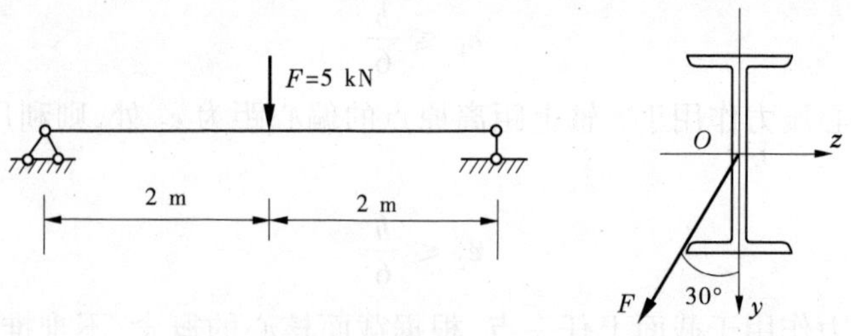

图 7-16

7-3　如图 7-17 所示，由木材制成的矩形截面悬臂梁，在梁的水平对称面内受到 $F_1=800$ N作用，在铅直对称面内受到 $F_2=1\ 650$ N 作用，木材的许用应力 $[\sigma]=10$ MPa。若矩形截面 $h=2b$，试确定其截面尺寸。

7-4　如图 7-18 所示的圆形截面，已知圆形截面的直径为 D，求作截面核心。

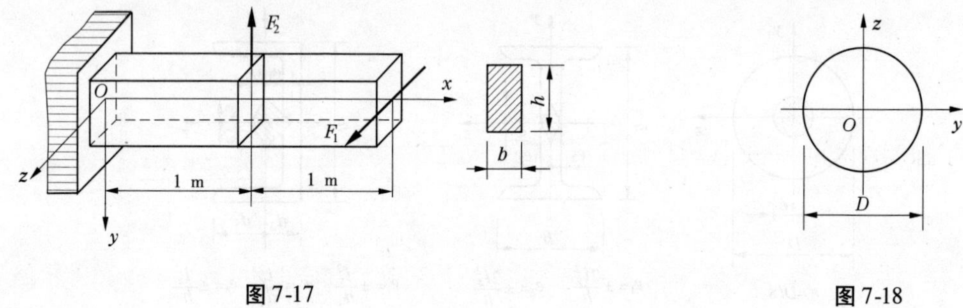

图 7-17　　　　图 7-18

学习情境八 压杆的稳定计算

【知识点】 压杆稳定的概念、临界压力、欧拉公式等。

【教学目标】 了解压杆稳定的概念；会计算细长杆、中长杆和短粗杆的临界力；会对各种压杆进行稳定校核；了解提高压杆稳定性的措施。

在前面讨论受压直杆的强度问题时，认为只要满足杆受压时的强度条件，就能保证压杆的正常工作。然而，在事实上，这个结论只适用于短粗压杆。而细长压杆在轴向压力作用下，其破坏的形式却呈现出与强度问题截然不同的现象。例如，一根长 300 mm 的钢制直杆，其横截面的宽度和厚度分别为 20 mm 和 1 mm，材料的抗压许用应力为 140 MPa，如果按照抗压强度计算，其抗压承载力应为 2 800 N。但是实际上，在压力尚不到 40 N 时，杆件就发生了明显的弯曲变形，丧失了其在直线状态下保持平衡的能力，从而导致破坏。显然，这不属于强度性质的问题，而属于压杆稳定的范畴。

为了说明问题，取如图 8-1(a)所示的等直细长杆，在其两端施加轴向压力 F，使杆在直线状态下处于平衡，此时，如果给杆以微小的侧向干扰力，使杆发生微小的弯曲，然后撤去干扰力，则当杆承受的轴向压力数值不同时，其结果也截然不同。当杆承受的轴向压力 F 小于某一数值 F_{cr} 时，在撤去干扰力以后，杆能自动恢复到原有的直线平衡状态而保持平衡，如图 8-1(a)、(b)所示，这种原有的直线平衡状态称为稳定的平衡；当杆承受的轴向压力 F 逐渐增大到(甚至超过)某一数值 F_{cr} 时，即使撤去干扰力，杆仍然处于微弯形状，不能自动恢复到原有的直线平衡状态，如图 8-1(c)、(d)所示，则原有的直线平衡状态为不稳定的平衡。如果力 F 继续增大，则杆继续弯曲，产生显著的变形，甚至发生突然破坏。

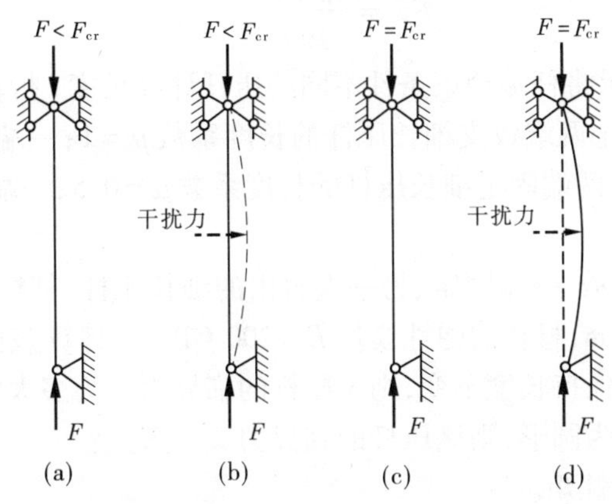

图 8-1

上述现象表明，在轴向压力 F 由小逐渐增大的过程中，压杆由稳定的平衡转变为不稳定的平衡，这种现象称为压杆丧失稳定性或者压杆失稳。显然，压杆是否失稳取决于轴向压力的数值，压杆由直线状态的稳定的平衡过渡到不稳定的平衡，具有临界的性质，此时所对应的轴向压力，称为压杆的临界压力或临界力，用 F_{cr} 表示。当压杆所受的轴向压力 F 小于 F_{cr}时，杆件就能够保持稳定的平衡，这种性能称为压杆具有稳定性；而当压杆所受的轴向压力 F 等于或者大于 F_{cr}时，杆件就不能保持稳定的平衡而失稳。

压杆经常被应用于各种工程实际中，例如桁架结构的某些杆件、建筑物中的柱子等，均承受压力，此时必须考虑其稳定性，以免引起压杆失稳破坏。

子情境一　各种压杆的临界力和临界应力计算

一、细长压杆的临界力和临界应力计算

(一)细长压杆的临界力计算

从上面的讨论可知，压杆在临界力作用下，其直线状态的平衡将由稳定的平衡转变为不稳定的平衡，此时，即使撤去侧向干扰力，压杆仍然将保持在微弯状态下的平衡。当然，如果压力超过这个临界力，弯曲变形将明显增大。所以，上面使压杆在微弯状态下保持平衡的最小的轴向压力，即为压杆的临界压力。压杆的约束不同时，其临界压力也不会相同，下面介绍不同约束条件下压杆的临界力计算公式。

1.两端铰支细长杆的临界力计算公式——欧拉公式

两端铰支细长杆的临界力计算公式为

$$F_{cr} = \frac{\pi^2 EI}{l^2} \tag{8-1}$$

从式(8-1)可以看出，细长压杆的临界力 F_{cr}与压杆的弯曲刚度成正比，而与杆长 l 的平方成反比。

2.其他约束情况下细长压杆的临界力计算公式——欧拉公式

其他约束情况下细长压杆的临界力计算公式为

$$F_{cr} = \frac{\pi^2 EI}{(\mu l)^2} \tag{8-2}$$

式中:μl 称为折算长度，表示将杆端约束条件不同的压杆计算长度 l 折算成两端铰支压杆的长度，μ 称为长度系数。其中两端铰支细长压杆的长度系数 $\mu=1$；一端固定、另一端铰支细长压杆的长度系数 $\mu=0.7$；两端固定细长压杆的长度系数 $\mu=0.5$；一端固定、另一端自由细长压杆的长度系数 $\mu=2$。

【例 8-1】　如图 8-2 所示，一端固定、另一端自由的细长压杆，其杆长 $l=2$ m，截面形状为矩形，$b=20$ mm，$h=45$ mm，材料的弹性模量 $E=200$ GPa，试计算该压杆的临界力。若把截面改为 $b=h=30$ mm，而保持长度不变，则该压杆的临界力又为多大？若截面面积与杆件长度保持不变，截面形状改为圆形，则该压杆的临界力又为多大？

解　(1)计算截面的惯性矩。

由前述可知，该压杆必在 xy 平面内失稳，故式(8-2)的惯性矩应以最小惯性矩代入，即

$$I_{min} = I_y = \frac{hb^3}{12} = \frac{45 \times 20^3}{12} = 3 \times 10^4 (\text{mm}^4)$$

(2)计算临界力

$$F_{cr}=\frac{\pi^2EI}{(\mu l)^2}=\frac{\pi^2\times200\times10^9\times3\times10^{-8}}{(2\times2)^2}=3\ 701(\mathrm{N})=3.70\ \mathrm{kN}$$

(3)当截面改为 $b=h=30$ mm 时,压杆的惯性矩为

$$I_y=I_z=\frac{bh^3}{12}=\frac{30^4}{12}=6.75\times10^4(\mathrm{mm}^4)$$

代入欧拉公式,可得

$$F_{cr}=\frac{\pi^2EI}{(\mu l)^2}=\frac{\pi^2\times200\times10^9\times6.75\times10^{-8}}{(2\times2)^2}=8\ 327(\mathrm{N})=8.33\ \mathrm{kN}$$

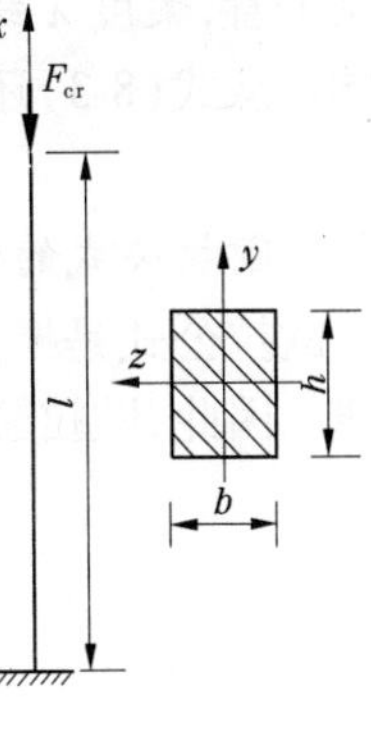

图 8-2

(4)当截面改为圆形时,压杆的惯性矩为

$$I_y=I_z=\frac{\pi D^4}{64}=\frac{3\ 600^2}{64\pi}=6.45\times10^4(\mathrm{mm}^4)$$

代入欧拉公式,可得

$$F_{cr}=\frac{\pi^2EI}{(\mu l)^2}=\frac{\pi^2\times200\times10^9\times6.45\times10^{-8}}{(2\times2)^2}=7\ 957(\mathrm{N})=7.96\ \mathrm{kN}$$

从以上三种情况的分析,其横截面面积相等,支承条件也相同,但是,计算得到的临界力却不一样,可见,在材料用量相同的条件下,选择恰当的截面形式可以提高细长压杆的临界力。

(二)细长压杆的临界应力计算

1.细长压杆临界应力的计算公式——欧拉公式

前面导出了计算细长压杆临界力的欧拉公式,当压杆在临界力 F_{cr} 作用下处于直线状态的平衡时,其横截面上的压应力等于临界力 F_{cr} 除以横截面面积 A,称为临界应力,用 σ_{cr} 表示,即

$$\sigma_{cr}=\frac{F_{cr}}{A}$$

将式(8-2)代入上式,得

$$\sigma_{cr}=\frac{\pi^2EI}{(\mu l)^2A}$$

若将压杆的惯性矩 I 写成

$$I=i^2A\quad 或\quad i=\sqrt{\frac{I}{A}}$$

式中:i 称为压杆横截面的惯性半径,于是临界应力可写为

$$\sigma_{cr}=\frac{\pi^2Ei^2}{(\mu l)^2}=\frac{\pi^2E}{\left(\frac{\mu l}{i}\right)^2}$$

令 $\lambda=\frac{\mu l}{i}$,则

$$\sigma_{cr}=\frac{\pi^2E}{\lambda^2}\tag{8-3}$$

式(8-3)为计算细长压杆临界应力的欧拉公式,式中 λ 称为压杆的柔度(或称长细比)。柔度 λ 是一个无量纲的量,其大小与压杆的长度系数 μ、杆长 l 及惯性半径 i 有关。由于压杆的长度系数 μ 取决于压杆的支承情况,惯性半径 i 取决于截面的形状与尺寸,所以从物理

意义上看，柔度 λ 综合地反映了压杆的长度、截面的形状与尺寸以及支承情况对临界力的影响。从式(8-3)还可以看出，如果压杆的柔度值越大，则其临界应力越小，压杆就越容易失稳。

2. 欧拉公式的适用范围

欧拉公式是根据挠曲线近似微分方程导出的，而应用此微分方程时，材料必须服从虎克定律。因此，欧拉公式的适用范围应当是压杆的临界应力 σ_{cr} 不超过材料的比例极限 σ_p，即

$$\sigma_{cr} = \frac{\pi^2 E}{\lambda^2} \leqslant \sigma_p$$

有

$$\lambda \geqslant \pi \sqrt{\frac{E}{\sigma_p}}$$

若设 λ_p 为压杆的临界应力达到材料的比例极限时的柔度值，即

$$\lambda_p = \pi \sqrt{\frac{E}{\sigma_p}} \tag{8-4}$$

则欧拉公式的适用范围为

$$\lambda \geqslant \lambda_p \tag{8-5}$$

式(8-5)表明，当压杆的柔度不小于 λ_p 时，才可以应用欧拉公式计算临界力或临界应力。这类压杆称为大柔度杆或细长杆，欧拉公式只适用于大柔度杆。从式(8-4)可知，λ_p 的值取决于材料性质，不同的材料都有自己的 E 值和 σ_p 值，所以不同材料制成的压杆，其 λ_p 值也不同。例如 Q235 钢，$\sigma_p = 200$ MPa，$E = 200$ GPa，由(8-4)即可求得，$\lambda_p = 100$。

二、中长压杆的临界力和临界应力计算

上面指出，欧拉公式只适用于大柔度杆，即临界应力不超过材料的比例极限（处于弹性稳定状态）。当临界应力超过比例极限时，材料处于弹塑性阶段，此类压杆的稳定属于弹塑性稳定（非弹性稳定）问题，此时，欧拉公式不再适用。对这类压杆各国大都采用经验公式计算临界力或者临界应力，经验公式是在试验和实践资料的基础上，经过分析、归纳而得到的。各国采用的经验公式多以本国的试验为依据，因此计算不尽相同。我国比较常用的经验公式为直线公式，其表达式为

$$\sigma_{cr} = a - b\lambda \tag{8-6}$$

中长压杆的临界力为

$$F_{cr} = \sigma_{cr} A = (a - b\lambda)A$$

式中：a、b 是与材料有关的常数，其单位为 MPa。几种常用材料的 a、b 值见表 8-1。

应当指出，经验公式(8-6)也有其适用范围，它要求临界应力不超过材料的受压极限应力。这是因为当临界应力达到材料的受压极限应力时，压杆已因为强度不足而破坏。因此，对于由塑性材料制成的压杆，其临界应力不允许超过材料的屈服应力 σ_s，即

$$\sigma_{cr} = a - b\lambda \leqslant \sigma_s$$

或

$$\lambda \geqslant \frac{a - \sigma_s}{b}$$

令

$$\lambda_s = \frac{a - \sigma_s}{b} \tag{8-7}$$

得 $$\lambda \geqslant \lambda_s$$

式中:λ_s 表示当临界应力等于材料的屈服点应力时压杆的柔度值。与 λ_p 一样,它也是一个与材料的性质有关的常数。因此,直线经验公式的适用范围为

$$\lambda_s < \lambda < \lambda_p \tag{8-8}$$

计算时,一般把柔度值介于 λ_s 与 λ_p 之间的压杆称为中长杆或中柔度杆。

表 8-1 几种常用材料的 a、b 值

材料	a(MPa)	b(MPa)	λ_p	λ_s
Q235 钢(σ_s=235 MPa)	304	1.12	100	62
硅钢(σ_s=353 MPa,σ_p≥510 MPa)	577	3.74	100	60
铬钼钢	980	5.29	55	0
硬铝	372	2.14	50	0
铸铁	331.9	1.453	—	—
松木	39.2	0.199	59	0

三、短粗压杆的临界力和临界应力计算

柔度小于 λ_s 的压杆称为短粗杆或小柔度杆。其破坏是因为材料的抗压强度不足而造成的,如果将这类压杆也按照稳定问题进行处理,则对塑性材料制成的压杆来说,可取临界应力 $\sigma_{cr}=\sigma_s$。

短粗压杆的临界力为

$$F_{cr} = \sigma_{cr}A = \sigma_s A$$

【例 8-2】 如图 8-3 所示为两端铰支的圆形截面受压杆,用 Q235 钢制成,材料的弹性模量 $E=200$ GPa,屈服点应力 $\sigma_s=235$ MPa,直径 $d=40$ mm。试分别计算下面三种情况下压杆的临界力:(1)杆长 $l=1.2$ m;(2)杆长 $l=0.8$ m;(3)杆长 $l=0.5$ m。

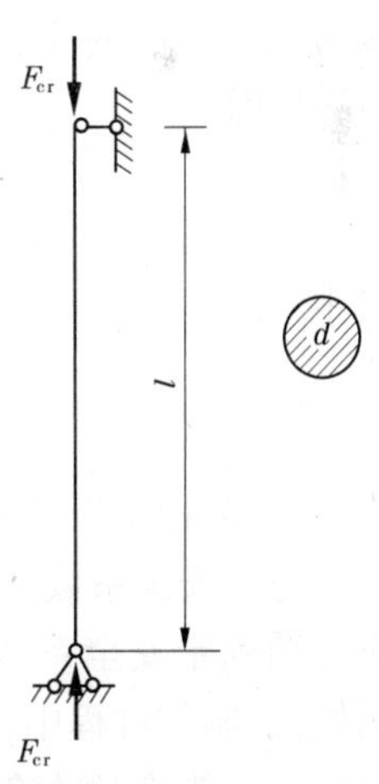

图 8-3

解 两端铰支时长度系数 $\mu=1$。

圆形截面的惯性半径

$$i = \frac{d}{4} = \frac{40}{4} = 10(\text{mm}) = 0.01 \text{ m}$$

(1)计算杆长 $l=1.2$ m 时的临界力。

柔度

$$\lambda = \frac{\mu l}{i} = \frac{1 \times 1.2}{0.01} = 120 > \lambda_p = 100$$

所以是大柔度杆,应用欧拉公式计算临界力

$$F_{cr} = \sigma_{cr}A = \frac{\pi^2 E}{\lambda^2} \times \frac{\pi d^2}{4} = \frac{\pi^3 \times 200 \times 10^9 \times 0.04^2}{4 \times 120^2} = 172\ 257(\text{N}) = 172 \text{ kN}$$

(2)计算杆长 $l=0.8$ m 时的临界力。

柔度

$$\lambda = \frac{\mu l}{i} = \frac{1 \times 0.8}{0.01} = 80$$

查表 8-1 可得 $\lambda_s = 62$，因此 $\lambda_s < \lambda < \lambda_p$，该杆为中长杆，应用直线经验公式计算临界力

$$F_{cr} = \sigma_{cr} A = (a - b\lambda) \frac{\pi d^2}{4}$$

$$= (304 \times 10^6 - 1.12 \times 10^6 \times 80) \times \frac{\pi \times 0.04^2}{4}$$

$$= 269\ 423(\mathrm{N}) = 269\ \mathrm{kN}$$

(3)计算杆长 $l = 0.5$ m 时的临界力。

柔度

$$\lambda = \frac{\mu l}{i} = \frac{1 \times 0.5}{0.01} = 50 < \lambda_s = 62$$

该压杆为短粗杆（小柔度杆），其临界力为

$$F_{cr} = \sigma_s A = 235 \times \frac{\pi \times 40^2}{4} = 295\ 310(\mathrm{N}) = 295\ \mathrm{kN}$$

从本例可以看出，在材料、支承和形状相同时，选择恰当的杆长可以提高压杆的临界力。

子情境二　压杆的稳定计算

一、压杆稳定的实用计算方法

当压杆中的应力达到（或超过）其临界应力时，压杆会丧失稳定。所以，正常工作的压杆，其横截面上的应力应小于临界应力。在工程中，为了保证压杆具有足够的稳定性，还必须考虑一定的安全储备，这就要求横截面上的应力不能超过压杆的临界应力的许用值 $[\sigma_{cr}]$，即

$$\sigma = \frac{F}{A} \leqslant [\sigma_{cr}] \tag{a}$$

其中

$$[\sigma_{cr}] = \frac{\sigma_{cr}}{n_{st}} \tag{b}$$

式中：n_{st} 为稳定安全系数。

稳定安全系数一般都大于强度计算时的安全系数，这是因为在确定稳定安全系数时，除应遵循确定安全系数的一般原则外，还必须考虑实际压杆并非理想的轴向压杆这一情况。例如，在制作过程中，杆件不可避免地存在微小的弯曲（即存在初曲率），另外，外力的作用线也不可能绝对准确地与杆件的轴线相重合（即存在初偏心）等，这些因素都应在稳定安全系数中加以考虑。

为了计算上的方便，将临界应力的许用值写成如下形式

$$[\sigma_{cr}] = \frac{\sigma_{cr}}{n_{st}} = \varphi[\sigma] \tag{c}$$

从上式可知，φ 值为

$$\varphi = \frac{\sigma_{cr}}{n_{st}[\sigma]} \quad \text{(d)}$$

式中：$[\sigma]$为强度计算时的许用应力；φ 称为折减系数，其值小于 1。

由式(d)可知，当$[\sigma]$一定时，φ 取决于 σ_{cr} 与 n_{st}。由于临界应力 σ_{cr}值随压杆的长细比而改变，而不同长细比的压杆一般又规定不同的稳定安全系数，所以折减系数 φ 是长细比 λ 的函数。当材料一定时，φ 值取决于长细比 λ 的值。表 8-2 即列出了 Q235 钢、16 锰钢和木材的折减系数 φ 值。

表 8-2 折减系数

λ	φ		
	Q235 钢	16 锰钢	木材
0	1.000	1.000	1.000
10	0.995	0.993	0.971
20	0.981	0.973	0.932
30	0.958	0.940	0.883
40	0.927	0.895	0.822
50	0.888	0.840	0.751
60	0.842	0.776	0.668
70	0.789	0.705	0.575
80	0.731	0.627	0.470
90	0.669	0.546	0.370
100	0.604	0.462	0.300
110	0.536	0.384	0.248
120	0.466	0.325	0.208
130	0.401	0.279	0.178
140	0.349	0.242	0.153
150	0.306	0.213	0.133
160	0.272	0.188	0.117
170	0.243	0.168	0.104
180	0.218	0.151	0.093
190	0.197	0.136	0.083
200	0.180	0.124	0.075

应当明白，$[\sigma_{cr}]$与$[\sigma]$虽然都是"许用应力"，但两者却有很大的不同。$[\sigma]$只与材料有关，当材料一定时，其值为定值；而$[\sigma_{cr}]$除与材料有关外，还与压杆的长细比有关，所以相同材料制成的不同长细比的压杆，其$[\sigma_{cr}]$值是不同的。

将式(c)代入式(a)，可得

$$\sigma = \frac{F}{A} \leqslant \varphi[\sigma] \quad \text{或} \quad \frac{F}{A\varphi} \leqslant [\sigma] \quad \text{(8-9)}$$

式(8-9)即为压杆需要满足的稳定条件。由于折减系数 φ 可按 λ 的值直接从表 8-2 中查到，所以按式(8-9)的稳定条件进行压杆的稳定计算十分方便。因此，该方法也称为实用计算方法。

应当指出，在稳定计算中，压杆的横截面面积 A 均采用毛截面面积计算，即当压杆在局部有横截面削弱（如钻孔、开口等）时，可不予考虑。因为压杆的稳定性取决于整个杆件的弯曲刚度，而局部的截面削弱对整个杆件的整体刚度来说影响甚微。但是，对截面的削弱处，则应当进行强度校核。

应用压杆的稳定条件，可以对以下三方面的问题进行计算：

（1）稳定校核。即已知压杆的几何尺寸、所用材料、支承条件以及承受的压力，校核是否满足式(8-9)的稳定条件。

这类问题，一般应首先计算出压杆的长细比 λ，根据 λ 查出相应的折减系数 φ，再按照式(8-9)进行校核。

（2）计算稳定时的许用荷载。即已知压杆的几何尺寸、所用材料及支承条件，按稳定条件计算其能够承受的许用荷载 F 值。

这类问题，一般也要首先计算出压杆的长细比 λ，根据 λ 查出相应的折减系数 φ，再按照下式

$$F \leqslant A\varphi[\sigma]$$

进行计算。

（3）进行截面设计。即已知压杆的长度、所用材料、支承条件以及承受的压力 F，按照稳定条件计算压杆所需的截面尺寸。一般按下式计算

$$A \geqslant \frac{F}{\varphi[\sigma]}$$

二、提高压杆稳定性的措施

要提高压杆的稳定性，关键在于提高压杆的临界力或临界应力。而压杆的临界力和临界应力与压杆的长度、横截面形状及大小、支承条件以及压杆所用材料等有关。因此，可以从以下几方面考虑。

（一）合理选择材料

欧拉公式告诉我们，大柔度杆的临界应力与材料的弹性模量成正比。所以，选择弹性模量较高的材料，就可以提高大柔度杆的临界应力，也就提高了其稳定性。但是，对于钢材而言，各种钢的弹性模量大致相同，所以选用高强度钢并不能明显提高大柔度杆的稳定性。而中、小柔度杆的临界应力则与材料的强度有关，采用高强度钢材，可以提高这类压杆抵抗失稳的能力。

（二）选择合理的截面形状

增大截面的惯性矩，可以增大截面的惯性半径，降低压杆的柔度，从而可以提高压杆的稳定性。在压杆的横截面面积相同的条件下，应尽可能使材料远离截面形心轴，以取得较大的惯性矩，从这个角度出发，空心截面要比实心截面合理，如图 8-4 所示。在工程实际中，若压杆的截面是用两根槽钢组成的，则应采用如图 8-5 所示的布置方式，可以取得较大的惯性矩或惯性半径。

另外，由于压杆总是在柔度较大（临界力较小）的纵向平面内首先失稳，所以应注意尽可能使压杆在各个纵向平面内的柔度都相同，以充分发挥压杆的稳定承载力。

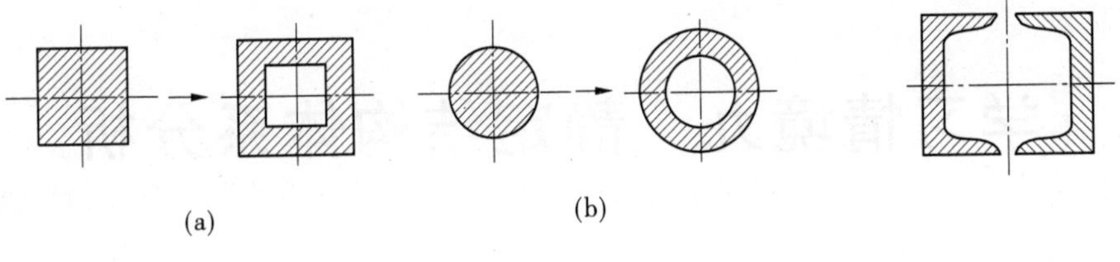

图 8-4　　图 8-5

(三)改善约束条件,减小压杆长度

由欧拉公式可知,压杆的临界力与其计算长度的平方成反比,而压杆的计算长度又与其约束条件有关。因此,改善约束条件,可以减小压杆的长度系数和计算长度,从而增大临界力。

减小压杆长度的另一方法是在压杆的中间增加支承,把一根变为两根甚至几根。

习　题

8-1　图 8-6 所示两端铰支的细长压杆,材料的弹性模量 $E=200$ GPa,试用欧拉公式计算其临界力 F_{cr}。(1)圆形截面 $d=25$ mm,$l=1.0$ m;(2)矩形截面 $h=2b=40$ mm,$l=1.0$ m。

8-2　直径 $d=25$ mm、长为 l 的细长钢压杆,材料的弹性模量 $E=200$ GPa,试用欧拉公式计算其临界力 F_{cr}。(1)两端铰支,$l=600$ mm;(2)两端固定,$l=1\ 500$ mm;(3)一端固定、一端铰支,$l=1\ 000$ mm。

8-3　三根两端铰支的圆截面压杆,直径均为 $d=160$ mm,长度分别为 l_1、l_2 和 l_3,且 $l_1=2l_2=4l_3=5$ m,材料为 Q235 钢,弹性模量 $E=200$ GPa,求三杆的临界力 F_{cr}。

8-4　试对图 8-7 所示木杆进行强度和稳定校核。已知材料的许用应力$[\sigma]=10$ MPa。

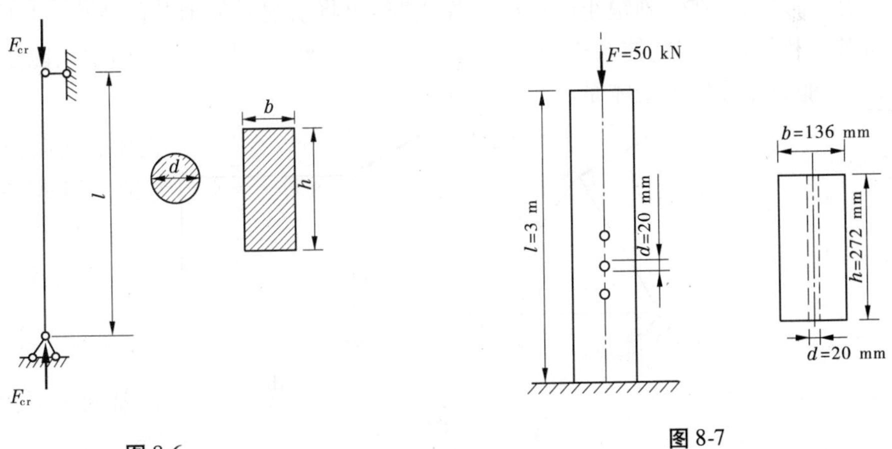

图 8-6　　图 8-7

学习情境九　静定结构体系分析

【知识点】 几何不变体系、几何可变体系、自由度和约束的概念；平面结构几何组成的基本规则；静定结构的概念及其分类；多跨静定梁、桁架、刚架及三铰拱等的特点、内力计算和内力图的绘制；结构位移的概念；变形体的虚功原理；结构位移计算的一般公式；荷载作用下结构位移计算；结构由于支座沉陷引起的位移计算。

【教学目标】 掌握平面杆件体系几何组成的基本规律，会对一般的平面杆件体系进行几何组成分析；掌握静定结构内力的计算方法，能熟练绘制梁、刚架的内力图；掌握桁架的内力计算方法；掌握结构位移计算的基本原理，能熟练计算梁和平面刚架的位移。

子情境一　平面体系的几何组成分析

一、几何组成分析的目的

杆系结构是由若干杆件通过一定的互相联结方式所组成的几何不变体系，并与地基相联系组成一个整体，用来承受荷载的作用。当不考虑各杆件本身的变形时，它应能保持其原有几何形状和位置不变，杆系结构的各个杆件之间以及整个结构与地基之间不会发生相对运动。

受到任意荷载作用后，在不考虑材料变形的条件下，能够保持几何形状和位置不变的体系，称为几何不变体系。如图 9-1(a)所示即为这类体系的一个例子。而如图 9-1(b)所示的例子是另一类体系，在受到很小的荷载 F 作用时，也将引起几何形状的改变，这类不能够保持几何形状和位置不变的体系称为几何可变体系。显然，土木工程结构中只能是几何不变体系，而不能采用几何可变体系。

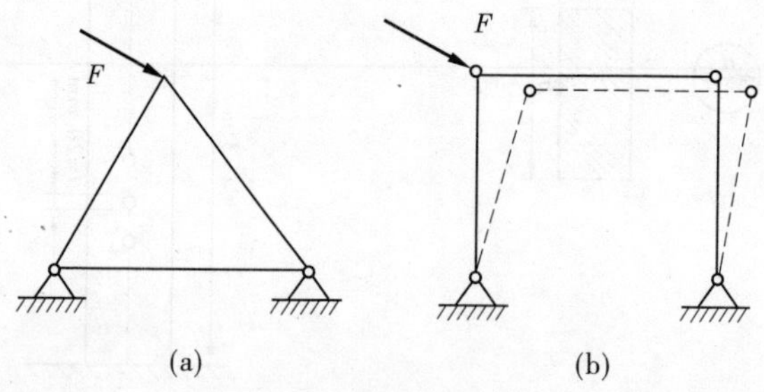

图 9-1

上述体系的区别是由于它们的几何组成不同。分析体系的几何组成，以确定它们属于哪一类体系，称为体系的几何组成分析。在对结构进行分析计算时，必须先分析体系的几何组成，以确定体系的几何不变性。几何组成分析的目的是：

(1)判别给定体系是否是几何不变体系，从而决定它能否作为结构使用。

(2)研究几何不变体系的组成规则，以保证设计出合理的结构。

(3)正确区分静定结构和超静定结构,为结构的内力计算打下必要的基础。

二、平面体系的自由度与约束

(一)自由度

为了便于对体系进行几何组成分析,先讨论平面体系的自由度的概念。所谓体系的自由度,是指该体系运动时,用来确定其位置所需的独立坐标的数目。在平面内的某一动点 A,其位置要由两个坐标 x 和 y 来确定,如图 9-2(a)所示。所以,一个点的自由度等于 2,即点在平面内可以作两种相互独立的运动,通常用平行于坐标轴的两种移动来描述。

在平面体系中,由于不考虑材料的应变,所以可认为各个构件没有变形。于是,可以把一根梁、一根链杆或体系中已经肯定为几何不变的某个部分看作一个平面刚体,简称为刚片。一个刚片在平面内运动时,其位置将由它上面的任一点 A 的坐标(x,y)和过 A 点的任一直线的倾角 φ 来确定,如图 9-2(b)所示。因此,一个刚片在平面内的自由度等于 3,即刚片在平面内不但可以自由移动,而且可以自由转动。

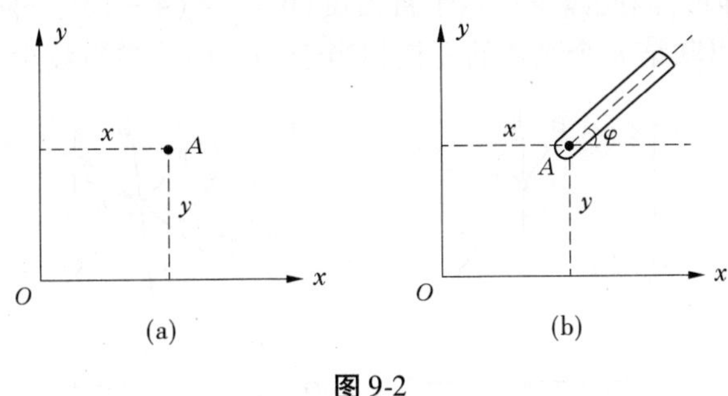

图 9-2

(二)约束

对刚片加入约束装置,它的自由度将会减少,凡能减少一个自由度的装置称为一个约束。例如用一根链杆将刚片与基础相联(见图 9-3(a)),刚片将不能沿链杆方向移动,确定刚片的位置只需 φ_1、φ_2 两个坐标即可,因而减少了一个自由度。用一根链杆将两个刚片相联(见图 9-3(b)),确定体系的位置只需 x、y、φ_1、φ_2、φ_3 五个坐标即可,因而也减少了一个自由度。因此,一根链杆相当于一个约束。

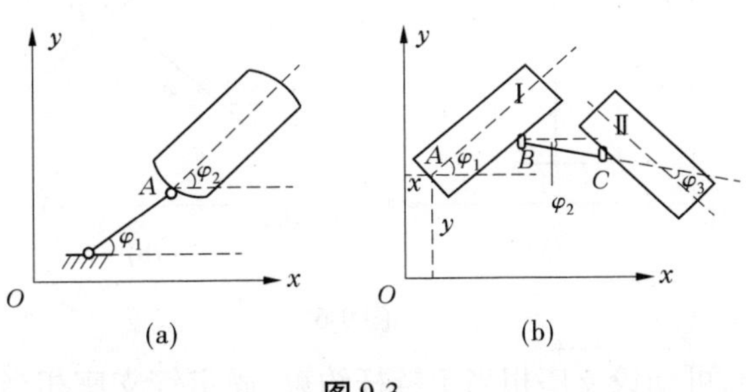

图 9-3

用一个圆柱铰将刚片与基础相联(见图 9-4(a)),刚片将只能绕铰转动,确定刚片的位置只需 φ 一个坐标即可,因而减少了两个自由度。用一个圆柱铰将两个刚片相联(见图 9-4(b)),确定体系的位置只需 x、y、φ_1、φ_2 四个坐标即可,因而也减少了两个自由度。只联结两个刚片的铰称为单铰,因此一个单铰相当于两个约束。

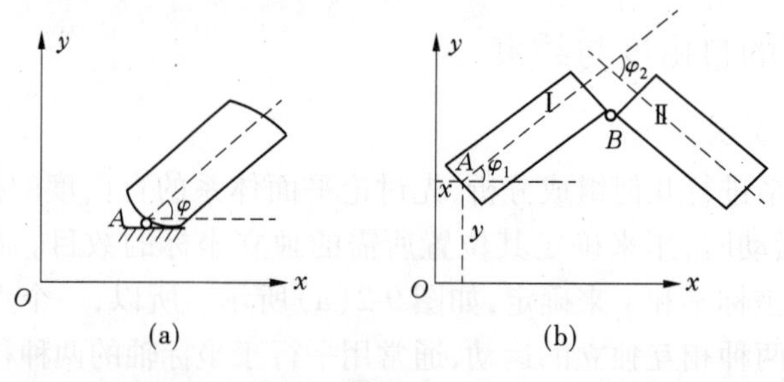

图 9-4

用一个圆柱铰把三个刚片联结起来(见图 9-5(a)),确定刚片Ⅰ的位置需要 x、y、φ_1 三个坐标,由于刚片Ⅱ和刚片Ⅲ只能绕铰转动,确定它们的位置只需要 φ_2、φ_3 两个坐标,即确定体系的位置只需要 x、y、φ_1、φ_2、φ_3 五个坐标即可,因此减少了四个自由度($4=2\times(3-1)$)。用一个圆柱铰把四个刚片联结起来(见图 9-5(b)),确定体系的位置只需要 x、y、φ_1、φ_2、φ_3、φ_4 六个坐标即可,因此减少了六个自由度($6=2\times(4-1)$)。同时,联结两个以上刚片的铰称为复铰,所以联结 n 个刚片的复铰相当于($n-1$)个单铰约束。

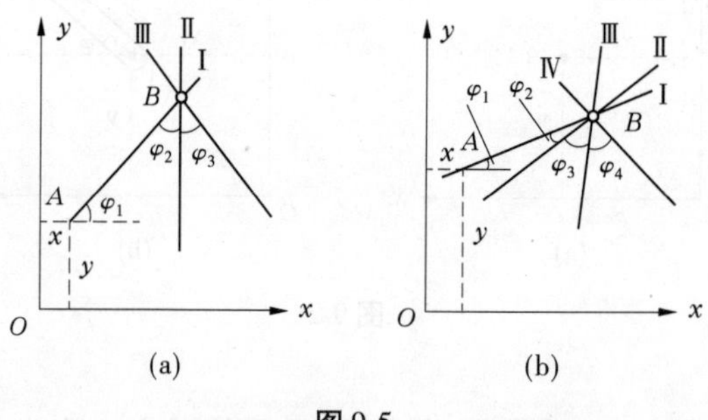

图 9-5

若将刚片同基础刚性联结起来,如图 9-6(a)所示,则它们成为一个整体,都不能动,体系的自由度是0。若两个刚片刚结,如图 9-6(b)所示,则确定体系的位置只需要 x、y、φ 三个坐标即可,因此减少了三个自由度,所以刚结点相当于三个约束。

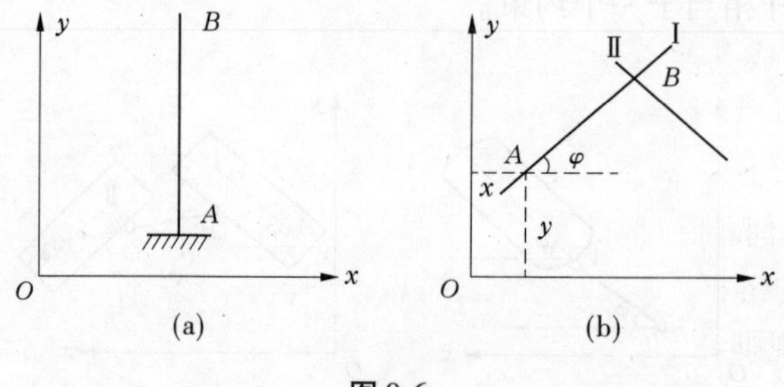

图 9-6

从以上可以看出,可动铰支座相当于链杆约束,固定铰支座相当于单铰约束,固定端支座相当于刚结点约束。

一个平面体系,通常都是由若干个刚片加入某些约束所组成的。加入约束后能减少体系的自由度。如果在组成体系的各刚片之间恰当地加入足够的约束,就能使刚片与刚片之间不可能发生相对运动,从而使该体系成为几何不变体系。如果几何不变体系的约束个数与其自由度(无约束时的自由度)相等,则该几何不变体系称为无多余约束的几何不变体系(又称为静定结构),如图 9-7(a)所示的 A 点。若几何不变体系的约束个数大于其自由度(无约束时的自由度),则该几何不变体系称为有多余约束的几何不变体系(又称为超静定结构),如图 9-7(b)所示的 A 点。

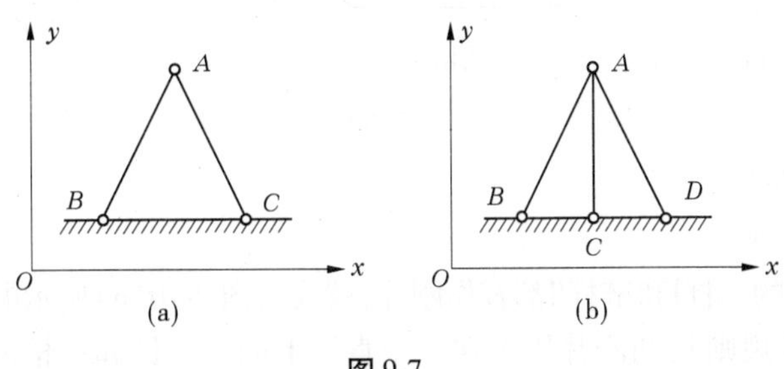

图 9-7

三、几何不变体系的基本组成规则

基本规则是几何组成分析的基础,在进行几何组成分析之前先介绍一下虚铰的概念。

如果两个刚片用两根链杆联结,如图 9-8 所示,则这两根链杆的作用就和一个位于两杆交点 O 的铰的作用完全相同。由于在这个交点 O 处并不是真正的铰,所以称它为虚铰。虚铰的位置即在这两根链杆的交点上,如图 9-8(a)所示的 O 点。如果联结两个刚片的两根链杆并没有相交,则虚铰在这两根链杆延长线的交点上,如图 9-8 (b)所示。

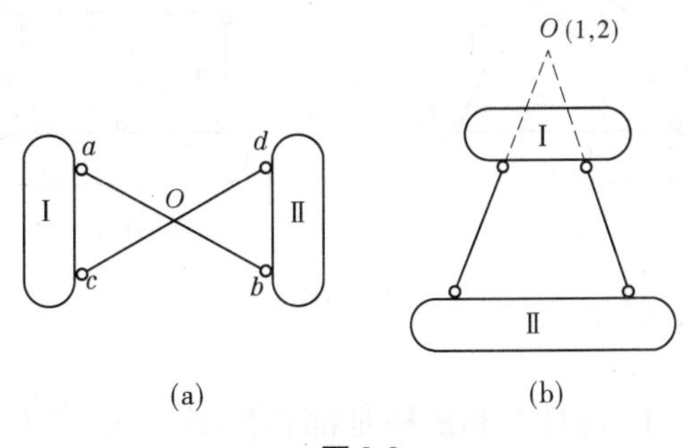

图 9-8

下面分别叙述组成几何不变平面体系的三个基本规则。

(一)二元体规则

如图 9-9(a)所示为一个三角形铰结体系,假如链杆Ⅰ固定不动,那么通过前面的叙述,我们已知它是一个几何不变体系。

将图 9-9(a)中的链杆Ⅰ看作一个刚片,成为图 9-9(b)所示的体系。从而得出:

规则 1(二元体规则):一个点与一个刚片用两根不共线的链杆相联,则组成无多余约束的几何不变体系。

由两根不共线的链杆联结一个节点的构造,称为二元体(见图 9-9(b)中的 BAC)。

推论 1:在一个平面杆件体系上增加或减少若干个二元体,都不会改变原体系的几何组成性质。

如图 9-9(c)所示的桁架,就是在铰结三角形 ABC 的基础上,依次增加二元体而形成的一个无多余约束的几何不变体系。同样,我们也可以对该桁架从 H 点起依次拆除二元体而

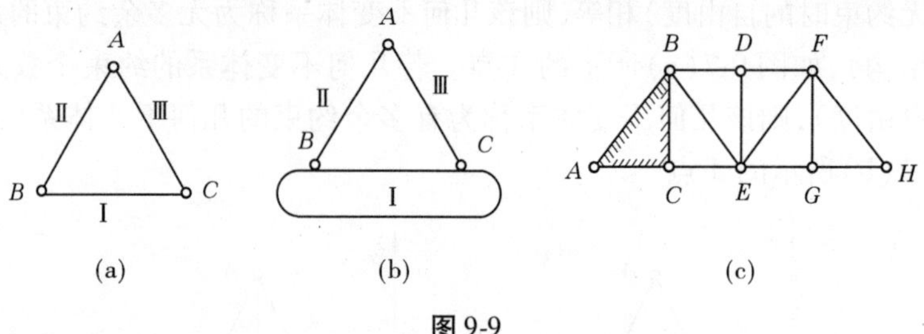

图 9-9

成为铰结三角形 ABC。

(二)两刚片规则

将图 9-9(a)中的链杆Ⅰ和链杆Ⅱ都看作刚片,就成为图 9-10(a)所示的体系。从而得出:

规则 2(两刚片规则):两刚片用不在一条直线上的一个铰和一根链杆联结,则组成无多余约束的几何不变体系。

如果将图 9-10(a)中联结两刚片的铰 B 用虚铰代替,即用两根不共线、不平行的链杆 a、b 来代替,就成为图 9-10(b)所示的体系,则有:

推论 2:两刚片用既不完全平行也不交于一点的三根链杆联结,则组成无多余约束的几何不变体系。

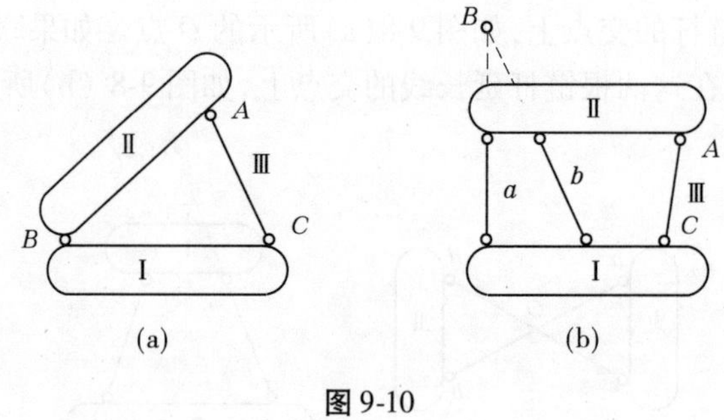

图 9-10

(三)三刚片规则

将图 9-9(a)中的链杆Ⅰ、链杆Ⅱ和链杆Ⅲ都看作刚片,就成为图 9-11(a)所示的体系。从而得出:

规则 3(三刚片规则):三刚片用不在一条直线上的三个铰两两子联结,则组成无多余约束的几何不变体系。

如果将图 9-11(a)中联结三刚片之间的铰 A、B、C 全部用虚铰代替,即都用两根不共线、不平行的链杆来代替,就成为图 9-11(b)所示体系,则有:

推论 3:三刚片分别用不完全平行也不共线的二根链杆两两联结,且所形成的三个虚铰不在同一条直线上,则组成无多余约束的几何不变体系。

从以上叙述可知,这三个规则及其推论实际上都是三角形规律的不同表达方式,即三个不共线的铰,可以组成无多余约束的铰结三角形体系。

根据上述简单规则,可进一步组成为一般的几何不变体系,也可用这些规则来判别给定体系是否几何不变。值得指出的是,在上述三个组成规则中都提出了一些限制条件,如果不能满足这些条件,将会出现下面所述的情况。

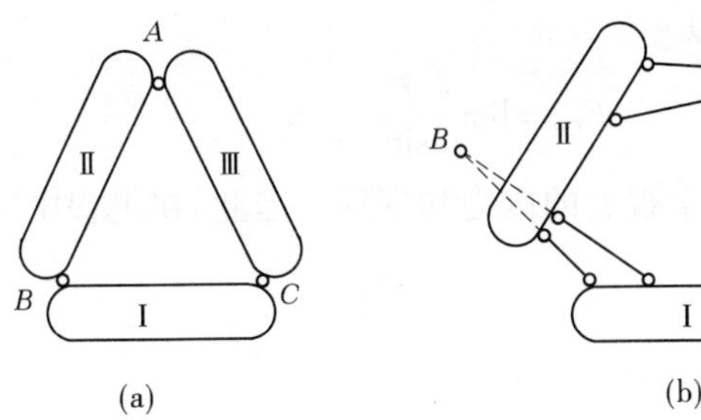

图 9-11

如图 9-12(a)所示的两个刚片用三根链杆相联,链杆的延长线交于一点 O,此时,两个刚片可以绕 O 点作相对转动,但在发生一微小转动后,三根链杆就不完全交于一点,从而将不再继续发生相对运动。这种在某一瞬时可以产生微小运动的体系,称为瞬变体系。又如图 9-12(b)所示的两个刚片用三根互相平行但不等长的链杆相联,此时,两个刚片可以沿着与链杆垂直的方向发生相对移动,但在发生一微小移动后,此三根链杆就不再互相平行,故这种体系也是瞬变体系。应该注意,若三链杆等长并且是从其中一个刚片沿同一方向引出时(见图 9-12(c)),则在两刚片发生一相对运动后,此三根链杆仍互相平行,故运动将继续发生,这样的体系就是几何可变体系。

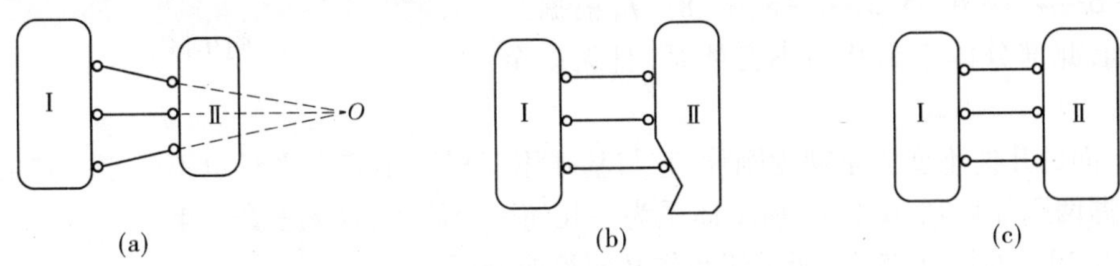

图 9-12

现在再看图 9-13(a),三个刚片用位于一直线上的三个铰两两相联的情形(这里把支座和基础看成一个刚片)。此时 C 点位于以 AC 和 BC 为半径的两个圆弧公切线上,故 C 点可沿此公切线作微小的移动。不过在发生一微小移动后,三个铰就不再位于一直线上,运动就不再发生,故此体系也是一个瞬变体系。

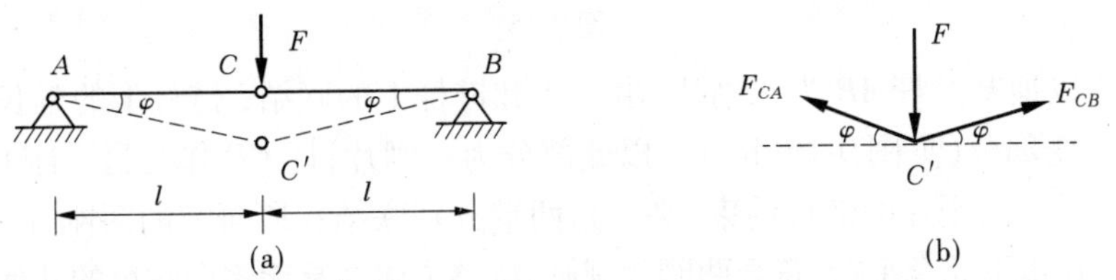

图 9-13

虽然看起来瞬变体系只发生微小的相对运动,似乎可以作为结构,但实际上当它受力时将可能出现很大的内力而导致破坏,或者产生过大的变形而影响使用。如图 9-13(a)所示的瞬变体系,在外力 F 作用下,铰 C 向下发生一微小的位移而到 C' 的位置,由图 9-13(b)所示隔离体的平衡条件 $\sum Y=0$ 可得

$$F_{CA}=\frac{F}{2\sin\varphi}$$

因为 φ 为一无穷小量,所以

$$F_{CA} = \lim \frac{F}{2\sin\varphi} = \infty$$

可见,杆 AC 和杆 BC 将产生很大的内力和变形。因此,在工程中一定不能采用瞬变体系。

四、几何组成分析示例

杆件组成的体系包括几何可变体系、几何不变体系(包括有多余约束和无多余约束两种)、瞬变体系三类。对工程技术人员来说,最重要的是,通过对给定体系的几何组成分析,确定其属于哪一类,从而得知它能否作为结构使用。几何组成分析的依据是上述的三个规则,分析时可将基础(或大地)视为一刚片,也可把体系中的一根梁、一根链杆或某些几何不变部分视为一刚片,特别是根据规则 1 可先将体系中的二元体逐一撤除,以便使分析简化。

【例 9-1】 试对图 9-14 所示铰结链杆体系作几何组成分析。

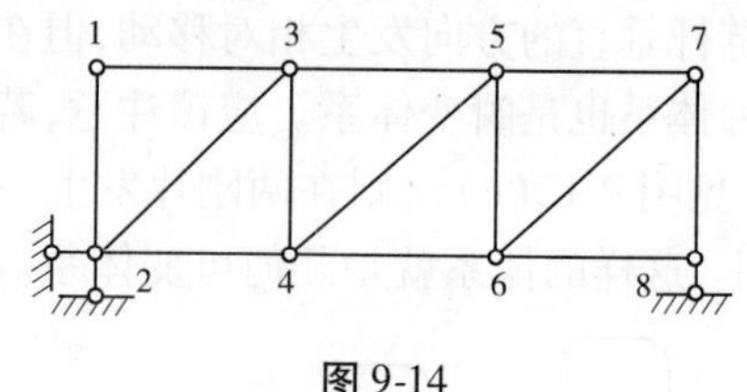

图 9-14

解 在此体系中,先分析基础以上部分。把链杆 1—2 作为刚片,再依次增加二元体 1—3—2、2—4—3、3—5—4、4—6—5、5—7—6、6—8—7,根据二元体法则,此部分体系为几何不变体系,且无多余约束。

把上面的几何不变体系视为刚片,它与基础用三根既不完全平行也不交于一点的链杆相联,根据两刚片规则,图 9-14 所示体系为一几何不变体系,且无多余约束。

【例 9-2】 对图 9-15(a)所示体系作几何组成分析。

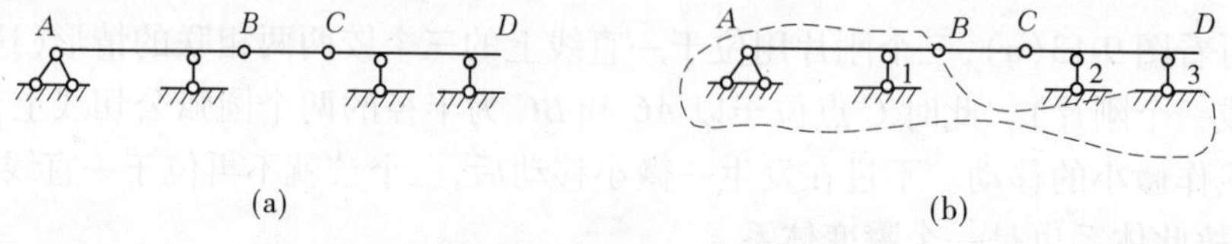

图 9-15

解 首先以地基及杆 AB 为二刚片,由铰 A 和链杆 1 的联结,链杆 1 的延长线不通过铰 A,组成几何不变部分(见图 9-15(b))。以此部分为一刚片,杆 CD 作为另一刚片,用链杆 2、3 及链杆 BC(联结两刚片的链杆约束,必须是两端分别联结在所研究的两刚片上)联结。三链杆不交于一点也不完全平行,符合两刚片规则,故整个体系是无多余约束的几何不变体系。

另一种分析方法:将链杆 BC 视为一个刚片,AB 杆及地基分别作为第二、第三个刚片,以后分析读者自己完成。

通过此题可看出:分析同一体系的几何组成可以采用不同的组成规则;一根链杆可视为一个约束,也可视为一个刚片。

【例 9-3】 试对图 9-16(a)所示刚架作几何组成分析。

解 首先把地基作为一个刚片Ⅰ,并把中间部分(BCE)也视为一刚片Ⅱ。再把 AB、CD 作为链杆,则刚片Ⅰ、Ⅱ由 AB、CD、EF 三根链杆相联组成几何不变且无多余约束的体系(两

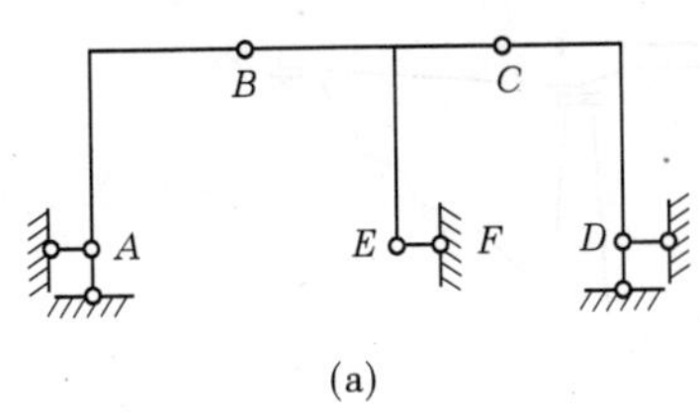

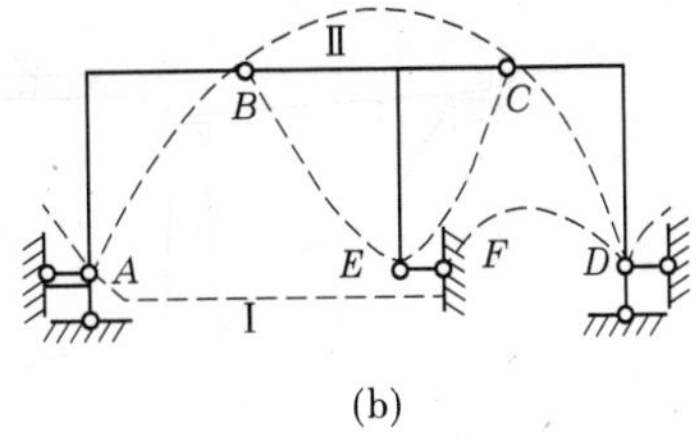

图 9-16

刚片规则)。注意:将 AB、CD 视为链杆而不作为刚片。

【例 9-4】 试对图 9-17(a)所示体系作几何组成分析。

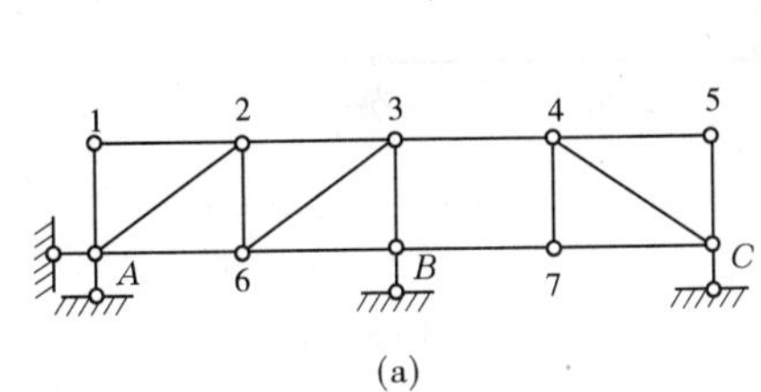

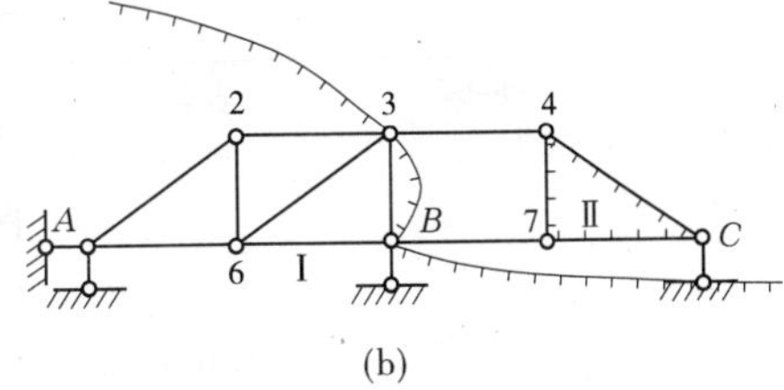

图 9-17

解 在结点 1 与 5 处各有一个二元体,可先拆除。在上部体系与大地之间共有四个支座链杆联系的情况下,必须将大地视作一个刚片,参与分析。在图 9-17(b)中,先将 $A23B6$ 视作一刚片,它与大地之间通过 A 处的两根链杆和 B 处的一根链杆(既不平行又不交于一点的三根链杆)相联结,因此 $A23B6$ 可与大地合成一个大刚片Ⅰ,同时再将三角形 $C47$ 视作刚片Ⅱ。刚片Ⅰ与刚片Ⅱ通过三根链杆 34、$B7$ 与 C 相联结,符合两刚片组成规则的要求,故所给体系为无多余约束的几何不变体系。

子情境二 静定结构的内力分析

一、多跨静定梁的内力分析

在实际的建筑工程中,多跨静定梁常用来跨越几个相连的跨度。如图 9-18(a)所示为一公路或城市桥梁中常采用的多跨静定梁结构形式之一,其计算简图如图 9-18(b)所示。

【例 9-5】 试作图 9-19(a)所示多跨静定梁的内力图。

解 (1)作层叠图。

如图 9-19(b)所示,AC 梁为基本部分,CE 梁是通过铰 C 和 D 支座链杆连接在 AC 梁上,要依靠 AC 梁才能保证其几何不变性,所以 CE 梁为附属部分。

(2)计算支座反力。

从层叠图看出,应先从附属部分 CE 开始取隔离体,如图 9-19(c)所示。

$$\sum M_C = 0 \qquad -80 \times 6 + R_D \times 4 = 0 \qquad R_D = 120\ \text{kN}$$

$$\sum M_D = 0 \qquad -80 \times 2 + R_C \times 4 = 0 \qquad R_C = 40\ \text{kN}$$

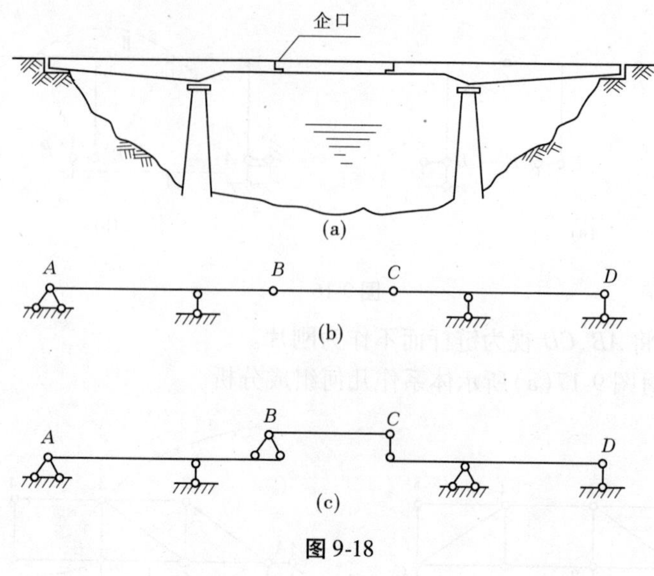

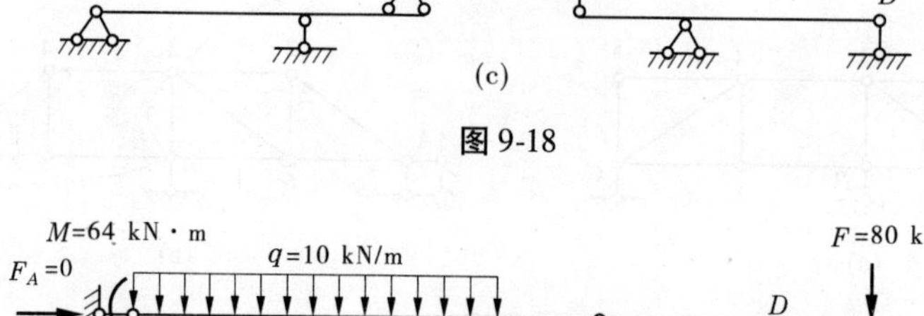

图 9-18

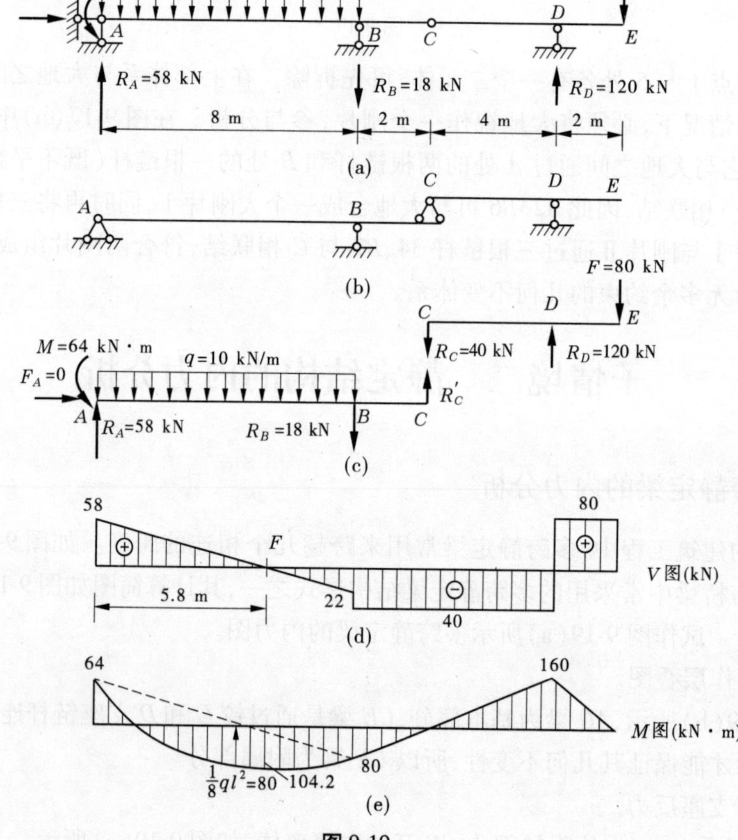

图 9-19

将 R_C 反向作用于梁 AC 上，计算基本部分

$$\sum X = 0 \qquad F_A = 0$$

$$\sum M_A = 0 \qquad 40 \times 10 - R_B \times 8 - 10 \times 8 \times 4 + 64 = 0 \qquad R_B = 18 \text{ kN}$$

$$\sum M_B = 0 \qquad 40 \times 2 + 10 \times 8 \times 4 + 64 - R_A \times 8 = 0 \qquad R_A = 58 \text{ kN}$$

校核:由整体平衡条件得$\sum Y = -80 + 120 - 18 + 58 - 10 \times 8 = 0$,无误。

(3)作内力图。

分别作出单跨梁的内力图,然后拼合在同一水平基线上,除这一方法外,多跨静定梁的内力图还可根据其整体受力图直接绘出,如图9-19(d)、(e)所示。

二、静定平面刚架的内力分析

(一)刚架的特点

(1)刚架(亦称框架)是若干根直杆组成的具有刚结点的结构。静定平面刚架常见的形式有简支刚架、悬臂刚架、三铰刚架、门式刚架等,分别如图9-20(a)、(b)、(c)、(d)所示。

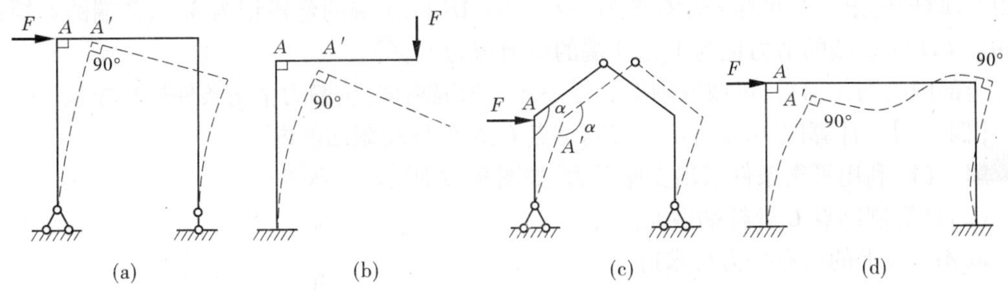

图9-20

刚架中的所谓刚结点,就是在任何荷载作用下,梁、柱在该结点处的夹角保持不变。如图9-20中虚线所示,刚结点有线位移和转动,但原来结点处梁、柱轴线的夹角大小保持不变。

(2)在受力方面,由于刚架具有刚结点,梁和柱能作为一个整体共同承担荷载的作用,结构整体性好,刚度大,内力分布较均匀,在大跨度、重荷载的情况下,是一种较好的承重结构,所以刚架结构在工业与民用建筑中被广泛地采用。

(二)静定刚架的内力计算及内力图

1. 内力计算

如同研究梁的内力一样,在计算刚架内力之前,首先要明确刚架在荷载作用下,其杆件横截面将产生什么样的内力。现以图9-21(a)所示静定悬臂刚架为例作一般性的讨论。

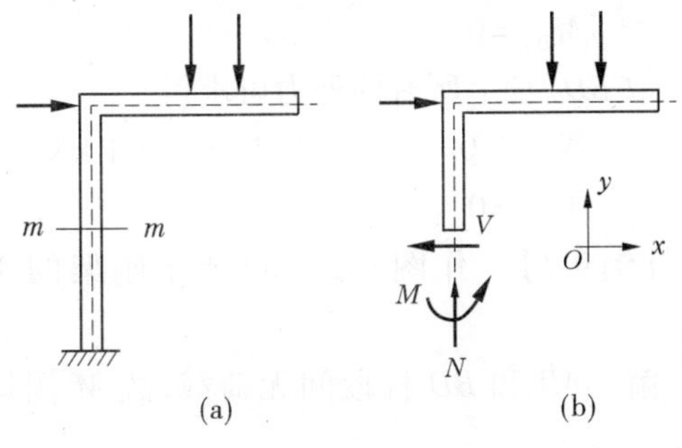

图9-21

现在我们研究刚架任意一截面 m—m 产生什么内力。先用截面法假想将刚架从截面 m—m 处截断,取其中一部分为隔离体,如图9-21(b)所示。在这一隔离体上,由于作用有荷载,所以截面 m—m 上必产生内力与之平衡。从$\sum X = 0$可知,截面上将会有一水平力,即截面的剪力 V;从$\sum Y = 0$可知,截面将会有一垂直力,即截面的轴力 N;再以截面的形心 C 为矩心，从$\sum M_C=0$可知，截面必有一力偶，即截面的弯矩M。因此，可得出结论：

刚架受荷载作用产生三种内力：弯矩、剪力和轴力。

要求出静定刚架中任一截面的内力（M、N、V），也如同计算梁的内力一样，用截面法将刚架从指定截面处截开，考虑其中一部分隔离体的平衡，建立平衡方程，解方程，从而求出它的内力。

2. 内力图的绘制

在作内力图时，先根据荷载等情况确定各段杆件内力图的形状，之后再计算出控制截面的内力值，这样即可作出整个刚架的内力图。对于弯矩图通常不标明正负号，而把它画在杆件受拉一侧，而剪力图和轴力图则应标出正负号。

在运算过程中，内力的正负号规定如下：使刚架内侧受拉的弯矩为正，反之为负；轴力以拉力为正、压力为负；剪力正负号的规定与梁相同。

为了明确地表示各杆端的内力，规定内力字母下方用两个角标表示，第一个角标表示该内力所属杆端，第二个角标表示杆的另一端。如AB杆A端的弯矩记为M_{AB}，B端的弯矩记为M_{BA}；CD杆C端的剪力记为V_{CD}，D端的剪力记为V_{DC}等。

全部内力图作出后，可截取刚架的任一部分为隔离体，按静力平衡条件进行校核。

【例9-6】 计算图9-22所示刚架刚结点C、D处杆端截面的内力。

解 （1）利用平衡条件求出支座反力，如图9-22所示。

（2）计算刚结点C处杆端截面内力。

取AC_1段上的所有外力可求得

$N_{CA}=4\text{ kN}$　　　$V_{CA}=12-3\times4=0$

$M_{CA}=12\times4-3\times4\times2=24(\text{kN}\cdot\text{m})$　（内侧受拉）

取AC_2杆上所有的外力可求得

$N_{CD}=12-3\times4=0$　　　$V_{CD}=-4\text{ kN}$

$M_{CD}=12\times4-3\times4\times2=24(\text{kN}\cdot\text{m})$　（下侧受拉）

（3）计算刚结点D处杆端截面内力。

取BD_1杆上所有的外力可求得

$N_{DB}=-4\text{ kN}$　　　$V_{DB}=0$

$M_{DB}=0$

取BD_2杆上所有的外力可求得

$N_{DC}=0$　　　$V_{DC}=-4\text{ kN}$

$M_{DC}=0$

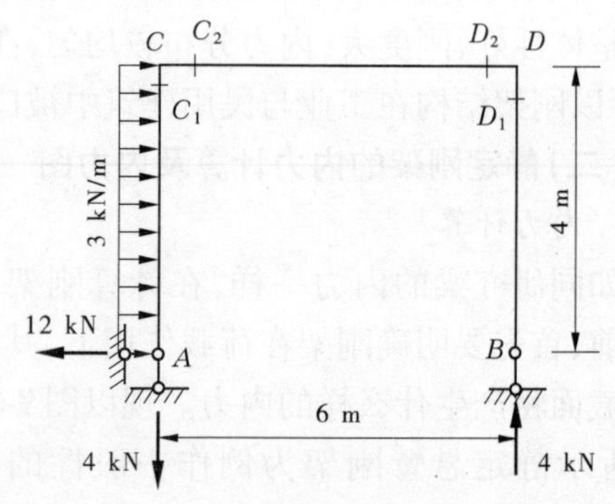

图9-22

【例9-7】 作图9-23（a）所示刚架的M图。

解 AB和BD杆段间无荷载，故M图均为直线。因$M_{DC}=6\text{ kN}\cdot\text{m}$，下侧受拉，$M_{CD}=0$，故$M_{BC}=\dfrac{4}{3}\times6=8(\text{kN}\cdot\text{m})$，上侧受拉；由刚结点$B$力矩平衡，$M_{BA}=8+20=28(\text{kN}\cdot\text{m})$，左侧受拉；$M_{AB}=15\text{ kN}\cdot\text{m}$，左侧受拉。有了各控制截面的弯矩，即可作出整个结构的M图，如图9-23（b）所示。

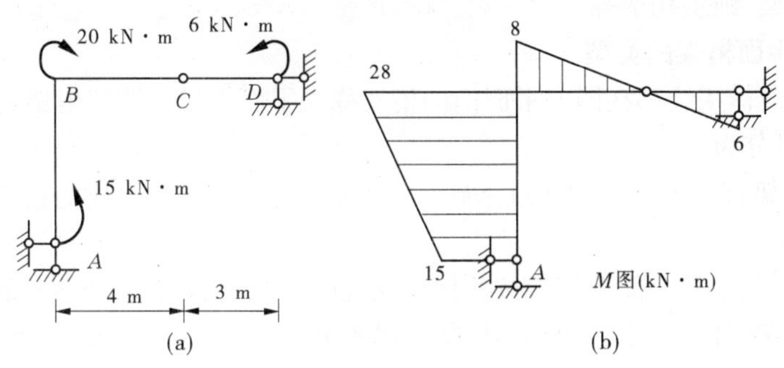

图 9-23

三、静定平面桁架的内力分析

(一)桁架的特点

桁架是由若干根直杆在其两端用铰联结而成的结构,在建筑工程中,是常用于跨越较大跨度的一种结构形式。

实际桁架的受力情况比较复杂,因此在分析桁架时必须选取既能反映桁架的本质又能便于计算的计算简图。通常对平面桁架的计算简图作如下三条假定(如图 9-24 所示):

(1)各杆的两端用绝对光滑而无摩擦的理想铰联结;

(2)各杆轴均为直线,在同一平面内且通过铰的中心;

(3)荷载均作用在桁架结点上。

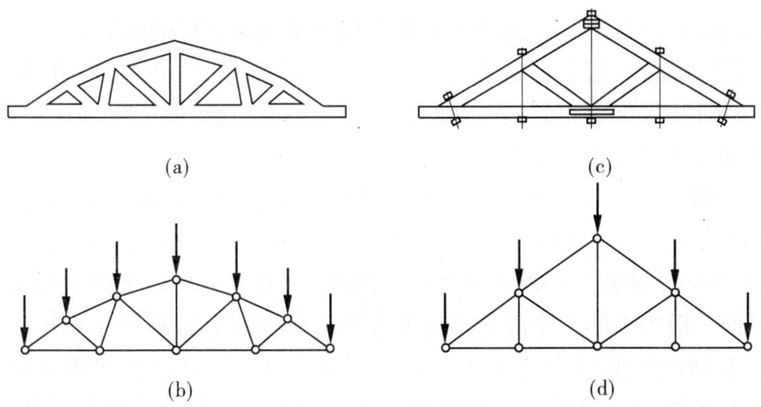

图 9-24

必须强调的是,实际桁架与上述理想桁架存在着一定的差距。比如桁架结点可能具有一定的刚性,有些杆件在结点处是连续不断的,杆的轴线也不完全为直线,结点上各杆轴线也不交于一点,存在着类似于杆件自重、风荷载、雪荷载等非结点荷载等。因此,通常把按理想桁架算得的内力称为主内力(轴力),而把上述一些原因所产生的内力称为次内力(弯矩、剪力)。此外,工程中通常是将几片桁架联合组成一个空间结构来共同承受荷载,计算时,一般是将空间结构简化为平面桁架进行计算,而不考虑各片桁架间的相互影响。

在理想桁架情况下,各杆均为二力杆,故其受力特点是:各杆只受轴力作用。这样,杆件横截面上的应力分布均匀,使材料能得到充分利用。因此,在建筑工程中,桁架结构得到广泛的应用,如屋架、施工托架等。

(二)静定平面桁架的类型

杆轴线、荷载作用线都在同一平面内的桁架称为平面桁架。按照桁架的几何组成方式,静定平面桁架可分为三类:

(1)简单桁架:在铰结三角形(或基础)上依次增加二元体所组成的桁架,如图 9-25(a)所示。

(2)联合桁架:由几个简单桁架按几何组成规则所组成的桁架,如图 9-25(b)所示。

(3)复杂桁架:凡不属于前两类的桁架都属于复杂桁架,如图 9-25(c)所示。

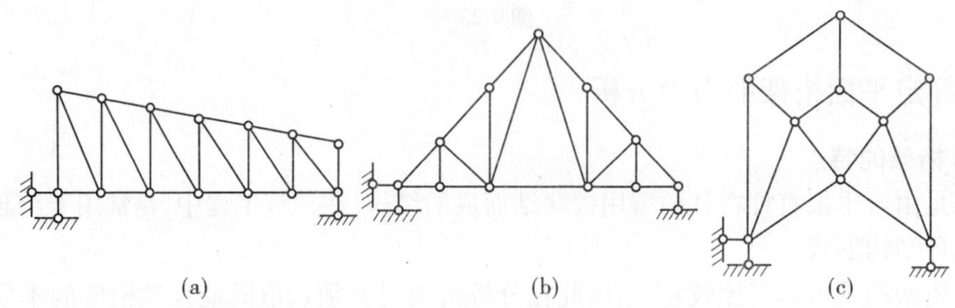

图 9-25

(三)计算静定平面桁架内力的方法

(1)结点法。结点法就是取桁架的铰结点为隔离体,利用各结点的静力平衡条件计算杆件内力的方法。因为杆件的轴线在结点处汇交于一点,故结点的受力图是平面汇交力系,逐一选取结点平衡,利用每个结点的两个平衡方程可求出所有杆的轴力。

在计算过程中,通常先假设杆的未知轴力为拉力,利用 $\sum X=0$、$\sum Y=0$ 两个平衡方程,求出未知轴力,计算结果如为正值,表示轴力为拉力;如为负值,表示轴力为压力。选取研究对象时,应从未知力不超过两个的结点开始,依次进行。

(2)截面法。截面法是用一个截面截断若干根杆件将整个桁架分为两部分,并任取其中一部分(包括若干结点在内)作为隔离体,建立平衡方程求出所截断杆件的内力。显然,作用于隔离体上的力系通常为平面一般力系。因此,只要此隔离体上的未知力数目不多于三个,可利用平面一般力系的三个静力平衡方程把截面上的全部未知力求出。

(3)结点法和截面法的联合使用法。结点法和截面法是计算桁架内力的两种基本方法,对于简单桁架来说,无论用哪一种方法计算都比较方便。但对于联合桁架来说,仅用结点法来分析内力就会遇到困难,这时,一般先用截面法求出联合处杆件的内力,然后用结点法对组成联合桁架的各简单桁架内力进行计算。

【例 9-8】 计算图 9-26(a)所示桁架 1、2、3 杆的内力 N_1、N_2、N_3。

解 (1)求支座反力。

$\sum X = 0 \qquad X_A = -3\ \text{kN}(\leftarrow)$

$\sum M_B = 0 \qquad Y_A = \frac{1}{24} \times (4 \times 20 + 8 \times 16 + 2 \times 4 - 3 \times 3) = 8.625(\text{kN})(\uparrow)$

$\sum M_A = 0 \qquad Y_B = \frac{1}{24} \times (4 \times 4 + 8 \times 8 + 2 \times 20 + 3 \times 3) = 5.375(\text{kN})(\uparrow)$

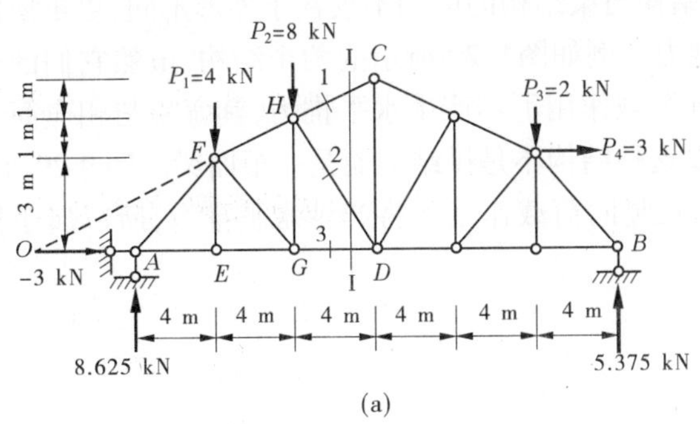

(a)

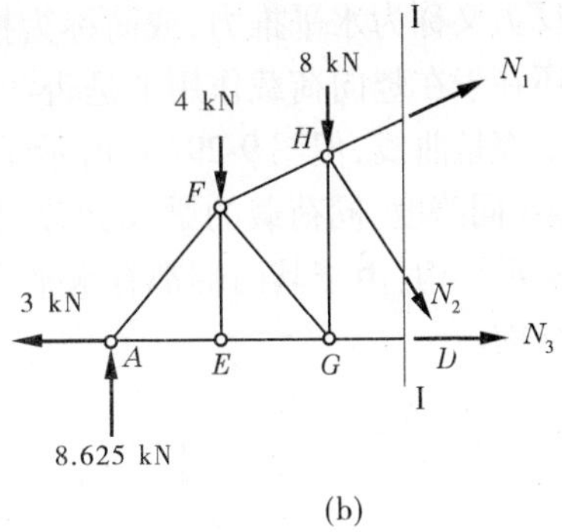

(b)

图 9-26

(2)求内力。

利用截面Ⅰ—Ⅰ将桁架截断,以左段为隔离体,如图 9-26(b)所示。

$\sum M_D = 0$ $\qquad -8.625 \times 12 + 4 \times 8 + 8 \times 4 - N_1 \cos\alpha \times 5 = 0$

$$\cos\alpha = \frac{4}{\sqrt{4^2 + 1^2}} = \frac{4}{\sqrt{17}}$$

$$\sin\alpha = \frac{1}{\sqrt{4^2 + 1^2}} = \frac{1}{\sqrt{17}}$$

所以 $\qquad N_1 = -8.143$ kN(压力)

$\sum Y = 0$ $\qquad 8.625 - 4 - 8 + N_1 \sin\alpha - N_2 \cos 45° = 0$

所以 $\qquad N_2 = -7.567$ kN(压力)

$\sum X = 0$ $\qquad -3 + N_1 \cos\alpha + N_2 \sin 45° + N_3 = 0$

所以 $\qquad N_3 = 16.25$ kN(拉力)

四、三铰拱的内力分析

(一)三铰拱的特点

除隧道、桥梁外,在房屋建筑中,屋面承重结构也用到拱结构,如图 9-27 所示。

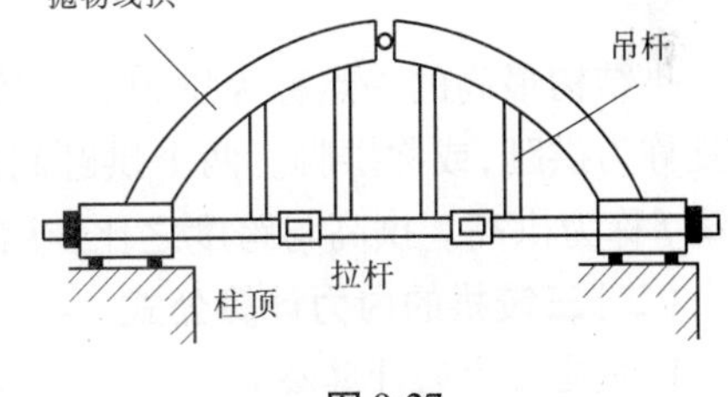

图 9-27

拱结构的计算简图通常有三种(见图 9-28),图 9-28(a)和图 9-28(b)所示无铰拱和两铰拱是超静定的,图 9-28(c)所示三铰拱是静定的。我们只讨论三铰拱的计算。

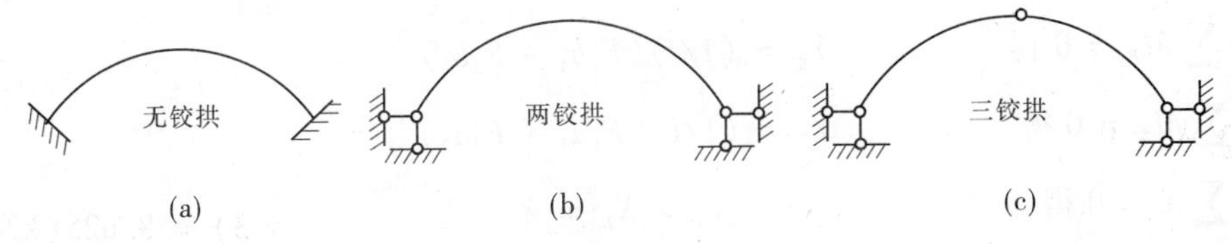

(a) (b) (c)

图 9-28

拱结构的特点是:杆轴为曲线,而且在竖向荷载作用下支座将产生水平反力。这种水平反力又称为水平推力，或简称为推力。拱结构与梁结构的区别不仅在于外形不同，更重要的还在于在竖向荷载作用下是否产生水平推力。例如图 9-29 所示的两个结构，虽然它们的杆轴都是曲线，但图 9-29(a)所示结构在竖向荷载作用下不产生水平推力，其弯矩与相应简支梁(同跨度、同荷载的梁)的弯矩相同，所以这种结构不是拱结构而是一根曲梁。图 9-29(b)所示结构，由于其两端都有水平支座链杆，在竖向荷载作用下将产生水平推力，所以属于拱结构。

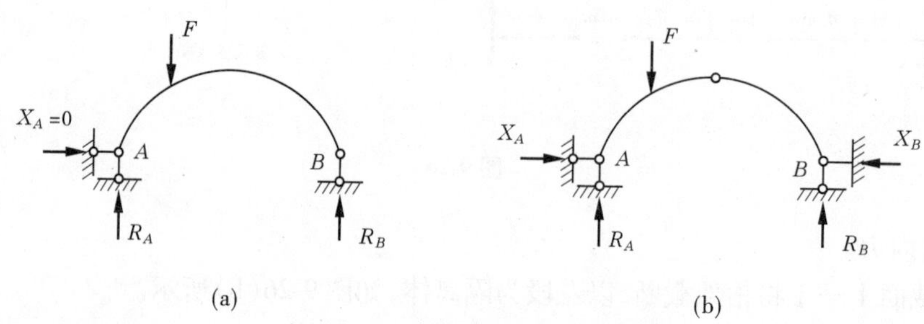

图 9-29

用作屋面承重结构的三铰拱，常在两支座铰之间设水平拉杆，如图 9-30(b)所示。这样，拉杆内所产生的拉力代替了支座推力的作用，在竖向荷载作用下，使支座只产生竖向反力。但是这种结构的内部受力情况与三铰拱完全相同，故称为具有拉杆的拱，或简称拉杆拱。

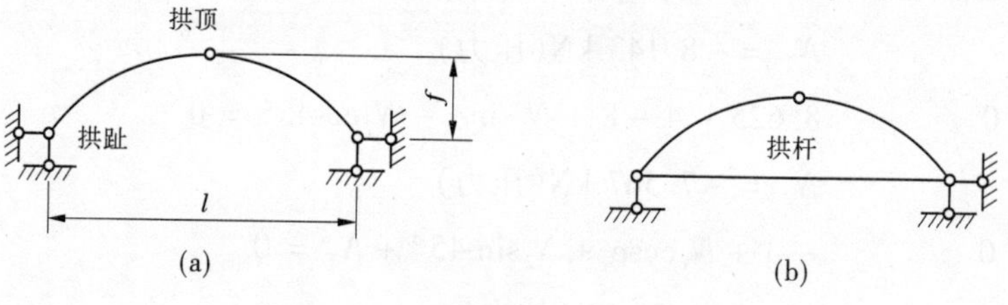

图 9-30

拱结构最高的一点称为拱顶。三铰拱的中间铰通常安置在拱顶处。拱的两端与支座连接处称为拱趾，或称拱脚。两个拱趾间的水平距离 l 称为跨度。拱顶到两拱趾连线的竖向距离 f 称为拱高。拱高与跨度之比 f/l 称为高跨比。

(二)三铰拱的内力计算公式

1. 支座反力的计算公式

三铰拱为静定结构，其全部反力和内力可以由平衡方程算出。计算三铰拱支座反力的方法，与三铰刚架支座反力的计算方法相同。现以图 9-31(a)所示的三铰拱为例，导出支座反力的计算公式。

由 $\sum M_B = 0$ 得 $$Y_A = (1/l)(F_1 b_1 + F_2 b_2) \tag{a}$$

由 $\sum M_A = 0$ 得 $$Y_B = (1/l)(F_1 a_1 + F_2 a_2) \tag{b}$$

由 $\sum X = 0$ 得 $$X_A = X_B = X \tag{c}$$

从 C 铰处截开，取左半拱为平衡体，利用 $\sum M_{C左} = 0$ 求出

$$X = (1/f)(Y_A l_1 - F_1 d_1) \tag{d}$$

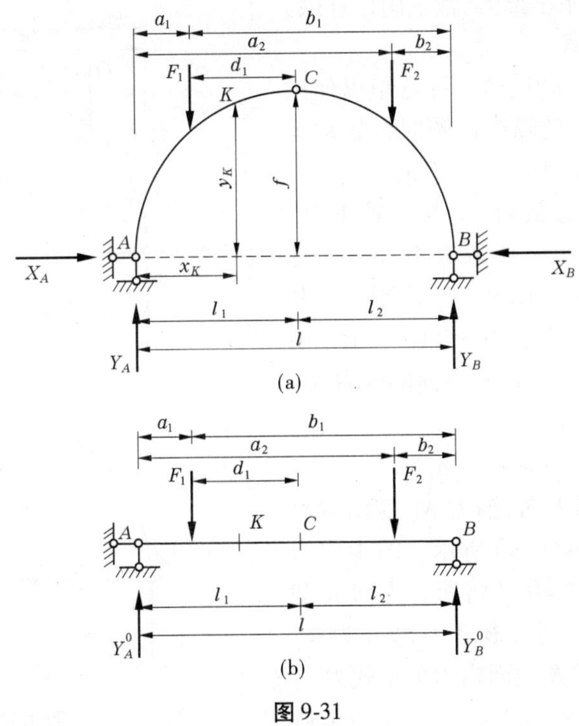

图 9-31

为了便于理解和比较，取与三铰拱同跨度、同荷载的简支梁如图 9-31(b)所示。由平衡条件可得简支梁的支座反力及 C 截面的弯矩分别为

$$Y_A^0 = (1/l)(F_1b_1 + F_2b_2) \tag{e}$$

$$Y_B^0 = (1/l)(F_1a_1 + F_2a_2) \tag{f}$$

$$M_C^0 = Y_A^0 l_1 - F_1 d_1 \tag{g}$$

比较式(a)与式(e)，式(b)与式(f)及式(d)与式(g)可见

$$Y_A = Y_A^0 \tag{9-1}$$

$$Y_B = Y_B^0 \tag{9-2}$$

$$X = M_C^0/f \tag{9-3}$$

由式(9-1)、式(9-2)可知，拱的竖向反力和相应的简支梁的支座反力相同。由式(9-3)可知，三铰拱的推力只与三个铰的位置有关，而与三个铰之间拱轴的形状无关。当荷载和跨度不变时，推力 X 与 f 成反比，所以拱愈扁平，其推力就愈大，当 $f=0$ 时，$X=\infty$，这时三铰拱的三个铰在同一条直线上，拱已成为瞬变体系。

对于图 9-32(a)所示的有拉杆的三铰拱来说，由整体的平衡条件 $\sum M_A=0$，$\sum M_B=0$，$\sum X=0$，可求得

$$X_A = 0 \qquad Y_A = Y_A^0 \qquad Y_B = Y_B^0$$

取隔离体如图 9-32(b)所示，利用 $\sum M_{C左}=0$ 求出

$$N_{AB} = (1/f)(Y_A l_1 - F_1 d_1) = M_C^0/f \tag{9-4}$$

式中：M_C^0 仍为相应的简支梁截面的弯矩。

计算结果表明，拉杆的拉力和无拉杆三铰拱的水平推力 X 相同。在用拱作屋顶时，为

了减小拱对墙或柱的水平推力，常采用拉杆拱。

2. 内力的计算公式

三铰拱的内力符号规定如下：弯矩以使拱内侧受拉为正；剪力以使隔离体顺时针转动为正；因拱常受压力，规定轴力以压为正。

为计算三铰拱任意截面（应与拱轴正交）的内力，首先在图 9-31（a）中取 K 截面以左部分为隔离体，画受力图如图 9-33（a）所示。其相应简支梁段的受力图如图 9-33（b）所示。由相应简支梁段的受力图可见，K 截面的内力为

$$V_K^0 = Y_A^0 - F_1$$

$$M_K^0 = Y_A^0 x_K - F_1(x_K - a_1)$$

剪力 V_K 应沿截面方向，轴力 N_K 应沿垂直于截面的方向，如图 9-33（a）所示。图中内力均按正向假设。由 $\sum M = 0$ 及将所有力向 K 截面的切线和法线方向分别投影，其代数和为零。求得 M_K 与相应简支梁 K 截面内力关系式为

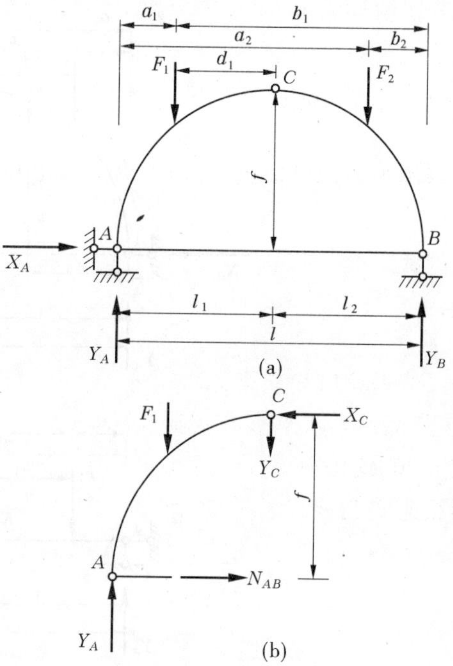

图 9-32

$$M_K = M_K^0 - Xy_K \tag{9-5}$$

$$V_K = V_K^0\cos\varphi_K - X\sin\varphi_K \tag{9-6}$$

$$N_K = V_K^0\sin\varphi_K + X\cos\varphi_K \tag{9-7}$$

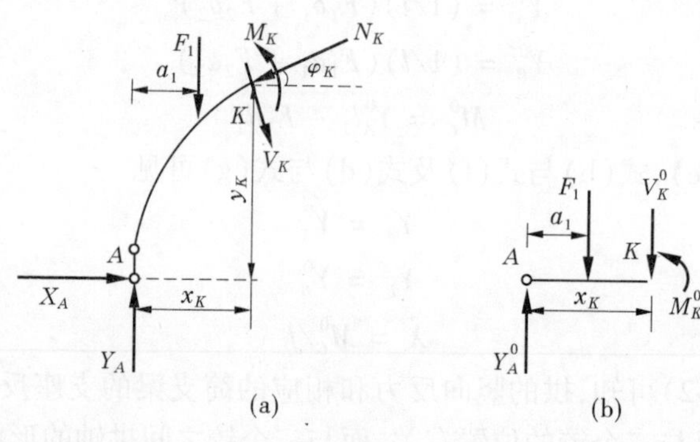

图 9-33

式(9-5)～式(9-7)是三铰拱任意截面内力的计算公式。式中 φ_K 为拟求截面的倾角，φ_K 将随截面不同而改变。但是，当拱轴曲线方程 $y = f(x)$ 为已知时，可利用 $\tan\varphi = \mathrm{d}y/\mathrm{d}x$ 确定各截面的 φ 值；在左半拱，$\mathrm{d}y/\mathrm{d}x > 0$，$\varphi$ 取正号；在右半拱，$\mathrm{d}y/\mathrm{d}x < 0$，$\varphi$ 取负号。

需要说明的是：拱内力计算公式是在竖向荷载作用下推导出来的，所以它只适用于竖向荷载作用下拱的内力计算。

（三）三铰拱的合理拱轴线

从上述三铰拱内力计算公式中可以看出，当荷载一定时确定三铰拱内力的重要因素为拱轴线的形式。工程中，为了充分利用砖石等脆性材料的特性（即抗压强度高而抗拉强度低），往往在给定荷载下，通过调整拱轴曲线，尽量使得截面上的弯矩减小，甚至于使得截面

处处弯矩值均为零,而只产生轴向压力,这时压应力沿截面均匀分布。这种在给定荷载下使拱处于无弯矩状态的相应拱轴线,称为在该荷载作用下的合理拱轴线。

由式(9-5)可知,三铰拱任一截面的弯矩为

$$M_K = M_K^0 - Xy_K$$

当拱为合理拱轴时,各截面的弯矩应为零,即

$$M_K = 0 \qquad M_K^0 - Xy_K = 0$$

因此,合理拱轴的方程为

$$y_K = \frac{M_K^0}{X} \tag{9-8}$$

式中:M_K^0 是相应简支梁的弯矩方程。当拱上作用的荷载已知时,只需求出相应简支梁的弯矩方程,而后与水平推力之比,便得到合理拱轴线方程。不难看出,在竖向荷载作用下,三铰拱的合理拱轴的表达式与相应简支梁弯矩的表达式差一个比例常数 X,即合理拱轴的纵坐标与相应简支梁弯矩图的纵坐标成比例。

子情境三　静定结构的位移计算

一、计算结构位移的目的

建筑结构在施工和使用过程中常会发生变形,由于结构变形,其上各点或截面位置发生改变。如图 9-34(a)所示的刚架,在荷载作用下,结构产生变形如图中虚线所示,截面的形心 A 点沿某一方向移到 A'点,线段 AA'称为 A 点的线位移,一般用符号 ΔA 表示。它也可用竖向线位移 Δ_A^Y 和水平向线位移 Δ_A^X 两个位移分量来表示,如图 9-34(b)所示。同时,此截面还转动了一个角度,称为该截面的角位移,用 φ_A 表示。

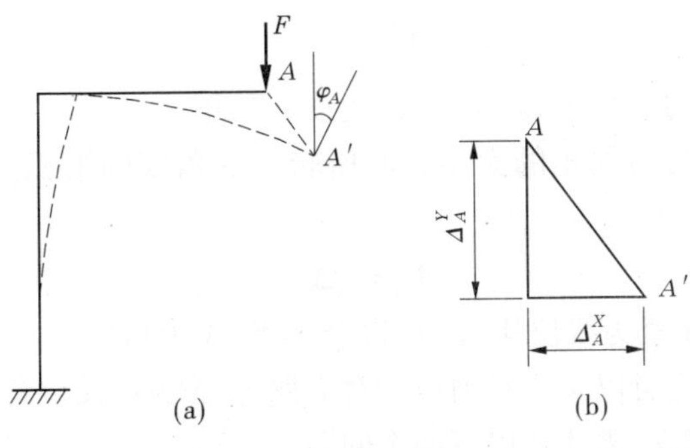

图 9-34

使结构产生位移的原因除荷载作用外,还有温度改变使材料膨胀或收缩、结构构件的尺寸在制造过程中发生误差、基础的沉陷或结构支座产生移动等。该问题主要讨论荷载作用、基础沉陷或结构支座产生移动而引起结构的位移。位移计算是结构设计中经常会遇到的问题。计算位移的目的有两个:

(1)确定结构的刚度。在结构设计中除满足强度要求外,还要求结构有足够的刚度,即在荷载作用下(或其他因素作用下)不致发生过大的位移。

(2)为计算超静定结构打下基础。因为超静定结构的内力仅由静力平衡条件是不能全部确定的,还必须考虑变形条件,而建立变形条件时就需要计算结构的位移。

二、变形体的虚功原理

(一)功及广义位移的概念

如图 9-35(a)所示,设物体上 A 点受到恒力 F 的作用时,从 A 点移到 A'点,发生了 Δ 的线位移,则力 F 在位移 Δ 过程中所作的功为

$$W = F\Delta\cos\theta$$

式中:θ 为力 F 与位移 Δ 之间的夹角。

功是标量,它的量纲为力乘以长度,其单位为 N · m 或 kN · m。

图 9-35(b)为一绕 O 点转动的轮子。在轮子边缘作用有力 F。设力 F 的大小不变而方向改变,但始终沿着轮子的切线方向。当轮缘上的一点 A 在力 F 的作用下转到点 A',即轮子转动了角度 φ 时,力 F 所作的功为

$$W = FR\varphi$$

式中:FR 为力 F 对 O 点的力矩,以 M 来表示,则有

$$W = M\varphi$$

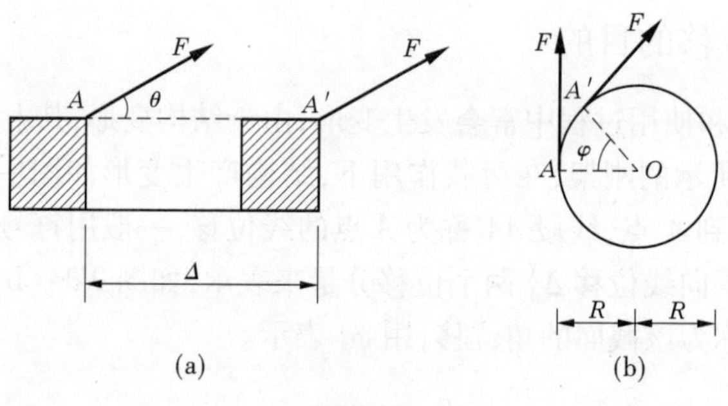

图 9-35

即力矩所作的功,为力矩的大小和其所转过的角度的乘积。

另外,力偶所作的功为力偶矩的大小和其所转过的角度的乘积。为了方便计算,可将力、力偶作的功统一写成

$$W = P\Delta \tag{9-9}$$

式中:若 P 为集中力,则 Δ 就为线位移;若 P 为力偶,则 Δ 为角位移。P 为广义力,它可以是一个集中力或集中力偶,还可以是一对力或一对力偶等;Δ 为广义位移,它可以是线位移、角位移等。对于功的基本概念,需注意以下两个问题:

(1)功的正负号:功可以为正,也可以为负,还可以为零。当 P 与 Δ 方向相同时,为正;反之,则为负。若 P 与 Δ 方向相互垂直,功为零。

(2)实功与虚功:实功是指外力或内力在自身引起的位移上所作的功;外力(或内力)在其他原因引起的位移上所作的功,称为虚功。如图 9-36 所示简支梁,在静力荷载 P_1 的作用下,结构发生了图 9-36(a)所示的虚线变形,达到平衡状态。当 P_1 由零缓慢加到其最终值时,其作用点沿 P_1 方向产生了位移 Δ_{11},此时 $W_{11}=0.5P_1\Delta_{11}$就为 P_1 所作的实功,称之为外力实功。若在此基础上,又在梁上施加另外一个静力荷载 P_2,梁就会达到新的平衡状态,如

图 9-36(b)所示，P_1 的作用点沿 P_1 方向又产生了位移 Δ_{12}(此时的 P_1 不再是静力荷载，而是一个恒力)。P_2 的作用点沿 P_2 方向产生了位移 Δ_{22}，那么，由于 P_1 不是产生 Δ_{12} 的原因，所以 $W_{12} = P_1\Delta_{12}$ 就为 P_1 所作的虚功，称之为外力虚功；而 P_2 是产生 Δ_{22} 的原因，所以 $W_{22} = 0.5P_2\Delta_{22}$ 就是外力实功。在这里，功和位移的表达符号都出现了两个下角标，第一个下角标表示位移发生的位置，第二个下角标表示引起位移的原因。

(二)实功原理

结构受到外力作用而发生变形，则外力在发生变形过程中作了功。如果结构处于弹性阶段范围，当外力去掉之后，该结构将能恢复到原来变形前的位置，这是由于弹性变形使结构积蓄了具有作功的能量，这种能量称为变形能。由此可见，结构之所以有这种变形，实际上是结构受到外力作功的结果，也就是功与能的转化，则根据能量守恒定律可知，在加载过程中外力所作的实功 W 将全部转化为结构的变形能，用 U 表示，即

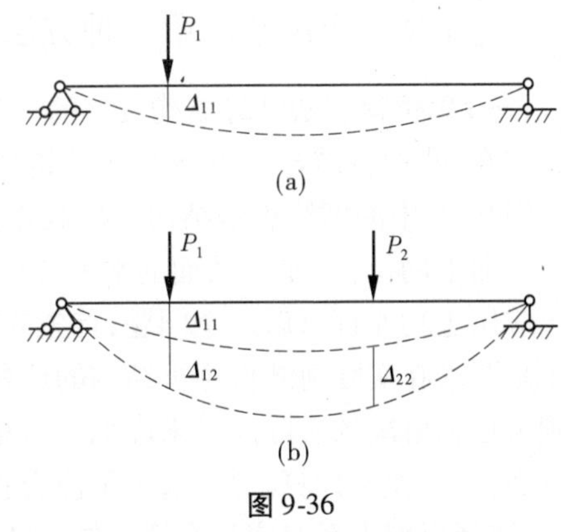

图 9-36

$$W = U$$

从另一个角度讲，结构在荷载作用下产生内力和变形，那么内力也将在其相应的变形上作功，而结构的变形能又可用内力所作的功来度量。所以，外力实功等于内力实功又等于变形能。这个功能原理称为弹性结构的实功原理。

(三)变形体的虚功原理

图 9-36 所示的简支梁，在力 P_1 作用下会引起内力，那么，内力在其本身引起的变形上所作的功，称为内力实功，用 W'_{11} 表示。P_1 所作的功 W_{11} 称为外力实功，力 P_1 作用下引起的内力在其他原因(比如 P_2)引起的变形上所作的功，称为内力虚功，用 W'_{12} 表示。P_1 所作的功 W_{12} 称为外力虚功。在该系统中，外力 P_1 和 P_2 所作的总功为

$$W_{外} = W_{11} + W_{12} + W_{22}$$

而 P_1 和 P_2 引起的内力所作的总功为

$$W_{内} = W'_{11} + W'_{12} + W'_{22}$$

根据能量守恒定律，应有 $W_{外} = W_{内}$，即

$$W_{11} + W_{12} + W_{22} = W'_{11} + W'_{12} + W'_{22}$$

根据实功原理，有

$$W_{11} = W'_{11} \qquad W_{22} = W'_{22}$$

所以
$$W_{12} = W'_{12} \tag{9-10}$$

在上述情况中，P_1 视为第一组力先加在结构上，P_2 视为第二组力后加在结构上，两组力 P_1 与 P_2 是彼此独立无关的。式(9-10)称为虚功原理。其表明：结构的第一组外力在第二组外力所引起的位移上所作的外力虚功，等于第一组内力在第二组内力所引起的变形上所作的内力虚功。

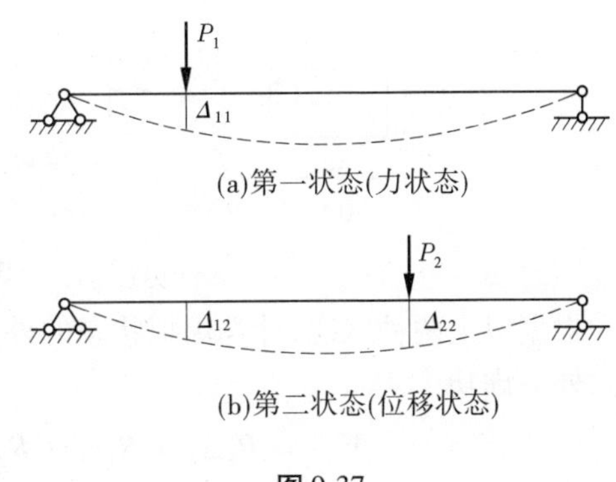

(a)第一状态(力状态)

(b)第二状态(位移状态)

图 9-37

为了便于应用，现将图 9-36(b)中的平衡状态分为图 9-37(a)和 9-37(b)两个状态。图 9-37(a)的平衡状态称为第一状态，图 9-37(b)的平衡状态称为第二状态。此时虚功原理又可以描述为：第一状态上的外力和内力在第二状态相应的位移和变形上所作的外力虚功和内力虚功相等。这样，第一状态也可以称为力状态，第二状态也可以称为位移状态。

虚功原理既适用于静定结构，也适用于超静定结构。

三、计算结构位移的第一种方法——单位荷载法

(一)单位荷载法计算结构位移的一般公式

现在，我们将结合图 9-38 所示结构讨论如何运用虚功原理来解决这类问题。

图 9-38 中的虚线表示结构在荷载作用下引起的变形。现在求结构上任一截面沿任一指定方向上的位移，如 K 截面的水平位移 Δ_K。

应用虚功原理求解这个问题，首先要确定两个彼此独立的状态——力状态和位移状态。由于是要求在实际荷载作用下结构的位移，故应以图 9-38(a)作为结构的位移状态，而力状态则可根据解决的实际问题来虚拟。考虑到下面两方面因素：一方面，为了便于求出 Δ；另一方面，为了便于计算。因此，为了使力状态的外力能够在位移状态的所求位移 Δ_K 上作虚功，在选择虚拟力系时应只在拟求位移 Δ_K 的方向设置一单位荷载 $P_K=1$，如图 9-38(b)所示。由于 $P_K=1$ 是为了计算位移状态的位移而假设的，故此状态又称为虚拟状态。

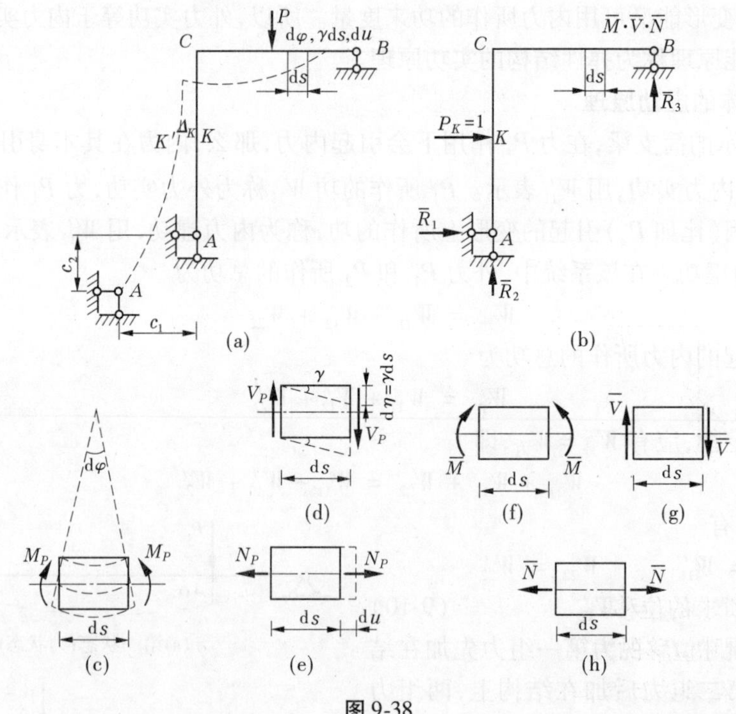

图 9-38

根据以上两种状态，计算虚拟状态的外力和内力在相应的实际位移状态上所作的虚功。

外力虚功

$$W_{外}=P_K\Delta_K+\overline{R}_1c_1+\overline{R}_2c_2+\overline{R}_3c_3=1\times\Delta_K+\sum\overline{R}c$$

内力虚功

$$W_{内} = \sum \int \overline{M} \mathrm{d}\varphi + \sum \int \overline{N} \mathrm{d}u + \sum \int \overline{V} \gamma \mathrm{d}s$$

式中：$\overline{R}_1$、$\overline{R}_2$、$\overline{R}_3$ 为虚拟单位力引起的广义支座反力；c_1、c_2、c_3 为实际支座位移；$\overline{M}$、$\overline{N}$、$\overline{V}$ 为单位力 $P_K = 1$ 作用所引起的某微段上的内力；$\mathrm{d}\varphi$、$\mathrm{d}u$、$\gamma \mathrm{d}s$ 为实际状态中微段相应的变形；γ 为剪应变。

由虚功原理 $$W_{外} = W_{内}$$

得

$$\Delta_K = - \sum \overline{R} c + \sum \int \overline{M} \mathrm{d}\varphi + \sum \int \overline{N} \mathrm{d}u + \sum \int \overline{V} \gamma \mathrm{d}s \tag{9-11}$$

式(9-11)即为平面杆件结构位移计算的一般公式。这种计算位移的方法称为单位荷载法。设置单位荷载时，应注意下面两个问题：

(1)虚拟单位力 $P = 1$ 必须与所求位移相对应。欲求结构上某一点沿某个方向的线位移，则应在该点所求位移方向加一个单位力，如图 9-39(a)所示；欲求结构上某一截面的角位移，则在该截面处加一单位力偶，如图 9-39(b)所示；求桁架某杆的角位移时，在该杆两端加一对与杆轴垂直的反向平行力，使其构成一个单位力偶，如图 9-39(c)所示；求结构上某两点 C、D 的相对位移时，在此二点连线上加一对方向相反的单位力，如图 9-39(d)所示；求结构上某两个截面 E、F 的相对角位移时，在此二截面上加一对转向相反的单位力偶，如图 9-39(e)所示；求桁架某两杆的相对角位移时，在此二杆上加两个转向相反的单位力偶，如图 9-39(f)所示。

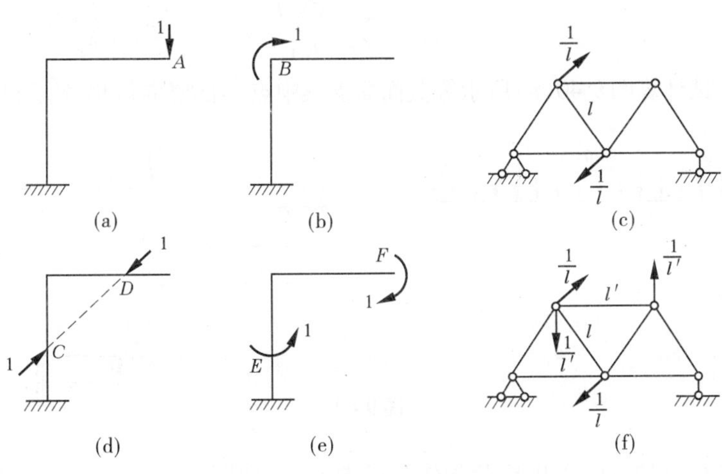

图 9-39

(2)因为所求的位移方向是未知的，所以虚拟单位力的方向可以任意假定。若计算结果为正，表示实际位移的方向与虚拟力方向一致；反之，则其方向与虚拟力的方向相反。

(二)单位荷载法计算静定结构在荷载作用下的位移

若静定结构的位移仅仅是由荷载作用引起的，则 $c = 0$，因此式(9-11)可改写为

$$\Delta_{KP} = \sum \int \overline{M} \mathrm{d}\varphi + \sum \int \overline{N} \mathrm{d}u + \sum \int \overline{V} \gamma \mathrm{d}s$$

式中：$\mathrm{d}\varphi$、$\mathrm{d}u$、$\gamma \mathrm{d}s$ 为实际状态中微段 $\mathrm{d}s$ 上在荷载作用下产生的变形(见图 9-38(c)、(d)、(e))。

$$d\varphi = \frac{1}{\rho}ds = \frac{M_P}{EI}ds$$

$$du = \frac{N_P}{EA}ds$$

$$\gamma ds = \frac{\tau}{G}ds = K\frac{V_P}{GA}ds$$

所以
$$\Delta_{KP} = \sum\int\frac{\overline{M}M_P}{EI}ds + \sum\int\frac{\overline{N}N_P}{EA}ds + \sum\int K\frac{\overline{V}V_P}{GA}ds \tag{9-12}$$

式中:EI、EA、GA 分别为杆件的抗弯刚度、抗拉(压)刚度、抗剪刚度;K 为剪应力不均匀系数,其值与截面形状有关,对于矩形截面 $K = 1.2$,对于圆形截面 $K = 10/9$,对于工字形截面 $K \approx A/A'$,其中 A 为截面的总面积,A'为腹板截面面积。

这就是结构在荷载作用下的位移计算公式。式(9-12)右边三项分别代表虚拟状态下的内力在实际状态相应的变形上所作的虚功。

对于梁和刚架,其位移主要是由弯矩引起的,式(9-12)可以简化为

$$\Delta_{KP} = \sum\int\frac{\overline{M}M_P}{EI}ds \tag{9-13}$$

对于扁平拱,除弯矩外,有时还要考虑轴向变形对位移的影响。

对于桁架,因为只有轴力,若同一杆件的轴力 $\overline{N}$、N_P 及 EA 沿杆长均为常数,则式(9-12)可以简化为

$$\Delta_{KP} = \sum\frac{\overline{N}N_P l}{EA} \tag{9-14}$$

【例 9-9】 试计算图 9-40(a)所示等截面简支梁中点 C 的竖向位移 Δ_C^Y。已知 EI 为常数。

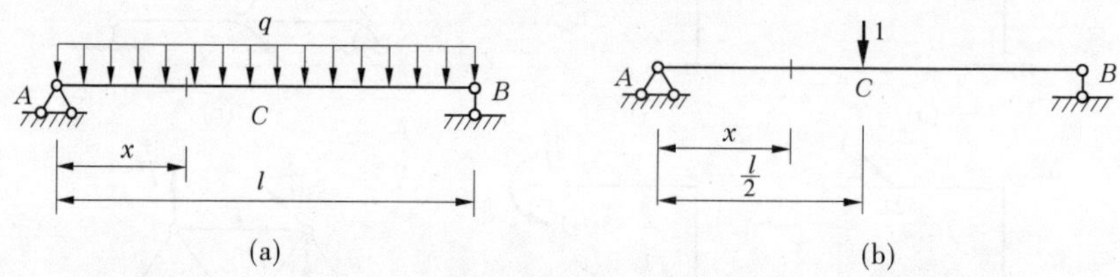

图 9-40

解 (1)在 C 点加一竖向单位荷载作为虚拟状态,如图 9-40(b)所示,分段列求出单位荷载作用下梁的弯矩方程。设以 A 为坐标原点,则当 $0 \leqslant x \leqslant 0.5l$ 时,有

$$\overline{M} = \frac{1}{2}x$$

(2)实际状态下(见图 9-40(a))杆的弯矩方程

$$M_P = \frac{q}{2}(lx - x^2)$$

(3)因为结构对称,所以由式(9-13)得

$$\Delta_C^Y = 2\int_0^{\frac{l}{2}}\frac{1}{EI}\times\frac{x}{2}\times\frac{q}{2}(lx - x^2)dx = \frac{q}{2EI}\int_0^{\frac{l}{2}}(lx^2 - x^3)dx = \frac{5ql^4}{384EI}$$

计算结果为正，说明 C 点竖向位移的方向与虚拟单位荷载的方向相同。

（三）单位荷载法计算静定结构在支座移动时的位移

如图 9-41(a)所示的静定结构，其支座发生了水平位移 c_1、竖向沉陷 c_2 和转角 c_3，现要求由此引起的任一点沿任一方向的位移，例如 K 点的竖向位移 Δ_K^Y。

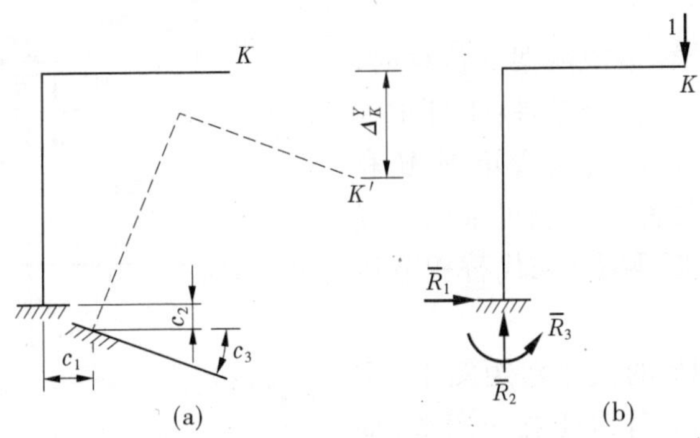

图 9-41

对于静定结构，支座发生移动并不引起内力，因而材料不发生变形，故此时结构的位移纯属刚体位移，通常不难由几何关系求得，但是这里仍用虚功原理来计算这种位移。此时，位移计算的一般式(9-11)可以简化为

$$\Delta_K = -\sum \overline{R}c \tag{9-15}$$

这就是静定结构在支座移动时的位移计算公式。式中 $\overline{R}$ 为虚拟状态的支座反力，如图 9-41(b)所示，$\sum \overline{R}c$ 为反力虚功，当 $\overline{R}$ 与实际支座位移 c 方向一致时其乘积取正，相反时取负。此外，式(9-15)右边前面还有一负号，是原来移项时所得，不可漏掉。

【例 9-10】 如图 9-42(a)所示刚架左支座移动情况。试计算由此引起的 C 点的水平位移 Δ_C^X。

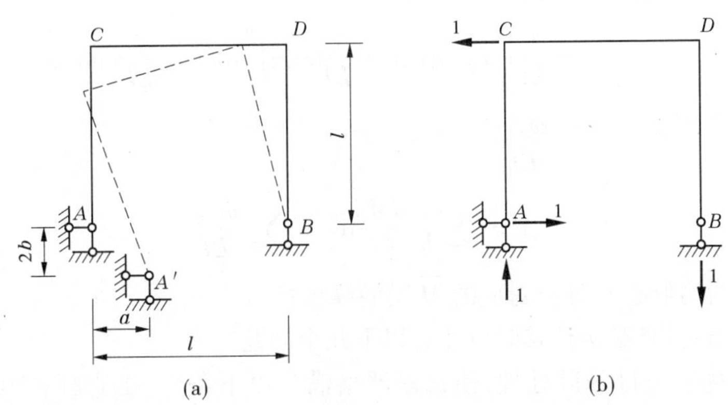

图 9-42

解 (1)在 C 点加一水平单位力，即为虚拟状态（见图 9-42(b)）。

(2)用平衡条件求出虚拟状态下各支座反力，代入式(9-15)得

$$\Delta_C^X = -\sum \overline{R}c = -(1 \times a - 1 \times 2b) = 2b - a$$

四、计算结构位移的第二种方法——图乘法

图乘法是梁和刚架在荷载作用下位移计算的一种工程实用方法。在数学上该方法是积分式的一种简化，可避免列内力方程及解积分式。

(一)图乘法

在应用式(9-13)计算梁或刚架的位移时，若结构的各杆段满足以下三个条件：①杆轴为直线；②抗弯刚度 EI 为常数；③弯矩图 $\overline{M}$ 和 M_P 中至少有一个为直线图形。则可采用下述图形相乘的方法(简称图乘法)来代替积分运算，使计算得以简化。

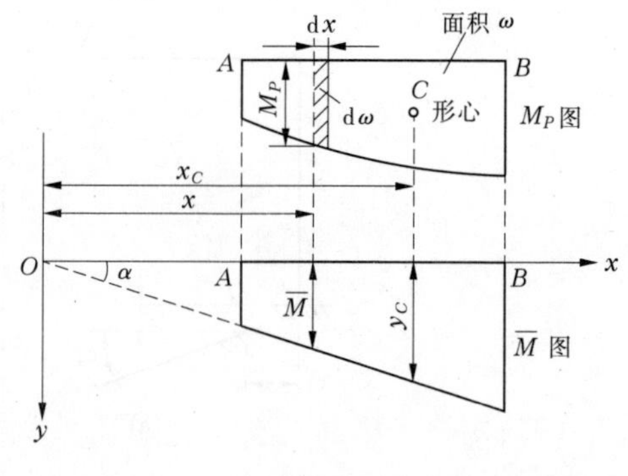

图 9-43

假设等截面直杆 AB 的两个弯矩图中，$\overline{M}$ 图为一段直线形，而 M_P 图为任意一图形，如图 9-43 所示。

在 $\overline{M}$ 图上坐标为 x 处的竖坐标为

$$\overline{M} = x\tan\alpha$$

M_P 图上相应位置处的微面积为

$$d\omega = M_P dx$$

而且 $xd\omega$ 为 M_P 图微面积 $d\omega$ 对 y 轴的静矩，则 $\int_A^B xd\omega$ 为整个 M_P 图的面积 ω 对 y 轴的静矩，根据静矩的定义可知，它应该等于 M_P 图的面积 ω 乘以其形心 C 到 y 轴的距离 x_C，即 $\int_A^B xd\omega = \omega x_C$，所以

$$\begin{aligned}\int_A^B \frac{\overline{M}M_P}{EI}ds &= \frac{1}{EI}\int_A^B \overline{M}M_P dx \\ &= \frac{1}{EI}\int_A^B x\tan\alpha d\omega = \frac{1}{EI}\tan\alpha\int_A^B xd\omega = \frac{1}{EI}\tan\alpha\omega x_C \\ &= \frac{\omega y_C}{EI}\end{aligned}$$

故得

$$\Delta = \sum\int_l \frac{\overline{M}M_P}{EI}ds = \sum\frac{\omega y_C}{EI} \qquad (9\text{-}16)$$

式中，y_C 是 M_P 图的形心 C 处所对应的 $\overline{M}$ 图的纵坐标。

应用式(9-16)计算结构位移时应注意以下几个问题：

(1)图乘前先要进行分段处理，使每段严格满足以下条件：①直杆；②EI 为常数；③$\overline{M}$ 图、M_P 图至少有一个为直线。

(2)ω、y_C 是分别取自两个弯矩图的量，不能取在同一图上。

(3)y_C 必须取自直线图形，y_C 的位置与另一图形的形心对应；ω 与 y_C 在构件同侧乘积为正，异侧为负。

为了图乘方便，必须熟记几种常见几何图形的面积公式及形心位置，如图 9-44 所示。

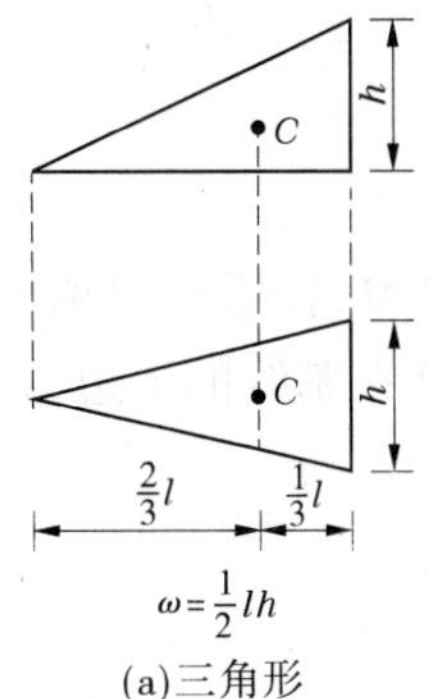

(a)三角形

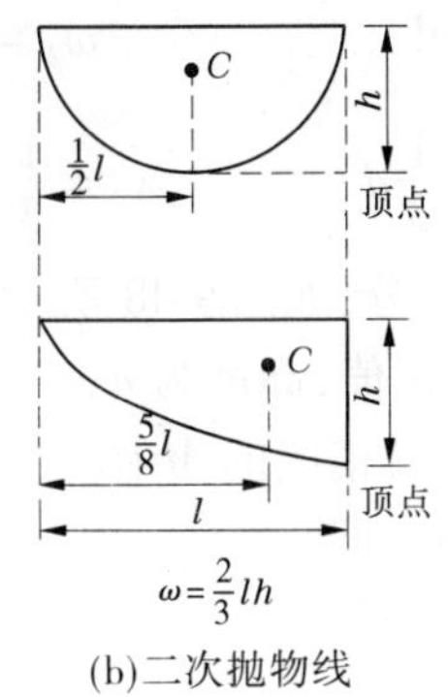

(b)二次抛物线

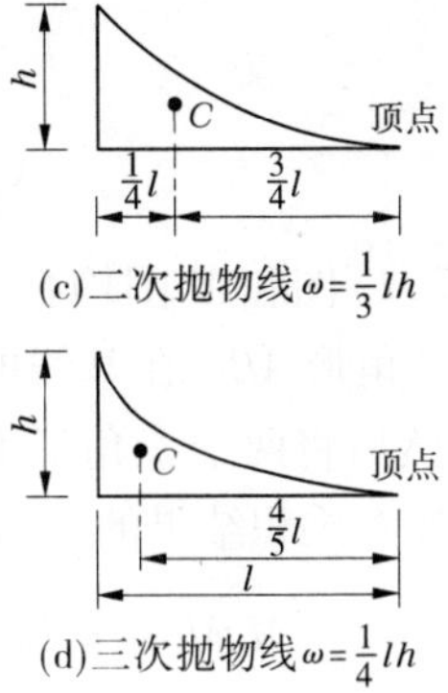

(c)二次抛物线 $\omega=\frac{1}{3}lh$

(d)三次抛物线 $\omega=\frac{1}{4}lh$

图 9-44

(二)图乘技巧

(1)图中标准抛物线图形顶点位置的确定。顶点是指该点的切线平行于基线的点,即顶点处截面的剪力应等于零。图 9-45 所示的在集中力及均布荷载作用下悬臂梁的弯矩图,其形状虽与图 9-44(c)相像,但不能采用其面积和形心位置公式,因为 B 处的剪力不为零。这时应采用图形叠加的方法解决。

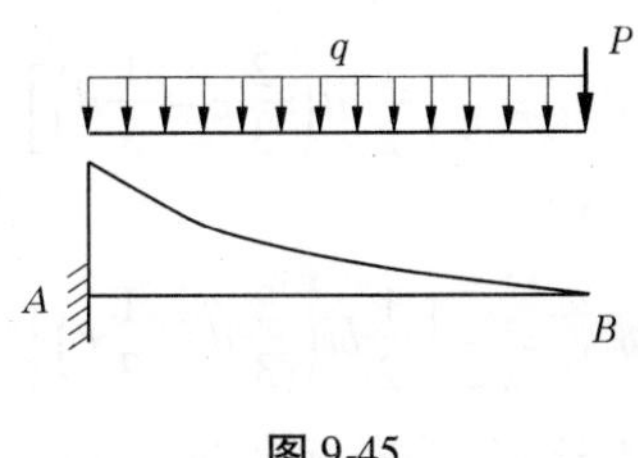

图 9-45

(2)若遇较复杂的图形,不便确定形心位置,则应运用叠加原理,把图形分解后相图乘,然后求得结果的代数和。例如:

①在结构某一根杆件上 $\overline{M}$ 图为折线形时,如图 9-46 所示,可将 $\overline{M}$ 图分成几个直线段部分,然后将各部分分别按图乘法计算,最后叠加;

②若 M_P 图和 $\overline{M}$ 图都是梯形,如图 9-47 所示,则可以将它分解成两个三角形,分别图乘然后再叠加,即

$$\int M_P\overline{M}\mathrm{d}x = \omega_1 y_1 + \omega_2 y_2$$

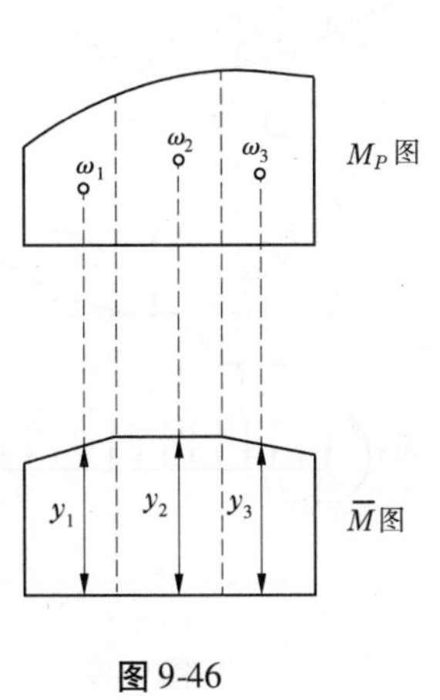

图 9-46

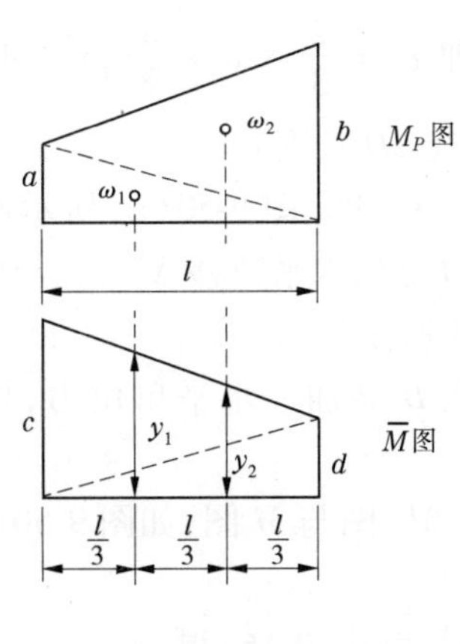

图 9-47

式中

$$\omega_1 = \frac{1}{2}al \qquad \omega_2 = \frac{1}{2}bl$$

$$y_1 = \frac{2}{3}c + \frac{1}{3}d \qquad y_2 = \frac{1}{3}c + \frac{2}{3}d$$

③若 M_P 图和 $\overline{M}$ 图均有正、负两部分，如图 9-48 所示，则可将 M_P 图看作是两个三角形的叠加，三角形 ABC 在基线的上边为正值，高度为 a，三角形 ABD 在基线的下边为负值，高度为 b。然后将两个三角形面积各乘以相应的 $\overline{M}$ 图的纵标（注意乘积结果的正负）再叠加。即

$$\int M_P\overline{M}\mathrm{d}x = \omega_1 y_1 + \omega_2 y_2$$

式中

$$\omega_1 = \frac{1}{2}al \qquad \omega_2 = \frac{1}{2}bl$$

$$y_1 = \frac{2}{3}c - \frac{1}{3}d \qquad y_2 = \frac{2}{3}d - \frac{1}{3}c$$

$\omega_1 y_1 = -\left[\frac{1}{2}al\left(\frac{2}{3}c - \frac{1}{3}d\right)\right]$ （ω_1 与 y_1 是异侧，故为负）

$\omega_2 y_2 = -\left[\frac{1}{2}bl\left(\frac{2}{3}d - \frac{1}{3}c\right)\right]$ （负号与上同理）

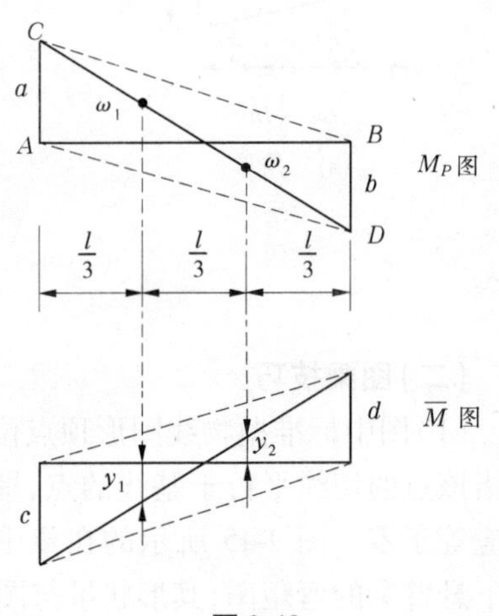

图 9-48

④若 M_P 为非标准抛物线图形，可将 AB 段的弯矩图形分为一个梯形和一个标准抛物线进行叠加，如图 9-49 所示，这段直杆的弯矩图与相应简支梁在两端弯矩 M_A、M_B（图示情况为正值）和均布荷载 q 作用下的弯矩图是相同的。从图 9-49 看出，以 M_A、M_B 连线为基线的抛物线在形状上虽不同于水平基线的抛物线，但两者对应的弯矩纵标 y 处处相等且垂直于杆轴，故对应的每一微分面积 $y\mathrm{d}x$ 仍相等。因此，两个抛物线图形的面积大小和形心位置是一样的，即 $\omega = \frac{2}{3} \times a \times \frac{1}{8}qa^2$（不能采用图 9-49 中的虚线 CD 长度）。

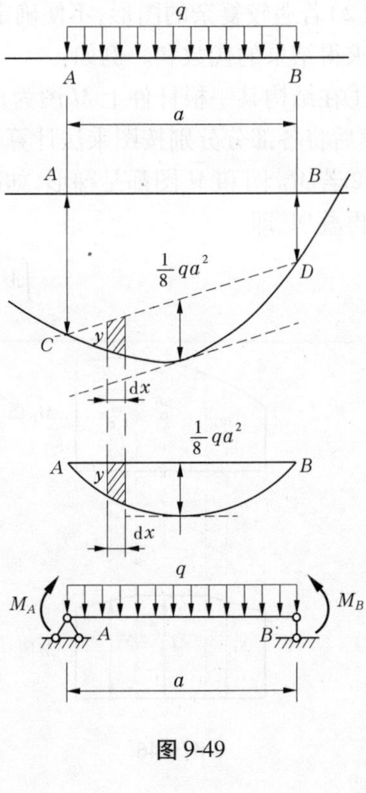

图 9-49

【例 9-11】 试计算图 9-50(a) 所示刚架在水平力 P 作用下 B 点的水平位移 Δ_B^X。柱与横梁的截面惯性矩如图中所注。

解 (1) 在 B 端加一水平单位力，如图 9-50(c) 所示。

(2) 分别作 M_P 图与 $\overline{M}$ 图，如图 9-50(b)、(c) 所示。

(3) 计算 Δ_B^X，由式 (9-16) 得

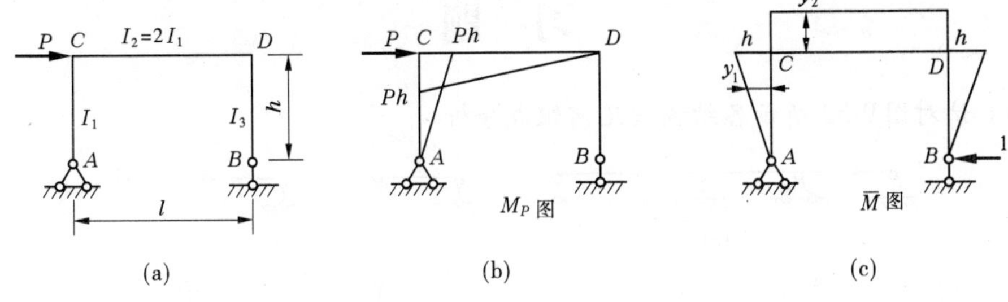

图 9-50

$$\Delta_B^X = \frac{1}{EI}\sum \omega y_C = -\frac{1}{EI_1}\omega_1 y_1 - \frac{1}{2EI_1}\omega_2 y_2$$

$$= -\frac{1}{EI_1}\left(\frac{1}{2}\times h\times Ph\times\frac{2}{3}h\right) - \frac{1}{2EI_1}\left(\frac{1}{2}\times Ph\times l\times h\right)$$

$$= -\frac{Ph^3}{3EI_1} - \frac{Ph^2 l}{4EI_1} = -\frac{Ph^2}{12EI_1}(4h+3l) \quad (\rightarrow)$$

负号表示 B 端实际水平位移方向与所设单位力方向相反。

【例 9-12】 试求图 9-51(a)所示伸臂梁 C 端的转角位移 φ_C。$EI=45\ \text{kN}\cdot\text{m}^2$。

解 (1)在 C 端加一单位力偶,如图 9-51(c)所示。

(2)分别作 M_P 图和 $\overline{M}$ 图,如图 9-51(b)、(c)所示。

(3)计算 φ_C。

将 M_P、$\overline{M}$ 图乘,$\overline{M}$ 包括两段直线,所以整个梁应分为 AB 和 BC 两段应用图乘法。

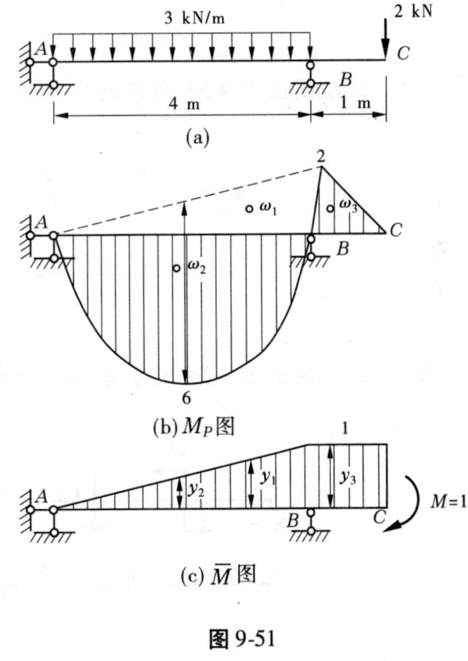

图 9-51

$$\varphi_C = \frac{1}{EI}\sum \omega y_C$$

$$= \frac{1}{EI}(\omega_1 y_1 - \omega_2 y_2 + \omega_3 y_3)$$

$$= \frac{1}{EI}\left(\frac{1}{2}\times 4\times 2\times\frac{2}{3}\times 1 - \frac{2}{3}\times 4\times 6\times\frac{1}{2}\times 1 + \frac{1}{2}\times 1\times 2\times 1\right)$$

$$= \frac{1}{45}\times\left(4\times\frac{2}{3} - 16\times\frac{1}{2} + 1\right)$$

$$= -0.096(\text{rad})$$

负号表示 C 端转角的方向与所设单位力偶的方向相反。

习 题

9-1 试对图 9-52 所示各结构作几何组成分析。

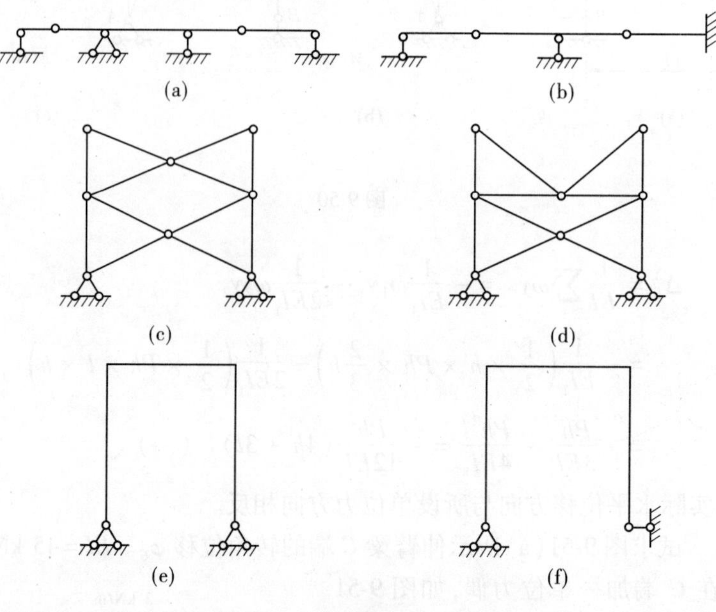

图 9-52

9-2 试绘制出图 9-53 所示的多跨静定梁的剪力图和弯矩图。

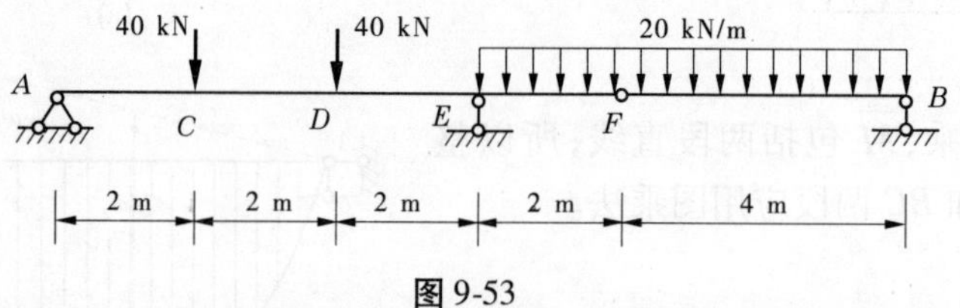

图 9-53

9-3 试绘制出图 9-54 所示各多跨静定梁的弯矩图。

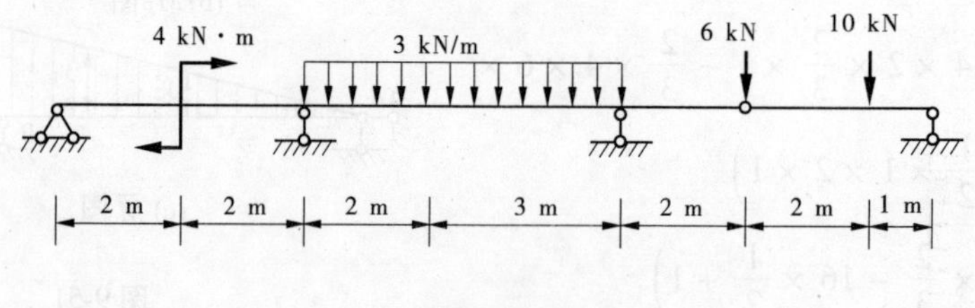

图 9-54

9-4 试绘制出图 9-55 所示各刚架的内力图。

9-5 试计算图 9-56 所示各桁架中指定杆的内力。

9-6 试计算图 9-57 所示各悬臂梁 A 端的竖向位移 Δ_A^Y 和转角 φ_A。(忽略剪切变形的影响)

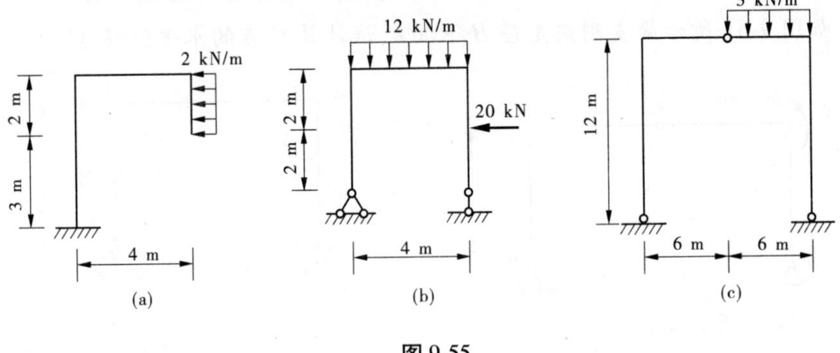

图 9-55

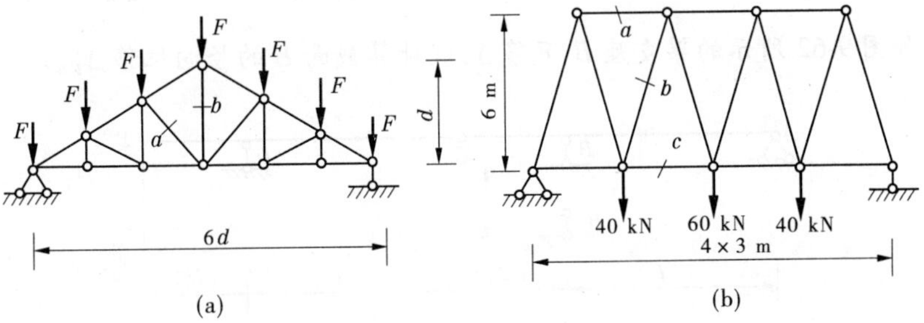

图 9-56

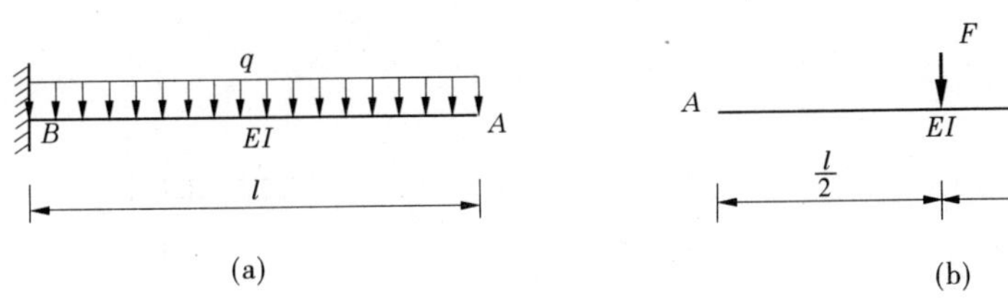

图 9-57

9-7 试计算图 9-58 所示刚架的 B 点水平位移。已知各杆 EI = 常数。

9-8 试计算图 9-59 所示桁架 C 点的水平位移 Δ_C^X。已知各杆的 EA = 常数。

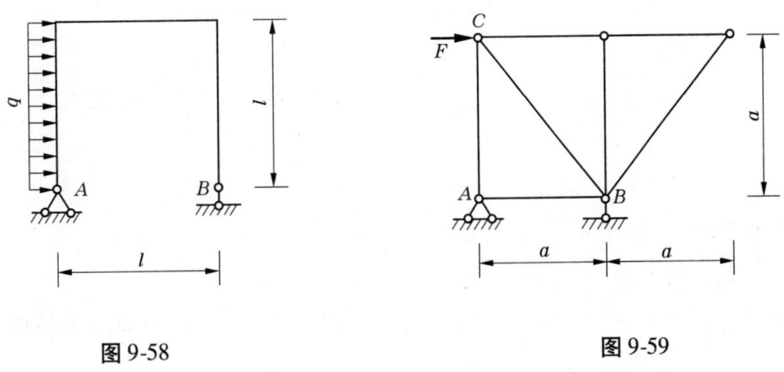

图 9-58

图 9-59

9-9　试计算图 9-60 所示刚架 D 点的水平位移 Δ_D^X。已知各杆的 EI = 常数。

9-10　如图 9-61 所示简支刚架支座 B 下沉 b，试计算 C 点的水平位移 Δ_C^X。

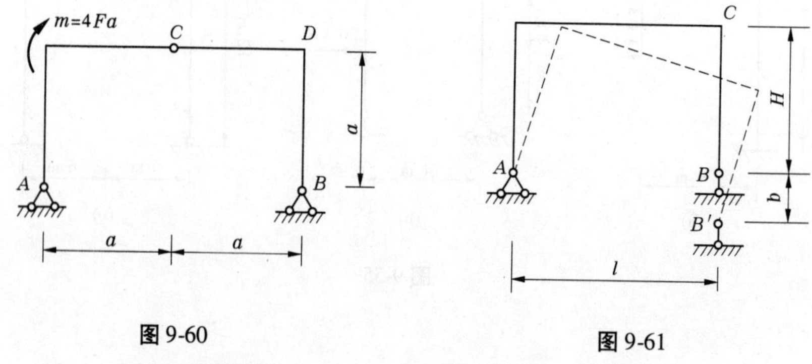

图 9-60　　　　图 9-61

9-11　如图 9-62 所示的梁支座 B 下移 Δ，试计算截面 E 的竖向位移 Δ_E^Y。

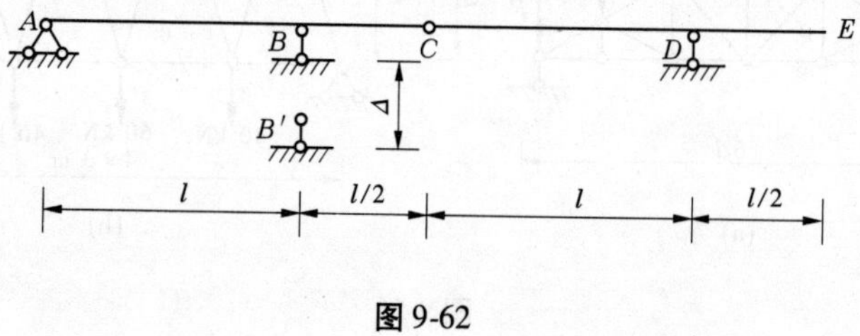

图 9-62

学习情境十　超静定结构体系分析

【知识点】 超静定结构的概念、超静定次数及确定；力法的基本原理、基本结构；典型方程；用力法计算简单的超静定梁和刚架；支座移动时单跨超静定梁的内力。位移法的基本概念；基本未知量的确定；等截面直杆的转角位移方程；位移法基本方程；用位移法计算连续梁及超静定刚架。力矩分配法的基本原理；转动刚度、分配系数、传递系数、分配弯矩、传递弯矩；用力矩分配法计算连续梁和无侧移刚架。

【教学目标】 掌握力法、位移法的基本原理，能用这些方法计算常用的简单超静定结构的内力；熟练应用力矩分配法计算连续梁和无侧移刚架；了解超静定结构的特征。

超静定结构与静定结构是两种不同类型的结构。若结构的支座反力和各截面的内力都可以用静力平衡条件唯一确定，这种结构称为静定结构。如图 10-1(a)所示刚架是静定结构的一个例子。若结构的支座反力和各截面的内力不能完全由静力平衡条件唯一确定，则称为超静定结构。如图 10-1(b)所示刚架是超静定结构的一个例子。

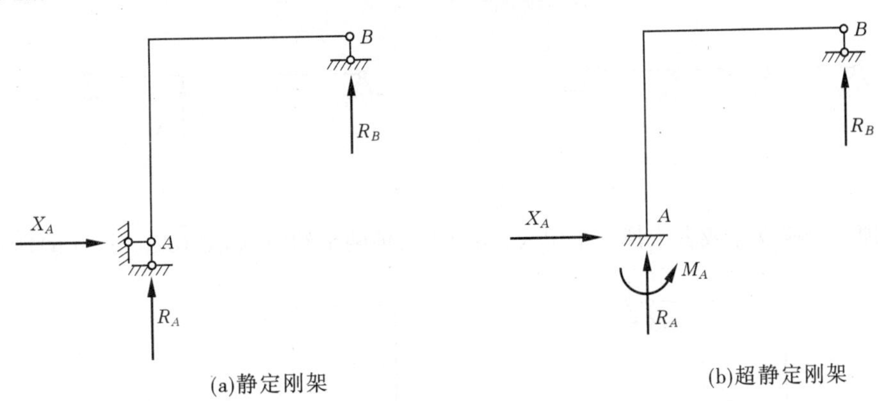

图 10-1

再从几何构造来看，图 10-1(a)所示刚架和图 10-1(b)所示刚架都是几何不变的。如果从图 10-1(a)所示刚架中去掉支杆 B 就变成几何可变体系。而从图 10-1(b)所示刚架中去掉支杆 B，则仍是几何不变的，从几何组成上支杆 B 是多余约束，并称为一次超静定。由此引出如下结论：静定结构是没有多余约束的几何不变体系，超静定结构是有多余约束的几何不变体系。

总之，有多余约束是超静定结构区别于静定结构的基本特性。

超静定结构最基本的计算方法有两种，即力法和位移法。此外，还有各种派生出来的方法，这些方法都将逐一介绍。

子情境一　力　法

一、超静定次数的确定

超静定结构由于有多余约束存在，约束反力未知量的数目多于平衡方程数目，仅靠平衡方程不能确定结构的支座反力。从几何组成方面来说，结构的超静定次数就是多余约束的个数；从静力平衡看，超静定次数就是运用平衡方程分析计算结构未知力时所缺少的方程个数，即多余未知力的个数。所以，要确定超静定次数，可以把原结构中的多余约束去掉，使之变成几何不变的静定结构，而去掉的约束个数就是结构的超静定次数。

超静定结构去掉多余约束有以下几种方法：

(1)去掉支座处的一根链杆或者切断一根链杆，相当于去掉一个约束，如图 10-2(a)、(b) 所示。

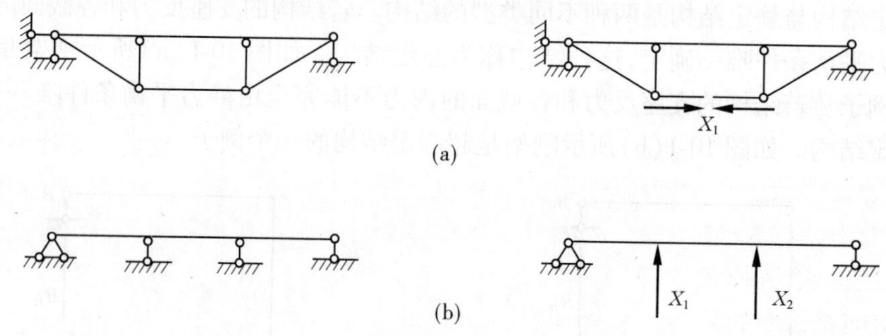

图 10-2

(2)去掉一个铰支座或者去掉一个单铰，相当于去掉两个约束，如图 10-3(a)、(b)所示。

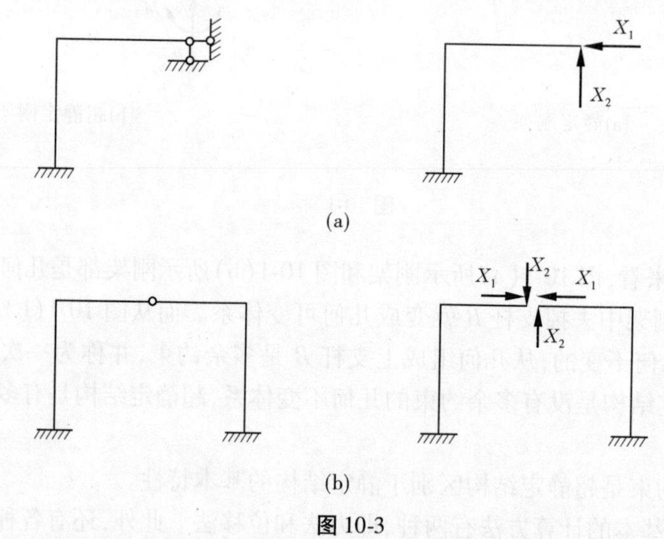

图 10-3

(3)去掉一个固定端支座或者切断一根梁式杆，相当于去掉三个约束，如图 10-4 所示。

(4)将一个固定端支座改为铰支座或者将一刚性联结改为单铰联结，相当于去掉一个约束，如图 10-5 所示。

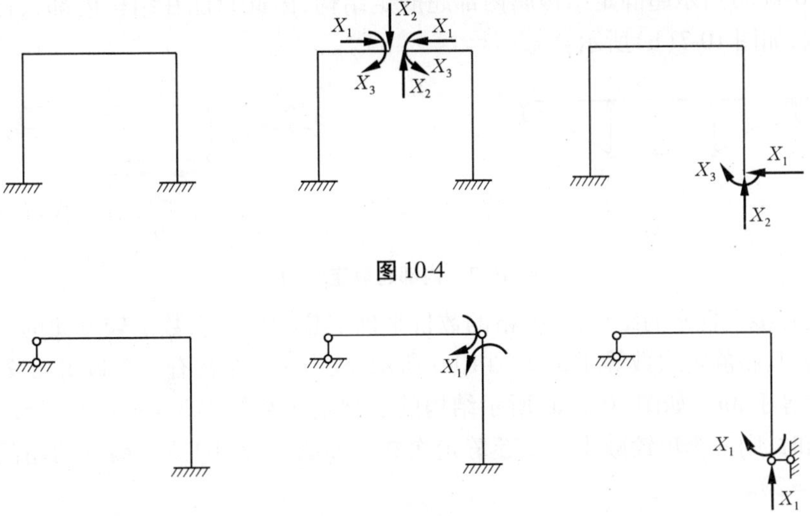

图 10-4

图 10-5

用去掉多余约束的方法可以确定任何超静定结构的次数，去掉多余约束后的静定结构，称为原超静定结构的基本结构。对于同一个超静定结构来说，去掉多余约束可以有多种方法，所以基本结构也有多种形式。但不论是采用哪种形式，所去掉的多余约束的数目必然是相同的。

由于去掉多余约束的方式的多样性，在力法计算中，同一结构的基本结构可有各种不同的形式。但应注意，去掉多余约束后基本结构必须是几何不变的。为了保证基本结构的几何不变性，有时结构中的某些约束是不能去掉的。如图 10-6(a)所示刚架，具有一个多余约束，若将横梁某处改为铰结，即相当于去掉一个约束，得到如图 10-6(b)所示静定结构；若去掉支座 B 的水平链杆，则得到如图 10-6(c)所示静定结构，它们都可作为基本结构。但是，若去掉支座 B 的竖向链杆或支座 A 的竖向链杆，即成瞬变体系，如图 10-6(d)所示，显然是不允许的，当然也就不能作为基本结构。

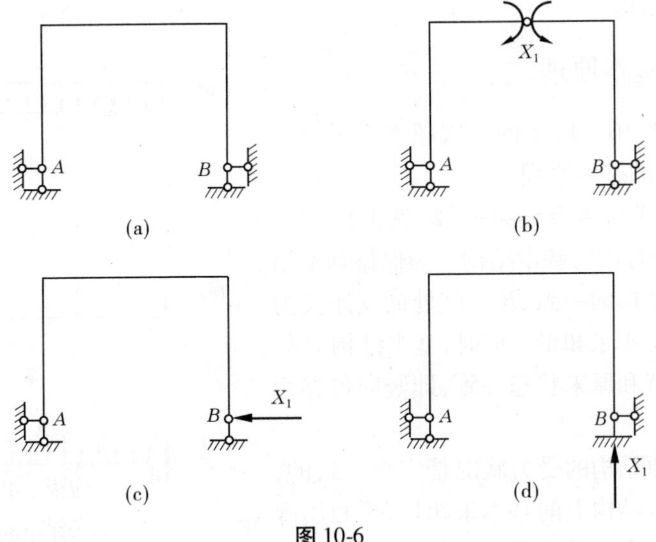

图 10-6

如图 10-7(a)所示超静定结构属内部超静定结构,因此只能在结构内部去掉多余约束得基本结构,如图 10-7(b)所示。

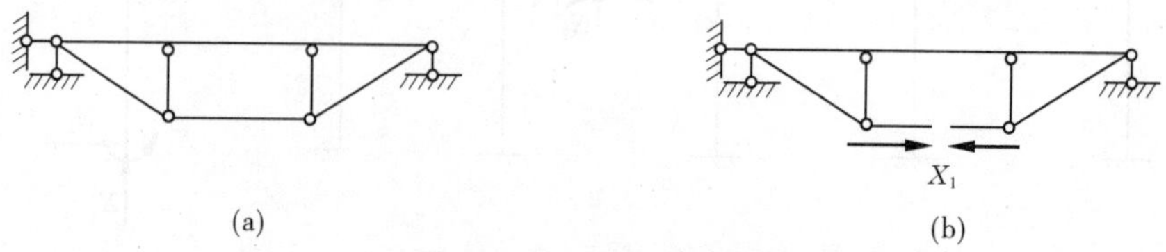

图 10-7　内部超静定结构

对于具有多个框格的结构,按框格的数目来确定超静定的次数是较方便的。一个封闭的无铰框格,其超静定次数等于 3,如图 10-6 所示,故当一个结构有 n 个封闭无铰框格时,其超静定次数等于 $3n$。如图 10-8(a)所示结构的超静定次数等于 $3\times8=24$。当结构的某些结点为铰结时,则一个单铰减少一个超静定次数。如图 10-8(b)所示结构的超静定次数等于 $3\times8-4=20$。

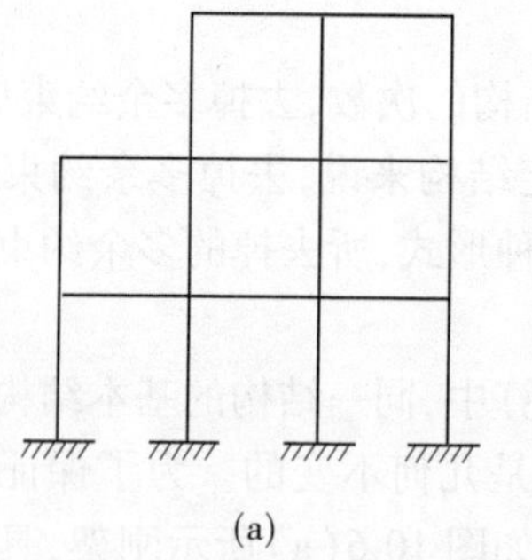

图 10-8　封闭框

简言之,超静定次数 = 多余约束的个数 = 把原结构变成静定结构时所需撤除的约束个数。而力法的基本结构即为去掉多余约束代以多余未知力后所得到的静定结构。

二、力法的基本原理

下面通过对图 10-9 所示的一次超静定梁进行分析,来说明力法的基本原理。

把支座 B 链杆当多余约束去掉,选取图 10-9(b)所示的静定悬臂梁为基本结构。为保持基本结构受力状态和原结构的一致,B 支座处的支座反力用 X_1 代替,称为基本未知量。同时,基本结构 B 处的几何变形要保持和原来状态一致,即竖向位移为零:$\Delta=0$。

基本结构和原结构的受力状况是完全一致的,如果能够求出基本结构上的基本未知量,再利用静力平衡方程求出其余的支座反力,则结构的内力也

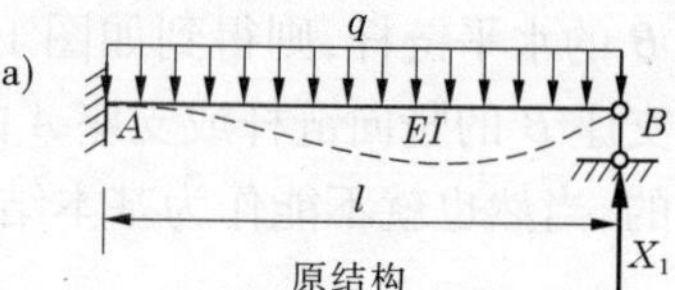

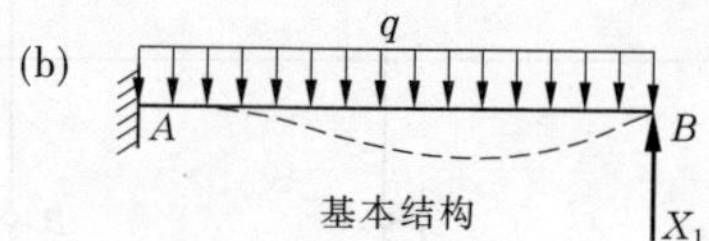

=

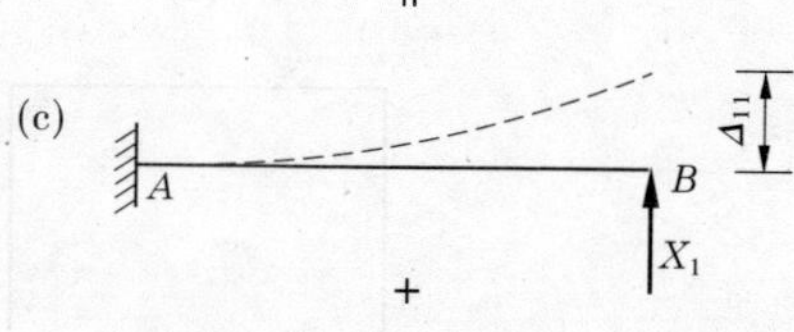

+

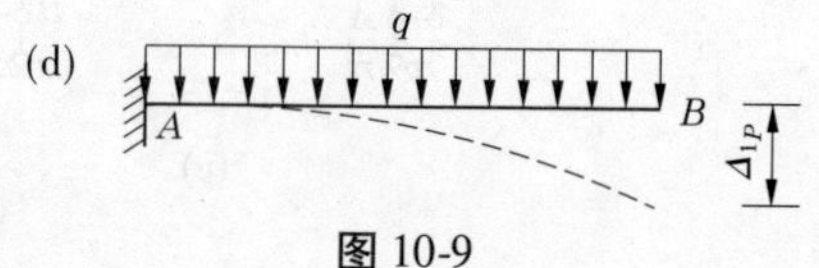

图 10-9

就可以全部求解出，这就是力法分析的基本思路。

下面先介绍求解基本未知量的方法。

利用叠加方法，把基本结构中的竖向位移 Δ 分为荷载 q 与 X_1 分别作用产生的两部分位移的叠加，即

$$\Delta_1 = \Delta_{11} + \Delta_{1P} = 0 \tag{10-1}$$

式中：Δ_{1P}表示基本结构在荷载作用下 B 点沿 X_1 方向的位移；Δ_{11}表示基本结构在 X_1 作用下 B 点沿 X_1 方向的位移，如图 10-9（c）、（d）所示。

由于结构的变形在弹性变形范围内，设 δ_{11}为基本结构在 $X_1=1$（即单位荷载 $\overline{X}_1=1$）作用下 B 点沿 X_1 方向的位移，则 Δ_{11}可以表示为

$$\Delta_{11} = \delta_{11} X_1$$

代入式（10-1）得到

$$\delta_{11} X_1 + \Delta_{1P} = 0 \tag{10-2}$$

由于基本结构为静定结构，根据前面静定结构求位移的方法，可以利用图乘法求出式（10-2）中的 δ_{11}和 Δ_{1P}，从而多余未知力 X_1 的大小和方向即可由式（10-2）确定。

图 10-10（a）、（b）所示为基本结构在单位荷载 $\overline{X}_1=1$ 及荷载 q 分别作用下的弯矩图，称为$\overline{M}_1$ 图和 M_P 图。

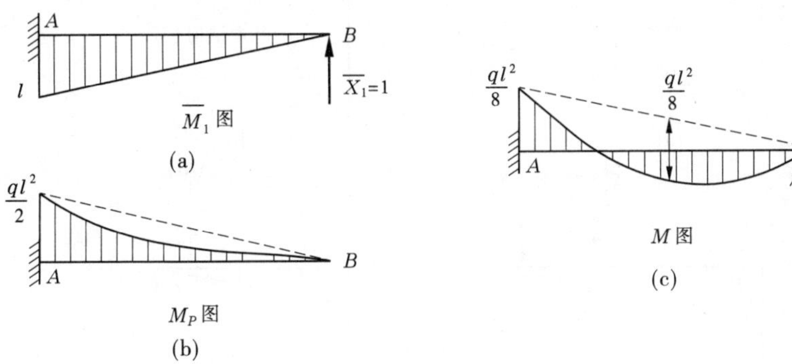

图 10-10

则

$$\delta_{11} = \frac{1}{EI} \times \frac{l^2}{2} \times \frac{2l}{3} = \frac{l^3}{3EI}$$

$$\Delta_{1P} = -\frac{1}{EI}\left(\frac{1}{3} l \times \frac{ql^2}{2} \times \frac{3l}{4}\right) = -\frac{ql^4}{8EI}$$

将 δ_{11}和 Δ_{1P}之值代入式（10-2），即可解出多余力 X_1

$$X_1 = -\frac{\Delta_{1P}}{\delta_{11}} = -\left(\frac{-ql^4}{8EI}\right) \Big/ \frac{l^3}{3EI} = \frac{3ql}{8}(\uparrow)$$

所得结果为正值，表明 X_1 的实际方向与基本结构中所假设的方向相同。

多余力 X_1 求出后，原超静定结构的弯矩图 M，可利用已经绘出的 $\overline{M}_1$ 图和 M_P 图按叠加原理绘出，即

$$M = \overline{M}_1 X_1 + M_P$$

应用上式绘制弯矩图时，可将 $\overline{M}_1$图的纵标乘以 X_1 倍，再与 M_P 图的相应纵坐标叠加，即

可绘出 M 图,如图 10-10(c)所示。

也可不用叠加法绘制最后的弯矩图,而将已求得的多余力 X_1 与荷载 q 共同作用在基本结构上,按绘制静定结构弯矩图的方法即可绘制出原超静定结构的弯矩图。

综上所述,力法的基本原理就是以多余约束的约束反力作为基本未知量,以去掉多余约束的基本结构为研究对象,根据多余约束处的几何位移条件建立力法基本方程,求解出多余约束反力,然后求解出整个超静定结构的内力。用这一方法可以求解任何超静定结构。

三、力法典型方程

上面讨论了一次超静定结构的力法原理,下面以一个三次超静定结构来说明力法解超静定结构的典型方程。

图 10-11(a)所示为一个三次超静定刚架,荷载作用下结构的变形如图中虚线所示。这里我们取基本结构如图 10-11(b)所示,去掉固定支座 C 处的多余约束,用基本未知量 X_1、X_2、X_3 代替。

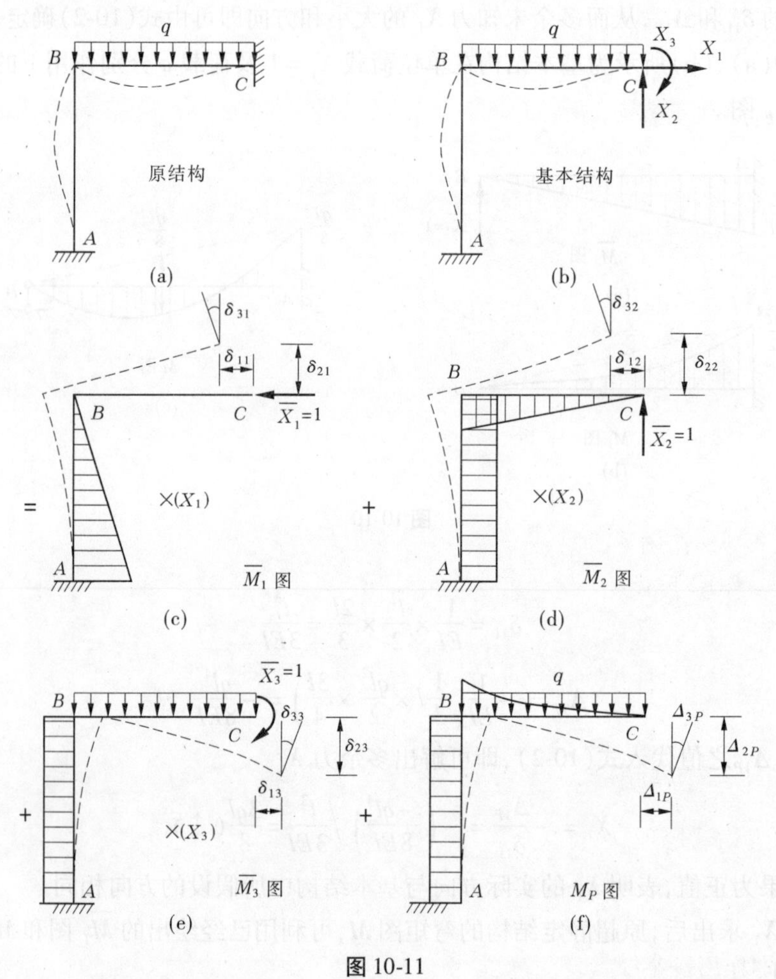

图 10-11

由于原结构 C 为固定支座,其线位移和角位移都为零。所以,基本结构在荷载 q 及 X_1、X_2、X_3 共同作用下,C 点沿 X_1、X_2、X_3 方向的位移都等于零,即基本结构的几何位移条件为

$$\Delta_1 = 0 \qquad \Delta_2 = 0 \qquad \Delta_3 = 0$$

根据叠加原理，在基本结构上可分别求出位移 Δ_1、Δ_2 和 Δ_3。基本结构在单位力 $\overline{X}_1 = 1$ 单独作用下，C 点沿 X_1、X_2 和 X_3 方向所产生的位移分别为 δ_{11}、δ_{21} 和 δ_{31}（见图 10-11(c)），事实上 X_1 并不等于 1，因此将图 10-11(c)乘上 X_1 倍后，即得 X_1 单独作用时 C 点的水平位移 $\delta_{11}X_1$、竖向位移 $\delta_{21}X_1$ 和角位移 $\delta_{31}X_1$。同理，由图 10-11(d)得 X_2 单独作用时 C 点的水平位移 $\delta_{12}X_2$、竖向位移 $\delta_{22}X_2$ 和角位移 $\delta_{32}X_2$；由图 10-11(e)得 X_3 单独作用时 C 点的水平位移 $\delta_{13}X_3$、竖向位移 $\delta_{23}X_3$ 和角位移 $\delta_{33}X_3$。在图 10-11(f)中，Δ_{1P}、Δ_{2P} 和 Δ_{3P} 依次表示由荷载 q 作用于基本结构在 C 点产生的水平位移、竖向位移和角位移。

根据叠加原理，可将基本结构满足的位移条件表示为

$$\left.\begin{aligned} \Delta_1 &= \delta_{11}X_1 + \delta_{12}X_2 + \delta_{13}X_3 + \Delta_{1P} = 0 \\ \Delta_2 &= \delta_{21}X_1 + \delta_{22}X_2 + \delta_{23}X_3 + \Delta_{2P} = 0 \\ \Delta_3 &= \delta_{31}X_1 + \delta_{32}X_2 + \delta_{33}X_3 + \Delta_{3P} = 0 \end{aligned}\right\} \tag{10-3}$$

这就是求解多余未加力 X_1、X_2 和 X_3 所要建立的力法方程。其物理意义是：在基本结构中，由全部多余未知力和已知荷载的共同作用，在去掉多余约束处的位移应与原结构中相应的位移相等。

对于 n 次超静定结构，用力法分析时，去掉 n 个多余约束，代之以 n 个基本未知量，用上面同样的分析方法，可以得到相应的 n 个力法方程，我们称之为力法典型方程，具体形式如下

$$\left.\begin{aligned} \Delta_1 &= \delta_{11}X_1 + \delta_{12}X_2 + \delta_{13}X_3 + \cdots + \delta_{1n}X_n + \Delta_{1P} = 0 \\ \Delta_2 &= \delta_{21}X_1 + \delta_{22}X_2 + \delta_{23}X_3 + \cdots + \delta_{2n}X_n + \Delta_{2P} = 0 \\ &\vdots \\ \Delta_n &= \delta_{n1}X_1 + \delta_{n2}X_2 + \delta_{n3}X_3 + \cdots + \delta_{nn}X_n + \Delta_{nP} = 0 \end{aligned}\right\} \tag{10-4}$$

力法典型方程的物理意义是：基本结构在荷载和多余约束反力共同作用下的位移和原结构的位移相等。

力法典型方程中的 Δ_{iP} 项不包含未知量，称为自由项，是基本结构在荷载单独作用下沿 X_i 方向产生的位移。从左上方的 δ_{11} 到右下方的 δ_{nn} 主对角线上的系数项 δ_{ii}，称为主系数，是基本结构在 $X_i = 1$ 作用下沿 X_i 方向的位移，其值恒为正。其余系数 δ_{ij} 称为副系数，是基本结构在 $X_j = 1$ 作用下沿 X_i 方向的位移，根据互等定理可知 $\delta_{ij} = \delta_{ji}$，其值可能为正，可能为负，也可能为零。

求得基本未知量后，原结构的弯矩可按下面叠加公式求出

$$M = X_1\overline{M}_1 + X_2\overline{M}_2 + \cdots + X_n\overline{M}_n + M_P \tag{10-5}$$

四、用力法计算超静定结构

根据以上力法原理，用力法求解超静定结构的一般步骤如下：

(1)去掉多余约束，选取基本结构；

(2)建立力法典型方程；

(3)分别作出基本结构在荷载 P 及单位未知力 X_i 作用下的弯矩图 M_P 图、$\overline{M}_i$ 图；

(4)利用图乘法求方程中的自由项 Δ_{iP} 和系数项 δ_{ij}；

(5)解力法方程，求出多余未知力 X_i；

(6)用叠加方法画出弯矩图，进而得到剪力图和轴力图。

【例 10-1】 用力法求图 10-12(a)所示超静定刚架，作出弯矩图、剪力图、轴力图。已知刚度 EI 为常数。

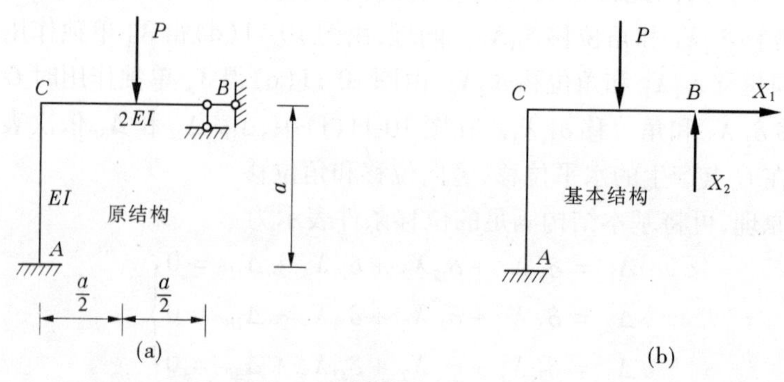

图 10-12

解 (1)确定超静定次数，选取基本结构。

此刚架是两次超静定的。去掉刚架 B 处的两根支座链杆，代以多余力 X_1 和 X_2，得到图 10-12(b)所示的基本结构。

(2)建立力法典型方程

$$\delta_{11}X_1 + \delta_{12}X_2 + \Delta_{1P} = 0$$
$$\delta_{21}X_1 + \delta_{22}X_2 + \Delta_{2P} = 0$$

(3)绘出各单位弯矩图和荷载弯矩图，如图 10-13(a) ~ (c)所示。利用图乘法求出方程中各系数项和自由项如下

$$\delta_{11} = \frac{1}{EI}\left(\frac{a^2}{2} \times \frac{2a}{3}\right) = \frac{a^3}{3EI}$$

$$\delta_{22} = \frac{1}{2EI}\left(\frac{a^2}{2} \times \frac{2a}{3}\right) + \frac{1}{EI}(a^2 \times a) = \frac{7a^3}{6EI}$$

$$\delta_{12} = \delta_{21} = -\frac{1}{EI}\left(\frac{a^2}{2} \times a\right) = -\frac{a^3}{2EI}$$

$$\Delta_{1P} = \frac{1}{EI}\left(\frac{a^2}{2} \times \frac{Pa}{2}\right) = \frac{Pa^3}{4EI}$$

$$\Delta_{2P} = -\frac{1}{2EI}\left(\frac{1}{2} \times \frac{Pa}{2} \times \frac{a}{2} \times \frac{5a}{6}\right) - \frac{1}{EI}\left(\frac{Pa^2}{2} \times a\right) = -\frac{53Pa^3}{96EI}$$

(4)求解多余力。

将以上系数和自由项代入力法典型方程并消去 $\frac{a^3}{EI}$，得

$$\frac{1}{3}X_1 - \frac{1}{2}X_2 + \frac{P}{4} = 0$$

$$-\frac{1}{2}X_1 + \frac{7}{6}X_2 - \frac{53P}{96} = 0$$

解联立方程，得

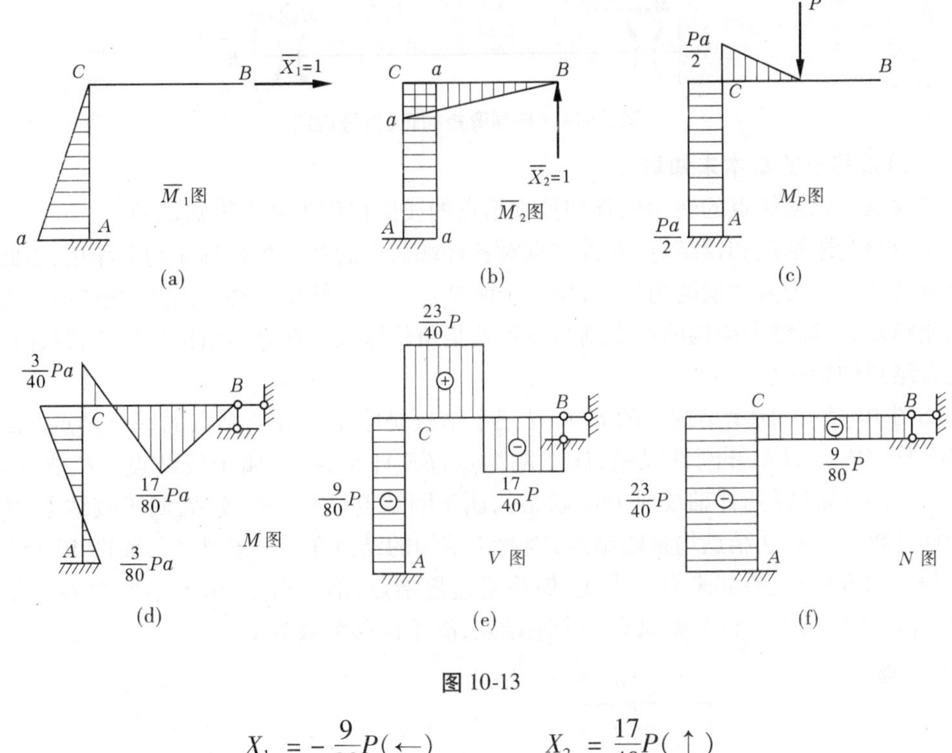

图 10-13

$$X_1 = -\frac{9}{80}P(\leftarrow) \qquad X_2 = \frac{17}{40}P(\uparrow)$$

(5)绘制超静定刚架的弯矩图、剪力图和轴力图,如图 10-13(d)~(f) 所示。

子情境二　位移法

一、位移法的基本概念

用力法计算超静定结构时,由于基本未知量的数目等于超静定次数,对于实际工程结构来说,超静定次数往往很高,应用力法计算就很烦琐。计算超静定结构的另外一种基本方法是位移法,它是以结点位移作为基本未知量求解超静定结构的方法。利用位移法既可以计算超静定结构,也可以计算静定结构。对于高次超静定结构,运用位移法计算通常也比用力法简便。同时,学习位移法也帮助我们加深对结构位移概念的理解,为学习力矩分配法打下必要的基础。

(一)位移法的基本变形假定

位移法的计算对象是由等截面直杆组成的杆系结构,例如刚架、连续梁。在计算中认为结构仍然符合小变形假定。同时,位移法假设:

(1)结构的变形是微小的。

(2)忽略杆件的轴向变形和剪切变形,各杆端之间的轴向长度尺寸在变形后保持不变。

(3)结点线位移的弧线可用垂直于杆件的切线来代替。

在位移法中杆端弯矩规定绕杆件顺时针转向为正,逆时针转向为负(对于结点就变成逆时针转向为正),如图所示 10-14 所示;剪力、轴力的正负号规定与前面的规定相同。

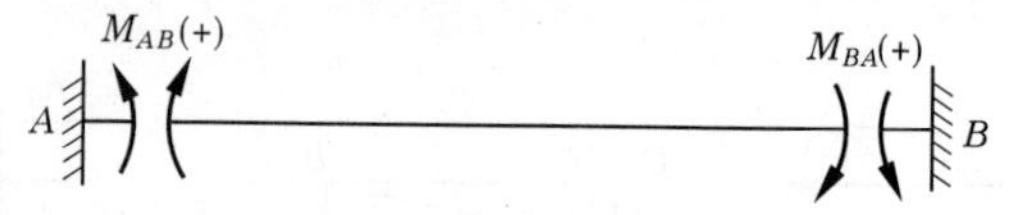

图 10-14　杆端弯矩的正、负号规定

(二)位移法的基本未知量

位移法是以刚结点的转角位移和独立结点的线位移作为基本未知量的。

结点分为刚结点和铰结点,而铰结点对各杆端截面的相对角位移无约束作用,因此只有刚结点处才有作为未知量的角位移,每一个刚结点有一个转角位移。因此,统计一下独立结构的刚结点数,则整个结构的独立刚结点数就是角位移数。在分析结构的角位移数时,要注意组合结点的特殊性。

如图 10-15(a)所示结构中的 E、F、H 三个结点是刚结点和铰结点的联合结点。E 结点处,HE 杆、DE 杆、BE 杆刚性联结,属于刚结点;EF 杆是铰结,属于铰结点。F 结点处,JF 杆、CF 杆刚性联结(两杆轴线成 180°联结),属于刚结点;EF 杆是铰结,属于铰结点;H 结点可同样分析。而 G、J 结点均是刚结点,因此该结构的结点角位移数为 6。而图 10-15(b)所示结构中的 B 结点,看起来有个支座,似乎是边界结点,但是由于 AB 杆、BC 杆在此刚性联结,因此属于刚结点。整个梁只有一个刚结点,故角位移个数为 1。

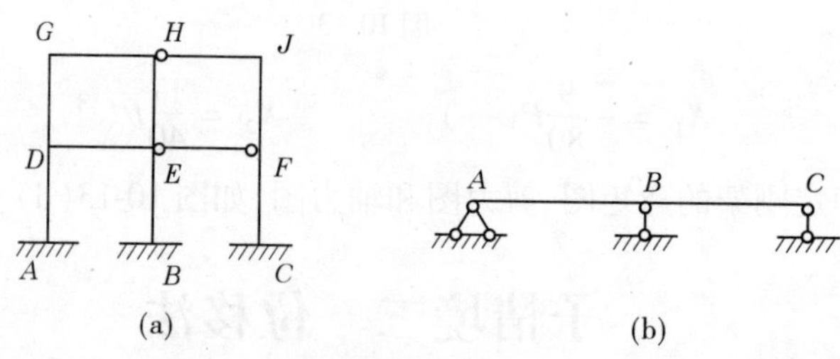

图 10-15

对于结点线位移,以图 10-16 所示结构的 A、B 结点为例,由于忽略杆件的轴向变形,即变形后杆长不变,A、B 两结点所产生的水平线位移相等,求出其中一个结点的水平线位移,另一个也就已知了,换句话说,这两个结点线位移中只有一个是独立的,称为独立结点线位移,另一个是与它相关的。独立结点线位移为位移法一种基本未知量,在实际计算中,独立结点线位移的数目可采用铰结法来判定(把结构中所有的刚性结点改变为铰结点后,添加辅助链杆使铰结体系变为几何不变体系,则所需添加的链杆数就是独立结点线位移数)。

图 10-17(a)所示结构,共有 C、D、E、F 四个刚结点,由于 A、B 是固定支座,A、B 两点没有竖向位移,注意到“变形后,杆长不变”,所以四个刚结点的竖向位移都受到了约束,不需添加链杆。分析结点水平位移,在 D、F 结点处分别添加一个水平链杆,如图 10-17(b)所示,这四个刚结点的水平位移也将被约束,从而四个结点的所有位移都被约束,添加的链杆数为 2,所以结构存在两个独立的结点水平线位移。

图 10-17 所示结构有四个刚结点,因此有四个结点角位移,总的位移法基本未知量数目为 6(4 个角位移,2 个线位移)。

基本未知量确定以后,在相应的结点位移处增设相应的约束,所得的结构称为位移法基本结构。

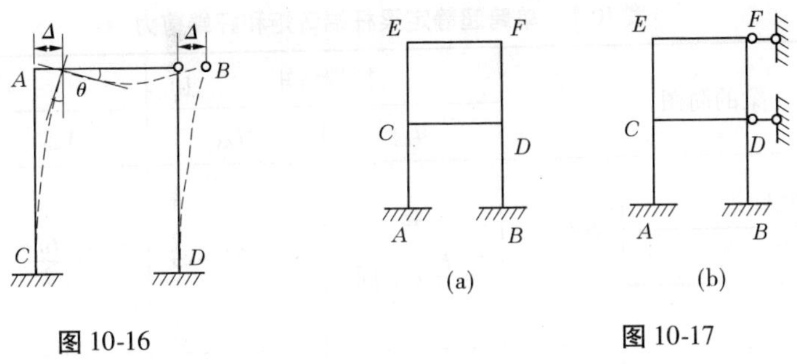

图 10-16　　图 10-17

二、位移法的基本原理

如图 10-18(a)所示超静定刚架，在荷载作用下，其变形如图中虚线所示。此刚架没有结点线位移，只有刚结点 A 处的转角位移。根据变形连续条件可知，AB、AC 杆端在 A 点发生相同的转角 θ_A，θ_A 以顺时针转。

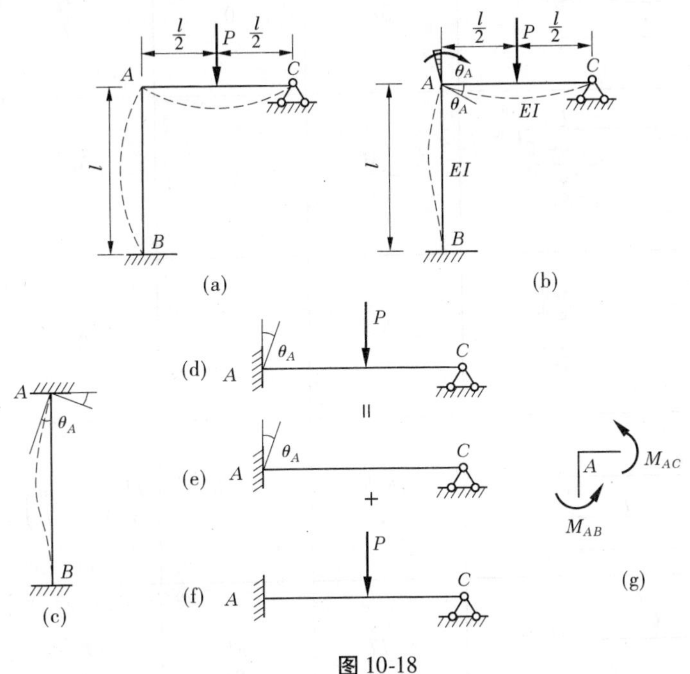

图 10-18

在结点 A 假设加上一个只限制刚结点转动但不限制移动的刚臂约束，如图 10-18(b)所示，同时，为了保持两段杆件受力状态不改变，让刚臂发生一个顺时针转角 θ_A，这样一来，两段杆件可以分开成为两段独立的单跨超静定梁分析，如图 10-18(c)、(d)所示。

AB 为两端固定的单跨超静定梁，A 端发生转角位移 θ_A；AC 为 C 端铰支、A 端固定的单跨超静定梁，A 端发生转角位移 θ_A，同时梁上作用有集中荷载 P。对于单跨超静定梁来说，由于支座移动会产生内力，可以用力法进行计算。表 10-1 列出了常用的单跨超静定梁发生不同支座位移以及承受不同荷载作用时的杆端内力，查表 10-1 得到 AB 杆的杆端弯矩为

$$M_{AB} = 4i\theta_A$$

$$M_{BA} = 2i\theta_A$$

表 10-1　单跨超静定梁杆端弯矩和杆端剪力

序号	梁的简图	杆端弯矩		杆端剪力	
		M_{AB}	M_{BA}	V_{AB}	V_{BA}
1	A, B, $\theta=1$, l	$4i$ $i=\frac{EI}{l}$（下同）	$2i$	$-\frac{6i}{l}$	$-\frac{6i}{l}$
2	A, B, $\Delta=1$, l	$-\frac{6i}{l}$	$-\frac{6i}{l}$	$\frac{12i}{l^2}$	$\frac{12i}{l^2}$
3	A, B, $\theta=1$, l	$3i$	0	$-\frac{3i}{l}$	$-\frac{3i}{l}$
4	A, B, $\Delta=1$, l	$-\frac{3i}{l}$	0	$\frac{3i}{l^2}$	$\frac{3i}{l^2}$
5	A, B, $\theta=1$, l	i	$-i$	0	0
6	A, B, F, a, b, l	$-\frac{Fab^2}{l^2}$	$\frac{Fa^2b}{l^2}$	$\frac{Fb^2}{l^2}\left(1+\frac{2a}{l}\right)$	$\frac{Fa^2}{l^2}\left(1+\frac{2b}{l}\right)$
7	A, B, F, $\frac{l}{2}$, $\frac{l}{2}$	$-\frac{Fl}{8}$	$\frac{Fl}{8}$	$\frac{F}{2}$	$-\frac{F}{2}$
8	A, B, q, l	$-\frac{ql^2}{12}$	$\frac{ql^2}{12}$	$\frac{ql}{2}$	$-\frac{ql}{2}$
9	A, B, F, a, b, l	$-\frac{Fab(l+b)}{2l^2}$	0	$\frac{Fb}{2l^3}(3l^2-b^2)$	$-\frac{Fa^2}{2l^3}(3l-a)$

续表 10-1

序号	梁的简图	杆端弯矩		杆端剪力	
		M_{AB}	M_{BA}	V_{AB}	V_{BA}
10	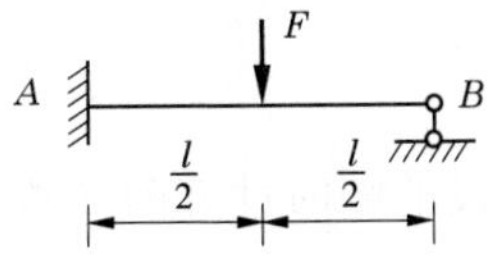	$-\frac{3Fl}{16}$	0	$\frac{11F}{16}$	$-\frac{5F}{16}$
11	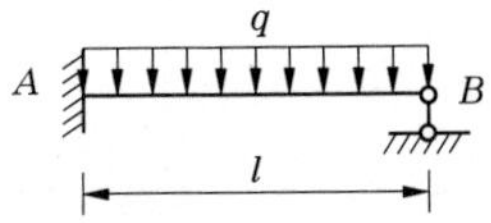	$-\frac{ql^2}{8}$	0	$\frac{5ql}{8}$	$-\frac{3ql}{8}$
12	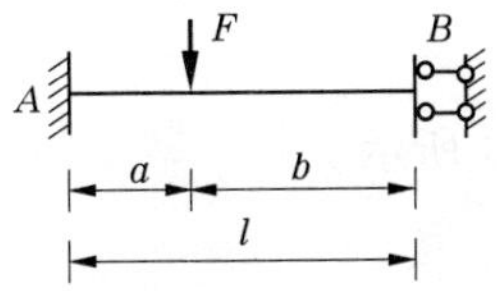	$-\frac{Fa(l+b)}{2l}$	$-\frac{Fa^2}{2l}$	F	0
13	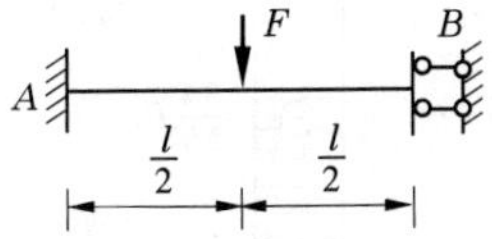	$-\frac{3Fl}{8}$	$-\frac{Fl}{8}$	F	0
14	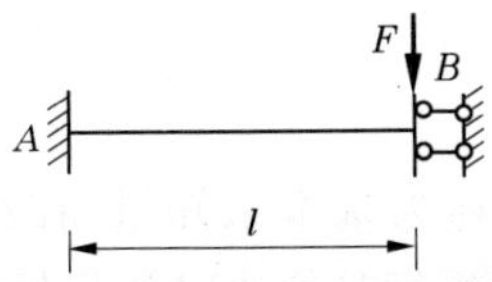	$-\frac{Fl}{2}$	$-\frac{Fl}{2}$	F	F
15	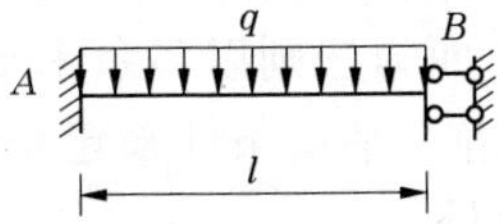	$-\frac{ql^2}{3}$	$-\frac{ql^2}{6}$	ql	0
16	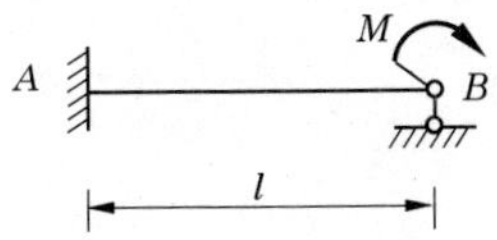	$\frac{M}{2}$	M	$-\frac{3M}{2l}$	$-\frac{3M}{2l}$

AC 杆的杆端弯矩可利用叠加法求出，如图 10-18(e)、(f)所示，查表 10-1，叠加后得到杆端弯矩为

$$M_{AC}=3i\theta_A-\frac{3}{16}Pl$$

为了求出位移未知量，我们来研究结点 A 的平衡，取隔离体如图 10-18(g)所示，根据 $\sum M_A=0$ 把上面 M_{AB}、M_{AC}的表达式代入得

$$4i\theta_A+3i\theta_A-\frac{3}{16}Pl=0$$

解得 $i\theta_A=\frac{3}{112}Pl$ （得数为正，说明转向和原来假设的顺时针方向一致）

再把 θ_A 代回各杆端弯矩式得到

$$M_{AB}=\frac{6}{56}Pl$$

$$M_{BA}=\frac{3}{56}Pl$$

$$M_{AC}=-\frac{6}{56}Pl$$

$$M_{CA}=0$$

根据杆端弯矩，作出弯矩图、剪力图、轴力图，如图 10-19 所示。

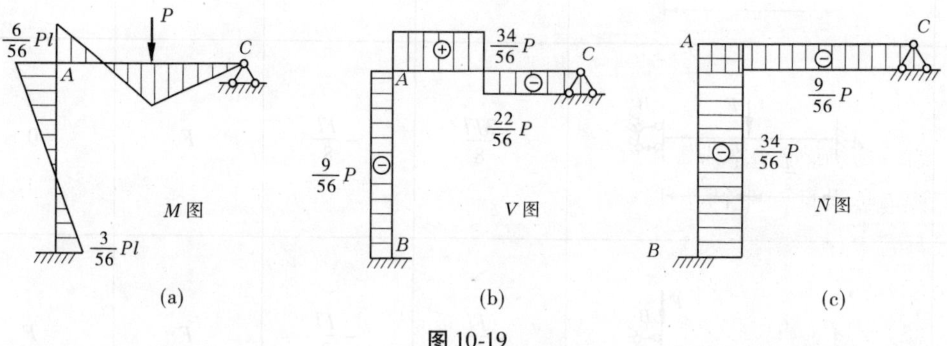

图 10-19

通过以上分析可见，位移法的基本思路是：选取结点位移为基本未知量，在结点位移处假设相应的约束，把每段杆件视为独立的单跨超静定梁，然后根据其位移以及荷载叠加作用写出各杆端弯矩的表达式，再利用静力平衡条件求解出位移未知量，进而求解出各杆端弯矩。

该方法正是采用了位移作为未知量，故取名为位移法。而力法则以多余未知力为基本未知量，故取名为力法。在建立方程的时候，位移法是根据静力平衡条件来建立的，而力法是根据位移几何条件来建立的，这是两个方法的相互对应之处。

三、位移法的应用

利用位移法求解超静定结构的一般步骤如下：

(1)确定基本未知量；

(2)将结构拆成超静定(或个别静定)的单杆；

(3)查表 10-1，列出各杆端转角位移方程；

(4)根据平衡条件建立平衡方程(一般对有转角位移的刚结点取力矩平衡方程，有结点线位移时，则考虑线位移方向的静力平衡方程)；

(5)解出未知量,求出杆端内力;

(6)作出内力图。

【例 10-2】 用位移法画图 10-20(a)所示连续梁的弯矩图。$F=\frac{3}{2}ql$,各杆刚度 EI 为常数。

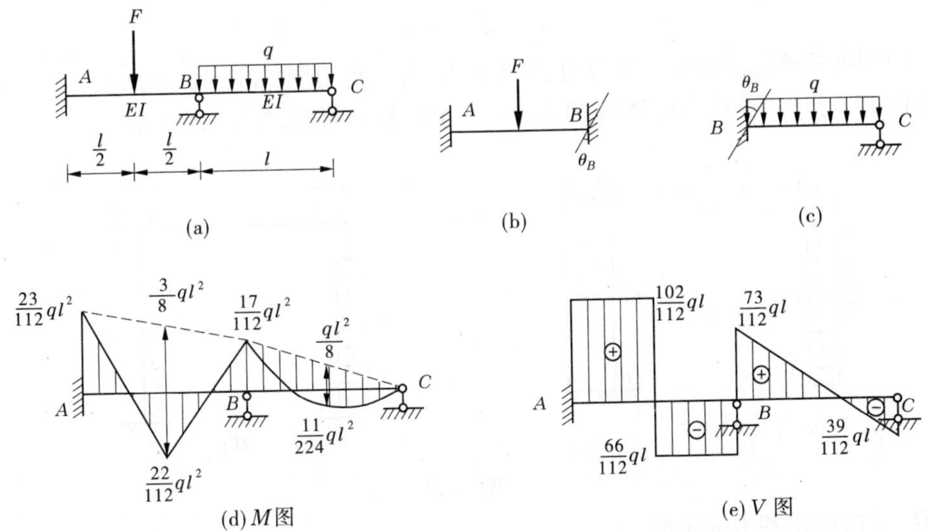

图 10-20

解 (1)确定基本未知量。

此连续梁只有一个刚结点 B,转角位移个数为 1,记作 θ_B,整个梁无线位移,因此基本未知量只有 B 结点角位移 θ_B。

(2)将连续梁拆成两个单杆梁,如图 10-20(b)、(c)所示。

(3)写出转角位移方程(两杆的线刚度相等)

$$M_{AB}=2i\theta_B-\frac{1}{8}Fl=2i\theta_B-\frac{3}{16}ql^2$$

$$M_{BA}=4i\theta_B+\frac{1}{8}Fl=4i\theta_B+\frac{3}{16}ql^2$$

$$M_{BC}=3i\theta_B-\frac{1}{8}ql^2$$

$$M_{CB}=0$$

(4)考虑刚结点 B 的力矩平衡,由 $\sum M_B=0$ 得

$$M_{BA}+M_{BC}=0$$

$$4i\theta_B+3i\theta_B+\frac{1}{16}ql^2=0$$

解得

$$i\theta_B=-\frac{1}{112}ql^2 \qquad (\text{负号说明 } \theta_B \text{ 逆时针转})$$

(5)代回转角位移方程,求出各杆的杆端弯矩

$$M_{AB} = 2i\theta_B - \frac{3}{16}ql^2 = -\frac{23}{112}ql^2$$

$$M_{BA} = 4i\theta_B + \frac{3}{16}ql^2 = \frac{17}{112}ql^2$$

$$M_{BC} = 3i\theta_B - \frac{1}{8}ql^2 = -\frac{17}{112}ql^2$$

$$M_{CB} = 0$$

(6)根据杆端弯矩求出杆端剪力,并作出弯矩图、剪力图,如图10-20(d)、(e)所示。

【例10-3】 用位移法计算图10-21(a)所示超静定刚架,并作出弯矩图。

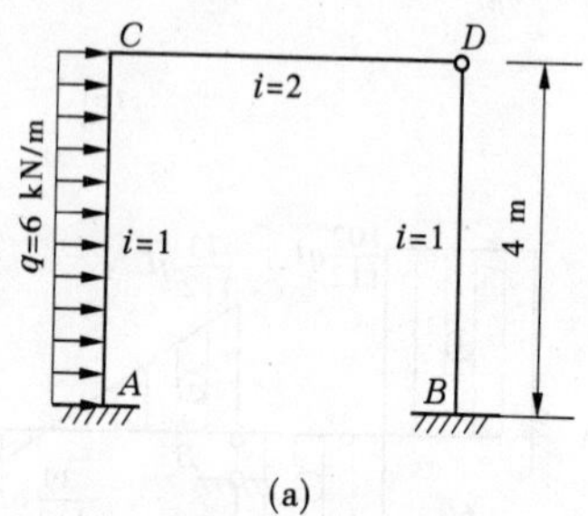

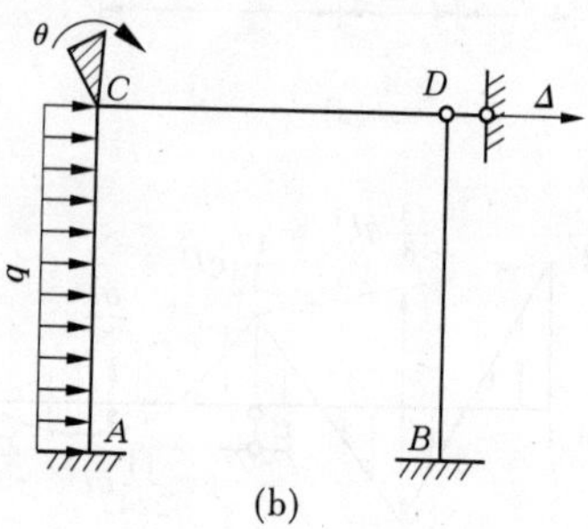

图10-21

解 (1)确定基本未知量。

此刚架有一个刚结点C,其转角位移记作θ,有一个线位移,记作Δ,如图10-21(b)所示。

(2)将刚架拆成单杆,如图10-22所示。

(3)写出转角位移方程

$$M_{AC} = 2i\theta - \frac{6i}{l}\Delta - \frac{1}{12}ql^2 = 2\theta - \frac{3}{2}\Delta - 8$$

$$M_{CA} = 4i\theta - \frac{6i}{l}\Delta + \frac{1}{12}ql^2 = 4\theta - \frac{3}{2}\Delta + 8$$

$$M_{CD} = 3i\theta = 6\theta$$

$$M_{BD} = -\frac{3i}{l}\Delta = -\frac{3}{4}\Delta$$

$$F_{QAC} = -\frac{6i}{l}\theta + \frac{12i}{l^2}\Delta + \frac{ql}{2} = -\frac{3}{2}\theta + \frac{3}{4}\Delta + 12$$

$$F_{QBD} = \frac{3i}{l^2}\Delta = \frac{3}{16}\Delta$$

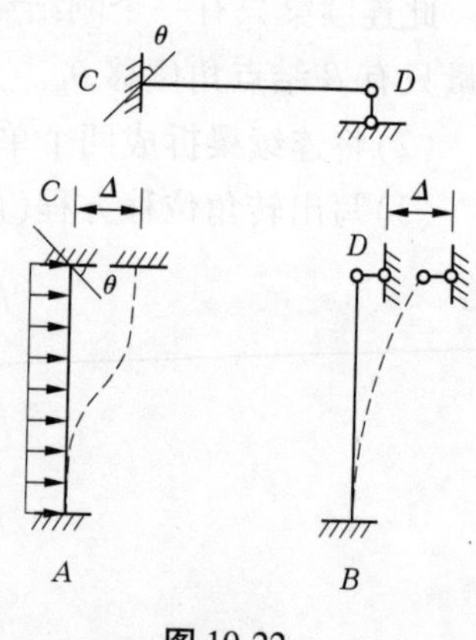

图10-22

(4)考虑刚结点C的力矩平衡:

由

$$M_{CA} + M_{CD} = 0$$

即

$$10\theta - \frac{3}{2}\Delta + 8 = 0$$

取整体结构,考虑水平力的平衡:

由

$$\sum X = 0$$

即

$$ql - F_{QAC} - F_{QBD} = 0$$

将上述两式联立，解得

$$\theta = 1.47 \qquad \Delta = 15.16$$

(5)代回转角位移方程求出各杆端弯矩

$$M_{AC} = 2\theta - \frac{3}{2}\Delta - 8 = 2 \times 1.47 - \frac{3}{2} \times 15.16 - 8$$

$$= 27.80(\text{kN} \cdot \text{m})$$

$$M_{CA} = 4\theta - \frac{3}{2}\Delta + 8 = 4 \times 1.47 - \frac{3}{2} \times 15.16 + 8$$

$$= -8.86(\text{kN} \cdot \text{m})$$

$$M_{CD} = 6\theta = 6 \times 1.47 = 8.82(\text{kN} \cdot \text{m})$$

$$M_{BD} = -\frac{3}{4}\Delta = -\frac{3}{4} \times 15.16 = -11.37(\text{kN} \cdot \text{m})$$

(6)作出弯矩图，如图10-23所示。

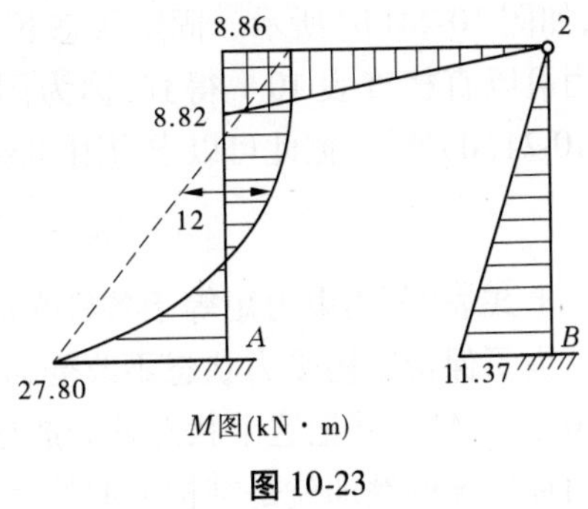

图 10-23

子情境三　力矩分配法

一、力矩分配法的基本原理及基本概念

力矩分配法是在位移法的基础上发展起来的一种渐进方法，它不必计算结点位移，也无须求解联立方程，可以直接通过代数运算得到杆端弯矩。与力法、位移法相比，计算过程较为简单直观，计算过程不容易出错，适用于求解连续梁和无结点线位移刚架。在力矩分配法中，内力正负号的规定与位移法的规定一致。

(一)力矩分配法的基本原理

下面以图10-24(a)所示刚架为例，来说明力矩分配法的基本思路。

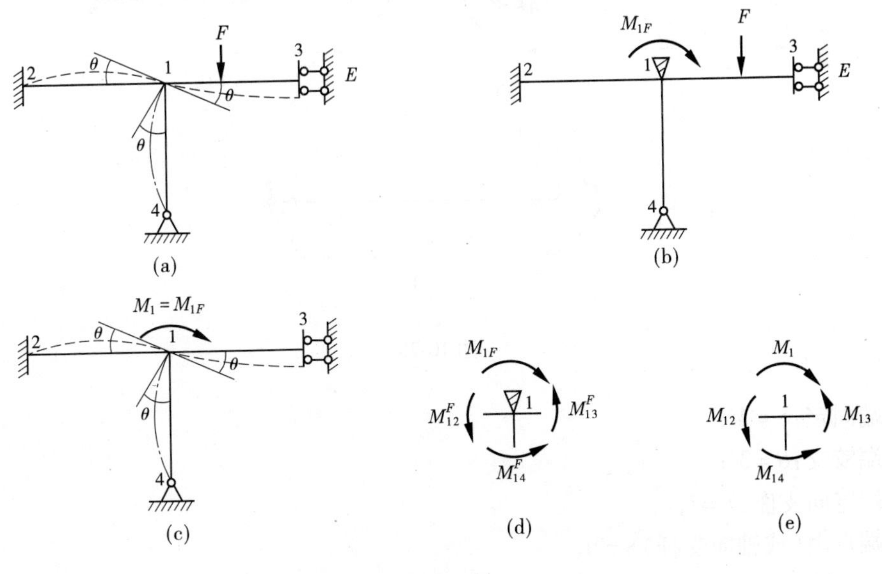

图 10-24

根据位移法的分析，在荷载作用下，刚结点 1 产生一个转角位移 θ。假设我们在 1 点增加一个刚臂约束，这时候结构被附加约束固定，不能发生转动，我们把这一状态称为固定状态，如图 10-24(b)所示。固定状态下，由于各杆段被约束隔离，可以独立地分离出来研究，其内力可以直接查表 10-1 得到，称为固端弯矩，用 M^F 表示。同时，结点 1 满足平衡条件，如图 10-24(d)所示，据此可以求得附加刚臂的约束力矩 M_{1F}

$$M_{1F} = M_{12}^F + M_{13}^F + M_{14}^F = \sum_{(1)} M^F$$

上式表明，约束力矩等于各杆端固端弯矩之和。以顺时针转向为正。

为了保持结构受力状态不改变，我们在结点 1 施加一个和 M_{1F} 转向相反、大小相等的力矩 $M_1 = -M_{1F}$，并把这个状态称为放松状态，如图 10-24(c)所示。这样，固定状态和放松状态两种情况的叠加就是结构的原始状态，分别对固定状态和放松状态进行计算，并将算得的各杆端弯矩值对应叠加，即得到原结构的杆端弯矩，这就是力矩分配法的基本原理。

(二)力矩分配法的基本概念

1. 转动刚度

为了使杆件 AB 某一端(例如 A 端)转动单位角度(不移动)，A 端所需要施加的力矩称为该杆的转动刚度，以 S_{AB} 表示。其中产生转角的一端(A 端)称为近端，另一端(B 端)称为远端。等截面直杆远端为不同约束时的转动刚度可以根据表 10-1 查得，如图 10-25 所示。

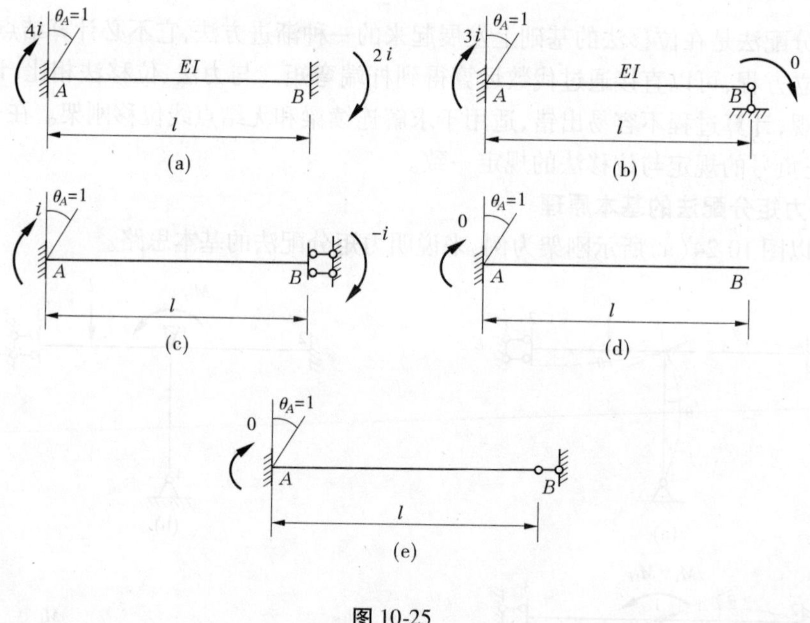

图 10-25

远端固定：$S=4i$；

远端铰支：$S=3i$；

远端定向支座：$S=i$；

远端自由(或轴向支杆)$S=0$。

2. 分配系数

在图 10-24(c)所示刚架的放松状态，刚结点发生转角位移 θ，相当于 1 点各杆都发生转

角位移 θ,各杆端弯矩可以用转动刚度来表示

$$\left.\begin{aligned} M_{12} &= S_{12}\theta = 4i_{12}\theta \\ M_{13} &= S_{13}\theta = i_{13}\theta \\ M_{14} &= S_{14}\theta = i_{14}\theta \end{aligned}\right\} \tag{a}$$

根据放松状态下1结点平衡,如图10-24(e)所示

$$\sum M = 0 \qquad M_{12} + M_{13} + M_{14} - M_1 = 0$$

将式(a)代入

$$S_{12}\theta + S_{13}\theta + S_{14}\theta = M_1$$

$$\theta = \frac{M_1}{S_{12} + S_{13} + S_{14}} = \frac{M_1}{\sum\limits_{(1)} S}$$

式中,$\sum\limits_{(1)} S$ 表示相交刚结点1的所有杆端转动刚度之和,代回式(a)得到

$$M_{12} = S_{12}\theta = \frac{S_{12}}{\sum\limits_{(1)} S} M_1$$

$$M_{13} = S_{13}\theta = \frac{S_{13}}{\sum\limits_{(1)} S} M_1$$

$$M_{14} = S_{14}\theta = \frac{S_{14}}{\sum\limits_{(1)} S} M_1$$

从上式可以看出,在放松状态下,1结点各杆端的转动刚度在所有1结点转动刚度之和中占有一个比例,1结点各杆端正是按这个比例来分配附加力矩 M_1 的,我们把这个比例称为分配系数,分别用 μ_{12}、μ_{13}、μ_{14}表示,上面1结点各杆端所分配到的弯矩改用 M_{12}^{μ}、M_{13}^{μ}、M_{14}^{μ}表示,称为分配弯矩,上式可写为

$$M_{12}^{\mu} = \mu_{12} M_1 = \mu_{12}(-M_{1F})$$

$$M_{13}^{\mu} = \mu_{13} M_1 = \mu_{13}(-M_{1F})$$

$$M_{14}^{\mu} = \mu_{14} M_1 = \mu_{14}(-M_{1F})$$

对于任意刚结点 i,依此类推,可以得到其分配系数和分配弯矩的表达式为

$$\mu_{ij} = \frac{S_{ij}}{\sum\limits_{(1)} S}$$

$$M_{ij}^{\mu} = \mu_{ij}(-M_{iF})$$

利用上式计算分配弯矩的过程,就称为力矩分配。

显然,对于同一个刚结点,各杆分配系数之和为1,即 $\sum\mu_{ij} = 1$。

3. 传递系数

图10-25所示为远端不同约束的直杆。当近端 i 转动产生弯矩时,远端 j 也会产生弯矩,远端弯矩和近端弯矩的比就称为传递系数,用 C_{ij}表示。

传递系数可以理解为近端分配弯矩传递到远端的一个系数,近端弯矩乘以这个系数就是远端弯矩。正因为这种传递特性,远端弯矩也称为传递弯矩,用 M_{ji}^{C}表示

$$C_{ij} = \frac{M_{ji}^C}{M_{ij}^\mu}$$

$$M_{ji}^C = C_{ij} M_{ij}^\mu$$

根据表 10-1，可以得出图 10-25 所示远端不同约束杆件的传递系数为

远端固定：$C = 0.5$；

远端铰支：$C = 0$；

远端定向支座：$C = -1$。

二、用力矩分配法计算连续梁和无侧移刚架

（一）单结点的力矩分配法

单结点力矩分配法的计算步骤如下：

（1）确定刚结点处各杆的分配系数，并用$\sum \mu_{ij} = 1$验算。

（2）以附加刚臂固定刚结点，得到固定状态，查表 10-1 得到各杆端的固端弯矩 M^F。

（3）计算各杆分配弯矩。

（4）计算传递弯矩。

（5）叠加计算出最后的杆端弯矩。对于近端，用固端弯矩叠加分配弯矩；对于远端，用固端弯矩叠加传递弯矩。

【例 10-4】 用力矩分配法计算图 10-26（a）所示无结点线位移刚架的弯矩图，EI 为常数。

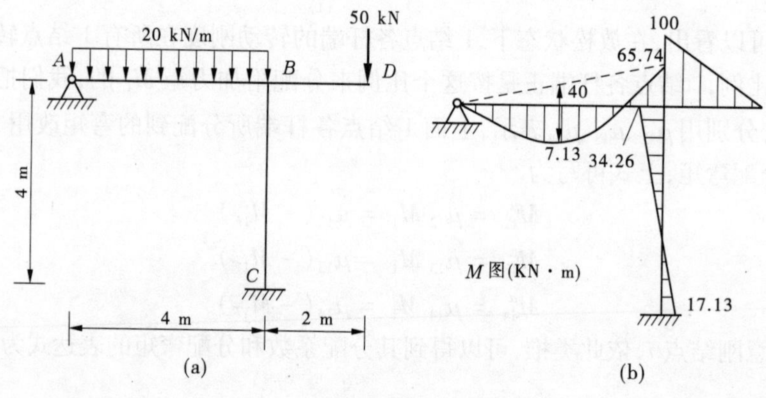

图 10-26

解 （1）确定刚结点处各杆的分配系数，令$\frac{EI}{4} = 1$，则

$$S_{BA} = 3 \times 1 = 3$$

$$S_{BC} = 4 \times 1 = 4$$

$$S_{BD} = 0$$

$$\mu_{BA} = \frac{3}{3+4} = 0.429$$

$$\mu_{BC} = \frac{4}{3+4} = 0.571$$

$$\mu_{BD} = 0$$

(2)计算固端弯矩

$$M_{BA}^{F} = \frac{ql^2}{8} = \frac{20 \times 4^2}{8} = 40(\text{kN} \cdot \text{m})$$

$$M_{BD}^{F} = -50 \times 2 = -100(\text{kN} \cdot \text{m})$$

$$M_{BC}^{F} = 0$$

(3)力矩分配计算如下所示：

	AB		BA	BC	BD		DB
			0.429	0.571	0		
固端弯矩	0		40	0	-100		0
分配传递计算	0	← 0	25.74	34.26	0	0 →	0
最后的弯矩	0		65.74	34.26	-100		0
				CB			
				0			
				17.13			
				17.13			

显然，刚结点 B 满足结点平衡条件：$\sum M_B = 0$。弯矩图如图 10-26(b)所示。

(二)多结点的力矩分配法

对于多结点的情况，需要在多个刚结点处分配传递计算，由于结点之间相互有传递弯矩的影响，一次分配计算就不能保证所有结点的平衡，而需要多次重复计算，将相互间的传递弯矩再进行分配计算。在多次力矩分配计算中，传递弯矩会越来越小，最后趋近于零，此时结点就接近于平衡，如果把此时各杆端每次分配计算得到的分配弯矩、传递弯矩叠加，再加上原先的固端弯矩，就是最后的杆端弯矩。这一分配传递计算过程就是多结点力矩分配法。

下面以一个三跨连续梁为例来说明这个过程。如图 10-27(a)所示，图中虚线为梁的变形线。

(1)首先分析梁的固定状态，如图 10-27(b)所示，在结点 B、C 分别增加刚臂将结点锁住，在刚臂上必有附加约束力矩 M_{BF}、M_{CF}。

(2)先放松结点 B，在 B 点施加 $-M_{BF}$，C 仍然固定。$-M_{BF}$ 分配后传递弯矩到 C，因此 C 结点约束力矩增加了 M_{CF}^{1}，如图 10-27(c)所示。

(3)放松结点 C，在 C 点施加 $-(M_{CF} + M_{CF}^{1})$，B 重新被固定。$-(M_{CF} + M_{CF}^{1})$ 分配后传递弯矩到 B，结点 B 重新增加了附加约束 M_{BF}^{1}，如图 10-27(d)所示。

(4)再次放松结点 B，在 B 点施加 $-M_{BF}^{1}$，C 固定，$-M_{BF}^{1}$ 分配后传递弯矩到 C，C 结点约束力矩重新增加了 M_{CF}^{2}，如图 10-27(e)所示。

(5)再次放松结点 C，在 C 点施加 $-M_{CF}^{2}$，B 固定，$-M_{CF}^{2}$ 分配后传递弯矩到 B，B 结点约束力矩又增加 M_{BF}^{2}，如图 10-27(f)所示。

重复以上步骤，轮流放松 B、C 结点，我们发现结点 B、C 相互间的传递弯矩会越来越小，最后趋近于零。此时停止分配计算，把以上固定状态和所有放松状态叠加起来，就是梁原始

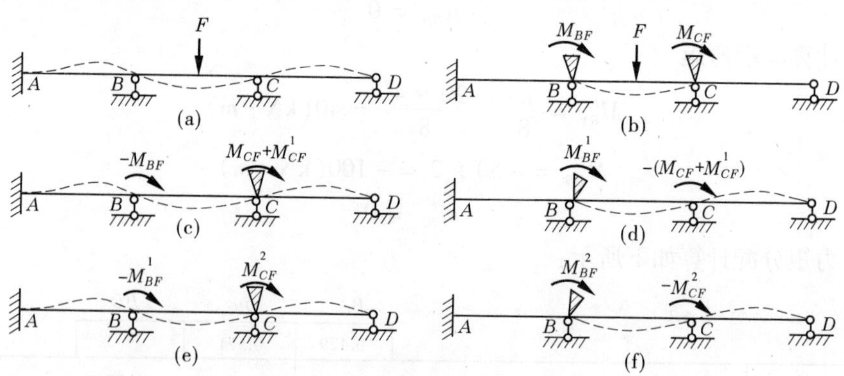

图 10-27

的受力状态，所以把以上固定状态和各放松状态的弯矩叠加，就可以得到原结构的杆端弯矩。

这种不需要解联立方程，直接从开始的近似状态逐步计算修正，最后收敛于真实解的方法就称为渐进法，力矩分配法是一种渐进解法。

【例 10-5】 用力矩分配法计算图 10-28 所示三跨连续梁的弯矩和剪力，并画 M 图和 V 图。EI 为常数。

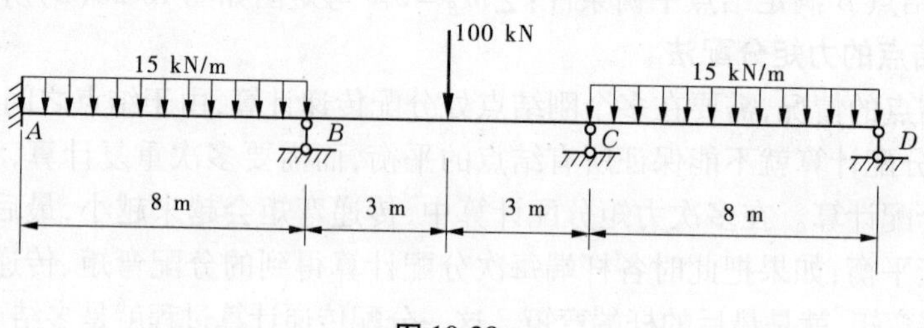

图 10-28

解 (1)确定刚结点处各杆的分配系数。为了计算简便，可令 $EI=1$。

结点 B：

$$S_{BA}=4i_{AB}=4\times\frac{1}{8}=\frac{1}{2}$$

$$S_{BC}=4i_{BC}=4\times\frac{1}{6}=\frac{2}{3}$$

$$\mu_{BA}=\frac{\frac{1}{2}}{\frac{1}{2}+\frac{2}{3}}=0.429$$

$$\mu_{BC}=\frac{\frac{2}{3}}{\frac{1}{2}+\frac{2}{3}}=0.571$$

结点 C：

$$S_{CB}=4i_{BC}=4\times\frac{1}{6}=\frac{2}{3}$$

$$S_{CD}=3i_{CD}=3\times\frac{1}{8}=\frac{3}{8}$$

$$\mu_{CB}=\frac{\frac{2}{3}}{\frac{3}{8}+\frac{2}{3}}=0.64$$

$$\mu_{CD}=\frac{\frac{3}{8}}{\frac{3}{8}+\frac{2}{3}}=0.36$$

(2)计算固端弯矩

$$M_{AB}^{F}=-\frac{ql^2}{12}=\frac{15\times 8^2}{12}=-80(\text{kN}\cdot\text{m})$$

$$M_{BA}^{F}=\frac{ql^2}{12}=\frac{15\times 8^2}{12}=80(\text{kN}\cdot\text{m})$$

$$M_{BC}^{F}=-\frac{Fl}{8}=-\frac{100\times 6}{8}=-75(\text{kN}\cdot\text{m})$$

$$M_{CB}^{F}=\frac{Fl}{8}=\frac{100\times 6}{8}=75(\text{kN}\cdot\text{m})$$

$$M_{CD}^{F}=-\frac{ql^2}{8}=-\frac{15\times 8^2}{8}=-120(\text{kN}\cdot\text{m})$$

(3)分配弯矩、传递弯矩计算及最后弯矩的叠加如下:

	AB		*BA*	*BC*		*CB*	*CD*		*DC*
			0.429	0.571		0.64	0.36		
固端弯矩	-80		80	-75		75	-120		0
				14.4	←	28.8	16.2	→	0
分配传递计算	-4.16	←	-8.32	-11.08	→	-5.54			
				1.78	←	3.55	1.99	→	0
	-0.38	←	-0.76	-1.02	→	-0.51			
				0.17	←	0.33	0.18	→	0
	-0.04	←	-0.07	-0.10	→	-0.05			
				0.02	←	-0.03	0.02	→	0
			-0.01	-0.01					
最后的弯矩	-84.58		70.84	-70.84		101.61	-101.61		0

显然,刚结点 B 满足结点平衡条件:$\sum M_B=0$,刚结点 C 满足结点平衡条件:$\sum M_C=0$。弯矩图、剪力图如图 10-29 所示。

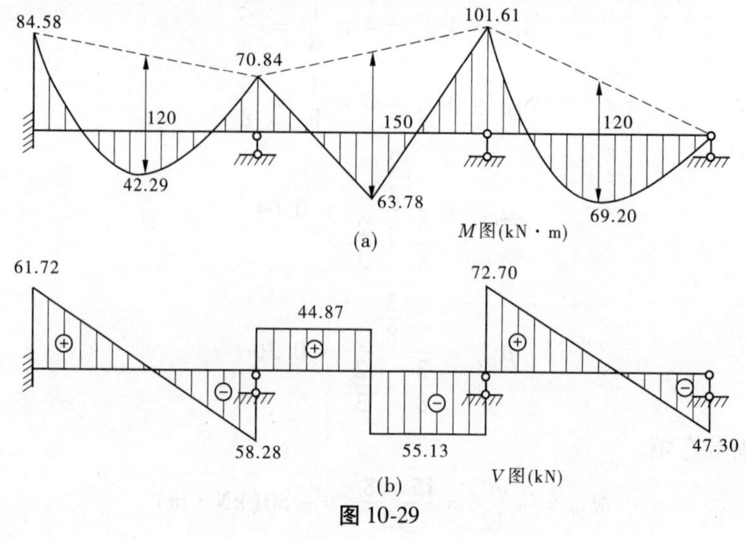

图 10-29

习 题

10-1 试确定图 10-30 所示各结构的超静定次数。

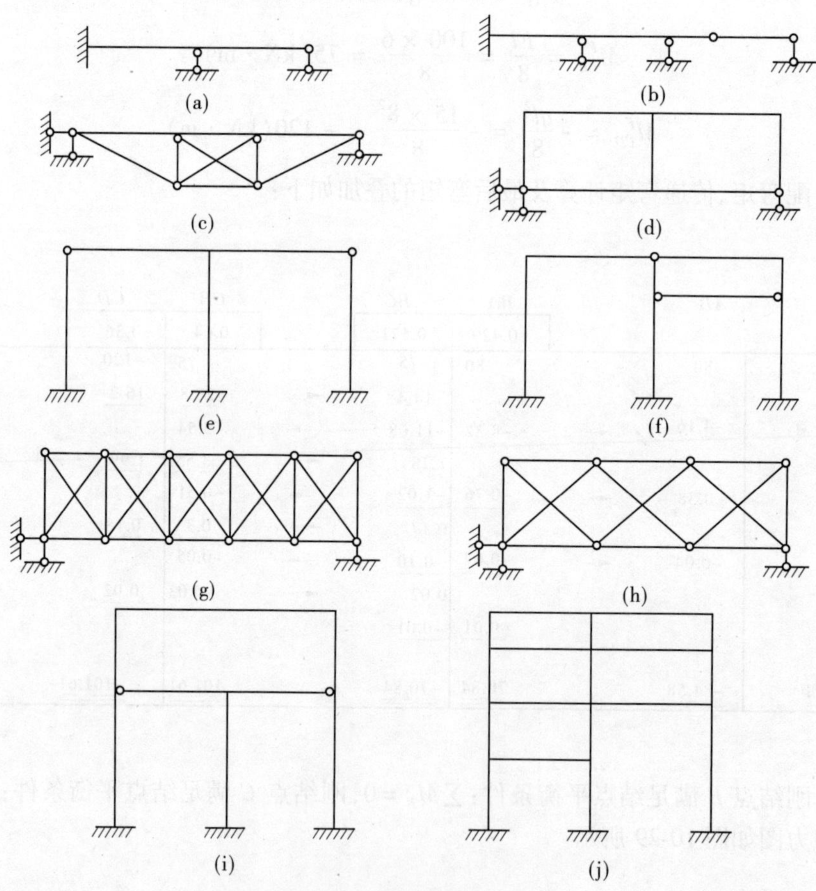

图 10-30

10-2　用力法求解图 10-31 所示各超静定梁,并绘制内力图。

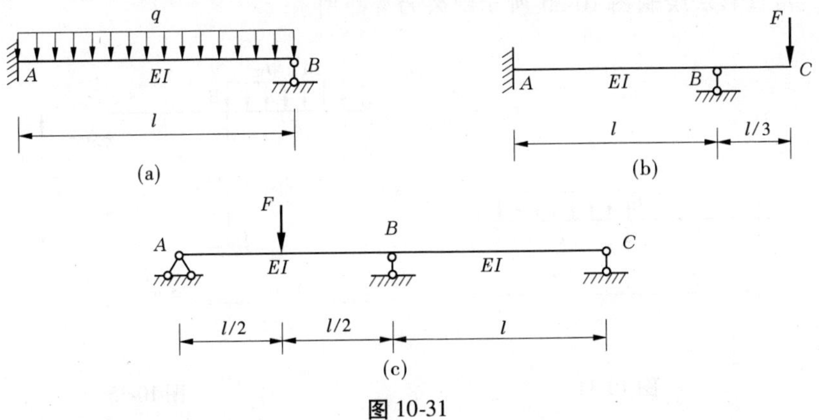

图 10-31

10-3　用力法计算图 10-32 所示的各超静定刚架,并绘制出内力图。

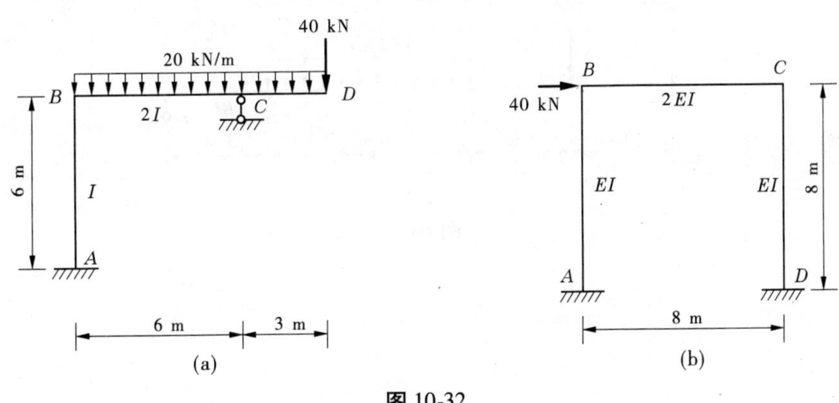

图 10-32

10-4　确定图 10-33 所示各超静定结构的位移法基本未知量。

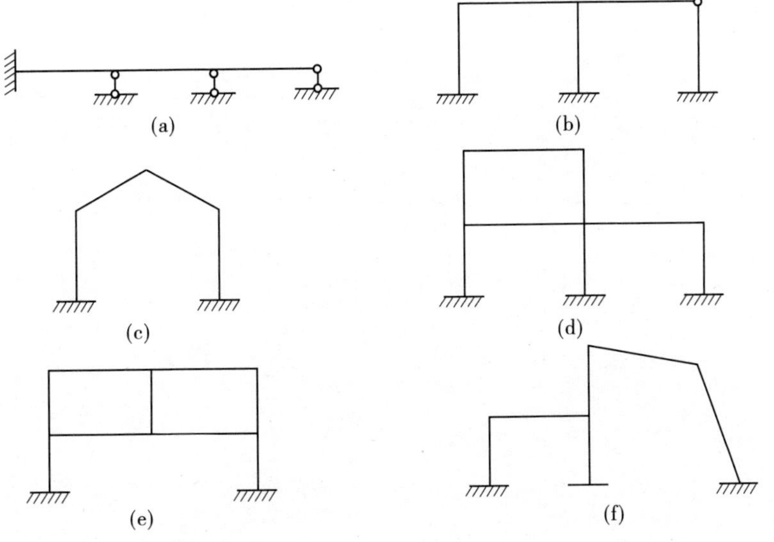

图 10-33

10-5　用位移法求图 10-34 所示梁的弯矩图。EI 为常数。

10-6　用位移法绘制图 10-35 所示刚架的弯矩图。

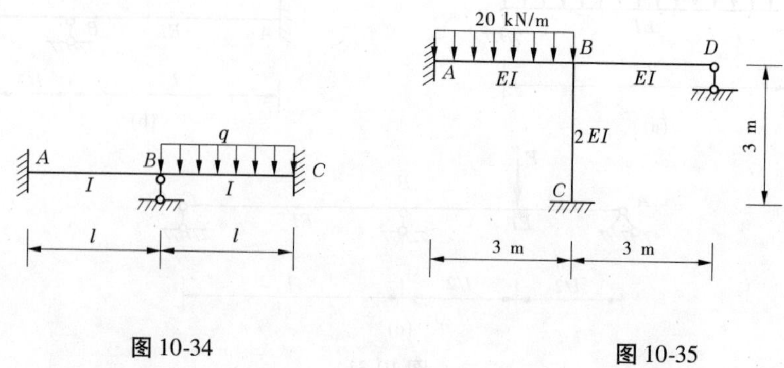

图 10-34　　　　图 10-35

10-7　试用力矩分配法绘制图 10-36 所示连续梁的 M 图。

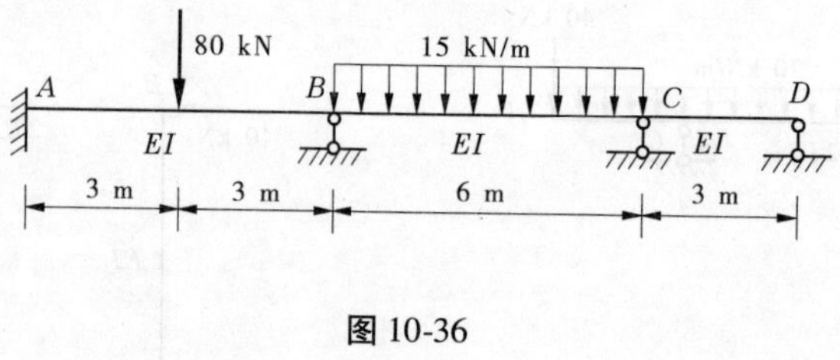

图 10-36

学习情境十一　建筑结构与材料

【知识点】 建筑结构的概念；建筑结构的分类；结构材料的分类及力学性质。

【教学目标】 了解建筑结构的概念和分类；了解常用建筑钢材的分类及使用范围；了解建筑钢结构型材的特征；掌握混凝土强度等级的划分方法；了解混凝土的变形机制。

子情境一　建筑结构的概述

建筑是供人们生产、生活和进行其他活动的房屋或场所，这个场所中的支撑体系就是结构。建筑结构是由若干构件连接而成，能承受平面作用和空间作用的受力体系。这里所说的“作用”，是指能使结构或构件产生效应（内力、变形、裂缝等）的各种原因的总称。作用可分为直接作用和间接作用。直接作用即习惯上所说的荷载，是指施加在结构上的集中力或分布力系，如结构自重、家具及人群荷载、风荷载等。间接作用是指引起结构外加变形或约束变形的原因，如地震、基础沉降、温度变化等。

按建筑结构受力构件的位置分，建筑结构可分解为水平结构体系、竖向结构体系和基础。

按建筑结构的层数分，建筑结构可分为单层结构、多层结构、高层结构和超高层结构。

按建筑结构所用材料类型分，建筑结构可分为混凝土结构、砌体结构、钢结构、木结构。

建筑结构设计的任务是选择适用、经济的结构方案，并通过计算和构造措施，使结构能承受各种作用。我们国家为了使设计人员做建筑结构时有据可依，根据我国科技发展的水平和经济状况，制定出了一系列规范供设计时参考，具体的有《混凝土结构设计规范》（GB 50010—2010）、《钢结构设计规范》（GB 50017—2003）、《建筑结构可靠度设计统一标准》（GB 50068—2001）、《建筑地基基础设计规范》（GB 50007—2011）、《建筑结构荷载规范》（GB 50009—2012）、《砌体结构设计规范》（GB 50003—2011）、《建筑抗震设计规范》（GB 50011—2010）。建筑结构规范与标准是设计时参考的依据，是工程结构实践的经验总结。

子情境二　常用结构类型与特点

一、钢筋混凝土结构

主要由混凝土材料构成的结构体系称为混凝土结构，混凝土结构起源于欧洲。混凝土结构包括素混凝土结构、钢筋混凝土结构和预应力混凝土结构。

素混凝土结构受压性能比砖石高，但抗拉强度不高，一旦受拉，很容易发生突然的脆断，故工程中很少应用。

钢筋混凝土结构，由于在结构的受拉区放置了相应的受拉钢筋，其受力性能大大改善，受拉区出现裂缝后，主要由钢筋承受拉应力，上部混凝土承受压应力，充分发挥钢筋、混凝土两种材料的优点。图 11-1 为素混凝土梁和钢筋混凝土梁的受力特征图，从图中可以看出，钢筋的加入大大提高了混凝土构件的抗弯能力。

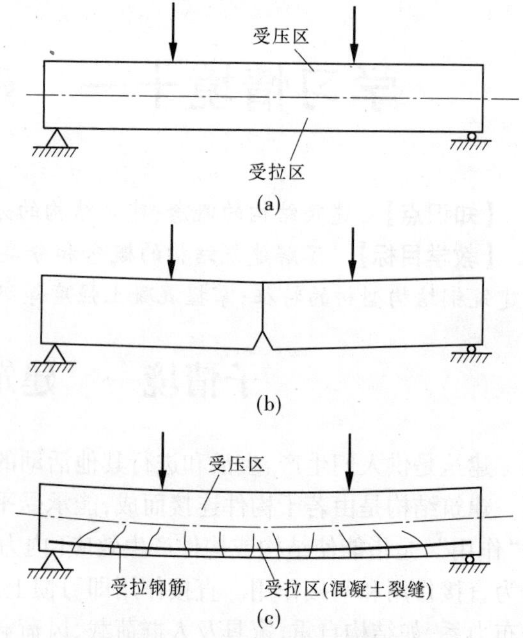

图 11-1　素混凝土梁与钢筋混凝土梁受力特征图

钢筋与混凝土这两种力学性质不同的材料能结合在一起工作的原因是:

(1)混凝土硬化后,其与钢筋的接触面上有良好的黏结力,使两者可靠地结合在一起,从而保证构件受力后钢筋与周围的混凝土共同变形。

(2)钢筋与混凝土的温度线膨胀系数接近,当温度变化时,不致产生较大的温度应力而破坏两者之间的黏结力。

预应力混凝土结构是在混凝土构件的受拉区预先施加一对压力,当荷载作用于结构上时,出现的拉应力全部或部分抵消预压力的一种混凝土结构体系,这种结构体系中构件的抗弯能力和混凝土的抗裂度大大增强。

与其他结构相比,混凝土结构的突出优点如下:①取材方便,施工塑性好;②承载力比砌体结构高;③比钢结构节约钢材;④耐久性和耐火性能好;⑤结构抗震性能比砌体结构好。

混凝土结构的不足之处有:结构自重大,造价高,施工工艺复杂。

二、钢结构

主要由钢材组成的结构体系称为钢结构,钢结构是当今结构体系中的主要结构之一。大型体育场馆、大型会展中心等跨度较大、空间开阔的建筑常常采用钢结构来承重,相对于其他结构体系,钢结构具有以下优点:

(1)承载能力高。由于钢材的抗压强度和抗拉强度都很高,所以钢结构的承载力很高。

(2)抗震性能优良。由于钢材具有较好的塑性和韧性,故能很好地承受动力荷载的作用,钢结构轻质高强,自重小,地震作用较小,结构抗震性能优良。

(3)施工速度快,工期短。钢结构可在现场拼装,也可在工厂内预制,施工速度快。

钢结构的主要不足之处有:耐久性和耐火性差;在湿度大和有腐蚀性介质存在的环境中,钢结构易生锈,故需要经常维修加固。当温度超过 250 ℃时,钢结构材质变化比较大;当温度达到 500 ℃以上时,钢结构几乎完全丧失承载能力。

三、砌体结构

砌体结构是最古老的结构形式之一。在我国,石结构已有 5 000 多年的历史,在 3 000 多年前的西周时期已开始生产和使用烧结砖,在秦汉时期,砖瓦已广泛应用于房屋结构。最伟大的砌体结构是万里长城。目前,砌体结构也仍然在中小型建筑中用到。砌体结构的主要优点如下:

(1)取材方便,造价低廉。砌体结构所需用的原材料如黏土、砂子、天然石材等几乎到处都有,因而比钢筋混凝土结构更为经济,并能节约水泥、钢材和木材。

(2)具有良好的耐火性及耐久性。一般情况下,砌体能耐受 400 ℃的高温。砌体的耐腐蚀性能良好,完全能满足预期的耐久年限要求。

(3)具有良好的保温、隔热、隔音性能,节能效果好。

砌体结构的不足之处是:承载力低,自重大,抗震性能差。

四、木结构

木结构在我国有悠久的历史,施工工艺水平较高,结构的抗拉强度高、抗震性能好,但木结构宜腐蚀、耐火性能差,结构制作复杂、变形大,故已很少采用。

子情境三　主要材料的力学性能

一、钢材

(一)建筑结构钢

1. 钢筋

按生产加工工艺和力学性能不同,混凝土结构用钢筋分为普通钢筋和预应力钢筋。《混凝土结构设计规范》(GB 50010—2010)(简称《混凝土规范》)规定,普通钢筋宜采用 HRB400 级和 HRB335 级钢筋,也可采用 HPB235 级和 RRB400 级钢筋;预应力钢筋应优先采用钢绞线和钢丝,也可采用热处理钢筋。钢绞线是由多根高强钢丝绞织在一起而形成的,有三股和七股两种,多用于后张法大型构件。预应力钢丝主要是消除应力钢丝,其外形有光面、螺旋肋、三面刻痕三种。此外,部分地区尚在使用冷拔低碳钢丝。

钢筋按外形分为光圆钢筋和带肋钢筋(人字纹、螺旋纹、月牙纹)两种(见图 11-2(a))。HPB235 级钢筋为光圆钢筋,HRB335 级钢筋、HRB400 级钢筋和 RRB400 级钢筋的外形均为带肋纹。

预应力钢筋的外形如图 11-2(b)所示。

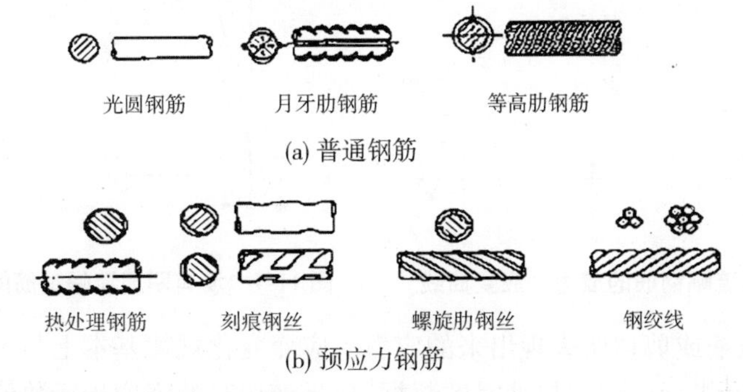

图 11-2　钢筋的外形

2. 钢结构用钢材

建筑工程中所用的建筑钢材基本上都是碳素结构钢和低合金高强度结构钢。

承重结构采用的钢材应具有抗拉强度、伸长率、屈服强度和硫、磷含量的合格保证，对焊接结构尚应具有碳含量的合格保证。

焊接承重结构以及重要的非焊接承重结构采用的钢材还应具有冷弯试验的合格保证。

钢结构采用的型材有热轧成型的钢板、型钢以及冷弯(或冷压)成型的薄壁型材。

(二)建筑钢材的力学性能

1.建筑钢材的力学性能

建筑钢材的力学性能是衡量钢材质量的重要指标，它包括强度、塑性、冷弯性能及冲击韧性。

1)强度

(1)有明显屈服点的钢材。

低碳钢和低合金钢(含碳量和低碳钢相同)一次拉伸时的应力—应变曲线如图 11-3 所示。屈服点是建筑钢材的一个重要力学特性。实际上，由于加载速度及试件状况等试验条件的不同，屈服开始时总是形成曲线的上下波动，波动最高点 b 称为上屈服点，最低点 c 称为下屈服点，下屈服点 c 的应力称为屈服强度，用 f_y 表示。应力达到屈服点后在一个较大的应变范围内(从 $\xi=0.15\%$ 到 $\xi=2.5\%$)应力不会继续增长，表示结构已丧失继续承担更大荷载的能力。

曲线最高点应力为抗拉强度 f_u。到达 f_u 后试件出现局部横向收缩变形，即"颈缩"，随后断裂。

由于到达 f_y 后构件产生较大变形，故把它取为计算构件的强度标准；到达 f_u 时构件开始断裂破坏，故以 f_u 作为材料的强度储备。

(2)无明显屈服点的钢材。

高强钢材(如热处理钢材)没有明显的屈服点和屈服台阶，应力—应变曲线形成一条连续曲线。对于没有明显屈服点的钢材，以残余变形为 $\xi=0.2\%$ 时的应力作为名义屈服点，用 f_{02} 表示，其值约等于极限强度的 85%(见图 11-4)。

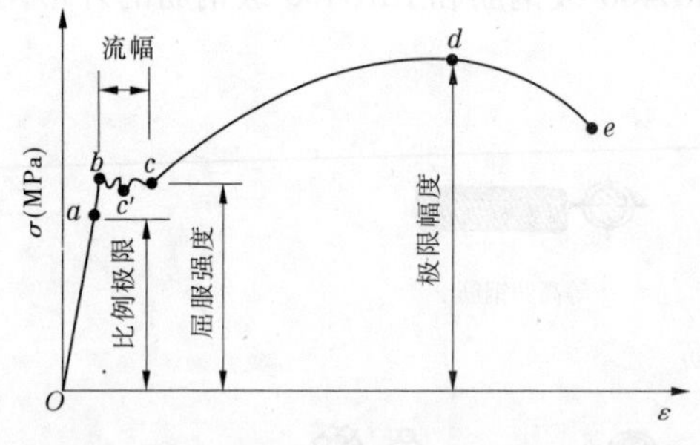

图 11-3　有明显流幅钢筋的应力—应变曲线

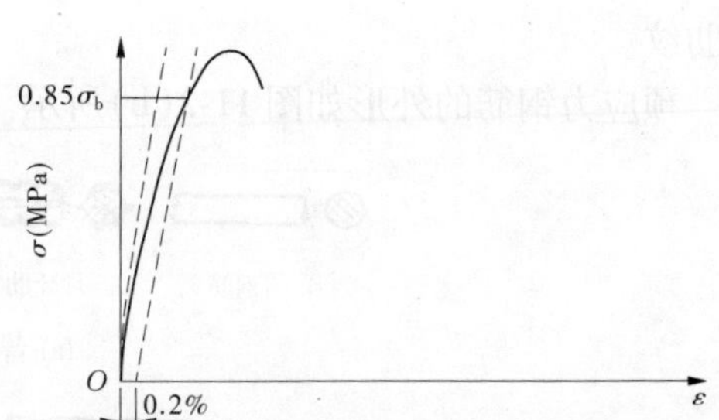

图 11-4　没有明显流幅钢筋的应力—应变曲线

钢材在一次压缩或剪切所表现出来的应力—应变变化规律基本上与一次拉伸试验时相似，压缩时的各强度指标也取用拉伸时的数据，只是剪切时的强度指标数值比拉伸时的小。

2)塑性

断裂前试件的永久变形与原标定长度的百分比称为伸长率，它是衡量钢材塑性的重要指标。它取 $5d$ 或 $10d$(d 为圆形试件直径)为标定长度，其相应的伸长率用 δ_5 或 δ_{10} 表示(见

图 11-5)。伸长率代表材料断裂前具有的塑性变形的能力。结构制造时,这种能力使材料经受剪切、冲压、弯曲及锤击所产生的局部屈服而无明显损坏。

屈服点、抗拉强度和伸长率是钢材的三个重要力学性能指标。

3)冷弯性能

冷弯性能由冷弯试验(见图 11-6)来确定。试验时按照规定的弯心直径在试验机上用冲头加压,使试件弯成 180°,如试件外表面不出现裂纹和分层,即为合格。冷弯试验不仅能直接检验钢材的弯曲变形能力或塑性,还能暴露钢材内部的冶金缺陷,如硫、磷偏析和硫化物与氧化物的掺杂情况,这些都将降低钢材的冷弯性能。因此,冷弯性能合格是鉴定钢材在弯曲状态下的塑性应变能力和钢材质量的综合指标。

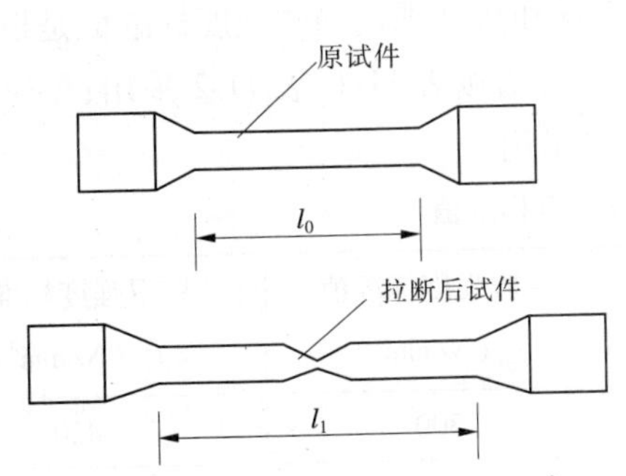

图 11-5 钢材受拉构件伸长率

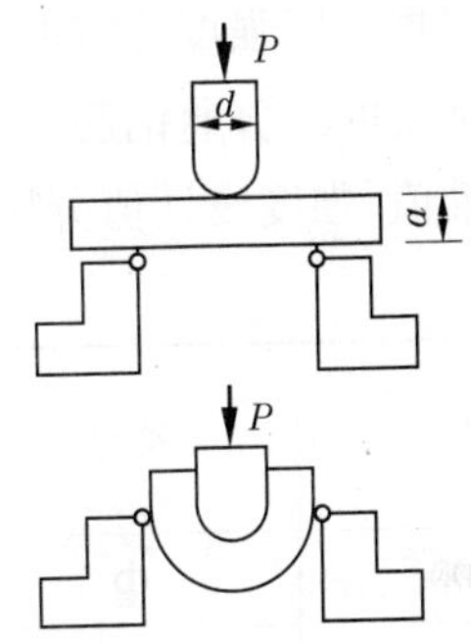

图 11-6 钢材冷弯试验示意图

4)冲击韧性

韧性是钢材抵抗冲击荷载的能力。韧性是钢材强度和塑性的综合指标。

《碳素结构钢》(GB/T 700—2006)规定,材料冲击韧性的测量采用国际上通用的夏比(Charpy)试验法(见图 11-7)。夏比缺口韧性用 *AKV* 或 *CV* 表示,其值为试件折断所需的功,单位为 J(焦耳)。

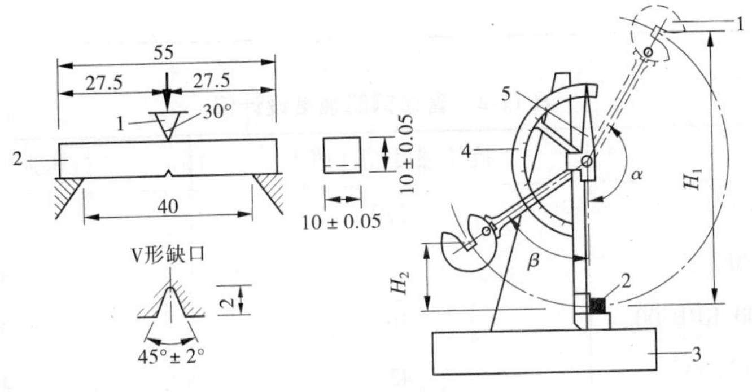

1—摆锤;2—试件;3—试验机台座;4—刻度盘;5—指针

图 11-7 夏比 V 形缺口冲击试验和标准试件 (单位:mm)

冲击韧性随温度的降低而下降。其规律是开始下降缓慢,当达到一定温度范围时,突然下降很多而呈脆性,这种性质称为钢材的冷脆性,这时的温度称为脆性临界温度。钢材的脆性临界温度越低,低温冲击韧性越好。

对于直接承受动荷载而且可能在负温下工作的重要结构，应有冲击韧性保证。

2. 建筑钢材的设计指标

1）钢筋的强度标准值和强度设计值

钢材的强度具有变异性。按同一标准生产的钢材，不同时生产的各批钢材之间的强度不会完全相同；即使是同一炉钢轧制的钢材，其强度也会有差异。因此，在结构设计中采用其强度标准值作为基本代表值。

强度标准值除以材料分项系数即为材料强度设计值。钢筋的材料分项系数 γ_s：热轧钢筋为 1.10，预应力钢筋为 1.20。

《混凝土规范》规定，钢筋的强度标准值应具有不小于 95% 的保证率。热轧钢筋的强度标准值是根据屈服强度确定的，预应力钢绞线、钢丝和热处理钢筋的强度标准值是根据极限抗拉强度确定的。普通钢筋的强度标准值、强度设计值按表 11-1、表 11-2 采用；预应力钢筋的强度标准值、强度设计值分别按表 11-3、表 11-4 采用。

表 11-1　普通钢筋强度标准值

牌号	符号	公称直径 d(mm)	屈服强度标准值 f_{yk}(N/mm^2)	极限强度标准值 f_{stk}(N/mm^2)
HPB300	Φ	6～22	300	420
HPB335 HPBF335	Φ Φ^F	6～50	335	455
HPB400 HPBF400 RRB400	Φ Φ^F Φ^R	6～50	400	540
HPB500 HPBF500	Φ Φ^F	6～50	500	630

表 11-2　普通钢筋强度设计值　（单位：N/mm^2）

牌号	抗拉强度设计值 f_y	抗压强度设计值 f'_y
HPB300	270	270
HRB335、HRBF335	300	300
HRB400、HRBF400、RRB400	360	360
HRB500、HRBF500	435	435

2）钢筋的弹性模量

钢筋的弹性模量列于表 11-5。

3）钢材的强度设计值

钢材的强度设计值等于钢材的屈服点除以钢材的抗力分项系数 γ_R。钢材的抗力分项系数 γ_R，Q235 钢为 1.087，Q345、Q390、Q420 钢为 1.111。

表 11-3　预应力钢筋强度标准值　（单位：N/mm²）

种类		符号	公称直径 d(mm)	屈服强度标准值 f_{pyk}	极限强度标准值 f_{ptk}
中强度预应力钢丝	光面	ϕ^{PM}	5、7、9	620	800
				780	970
	螺旋肋	ϕ^{HM}		980	1 270
预应力螺纹钢筋	螺纹	ϕ^{T}	18、25、32、40、50	785	980
				930	1 080
				1 080	1 230
消除应力钢丝	光面	ϕ^{P}	5	1 380	1 570
				1 640	1 860
			7	1 380	1 570
	螺旋肋	ϕ^{H}	9	1 270	1 470
				1 380	1 570
钢绞线	1×3（三股）	ϕ^{S}	8.6、10.8、12.9	1 410	1 570
				1 670	1 860
				1 760	1 960
	1×7（七股）		9.5、12.7、15.2、17.8	1 540	1 720
				1 670	1 860
				1 760	1 960
			21.6	1 590	1 770
				1 670	1 860

注：强度为 1 960 MPa 级的钢绞线作后张预应力配筋时，应有可靠的工程经验。

表 11-4　预应力钢筋强度设计值

种类	f_{ptk}	抗拉强度设计值 f_{py}	抗压强度设计值 f'_{py}
中强度预应力钢丝	800	500	410
	970	650	
	1 270	810	
消除应力钢丝	1 470	1 040	410
	1 570	1 110	
	1 860	1 320	
钢铰线	1 570	1 110	390
	1 720	1 220	
	1 860	1 320	
	1 960	1 390	

续表 11-4

种类	f_{ptk}	抗拉强度设计值 f_{py}	抗压强度设计值 f'_{py}
预应力螺纹钢筋	980	650	35
	1 080	770	
	1 230	90	

注：当预应力钢筋的强度标准值不符合表 11-3 的规定时，其强度设计值应进行相应的比例换算。

表 11-5　钢筋的弹性模量　（单位：$\times 10^5$ N/mm²）

牌号或种类	弹性模量 E_s
HPB300 钢筋	2.10
HRB335、HRB400、HRB500 钢筋 HRBF335、HRBF400、HRBF500 钢筋 RRB400 钢筋 预应力螺纹钢筋、中强度预应力钢丝	2.00
消除应力钢丝	2.05
钢绞线	19.5

钢材的强度设计值根据钢材的厚度或直径按表 11-6 采用。

表 11-6　钢材的强度设计值　（单位：N/mm²）

钢材		抗拉、抗压和抗弯	抗剪	端面承压（刨平顶紧）
牌号	厚度或直径（mm）	f	f_v	f_{ce}
Q235 钢	≤16	215	125	325
	>16～40	205	120	
	>40～60	200	115	
	>60～100	190	110	
Q345 钢	≤16	310	180	400
	>16～35	295	170	
	>35～50	265	155	
	>50～100	250	145	
Q390 钢	≤16	350	205	415
	>16～35	335	190	
	>35～50	315	180	
	>50～100	295	170	
Q420 钢	≤16	380	220	440
	>16～35	360	210	
	>35～50	340	195	
	>50～100	325	185	

注：表中厚度是指计算点的厚度，对轴心受力构件是指截面中较厚板件的厚度。

二、混凝土

(一)混凝土的强度

混凝土的强度与水泥、骨料、级配、配合比、硬化条件和龄期等有关，主要包括立方体抗压强度、轴心抗压强度、轴心抗拉强度等。

1. 混凝土立方体抗压强度 f_{cu}

《混凝土规范》规定以立方体抗压强度标准值作为衡量混凝土强度等级的指标，用 $f_{cu,k}$ 表示。立方体抗压强度的标准值是指按照标准方法制作养护(在温度为 20 ℃左右，相对湿度在 90% 以上的潮湿空气中养护)的边长为 150 mm 的立方体试块，在 28 d 龄期用标准试验方法测得的具有 95% 保证率的抗压强度。《混凝土规范》将混凝土强度等级分为 14 级，它是按立方体抗压强度标准值的大小划分的，即 C15、C20、C25、C30、C35、C40、C45、C50、C55、C60、C65、C70、C75、C80，各个等级中的数字单位都以 N/mm^2 表示，称为立方体抗压强度标准值。钢筋混凝土结构的混凝土强度等级不应低于 C15，当采用 HRB335 级钢筋时，混凝土强度等级不应低于 C20。采用 HRB400 级和 RRB400 级钢筋以及承受重复荷载的构件，混凝土强度等级不得低于 C20。预应力混凝土结构的混凝土强度等级不宜低于 C30，当采用钢绞线、钢丝、热处理钢筋作预应力钢筋时，混凝土的强度等级不宜低于 C40。

试验表明，混凝土的立方体抗压强度还与试块的尺寸和形状有关。试块尺寸越大，实测破坏强度越低，反之越高，这种现象称为尺寸效应。实际工程中如采用边长为 100 mm 或 200 mm 的非标准试件，应将其立方体抗压强度实测值进行换算。对于边长 100 mm 的立方体试块，立方体抗压强度换算系数为 0.95；对于边长 200 mm 的立方体试块，立方体抗压强度的换算系数为 1.05。

2. 混凝土轴心抗压强度 f_c(棱柱体抗压强度)

混凝土轴心抗压强度又称为棱柱体抗压强度。该强度的大小与试块的高度 h 和截面宽度 b 之比有关。h/b 越大，其承载力比立方体抗压强度降低得越多。当 $h/b>3$ 时，其强度趋于稳定。常用的试件有 150 mm × 150 mm × 450 mm、100 mm × 100 mm × 300 mm 等尺寸。试验所得到的抗压强度极限值，即为混凝土轴心抗压强度，设计时称为抗压强度标准值。

轴心抗压强度平均值 μ_{f_c} 与立方体抗压强度平均值 $\mu_{f_{cu}}$ 之间的关系为 $\mu_{f_c}=0.76\mu_{f_{cu}}$。因考虑到实验室试验条件与工程实际情况的差异及构件尺寸的不同等因素，《混凝土规范》取 $\mu_{f_c}=0.67\mu_{f_{cu}}$。

3. 混凝土轴心抗拉强度 f_t

混凝土的抗拉强度很低，一般只有抗压强度的 1/8 ~ 1/18，不与抗压强度成正比。在钢筋混凝土构件的破坏阶段，处于受拉状态的混凝土一般早已开裂，故在构件承载力计算中，多数情况下不考虑受拉混凝土的工作，但是混凝土的抗拉强度对混凝土构件多方面的工作性能是有重要影响的，是计算构件抗裂强度的重要指标。

由于影响因素较多，所以测定混凝土抗拉强度的试验方法没有统一，现在，常用的有直接轴心受拉试验、劈裂试验及弯折试验三种。

根据我国采用直接拉伸试验方法测得的混凝土轴心抗拉强度的试验结果，混凝土轴心抗拉强度的试验统计平均值 μ_{f_t} 与立方体抗压强度的试验统计平均值 $\mu_{f_{cu}}$ 之间的关系为

$$\mu_{f_t} = 0.26\mu_{f_{cu}}^{2/3} \tag{11-1}$$

现行《混凝土规范》考虑到实际构件与试验的差异,采用

$$\mu_{f_t} = 0.23\mu_{f_{cu}}^{2/3} \tag{11-2}$$

混凝土的强度标准值、设计值和弹性模量见表 11-7。

表 11-7　混凝土的强度标准值、设计值和弹性模量　　（单位:N/mm^2）

强度种类		符号	混凝土强度等级													
			C15	C20	C25	C30	C35	C40	C45	C50	C55	C60	C65	C70	C75	C80
强度标准值	轴心抗压	f_{ck}	10.0	13.4	16.7	20.1	23.4	26.8	29.6	32.4	35.5	38.5	41.5	44.5	47.5	50.2
	轴心抗拉	f_{tk}	1.27	1.54	1.78	2.01	2.20	2.39	2.51	2.64	2.74	2.85	2.93	2.99	3.05	3.11
强度设计值	轴心抗压	f_c	7.2	9.6	11.9	14.3	16.7	19.1	21.1	23.1	25.3	27.5	29.7	31.8	33.8	35.9
	轴心抗拉	f_t	0.91	1.10	1.27	1.43	1.57	1.71	1.80	1.89	1.96	2.04	2.09	2.14	2.18	2.22
弹性模量		E_c $(\times 10^4)$	2.20	2.55	2.80	3.00	3.15	3.25	3.35	3.45	3.55	3.60	3.65	3.70	3.75	3.80

注:(1)计算现浇钢筋混凝土轴心受压及偏心受压时,如果截面的长边或直径小于 300 mm,则表中混凝土的强度设计值应乘以 0.8;当构件质量(如混凝土成型、截面和轴线尺寸等)确有保证时,可不受此限制。

(2)离心混凝土的强度设计值应按专门规定取用。

(二)混凝土的变形

混凝土的变形有两类:一类是荷载作用下的受力变形,包括一次短期加荷时的变形、多次重复加荷时的变形和长期荷载作用下的变形;另一类是体积变形,包括体积收缩、膨胀和温度变形。

1. 混凝土在一次短期加荷时的变形

(1)混凝土在一次短期加荷时的应力—应变关系可通过对混凝土棱柱体的受压或受拉试验测定。混凝土受压时典型的应力—应变曲线如图 11-8 所示。

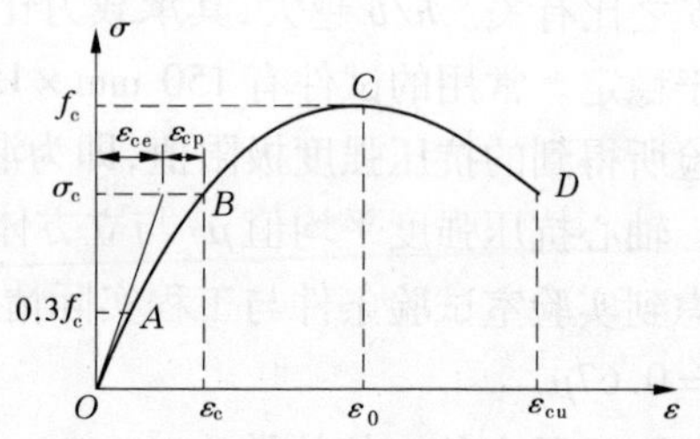

图 11-8　混凝土受压应力—应变曲线

图 11-8 所示的应力—应变曲线包括上升段和下降段两部分,对应于顶点 C 的应力为轴心抗压强度 f_c。在上升段中,当应力小于 $0.3f_c$ 时,应力—应变曲线可视为直线,混凝土处于弹性阶段。随着应力的增加,应力—应变曲线逐渐偏离直线,表现出越来越明显的塑性性质,此时,混凝土的应变 ε_c 由弹性应变 ε_{ce} 和塑性应变 ε_{cp} 两部分组成,且后者占的比例越来越大。在下降段,随着应变的增大,应力反而减小,当应变达到极限值 ε_{cu} 时,混凝土破坏。值得注意的是,由于曲线存在着下降段,因而最大应力 f_c 所对应的应变并不是极限应变 ε_{cu},而是应变 ε_0。

(2)混凝土的横向变形系数。

混凝土纵向压缩时,横向会伸长,横向伸长值与纵向压缩值之比称为横向变形系数,用符号 ν_c 表示。混凝土工作在弹性阶段时,该值又称为泊松比,其大小基本不变,按《混凝土

规范》规定,可取 $\nu_c=0.2$。

(3)混凝土的弹性模量、变形模量和剪变模量。

混凝土的应力与其弹性应变之比值称为混凝土的弹性模量,用符号 E_c 表示。根据大量试验结果,《混凝土规范》采用以下公式计算混凝土的弹性模量

$$E_c = \frac{10^5}{2.2 + 34.7/f_{cu,k}} \tag{11-3}$$

混凝土的弹性模量也可从表 11-5 直接查得。

混凝土的应力与其弹塑性总应变之比称为混凝土的变形模量,用符号 E'_c 表示,该值小于混凝土的弹性模量。

混凝土的剪变模量是指剪应力 τ 和剪应变 γ 的比值,即

$$G_c = \frac{\tau}{\gamma} \tag{11-4}$$

2. 混凝土在多次重复加荷时的变形

工程中的某些构件,例如工业厂房中的吊车梁,在其使用期限内荷载作用的重复次数可达 200 万次以上,在这种多次重复加荷情况下,混凝土的变形情况与一次短期加荷时明显不同。试验表明,多次重复加荷情况下,混凝土将产生“疲劳”现象,这时的变形模量明显降低,其值约为弹性模量的 0.4 倍。混凝土疲劳时除变形模量减小外,其强度也有所减小,强度降低系数与重复作用应力的变化幅度有关,最小值为 0.74。

3. 混凝土在长期荷载作用下的变形

混凝土在长期荷载作用下,应力不变,应变随时间的增长而继续增长的现象称为混凝土的徐变现象。如图 11-9 为混凝土的徐变试验曲线,加载时产生的瞬时应变为 ε_{ci},加载后应力不变,应变随时间的增长而继续增长,增长速度先快后慢,最终徐变量 ε_{cc} 可达瞬时应变 ε_{ci} 的 1~4 倍。通常,最初 6 个月内可完成徐变的 70%~80%,1 年以后趋于稳定,3 年以后基本终止。如果将荷载在作用一定时间后卸去,会产生瞬时恢复应变 ε'_{ci},另外还有一部分应变在以后一段时间内逐渐恢复,称为弹性后效 ε''_{ci},最后还剩下相当部分不能恢复的塑性应变。

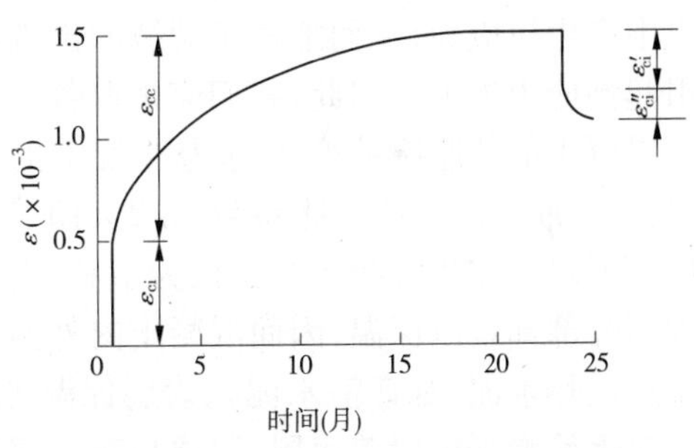

图 11-9 混凝土徐变试验曲线

混凝土徐变的原因有两个:一是在荷载长期作用下,混凝土中尚未转化为晶体的水泥混凝土胶体发生了黏性流动;二是在混凝土硬化过程中,会因水泥凝胶体收缩等因素而在水泥凝胶体与骨料接触面形成一些微裂缝,这些微裂缝在长期荷载作用下会持续发展。当作用应力较小时,第一种因素占主导地位;反之,第二种因素占主导地位。

影响混凝土徐变的主要因素及其影响情况如下:

(1)水灰比和水泥用量:水灰比小、水泥用量少,则徐变小。

(2)骨料的级配与刚度:骨料的级配好、刚度大,则徐变小。

(3)混凝土的密实性:混凝土密实性好,则徐变小。

(4)构件养护温、湿度:构件养护时的温度高、湿度高,则徐变小。

(5)构件使用时的温、湿度:构件使用时的温度低、湿度大,则徐变小。

(6)构件单位体积的表面积大小:表面积小,则徐变小。

(7)构件加荷时的龄期:龄期短,则徐变大。

(8)持续应力的大小:应力大,则徐变大。

当混凝土中的应力 $\sigma \leqslant 0.5f_c$ 时,徐变大致与应力成正比,称为线性徐变。当 $\sigma < 0.5f_c$ 时,徐变的增长速度大于应力增长速度,称为非线性徐变。混凝土徐变对构件的受力和变形情况有重要影响,如导致构件的变形增大,在预应力混凝土构件中引起预应力损失等。因此,在设计、施工和使用时,应采取有效措施,以减小混凝土的徐变。

4. 混凝土的体积收缩、膨胀和温度变形

混凝土在空气中结硬时会产生体积收缩,而在水中结硬时会产生体积膨胀。两者相比,前者数值较大,且对结构有明显的不利影响,故必须予以注意;而后者数值很小,且对结构有利,一般可不予考虑。

混凝土的收缩包括凝缩和干缩两部分。凝缩是水泥水化反应引起的体积缩小,它是不可恢复的;干缩则是混凝土中的水分蒸发引起的体积缩小,当干缩后的混凝土再次吸水时,部分干缩变形可以恢复。混凝土的收缩变形先快后慢,一个月约可完成1/2,两年后趋于稳定,最终收缩应变为$(2 \sim 5) \times 10^{-4}$。

影响混凝土收缩变形的主要因素有7个。其中,前6个与影响徐变的前6个因素相同,第7个因素是水泥品种与强度级别:矿渣水泥的干缩率大于普通水泥,高强度水泥的颗粒较细,干缩率较大。

在钢筋混凝土结构中,当混凝土的收缩受到结构内部钢筋或外部支座的约束时,会在混凝土中产生拉应力,从而加速了裂缝的出现和开展。在预应力混凝土结构中,混凝土的收缩会引起预应力损失。因此,我们应采取各种措施,减小混凝土的收缩变形。

混凝土的热胀冷缩变形称为混凝土的温度变形,混凝土的温度线膨胀系数约为 1×10^{-5},与钢筋的温度线膨胀系数(1.2×10^{-5})接近,故当温度变化时两者仍能共同变形。但温度变形对大体积混凝土结构极为不利,由于大体积混凝土在硬化初期,内部的水化热不易散发而外部却难以保温,因而混凝土内外温差很大而造成表面开裂。因此,对大体积混凝土应采用低热水泥(如矿渣水泥)、表层保温等,必要时还需采取内部降温措施。

对钢筋混凝土屋盖房屋,屋顶与其下部结构的温度变形相差较大,有可能导致墙体和柱开裂。为防止产生温度裂缝,房屋每隔一定长度宜设置伸缩缝,或在结构内(特别是屋面结构内)配置温度钢筋,以抵抗温度变形。

三、钢筋与混凝土的黏结作用

(1)在钢筋混凝土结构中,钢筋与混凝土之间共同工作的前提是两者有足够的黏结作用,该黏结作用可承受黏结表面的剪应力,抵抗钢筋与混凝土之间的相对滑移。

黏结作用的大小称为黏结强度,通过钢筋拔出试验或混凝土劈裂试验测得,是指钢筋与混凝土黏结失效时的最大平均黏结应力。

钢筋混凝土构件中的黏结应力,按其性质可分为两类:一是锚固黏结应力,如钢筋伸入支座或支座负弯矩钢筋在跨中截断时,必须有足够的锚固长度或延伸长度,将钢筋锚固在混凝土中,而不致使钢筋在未充分发挥作用前就拔出;二是裂缝附近的局部黏结应力,如受弯构件跨间某截面开裂后，开裂截面的钢筋应力通过裂缝两侧的黏结应力部分地向混凝土传递，这类黏结应力的大小反映混凝土参与受力的程度。

(2)黏结破坏机制分析。

对于光面钢筋来说，当外力较小时，钢筋与混凝土表面的黏结力主要是以化学胶结力为主，钢筋与混凝土表面无相对滑移。随着外力的增加，胶结力被破坏，钢筋与混凝土之间有明显的相对滑移，这时胶结力主要是钢筋与混凝土之间的摩擦力。如果荷载继续加大，嵌固钢筋的混凝土将被剪碎，最后钢筋被拔出而破坏。试验表明，影响光面钢筋胶结力的主要因素是混凝土的强度和钢筋表面的状态。

对于变形钢筋来说，胶结力主要是摩擦力和机械咬合力。钢筋表面凸出的肋与混凝土之间形成楔的作用。其径向分力使混凝土环向受拉，而水平分力和摩擦力一起构成了胶结力。随着拉拔外力的增大，机械咬合作用的径向分力增加，则混凝土的环向拉力增加，而产生径向裂缝或斜向锥形裂缝；继续加载，开始出现纵向劈裂裂缝，相对滑移并有明显增加，最后钢筋被拔出而破坏。

试验表明，影响胶结力的主要因素有：①混凝土强度越高，胶结力越大；②混凝土保护层厚度越小，胶结力越小；③钢筋越光滑，胶结力越小；④混凝土的配箍、浇筑及锚固情况。

习　题

11-1　什么是建筑结构？建筑结构按材料如何分类？

11-2　混凝土结构的优、缺点是什么？

11-3　钢筋按加工方法的不同如何分类？

11-4　钢结构用钢材有哪些类型？

11-5　钢材的力学性能指标有哪些？

11-6　混凝土的强度指标有哪几种？

11-7　混凝土的变形分为哪两类？各包括哪些？

11-8　什么是混凝土的徐变？徐变对构件有什么影响？

11-9　混凝土的收缩变形对结构有什么不利影响？

11-10　钢筋与混凝土黏结滑移的影响因素有哪些？

学习情境十二　建筑结构设计的基本原理

【知识点】 荷载的分类；荷载代表值；分项系数；结构设计的两个极限状态。

【教学目标】 掌握荷载的分类情况；掌握两种极限状态的概念；了解荷载分项系数的概念；掌握安全等级的定义。

子情境一　结构设计中的荷载

一、荷载分类

（一）永久荷载

在设计基准期内，其值不随时间变化，或者其变化与平均值相比可忽略不计的荷载称为永久荷载。永久荷载也称为恒荷载。

（二）可变荷载

在设计基准期内，其值随时间变化，且其变化值与平均值相比不可忽略的荷载称为可变荷载。可变荷载也称为活荷载。

（三）偶然荷载

偶然荷载是指在设计基准期内不一定出现，而一旦出现，其量值很大且持续时间很短的荷载，如爆炸力、撞击力等。

注解：设计基准期是为确定可变作用及与时间有关的材料性能等取值而选用的时间参数，它不等同于建筑结构的设计使用年限。《建筑结构可靠度设计统一标准》（GB 50068—2001）（简称《统一标准》）所考虑的荷载统计参数，都是按设计基准期为50年确定的，如设计时需采用其他设计基准期，则必须另行确定在设计基准期内最大荷载的概率分布及相应的统计参数。

二、荷载代表值

在进行结构设计时，对荷载应赋予一个规定的量值，该量值即所谓的荷载代表值。永久荷载采用标准值为代表值，可变荷载采用标准值、组合值、频遇值或准永久值为代表值。

荷载的标准值：出现概率具有95%的保证率对应的荷载取值，即大于该取值的概率不大于5%。

荷载的组合值：两种或两种以上可变荷载同时作用于结构上时，所有可变荷载同时达到其单独出现时可能达到的最大值的概率极小，因此除主导荷载（产生最大效应的荷载）仍可以其标准值为代表值外，其他伴随荷载均应以小于标准值的荷载值为代表值，此即可变荷载组合值。可变荷载组合值可表示为$\psi_c Q_k$，其中Q_k为可变荷载标准值，ψ_c为可变荷载组合值系数，其值按表12-1、表12-2查取。

表 12-1　民用建筑楼面均布活载标准值及其组合值、频遇值和准永久值系数

项次	类别	标准值 (kN/m^2)	组合值系数 ψ_c	频遇值系数 ψ_f	准永久值系数 ψ_q
1	(1)住宅、宿舍、旅馆、办公楼、医院病房、托儿所、幼儿园 (2)实验室、阅览室、会议室、医院门诊室	2.0	0.7	0.5 0.6	0.4 0.5
2	教室、食堂、餐厅、一般资料档案室	2.5	0.7	0.6	0.5
3	(1)礼堂、剧场、影院、有固定座位的看台 (2)公共洗衣房	3.0 3.0	0.7 0.7	0.5 0.6	0.3 0.5
4	(1)商店、展览厅、车站、港口、机场大厅及其旅客等候室 (2)无固定座位的看台	3.5 3.5	0.7 0.7	0.6 0.5	0.5 0.3
5	(1)健身房、演出舞台 (2)运动场、舞厅	4.0 4.0	0.7 0.7	0.6 0.6	0.5 0.4
6	(1)书库、档案库、贮藏室、百货食品超市 (2)密集柜书库	5.0 12.0	0.9	0.9	0.8
7	通风机房、电梯机房	7.0	0.9	0.9	0.8
8	汽车通道及停车库： (1)单向板楼盖(板跨不小于 2 m)和双向板楼盖(板跨不小于 3 m×3 m) 客车 消防车 (2)双向板楼盖(板跨不小于 6 m×6 m)和无梁楼盖(柱网不小于 6 m×6 m) 客车 消防车	 4.0 35.0 2.5 20.0	 0.7 0.7 0.7 0.7	 0.7 0.7 0.7 0.5	 0.6 0.2 0.6 0.2
9	厨房： (1)一般的 (2)餐厅的	 2.0 4.0	 0.7 0.7	 0.6 0.7	 0.5 0.7
10	浴室、厕所、盥洗室	2.5	0.7	0.6	0.5
11	走廊、门厅： (1)宿舍、旅馆、医院病房、托儿所、幼儿园、住宅 (2)办公楼、教学楼、餐厅、医院门诊部 (3)当人流可能密集时	 2.0 2.5 3.5	 0.7 0.7 0.7	 0.5 0.6 0.5	 0.4 0.5 0.3
12	楼梯： (1)多层住宅 (2)其他	 2.0 3.5	 0.7 0.7	0.5 0.5	0.4 0.3

续表 12-1

项次	类别	标准值(kN/m^2)	组合值系数 ψ_c	频遇值系数 ψ_f	准永久值系数 ψ_q
13	阳台： (1)一般情况 (2)当人群有可能密集时	 2.5 3.5	 0.7 0.7	 0.6 0.6	 0.5 0.5

注：(1)本表所给各项荷载适用于一般使用条件，当使用荷载较大或情况特殊时，应按实际情况采用。

(2)第6项中书库活荷载当书架高度大于2 m时，尚应按每米书架高度不小于2.5 kN/m^2 确定。

(3)第8项中客车活荷载只适用于停放载人少于9人的客车。消防车活荷载是适用于满载总重为300 kN的大型车辆；当不符合本表的要求时，应将车轮的局部荷载按结构效应的等效原则换算为等效均布荷载。

(4)第8项对汽车通道活荷载，当双向板楼盖板介于3 m×3 m～6 m×6 m时，可按线性插值确定。当考虑地下室顶板覆土影响时，由于轮压在土中的扩散作用，随着覆土厚度的增加，消防车活荷载逐渐减小，扩散角一般可按35°考虑。

(5)第11项楼梯活荷载，对预制楼梯踏步平板，尚应按1.5 kN集中荷载验算。

(6)本表各项荷载不包括隔墙自重和二次装修荷载，对固定隔墙的自重应按恒荷载考虑，当隔墙位置可灵活自由布置时，非固定隔墙的自重可取每延米长墙重(kN/m)的1/3作为楼面活荷载的附加值(kN/m^2)计入，附加值不宜小于1.0 kN/m^2。

表 12-2　屋面均布活载标准值及其组合值、频遇值和准永久值系数

项次	类别	标准值(kN/m^2)	组合值系数 ψ_c	频遇值系数 ψ_f	准永久值系数 ψ_q
1	不上人的屋面	0.5	0.7	0.5	0
2	上人的屋面	2.0	0.7	0.5	0.4
3	屋顶花园	3.0	0.7	0.6	0.5
4	屋顶运动场	4.0	0.7	0.6	0.4

注：(1)不上人的屋面，当施工或维修荷载较大时，应按实际情况采用；对不同结构可按有关设计规范的规定，将标准值作0.2 kN/m^2 的增减。

(2)上人的屋面，当兼作其他用途时，应按相应楼面活荷载采用。

(3)对于因屋面排水不畅、堵塞等引起的积水荷载，应采取构造措施加以防止；必要时，应按积水的可能深度确定屋面活荷载。

(4)屋顶花园活荷载不包括花圃土石等材料自重。

可变荷载频遇值是指在设计基准期内被超越的总时间仅为设计基准期一小部分的荷载值。可变荷载频遇值可表示为 $\psi_f Q_k$。其中 ψ_f 为可变荷载频遇值系数，其值按表12-1、表12-2查取。

可变荷载准永久值是指在设计基准期内经常达到或超过的荷载值，它对结构的影响类似于永久荷载。可变荷载准永久值可表示为 $\psi_q Q_k$，其中 ψ_q 为可变荷载准永久值系数。ψ_q 的值见表12-1、表12-2。

子情境二　结构极限状态设计方法

结构设计的目的，是要使所设计的结构在规定的设计使用年限内能完成预期的全部功能要求。

所谓设计使用年限，是指设计规定的结构或结构构件不需进行大修即可按其预定目的使用的时期。换言之，设计使用年限就是房屋建筑在正常设计、正常施工、正常使用和维护下所应达到的持久年限。结构的设计使用年限应按表 12-3 采用。

表 12-3　结构的设计使用年限分类

类别	设计使用年限(年)	示例
1	5	临时性结构
2	25	易于替换的结构构件
3	50	普通房屋和构筑物
4	100	纪念性建筑和特别重要的建筑结构

建筑结构的功能是指建筑结构在规定的设计使用年限内应满足安全性、适用性和耐久性三项功能要求。

安全性指结构在正常施工和正常使用的条件下，能承受可能出现的各种作用；在设计规定的偶然事件(如强烈地震、爆炸、车辆撞击等)发生时和发生后，仍能保持必需的整体稳定性，即结构仅产生局部的损坏而不致发生连续倒塌。

适用性指结构在正常使用时具有良好的工作性能。例如，不会出现影响正常使用的过大变形或振动，不会产生使使用者感到不安的裂缝宽度等。

耐久性指在正常维护条件下结构能够正常使用到规定的设计使用年限。例如，结构材料不致出现影响功能的损坏，钢筋混凝土构件的钢筋不致因保护层过薄或裂缝过宽而锈蚀等。

结构的安全性、适用性和耐久性概括起来称为结构的可靠性，它是结构在规定时间内和规定条件下完成预定功能的能力。但在各种随机因素的影响下，结构完成预定功能的能力不能事先确定，只能用概率来描述。为此，我们引入结构可靠度的概念，即结构在规定时间内和规定条件下完成预定功能的概率。结构的可靠度是结构可靠性的概率度量，即对结构可靠性的定量描述。结构可靠度与结构使用年限长短有关。

《统一标准》以结构的设计使用年限为计算结构可靠度的时间基准。

当结构的使用年限超过设计使用年限后，并不意味着结构就要报废，但其可靠度将逐渐降低。还应强调说明的是，结构的设计使用年限不等同于设计基准期。

结构能满足功能要求，称结构“可靠”或“有效”，否则称结构“不可靠”或“失效”。

区分结构工作状态可靠与失效的界限是极限状态。所谓结构的极限状态，是指结构或其构件满足结构安全性、适用性、耐久性三项功能中某一功能要求的临界状态。超过这一界限，结构或其构件就不能满足设计规定的该功能要求，而进入失效状态。

(1)承载能力极限状态。

承载能力极限状态对应于结构或结构构件达到最大承载能力或不适于继续承载的变形。当结构或构件出现下列状态之一时，即认为超过了承载能力极限状态：①结构构件或连接因材料强度不够而破坏；②整个结构或结构的一部分作为刚体失去平衡(如倾覆等)；③结构转变为机动体系；④结构或结构构件丧失稳定(柱子被压曲等)。

(2)正常使用极限状态。

正常使用极限状态对应于结构或结构构件达到正常使用或耐久性能的某项规定限值，超过这一状态便不能满足适用性或耐久性的功能。当结构或结构构件出现下列状态之一时，即认为超过了正常使用极限状态：①影响正常使用或外观的变形；②影响正常使用或耐久性能的局部损坏(包括裂缝)；③影响正常使用的振动；④影响正常使用的其他特定状态等。

子情境三　结构上的作用效应与功能函数

一、结构上的作用效应与结构抗力

作用效应是指结构上的各种作用在结构内产生的内力(轴力、弯矩、剪力、扭矩等)和变形(如挠度、转角、裂缝等)的总称，用 S 表示。由直接作用产生的效应，通常称为荷载效应。

结构抗力是结构或构件承受作用效应的能力，如构件的承载力、刚度、抗裂度等，用 R 表示。结构抗力是结构内部固有的，其大小主要取决于材料性能、构件几何参数及计算模式的精确性等。

结构的工作性能可用结构功能函数 Z 来描述。为简化起见，仅以荷载效应 S 和结构抗力 R 两个基本变量来表达结构的功能函数，则有

$$Z = g(S,R) = R - S \tag{12-1}$$

实际工程中，可能出现以下三种情况：当 $Z>0$ 时，结构处于可靠状态；当 $Z<0$ 时，结构处于失效状态；当 $Z=0$ 时，结构处于极限状态。关系式 $g(S,R)=R-S=0$ 称为极限状态方程。

二、分项系数

考虑到实际工程与理论及试验的差异，直接采用标准值(荷载、材料强度)进行承载力设计尚不能保证达到目标可靠度指标的要求，故在《统一标准》的承载力设计表达式中，采用了增加“分项系数”的办法。分项系数是按照目标可靠指标并考虑工程经验确定的，它使计算所得结果满足可靠度的要求。以下分别介绍荷载分项系数和材料分项系数。

(1)荷载分项系数 γ_G、γ_Q。考虑到永久荷载标准值与可变荷载标准值保证率不同，故它们采用不同的分项系数，见表12-4。用于承载力计算的荷载设计值就是荷载分项系数与荷载标准值的乘积。

表12-4　荷载分项系数

荷载类型			荷载分项系数 γ_G 和 γ_Q
永久荷载	当其效应对结构不利时	由可变荷载效应控制的组合	1.2
		由永久荷载效应控制的组合	1.35
	当其效应对结构有利时		1.0
可变荷载			1.4

注：对标准值大于4 kN/m^2 工业房屋楼面结构的活荷载，其分项系数取1.3。

(2)材料分项系数。混凝土结构中所用的材料主要是混凝土、钢筋,考虑到这两种材料强度值的离散情况不同,因而它们有各自的分项系数。在承载力设计中,应采用材料强度设计值,材料强度设计值等于材料强度标准值除以材料分项系数。混凝土和钢筋的强度设计值见《混凝土规范》。

三、两种极限状态的表达式

(一)按承载能力极限状态设计的实用表达式

结构构件的承载力设计应采用下列极限状态设计表达式

$$S \leqslant R \tag{12-2}$$

(1)由可变荷载效应控制的组合

$$S = \gamma_0(\gamma_G S_{Gk} + \gamma_{Q1} S_{Q1k} + \sum_{i=2}^{n} \gamma_{Qi}\psi_{ci} S_{Qik}) \tag{12-3}$$

式中:S_{Gk}为永久荷载标准值产生的内力;S_{Q1k}、S_{Qik}为可变荷载标准值产生的内力,其中,第一项为主导可变荷载产生的内力,第二项为除主导荷载外的其他荷载产生的内力;γ_G 为永久荷载分项系数,可按表 12-4 取值;γ_Q 为可变荷载分项系数,可按表 12-4 取值;ψ_{ci}为第 i 个可变荷载组合系数。

γ_0 为结构安全等级系数,又称结构重要性系数。按照《统一标准》的规定,根据建筑结构破坏后果的严重程度,将建筑结构划分为三个安全等级,见表 12-5。

表 12-5　建筑结构安全等级划分

安全等级	破坏后果	建筑物类型
一级	很严重	重要的房屋(影剧院、体育馆等)
二级	严重	一般的房屋
三级	不严重	次要的房屋

各结构构件的安全等级一般与整个结构的相同,特殊情况个别构件可提高或降低一个等级设计。各安全等级相应的结构重要性系数的取法为:一级 $\gamma_0 = 1.1$,二级 $\gamma_0 = 1.0$,三级 $\gamma_0 = 0.9$。

(2)由永久荷载效应控制的组合

$$S = \gamma_0(\gamma_G S_{Gk} + \sum_{i=1}^{n} \gamma_{Qi}\psi_{ci} S_{Qik}) \tag{12-4}$$

应当注意,当考虑以竖向的永久荷载效应控制的组合时,参与组合的可变荷载仅限于竖向荷载。

以上各式中,$\gamma_G S_{Gk}$和 $\gamma_Q S_{Qk}$分别称为恒荷载效应设计值和活荷载效应设计值。相应地,$\gamma_G G_k$和 $\gamma_G Q_k$分别称为恒荷载效应设计值和活荷载效应设计值,它们是荷载代表值与荷载分项系数的乘积。

【例 12-1】　钢筋混凝土梁跨中最大弯矩的计算。

某办公楼钢筋混凝土矩形截面简支梁,安全等级为二级,截面尺寸 $b \times h = 200\ \text{mm} \times$

400 mm,计算跨度 $l_0=5$ m。承受均布线荷载:活荷载标准值 7 kN/m,恒荷载标准值 10 kN/m(不包括自重)。求跨中最大弯矩设计值。

解 对于这个项目,我们做如下分析:活荷载组合系数 $\psi_c=0.7$,结构重要性系数 $\gamma_0=1.0$,查《混凝土规范》知,混凝土重度标准值为 25 kN/m³,故梁的自重标准值为

$$25\times0.2\times0.4=2(\text{kN/m})$$

总恒荷载标准值

$$g_k=10+2=12(\text{kN/m})$$

$$M_{g_k}=\frac{1}{8}g_k l_0^2=\frac{1}{8}\times12\times5^2=37.5(\text{kN}\cdot\text{m})$$

$$M_{q_k}=\frac{1}{8}q_k l_0^2=\frac{1}{8}\times7\times5^2=21.875(\text{kN}\cdot\text{m})$$

由永久荷载效应控制的弯矩设计值为

$$\gamma_0(\gamma_G M_{g_k}+\psi_c\gamma_Q M_{q_k})=1.0\times(1.35\times37.5+0.7\times1.4\times21.875)=72.063(\text{kN}\cdot\text{m})$$

由可变荷载效应控制的弯矩设计值为

$$\gamma_0(\gamma_G M_{g_k}+\gamma_Q M_{q_k})=1.0\times(1.2\times37.5+1.4\times21.875)=75.625(\text{kN}\cdot\text{m})$$

取较大值得跨中弯矩设计值 $M=75.625$ kN·m。

本项目中的恒载即永久荷载,活载即可变荷载。力学计算中不会考虑具体荷载的分类,结构构件计算要具体到荷载类型,取相应的分项系数。

(二)按正常使用极限状态验算

1.概念特点

首先,正常使用极限状态和承载力极限状态在理论分析上对应结构的两个不同工作阶段,同时两者在设计上的重要性不同,因而须采用不同的荷载效应代表值和荷载效应组合进行验算与计算;其次,在荷载保持不变的情况下,由于混凝土的徐变等特性,裂缝和变形将随着时间的推移而发展,因此在分析裂缝和变形的荷载效应组合时,应区分荷载效应的标准组合和准永久组合。

2.荷载效应的标准组合和准永久组合

1)荷载效应的标准组合

荷载效应的标准组合按下式计算

$$S_k=S_{Gk}+S_{Q1k}+\sum_{i=2}^{n}\psi_{ci}S_{Qik} \tag{12-5}$$

式中符号的意义同前。

2)荷载效应的准永久组合

荷载效应的准永久组合按下式计算

$$S_q=S_{Gk}+\sum_{i=1}^{n}\psi_{qi}S_{Qik} \tag{12-6}$$

式中:ψ_{qi} 为第 i 个可变荷载的准永久值系数,准永久值系数与可变荷载标准值的乘积表示可变荷载的准永久值。该值是指结构使用期限经常达到和超过的那部分可变荷载值。一般取持续作用的总时间等于或超过设计基准期一半的那个可变荷载值作为其准永久值。准永久值系数可查表 12-1 或表 12-2。

【例 12-2】 有一教室的钢筋混凝土简支梁，计算跨度 $l_0=4$ m，支承在其上的板自重及梁的自重等永久荷载的标准值为 12 kN/m，楼面使用活荷载传给该梁的荷载标准值为 8 kN/m，梁的计算简图如图 12-1 所示，按正常使用计算梁跨中截面荷载效应的标准组合和准永久组合弯矩值。

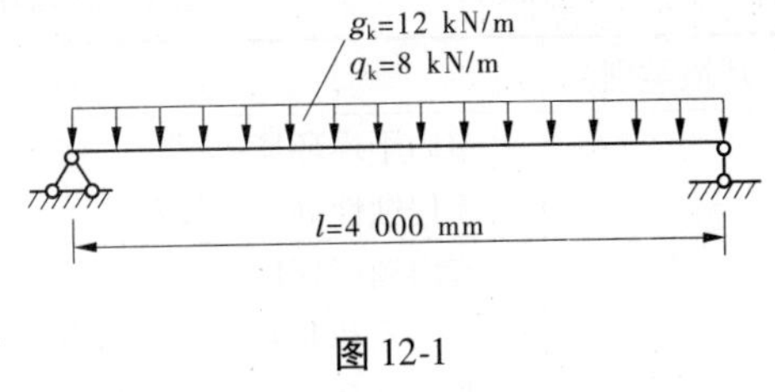

图 12-1

解 荷载效应的标准组合弯矩值计算如下

$$M_k = M_{Gk} + M_{Q1k} = \frac{1}{8}g_k l_0^2 + \frac{1}{8}q_k l_0^2 = \frac{1}{8} \times (12+8) \times 4^2 = 40(\text{kN}\cdot\text{m})$$

荷载效应的准永久组合弯矩值计算如下：

查表 12-1，得教室活荷载准永久值系数 $\psi_q=0.5$，故有

$$M_q = G_k + \psi_q M_{qk} = M_{Gk} + \psi_q M_{Qk} = \frac{1}{8}g_k {l_0}^2 + 0.5 \times \frac{1}{8}q_k l_0^2$$

$$= \frac{1}{8} \times (12+0.5\times 8) \times 4^2 = 32(\text{kN}\cdot\text{m})$$

3. 变形和裂缝验算

1) 变形验算

受弯构件挠度验算的一般公式为

$$f \leqslant [f]$$

式中：f 为受弯构件按荷载效应的标准组合并考虑荷载长期作用影响计算的最大挠度；$[f]$ 为受弯构件的允许挠度值。

2) 裂缝验算

根据正常使用阶段对结构构件裂缝控制的不同要求，将裂缝的控制等级分为三级：一级为正常使用阶段严格要求不出现裂缝；二级为正常使用阶段一般要求不出现裂缝；三级为正常使用阶段允许出现裂缝，但控制裂缝宽度。具体要求是：

(1) 对裂缝控制等级为一级的构件，要求按荷载效应的标准组合进行计算时，构件受拉边缘混凝土不产生拉应力。

(2) 对裂缝控制等级为二级的构件，要求按荷载效应的准永久组合进行计算时，构件受拉边缘混凝土不宜产生拉应力；按荷载效应的标准组合进行计算时，构件受拉边缘混凝土允许产生拉应力，但拉应力大小不应超过混凝土轴心抗拉强度标准值。

(3) 对裂缝控制等级为三级的构件，要求按荷载效应的标准组合并考虑荷载长期作用影响计算的裂缝宽度最大值不超过规范规定的限值，即

$$w_{max} \leqslant w_{lim}$$

式中：w_{max} 为受弯构件按荷载的标准组合并考虑荷载长期作用影响计算的裂缝宽度最大值；w_{lim} 为规范规定的最大裂缝宽度限值。

裂缝控制等级属于一、二级的构件一般都是预应力混凝土构件，对抗裂度要求较高。普通钢筋混凝土结构，通常都属于三级。

4. 耐久性的规定

(1) 混凝土结构的耐久性应根据表 12-6 的环境类别和设计使用年限进行设计。

表 12-6 混凝土结构的环境类别

环境类别	条件
一	室内干燥环境； 无侵蚀性静水浸没环境
二 a	室内潮湿环境； 非严寒和非寒冷地区的露天环境； 非严寒和非寒冷地区与无侵蚀性的水或土壤直接接触的环境； 严寒和寒冷地区的冰冻线以下与无侵蚀性的水或土壤直接接触的环境
二 b	干湿交替环境； 水位频繁变动环境； 严寒和寒冰地区的露天环境； 严寒和寒冷地区冰冻线以上与无侵蚀性的水或土壤直接接触的环境
三 a	严寒和寒冰地区冬季水位变动区环境； 受除冰盐作用环境； 海风环境
三 b	盐渍土环境； 受除冰盐作用环境； 海岸环境
四	海水环境
五	受人为或自然的侵蚀性物质影响的环境

注：(1)室内潮湿环境是指构件表面经常处于结露或湿润状态的环境。

(2)严寒和寒冷地区的划分应符合国家现行标准《民用建筑热工设计规划》(GB 50176)的有关规定。

(3)海岸环境和海风环境宜根据当地情况，考虑主导风向及结构所处迎风、背风部位等因素的影响，由调查研究和工程经验确定。

(4)受除冰盐影响环境为受到除冰盐盐雾影响的环境；受除冰盐作用环境指被除冰盐溶液溅射的环境以及使用除冰盐地区的洗车房、停车楼等建筑。

(2)一类、二类和三类环境中，设计使用年限为 50 年的结构混凝土应符合表 12-7 的规定。

表 12-7 结构混凝土耐久性的基本要求

环境等级	最大水胶比	最低强度等级	最大氯离子含量(%)	最大碱含量(kg/m^3)
一	0.60	C20	0.30	不限制
二 a	0.55	C25	0.20	3.0
二 b	0.50(0.55)	C30(C25)	0.15	
三 a	0.45(0.50)	C35(C30)	0.15	
三 b	0.40	C40	0.10	

注：(1)氯离子含量是指其占水泥用量的百分率。

(2)预应力构件混凝土中的最大氯离子含量为 0.05%，最低混凝土强度等级应按表中规定提高两个等级。

(3)素混凝土构件的水胶比及最低强度等级的要求可适当放松。

(4)有可靠工程经验时，二类环境中的最低混凝土强度等级可降低一个等级。

(5)处于严寒和寒冷地区二 b、三 a 类环境中的混凝土应使用引气剂，并可采用括号中的有关参数。

(6)当使用非碱活性骨料时，对混凝土中的碱含量可不作限制。

(3)一类环境中,设计使用年限为100年的结构混凝土应符合下列规定:

①钢筋混凝土结构的最低混凝土强度等级为C30,预应力混凝土结构的最低混凝土强度等级为C40。

②混凝土中的最大氯离子含量为0.05%。

③宜使用非碱活性骨料;当使用碱活性骨料时,混凝土中的最大碱含量为3.0 kg/m^3。

④混凝土保护层厚度应按《混凝土规范》第8.2.1条的规定增加40%;当采取有效的表面防护措施时,混凝土保护层厚度可适当减小。

⑤在使用年限内,应建立定期检测、维修的制度。

(4)二类和三类环境中,设计使用年限为100年的混凝土结构,应采取专门的有效措施。

(5)严寒及寒冷地区的潮湿环境中,结构混凝土应满足抗冻要求,混凝土抗冻等级应符合有关标准的要求。

(6)有抗渗要求的混凝土结构,混凝土的抗渗等级应符合有关标准的要求。

(7)三类环境中的结构构件,其受力钢筋宜采用环氧树脂涂层带肋钢筋;对预应力钢筋、锚具及连接器,应采取专门的防护措施。

(8)四类和五类环境中的混凝土结构,其耐久性要求应符合有关标准的规定。

对临时性混凝土结构,可不考虑混凝土的耐久性要求。

习　题

12-1　结构上的荷载共分几类?荷载代表值有几种?

12-2　结构应满足哪些功能要求?

12-3　什么是结构的极限状态?什么是承载力极限状态?什么是正常使用极限状态?

12-4　永久荷载和可变荷载的分项系数在一般情况下取值是多少?

学习情境十三　混凝土受弯构件

【知识点】 受弯构件、配筋率、配箍率的概念；正截面承载力和斜截面承载力的计算；主梁与次梁的受力特征和构造要求；塑性铰、内力包络图、短期抗弯刚度、长期抗弯刚度的概念。

【教学任务】 掌握梁、板的截面尺寸确定原则；掌握梁、板的构造措施；掌握梁、板正截面承载力计算方法；掌握梁斜截面计算方法；了解梁、板结构的布置；了解屋盖结构计算理论；了解受弯构件裂缝宽度与挠度的计算理论。

子情境一　受弯构件概述

受弯构件是指在结构中仅承受弯矩和剪力的构件，常见的梁、板均为典型的受弯构件。梁和板在工业、民用建筑中属于水平方向布置的重要受力构件，它们的受力情况基本一致，区别在于二者的截面宽高比 b/h 不同。梁和板统称为受弯构件。

从配筋角度来说，受弯构件可分为单筋受弯构件和双筋受弯构件两类，如图 13-1 所示。仅在截面受拉区按计算配置受力钢筋的受弯构件称为单筋受弯构件(见图 13-1(a))；在截面的受拉区和受压区都按计算配置受力钢筋的受弯构件称为双筋受弯构件(见图 13-2(b))。受弯构件需要进行下列计算和验算。

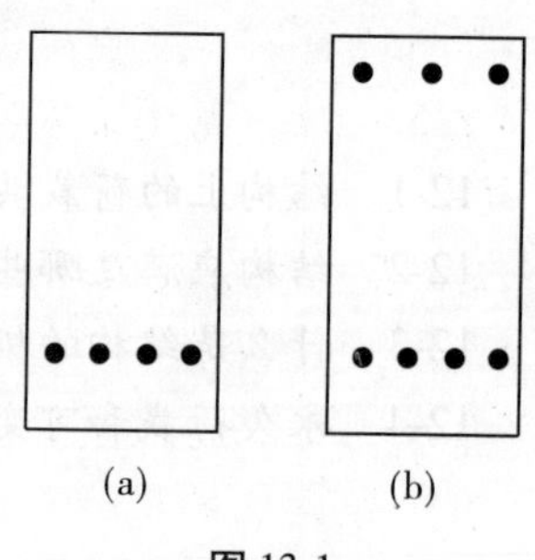

图 13-1

一、承载能力极限状态计算

(1)正截面受弯承载力计算：按控制截面(跨中或支座截面)的弯矩设计值确定截面尺寸及纵向受力钢筋的数量。

(2)斜截面受剪承载力计算：按控制截面的剪力设计值复核截面尺寸，并确定截面抗剪所需的箍筋和弯起钢筋的数量。

二、正常使用极限状态验算

受弯构件除必须进行承载能力极限状态的计算外，一般还须按正常使用极限状态的要求进行构件变形和裂缝宽度的验算。

受弯构件除了要进行上述两类计算和验算，还须采取一系列构造措施，才能保证构件的各个部位都具有足够的抗力，才能使构件具有必要的适用性和耐久性。

构造措施是建筑结构设计中非常重要的概念，它是考虑到设计力学模型所忽略因素而采取的补救方案，构造措施来源于工程实践和结构试验。

子情境二　梁

梁在水平结构体系中是重要的受弯受剪构件，梁将板传来的力传递给柱或支撑墙体，梁是结构组成中一个非常重要的构件。

一、梁的截面尺寸及配筋率

通常情况下，梁的截面有矩形、T 形、倒 L 形、工字形等，梁的截面高度 h 可根据刚度要求按高跨比(h/l_0)来估计，梁截面高度 h 的值可取表 13-1 所列数值。

表 13-1　梁的截面高度估算列表

项次	构件种类		简支	两端连续	悬臂
1	整体肋形梁	次梁	$l_0/20$	$l_0/25$	$l_0/8$
		主梁	$l_0/12$	$l_0/15$	$l_0/6$
2	独立梁		$l_0/12$	$l_0/15$	$l_0/6$

常用梁高为 200 mm、250 mm、300 mm、350 mm、…、750 mm、800 mm、900 mm、1 000 mm 等。截面高度 $h \leqslant 800$ mm 时，取 50 mm 的倍数；当 $h > 800$ mm 时，取 100 mm 的倍数。

梁高确定后，梁宽度可由常用的高宽比来确定：矩形截面，$h/b = 2.0 \sim 3.5$；T 形截面，$h/b = 2.5 \sim 4.0$。常用梁宽为 150 mm、180 mm、200 mm、…，如宽度 $b > 200$ mm，应取 50 mm 的倍数。

梁的受力特征及破坏形态与梁中配置的钢筋多少有直接的关系，钢筋混凝土理论在试验的基础上，研究了梁正截面（见图 13-2）的应力分布状态，建立了相应的计算公式。梁内纵向钢筋的含量用配筋率 ρ 来表示，即

$$\rho = \frac{A_s}{bh_0} \tag{13-1}$$

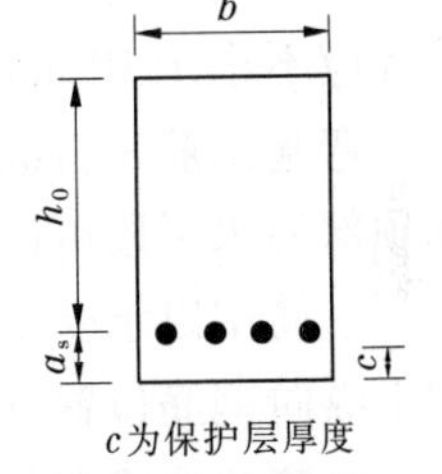

c为保护层厚度

图 13-2

式中：A_s 为纵向受拉钢筋的截面面积；bh_0 为混凝土的有效截面面积；b 为梁截面的跨度；$h_0 = h - a_s$ 为截面有效高度，h 为梁截面的高度，a_s 为纵向受拉钢筋合力点至截面近边的距离。

对于 a_s 的取值，要根据钢筋净距和混凝土最小保护层厚度，并考虑梁、板的平均直径来确定，在室内正常环境下，可按下述方法近似确定。

对于梁，当混凝土保护层厚度为 25 mm 时：受拉钢筋配置成一排时，$a_s = 35$ mm；受拉钢筋配置成两排时，$a_s = 60$ mm。

对于板，当混凝土保护层厚度为 15 mm 时，$a_s = 20$ mm。

(一)梁的配筋

梁中一般布置四种钢筋，即纵向受力钢筋、架立钢筋、弯起钢筋和箍筋。

纵向受力钢筋的作用主要是承受弯矩在梁内所产生的拉力，应设置在梁的受拉一侧，其数量应通过计算来确定。通常采用Ⅰ级、Ⅱ级及Ⅲ级钢筋，当混凝土的强度等级大于或等于

C20 时，从经济性及钢筋与混凝土的黏结力较好这一方面出发，宜优先采用Ⅱ级及Ⅲ级钢筋。

梁上部纵向受力钢筋的净距不应小于 30 mm，也不应小于 1.5d（d 为受力钢筋的最大直径）；梁下部纵向受力钢筋的净距不应小于 25 mm，也不应小于 d。构件下部纵向受力钢筋的配置多于两层时，自第三层时起，水平方向的中距应比下面两层的中距大一倍。如图 13-3所示。

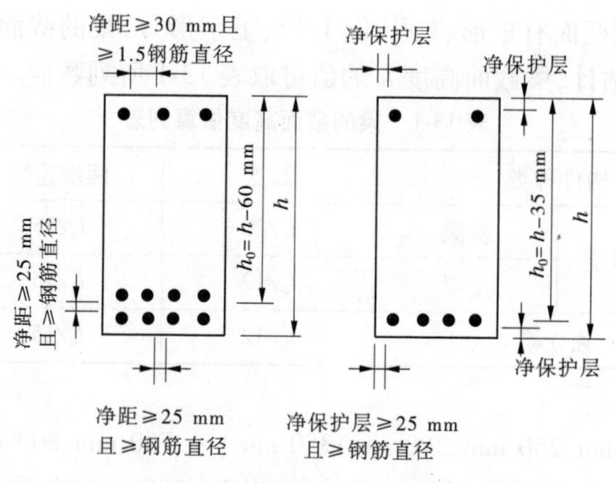

图 13-3

架立钢筋布置于梁的受压区，和纵向受力钢筋平行，以固定箍筋的正确位置，承受由于混凝土收缩及温度变化所产生的拉力。如果在受压区有受压纵向钢筋，受压钢筋可兼作架立钢筋。当梁的跨度 $l<4$ m 时，架立钢筋直径应不小于 8 mm；当 4 m$\leqslant l<6$ m 时，架立钢筋直径应不小于 10 mm；当 $l\geqslant6$ m 时，架立钢筋直径应不小于 12 mm。

弯起钢筋是将纵向受力钢筋弯起而成型的，用以承受弯起区段截面的剪力。弯起后钢筋顶部的水平段可以承受支座处的负弯矩。

箍筋用以承受梁的剪力，联系梁内的受拉及受压纵向钢筋并使其共同工作。此外，还能固定纵向钢筋位置，以便于浇灌混凝土。

箍筋的形式有开口式和闭口式两种。一般情况下均采用封闭箍筋。为使箍筋更好地发挥作用，应将其端部锚固在受压区内，且端头应做成 135°弯钩，弯钩端部平直段的长度不应小于 5d（d 为箍筋直径）和 50 mm。

箍筋的直径与梁高 h 有关，为了保证钢筋骨架具有足够的刚度，《混凝土规范》规定：当 $h>800$ mm 时，其箍筋直径不宜小于 8 mm；当 $h\leqslant800$ mm 时，其箍筋直径不宜小于 6 mm；梁中配有计算需要的纵向受压钢筋时，箍筋直径尚不应小于 $d/4$（d 为纵向受压钢筋的较大直径）。

（二）梁的支承长度

当梁的支座为砖墙或砖柱时，可视为简支座，梁伸入砖墙、柱的支承长度 a 应满足梁内受力钢筋在支座处的锚固要求，并应满足梁下砌体的局部承压强度，且当梁高 $h\leqslant500$ mm 时，$a\geqslant180$ mm；当 $h>500$ mm 时，$a\geqslant240$ mm。当梁支承在钢筋混凝土梁（柱）上时，其支承长度 $a\geqslant180$ mm；钢筋混凝土桁条支承在砖墙上时，$a\geqslant120$ mm，支承在钢筋混凝土梁上时，

$a \geqslant 80$ mm。

(三)混凝土保护层厚度

为了保证钢筋不致因混凝土的碳化而产生锈蚀,保证钢筋和混凝土能紧密地黏结在一些共同工作,受力钢筋的表面必须有一定厚度的混凝土保护层。混凝土保护层指从钢筋外表面到截面边缘的距离。《混凝土规范》根据构件种类、构件所处的环境条件和混凝土强度等级等规定了混凝土保护层的最小厚度,按表 13-2 确定。同时,混凝土保护层的厚度还不应小于受力钢筋的直径。

表 13-2 纵向受力钢筋的混凝土保护层最小厚度 (单位:mm)

环境类别		板、墙、壳			梁			柱		
		≤C20	C25 ~ C45	≥C50	≤C20	C25 ~ C45	≥C50	≤C20	C25 ~ C45	≥C50
一		20	15	15	30	25	25	30	30	30
二	a	—	20	20	—	30	30	—	30	30
	b	—	20	20	—	35	30	—	35	30
三		—	25	25	—	40	35	—	40	35

注:(1)基础中纵向受力钢筋的混凝土保护层厚度不应小于 40 mm,当无垫层时不应小于 70 mm。

(2)处于一类环境且由工厂生产的预制构件,当混凝土强度等级不低于 C20 时,其保护层厚度可按表中规定减少 5 mm,但预应力钢筋的保护层厚度不应小于 15 mm;处于二类环境且由工厂生产的预制构件,当表面采取有效保护措施时,保护层厚度可按表中一类环境的数值取用。

(3)预制钢筋混凝土受弯构件钢筋端头的保护层厚度不应小于 10 mm;预制肋形板主肋钢筋的保护层厚度应按梁的数值考虑。

(4)板、墙、壳中分布钢筋的保护层厚度不应小于表中相应数值减 10 mm,且不应小于 10 mm。

(5)当梁、柱中纵向受力钢筋的混凝土保护层厚度大于 40 mm 时,应对保护层采取有效的防裂构造措施。处于二、三类环境中的悬臂板,其上表面应采取有效的保护措施。

(6)对有防火要求的建筑物,其混凝土保护层厚度尚应符合国家现行有关标准的要求。处于四、五类环境中的建筑物,其上表面应采取有效的保护措施。

二、梁的分类与破坏过程

(一)梁的分类

混凝土梁根据配筋的多少可分为少筋梁、适筋梁和超筋梁。

1. 少筋梁

梁中受拉钢筋配得过少的梁,由于受拉钢筋很少,截面上的拉力主要由混凝土承受,受拉区混凝土一旦出现裂缝脱离工作后,拉力完全由钢筋承担,钢筋应力就会立即增大并达到屈服强度,进而进入钢筋的强化阶段,直至钢筋被拉断而使梁破坏,这种破坏称为少筋破坏。它是一种一裂即断的脆性破坏,破坏前没有明显预兆,并且无法形成混凝土的受压区,故工程中不得采用少筋梁。

2. 适筋梁

梁中受拉钢筋配得适量,受力破坏的主要特点是受拉区的受拉钢筋首先达到屈服强度,受压混凝土的压应力随之增大,当受压混凝土达到极限压应变被压碎时,构件即被破坏,这种破坏称为适筋破坏。这类梁不仅在破坏前钢筋产生了较大的塑性伸长,从而引起构件较大的变形和裂缝，破坏过程比较缓慢，破坏前有明显的预兆，为塑性破坏，而且它还充分发挥了受拉区钢筋的抗拉强度和受压区混凝土的抗压能力。因适筋梁充分利用了材料的强度，受力合理，所以规范规定实际工程中将混凝土梁设计成适筋梁。

3. 超筋梁

梁中受拉钢筋配得过多的梁，由于钢筋用量大，梁在破坏时，受拉区受拉钢筋根本没有达到屈服强度而处于弹性受力阶段，但受压区混凝土却达到其极限压应变而被压碎，这种破坏称为超筋破坏。这种配筋率过大、受压区先被压坏而受拉区尚处于弹性阶段的梁称为超筋梁，超筋梁破坏时受拉区裂缝开展不大，挠度也小，破坏是突然的，没有明显预兆，为脆性破坏。这种梁是很不经济的，规范规定工程上不允许采用超筋梁。

（二）适筋梁的破坏过程

在平截面假定的基础上，通过多次试验，经理论分析，可将适筋梁的破坏过程归纳为如下三个阶段，应力和应变如图 13-4 所示。

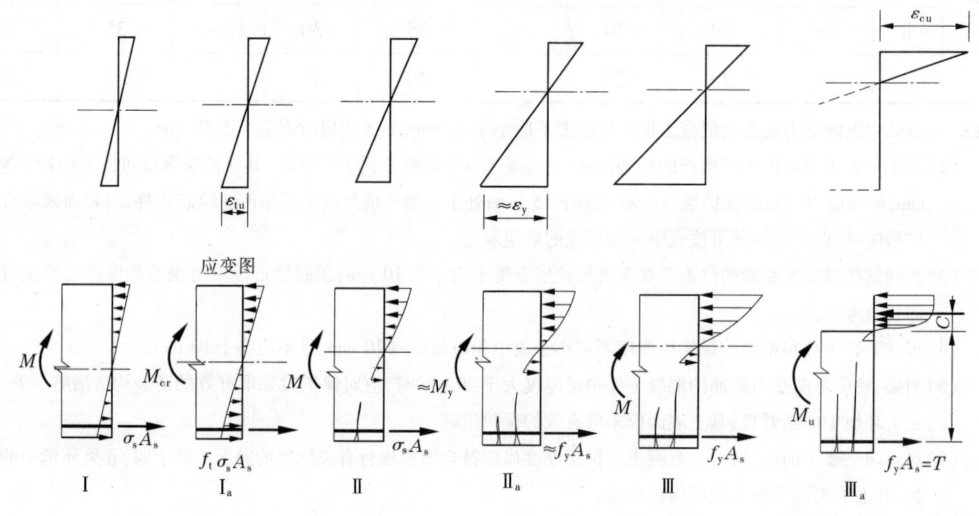

图 13-4

第Ⅰ阶段——弹性工作阶段。

从开始加荷载到梁受拉区出现裂缝以前为第Ⅰ阶段。此时，荷载在梁上部产生的压力由截面中和轴以上的混凝土承担，荷载在梁下部产生的拉力由分布在梁下部的纵向受拉钢筋和中和轴以下的混凝土共同承担。当弯矩不大时，混凝土基本处于弹性工作阶段，应力应变成正比，受压区和受拉区混凝土应力分布图形为三角形。当弯矩增大时，由于混凝土的抗拉能力远较抗压能力低，故受拉区的混凝土将首先开始表现出塑性性质，应变较应力增长速度快。当弯矩增加到开裂弯矩时，受拉区边缘纤维应变恰好达到混凝土受弯时极限拉应变，梁遂处于将裂未裂的极限状态，而此时受压区边缘纤维应变量相对还很小，故受压区混凝土基本上仍属于弹性工作性质，即受压区应力图形接近三角形。此即第Ⅰ阶段末，以Ⅰ$_a$ 表示。Ⅰ$_a$ 可作为受弯构件抗裂度的计算依据。值得注意的是，此时钢筋相应的拉应力较低，只有 20 N/mm^2 左右。

第Ⅱ阶段——带裂缝工作阶段。

当弯矩再增加时，梁将在抗拉能力最薄弱的截面处首先出现第一条裂缝，一旦开裂，梁即由第Ⅰ阶段转化为第Ⅱ阶段工作。

在裂缝截面处，由于混凝土开裂，受拉区的拉力主要由钢筋承受，使得钢筋应力较开裂前突然增大很多，随着弯矩 M 的增加，受拉钢筋的拉应力迅速增加，梁的挠度、裂缝宽度也随之增大，截面中和轴上移，截面受压区高度减小，受压区混凝土塑性性质将表现得越来越明显，受压区应力图形呈曲线变化。当弯矩继续增加，使得受拉钢筋应力达到屈服点时，此时截面所能承担的弯矩称为屈服弯矩 M_y，相应称此时为第Ⅱ阶段末，以 $Ⅱ_a$ 表示。

第Ⅱ阶段相当于梁使用时的应力状态，$Ⅱ_a$ 可作为受弯构件使用阶段的变形和裂缝开展计算时的依据。

第Ⅲ阶段——破坏阶段。

钢筋达到屈服强度后，它的应力大小基本保持不变，而变形将随着弯矩 M 的增加而急剧增大，使受拉区混凝土的裂缝迅速向上扩展，中和轴继续上移，混凝土受压区高度减小，压应力增大，受压混凝土的塑性特征表现得更加充分，压应力图形呈显著曲线分布。当弯矩 M 增加至极限弯矩时，称为第Ⅲ阶段末，以 $Ⅲ_a$ 表示。此时，混凝土受压区边缘纤维到达混凝土受弯时的极限压应变。受压区混凝土将产生近乎水平的裂缝，混凝土被压碎，标志着梁已开始破坏。这时截面所能承担的弯矩即为破坏弯矩 M_u，这时的应力状态即作为构件承载力极限状态计算的依据。

在整个第Ⅲ阶段，钢筋的应力都基本保持屈服强度不变直至破坏，这一性质对于我们在今后分析混凝土构件的受力情况非常重要。

三、单筋矩形梁正截面承载力计算

对于单筋矩形截面，为建立实用的计算公式，采用以下基本假定：

(1)构件发生弯曲变形后正截面仍保持为平面，即符合平截面假定。

(2)不考虑受拉混凝土参加工作，拉力完全由纵向受力钢筋承担。

(3)受压区混凝土的应力与应变关系曲线如图 13-5 所示。

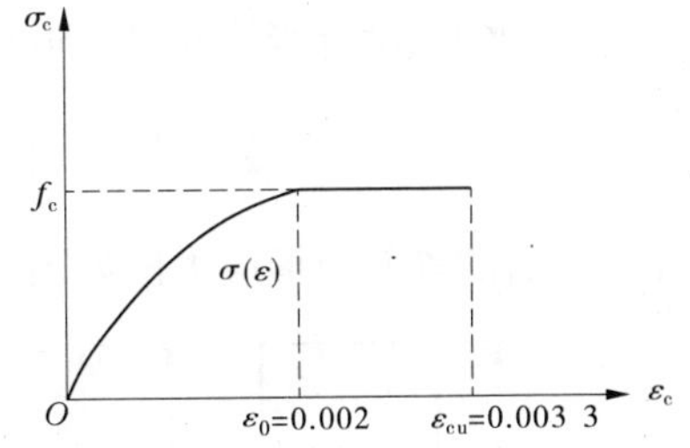

图 13-5　混凝土应力与应变关系曲线

图 13-5 中 ε_0 为混凝土压应力刚达到 f_c（f_c 为混凝土轴心抗压强度设计值）时的混凝土压应变，按式(13-2)计算，当计算的 ε_0 值小于 0.002 时，取 $\varepsilon_0=0.002$。

$$\varepsilon_0 = 0.002 + 0.5(f_{cu,k} - 50) \times 10^{-5} \tag{13-2}$$

式中：$f_{cu,k}$为混凝土立方体抗压强度标准值。

ε_{cu}为正截面的混凝土极限压应变，当处于非均匀受压时，按式(13-3)计算，如计算的 ε_{cu}值大于 0.003 3，取为 0.003 3；当处于轴心受压时，取值为 ε_0。

$$\varepsilon_{cu} = 0.003\,3 - (f_{cu,k} - 50) \times 10^{-5} \tag{13-3}$$

(4)纵向受拉钢筋的应力取钢筋应变与其弹性模量的乘积，但其绝对值不应大于其相应的强度设计值。纵向受拉钢筋的极限拉应变取为 0.01，如图 13-6 所示。

当$0\leqslant\varepsilon_s\leqslant\varepsilon_y$时　　　$\sigma_s=E_s\varepsilon_s$　　　(13-4)

当$\varepsilon_s>\varepsilon_y$时　　　$\sigma_s=f_y$　　　(13-5)

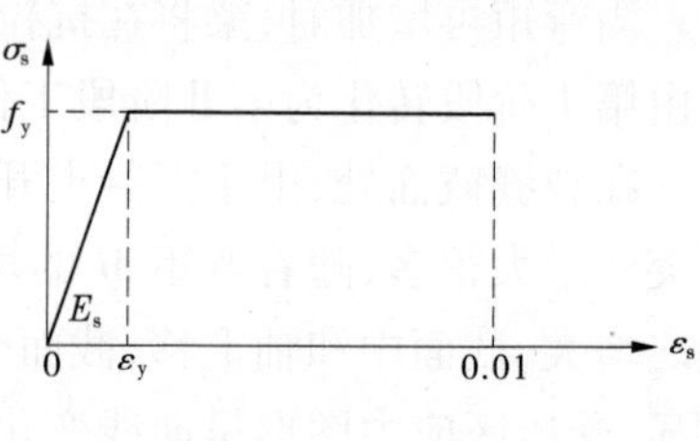

图 13-6

四、等效矩形应力图形

由于在进行截面设计时必须计算受压混凝土的合力，由图 13-5 可知，受压区混凝土的应力图形是抛物线加直线，故给计算带来不便。为此，《混凝土规范》规定，受压区混凝土的应力图形可简化为等效矩形应力图形，如图 13-7 所示。用等效矩形应力图形代替理论应力图形应满足的条件是：

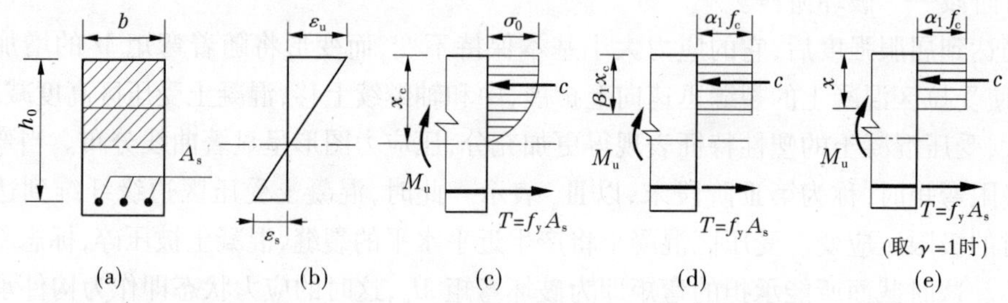

图 13-7

(1)保持原来受压区混凝土的合力大小不变；

(2)保持原来受压区混凝土的合力作用点不变。

经上述假设和理论推导，可得如下关系

$$x=\beta_1x_c \tag{13-6}$$

$$\sigma_0=\alpha_1f_c \tag{13-7}$$

当混凝土的强度等级不超过 C50 时，$\beta_1=0.8$，$\alpha_1=1.0$。

五、单筋矩形截面受弯构件正截面计算公式

经换算后的等效矩形应力图如图 13-8 和图 13-9 所示。

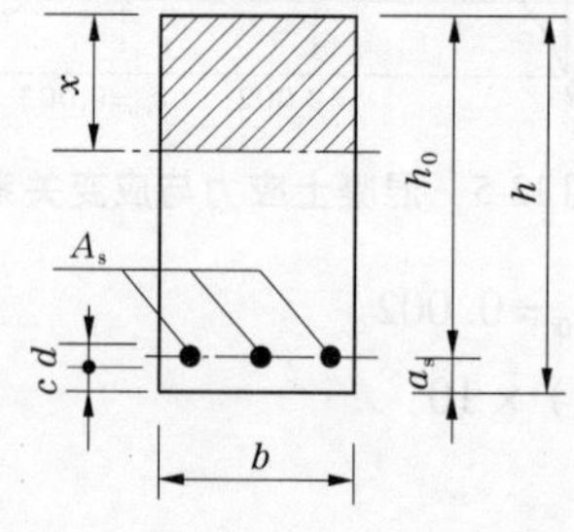

图 13-8

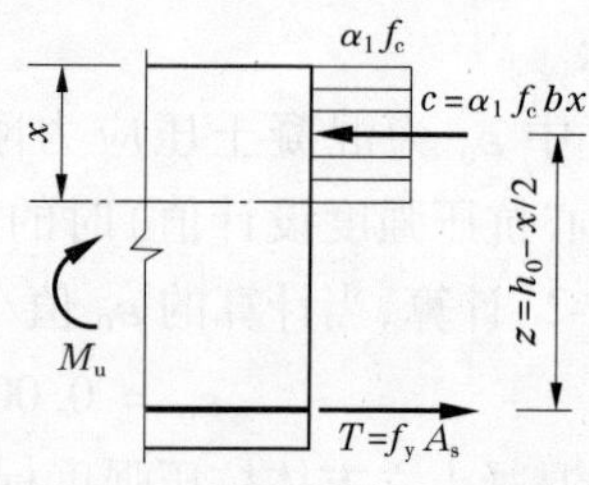

图 13-9

根据力的平衡

$$\sum X=0\qquad \alpha_1f_cbx=f_yA_s \tag{13-8}$$

$\sum M = 0$ $$M \leqslant M_u = \alpha_1 f_c bx\left(h_0 - \frac{x}{2}\right) \tag{13-9}$$

或 $$M \leqslant M_u = f_y A_s\left(h_0 - \frac{x}{2}\right) \tag{13-10}$$

式中：x 为等效矩形应力图形的混凝土受压区高度；b 为矩形截面的宽度；h_0 为矩形截面的有效高度；f_y 为受拉钢筋的强度设计值；A_s 为受拉钢筋的截面面积；f_c 为混凝土轴心抗压强度设计值；α_1 为系数，当混凝土强度等级不超过 C50 时，$\alpha_1 = 1.0$，当混凝土强度等级为 C80 时，$\alpha_1 = 0.94$，当 α_1 介于二者之间时，用线性内插法确定。

六、界限相对受压区高度和界限配筋率

规范规定，受弯构件的正截面配筋只能设计成适筋梁，我们要求梁不能设计成超筋梁，那么适筋梁与超筋梁的界限如何界定？

通过试验证实，截面受弯构件在整个受荷过程中，截面的应变是符合平截面假定的，即应变在构件高度方向呈直线变化，如图 13-10 所示。从破坏假定知，无论是超筋梁还是适筋梁，破坏时受压区混凝土边缘应变均达到极限应变 ε_{cu}，约为 0.003 3，但受拉钢筋的应变不同。设钢筋屈服时的应变为 ε_y，只要在受压区混凝土达到 ε_{cu} 以前钢筋屈服，即钢筋应变 $\varepsilon_s > \varepsilon_y$，该梁就是适筋梁；反之，就是超筋梁。这样，当受压区混凝土达到极限压应变的同时受拉钢筋正好进入屈服阶段，即 $\varepsilon_s = \varepsilon_y$ 时的状态，就是适筋梁与超筋梁的分界点。若设受压区混凝土的高度为 x，截面有效高度为 h_0。令 $\xi = x/h_0$，称 ξ 为相对受压区高度。由图 13-10 可以看出，截面的破坏类型可以通过混凝土受压区高度 x 来反映。若 x 较小，则为适筋梁；若 x 较大，则为超筋梁。我们把这两种梁分界时的受压区高度称为界限受压区高度，用 x_b 表示，则界限相对受压区高度 $\xi_b = x_b/h_0$。显然，只要截面满足 $\xi \leqslant \xi_b$ 或 $x \leqslant x_b = \xi_b h_0$，则该构件必定是适筋梁。适筋梁与超筋梁的配筋界限如图 13-10 所示。

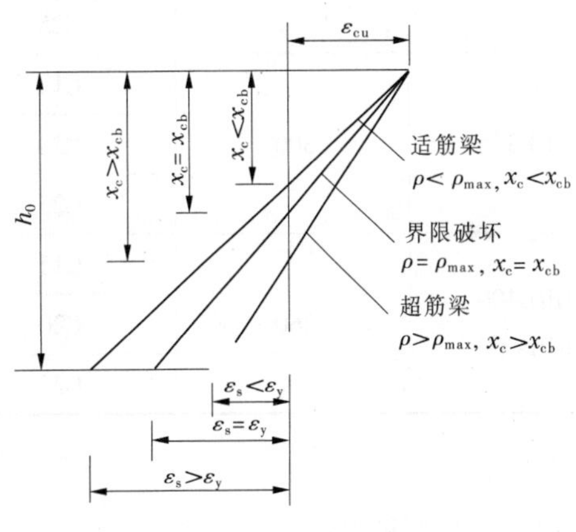

图 13-10

规范通过进一步分析给出了钢筋混凝土构件界限相对受压区高度 ξ_b 的计算公式：

有屈服点的钢筋 $$\xi_b = \frac{\beta_1}{1 + \frac{f_y}{E_s \varepsilon_{cu}}} \tag{13-11}$$

无屈服点的钢筋 $$\xi_b = \frac{\beta_1}{1 + \frac{0.002}{\varepsilon_{cu}} + \frac{f_y}{E_s \varepsilon_{cu}}} \tag{13-12}$$

式中：E_s 为钢筋的弹性模量；ε_{cu} 为均匀受压时混凝土的极限压应变；β_1 为系数。

在适筋梁范围内，ξ 值越大，截面所需钢筋也越多，所以配筋率 ρ 与受压区相对高度也

有着对应关系。与界限相对受压区高度 ξ_b 相对应的配筋率即为最大配筋率 ρ_{max}，关系如下

$$\rho_{max} = \xi_b \alpha_1 f_c / f_y \tag{13-13}$$

式中：ξ_b、α_1、f_c 意义同前；f_y 为钢筋抗拉强度设计值。

当混凝土强度等级不超过 C50 时，因 $\alpha_1 = 1.0$，故式(13-13)可简化为 $\rho_{max} = \xi_b f_c / f_y$，这样，也可以由 $\rho \leqslant \rho_{max}$ 来作为保证受弯构件不会出现超筋梁的条件。按式(13-11)、式(13-12)和式(13-13)可分别计算出常用材料强度等级钢筋混凝土受弯构件界限相对受压区高度 ξ_b 及最大配筋率 ρ_{max}，列于表 13-3 中，以方便计算时查用。

表 13-3　不同级别钢筋使用时的 ξ_b 及 ρ_{max}

钢筋级别	f_y(N/mm²)	混凝土级别	f_c(N/mm²)	ξ_b	ρ_{max}(%)
HPB235	210	C15	7.2	0.614	2.105
		C20	9.6		2.807
		C25	11.9		3.429
HRB335	300	C15	7.2	0.550	1.320
		C20	9.6		1.760
		C25	11.9		2.182
HRB400 RRB400	360	C15	7.2	0.518	1.036
		C20	9.6		1.381
		C25	11.9		1.712

七、最小配筋率

为了保证受弯构件不出现少筋梁，必须使截面的配筋率不小于某一界限配筋率 ρ_{min}。配有最小配筋率的受弯构件正截面破坏所能承受的弯矩 M_u 等于素混凝土截面所能承受的弯矩 M_{cr}，即 $M_u = M_{cr}$，可求得梁的最小配筋率为

$$\rho_{min} = 0.45 \frac{f_t}{f_y} \tag{13-14}$$

适筋梁与少筋梁的界限以最小配筋率来界定，当梁的配筋率 ρ 满足 $\rho_{max} > \rho > \rho_{min}$ 时，梁为适筋梁。当 $\rho < \rho_{min}$ 时为少筋梁，当 $\rho > \rho_{max}$ 时为超筋梁。当梁的配筋率 $\rho = \rho_{max}$ 时，适筋梁的配筋率达最大值，梁所能承受的最大弯矩为 $M_{u,max} = \alpha_{s,max} \alpha_1 f_c b h_0^2$。此弯矩值仅与梁的截面尺寸和混凝土的强度等级、钢筋的类别等因素有关，与钢筋的数量无关。

当求得等效矩形受压区高度 $x > x_b = \xi_b h_0$ 时，取 $x = x_b = \xi_b h_0$ 代入计算，所以钢筋混凝土超筋梁所能承受的弯矩最大值也是一定的，不会随着钢筋的增多而提高。

为防止少筋破坏，混凝土梁的配筋率 $\rho = \frac{A_s}{bh} \geqslant \rho_{min}$，特别注意的是，在验算最小配筋率的时候，计算 ρ 时用的是截面高度 h，而不是有效高度 h_0。

钢筋混凝土结构构件中纵向受力钢筋的最小配筋率见表 13-4。

表 13-4　钢筋混凝土结构构件中纵向受力钢筋的最小配筋率

受力类型		最小配筋率(%)
受压构件	全部纵向钢筋	0.6
	一侧纵向钢筋	0.2(对称配筋时为0.3)
受弯构件、偏心受拉、轴心受拉构件一侧的受拉钢筋		0.2 和 0.45 $\frac{f_t}{f_y}$ 中的较大值

八、单筋截面设计及校核举例

类型一：已知弯矩设计值 M，混凝土及钢筋等级 f_c、f_t，求纵向受拉钢筋的面积。

方法一：估算截面高 h、宽 b，根据式(13-8)、式(13-9)求解 x，判断 $x < x_b = \xi_b h_0$ 是否满足，若满足则可代入式(13-8)或式(13-10)求得 A_s。若 $x \geqslant x_b = \xi_b h_0$，取 $x = x_b = \xi_b h_0$，代入式(13-8)、式(13-10)求解 A_s。

方法二：估算截面高 h、宽 b，将式(13-9)进行变形，如下所示

$$M \leqslant M_u = \alpha_1 f_c bx\left(h_0 - \frac{x}{2}\right) = \alpha_1 f_c bxh_0\left(1 - \frac{x}{2h_0}\right) = \alpha_1 f_c b\frac{x}{h_0}h_0^2\left(1 - \frac{x}{2h_0}\right)$$
$$= \alpha_1 f_c b\xi h_0^2(1 - 0.5\xi) = \xi(1 - 0.5\xi)\alpha_1 f_c bh_0^2 = \alpha_s \alpha_1 f_c bh_0^2 \tag{13-15}$$

将式(13-10)进行变形，如下所示

$$M \leqslant M_u = f_y A_s\left(h_0 - \frac{x}{2}\right) = f_y A_s h_0\left(1 - \frac{x}{2h_0}\right) = f_y A_s h_0(1 - 0.5\xi) = f_y A_s h_0 \gamma_s \tag{13-16}$$

从式(13-15)、式(13-16)中可以看出，$\alpha_s = \xi(1 - 0.5\xi)$，$\gamma_s = 1 - 0.5\xi$，利用这两个表达式所表示的关系，可以制成构件正截面承载力计算表格，见表 13-5。

表 13-5　矩形和 T 形截面受弯构件正截面承载力计算系数 γ_s、α_s

ξ	γ_s	α_s	ξ	γ_s	α_s
0.01	0.995	0.010	0.33	0.835	0.276
0.02	0.990	0.020	0.34	0.830	0.282
0.03	0.985	0.030	0.35	0.825	0.289
0.04	0.980	0.039	0.36	0.820	0.295
0.05	0.975	0.048	0.37	0.815	0.302
0.06	0.970	0.058	0.38	0.810	0.308
0.07	0.965	0.067	0.39	0.805	0.314
0.08	0.960	0.077	0.40	0.800	0.320
0.09	0.955	0.086	0.41	0.795	0.326
0.10	0.950	0.095	0.42	0.790	0.332
0.11	0.945	0.104	0.43	0.785	0.338
0.12	0.940	0.113	0.44	0.780	0.343
0.13	0.935	0.121	0.45	0.775	0.349

续表 13-5

ξ	γ_s	α_s	ξ	γ_s	α_s
0.14	0.930	0.130	0.46	0.770	0.354
0.15	0.925	0.139	0.47	0.765	0.364
0.16	0.920	0.147	0.48	0.760	0.365
0.17	0.915	0.156	0.49	0.755	0.370
0.18	0.910	0.164	0.50	0.750	0.375
0.19	0.905	0.172	0.51	0.745	0.380
0.20	0.900	0.180	0.518	0.741	0.384
0.21	0.895	0.183	0.52	0.740	0.385
0.22	0.890	0.196	0.53	0.735	0.390
0.23	0.885	0.204	0.54	0.730	0.394
0.24	0.880	0.211	0.55	0.725	0.400
0.25	0.875	0.219	0.56	0.720	0.403
0.26	0.870	0.226	0.57	0.715	0.408
0.27	0.865	0.234	0.58	0.710	0.412
0.28	0.860	0.241	0.59	0.705	0.416
0.29	0.855	0.248	0.60	0.700	0.420
0.30	0.850	0.255	0.61	0.695	0.424
0.31	0.845	0.262	0.614	0.693	0.426
0.32	0.840	0.269			

注：表中 $\xi=0.518$ 以下的数值不适用于Ⅲ级钢筋，$\xi=0.55$ 以下的数值不适用于Ⅱ级钢筋。

查表 13-5 计算时，由(13-15)可得 $\alpha_s=\dfrac{M}{\alpha_1 f_c bh_0^2}$，由 α_s 的值查表可得 ξ 或 γ_s，由于 $\xi=\dfrac{x}{h_0}=\dfrac{f_y A_s}{\alpha_1 f_c bh_0}$，可求得

$$A_s=\xi bh_0\alpha_1\frac{f_c}{f_y} \tag{13-17}$$

由式(13-16)可求得

$$A_s=\frac{M}{f_y\gamma_s h_0} \tag{13-18}$$

【例 13-1】 已知独立简支梁跨长为 6 m，承受均布荷载为 $q=33.33$ kN/m，已知混凝土的强度等级为 C20，纵向受拉钢筋采用 HRB335 级钢筋，试设计梁截面的尺寸并求解纵向受力钢筋的面积。

解 估算梁截面的高度，$h=\dfrac{l_0}{12}=\dfrac{6\ 000}{12}=500$ (mm)，取 $b=\dfrac{1}{2}h=\dfrac{1}{2}\times500=250$(mm)，

简支梁的最大弯矩 $M=\frac{1}{8}ql^2=\frac{1}{8}\times 33.33\times 6^2=150(\text{kN}\cdot\text{m})$。由于混凝土强度等级为 C20,取 $a_s=40$ mm,可由式(13-9)求解得

$$x=h_0-\sqrt{h_0^2-\frac{2M}{\alpha_1 f_c b}}=460-\sqrt{460^2-\frac{2\times 150\times 10^6}{1\times 9.6\times 250}}$$
$$=166(\text{mm})<\xi_b h_0=0.55\times 460=253(\text{mm})$$

由式(13-8)求得

$$A_s=\frac{\alpha_1 f_c bx}{f_y}=\frac{1\times 9.6\times 250\times 166}{300}=1\ 328(\text{mm}^2)$$

查表 13-6,选用 2 Φ 22 +2 Φ 20($A_s=1\ 388\ \text{mm}^2$)。

选配 2 Φ 22 +2 Φ 20 钢筋时,截面需要的最小宽度

$$b=2\times 22+2\times 20+5\times 25=209(\text{mm})<250\text{ mm}$$

验算最小配筋率

$$\rho=\frac{A_s}{bh}=\frac{1\ 388}{250\times 500}=1.11\%>\rho_{\min}=0.2\%$$

和

$$0.45\frac{f_t}{f_y}=0.45\times\frac{1.1}{300}=0.165\%$$

满足要求。截面配筋布置如图 13-11 所示。

用查表法求解如下:

由式(13-15)可求得

$$\alpha_s=\frac{M}{\alpha_1 f_c bh_0^2}=\frac{150\times 10^6}{1\times 9.6\times 250\times 460^2}=0.295$$

查表 13-5,得

$$A_s=\xi bh_0\alpha_1\frac{f_c}{f_y}=0.36\times 250\times 460\times\frac{1\times 9.6}{300}$$
$$=1\ 324.8(\text{mm}^2)$$

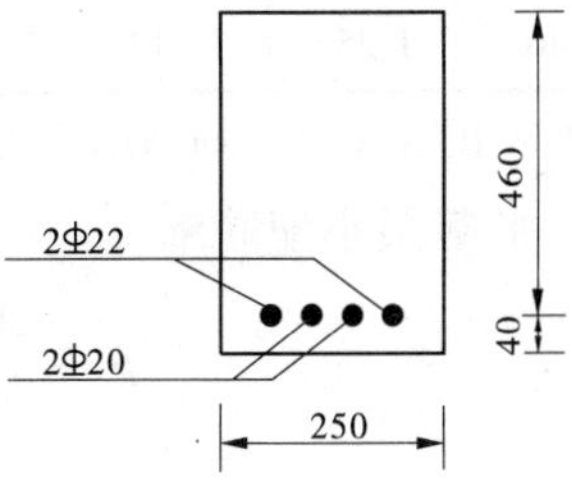

图 13-11 （单位:mm）

查表 13-6,选用 2 Φ 22 +2 Φ 20($A_s=1\ 388\ \text{mm}^2$)。

表 13-6 钢筋的计算截面面积及公称质量

直径 d (mm)	不同根数钢筋的计算截面面积(mm^2)									单根钢筋公称质量 (kg/m)
	1	2	3	4	5	6	7	8	9	
3	7.1	14.1	21.2	28.3	35.3	42.4	49.5	56.5	63.6	0.055
4	12.6	25.1	37.7	50.2	62.8	75.4	87.9	100.5	113	0.099
5	19.6	39	59	79	98	118	138	157	177	0.154
6	28.3	57	85	113	142	170	198	226	255	0.222
6.5	33.2	66	100	133	166	199	232	265	299	0.26
7	38.5	77	115	154	192	231	269	308	346	0.302
8	50.3	101	151	201	252	302	352	402	453	0.395
8.2	52.8	106	158	211	264	317	370	423	475	0.432

续表 13-6

直径 d (mm)	不同根数钢筋的计算截面面积(mm^2)									单根钢筋公称质量 (kg/m)
	1	2	3	4	5	6	7	8	9	
9	63.6	127	191	254	318	382	445	509	572	0.499
10	78.5	157	236	314	393	471	550	628	707	0.617
12	113.1	226	339	452	565	678	791	904	1 017	0.888
14	153.9	308	461	615	769	923	1 077	1 230	1 387	1.21
16	201.1	402	603	804	1 005	1 206	1 407	1 608	1 809	1.58
18	254.5	509	763	1 017	1 272	1 526	1 780	2 036	2 290	2.00
20	314.2	628	942	1 256	1 570	1 884	2 200	2 513	2 827	2.47
22	380.1	760	1 140	1 520	1 900	2 281	2 661	3 041	3 421	2.98
25	490.9	982	1 473	1 964	2 454	2 945	3 436	3 927	4 418	3.85
28	615.3	1 232	1 847	2 463	3 079	3 695	4 310	4 926	5 542	4.83
32	804.3	1 609	2 418	3 217	4 021	4 826	5 630	6 434	7 238	6.31
36	1 018	2 036	3 054	4 072	5 089	6 017	7 125	8 143	9 161	7.99
40	1 256	2 513	3 770	5 027	6 283	7 540	8 796	10 053	11 310	9.87

注:表中直径 $d=8.2$ mm 的计算截面面积及公称质量仅适用于有纵肋的热处理钢筋。

验算最小配筋率

$$\rho=\frac{A_s}{bh}=\frac{1\ 388}{250\times 500}=1.11\%>\rho_{\min}=0.2\%$$

和

$$0.45\frac{f_t}{f_y}=0.45\times\frac{1.1}{300}=0.165\%$$

满足要求。

类型二:已知梁截面的尺寸 b、h,混凝土及钢筋的强度 f_c、f_y,纵向受拉钢筋的截面面积 A_s 和弯矩设计值 M,求截面所能承受的弯矩 M_u。

方法:由式(13-8)可求出 $x=\frac{f_yA_s}{\alpha_1 f_c b}$,若 $x<x_b=\xi_b h_0$,可将 x 代入公式(13-9),则 $M_u=\alpha_1 f_c bx\left(h_0-\frac{x}{2}\right)$;若 $x\geqslant x_b=\xi_b h_0$,梁将出现超筋状态,取 $x=x_b=\xi_b h_0$,代入式(13-9),求出 M_u。比较 M 与 M_u 的大小,若 $M\leqslant M_u$,则截面安全,否则,截面不安全。

【例 13-2】 有一截面尺寸为 $b\times h=200\ \text{mm}\times 450\ \text{mm}$ 的钢筋混凝土梁,环境类别为二 a 类。采用 C25 混凝土和 HRB400 级钢筋,截面构造如图 13-12 所示,该梁承受的受弯弯矩设计值 $M=78\ \text{kN}\cdot\text{m}$,试复核截面是否安全。

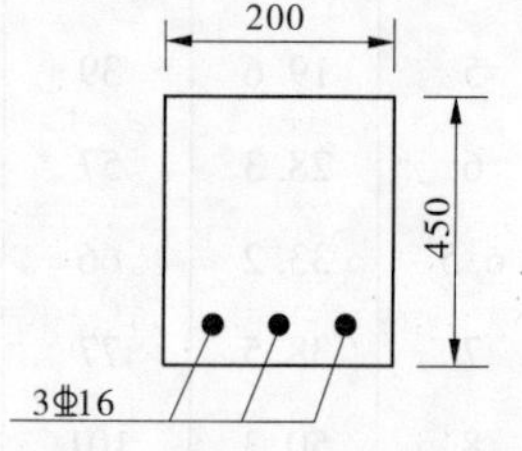

图 13-12 (单位:mm)

解 查表 13-3、表 13-6 知 $f_c=11.9\ \text{N/mm}^2$、$f_y=360\ \text{N/mm}^2$

和 $A_s = 603\ \text{mm}^2$。钢筋净距 $s_n = \dfrac{200 - 2 \times 30 - 3 \times 16}{2} = 46(\text{mm}) > d = 16\ \text{mm}$ 或 25 mm,满足构造要求。混凝土保护层厚度为 30 mm, $h_0 = 450 - 30 - \dfrac{16}{2} = 412(\text{mm})$。由式(13-8)可求得

$$x = \frac{f_y A_s}{\alpha_1 f_c b} = \frac{360 \times 603}{1.0 \times 11.9 \times 200} = 91(\text{mm}) < \xi_b h_0 = 0.518 \times 412 = 213(\text{mm})$$,满足要求

将 x 值代入式(13-9)中,可得

$$M_u = 1.0 \times 11.9 \times 200 \times 91 \times \left(412 - \frac{1}{2} \times 91\right) = 79.4 \times 10^6(\text{N}\cdot\text{mm}) = 79.4\ \text{kN}\cdot\text{m}$$

$M = 78\ \text{kN}\cdot\text{m} < M_u = 79.4\ \text{kN}\cdot\text{m}$,所以该梁截面是安全的,且二者数值很接近,满足经济性的要求。

九、双筋矩形截面受弯构件正截面承载力计算

(一)双筋矩形截面概述

在梁的受拉区和受压区同时按计算配置纵向受力钢筋的截面称为双筋截面。由于在梁的受压区布置受压钢筋来承受压力是不经济的,故一般情况下很少用。在截面所需要承受的弯矩较大,而截面尺寸由于某些限制条件不能加大,以及混凝土强度不宜提高时,常会出现这样的情况,如果按单筋截面设计,则受压区高度 x 将大于界限受压区高度 x_b 而成为超筋截面,亦即受压区混凝土在受拉钢筋应力达到屈服强度之前发生破坏。因此,无论怎样增加钢筋,截面的受弯承载力基本上不再提高。也就是说,按单筋截面进行设计无法满足截面受弯承载力的要求。在这种情况下,可采用双筋截面,即在受压区配置钢筋以协助混凝土承担压力,而将受压区高度 x 减小到界限受压高度 x_b 的范围内,使截面破坏时受拉钢筋应力可达到屈服强度,而受压区混凝土不致过早被压碎。

(二)双筋矩形截面的计算公式和适用条件

双筋矩形截面与单筋矩形截面的基本假定相同,而且普通受压钢筋 A'_s 的抗压强度设计值 f'_y 与其抗拉设计强度 f_y 相同,但应采取相应措施保证受压钢筋充分发挥其作用。

试验表明,只要满足适筋梁的条件,双筋截面梁的破坏形式与单筋适筋梁塑性破坏的特征基本相同,即受拉钢筋首先屈服,随后受压区边缘混凝土达极限压应变而破坏。

双筋矩形截面构件达到受弯承载力极限状态时的截面应力状态如图 13-13 所示,其正截面受弯承载力可按下列公式计算

$$f_y A_s = \alpha_1 f_c bx + f'_y A'_s \tag{13-19}$$

$$M \leqslant M_u = \alpha_1 f_c bx\left(h_0 - \frac{x}{2}\right) + f'_y A'_s(h_0 - a'_s) \tag{13-20}$$

式(13-19)、式(13-20)比式(13-8)、式(13-9)多了受压区钢筋的作用,式(13-19)、式(13-20)的适用条件是:

(1)保证受拉钢筋应力达到其抗拉强度设计值 f_y,必须满足 $x \leqslant x_b = \xi_b h_0$,防止发生超筋破坏。

(2)为保证受压钢筋应力达到其抗压设计强度 f'_y,受压区等效高度必须满足 $x \geqslant 2a'_s$。

当受压区等效高度不满足上述关系时,可近似取 $x = 2a'_s$,对受压钢筋的合力点取弯矩,

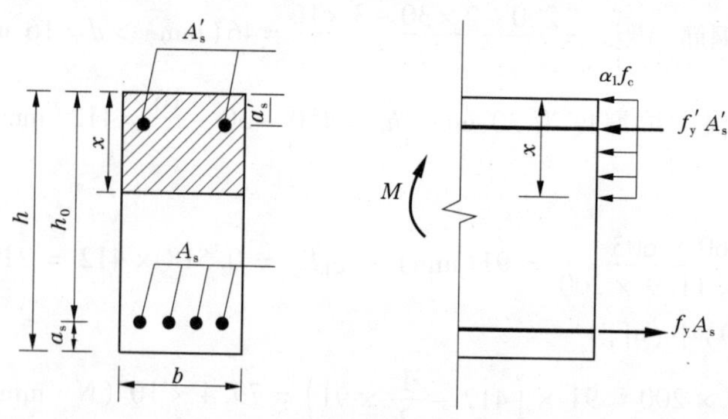

图 13-13

可得

$$M \leqslant f_y A_s (h_0 - a'_s) \tag{13-21}$$

用式(13-21)可以直接确定纵向受拉钢筋的截面面积 A_s。这样求得的 A_s 比不考虑受压钢筋的存在而按单筋矩形截面计算的 A_s 还大,这时应按单筋截面的计算结果配筋。

计算类型:已知弯矩设计值 M,材料强度等级(f_c、f_y 及 f'_y)、截面尺寸(b、h),求受拉钢筋面积 A_s 和受压钢筋面积 A'_s。

由式(13-19)、式(13-20)可知,方程里共有三个未知量,故还需补充一个条件才能求解。由适用条件(1)知,若取 $x = x_b = \xi_b h_0$,这样可充分发挥混凝土的抗压作用,从而使钢筋总的用量($A_s + A'_s$)为最小,达到节约钢筋的目的。

【例 13-3】 已知一矩形截面梁,$b = 200$ mm,$h = 500$ mm,混凝土强度等级为 C20(f_c = 9.6 N/mm^2),采用 HRB335 级钢筋(f_y = 300 N/mm^2),承受的弯矩设计值 M = 230 kN · m,求所需的受拉钢筋 A_s 和受压钢筋面积 A'_s。

解 (1)验算是否需要采用双筋截面。

因 M 的数值较大,受拉钢筋按两排考虑,$h_0 = h - 65 = 500 - 65 = 435$(mm)。计算此梁若设计成单筋截面所能承受的最大弯矩

$$M_{u,max} = \alpha_1 f_c b h_0^2 \xi_b (1 - 0.5\xi_b) = 1 \times 9.6 \times 200 \times 435^2 \times 0.55 \times (1 - 0.5 \times 0.55)$$
$$= 144.9 \times 10^6 (\text{N} \cdot \text{mm}) = 144.9 \text{ kN} \cdot \text{m} < M = 230 \text{ kN} \cdot \text{m}$$

说明如果设计成单筋截面,将出现超筋现象,故应设计成双筋截面。

(2)求受压钢筋面积 A'_s,令 $x = \xi_b h_0$,由式(13-20),并注意到 $x = \xi_b h_0$ 是等号右边第一项即为 $M_{u,max}$,则

$$A'_s = \frac{M - M_{u,max}}{f'_y (h_0 - a'_s)} = \frac{230 \times 10^6 - 148.2 \times 10^6}{300 \times (435 - 35)} = 709.2 (\text{mm}^2)$$

$$\rho'_{min} bh = 0.2\% bh = 0.2\% \times 200 \times 500 = 200 (\text{mm}^2) < A'_s = 709.2 \text{ mm}^2$$

满足要求。

(3)求受拉钢筋面积 A_s,由式(13-19),并注意到 $x = \xi_b h_0$,则

$$A_s = \frac{\alpha_1 f_c b \xi_b h_0 + f'_y A'_s}{f_y} = \frac{1 \times 9.6 \times 200 \times 0.55 \times 435 + 300 \times 709.2}{300} = 2\ 240.4 (\text{mm}^2)$$

(4)选配钢筋。

受拉钢筋选用 6 Φ 22(A_s = 2 281 mm^2),受压钢筋选用2 Φ 22(A'_s = 760 mm^2)。截面配

筋如图 13-14 所示。

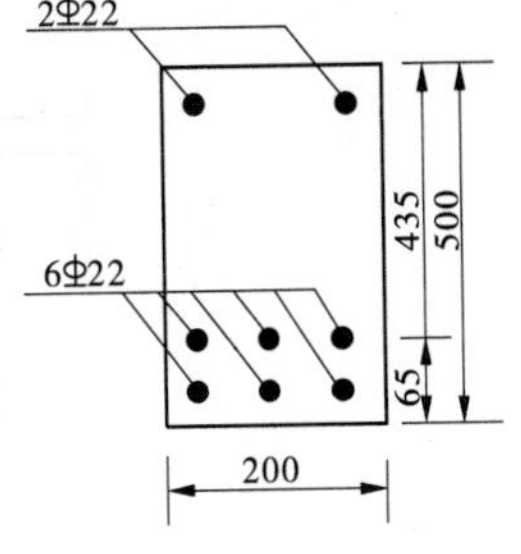

图 13-14 （单位：mm）

【例 13-4】 已知条件同例 13-3，但在受压区已配置了 3 Φ 22（$A'_s=941$ mm），求受拉钢筋 A_s。

解 因为已知受压钢筋的数量，所以应注意此时 $x \neq \xi_b h_0$，而是一个未知量，由于现在只有 x、A_s 两个未知数，故可直接求解。

由式（13-20）可得

$$x = h_0 - \sqrt{h_0^2 - \frac{2[M - f'_y A'_s(h_0 - a'_s)]}{\alpha_1 f_c b}}$$

$$= 435 - \sqrt{435^2 - \frac{2 \times [230 \times 10^6 - 300 \times 941 \times (435 - 40)]}{1 \times 9.6 \times 200}}$$

$$= 178.5(\text{mm}) < \xi_b h_0 = 0.55 \times 435 = 239(\text{mm})$$

不会出现超筋破坏现象。

由式（13-19）

$$A_s = \frac{\alpha_1 f_c bx + f'_y A'_s}{f_y} = \frac{1 \times 9.6 \times 200 \times 178.5 + 300 \times 941}{300} = 2\,083.4(\text{mm}^2)$$

比较例 13-3 和例 13-4 的结果可知，因为在例 13-3 中混凝土受压区高度 x 取最大值 $\xi_b h_0$，故能充分发挥混凝土的抗压能力，使得钢筋的总数量（$A'_s + A_s = 709.2 + 2\,240.4 = 2\,949.6$（mm²））较例 13-4 中的钢筋的总数量（$A'_s + A_s = 941 + 2\,083.4 = 3\,024.4$（mm²））为少。

十、T 形截面梁受弯构件正截面承载力计算

（一）T 形截面受弯构件概述

受弯构件产生裂缝后，裂缝截面处的受拉混凝土因开裂而退出工作，拉力可认为全部由受拉钢筋承担，故可将受拉区混凝土的一部分去掉，把原有的纵向受拉钢筋集中布置在腹板，由于在计算中是不考虑混凝土的抗拉作用（即构件的承载力与截面受拉区的形状无关）的，所以截面的承载力不但与原有截面相同，而且可以节约混凝土，减轻构件自重。剩下的梁认为是由两部分组成的，T 形截面伸出的部分称为翼缘，其宽度为 b'_f，厚度为 h'_f；翼缘以下的部分称为肋，肋的宽度用 b 表示，T 形截面总高用 h 表示。

由于 T 形截面受力比矩形截面合理，所以 T 形截面梁在工程实践中的应用十分广泛。例如在整体式肋形楼盖中，楼板和梁浇筑在一起形成整体式 T 形，预制空心板截面形式是矩形，但将其圆孔之间的部分合并，就是 I 形截面，故其正截面计算也是按 T 形截面计算。

值得注意的是，若翼缘处于梁的受拉区，当受拉区的混凝土开裂后，翼缘部分的混凝土就不起作用了，所以这种梁形式上是 T 形，但在计算时只能按腹板为 b 的矩形梁计算承载力。所以，判断梁是按矩形还是按 T 形截面计算，关键是看其受压区所处的部位。若受压区位于翼缘，则按 T 形截面计算；若受压区位于腹板，则应按矩形截面计算，如图 13-15 所示。

试验和理论分析表明，T 形截面受力后，翼缘的压应力沿翼缘宽度方向分布是不均匀的，距肋部越远，翼缘参与受力越小。因此，与肋部共同参与工作的肋部是有限的。为了简化计算，假定距肋部一定范围以内的翼缘全部参与工作，且在此宽度范围内的应力分布是均匀的，而在此范围以外的部分，完全不参与受力，这个宽度就是 b'_f。《混凝土规范》规定，b'_f

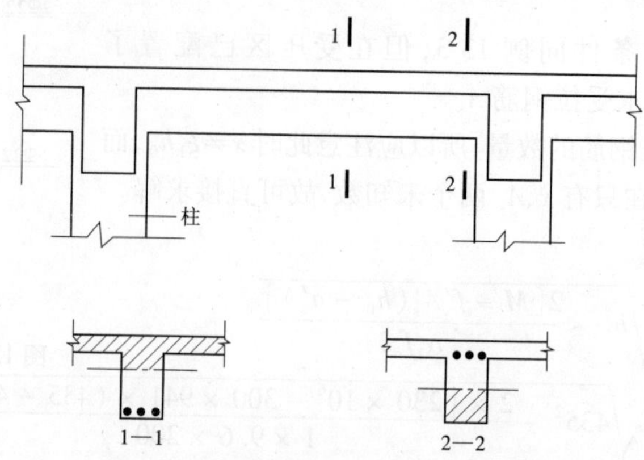

图 13-15　整体式楼盖中的 T 形截面

按表 13-7 所示取最小值。

表 13-7　T 形及倒 L 形截面受弯构件翼缘计算宽度 b_f'

考虑情况		T 形截面		倒 L 形截面
		肋形梁(板)	独立梁	肋形梁(板)
按计算跨度 l_0 考虑		$\frac{1}{3}l_0$	$\frac{1}{3}l_0$	$\frac{1}{6}l_0$
按梁(肋)净距 s_0 考虑		$b+s_0$	—	$b+\frac{s_0}{2}$
按翼缘高度(h_f')考虑	$h_f'/h_0 \geqslant 0.1$	—	$b+12h_f'$	—
	$0.1 > h_f'/h_0 \geqslant 0.05$	$b+12h_f'$	$b+6h_f'$	$b+5h_f'$
	$h_f'/h_0 < 0.05$	$b+12h_f'$	b	$b+5h_f'$

注:(1)表中 b 为梁腹板的宽度。

(2)如果肋形梁在梁跨内设有间距小于纵肋间距的横肋,则可不遵守表列第三种情况的规定。

(3)对有加腋的 T 形和倒 L 形截面,当受压加腋的高度 $h_h \geqslant h_f'$ 且加腋的宽度 $b_h \leqslant 3h_h$ 时,则其翼缘计算宽度可按表列第三种情况规定分别增加 $2b_h$(T 形截面)和 b_h(倒 L 形截面)。

(4)独立梁受压区的翼缘板在荷载作用下经验算沿纵肋方向可能产生裂缝时,其计算宽度应取腹板宽度 b。

(二)截面计算基本公式

T 形截面按中和轴所在的位置不同可分为两类:

(1)第一类 T 形截面,中和轴位于翼缘内,$x \leqslant h_f'$,受压区面积为矩形(见图 13-16(a))。

(2)第二类 T 形截面,中和轴位于梁肋,$x > h_f'$,受压区面积为 T 形(见图 13-16(b))。

在进行 T 形截面受弯构件承载力计算时,首先应判断在给定条件下截面属于哪一类 T 形截面。当受压区高度 x 等于翼缘厚度 h_f' 时,为两类 T 形截面的界限情况(见图 13-16(c)、(d))。由平衡条件可得

$$f_y A_s = \alpha_1 f_c b_f' h_f' \tag{13-22}$$

$$M = \alpha_1 f_c b_f' h_f' (h_0 - 0.5h_f') \tag{13-23}$$

因此,当 $f_y A_s \leqslant \alpha_1 f_c b_f' h_f'$ 或 $M \leqslant \alpha_1 f_c b_f' h_f' (h_0 - 0.5h_f')$ 时,截面属于第一类 T 形截面;反之,为第二类 T 形截面。

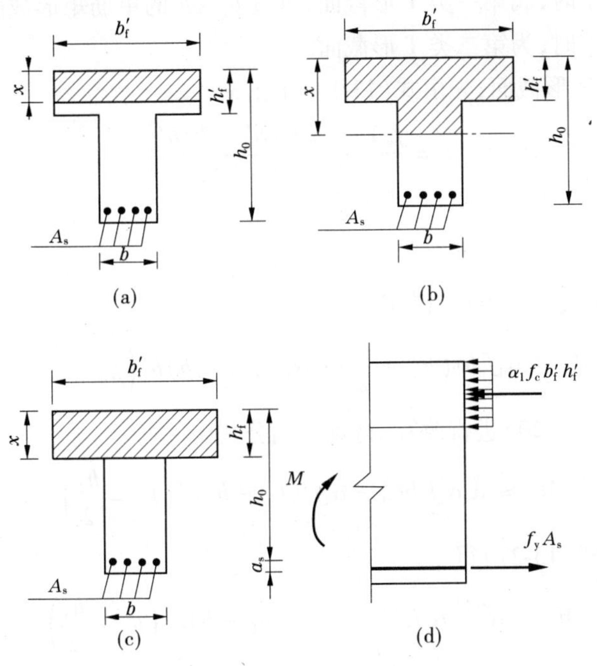

图 13-16

1. 第一类 T 形截面

中和轴在翼缘内($x \leqslant h_f'$),受压区为高为 x、宽为 b_f' 的矩形,故第一类 T 形截面的受弯承载力按相当于宽度为 b_f' 的矩形截面受弯承载力计算。

第一类 T 形截面梁的正截面受弯时的计算简图如图 13-16(a)所示,由平衡条件可得适用条件

$$f_y A_s = \alpha_1 f_c b_f' x \tag{13-24}$$

$$M \leqslant \alpha_1 f_c b_f' x\left(h_0 - \frac{x}{2}\right) \tag{13-25}$$

应该指出的是,对于 T 形截面,验算截面最小配筋率时应采用截面的肋部宽 b,不是受压面积的宽度 b_f'。这是因为,受弯构件纵向受拉钢筋的 ρ_{min} 是根据钢筋混凝土梁的极限弯矩 M_u 等于同样截面同样混凝土强度等级的素混凝土梁的开裂弯矩 M_{cr} 这一条件确定的。混凝土梁的 M_{cr} 主要取决于受拉区混凝土面积。T 形截面混凝土梁的 M_{cr} 接近于高度为 h、宽度为肋宽 b 的矩形截面混凝土梁的 M_{cr}。为了简化计算,T 形截面受弯构件的最小配筋率按宽度为肋宽的矩形截面($b \times h$)计算。

2. 第二类 T 形截面

第二类 T 形截面梁的正截面受弯承载力计算简图如图 13-16(b)所示。受压区为 T 形,为了便于计算,可将受压区混凝土划分为翼缘伸出部分混凝土和肋部矩形截面混凝土两部分。

1)基本公式的应用

已知截面尺寸 b、h 及 b_f'、h_f',材料强度 f_c、f_y 及纵向受拉钢筋截面面积 A_s,要求计算截面所能承受的极限弯矩。基本步骤如下:

(1)判定截面类型。

当$f_yA_s \leqslant \alpha_1 f_c b_f' h_f'$时，属第一类 T 形截面，可按$b_f' \times h$的单筋矩形截面计算；

当$f_yA_s > \alpha_1 f_c b_f' h_f'$时，为第二类 T 形截面。

（2）对于第二类 T 形截面，先由式（13-19）求出 x

$$x = \frac{f_yA_s - \alpha_1 f_c(b_f' - b)h_f'}{\alpha_1 f_c b} \tag{13-26}$$

（3）验算$x \leqslant \xi_b h_0$。

（4）求M_u。

当$x \leqslant \xi_b h_0$时，由式（13-20）求得M_u

$$M_u = \alpha_1 f_c bx\left(h_0 - \frac{x}{2}\right) + \alpha_1 f_c(b_f' - b)h_f'\left(h_0 - \frac{h_f'}{2}\right)$$

若$x > \xi_b h_0$，将式（13-20）进行改写，得到下面公式

$$M_u \leqslant \alpha_s \alpha_1 f_c bh_0^2 + \alpha_1 f_c(b_f' - b)h_f'\left(h_0 - \frac{h_f'}{2}\right) \tag{13-27}$$

并取$\alpha_s = \alpha_{s,max}$，代入式（13-27）得

$$M_u = \alpha_{s,max}\alpha_1 f_c bh_0^2 + \alpha_1 f_c(b_f' - b)h_f'\left(h_0 - \frac{h_f'}{2}\right) \tag{13-28}$$

【例 13-5】 已知一 T 形截面梁的截面尺寸，$b = 250$ mm，$h = 700$ mm，$b_f' = 600$ mm，$h_f' = 100$ mm，截面配有 8 Φ 22（$A_s = 3\ 041\ \text{mm}^2$）纵向受拉钢筋，采用 HRB335 级钢筋，混凝土强度等级为 C20，梁截面的最大弯矩设计值$M = 490$ kN · m，试校核该梁是否安全。

解 （1）判别截面类型。

$\alpha_1 = 1.0$，$f_c = 9.6\ \text{N/mm}^2$，$f_y = 300\ \text{N/mm}^2$，$\xi_b = 0.550$，$h_0 = h - 65 = 700 - 65 = 635$（mm），$f_yA_s = 300 \times 3\ 041 = 912\ 300$（N），$\alpha_1 f_c b_f' h_f' = 1.0 \times 9.6 \times 600 \times 100 = 576\ 000$（N），$A_yA_s > \alpha_1 f_c b_f' h_f'$，为第二类 T 形截面。

（2）求 x。

$$x = \frac{f_yA_s - \alpha_1 f_c(b_f' - b)h_f'}{\alpha_1 f_c b} = \frac{300 \times 3\ 041 - 1.0 \times 9.6 \times (600 - 250) \times 100}{1.0 \times 9.6 \times 250} = 240.1\text{(mm)}$$

$$< \xi_b h_0 = 0.550 \times 635 = 349\text{(mm)}$$

（3）求M_u。

$$M_u = \alpha_1 f_c bx\left(h_0 - \frac{x}{2}\right) + \alpha_1 f_c(b_f' - b)h_f'\left(h_0 - \frac{h_f'}{2}\right)$$

$$= 1.0 \times 9.6 \times 250 \times 240.1 \times \left(635 - \frac{240.1}{2}\right) + 1.0 \times 9.6 \times (600 - 250) \times 100 \times \left(635 - \frac{100}{2}\right)$$

$$= 493 \times 10^6\text{(N} \cdot \text{m)} > M = 490\ \text{kN} \cdot \text{m}$$

安全。

2）截面设计

已知截面尺寸 b、h、b_f'、h_f'，材料强度f_c、f_c'及弯矩设计值 M，要求计算截面需配置的纵向受拉钢筋A_s。基本步骤如下：

（1）判别截面类型。

若 $M\leqslant\alpha_1 f_c b_f' h_f'\left(h_0-\frac{h_f'}{2}\right)$，为第一类 T 形截面，按宽度为 b_f' 的单筋矩形截面进行计算；

若 $M>\alpha_1 f_c b_f' h_f'\left(h_0-\frac{h_f'}{2}\right)$，为第二类 T 形截面。

(2)求 α_s。

对第二类 T 形截面

$$\alpha_s=\frac{M-\alpha_1 f_c(b_f'-b)h_f'\left(h_0-\frac{h_f'}{2}\right)}{\alpha_1 f_c b h_0^2}$$

(3)验算 $\alpha_s\leqslant\alpha_{s,max}$。

若 $\alpha_s>\alpha_{s,max}$，可采取的措施：①加大截面尺寸或提高混凝土强度等级；②配置受压钢筋。

(4)求 A_s。

当 $\alpha_s\leqslant\alpha_{s,max}$ 时，查表 13-5 可以求得相应的 ξ 值，则

$$A_s=\frac{\alpha_1 f_c b h_0\xi+\alpha_1 f_c(b_f'-b)h_f'}{f_y}$$

【例 13-6】 某 T 形截面梁 $b\times h=250\ \text{mm}\times650\ \text{mm}$，$b_f'=600\ \text{mm}$，$h_f'=120\ \text{mm}$，混凝土的强度等级为 C25，采用 HRB335 级钢筋，弯矩设计值 $M=515\ \text{kN}\cdot\text{m}$，试求该梁需配置的纵向受拉钢筋。

解 $\alpha_1=1.0$，$f_c=11.9\ \text{N/mm}^2$，$f_y=300\ \text{N/mm}^2$，$\alpha_{s,max}=0.399$。设纵筋按两排布置，$h_0=h-60=650-60=590(\text{mm})$。

(1)判别截面类型。

$$\alpha_1 f_c b_f' h_f'\left(h_0-\frac{h_f'}{2}\right)=1.0\times11.9\times600\times120\times\left(590-\frac{120}{2}\right)\times10^{-6}$$
$$=454(\text{kN}\cdot\text{m})<M=515\ \text{kN}\cdot\text{m}$$

属第二类 T 形截面。

(2)求 A_s。

$$\alpha_s=\frac{M-\alpha_1 f_c(b_f'-b)h_f'\left(h_0-\frac{h_f'}{2}\right)}{\alpha_1 f_c b h_0^2}$$
$$=\frac{515\times10^6-1.0\times11.9\times(600-250)\times120\times\left(590-\frac{120}{2}\right)}{1.0\times11.9\times250\times590^2}$$
$$=0.2415<\alpha_{s,max}=0.399$$

查表 13-5 得 $\xi=0.281$，则

$$A_s=\frac{\alpha_1 f_c b h_0\xi+\alpha_1 f_c(b_f'-b)h_f'}{f_y}$$
$$=\frac{1.0\times11.9\times250\times590\times0.281+1.0\times11.9\times(600-250)\times120}{300}$$
$$\doteq3310(\text{mm}^2)$$

选用7 Φ 25，$A_s = 3\ 436\ \text{mm}^2$。

十一、梁的斜截面承载力计算

(一)梁斜截面破坏概述

一般情况下，梁作为受弯构件，其截面除作用有弯矩外，还作用有剪力。图13-17为受一对集中力作用的简支梁，在集中力之间为纯弯区段，剪力为零，且弯矩值最大，可能发生正截面破坏；在集中力到支座之间的区段，既有弯矩又有剪力(称为弯剪区)，剪力和弯矩共同作用引起的主拉应力将使该段产生斜裂缝，即可能导致沿斜截面的破坏。所以，对于受弯构件，既要计算正截面的承载力，也要计算斜截面的承载力。

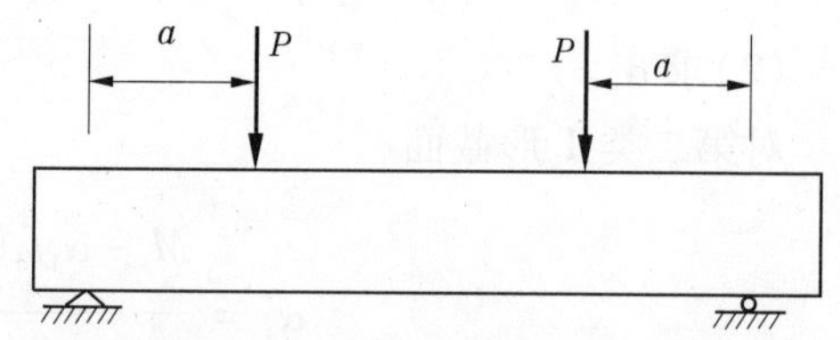

图13-17 梁在对称集中荷载作用下的计算简图

前面已经介绍了受弯构件的正截面是以纵向受拉钢筋来加强的，而斜截面则主要是靠配置箍筋和弯起钢筋来加强的。箍筋和弯起钢筋位于梁的腹部，故通常也统称为"腹筋"。

(二)梁斜截面承载力计算

梁斜截面计算中常用的两个参数为剪跨比 λ 和配箍率 ρ_{sv}。

1. 广义剪跨比

广义剪跨比 $\lambda = \dfrac{M}{Vh_0}$，剪跨比是个无量纲的参数。$M$ 为计算截面的弯矩，V 为相应截面上的剪力，截面的有效高度为 h_0，λ 反映计算截面上正应力和剪应力的比值关系，即反映了梁的应力状态。

对于如图13-17所示的承受集中荷载的简支梁，集中荷载作用截面的剪跨比 $\lambda = \dfrac{M}{Vh_0} = \dfrac{Pa}{Ph_0} = \dfrac{a}{h_0}$，$a$ 为集中荷载作用点至支座的距离，称为剪跨。对于有多个集中荷载作用的梁，为简化计算，不再计算最大集中荷载作用截面的广义剪跨比 $\lambda = \dfrac{M}{Vh_0}$，而是直接取该截面到支座的距离作为它的计算剪跨 a，这时的计算剪跨比 $\lambda = \dfrac{a}{h_0}$ 要低于广义剪跨比，但相差不多，故在计算时均以计算剪跨比进行计算。

2. 配箍率 ρ_{sv}

箍筋截面面积与对应的混凝土面积的比值，称为配箍率。数学表达式为 $\rho_{sv} = \dfrac{A_{sv}}{bs}$，式中 A_{sv} 为配置在同一截面内的箍筋面积总和，$A_{sv} = nA_{sv1}$；n 为同一截面内箍筋的肢数；A_{sv1} 为单肢箍筋的截面面积；b 为截面宽度，若是T形截面，则是梁腹宽度；s 为箍筋沿梁轴线方向的间距。

(三)无腹筋梁斜截面的破坏形态

为了了解工程中梁的斜裂缝出现的原因，先对无腹筋梁进行了一系列的试验，众多试验表明，斜裂缝的出现有一个发生、发展的过程。第一条斜裂缝可能由构件受拉边缘的垂直裂缝发展而成，也可能在中和轴附近出现。随着荷载增加，将出现许多新裂缝，其中一条迅速延伸加宽，最后导致斜截面破坏，这条裂缝称为临界斜裂缝，是斜裂缝破坏的显著特征。

斜截面的主要破坏形态有下述三种：

(1)斜拉破坏。集中荷载下的简支梁，当剪跨比 $\lambda>3$(均布荷载作用时梁跨高比 $l/h>9$)时，斜裂缝一出现就很快向梁顶发展，形成临界裂缝，并将残余混凝土斜劈成两半，梁被斜向拉断而破坏。这种破坏是突然的脆性破坏(见图 13-18(c))。这种梁的强度取决于混凝土在复合受力下的抗拉强度，承载力很低。

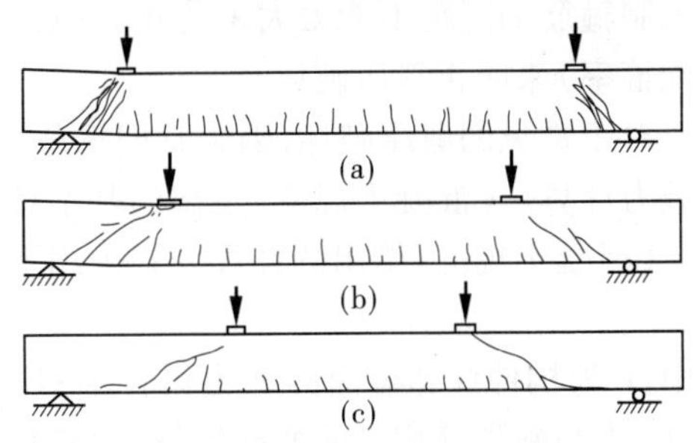

图 13-18　梁斜截面破坏的形态

(2)剪压破坏。当梁的剪跨比 $1<\lambda\leqslant3$(均布荷载作用时梁跨高比 $3<l/h\leqslant9$)时，在裂缝出现后，荷载仍能有较大增长，并继续出现其他斜裂缝，逐渐形成一条裂缝，向梁顶发展，达到破坏荷载时，斜裂缝上端混凝土被压碎。这种破坏主要是残余截面的混凝土在截面正应力、截面剪应力和荷载的局部竖向压应力的共同作用下发生的主压应力的破坏，称为剪压破坏，承载力高于斜拉破坏(见图 13-18(b))。

(3)斜压破坏。当梁的剪跨比 $\lambda\leqslant1$(均布荷载作用时梁跨高比 $l/h\leqslant3$)时，集中荷载作用点距支座较近，荷载与支座之间犹如一斜向受压短柱。破坏时裂缝多而密，将梁腹分割成数个倾斜的受压构件，最后混凝土被斜向压坏，故称为斜压破坏。这种破坏主要取决于混凝土的抗压强度(见图 13-18(a))。

无腹筋梁除上述三种主要破坏形态外，还可能出现其他破坏形态，如局部挤压破坏、纵筋的锚固破坏等。

总之，剪跨比不同，无腹筋梁的破坏形态不同，承载力不同，但达到承载力时梁的挠度均不大，破坏后荷载均急剧下降，且均为脆性破坏，其中以斜拉破坏最为明显。

(四)有腹筋梁斜截面的受力特点及破坏形态

为了提高梁的抗剪能力，防止梁沿斜截面的脆性破坏，在实际工程结构中，梁均配置有腹筋，与无腹筋梁相比，有腹筋梁的受力特点、破坏形态有许多相似之处和一些不同之处。

通过试验发现，对于配置了腹筋的梁，在荷载较小、斜裂缝出现以前，腹筋的应力很小，其作用也不明显，对斜裂缝出现时的荷载影响不大，其受力性能与无腹筋梁基本相近。在斜裂缝出现以后，由于与斜裂缝相交的箍筋或弯起钢筋可以直接承担部分剪力，因此限制了斜裂缝的开展、延伸，加大了剪压区的面积，提高了剪压区的抗剪能力。

如果腹筋配置得适当，随着荷载的增大，与斜裂缝相交的箍筋应力达到屈服强度，同时剪压区混凝土被压碎而破坏，梁破坏前有明显的预兆，属剪压破坏。如果箍筋数量过多，箍筋应力较小，斜裂缝发展缓慢，在箍筋应力未达到屈服强度时，斜裂缝之间的混凝土就会被斜向压碎而破坏，这种破坏属脆性破坏，斜裂缝开展较小，属斜压破坏。如果箍筋配置过少，斜裂缝一旦出现，与斜裂缝相交的箍筋所受的拉力就会突然增大，很快达到屈服强度，箍筋不能再抑制斜裂缝的开展，梁将发生无明显预兆的突然破坏，与无腹筋梁的斜拉破坏类似。

对于有腹筋梁，也存在剪压、斜压、斜拉三种破坏情况，其中，斜压破坏和斜拉破坏有脆性，在工程中应该避免。若梁发生斜截面破坏，剪压破坏的延性最好，征兆最明显。

（五）斜截面受剪承载力计算

1. 计算公式

在梁斜截面的各种破坏形态中，可以通过配置一定数量的箍筋（即控制最小配箍率），且限制箍筋的间距不能太大来防止斜拉破坏，通过限制截面尺寸不能太小（相当于控制最大配箍率）来防止斜压破坏。

对于常见的剪压破坏，因为它们承载能力的变化范围较大，设计时要进行必要的斜截面承载力计算。《混凝土规范》给出的基本计算公式就是根据剪压破坏的受力特征建立的。

《混凝土规范》给出的计算公式采用下列表达式

$$V \leqslant V_u = V_{cs} + V_{sb} \tag{13-29}$$

式中：V 为构件计算截面的剪力设计值；V_{cs} 为构件斜截面上混凝土和箍筋受剪承载力设计值；V_{sb} 为与斜裂缝相交的弯起钢筋的受剪承载力设计值。

剪跨比 λ 是影响梁斜截面承载力的主要因素之一，但为了简化计算，这个因素在一般计算情况下不予考虑。

《混凝土规范》规定仅对以承受集中荷载为主（即作用有多种荷载，其中集中荷载对支座截面或节点边缘所产生的剪力值占总剪力值的75%以上的情况）的矩形、T形和I形截面的独立梁才考虑剪跨比 λ 的影响。

混凝土和箍筋共同承担的受剪承载力可以表达为

$$V_{cs} = V_c + V_{sv} \tag{13-30}$$

式中：V_c 可以认为是剪压区混凝土的抗剪承载力；V_{sv} 可以认为是与斜裂缝相交的箍筋的抗剪承载力。

《混凝土规范》根据试验资料的分析，对矩形、T形、I形截面的一般受弯构件

$$V_{cs} = 0.7f_t bh_0 + 1.25f_{yv}\frac{A_{sv}}{s}h_0 \tag{13-31}$$

对主要以承受集中荷载作用为主的矩形、T形和I形截面独立梁

$$V_{cs} = \frac{1.75}{\lambda + 1}f_t bh_0 + f_{yv}\frac{A_{sv}}{s}h_0 \tag{13-32}$$

式中：f_t 为混凝土轴心抗拉强度设计值；f_{yv} 为箍筋抗拉强度设计值；λ 为计算截面的剪跨比，当 $\lambda = \frac{a}{h_0}$ 时，若 $\lambda < 1.5$ 取 $\lambda = 1.5$，若 $\lambda > 3$ 取 $\lambda = 3$。

需要说明的是，虽然式（13-31）和式（13-32）中抗剪承载力 V_{cs} 表达为剪压区混凝土的抗剪承载力 V_c 和箍筋的抗剪承载力 V_{sv} 二项相加的形式，但 V_c、V_{sv} 之间是有一定的联系和影响的。若不配置箍筋的话，则剪压区混凝土的抗剪承载力要低于公式等号右边第一项计算出来的值。这是因为配置了箍筋后，限制了斜裂缝的发展，从而也就提高了混凝土的抗剪能力。

如果工程中梁内配置了弯起钢筋，则其抗剪承载力 V_{sb} 的表达式为

$$V_{sb} = 0.8f_y A_{sb}\sin\alpha_s \tag{13-33}$$

式中：f_y 为弯起钢筋的抗拉强度设计值；A_{sb} 为弯起钢筋的截面面积；α_s 为弯起钢筋与梁轴间的角度，一般取45°，当梁高 $h > 700$ mm 时，取60°；0.8 为考虑到靠近剪压区的弯起钢筋在破坏时可能达不到抗拉强度设计值的应力不均匀系数。

因此，《混凝土规范》给出了梁内配有箍筋和弯起钢筋的斜截面抗剪承载力计算公式

如下：

对矩形、T 形、I 形截面的一般受弯构件

$$V \leqslant V_u = 0.7f_t bh_0 + 1.25f_{yv}\frac{A_{sv}}{s_0}h_0 + 0.8f_y A_{sb}\sin\alpha_s \tag{13-34}$$

对主要以承受集中荷载作用为主的独立梁

$$V \leqslant V_u = \frac{1.75}{1+\lambda}f_t bh_0 + f_{yv}\frac{A_{sv}}{s}h_0 + 0.8f_y A_{sb}\sin\alpha_s \tag{13-35}$$

2. 计算公式的适用范围

1）上限值——最小截面尺寸及最大配箍率

当箍筋配置过多时，箍筋的拉应力达不到屈服强度，梁斜截面抗剪能力主要取决于截面尺寸及混凝土的强度等级，而与配箍率无关，此时，梁将发生斜压破坏。因此，为了防止配箍率过高（也就是截面尺寸过小），避免斜压破坏，《混凝土规范》作了如下规定。

对矩形、T 形和 I 形截面的受弯构件，其受剪截面需符合下列条件：

当$\frac{h_w}{b}\leqslant 4$时（即一般梁）

$$V \leqslant 0.25\beta_c f_c bh_0 \tag{13-36}$$

当$\frac{h_w}{b}\geqslant 6$时（即薄腹梁）

$$V \leqslant 0.20\beta_c f_c bh_0 \tag{13-37}$$

当$6 > \frac{h_w}{b} > 4$时，可按线性插值法取用。

式中：V 为截面最大剪力设计值；b 为矩形截面的宽度，T 形或 I 形截面的腹板宽度；h_w 为截面的腹板高度，矩形截面取有效高度，T 形截面取有效高度减去翼缘高度，I 形截面取腹板净高；f_c 为混凝土轴心抗压强度设计值；β_c 为混凝土强度影响系数，当混凝土强度等级不超过 C50 时，$\beta_c = 1.0$，当混凝土强度等级为 C80 时，$\beta_c = 0.8$，其间按线性内插法确定。

式（13-36）、式（13-37）规定了梁在各种情况下梁斜截面受剪承载力的上限值，相当于限制了梁截面的最小尺寸及最大配箍率，当上述条件不满足时，则应加大截面尺寸或提高混凝土的强度等级。

对于 I 形和 T 形截面的简支受弯构件，当有经验时，式（13-36）可取为

$$V \leqslant 0.3\beta_c f_c bh_0 \tag{13-38}$$

2）下限值——最小配箍率 $\rho_{sv,min}$

若配箍率过小，即箍筋过少，或箍筋的间距过大，一旦出现斜裂缝，箍筋的拉应力会立即达到屈服强度，不能限制斜裂缝的进一步开展，导致截面发生斜拉破坏。因此，为了防止出现斜拉破坏，箍筋的数量不能过少，间距不能太大。为此，《混凝土规范》规定配箍率的下限值（即最小配箍率）为

$$\rho_{sv,min} = \frac{A_{sv}}{bs} = 0.24\frac{f_t}{f_{yv}} \tag{13-39}$$

3）按构造配箍筋

在实际工程中，构件上截面所承受的剪力 V 若符合下列条件：

对矩形、T形、I形截面的一般受弯构件

$$V \leqslant 0.7 f_t b h_0 \tag{13-40}$$

对主要以承受集中荷载作用为主的独立梁

$$V \leqslant \frac{1.75}{1+\lambda} f_t b h_0 \tag{13-41}$$

均可不进行斜截面的受剪承载力计算,而仅需根据《混凝土规范》的有关规定,按最小配箍率及构造要求配置箍筋。

3. 计算位置

在计算受剪承载力时,计算截面的位置按下列规定确定:

(1)支座边缘的截面。这一截面属必须计算的截面,因为支座边缘的剪力值是最大的。

(2)受拉区弯起钢筋的弯起点对应的横截面。这个截面的抗剪承载力不包括相应弯起钢筋的抗剪承载力。

(3)箍筋直径或间距改变处的截面。在此截面箍筋的抗剪承载力有所变化。

(4)截面腹板宽度改变处。在此截面混凝土的抗剪承载力有所变化。

4. 箍筋配筋计算

已知荷载情况,需要确定截面尺寸及腹筋。一般是在正截面承载力计算后进行,这时截面尺寸已知,仅需确定腹筋。

计算步骤:

(1)验算截面尺寸和构造要求条件,若 $V \leqslant 0.25\beta_c f_c b h_0 \left(\frac{h_w}{b} \leqslant 4\right)$ 满足或 $V \leqslant 0.20\beta_c f_c b h_0 \left(\frac{h_w}{b} \geqslant 6\right)$ 满足,可按式(13-42)或式(13-43)配置箍筋;若不满足,则需要增大截面尺寸或提高混凝土强度等级。

$$\frac{nA_{sv1}}{s} \geqslant \frac{V - 0.7 f_t b h_0}{1.25 f_{yv} h_0} \tag{13-42}$$

$$\frac{nA_{sv1}}{s} \geqslant \frac{V - \frac{1.75}{1+\lambda} f_t b h_0}{f_{yv} h_0} \tag{13-43}$$

(2)根据 $\frac{nA_{sv1}}{s}$ 先确定箍筋肢数和直径,然后求间距 s,求得的间距应满足规范对最大间距的要求及箍筋最小直径的要求,具体要求如表13-8和表13-9所示。

表13-8 梁中箍筋间距的最大值 (单位:mm)

梁高 h(mm)	$V > 0.7 f_t b h_0$	$V \leqslant 0.7 f_t b h_0$
$150 < h \leqslant 300$	150	200
$300 < h \leqslant 500$	200	300
$500 < h \leqslant 800$	250	350
$h > 800$	300	400

表 13-9　箍筋的最小直径　（单位：mm）

梁高 h	箍筋直径
$h \leqslant 800$	6
$h > 800$	8

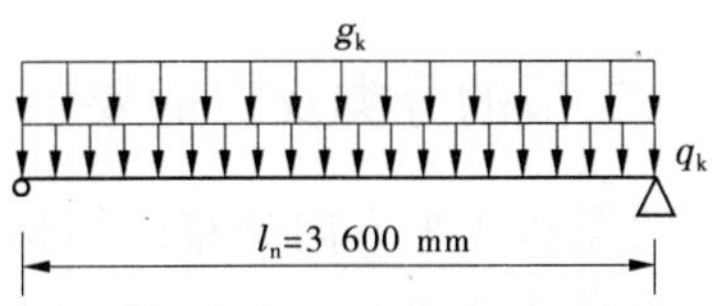

图 13-19

【例 13-7】　一钢筋混凝土简支梁，其支承条件及跨度如图 13-19 所示，梁上作用的均布恒荷载标准值 $g_k = 20$ kN/m，均布活荷载标准值 $q_k = 40$ kN/m，梁截面尺寸 $b = 200$ mm，$h = 450$ mm，按正截面计算已配置了 3 根直径为 20 的 HRB335 级的纵向受力钢筋，混凝土强度等级为 C20（$f_c = 9.6$ N/mm²，$f_t = 1.1$ N/mm²），箍筋为 HPB235 级钢筋（$f_{yv} = 210$ N/mm²）。试确定箍筋的数量。

解　(1)支座内力计算。

支座边缘处的最大剪力设计值

$$V = \frac{1}{2}ql_n^2 = \frac{1}{2} \times (1.2 \times 20 + 1.4 \times 40) \times 3.6 = 144(\text{kN})$$

(2)验算截面尺寸。

$h_w = h_0 = 450 - 40 = 410(\text{mm})$，$\frac{h_w}{b} = \frac{410}{200} = 2.05 < 4$，属一般梁。

$$0.25\beta_c f_c bh_0 = 0.25 \times 1.0 \times 9.6 \times 200 \times 410 = 196.8 \times 10^3(\text{N}) = 196.8\ \text{kN} > 144\ \text{kN}$$

$$0.7f_t bh_0 = 0.7 \times 1.1 \times 200 \times 410 = 63.1 \times 10^3(\text{N}) = 63.1\ \text{kN} < V = 144\ \text{kN}$$

需要按计算来配置箍筋。

(3)由式(13-42)来选配箍筋，选双肢箍($n = 2$)，Φ 8，$A_{sv1} = 50.3$ mm²。

$\frac{nA_{sv1}}{s} = \frac{V - 0.7f_t bh_0}{1.25f_{yv}h_0} = \frac{144\ 000 - 63\ 100}{1.25 \times 210 \times 410} = 0.751\ 7$，则 $s = \frac{2 \times 50.3}{0.751\ 7} = 133.8$ (mm)，取 $s =$ 120 mm。

(4)验算最小配筋率

$$\rho_{sv} = \frac{nA_{sv1}}{bs} = \frac{2 \times 50.3}{200 \times 120} = 0.419\% > \rho_{sv,min} = 0.24\frac{f_t}{f_{yv}} = 0.126\%$$

满足要求。

子情境三　板

一、板的受力特征及配筋

板是受弯构件的典型代表之一，主要承受弯矩的作用较大，受承剪作用相对较小，因此在板内的受力钢筋主要承受弯矩的作用，普通楼板不需要配置箍筋，但厚度很大的板除外。

板内的钢筋通常只配置纵向受力钢筋和分布钢筋，受力钢筋主要承受弯矩的作用，分布钢筋主要将板上所承受的荷载更均匀地传递给受力钢筋，同时来抵抗温度、收缩应力沿分布钢筋方向产生的拉应力，在施工时起到固定受力钢筋的作用。

板内的受力钢筋与分布钢筋如图 13-20所示。

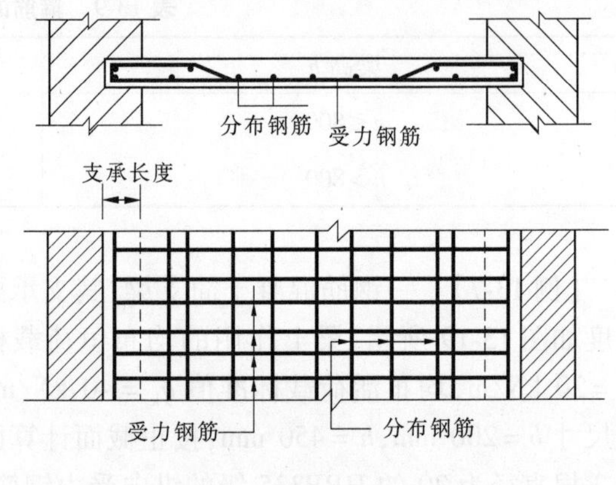

图 13-20

二、板的分类及构造要求

在梁板水平方向分布的结构体系中，板将荷载传递给其支承构件，由支承构件将力向下传递。板根据两边尺寸的比值，分为单向板和双向板，当板的长边与短边之比小于或等于 2.0 时，应按双向板计算；当该比值大于 2.0 但小于 3.0 时，宜按双向板计算，当按短边方向受力的单向板计算时，应沿长边方向布置足够数量的构造钢筋；当该比值大于或等于 3.0 时，可按沿短边方向受力的单向板计算。

(1)板的厚度要满足强度、刚度、最大裂缝宽度的要求，此外，尚应满足施工方法和经济方面的要求，因为板在楼盖水平结构体系中占的比重很大，因此混凝土用量很大，板的厚度如果过大，则自重大，不经济。反之，板的厚度过小，则变形过大，不能满足刚度的要求。《混凝土规范》给出了按挠度验算和按施工要求的板的厚度与计算跨度的最小比值与现浇混凝土板的最小厚度列表，见表 13-10、表 13-11。

表 13-10　板的厚度与计算跨度的最小比值

项次	板的支承情况	板的种类		
		单向板	双向板	悬臂板
1	简支	1/5	1/45	—
2	连续	1/40	1/45	1/12

表 13-11　现浇混凝土板的最小厚度

板的类别		最小厚度(mm)
单项板	屋面板	60
	民用建筑楼板	60
	工业建筑楼板	70
	行车道下的楼板	80
双向板		80
密肋板	肋间距小于或等于 700 mm	40
	肋间距大于 700 mm	50

续表 13-11

板的类别		最小厚度(mm)
悬臂板	板的悬臂长度小于或等于 500 mm	60
	板的悬臂长度大于 500 mm	80
无梁楼板		150

对于现浇民用建筑楼板，当板的厚度与计算跨度之比值满足表 13-11 时，则可认为板的刚度基本满足要求，而不需要挠度验算。若板承受的荷载较大，则需要按钢筋混凝土受弯构件不需作挠度验算的最大跨高比条件来确定。

(2)板的常用厚度。工程中单向板常用的板厚有 60 mm、70 mm、80 mm、100 mm、120 mm，预制板的厚度可比现浇板小一些，且可取 5 mm 的倍数。

(3)板的支承长度：

①现浇板搁置在砖墙上时，其支承长度 a 应满足 $a \geqslant h$(板厚)及 $a \geqslant 120$ mm。

②预制板的支承长度应满足以下条件：搁置在砖墙上时，其支承长度 $a \geqslant 100$ mm；搁置在钢筋混凝土屋架或钢筋混凝土梁上时，$a \geqslant 80$ mm；搁置在钢屋架或钢梁上时，$a \geqslant 60$ mm。

(4)支承长度尚应满足板的受力钢筋在支座内的锚固长度。

(5)板中的构造钢筋构造要求如下：

分布钢筋：在垂直于受力钢筋方向布置的分布钢筋，放在受力筋的内侧；单位长度上分布钢筋的截面面积不宜小于单位宽度上受力钢筋截面面积的 15%，且每米宽度内不少于 3 根，分布钢筋的间距不宜大于 250 mm，直径不宜小于 6 mm。

与主梁垂直的附加负筋：主梁梁肋附近的板面上，由于力总是按最短距离传递的，所以荷载大部分传给主梁，因此存在一定负弯矩。为此，在主梁上部的板面应配置附加短钢筋，其直径不宜小于 8 mm，间距不大于 200 mm，且单位长度内的总截面面积不宜小于板中单位宽度内受力钢筋截面面积的 1/3，伸入板内的长度从梁边算起每边不宜小于板计算跨度 l_0 的 1/4，如图 13-21 示。

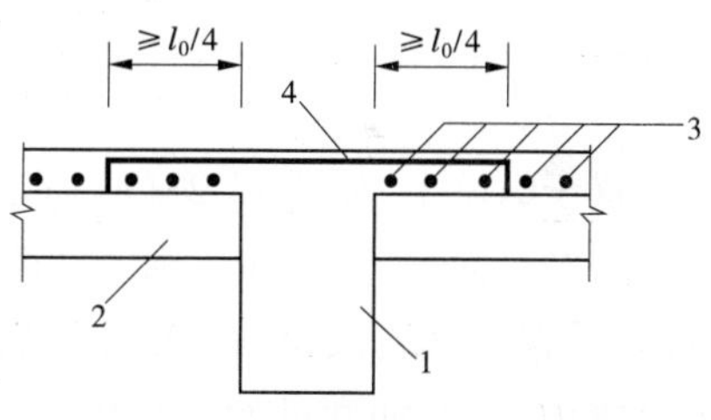

1—主梁；2—次梁；3—分布钢筋；4—负筋

图 13-21

嵌固在承重砌体墙内的板，由于支座处的嵌固作用将产生负弯矩。所以，沿承重砌体墙应配置不少于Φ 8@200 的附加负筋，伸出墙边长度 $\geqslant l_0/7$，如图 13-22 所示。

两边嵌入砌体墙内的板角部分，应在板面双向配置不少于Φ 8@200 的附加短钢筋，每一方向伸出墙边长度 $\geqslant l_0/4$，如图 13-22 所示。

三、板的截面选择与内力计算

(一)单向板肋梁楼盖的布置

单向板肋梁楼盖一般是由板、次梁、主梁等组成的，楼盖则支承在柱、墙等竖向承重构件上。常见的单向板肋梁楼盖布置的形式如图 13-23 所示。

当屋面的平面尺寸不大于 7 m 时，可不设主梁，仅在一个方向布置次梁，此时，次梁可

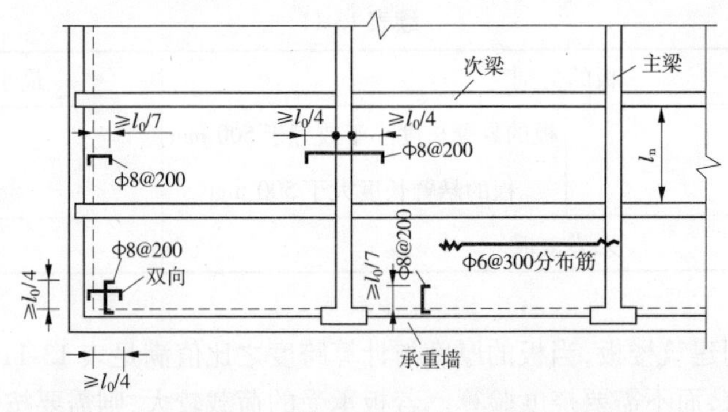

图 13-22

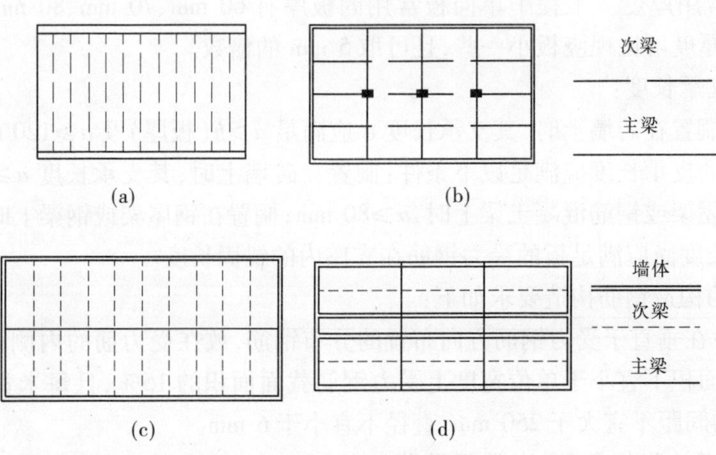

图 13-23

直接搁置于纵墙上，如图 13-23(a)所示。

当房屋平面尺寸较大时，则应在两个方向布置梁，此时一般需布置柱子。主梁布置在短跨方向，垂直于纵墙，如图 13-23(b)所示。主梁也可以平行于纵墙，如图 13-23(c)所示。若房屋设置内走廊，如常见的宿舍楼、教学楼、办公楼等，主梁一般沿横墙方向搁置在外纵墙上，如图 13-23(d)所示。

(二)单向板的跨度

在单向板肋形楼盖中，次梁的间距决定板的跨度；单向板的跨度常用的为 1.7～2.5 m，一般不宜超过 3 m。

四、板的内力计算

对于单向板可取 1 m 宽的板带，进行力学模型简化，如板支承在次梁和墙上，可按连续梁或简支梁来进行内力计算。

【例 13-8】 某单跨简支钢筋混凝土板如图 13-24 所示，计算跨度 l_0 = 2.04 m，板厚 80 mm，采用 C15 混凝土，HPB235 级钢筋，楼面板活荷载标准值 2.0 kN/m，可变荷载分项系数为 1.4，永久荷载分项系数为 1.2，自重标准值 25 kN/m。试确定板的配筋 A_s。

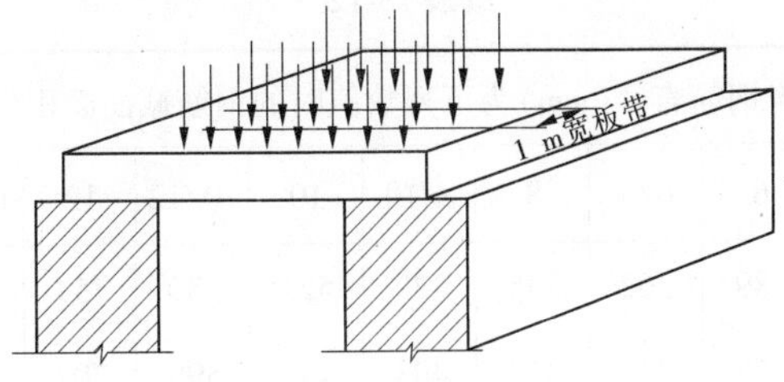

图 13-24

解 板的受弯配筋计算理论同梁的受弯配筋计算理论，具体可简述为：统计荷载，计算跨中或连续板支座弯矩，按弯矩的大小进行配筋。取 1 m 宽的板带作为计算单元，即 $b=1\ 000$ mm，截面最大弯矩 M 的计算如下

$$M=\frac{1}{8}(\gamma_G g_k+\gamma_Q q_k)l_0^2=\frac{1}{8}\times(1.2\times0.08\times25+1.4\times2.0)\times2.04^2$$

$$=2.705\ 04(\text{kN}\cdot\text{m})=2\ 705\ 040\ \text{N}\cdot\text{mm}$$

由受弯构件计算公式：$M=\alpha_s\alpha_1 f_c bh_0^2$，求得

$$\alpha_s=\frac{M}{\alpha_1 f_c bh_0^2}=\frac{2\ 705\ 040}{1.0\times7.2\times1\ 000\times(80-25)^2}=0.124\ 2$$

查表 13-5，$\gamma_s=0.933$，则

$$A_s=\frac{M}{\gamma_s h_0 f_y}=\frac{2\ 705\ 040}{0.933\times55\times210}=251(\text{mm}^2)$$

查表 13-12，得Φ 8@200 mm，$A_s=251\ \text{mm}^2$ 满足要求。

表 13-12　每米板宽内的钢筋截面面积

钢筋间距(mm)	当钢筋直径(mm)为下列数值时的钢筋截面面积(mm²)													
	3	4	5	6	6/8	8	8/10	10	10/12	12	12/14	14	14/16	16
70	101	179	281	404	561	719	920	1 121	1 369	1 616	1 908	2 199	2 536	2 872
75	94.3	167	262	377	524	671	859	1 047	1 277	1 508	1 780	2 053	2 367	2 681
80	88.4	157	245	354	491	629	805	981	1 198	1 414	1 669	1 924	2 218	2 513
85	83.2	148	231	333	462	592	758	924	1 127	1 331	1 571	1 811	2 088	2 365
90	78.5	140	218	314	437	559	716	872	1 064	1 257	1 484	1 710	1 972	2 234
95	74.5	132	207	298	414	529	678	826	1 008	1 190	1 405	1 620	1 868	2 116
100	70.6	126	196	283	393	503	644	785	958	1 131	1 335	1 539	1 775	2 011
110	64.2	114	178	257	357	457	585	714	871	1 028	1 214	1 399	1 614	1 828
120	58.9	105	163	236	327	419	537	654	798	942	1 112	1 283	1 480	1 676
125	56.5	100	157	226	314	402	515	628	766	905	1 068	1 232	1 420	1 608
130	54.4	96.6	151	218	302	387	495	604	737	870	1 027	1 184	1 366	1 547
140	50.5	89.7	140	202	281	359	460	561	684	808	954	1 100	1 268	1 436

续表 13-12

钢筋间距(mm)	当钢筋直径(mm)为下列数值时的钢筋截面面积(mm^2)													
	3	4	5	6	6/8	8	8/10	10	10/12	12	12/14	14	14/16	16
150	47.1	83.8	131	189	262	335	429	523	639	754	890	1 026	1 183	1 340
160	44.1	78.5	123	177	246	314	403	491	599	707	834	962	1 110	1 257
170	41.5	73.9	115	166	231	296	379	462	564	665	786	906	1 044	1 183
180	39.2	69.8	109	157	218	279	358	436	532	628	742	855	985	1 117
190	37.2	66.1	103	149	207	265	339	413	504	595	702	810	934	1 058
200	35.3	62.8	98.2	141	196	251	322	393	479	565	647	770	888	1 005
220	32.1	57.1	89.3	129	178	228	292	357	436	514	607	700	807	914
240	29.4	52.4	81.9	118	164	209	268	327	399	471	556	641	740	838
250	28.3	50.2	78.5	113	157	201	258	314	383	452	534	616	710	804
260	27.2	48.3	75.5	109	151	193	248	302	368	435	514	592	682	773
280	25.2	44.9	70.1	101	140	180	230	281	342	404	477	550	634	718
300	23.6	41.9	66.5	94	131	168	215	262	320	377	445	513	592	670
320	22.1	39.2	61.4	88	123	157	201	245	299	353	417	481	554	628

注:表中钢筋直径中的6/8、8/10等是指两种直径的钢筋间隔放置。

验算最小配筋率

$$\rho = \frac{A_s}{bh} = \frac{251}{1\ 000 \times 80} = 0.314\% > \rho_{min} = 0.2\% > 0.45\frac{f_t}{f_y} = 0.195\%$$

根据构造要求,分布钢筋可取Φ6@250 mm。

板的抗剪承载力计算:对于一般的板类构件,无须配置箍筋和弯起钢筋,斜截面承载力可按下式计算

$$V \leqslant V_c = 0.7\beta_h f_t b h_0 \tag{13-44}$$

式中:V 为斜截面上最大剪力设计值;V_c 为混凝土的受剪承载力;f_t 为混凝土的轴心抗拉强度设计值;β_h 为截面高度影响系数,$\beta_h = \sqrt[4]{\frac{800}{h_0}}$,当 $h_0 < 800$ mm 时,取 $h_0 = 800$ mm,当 $h_0 \geqslant 2\ 000$ mm时,取 $h_0 = 2\ 000$ mm。

双向板的计算:对于双向板的内力可以按弹性理论进行计算,也可以按塑性理论进行计算。这里仅介绍按弹性理论制作的计算表格计算双向板,供设计时应用。

单跨双向板应用表格计算内力:在整体式肋梁楼盖中,单跨双向板按其四边支承的不同情况,可分为如图 13-25 所示 6 种情况。

对于双向板,在均布荷载作用下的挠度系数、支座弯矩值系数和当横向变形系数(泊松

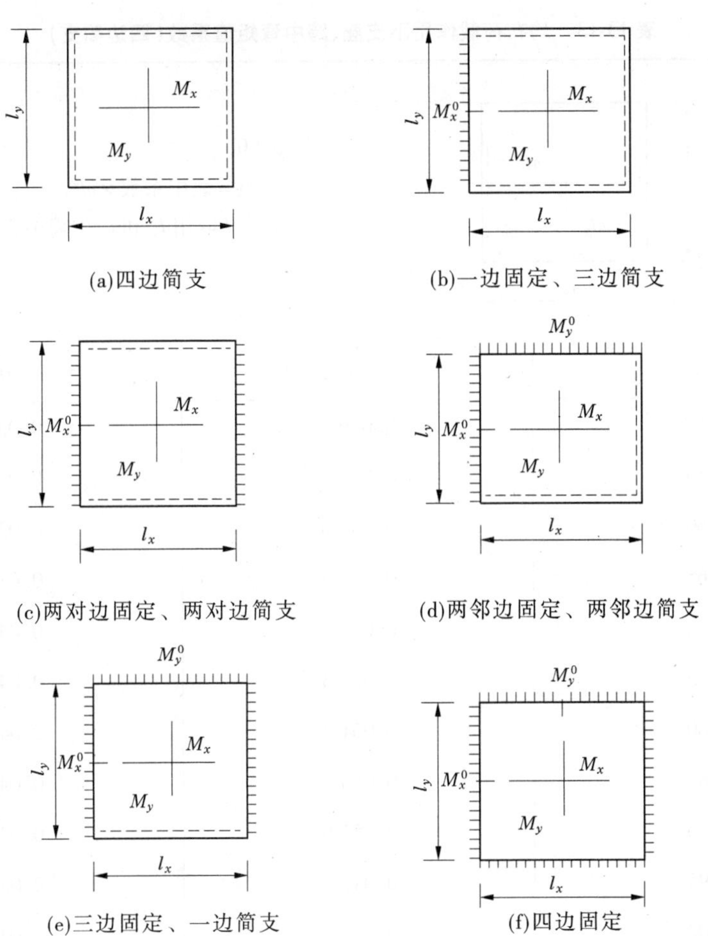

(a)四边简支　(b)一边固定、三边简支

(c)两对边固定、两对边简支　(d)两邻边固定、两邻边简支

(e)三边固定、一边简支　(f)四边固定

M_x^0— 平行于 l_y 方向的固定边支座中点沿 l_x 方向的弯矩值；

M_y^0— 平行于 l_x 方向的固定边支座中点沿 l_y 方向的弯矩值

图 13-25

比）$\mu=0$ 时的跨中弯矩值系数见表 13-13 ~ 表 13-18。钢筋混凝土结构 $\mu=1/6$，板跨中弯矩可按下列计算式计算

$$M_x^{\mu} = M_x + \mu M_y \tag{13-45}$$

$$M_y^{\mu} = M_y + \mu M_x \tag{13-46}$$

表 13-13 ~ 表 13-18 中符号说明：B_c 为刚度，$B_c=\dfrac{Eh^3}{12(1-\mu^2)}$；$h$ 为板厚，μ 为泊松比；E 为弹性模量；M_x，$M_{x\max}$ 分别为平行于 l_x 方向板中心点单位板宽内的弯矩和板跨内最大弯矩值；M_y，$M_{y\max}$ 分别为平行于 l_y 方向板中心点单位板宽内的弯矩和板跨内最大弯矩值。

弯矩正负号的规定：使板的受荷面受压者为正。

由于双向板跨中正弯矩钢筋纵向横向叠放，计算时应分别计算，短跨中的受力钢筋宜放在长跨受力钢筋的下面，因短跨方向弯矩较大。

当相邻的现浇板板顶标高相同且在交界处配有受力负筋时，为连续板。连续板的内力计算可采用弯矩分配法。

表 13-13 均布荷载作用下支座、跨中弯矩值系数(四边简支)

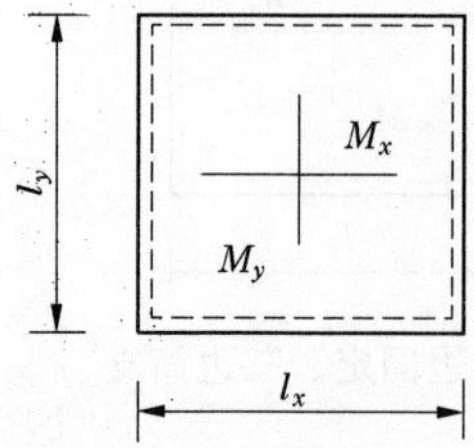

$\mu=0$;
弯矩 = 表中系数 $\times ql^2$。
式中 l 取用 l_x 和 l_y 中较小者

l_x/l_y	M_x	M_y
0.50	0.099 4	0.033 5
0.55	0.092 7	0.035 9
0.60	0.086 0	0.037 9
0.65	0.079 5	0.039 6
0.70	0.073 2	0.041 0
0.75	0.067 3	0.042 0
0.80	0.061 7	0.042 8
0.85	0.056 4	0.043 2
0.90	0.051 6	0.043 4
0.95	0.047 1	0.043 2
1.00	0.042 9	1.042 9

表 13-14 均布荷载作用下支座、跨中弯矩值系数(一边固定、三边简支)

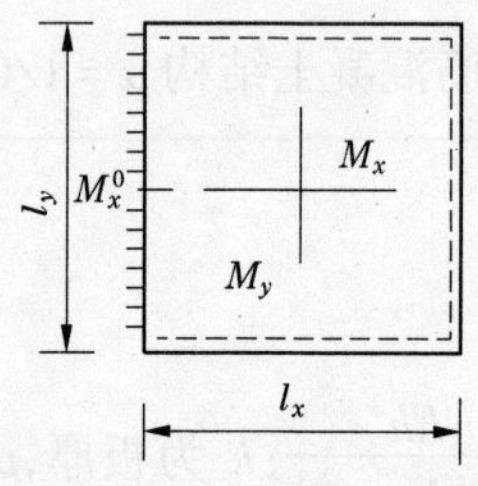

$\mu=0$;
弯矩 = 表中系数 $\times ql^2$。
式中 l 取用 l_x 和 l_y 中较小者

M_x	$M_{x,\max}$	M_y	$M_{y,\max}$	M_x^0
0.059 3	0.065 7	0.015 7	0.017 1	−0.121 2
0.057 7	0.063 3	0.017 5	0.019 0	−0.118 7
0.055 6	0.060 8	0.019 4	0.020 9	−0.115 8
0.053 4	0.058 1	0.021 2	0.022 6	−0.112 4
0.051 0	0.055 5	0.022 9	0.024 2	−0.108 7

续表 13-14

M_x	$M_{x,\max}$	M_y	$M_{y,\max}$	M_x^0
0.048 5	0.052 5	0.024 4	0.025 7	-0.104 8
0.045 9	0.049 5	0.025 8	0.027 0	-0.100 7
0.043 4	0.046 6	0.027 1	0.028 3	-0.096 5
0.040 9	0.043 8	0.028 1	0.029 3	-0.092 2
0.038 4	0.040 9	0.029 0	0.030 1	-0.088 0
0.036 0	0.038 8	0.029 6	0.030 6	-0.083 9

表 13-15　均布荷载作用下支座、跨中弯矩值系数(两对边固定、两对边简支)

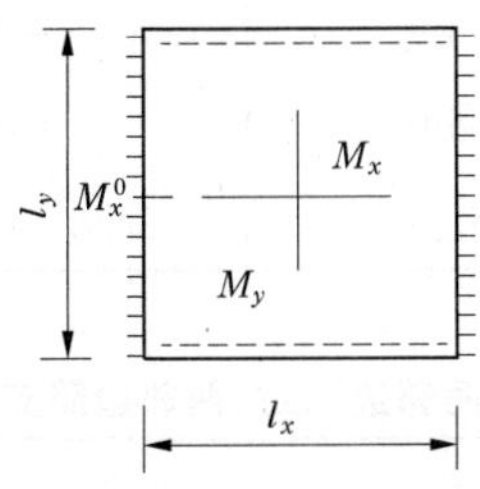

$\mu=0$;
弯矩 = 表中系数 $\times ql^2$。
式中 l 取用 l_x 和 l_y 中较小者

l_x/l_y	M_x	M_y	M_x^0
0.50	0.083 7	0.036 7	-0.119 1
0.55	0.074 3	0.038 3	-0.115 6
0.60	0.065 3	0.039 3	-0.114 0
0.65	0.065 9	0.039 4	-0.106 6
0.70	0.049 4	0.039 2	-0.103 0
0.75	0.042 8	0.038 3	-0.095 9
0.80	0.036 9	0.037 2	-0.090 4
0.85	0.038 1	0.035 8	-0.085 0
0.90	0.027 5	0.034 3	-0.076 7
0.95	0.023 8	0.032 8	-0.074 6
1.00	0.020 6	0.031 1	-0.069 8

表 13-16　均布荷载作用下支座、跨中弯矩值系数(四边固定)

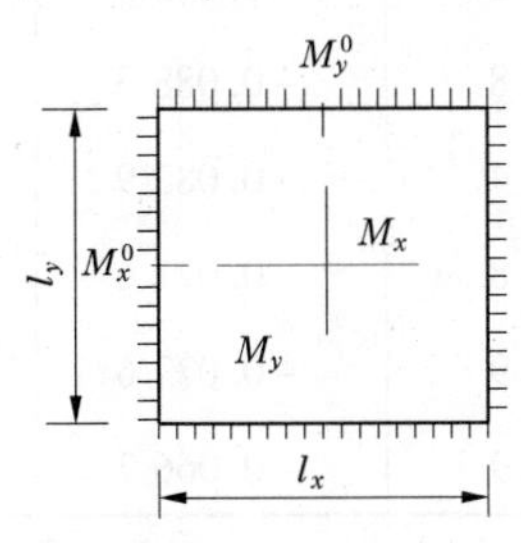

$\mu=0$;
弯矩 = 表中系数 $\times ql^2$。
式中 l 取用 l_x 和 l_y 中较小者

续表 13-16

M_x	M_y	M_x^0	M_y^0
0. 040 6	0. 010 5	-0. 082 9	-0. 057 0
0. 039 4	0. 012 0	-0. 081 4	-0. 057 1
0. 038 0	0. 013 7	-0. 079 3	-0. 057 1
0. 036 1	0. 015 2	-0. 076 6	-0. 057 1
0. 034 0	0. 016 7	-0. 073 5	-0. 056 9
0. 031 8	0. 017 9	-0. 070 1	-0. 056 5
0. 029 5	0. 018 9	-0. 066 4	-0. 055 9
0. 027 2	0. 019 7	-0. 062 6	-0. 055 1
0. 024 9	0. 020 2	-0. 058 8	-0. 054 1
0. 022 7	0. 020 5	-0. 055 0	-0. 052 8
0. 020 5	0. 020 5	-0. 051 3	-0. 051 3

表 13-17 均布荷载作用下支座、跨中弯矩值系数(两邻边固定、两邻边简支)

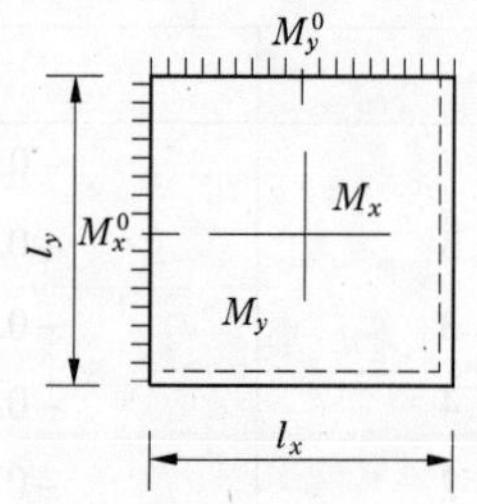

$\mu=0$；

弯矩 = 表中系数 $\times ql^2$。

式中 l 取用 l_x 和 l_y 中较小者

M_x	$M_{x,\max}$	M_y	$M_{y,\max}$	M_x^0	M_y^0
0. 057 2	0. 058 4	0. 017 2	0. 022 9	-0. 117 9	-0. 078 6
0. 054 6	0. 056 6	0. 019 2	0. 024 1	-0. 114 0	-0. 078 5
0. 051 8	0. 052 6	0. 021 2	0. 052 5	-0. 109 5	-0. 078 2
0. 084 6	0. 049 6	0. 022 8	0. 026 1	-0. 104 5	-0. 077 7
0. 045 5	0. 046 5	0. 024 3	0. 026 7	-0. 099 2	-0. 077 0
0. 042 2	0. 043 0	0. 025 4	0. 027 2	-0. 093 8	-0. 076 0
0. 039 0	0. 039 7	0. 026 3	0. 027 8	-0. 088 3	-0. 074 8
0. 035 8	0. 036 6	0. 026 9	0. 028 4	-0. 082 9	-0. 073 3
0. 032 8	0. 033 7	0. 027 3	0. 028 8	-0. 077 6	-0. 071 6
0. 029 9	0. 030 8	0. 027 3	0. 028 9	-0. 072 6	-0. 069 8
0. 027 3	0. 028 1	0. 027 3	0. 028 9	-0. 066 7	-0. 067 7

表 13-18　均布荷载作用下支座、跨中弯矩值系数(三边固定、一边简支)

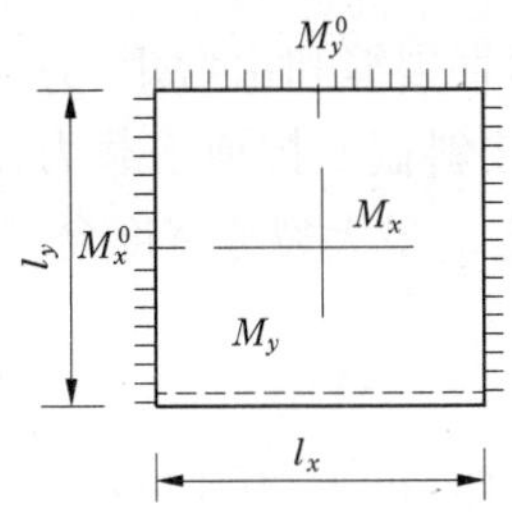

$\mu=0$；
弯矩 = 表中系数 $\times ql^2$。
式中 l 取用 l_x 和 l_y 中较小者

l_x/l_y	M_x	$M_{x,\max}$	M_y	$M_{y,\max}$	M_x^0	M_y^0
0.50	0.041 3	0.042 4	0.009 6	0.015 7	−0.083 6	−0.056 9
0.55	0.040 5	0.041 5	0.010 8	0.016 0	−0.082 7	−0.057 0
0.60	0.039 4	0.040 4	0.012 3	0.016 9	−0.081 4	−0.057 1
0.65	0.038 1	0.039 0	0.013 7	0.017 8	−0.079 6	−0.057 2
0.70	0.036 6	0.037 5	0.015 1	0.018 6	−0.074 4	−0.057 2
0.75	0.034 9	0.035 8	0.016 4	0.019 3	−0.075 0	−0.057 2
0.80	0.033 1	0.033 9	0.017 6	0.019 9	−0.072 2	−0.057 0
0.85	0.031 2	0.031 9	0.018 6	0.020 4	−0.069 3	−0.056 7
0.90	0.029 5	0.030 0	0.020 1	0.020 9	−0.066 3	−0.056 3
0.95	0.027 4	0.028 1	0.020 4	0.021 4	−0.063 1	−0.055 8
1.00	0.025 5	0.026 1	0.020 6	0.021 9	−0.060 0	−0.050 0

子情境四　梁、板结构变形验算

钢筋混凝土结构在不同受力状态下的承载力计算是为了满足结构安全的需要，而结构的变形验算则是为了满足正常使用性的需要，如支承精密仪器的楼层梁、板刚度不足，将会影响仪器的使用；吊车梁挠度过大会妨碍吊车的正常运行，加剧轨道及扣件的磨损。又如，钢筋混凝土构件的裂缝宽度过大会影响观瞻，引起使用者的不安；在有侵蚀性介质环境下，裂缝过大会增加钢筋锈蚀的危险，影响结构的耐久性。因此，对混凝土结构的变形验算是结构设计中的一个重要环节。在结构的使用过程中，由于混凝土的收缩、徐变与时间有密切的关系，所以在正常使用极限状态计算中需要按照荷载作用持续时间的不同，分别按荷载效应的永久组合、准永久组合或标准组合并考虑长期作用影响进行计算。

一、受弯构件裂缝宽度的验算

钢筋混凝土构件的裂缝宽度计算是一个比较复杂的问题，各国学者对此进行了大量的试验分析和理论研究，提出了一些不同的裂缝宽度计算模式。目前，我国《混凝土规范》提出的裂缝宽度计算公式主要是以黏结滑移理论为基础,同时考虑了混凝土保护层厚度及钢筋有效约束区的影响。

受弯构件的裂缝包括由弯矩产生的正应力引起的垂直裂缝和由弯矩、剪力产生的主拉应力引起的斜裂缝。对于由主拉应力引起的斜裂缝,当按斜截面抗剪承载力计算配置了足够的腹筋后,其斜裂缝的宽度一般都不会超过规范所规定的最大裂缝宽度允许值,所以在此主要讨论由弯矩引起的垂直裂缝的情况。

(一)受弯构件裂缝出现、开展的过程

一简支梁受力如图 13-26 所示,其跨中 CD 段为纯弯段,设 M 为外荷载产生的弯矩,M_{cr} 为构件正截面的开裂弯矩,即构件垂直裂缝即将出现时的弯矩。当 $M<M_{cr}$ 时,受弯构件的混凝土受拉边缘拉应力小于混凝土的抗拉强度,混凝土不会开裂。当荷载 P 继续增大使得 $M=M_{cr}$ 时,在纯弯段各截面的弯矩均相等,故理论上来说各截面受拉区混凝土的拉应力都同时达到混凝土的抗拉强度,各截面均进入裂缝即将出现的极限状态。然而,实际上由于构件混凝土的实际抗拉强度的分布是不均匀的,故在混凝土最薄弱的截面将首先出现第一条裂缝。在第一条裂缝出现之后,裂缝截面处的受拉混凝土退出工作,荷载产生的拉应力全部由钢筋承担,使开裂截面处纵向受拉钢筋的拉应力突然增大,而裂缝处混凝土的拉应力降为零,裂缝两侧尚未开裂的混凝土必然试图也使其拉应力降为零,从而使该处的混凝土向裂缝两侧回缩,混凝土与钢筋表面出现相对滑移并产生变形差,故裂缝一出现即具有一定的宽度。由于钢筋和混凝土之间存在黏结应力,因而裂缝截面处钢筋应力又通过黏结应力逐渐

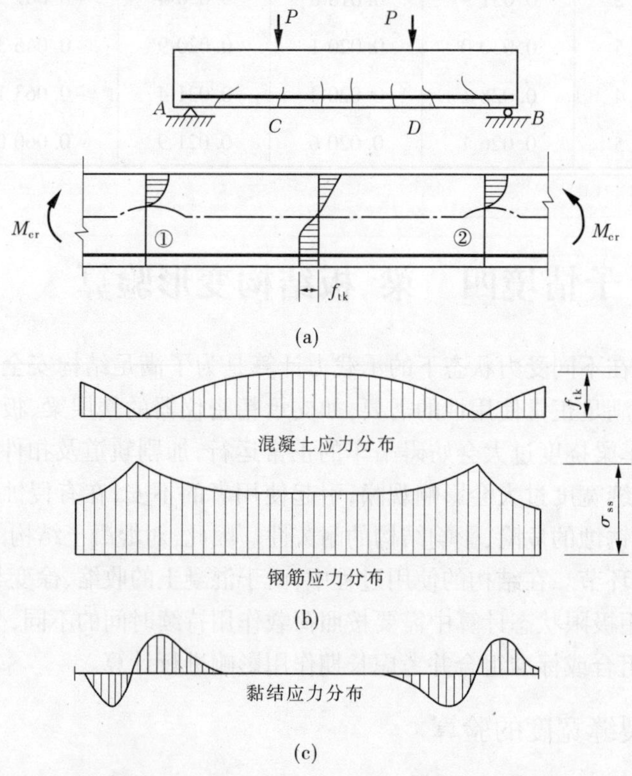

图 13-26　钢筋混凝土梁裂缝出现开展过程中应力变化

传递给混凝土，钢筋的拉应力则相应减小，而混凝土拉应力则随着离开裂缝截面的距离的增大而逐渐增大，随着弯矩的增加，当 $M > M_{cr}$ 时，在离开第一条裂缝一定距离的截面的混凝土拉应力又达到了其抗拉强度，从而出现第二条裂缝。在第二条裂缝处的混凝土同样向裂缝两侧滑移，混凝土的拉应力又逐渐增大，当其达到混凝土的抗拉强度时，又出现新的裂缝。按类似的规律，新的裂缝不断产生，裂缝间距不断减小，当减小到无法使未产生裂缝处的混凝土的拉应力增大到混凝土的抗拉强度时，这时即使弯矩继续增加，也不会产生新的裂缝，因而可以认为此时裂缝出现已经稳定。

当荷载继续增加，即 M 由 M_{cr} 增加到使用阶段荷载效应的标准组合的弯矩标准值 M_s 时，对一般梁，在使用荷载作用下裂缝的发展已趋于稳定，新的裂缝将不再增加。最后，各裂缝宽度达到一定的数值。裂缝截面处受拉钢筋的应力达到 σ_{ss}。

(二)裂缝宽度计算

1. 平均裂缝间距 l_{cr}

计算受弯构件裂缝宽度时，需先计算裂缝的平均间距。根据试验结果，平均裂缝间距 l_{cr} 与混凝土保护层厚度及相对滑移引起的应力传递长度有关，其值可由半经验半理论公式计算

$$l_{cr} = 1.9c + 0.08\frac{d_{eq}}{\rho_{te}} \tag{13-47}$$

式中：c 为混凝土保护层厚度，当 $c < 20$ mm 时，取 $c = 20$ mm，当 $c > 65$ mm 时，取 $c = 65$ mm；ρ_{te} 为按有效受拉区混凝土截面计算的纵向受拉钢筋率，$\rho_{te} = \frac{A_s}{A_{te}}$，当计算得出的 $\rho_{te} < 0.01$ 时，取 $\rho_{te} = 0.01$，A_{te} 为受拉区有效受拉混凝土的截面面积，对于轴心受拉构件，取构件截面面积，对受弯、偏心受压和偏心受拉构件，A_{te} 的取值方法见图 13-27，受拉区为 T 形时，$A_{te} = 0.5bh + (b_f - b)h_f$，其中 b_f 为受拉翼缘的宽度，h_f 为受拉翼缘的高度，受拉区为矩形截面时，$A_{te} = 0.5bh$；d_{eq} 为纵向受拉钢筋的等效直径，$d_{eq} = \frac{\sum n_i d_i^2}{\sum n_i \nu_i d_i}$，当采用同一种纵向受拉钢筋时，$d_{eq} = \frac{d}{\nu}$，$\nu_i$ 为第 i 种纵向受拉钢筋的相对黏结特性系数，带肋钢筋 $\nu_i = 1.0$，光圆钢筋 $\nu_i = 0.7$，对于环氧树脂涂层的钢筋，ν_i 按上述数值的 0.8 倍采用。

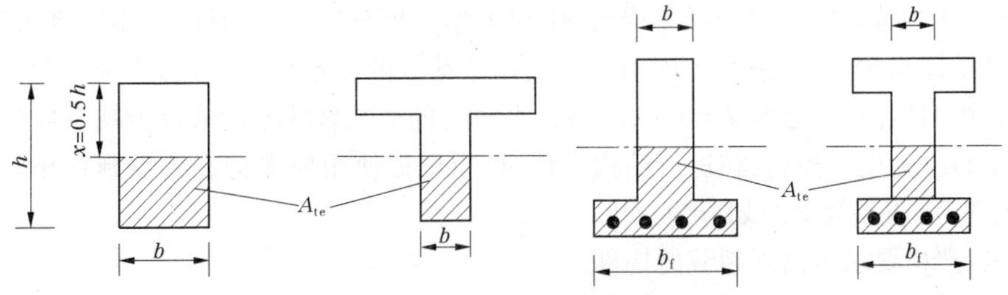

图 13-27　受拉区有效受拉混凝土截面面积 A_{te} 的取值

2. 平均裂缝宽度 w_m

由混凝土裂缝开展试验分析知，裂缝的开展是混凝土的回缩造成的，因此两条裂缝之间受拉钢筋的伸长值与同一处受拉混凝土伸长值的差值就是构件的平均裂缝宽度，由此可推

得受弯构件的平均裂缝宽度 w_m 为

$$w_m = 0.85\psi \frac{\sigma_{sk}}{E_s} l_{cr} \tag{13-48}$$

$$\sigma_{sk} = \frac{M_k}{\eta h_0 A_s} = \frac{M_k}{0.87 h_0 A_s} \tag{13-49}$$

$$\psi = 1.1 - \frac{0.65 f_{tk}}{\rho_{te} \sigma_{sk}} \tag{13-50}$$

式中:σ_{sk}为按荷载效应的标准组合计算的受弯构件裂缝截面处纵向受拉钢筋的应力;η 为内力臂系数,近似取0.87;M_k 为按荷载效应的标准组合计算的弯矩值;ψ 为裂缝间纵向受拉钢筋应变不均匀系数,通过试验分析,对矩形、T形、倒T形、I形截面的钢筋混凝土受弯构件,ψ 按式(13-50)计算,其中f_{tk}为混凝土抗拉强度标准值,当 $\psi < 0.2$ 时,取 $\psi = 0.2$,当 $\psi > 1.0$ 时,取 $\psi = 1.0$,对直接承受重复荷载的构件,考虑荷载重复作用不利于裂缝间混凝土共同工作,为安全计,取 $\psi = 1.0$;E_s 为钢筋的弹性模量;l_{cr}为受弯构件平均裂缝同距。

3. 最大裂缝宽度 w_{max}

混凝土材料本身的非均质性和裂缝出现的随机性,导致裂缝间距和裂缝宽度的差异也较大。因此,计算裂缝最大宽度时,必须考虑裂缝分布和开展的不均匀性。

按式(13-48)计算出的平均裂缝宽度应乘以考虑裂缝不均匀性的扩大系数,使计算出来的最大裂缝宽度 w_{max}具有95%的保证率。由试验知,梁的裂缝宽度的分布基本上满足正态分布,故相对最大裂缝宽度由下式计算

$$w_{max} = w_m (1 + 1.645\delta) \tag{13-51}$$

取裂缝宽度变异系数 δ 为0.4,则 $w_{max} = 1.66 w_m$。

在长期荷载作用下,由于混凝土的收缩、徐变及受拉区混凝土的应力松弛和滑移徐变,裂缝间的受拉钢筋的平均应变不断增大,使构件的裂缝宽度不断增大。因此,在长期荷载作用下,最大裂缝宽度还应乘上一个裂缝宽度增大系数1.5,从而受弯构件最大裂缝宽度 w_{max} 的计算公式如下

$$w_{max} = 1.5 \times 1.66 \times w_m = 1.5 \times 1.66 \times 0.85\psi \frac{\sigma_{sk}}{E_s} l_{cr} = 2.1\psi \frac{\sigma_{sk}}{E_s}\left(1.9c + 0.08 \frac{d_{eq}}{\rho_{te}}\right) \tag{13-52}$$

《混凝土规范》规定:对直接承受轻、中级工作制吊车的受弯构件,可将计算求得的最大裂缝宽度乘以0.85。这是因为,对直接承受吊车荷载的受弯构件,考虑承受短期荷载、满载的机会较少,且计算中已取 $\psi = 1.0$,故将计算所得的最大裂缝宽度乘以折减系数0.85。

对于裂缝宽度的控制,在进行结构设计时,应根据使用要求将裂缝控制在相应的等级。《混凝土规范》将裂缝等级划分为三级:

一级:严格要求不出现裂缝的构件。

按荷载效应标准组合进行计算时,构件受拉边缘的混凝土不产生拉应力。

二级:一般要求不出现裂缝的构件。

按荷载效应标准组合进行计算时,构件受拉边缘的混凝土拉应力不应大于混凝土轴心抗拉强度标准值;按荷载效应准永久组合进行计算时,构件受拉边缘的混凝土不宜产生拉应力。

三级:允许出现裂缝的构件。

荷载效应标准组合并考虑长期作用影响计算时,构件的最大裂缝宽度 $w_{\max}$ 不应超过允许的最大裂缝宽度限值$[w_{\lim}]$,具体规定见表 13-19。

表 13-19 结构构件的裂缝控制等级及最大裂缝宽度限值

<table>
<tr><th rowspan="2">环境类别</th><th colspan="2">钢筋混凝土结构</th><th colspan="2">预应力混凝土结构</th></tr>
<tr><th>裂缝控制等级</th><th>$[w_{\lim}]$</th><th>裂缝控制等级</th><th>$[w_{\lim}]$</th></tr>
<tr><td>一</td><td rowspan="4">三级</td><td>0. 30(0. 40)</td><td rowspan="2">三级</td><td>0. 20</td></tr>
<tr><td>二 a</td><td rowspan="3">0. 20</td><td>0. 10</td></tr>
<tr><td>二 b</td><td>二级</td><td>—</td></tr>
<tr><td>三 a、三 b</td><td>一级</td><td>—</td></tr>
</table>

注:(1)表中的规定适用于采用热轧钢筋的钢筋混凝土构件和采用预应力钢丝、钢绞线及热处理钢筋的预应力混凝土构件;当采用其他类别的钢丝或钢筋时,其裂缝控制要求可按专门标准确定。

(2)对处于年平均相对湿度小于 60% 地区一类环境下的受弯构件,其最大裂缝宽度限值可采用括号内的数值。

(3)在一类环境下,对钢筋混凝土屋架、托架及需作疲劳验算的吊车梁,其最大裂缝宽度限值应取 0. 2 mm;对钢筋混凝土屋面梁和托梁,其最大裂缝宽度限值应取为 0. 3 mm。

(4)在一类环境下,对预应力混凝土屋架、托架及双向板体系,应按二级裂缝控制等级进行验算;在一类环境下的预应力混凝土屋面梁、托梁、单向板,按表中二 a 级环境的要求进行验算;在一类和二类环境下的需作疲劳验算的预应力混凝土吊车梁,应按一级裂缝控制等级进行验算。

(5)表中规定的预应力混凝土构件的裂缝控制等级和最大裂缝宽度仅适用于正截面的验算。

(6)对于烟囱、筒仓和处于液体压力下的结构构件,其裂缝控制要求应符合专门标准的有关规定。

(7)对于处于四、五类环境下的结构构件,其裂缝控制要求应符合专门标准的有关规定。

(8)混凝土保护层厚度较大的构件,可根据实践经验对表中最大裂缝宽度限值适当放宽。

4. 验算最大裂缝宽度的步骤

(1)按荷载效应的标准组合计算弯矩 M_k;

(2)计算裂缝截面处的钢筋应力 $\sigma_{sk}=\dfrac{M_k}{0.87h_0A_s}$;

(3)计算有效配筋率 $\rho_{te}=\dfrac{A_s}{A_{te}}$;

(4)计算受拉钢筋应变的不均匀系数 $\psi=1.1-\dfrac{0.65f_{tk}}{\rho_{te}\sigma_{sk}}$,且应在 0. 2 和 1. 0 之间取值;

(5)计算最大裂缝宽度 $w_{\max}$

$$w_{\max}=2.1\psi\frac{\sigma_{sk}}{E_s}\left(1.9c+0.08\frac{d_{eq}}{\rho_{te}}\right) \tag{13-53}$$

(6)查表 13-19,得出最大裂缝宽度限值$[w_{\lim}]$,应满足 $w_{\max}\leqslant[w_{\lim}]$。

【例 13-9】 某教学楼楼盖的一根钢筋混凝土梁,计算跨度 $l_0=6$ m,截面尺寸 $b=240$ mm,$h=650$ mm,混凝土强度等级为 C20($E_c=2.55\times10^4$ N/mm^2,$f_{tk}=1.54$ N/mm^2),按正截面承载力计算已配置了 4 Φ 20 的钢筋($E_s=2\times10^5$ N/mm^2,$A_s=1\ 256$ mm^2),梁所承受的永久荷载标准值(包括梁自重)$g_k=17.6$ kN/m,可变荷载标准值 $q_k=14$ kN/m。试验算其裂缝宽度。

解 (1)按荷载效应的标准组合计算弯矩 M_k

$$M_k = \frac{1}{8}ql_0^2 = \frac{1}{8} \times (17.6 + 14) \times 6^2 = 142.2(\text{kN} \cdot \text{m})$$

(2)计算裂缝截面处的钢筋应力 σ_{sk}

$$\sigma_{sk} = \frac{M_k}{0.87h_0A_s} = \frac{142.2 \times 10^6}{0.87 \times (650 - 35) \times 1\,256} = 211.6(\text{N/mm}^2)$$

(3)计算有效配筋率 ρ_{te}

$$A_{te} = 0.5bh = 0.5 \times 240 \times 650 = 78\,000(\text{mm}^2)$$

$$\rho_{te} = \frac{A_s}{A_{te}} = \frac{1\,256}{78\,000} = 0.016\,1 > 0.01$$

(4)计算受拉钢筋应变的不均匀系数 ψ

$$\psi = 1.1 - \frac{0.65f_{tk}}{\rho_{te}\sigma_{sk}} = 1.1 - \frac{0.65 \times 1.54}{0.016\,1 \times 211.6} = 0.806\,2$$

介于 0.2 与 1.0 之间,故取 $\psi = 0.806\,2$。

(5)计算混凝土最大裂缝宽度 w_{max}

在本题中钢筋均采用 HRB335 级钢筋,且为同一种受拉钢筋,$d_{eq} = \frac{d}{\nu}$,$\nu = 1.0$,则

$$w_{max} = 2.1\psi\frac{\sigma_{sk}}{E_s}\left(1.9c + 0.08\frac{d_{eq}}{\rho_{te}}\right)$$

$$= 2.1 \times 0.806\,2 \times \frac{211.6}{2 \times 10^5} \times \left(1.9 \times 25 + 0.08 \times \frac{20}{1.0 \times 0.016\,1}\right) = 0.263\,1(\text{mm})$$

(6)查表 13-19,得最大裂缝宽度的限值 $[w_{lim}] = 0.3$ mm,因此 $w_{max} \leq [w_{lim}]$,裂缝宽度满足要求。

二、受弯构件挠度的验算

(一)混凝土受弯构件挠度验算的特点

在学习情境六中,我们学习过梁的挠度计算,对于均质弹性材料做成的跨度为 l_0 的简支梁,当上面满布均布荷载 q 时,梁的自重荷载为 g,其跨中的最大挠度为

$$f_{max} = \frac{5(g + q)l_0^4}{384EI} = \frac{5Ml_0^2}{48EI} = \beta\frac{Ml_0^2}{EI}$$

式中:EI 为梁的截面刚度,当梁的材料、截面尺寸确定后,EI 是个常数;M 为跨中最大弯矩,$M = \frac{1}{8}(g + q)l_0^2$;$\beta$ 为与构件的支承条件及所受荷载形式有关的挠度系数。

由本学习情境前面适筋梁的破坏过程知,当梁上荷载不大时,混凝土梁受拉区就已开裂,开裂的临界点对应于适筋梁第一受力阶段末;随着梁上荷载的不断增大,裂缝的宽度和高度也随之增加,裂缝处的实际截面减小,即梁的惯性矩 I 减小,导致梁的刚度下降。此外,随着弯矩的增加,梁的塑性变形发展,变形模量也随之减小,即 E 也随之减小。由此可见,钢筋混凝土梁的截面抗弯刚度不是一个常数,而是随着弯矩的大小而变化,并与裂缝的出现和开展有关。同时,随着荷载作用持续时间的增加,钢筋混凝土梁的截面抗弯刚度还将不断减小,梁的挠度还将进一步增大。因此,在钢筋混凝土结构中,在荷载的作用下,梁的抗弯刚度 EI 不再是一个常数,而是一个变量。

为了区别匀质弹性材料受弯构件的抗弯刚度，用 B 代表钢筋混凝土受弯构件的刚度。钢筋混凝土梁在荷载效应的标准组合作用下的截面抗弯刚度，简称为短期刚度，用 B_s 表示。钢筋混凝土梁在荷载效应的标准组合作用下并考虑荷载长期作用的截面抗弯刚度，简称为长期刚度，用 B_l 表示。

对于钢筋混凝土受弯构件的挠度计算，其实质就是计算它的抗弯刚度 B_l，算出 B_l 后，代入力学计算公式中，换掉 EI，可求得受弯构件的挠度。

（二）受弯构件在荷载效应的标准组合作用下的刚度（短期刚度）B_s

通过平截面假设和几何关系，考虑到钢筋混凝土的受力变形特点，《混凝土规范》给出钢筋混凝土受弯构件短期刚度的计算公式如下

$$B_s = \frac{E_s A_s h_0^2}{1.15\psi + 0.2 + \dfrac{6\alpha_E \rho}{1 + 3.5\gamma_f'}} \tag{13-54}$$

对于预应力混凝土受弯构件的短期抗弯刚度计算如下：

（1）要求不出现裂缝的构件

$$B_s = 0.85 E_c I_0 \tag{13-55}$$

（2）允许出现裂缝的构件

$$B_s = \frac{0.85 E_c I_0}{k_{cr} + (1 - k_{cr})\omega} \tag{13-56}$$

$$k_{cr} = \frac{M_{cr}}{M_k} \tag{13-57}$$

$$\omega = \left(1.0 + \frac{0.21}{\alpha_E \rho}\right)(1 + 0.45\gamma_f) - 0.7 \tag{13-58}$$

$$M_{cr} = (\sigma_{pc} + \gamma f_{tk}) W_0 \tag{13-59}$$

$$\gamma_f = \frac{(b_f - b) h_f}{b h_0} \tag{13-60}$$

公式中各参数的含义及计算如下：E_s 为纵向受拉钢筋的弹性模量；A_s 为纵向受拉钢筋截面面积；h_0 为梁截面有效高度；α_E 为钢筋弹性模量与混凝土弹性模量的比值，$\alpha_E = \dfrac{E_s}{E_c}$；$\rho$ 为纵向受拉钢筋配筋率，对于钢筋混凝土受弯构件，$\rho = \dfrac{A_s}{bh_0}$，对于预应力混凝土受弯构件，取 $\rho = \dfrac{A_s + A_p}{bh_0}$；$\gamma_f'$ 为 T 形、I 形截面受压翼缘面积与腹板有效面积的比值，$\gamma_f' = \dfrac{(b_f' - b)h_f'}{bh_0}$，其中，$b_f'$、$h_f'$ 分别为受压翼缘的宽度、厚度，当受压翼缘厚度较大时，由于靠近中和轴的翼缘部分受力较小，如仍按 h_f' 计算 γ_f'，计算的刚度偏高，为安全起见，《混凝土规范》规定，当 $h_f' > 0.2h_0$ 时，仍取 $h_f' = 0.2h_0$；I_0 为换算截面惯性矩；k_{cr} 为预应力受弯构件正截面的开裂弯矩 M_{cr} 与弯矩 M_k 的比值；M_k 为按荷载效应的标准组合计算的弯矩，取计算区段内的最大弯矩值；σ_{pc} 为扣除全部预应力损失后，由预加力在抗裂验算边缘产生的混凝土预压应力；γ 为混凝土构件的截面抵抗矩塑性影响系数，关于 γ 的计算可查《混凝土规范》第 7.2.4 条。

（三）按荷载效应的标准组合并考虑荷载长期作用影响的长期刚度 B_l

在长期荷载作用下，钢筋混凝土梁的挠度将随时间而不断缓慢增长，抗弯刚度随时间则

不断降低,这一过程要持续很长时间。这种变化的主要原因是受压区混凝土的徐变变形,使混凝土的压应变随时间而增长。另外,裂缝之间受拉区混凝土的应力松弛、受拉钢筋和混凝土之间的黏结滑移徐变,都使受拉混凝土不断退出工作,从而使受拉钢筋平均应变增大。由此可知,影响混凝土收缩、徐变的因素如加载龄期、使用环境的温湿度、受压钢筋的配筋率等,都对长期荷载作用下构件的挠度有影响。

长期荷载作用下受弯构件挠度的增长可用挠度增大系数 θ 来表示,$\theta=\dfrac{f_l}{f_s}$ 为长期荷载作用下挠度 f_l 与短期荷载作用下挠度 f_s 的比值,它可由试验确定。影响 θ 的主要因素是受压钢筋,因为受压钢筋对混凝土的徐变有约束作用,可减少构件在长期荷载作用下的挠度增长。

《混凝土规范》给出混凝土受弯构件考虑长期荷载作用的刚度的计算公式如下

$$B=\frac{M_k}{M_q(\theta-1)+M_k}B_s \tag{13-61}$$

式中:M_k 为按荷载效应的标准组合计算的弯矩,取计算区段内的最大弯矩值;B_s 为按荷载效应的标准组合作用下的短期刚度;M_q 为按荷载效应的准永久组合计算的弯矩,取计算区段内的最大弯矩值;θ 为考虑荷载长期作用对挠度增大的影响系数,θ 可按下列规定取用:当纵向受压钢筋配筋率 $\rho'=0$ 时,$\theta=2.0$,当 $\rho'=\rho$ 时,$\theta=1.6$,当 ρ' 为中间数值时

$$\theta=2-0.4\frac{\rho'}{\rho} \tag{13-62}$$

对翼缘位于受拉区的倒T形截面,θ 增加20%,对于预应力混凝土受弯构件,$\theta=2.0$。

式(13-61)对矩形、T形、I形截面均适用。

(四)挠度验算的具体过程

(1)按受弯构件荷载效应的标准组合、准永久组合计算弯矩 M_k、M_q;

(2)按式(13-50)计算受拉钢筋应变不均匀系数 ψ;

(3)计算构件的短期刚度 B_s;

(4)计算构件危险截面的刚度 B;

(5)代入挠度计算公式 $f_{max}=\beta\dfrac{M_k l_0^2}{B}$;

(6)比较 f_{max} 与规范许用挠度的大小。

【例13-10】 已知条件同例13-9,可变荷载的准永久值系数 $\psi_q=0.5$,规范规定的挠度限值为 $\dfrac{l_0}{250}$,试验算该梁的挠度是否满足要求。

解 由例13-9已经求得 $M_k=142.2\ \text{kN}\cdot\text{m}$,$\sigma_{sk}=211.6\ \text{N/mm}^2$,$A_{te}=78\,000\ \text{mm}^2$,$\rho_{te}=0.016\,1$,$\psi=0.806\,2$。

(1)计算按荷载效应的准永久组合计算的弯矩值

$$M_q=\frac{1}{8}(g_k+\psi_q q_k)l_0^2=\frac{1}{8}\times(17.6+0.5\times14)\times6^2=110.7(\text{kN}\cdot\text{m})$$

(2)计算构件的短期刚度 B_s。

钢筋与混凝土弹性模量的比值

$$\alpha_E = \frac{E_s}{E_c} = \frac{2 \times 10^5}{2.55 \times 10^4} = 7.84$$

纵向受拉钢筋配筋率

$$\rho = \frac{A_s}{bh_0} = \frac{1\ 256}{240 \times 615} = 0.008\ 5$$

因为是矩形截面,故 $\gamma_f' = 0$。

计算短期刚度 B_s

$$B_s = \frac{E_s A_s h_0^2}{1.15\psi + 0.2 + \frac{6\alpha_E \rho}{1 + 3.5\gamma_f'}} = \frac{2.0 \times 10^5 \times 1\ 256 \times 615^2}{1.15 \times 0.806\ 2 + 0.2 + \frac{6 \times 7.84 \times 0.008\ 5}{1 + 3.5 \times 0}}$$

$$= 6.222 \times 10^{13} (\text{N} \cdot \text{mm}^2)$$

(3)计算刚度 B。

因为未配置受压钢筋,故 $\rho' = 0, \theta = 2.0$

$$B = \frac{M_k}{M_q(\theta - 1) + M_k} B_s = \frac{142.2}{110.7 \times (2.0 - 1) + 142.2} \times 6.222 \times 10^{13}$$

$$= 3.498\ 5 \times 10^{13} (\text{N} \cdot \text{mm}^2)$$

验算构件挠度

$$f = \frac{5}{48} \frac{M_k l_0^2}{B} = \frac{5}{48} \times \frac{142.2 \times 10^6 \times 6^2 \times 10^6}{3.498\ 5 \times 10^{13}} = 15.24(\text{mm}) < \frac{l_0}{250} = \frac{6\ 000}{250} = 24(\text{mm})$$

挠度满足要求。

习　题

13-1　已知梁截面尺寸 $b \times h = 250\ \text{mm} \times 600\ \text{mm}$,承受的弯矩设计值 $M = 160\ \text{kN} \cdot \text{m}$,采用 C20 混凝土,HRB335 级钢筋。求所需的纵向钢筋面积。

13-2　已知矩形截面梁,$b = 200\ \text{mm}$,$h = 400\ \text{mm}$,弯矩设计值 $M = 150\ \text{kN} \cdot \text{m}$。试按下列条件计算梁的纵向受拉钢筋截面面积 A_s,并根据计算结果分析混凝土强度等级及钢筋级别对钢筋混凝土受弯构件截面配筋 A_s 的影响:

(1)混凝土强度等级为 C25,纵筋为 HPB235 级钢筋;

(2)混凝土强度等级为 C25,纵筋为 HRB335 级钢筋;

(3)混凝土强度等级为 C30,纵筋为 HRB335 级钢筋;

(4)混凝土强度等级为 C30,纵筋为 HRB400 级钢筋。

13-3　某教学楼内走廊为现浇钢筋混凝土简支板,计算跨度 $l = 2.40\ \text{m}$,承受均布荷载设计值 5 kN/m^2(包括自重),采用 C20 混凝土,HPB235 级钢筋。试确定板的厚度 h,计算所需受力钢筋截面面积,并画出配筋图。

13-4　钢筋混凝土矩形截面简支梁,计算跨度 $l = 5.5\ \text{m}$,梁上作用的均布荷载设计值 $q = 22\ \text{kN/m}$(不包括梁自重)。试选择此梁的截面尺寸、材料强度等级,并计算所需的纵向受力钢筋。

13-5　已知钢筋混凝土矩形截面梁 $b \times h = 200\ \text{mm} \times 500\ \text{mm}$,梁承受的弯矩设计值 $M =$

270 kN·m,混凝土强度等级为 C25,纵筋为 HRB335 级钢筋。已配有纵向受拉钢筋 6 Φ 20,试复核该梁是否安全?若不安全,则重新设计。

13-6　一 T 形截面梁,$b=200$ mm,$h=600$ mm,$b'_f=500$ mm,$h'_f=150$ mm,混凝土强度等级为 C25,纵向钢筋采用 HRB335 级钢筋,该梁能承受的最大弯矩为 $M=170$ kN·m。试求受力钢筋截面面积。

13-7　一 T 形截面梁,$b=200$ mm,$h=600$ mm,$b'_f=1\ 200$ mm,$h'_f=100$ mm,混凝土强度等级为 C25,纵向钢筋采用 HRB335 级钢筋,配置受拉钢筋 4 Φ 18,当弯矩设计值 $M=130$ kN·m 时,该梁是否安全?

13-8　一钢筋混凝土简支梁,两端搁在 240 mm 厚的砖墙上,净跨 $l_0=3.76$ m,梁上承受均布荷载 $q=70$ kN/m;截面尺寸 $b\times h=200$ mm × 500 mm,采用 C20 混凝土,HPB235 级箍筋,HRB335 级纵筋。试进行斜截面承载力计算。

13-9　一矩形截面简支梁,截面尺寸 $b=250$ mm,$h=650$ mm,净跨 $l_n=6\ 500$ mm,梁上承受均布荷载 $q=56$ kN/m(包括梁自重)。纵筋采用 HRB335 级钢筋,箍筋采用 HPB235 级钢筋,混凝土强度等级为 C25,经正截面承载力计算已配置纵向受力钢筋 4 Φ 22 + 2 Φ 20。试确定腹筋的数量。

13-10　一钢筋混凝土简支梁,截面尺寸为 $b\times h=250$ mm × 500mm,混凝土强度等级为 C20,由正截面承载力计算已配置了 4 Φ 18 的 HRB335 级钢筋,荷载标准值的最大弯矩 $M_k=98$ kN·m,最大裂缝宽度的限值 $[w_{lim}]=0.3$ mm。试验算该梁的裂缝宽度是否满足要求。

学习情境十四　受扭构件

【知识点】 矩形截面纯扭构件承载力计算;矩形截面弯剪扭构件承载力计算;受扭构件的构造要求;楼梯和雨篷的计算原理。

【教学目标】 了解矩形截面纯扭构件承载力计算;掌握矩形截面弯剪扭构件承载力计算和受扭构件的构造要求;了解楼梯和雨篷的计算原理。

子情境一　概　述

混凝土结构构件,除承受弯矩、轴力和剪力外,还可能承受扭矩的作用。工程中,混凝土构件受到的扭矩有两类:一类是由外荷载直接作用产生的扭矩,可以直接由荷载静力平衡求出,与构件的抗扭刚度无关,一般也称为平衡扭矩。如图 14-1(a)、(b)所示的吊车梁和边梁,其截面上承受的扭矩都是这一类扭矩。另一类是超静定结构中由于变形的协调使截面产生的扭矩,称为协调扭矩,又称为约束扭矩。对于约束扭转,由于受扭构件在受力过程中的非线性性质,扭矩大小与构件受力阶段的刚度比有关,不是定值,需要考虑内力重分布进行计算。如图 14-1(c)、(d)所示的雨篷梁和折线梁。

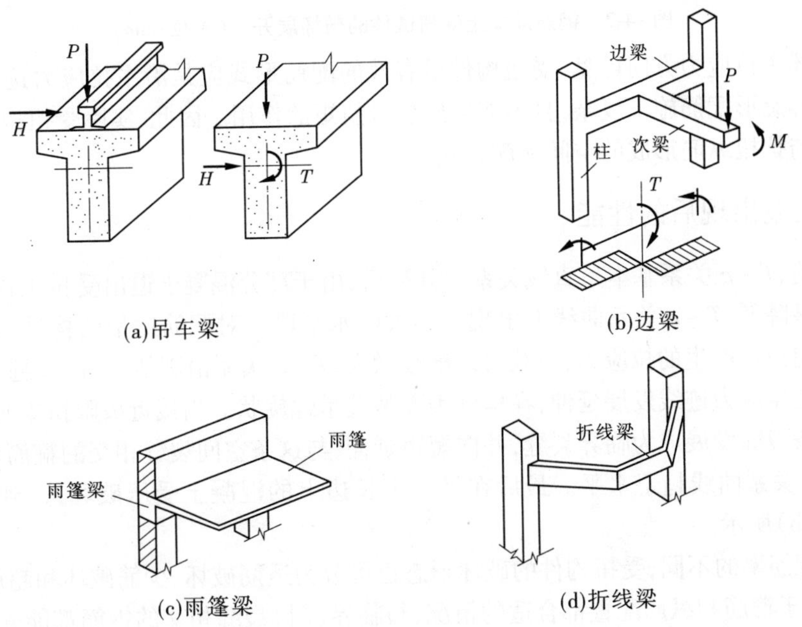

(a)吊车梁　(b)边梁　(c)雨篷梁　(d)折线梁

图 14-1　常见的受扭构件

子情境二　纯扭构件的试验研究

一、开裂前的应力状态

裂缝出现前，钢筋混凝土纯扭构件的受力与弹性扭转理论基本吻合。由于开裂前受扭钢筋的应力很低，分析时可忽略钢筋的影响。矩形截面受扭构件在扭矩 T 作用下截面上的剪应力分布情况，最大剪应力 τ_{max} 发生在截面长边中点。

由材料力学知，构件侧面产生主拉应力 σ_{tp} 和主压应力 σ_{cp}，$\sigma_{tp}=\sigma_{cp}=\tau_{max}$。主拉应力和主压应力迹线沿构件表面呈螺旋形。当主拉应力达到混凝土的抗拉强度时，在构件中某个薄弱部位形成裂缝，裂缝沿主压应力迹线迅速延伸。对于素混凝土构件，开裂会迅速导致构件破坏，破坏面呈一空间扭曲曲面，如图 14-2 所示。

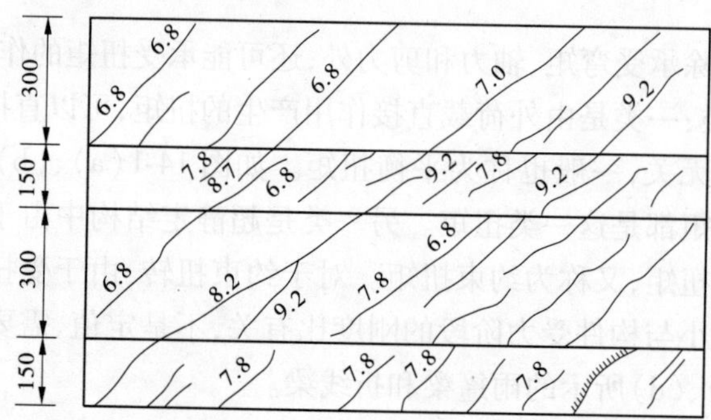

图 14-2　钢筋混凝土受扭试件的破坏展开　（单位：mm）

由前述主拉应力方向可见，受扭构件最有效的配筋形式应是沿主拉应力迹线呈螺旋形布置。但螺旋形配筋施工复杂，且不能适应变号扭矩的作用。因此，实际受扭构件的配筋是采用箍筋与抗扭纵筋形成的空间配筋方式。

二、裂缝出现后的性能

开裂前，$T\sim\varepsilon$ 关系基本呈直线关系。开裂后，由于部分混凝土退出受拉工作，构件的抗扭刚度明显降低，$T\sim\varepsilon$ 关系曲线上出现一不大的水平段。对配筋适量的构件，开裂后受扭钢筋将承担扭矩产生的拉应力，荷载可以继续增大，$T\sim\varepsilon$ 关系沿斜线上升，裂缝不断向构件内部和沿主压应力迹线发展延伸，在构件表面裂缝呈螺旋状。当接近极限扭矩时，在构件长边上有一条裂缝发展成为临界裂缝，并向短边延伸，与这条空间裂缝相交的箍筋和纵筋达到屈服，$T\sim\varepsilon$ 关系曲线趋于水平。最后在另一个长边上的混凝土受压破坏，达到极限扭矩。如图 14-2(b)所示。

按照配筋率的不同，受扭构件的破坏形态也可分为适筋破坏、少筋破坏和超筋破坏。

(1)对于箍筋和纵筋配置都合适的情况，与临界(斜)裂缝相交的钢筋都能先达到屈服，然后混凝土压坏，与受弯适筋梁的破坏类似，具有一定的延性。破坏时的极限扭矩与配筋量有关。

(2)当配筋量过少时，配筋不足以承担混凝土开裂后释放的拉应力，一旦开裂，将导致扭转角迅速增大，与受弯少筋梁类似，呈受拉脆性破坏特征，受扭承载力取决于混凝土的抗拉强度。

(3)当箍筋和纵筋配置都过大时，则会在钢筋屈服前混凝土就压坏，为受压脆性破坏。受扭构件的这种超筋破坏称为完全超筋，受扭承载力取决于混凝土的抗压强度。

(4)由于受扭钢筋由箍筋和受扭纵筋两部分钢筋组成，当两者配筋量相差过大时，会出现一个未达到屈服、另一个达到屈服的部分超筋破坏情况。

子情境三　纯扭构件的扭曲截面承载力

一、矩形截面钢筋混凝土纯扭构件承载力计算

矩形截面钢筋混凝土纯扭构件在适筋破坏时的承载力 T_u 的计算公式

$$T_u = 0.35 f_t W_t + 1.2\sqrt{\zeta}\frac{f_{yv} A_{st1}}{s_t} A_{cor} \tag{14-1}$$

式中：f_t 为混凝土的抗拉强度设计值；W_t 为截面受扭塑性抵抗矩，$W_t = b^2(3h - b)/6$，b、h 分别为矩形截面的短边尺寸、长边尺寸；A_{cor} 为截面核心部分的面积，$A_{cor} = b_{cor} h_{cor}$；$f_{yv}$ 为箍筋抗拉强度设计值；ζ 为受扭纵筋与箍筋的配筋强度比，按式(14-2)计算

$$\zeta = \frac{f_y A_{st1} s_t}{f_{yv} A_{st1} \mu_{cor}} \tag{14-2}$$

f_y 为钢筋抗拉强度设计值；A_{st1} 为对称布置在截面中的全部受扭纵筋截面面积；A_{st1} 为受扭箍筋的单肢截面面积；μ_{cor} 为截面核心部分的周长，$\mu_{cor} = 2(b_{cor} + h_{cor})$，$b_{cor}$ 和 h_{cor} 分别为从箍筋内表面计算的截面核心部分的短边尺寸和长边尺寸，一般取 $b_{cor} = (b - 50)$ mm，$h_{cor} = (h - 50)$ mm；s_t 为受扭箍筋的间距。

为保证构件中的受扭纵筋和箍筋能同时或先后达到屈服强度，构件才宣告破坏，《混凝土规范》规定 ζ 应符合下列条件

$$0.6 \leqslant \zeta \leqslant 1.7$$

试验表明，最佳配筋强度比 $\zeta = 1.2$。

二、T 形和 I 形截面钢筋混凝土纯扭构件承载力计算

T 形和 I 形截面的纯扭构件，可将其分解成腹板、受压翼缘及受拉翼缘三个矩形块，各矩形块的扭矩为

腹板　$$T_w = \frac{W_{tw}}{W_t} T \tag{14-3}$$

受压翼缘　$$T'_f = \frac{W'_{tf}}{W_t} T \tag{14-4}$$

受拉翼缘　$$T_f = \frac{W_{tf}}{W_t} T \tag{14-5}$$

式中：T 为构件截面所承受的弯矩设计值；T_w 为腹板所承受的扭矩设计值；T'_f、T_f 分别为受压翼缘、受拉翼缘所承受的扭矩设计值；W_{tw}、W'_{tf}、W_{tf} 分别为腹板、受压翼缘、受拉翼缘的受扭

塑性抵抗矩。

$$W_{tw} = \frac{b^2}{6}(3h - b) \tag{14-6}$$

$$W'_{tf} = \frac{h_f'^2}{2}(b'_f - b) \tag{14-7}$$

$$W_{tf} = \frac{h_f^2}{2}(b_f - b) \tag{14-8}$$

式中：b、h 分别为腹板宽度、截面高度；b'_f、b_f 分别为截面受压区、受拉区的翼缘宽度；h'_f、h_f 分别为截面受压区、受拉区的翼缘高度。

计算时取用的翼缘宽度尚应符合 $b'_f \leqslant b + 6h'_f$ 及 $b_f \leqslant b + 6h'_f$ 的规定。

子情境四　弯剪扭构件的扭曲截面承载力

一、试验研究及破坏形态

结构中的构件一般处于较复杂的受力状态中，往往构件上作用有弯矩、剪力、扭矩。构件在这三种内力的作用下，将发生什么破坏？通过结构试验分析，发现构件在弯矩、剪力、扭矩的共同作用下将发生以下三种破坏：①弯型破坏，这种破坏以弯曲破坏为主，剪力、扭矩的作用处于次要位置；②扭型破坏，以扭转作用占主导地位，剪力、弯矩的作用处于次要位置；③剪扭型破坏，剪力和扭矩均较大，受弯作用较小，如图 14-3 所示。

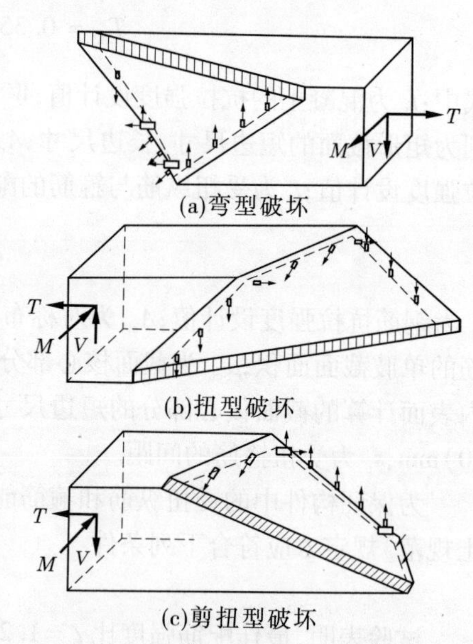

图 14-3　受扭构件破坏特征示意图

弯矩、剪力、扭矩共同作用时，构件的受力情况很复杂，三者相互影响，为了简化计算，目前我们仅考虑剪与扭之间的相互影响和弯与扭之间的相互影响。

二、矩形截面剪扭承载力计算

对于剪力和扭矩共同作用下的矩形截面一般剪扭构件，剪力的存在会使混凝土构件的受扭承载力降低，降低系数为 β_t。β_t 的计算如下

$$\beta_t = \frac{1.5}{1 + 0.5\frac{VW_t}{Tbh_0}} \tag{14-9}$$

式中：V 为剪力设计值；T 为扭矩设计值。

（1）剪扭构件的受扭承载力

$$T_u = 0.35\beta_t f_t W_t + 1.2\sqrt{\zeta}\frac{f_{yv}A_{st1}}{s}A_{cor} \tag{14-10}$$

式中：s 为受剪扭箍筋的间距。

(2)剪扭构件的受剪承载力

$$V_u = 0.7(1.5 - \beta_t)f_t b h_0 + f_{yv}\frac{nA_{sv1}}{s}h_0 \tag{14-11}$$

对于以集中荷载为主的矩形截面独立梁,式中0.7改为$1.75/(1+\lambda)$,λ为剪跨比,在1.5和3.0之间取值。

三、矩形截面弯扭承载力计算

《混凝土规范》近似地采用叠加法进行这种计算,即先分别按受弯和受扭计算,然后将所需的纵向钢筋数量按以下原则布置并叠加:

(1)抗弯所需的纵筋布置在截面的受拉边。

(2)抗扭所需的纵筋沿截面核心周边均匀、对称布置。

四、矩形截面弯剪扭构件的截面设计计算步骤

当已知截面的内力(M、V、T),并初选截面尺寸和材料强度等级后,可按以下步骤计算。

(一)验算截面尺寸

为防止截面尺寸过小而导致"完全超筋破坏"现象,《混凝土规范》规定矩形截面弯剪扭构件,当$\frac{h_0}{b}\leqslant 4$时,其截面应符合下式要求

$$\frac{V}{bh_0} + \frac{T}{0.8W_t} \leqslant 0.25\beta_c f_c \tag{14-12}$$

当$\frac{h_0}{b}=6$时,系数0.25改为0.2,当$4<\frac{h_0}{b}<6$时,系数按线性内插法确定。式中β_c为混凝土强度影响系数,仅在强度高于C50时考虑,f_c为混凝土轴心抗压强度设计值。当不满足式(14-12)要求时,应增大截面尺寸或提高混凝土的强度等级。当$\frac{h_0}{b}>6$时,钢筋混凝土弯剪扭构件的截面承载力计算应符合专门规定。

(二)确定是否需进行受扭和受剪承载力计算

当$V\leqslant 0.35f_t bh_0$或$\frac{0.875}{1+\lambda}f_t bh_0$(以集中荷载为主的矩形截面独立梁)时,可不考虑剪力,仅按弯扭构件计算;

当$T\leqslant 0.175f_t W_t$时,可不考虑扭矩,仅按弯剪构件计算;

当$\frac{V}{bh_0}+\frac{T}{W_t}\leqslant 0.7f_t$时,可不进行剪扭计算,而按构造要求配置箍筋和抗扭纵筋;

若不属于上述情况,按剪扭构件或弯扭构件计算。

(三)确定箍筋的用量

(1)计算混凝土受扭能力降低系数β_t。

(2)计算受剪所需单肢箍筋的用量$\frac{A_{sv1}}{s_v}$。

(3)计算受扭所需单肢箍筋的用量$\frac{A_{st1}}{s_t}$。

(4)计算受剪扭箍筋的单肢总用量$\frac{A_{svt1}}{s}$,并选配箍筋。

(5)验算箍筋的最小配筋率。

为防止受扭构件出现少筋破坏,《混凝土规范》规定弯剪扭构件箍筋和纵筋的配筋率均不得小于各自的最小配筋率,即应符合以下各式的要求:

箍筋
$$\rho_{svt}=\frac{nA_{svt1}}{bs}\geqslant\rho_{svt,min} \tag{14-13}$$

纵筋
$$\rho=\frac{A_{sm}+A_{stl}}{bh}\geqslant\rho_{sm,min}+\rho_{stl,min} \tag{14-14}$$

式(14-13)中:$\rho_{svt,min}$为剪扭箍筋的最小配筋率,按下式计算

$$\rho_{svt,min}=0.28\frac{f_t}{f_{yv}} \tag{14-15}$$

式(14-14)中:A_{sm}为受弯纵筋的截面面积;$\rho_{sm,min}$为受弯纵筋的最小配筋率,查学习情景十三中表13-4;$\rho_{stl,min}$为受扭纵筋的最小配筋率,按下式计算

$$\rho_{stl,min}=0.6\sqrt{\frac{T}{Vb}}\frac{f_t}{f_y} \tag{14-16}$$

当$\frac{T}{Vb}>2.0$时,取$\frac{T}{Vb}=2.0$。

(四)确定纵筋用量

(1)计算受扭纵筋的截面面积A_{stl},并验算最小配筋量。

(2)计算受弯纵筋的截面面积A_{sm},并验算最小配筋量。

(3)弯扭纵向钢筋用量叠加,并选筋。叠加原则是A_{sm}配在受拉边,A_{stl}沿截面核心周边均匀、对称布置。

五、受扭构件构造要求

(1)受扭构件四边均有可能受拉,故箍筋必须做成封闭式。箍筋末端应做成135°的弯钩,且应钩住纵筋,弯钩端头的平直段长度不小于$10d$。

(2)受扭箍筋的直径和间距的要求与普通梁相同。

(3)受扭纵筋原则上沿截面周边均匀、对称布置,且截面四角必须设置,其间距应不大于200 mm和梁的短边尺寸。

(4)受扭纵筋的接头和锚固要求均应按钢筋充分受拉考虑。

子情境五　常见的受扭构件结构计算简介

一、楼梯

在多层房屋中,楼梯是各楼层间的主要交通设施。由于钢筋混凝土具有坚固、耐久、耐火等特点,故而钢筋混凝土楼梯在多层建筑中得到广泛应用。

钢筋混凝土楼梯有现浇整体式和预制装配式两类,但预制装配式整体性较差,现已很少

采用。在现浇整体式楼梯中有平面受力体系的普通楼梯和空间受力体系的螺旋式或剪刀式楼梯，以下仅介绍在工程中大量采用的平面受力体系的普通楼梯。

在现浇钢筋混凝土普通楼梯中，根据梯段中有无斜梁，分为梁式楼梯和板式楼梯两种。梁式楼梯在大跨度(如大于 4 m)时较经济，但构造复杂，且外观笨重，在工程中较少采用；而板式楼梯虽在大跨度时不太经济，但因构造简单，且外观轻巧，在工程中得到广泛的应用。

板式楼梯有普通板式和折板式两种形式。

(一)普通板式

1. 结构组成和荷载传递

普通板式楼梯(见图 14-4)的梯段为表面带有三角形的斜板。梯段上的荷载以均布荷载的形式传给斜板，斜板以均布荷载的形式传给平台梁，故而平台梁上不存在集中荷载。

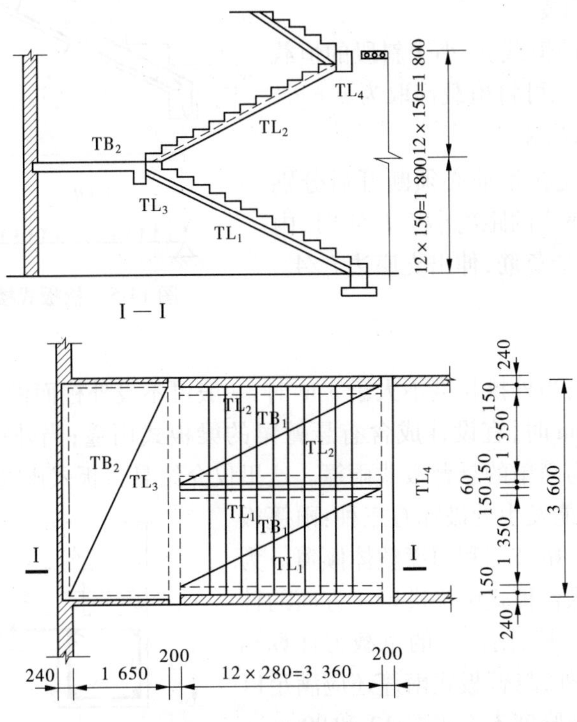

图 14-4　现浇梁式楼梯结构示意图　(单位:mm)

2. 设计要点

斜板厚度可取为 $h = l_0/30 \sim l_0/25$，l_0 为斜板的水平计算跨度。斜板可按简支构件计算，但因平台梁对斜板有一定的约束，斜板的跨中弯矩可取 $(g+q)l_0^2/10$，因斜板与平台板实际上具有连续性，故在斜板靠平台梁处应设置板面负筋，其用量应大于一般构造负筋，但可略小于跨中配筋(例如直径小于 2 mm，间距不变)。受力筋可采用分离式，支座负筋伸进斜板 $l_n/4$，l_n 为斜板的净跨。

平台板一般为单向板。这时，可取 1 m 宽板带为设计单元，按简支板计算，$M_{max} = (g+q)l_0^2/8$，两端与梁整浇时可取为 $M_{max} = (g+q)l_0^2/10$。当为双向板时则可按四边简支的双向板计算。因板的四周受到梁或墙的约束，故应配构造负筋不少于Φ 8@200，伸出支座边 $l_0/4$。

平台梁可按简支矩形梁计算。平台梁虽有平台板协同工作,但仍宜按矩形截面计算,且宜将配筋适当增加。这是因为平台梁两边荷载不平衡,梁中实际存在着一定的扭矩,虽在计算中为简化起见而不考虑扭矩,但必须考虑该不利因素。

(二)折板式

当板式楼梯设置平台梁有困难时,可取消平台梁,做成折板式(见图 14-5)。折板由斜板和一小段平板组成,两端支承于楼盖梁和楼梯间纵墙上,故而跨度较大。折板式楼梯的设计要点如下:

(1)斜板和平板厚度可取为 $h = l_0/30 \sim l_0/25$。

(2)因板较厚,楼盖梁对板的相对约束较小,折板可视为两端简支。

(3)折板水平段的恒载 g_2 小于斜段的恒载 g_1,但因水平段较短,也可将恒载都取为 $g = g_1$,即可取 $M_{\max} = (g+q)l_0^2/8$。

(4)内折角处的受拉钢筋必须断开后分别锚固,当内折角与支座边的距离小于 $l_n/4$ 时,内折角处的板面应设构造负筋,伸出支座边 $l_n/4$。

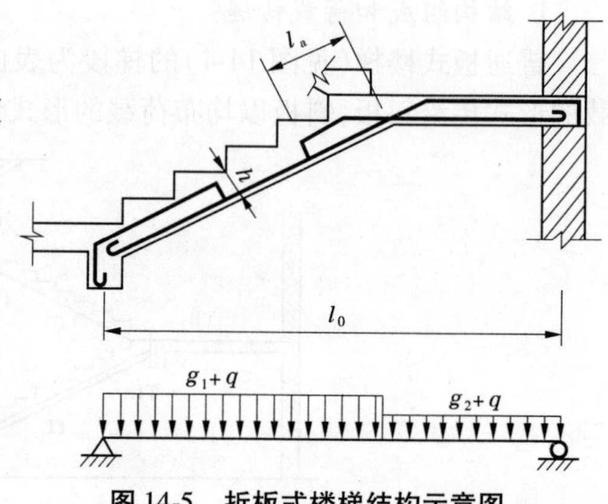

图 14-5　折板式楼梯结构示意图

二、雨篷

钢筋混凝土雨篷,当外挑长度不大于 3 m 时,一般可不设外柱而做成悬挑结构。其中,当外挑长度大于 1.5 m 时,宜设计成含有悬臂梁的梁板式雨篷;当外挑长度不大于 1.5 m 时,可设计成结构最为简单的悬臂板式雨篷。这里仅介绍悬臂板式雨篷(见图 14-6)。

悬臂板式雨篷可能发生的破坏有三种:雨篷板根部断裂、雨篷梁弯剪扭破坏和雨篷整体倾覆。为防止以上破坏,应对悬臂板式雨篷进行三方面的计算:雨篷板的承载力计算、雨篷梁的承载力计算和雨篷抗倾覆验算。此外,悬臂板式雨篷还应满足以下构造要求:板的根部厚度不小于 $l_s/12$ 和 80 mm,端部厚度不小于 60 mm;板的受力筋必须置于板上部,深入支座长度 l_a,与梁的箍筋必须良好搭接。

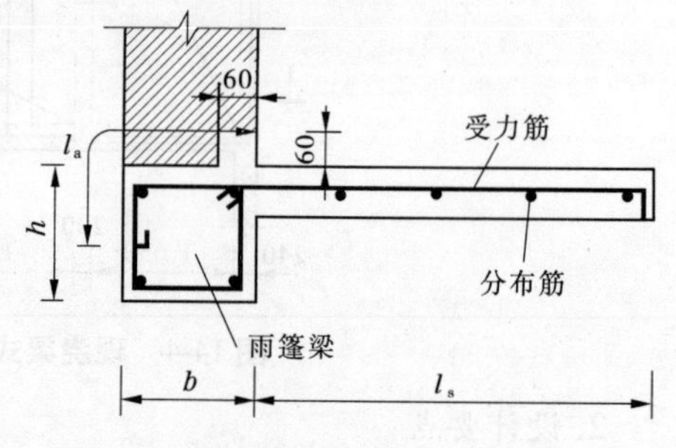

图 14-6　悬臂板式雨篷　(单位:mm)

(一)雨篷的承载力计算

雨篷板为固定于雨篷梁上的悬臂板,其承载力按受弯构件计算,取其挑出长度为计算跨度,并取 1 m 宽板带为设计单元。

雨篷板的荷载一般考虑恒载和活载。恒载包括板的自重、面层及板底粉刷,活载则考虑标准值为 0.5 kN/m² 的等效均布活载或标准值为1 kN的板端集中检修活荷载。两种荷载情况下的计算简图见图 14-7,其中 g 和 q 分别为均布恒载和均布活载的设计值,Q 为板端集中活载的设计值。

雨篷板只需进行正截面承载力计算,并且只需计算板的根部截面,由计算简图可得板的根部弯矩计算式为

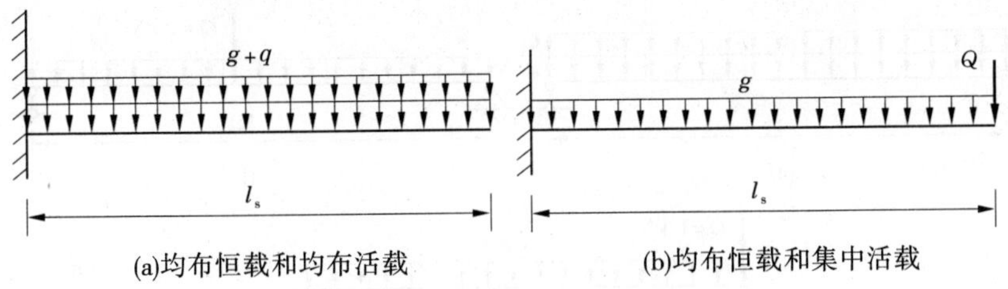

图 14-7　雨篷板的计算简图

$$M = \frac{1}{2}(g + q)l_s^2$$

或
$$M = \frac{1}{2}gl_s^2 + Ql_s \tag{14-17}$$

在以上两个计算结果中，取弯矩较大值配置板受力筋并置于板的上部。

(二)雨篷梁的承载力计算

雨篷梁下面为洞口，上面一般有墙体，甚至还有梁板，故雨篷梁实际是带有外挑悬臂板的过梁。由于带有外挑悬臂板，雨篷梁不仅受弯剪，还承受扭矩，属于弯剪扭构件，需对其进行受弯剪计算和受扭计算，配置纵筋和箍筋。

1. 雨篷梁受弯剪计算

雨篷梁受弯剪计算应考虑的荷载有过梁上方高度为 $l_n/3$ 范围内的墙体重量、高度为 l_n 范围内的梁板荷载、雨篷梁自重和雨篷板传来的恒载与活载。其中，雨篷板传来的活载应考虑均布荷载 $q_k = 0.5\ kN/m^2$ 和集中荷载 $Q_k = 1\ kN$ 两种情况，取产生较大内力者。

计算简图如图 14-8(a)或图 14-8(b)用于计算弯矩，图 14-8(a)或图 14-8(c)用于计算剪力。计算跨度取 $l_0 = 1.05l_n$，l_n 为梁的净跨。

梁的弯矩由下式计算

$$M = \frac{1}{8}(g + q)l_0^2$$

或
$$M = \frac{1}{8}gl_0^2 + \frac{1}{4}Ql_0 \tag{14-18}$$

取弯矩值较大者。

梁的剪力由下式计算

$$V = \frac{1}{2}(g + q)l_n$$

或
$$V = \frac{1}{2}gl_n + Q \tag{14-19}$$

取剪力值较大者。

2. 雨篷梁受扭计算

雨篷梁上的扭矩由悬臂板上的恒载和活载产生。计算扭矩时应将雨篷板上的力对雨篷梁的中心取矩(与求板根部弯矩时不同)；如计算所得板上的均布恒载产生的均布扭矩为 m_g，均布活载产生的均布扭矩为 m_q，板端集中活载 Q(作用在洞边板端时为最不利)产生的集中扭矩为 M_Q，则梁端扭矩 T 可按下式计算(扭矩计算简图与剪力计算简图类似)

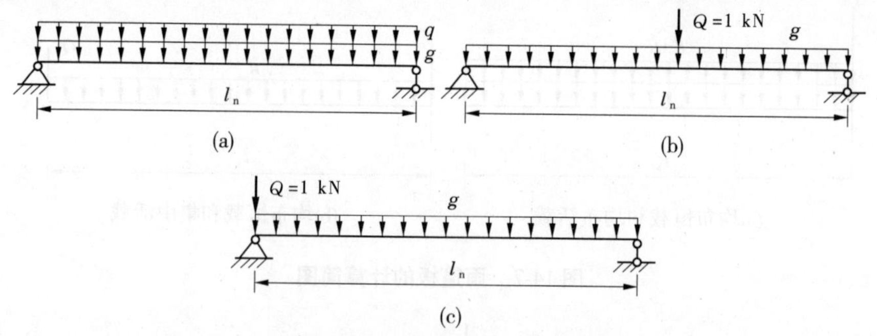

图 14-8　雨篷梁受弯剪计算简图

$$T = \frac{1}{2}(m_g + m_q)l_n$$

或
$$T = \frac{1}{2}m_g l_n + M_Q \tag{14-20}$$

取扭矩值较大者。

雨篷梁的弯矩 M、剪力 V、扭矩 T 求得后，即可按弯、剪、扭构件的承载力计算方法计算纵筋和箍筋。

三、雨篷抗倾覆验算

雨篷板上的荷载可能使雨篷绕梁底距墙外边缘 x_0 处的 O 点（见图 14-9(b)）转动而产生倾覆。为保证雨篷的整体稳定，需按下式对雨篷进行抗倾覆验算

$$M_r \geqslant M_{ov} \tag{14-21}$$

式中：M_r 为雨篷的抗倾覆力矩设计值；M_{ov} 为雨篷的倾覆力矩设计值。

计算 M_r 时，应考虑可能出现的最小力矩，即只能考虑恒载的作用（如雨篷梁自重、梁上砌体重及压在雨篷梁上的梁板自重），且应考虑恒载有变小的可能。M_r 可按下列公式计算

$$M_r = 0.8G_{rk}(l_2 - x_0) \tag{14-22}$$

式中：G_{rk} 为抗倾覆恒载的标准值，按图 14-9(a)计算，图中 $l_3 = l_n/2$；l_2 为 G_{rk} 作用点到墙外边缘的距离；x_0 为倾覆点 O 到墙外边缘的距离，$x_0 = 0.13l_1$，其中 l_1 为墙厚度。

计算 M_{ov} 时，应考虑可能出现的最大力矩，即应考虑作用于雨篷板上的全部恒载及活载对倾覆点 O 处的力矩，且应考虑恒载和活载均有变大的可能，恒载系数采用 1.2，活载系数采用 1.4。

在进行雨篷抗倾覆验算时，应将施工或检修集中活荷载（Q_k = 1 kN）置于悬臂板端，且沿板宽每隔 2.5 ~ 3 m 考虑一个集中活荷载。

当雨篷抗倾覆验算不满足要求时，应采取保证稳定的措施，如增加雨篷梁在砌体内的长度（雨篷板不能增长）或将雨篷梁与周围的结构（如柱子）相连接。

四、悬臂板式雨篷带构造翻边时的注意事项

悬臂板雨篷有时带构造翻边，不能误认为是边梁。这时应考虑积水荷载（至少取 1.5 kN/m²）。当为竖直翻边时，为承受积水的向外推力，翻边的钢筋应置于靠积水的内侧，且在

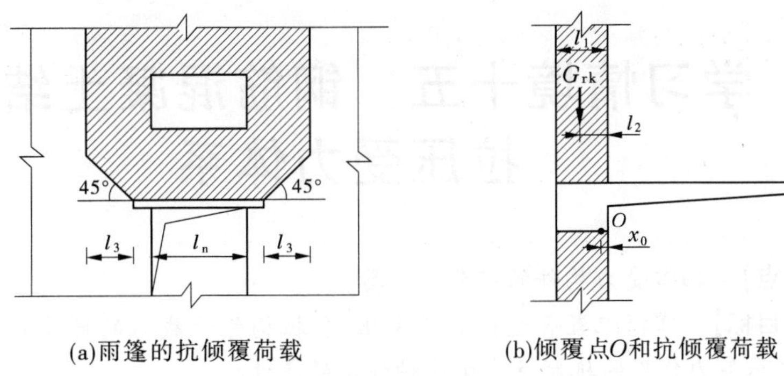

(a)雨篷的抗倾覆荷载　　(b)倾覆点O和抗倾覆荷载

图 14-9　雨篷的抗倾覆计算

内折角处钢筋应良好锚固(见图14-10(a))。但当为斜翻边时,则应考虑斜翻边重量所产生的力矩,将翻边钢筋置于外侧,且应弯入平板一定的长度(见图14-10(b))。

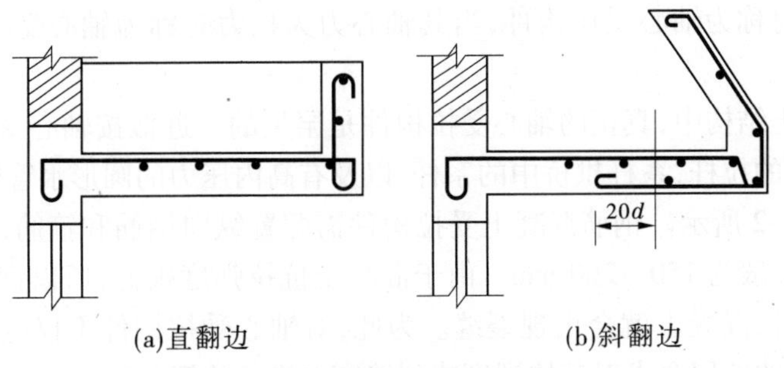

(a)直翻边　　(b)斜翻边

图 14-10　带构造翻边的悬臂板式雨篷的配筋

习　题

14-1　什么是受扭构件?常见的受扭构件有哪些?

14-2　矩形截面受扭构件破坏与哪些因素有关?

14-3　受扭钢筋混凝土构件破坏的类型有几种?

14-4　简述弯剪扭构件截面设计步骤。

14-5　一矩形截面曲线梁,截面尺寸为 $b \times h = 250\ \text{mm} \times 500\ \text{mm}$,混凝土强度等级为C25,纵筋HRB335级,箍筋HPB235级。已求得支座处负弯矩设计值 $M = 120\ \text{kN} \cdot \text{m}$,剪力 $V = 135\ \text{kN}$,扭矩 $T = 15\ \text{kN} \cdot \text{m}$。试设计该截面。

学习情境十五　钢筋混凝土结构拉压受力体系

【知识点】 轴心受力构件的定义与分类。

【教学目标】 掌握配置普通箍筋的受压、受拉构件承载力的计算方法；理解螺旋箍筋对提高构件承载力作用的机制及产生这种作用的条件。

子情境一　轴心受拉构件

当在结构构件的截面上作用有与其形心相重合的力时，该构件称为轴心受力构件。当其轴心力为压力时称为轴心受压构件，当其轴心力为拉力时称为轴心受拉构件，如图15-1所示。

在钢筋混凝土结构中，真正的轴心受拉构件是罕见的。近似按轴心受拉构件计算的有刚架、拱及桁架中的拉杆，系杆拱桥中的系杆，以及有高内压力的圆形水管壁、圆形水池壁环向部分等，如图15-2所示。钢筋混凝土受拉构件需配置纵向钢筋和箍筋，箍筋的直径应不小于6 mm，间距一般为150～200 mm。由于混凝土抗拉强度很低，所以钢筋混凝土受拉构件在外力不甚大时，混凝土就会出现裂缝。为此，对轴心受拉构件不仅应进行承载力的计算，还要根据构件的使用要求对其抗裂度或裂缝宽度进行验算。

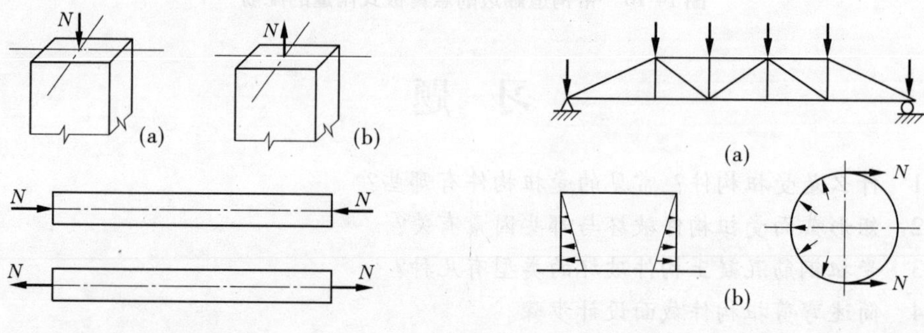

图15-1　轴心受力构件　　图15-2　轴心受拉构件示例

在实际结构中，严格按轴心受压构件计算的也很少，对于承受节点荷载作用的桁架的受压腹杆可近似按轴心受压构件设计。由于轴心受压构件计算简便，也可作为受压构件初步估算截面、复核强度的手段。

按照轴心受压构件中箍筋配置方式和作用的不同，轴心受压构件又分为配置普通钢箍的受压构件和配置螺旋钢箍的受压构件（见图15-3）。普通钢箍受压构件中，承载力主要由混凝土承担，其纵向钢筋可协助混凝土抗压，以减小截面尺寸，也可承受可能存在的不大的弯矩，还可防止构件的突然脆性破坏。普通钢箍的作用是防止纵筋压屈，承受可能存在的不大的剪力，并与纵筋形成钢筋骨架，以便于施工。螺旋钢箍是在纵筋外围配置的连续环绕、间距较密的螺旋筋，或焊接钢环，其作用是使截面核心部分的混凝土形成约束混凝土，提高构件的承载力和延性。

以承受轴向力为主的构件都属于受压构件。如单厂柱，拱，屋架上弦杆，多、高层框架柱，剪力墙，筒体，烟囱，桥墩，桩。受压构件（柱）往往在结构中具有重要作用，一旦产生破坏，往往导致整个结构的损坏，甚至倒塌。

一、轴心受拉构件的受力特点

轴心受拉构件裂缝的出现和开展过程类似于受弯构件。轴心拉力 N 与构件伸长变形 Δl 之间的关系如图 15-4 所示。由图可知：当拉力较小，构件截面未出现裂缝时，$N \sim \Delta l$ 曲线的 oa 段接近于直线。随着拉力的增大，构件截面裂缝的出现和开展，混凝土承受拉力的作用逐渐减弱，$N \sim \Delta l$ 曲线的 ab 段逐渐向纯钢筋的 ob 段靠近。试验表明，轴心受拉构件的裂缝间距和宽度也是不均匀的，它们与配筋率和受拉钢筋的直径等因素密切相关。在配筋率高的构件中，其裂缝"密而细"，反之则"稀而宽"。当配筋率相同时，粗钢筋配筋的构件裂缝"稀而宽"，反之则"密而细"。这些特点与受弯构件类似。不同的是，轴心受拉构件全截面受拉，一般裂缝贯穿整个截面。在轴心受拉构件中，当拉力使裂缝截面的钢筋应力达到屈服强度时，构件便进入破坏阶段。

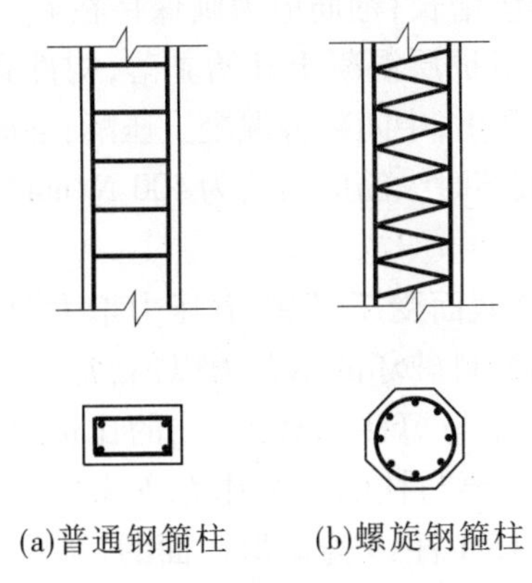

图 15-3 受压构件的配筋方式

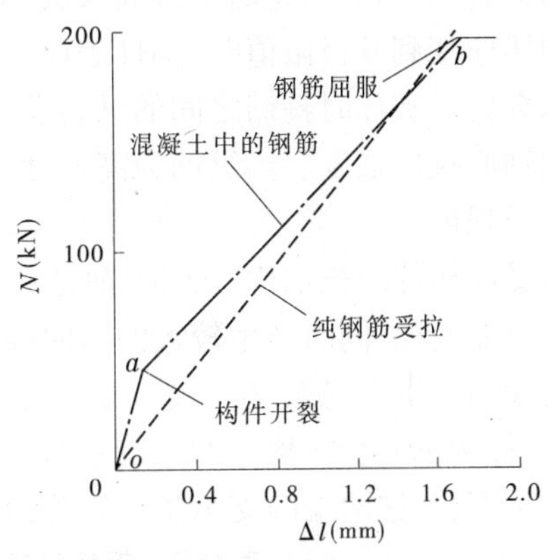

图 15-4 轴心受拉构件受力和变形特点

二、建筑工程轴心受拉构件承载力计算

当轴心受拉构件达到承载力极限状态时，此时裂缝截面的混凝土已完全退出工作，只有钢筋受力且达到屈服。由截面平衡条件（见图 15-5），可以得到轴心受拉构件的正截面受拉承载力的公式

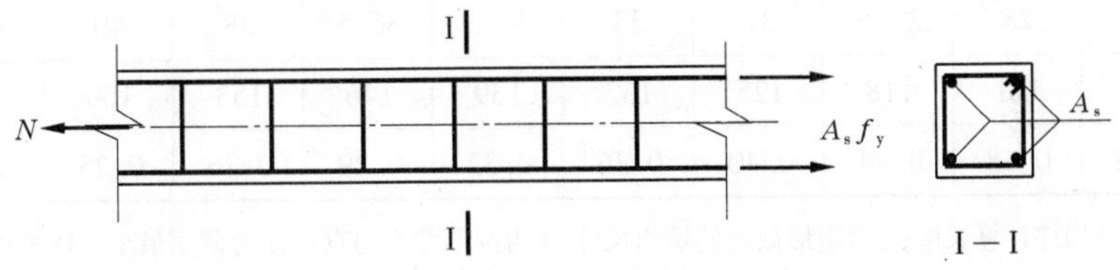

图 15-5 轴心受拉构件计算图式

$$N \leqslant f_y A_s$$

式中：N 为轴心拉力设计值；A_s 为纵向受拉钢筋的截面面积；f_y 为纵向受拉钢筋的抗拉强度设计值。

子情境二　轴心受压构件

一、位移法的基本概念

根据试验研究结果，轴心受压构件可按长细比的不同分为短柱和长柱。轴心受压构件所采用的试件材料强度、截面尺寸和配筋均相同，但试件的长度不同，通过对比方法来观察长细比不同的轴心受压构件的破坏特征。

（一）普通钢箍受压构件

短柱受荷以后，截面应变为均匀分布，钢筋应变 ε_s 与混凝土应变 ε_c 相同。如前所述，由于混凝土塑性变形的发展及收缩徐变的影响，钢筋与混凝土之间发生压应力的重分布。试验表明，混凝土的收缩与徐变（在线性徐变范围以内）并不影响构件的极限承载力。对于配置 HPB235（R235）、HRB335、HRB400 级钢筋的构件，在混凝土到达最大应力 f_c 以前，钢筋已到达其屈服强度，这时构件尚未破坏，荷载仍可继续增长，钢筋应力则保持在 f'_y。当混凝土的压应变到其极限值时，构件表面出现纵向裂缝，保护层混凝土开始剥落，构件到达其极限承载力。破坏时箍筋之间的纵筋发生压屈并向外凸出，中间部分混凝土压酥，混凝土应力达到轴心抗压强度。当纵筋为高强度钢筋时，构件破坏时纵筋应力约为 400 N/mm^2，达不到其屈服强度。

当受压构件的长细比较大时，轴心受压构件虽是全截面受压，但随着压力增大，长柱不仅发生压缩变形，同时产生较大的横向挠度，在未达到材料破坏的承载力以前，常由于侧向挠度增大而发生失稳破坏。设以 φ 代表长柱承载力 N_{lu} 与短柱承载力 N_{su} 的比值，即 $\varphi = N_{lu}/N_{su}$，称为轴心受压构件的稳定系数。稳定系数 φ 主要与柱的长细比 l_0/b 有关，l_0 为柱的计算长度，与柱两端的支承条件有关，其取值可见表 15-1 注，b 为矩形截面的短边尺寸。

表 15-1　钢筋混凝土轴心受压构件的稳定系数 φ

l_0/b	≤8	10	12	14	16	18	20	22	24	26	28
l_0/d	≤7	8.5	10.5	12	14	15.5	17	19	21	22.5	24
l_0/i	≤28	25	42	48	55	62	69	76	83	90	97
φ	1.0	0.98	0.95	0.92	0.87	0.81	0.75	0.70	0.65	0.60	0.56
l_0/b	30	32	34	36	38	40	42	44	46	48	50
l_0/d	26	28	29.5	31	33	34.5	36.5	38	40	41.5	43
l_0/i	104	111	118	125	132	139	146	153	160	167	174
φ	0.52	0.48	0.44	0.40	0.36	0.32	0.29	0.26	0.23	0.21	0.19

注：（1）表中 l_0 为构件计算长度；b 为矩形截面的短边尺寸；d 为圆形截面的直径；i 为截面最小回转半径。

（2）构件计算长度 l_0，当构件两端为固定时取 $0.5l$，当一端固定一端为不移动的铰时取 $0.7l$，当两端均为不移动的铰时取 l，当一端固定一端自由时取 $2l$。l 为构件支点间长度。

当 $l_0/b \leqslant 8$ 或 $l_0/i \leqslant 28$（i 为截面最小回转半径）时，称为短柱，取 $\varphi \approx 1.0$。随着 l_0/b 的增大，φ 值近乎线性减小，混凝土强度等级及配筋对 φ 的影响较小。《混凝土规范》给出的 φ 值见表 15-1。通过稳定系数 φ，在截面上建立平衡关系，即可建立轴心受压构件长、短柱的统一计算公式。

（二）螺旋钢箍受压构件

螺旋钢箍柱由于沿柱高配置有间距较密的螺旋筋（或焊接钢环），对于螺旋筋所包围的核心面积内混凝土，它相当于套筒作用，能有效地约束混凝土受压时的横向变形，使核心区混凝土处于三向受压状态，从而提高了其抗压强度。图 15-6 为螺旋钢箍柱与普通钢箍柱荷载（N）与轴向应变（ε）曲线的比较。在混凝土应力达到其临界应力 $0.8f_c$ 以前，螺旋钢箍柱的变形曲线与普通钢箍柱并无区别。当混凝土的压应变达到其极限值时，保护层混凝土开始剥落，混凝土截面面积减小，荷载有所下降。而核心部分混凝土由于受到约束，仍能继续受荷，其抗压强度超过了 f_c，曲线逐渐回升。随着荷载增大，螺旋筋中拉应力增大，直到螺旋筋达到屈服，对核心混凝土的横向变形不再起约束作用，核心混凝土的抗压强度也不再提高，混凝土压碎，构件破坏。破坏时柱的变形可达 0.01 以上，这反映了螺旋钢箍柱的受力特点，在承载力基本不降低的情况下具有很大的承受后期变形的能力，表现出较好的延性。螺旋钢箍柱的这种受力性能，使得近年来在抗震结构设计中，为了提高柱的延性，常在普通钢箍柱中加配螺旋筋或焊接环，如图 15-7 所示。

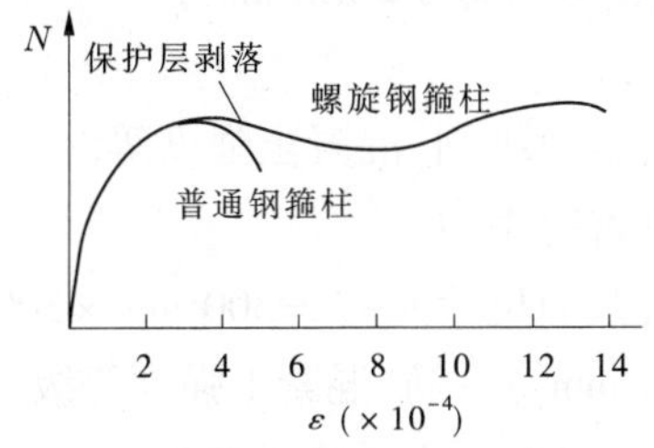

图 15-6　轴心受压柱的轴力—应变曲线

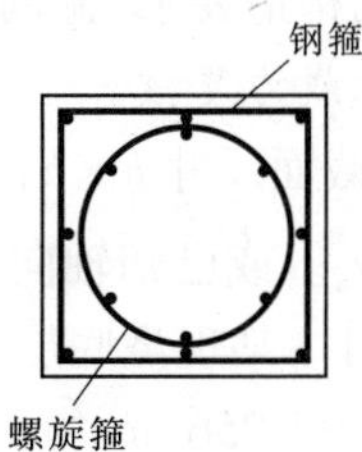

图 15-7　加配箍筋的普通钢箍柱

二、建筑工程中轴心受压构件承载力计算方法

（一）普通钢箍受压构件

在轴心受压承载力极限状态下（见图 15-8），根据轴向力的平衡，混凝土轴心受压构件的正截面承载力计算公式为

$$N \leqslant 0.9\varphi(f_c A + f_y' A_s') \tag{15-1}$$

式中：N 为轴向力设计值；φ 为稳定系数，按表 15-1 采用；A 为构件截面面积，当纵向钢筋配筋率大于 0.03 时，式中 A 应改用 $A_c = A - A_s'$；A_s' 为全部纵向钢筋的截面面积；0.9 为系数，其目的是保持与偏心受压构件正截面承载力具有相近的可靠度。

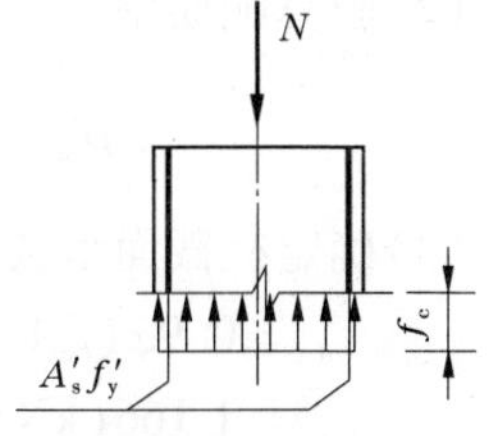

图 15-8　轴心受压极限承载力状态

当截面长边或直径小于 300 mm 时，混凝土的抗压强度设计值乘以折减系数 0.8。

实际工程中，轴心受压构件的承载力计算问题可归纳为截面设计和截面复核两大类。

1. 截面设计

已知：构件截面尺寸 $b \times h$，轴向力设计值，构件的计算长度 l_0，材料强度等级。求：纵向

钢筋截面面积 A'_s。

【例 15-1】 某钢筋混凝土轴心受压柱,采用 C20 混凝土;HRB335 级纵筋,HPB235 级箍筋;已知截面尺寸 $b \times h = 250\ \text{mm} \times 250\ \text{mm}$,并已求得构件的计算长度 $l_0 = 3.5\ \text{m}$;柱底截面轴心压力设计值(包括自重)为 $N = 483\ \text{kN}$。试根据计算和构造要求选配纵筋和箍筋。

解 (1)C20 混凝土 $f_c = 9.6\ \text{N/mm}^2$;因截面长边尺寸小于 300 mm,所以混凝土设计强度需乘以 0.8 进行折减,$f_{c1} = 0.8 \times f_c = 9.6 \times 0.8 = 7.68(\text{N/mm}^2)$;$f_y' = 300\ \text{N/mm}^2$。

(2)稳定系数 φ:长细比 $l_0/b = 3\,500/250 = 14 > 8$,查表 15-1,得 $\varphi = 0.92$。

(3)求 A'_s 并检验 ρ'

$$A'_s = \frac{\dfrac{N}{0.9\varphi} - f_{c1}A}{f'_y} = \frac{\dfrac{483\,000}{0.9 \times 0.92} - 7.68 \times 250 \times 250}{300} = 344(\text{mm}^2)$$

$$\rho' = \frac{A'_s}{A} = \frac{344}{250 \times 250} = 0.005\,5 = 0.55\%$$

$\rho' < \rho_{\min} = 0.6\%$,不满足最小配筋率的要求,应根据最小配筋率和构造要求配置钢筋。

$$A'_s = \rho_{\min}A = 0.006 \times 250 \times 250 = 375(\text{mm}^2)$$

构造要求柱纵筋不少于 4 Φ 12 的 HRB335 级钢筋,面积为 452 mm^2,故纵筋按构造配置。

根据箍筋构造要求,箍筋直径取 6 mm,根据间距的要求取 $s = 150\ \text{mm}$。

2. *截面承载力复核*

已知:柱截面尺寸 $b \times h$,计算长度 l_0,纵向钢筋数量及级别,混凝土强度等级。求:柱的受压承载力 N_u。或已知轴向力设计值 N,判断截面是否安全。

【例 15-2】 某现浇底层钢筋混凝土轴心受压柱,截面尺寸 $b \times h = 300\ \text{mm} \times 300\ \text{mm}$,采用 4 Φ 20($A'_s = 1\,256\ \text{mm}^2$)的 HRB335 级($f'_y = 300\ \text{N/mm}^2$)钢筋,混凝土强度等级 C25($f_c = 11.9\ \text{N/mm}^2$),$l_0 = 4.5\ \text{m}$,承受轴向力设计值 800 kN。试校核此柱是否安全。

解 (1)确定稳定系数 φ。

$$l_0/b = 4\,500/300 = 15$$

查表 15-1,得 $\varphi = 0.895$。

(2)验算配筋率

$$\rho'_{\min} = 0.6\% < \rho' = \frac{A'_s}{A} = \frac{1\,256}{90\,000} = 1.4\% < 3\%$$

(3)确定柱截面承载力

$$\begin{aligned} N_u &= 0.9\varphi(f_cA + f'_yA'_s) = 0.9 \times 0.895 \times (11.9 \times 90\,000 + 300 \times 1\,256) \\ &= 1\,166(\text{kN}) > 800\ \text{kN} \end{aligned}$$

故此柱截面安全。

【例 15-3】 某三跨三层现浇框架结构的底层内柱,轴向力设计值 $N = 1\,300\ \text{kN}$,基顶至二楼楼面的高度 $H = 4.8\ \text{m}$,混凝土强度等级为 C30,钢筋用 HRB335 级。试确定柱截面尺寸及纵筋面积。

解 $f_c = 14.3\ \text{N/mm}^2$,$f'_y = 300\ \text{N/mm}^2$,根据构造要求,先假定柱截面尺寸 $b \times h = 300\ \text{mm} \times 300\ \text{mm}$,计算长度 l_0,按表 15-1 规定得:$l_0 = 1.0H = 1.0 \times 4.8 = 4.8(\text{m})$。

确定 φ：由 $l_0/b = 4\ 800/300 = 16$，查表 15-1 得 $\varphi = 0.87$。

计算 A'_s：由式(15-1)可得

$$A'_s = \frac{\dfrac{N}{0.9\varphi} - f_c A}{f'_y} = \frac{\dfrac{1\ 300\ 000}{0.9 \times 0.87} - 14.3 \times 300 \times 300}{300} = 1\ 244.3(\text{mm}^2)$$

$\rho' = \dfrac{A'_s}{A} = \dfrac{1\ 244.3}{300 \times 300} = 1.38\% > \rho'_{\min} = 0.6\%$，满足最小配筋率的要求。选用 4 Φ 20($A'_s$ = 1 256 mm²)，箍筋按构造要求可取Φ 6@300。

(二)螺旋钢箍受压构件

由于螺旋钢箍的套筒作用大，约束了核心混凝土的横向变形，使核心混凝土的承载力提高。根据圆柱体三向受压试验的结果知，受到径向压应力 σ_2 作用的约束混凝土纵向抗压强度 σ_1 可按下列公式计算

$$\sigma_1 = f_c + 4\sigma_2 \tag{15-2}$$

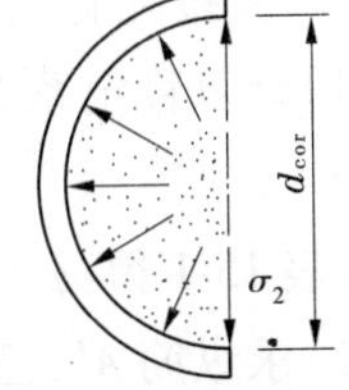

图 15-9　径向压应力 σ_2

设螺旋钢箍的截面面积为 A_{ss1}，间距为 s，螺旋筋的内径为 d_{cor}(即核心直径)。螺旋筋应力达到其抗拉强度设计值 f_y 时，由图 15-9 隔离体的平衡可得

$$\sigma_2 = \frac{2f_y A_{ss1}}{sd_{cor}} \tag{15-3}$$

将式(15-3)代入式(15-2)中，有

$$\sigma_1 = f_c + \frac{8f_y A_{ss1}}{sd_{cor}}$$

根据轴向力的平衡，考虑轴心受压构件与偏心受压构件有相近的可靠度系数 0.9，同时考虑间接钢筋对混凝土约束的折减系数 α，可写出螺旋钢筋柱的承载力计算公式为

$$N \leqslant 0.9(\sigma_1 A_{cor} + f'_y A'_s) \text{ 或 } N \leqslant 0.9\left(f_c A_{cor} + f'_y A'_s + 8\alpha \frac{f_y A_{ss1} A_{cor}}{sd_{cor}}\right) \tag{15-4}$$

将螺旋筋按体积相等的条件，换算成纵向钢筋面积 A_{ss0}，即

$$A_{ss0} = \frac{\pi d_{cor} A_{ss1}}{s} \tag{15-5}$$

则式(15-4)可改写成下列形式

$$N \leqslant 0.9(f_c A_{cor} + f'_y A'_s + 2\alpha f_y A_{ss0}) \tag{15-6}$$

式中：A_{cor}为构件的核心截面面积；f_y 为间接钢筋的抗拉强度设计值；A_{ss0}为螺旋钢筋的换算截面面积；d_{cor}为构件的核心直径；s 为沿构件轴线方向间接钢筋的间距；α 为间接钢筋对混凝土约束的折减系数，当混凝土强度等级不超过 C50 时，取 1.0，当混凝土强度等级为 C80 时，取 0.85，其间按线性内插法取用。

式(15-6)中右边第一项为核心混凝土在无侧向约束时所承担的轴力，第二项为纵筋所承担的轴力，第三项代表受到螺旋筋约束后，核心混凝土所承担的轴力的提高部分。

为了保证在使用荷载下不发生保护层混凝土的剥落，《混凝土规范》要求按式(15-6)算得的受压承载力设计值不应大于按式(15-1)算得的普通钢箍柱的受压承载力设计值的 1.5 倍。对于长细比 $l_0/d > 12$ 的柱不应采用螺旋钢箍，因为这种柱的承载力将由于侧向挠度引起的附加偏心距而降低，使螺旋筋的作用不能发挥。

螺旋筋的约束效果与螺旋筋的截面面积 A_{ss1}、间距 s 有关。《混凝土规范》要求螺旋筋的换算截面面积 A_{ss0} 不应小于全部纵向钢筋截面面积 A'_s 的 25%。螺旋筋的间距 s 不应大于 $0.2d_{cor}$，且不大于 80 mm，为了便于施工，也不应小于 40 mm。

【例 15-4】 已知某公共建筑底层门厅内现浇钢筋混凝土圆柱，承受轴心压力设计值 $N=5\ 200$ kN。该柱的截面尺寸 $d=550$ mm，柱的计算长度 $l_0=5.2$ m。混凝土强度等级为 C30（$f_c=14.3$ N/mm^2），柱中纵筋用 HRB335 级（$f_y'=300$ N/mm^2），箍筋用 HPB235 级（$f_{yv}=210$ N/mm^2）。求该柱的配筋。

解 先按配有纵筋和箍筋柱计算。

（1）计算稳定系数 φ

$$l_0/d = 5\ 200/550 = 9.45$$

查表 15-1 得：$\varphi=0.966$。

（2）求纵筋 A'_s，已知圆形混凝土截面面积为

$$A = \frac{\pi d^2}{4} = \frac{3.14\times 550^2}{4} = 23.75\times 10^4(\text{mm}^2)$$

由式（15-1）可得

$$A'_s = \frac{\dfrac{N}{0.9\varphi} - f_c A}{f_y} = \frac{\dfrac{5\ 200\ 000}{0.9\times 0.966} - 14.3\times 23.75\times 10^4}{300} = 8\ 616.3(\text{mm}^2)$$

（3）求配筋率

$$\rho' = A'_s/A = 8\ 616.3/237\ 500 = 3.63\%$$

配筋率较高，由于混凝土等级不宜再提高，并因 $l_0/d<12$，可采用加配螺旋箍筋的办法，以提高柱的承载能力。下面就按配有纵筋和螺旋箍筋柱来计算。

（4）假定纵筋配筋率 $\rho'=2.5\%$，则得 $A'_s=\rho' A=5\ 938$ mm^2。选用 16 根直径 22 的 HRB335 级钢筋，得到真实的 $A'_s=6\ 082$ mm^2。混凝土的保护层取用 25 mm，得到 $d_{cor}=d-2c=550-25\times 2=500$（mm）。

$$A_{cor} = \frac{\pi d_{cor}^2}{4} = \frac{3.14\times 500^2}{4} = 19.63\times 10^4(\text{mm}^2)$$

（5）按式（15-6）求螺旋筋的核算截面面积 A_{ss0} 得

$$A_{ss0} = \frac{\dfrac{N}{0.9} - f_c A_{cor} - f_y' A'_s}{2\alpha f_y}$$

因为混凝土强度等级为 C30 < C50，故间接钢筋对混凝土约束的折减系数 $\alpha=1.0$。将数值代入上式，得

$$A_{ss0} = \frac{\dfrac{5\ 200\ 000}{0.9} - 14.3\times 19.63\times 10^4 - 300\times 6\ 082}{2\times 1.0\times 210} = 2\ 728.8(\text{mm}^2)$$

$$> 0.25A'_s = 0.25\times 6\ 082 = 1\ 520.5(\text{mm}^2)$$

满足构造要求。

(6)假定螺旋箍筋直径 $d=10$ mm，则单肢螺旋筋面积 $A_{ss1}=78.5\ \text{mm}^2$。螺旋筋的间距 s 可通过式(15-5)求得

$$s=\frac{\pi d_{cor}A_{ss1}}{A_{ss0}}=\frac{3.14\times500\times78.5}{2\ 728.8}=45(\text{mm})$$

取 $s=40$ mm，满足不小于 40 mm 并不大于 80 mm 及 $0.2d_{cor}$ 的要求。

(7)根据所配置的螺旋箍筋 $d=10$ mm，$s=40$ mm，重新用式(15-5)及式(15-6)求得间接配筋柱的轴向力设计值 N_u 如下

$$A_{ss0}=\frac{\pi d_{cor}A_{ss1}}{s}=\frac{3.14\times500\times78.5}{40}=3\ 081.1(\text{mm}^2)$$

$$\begin{aligned}N_{u1}&=0.9(f_cA_{cor}+f'_yA'_s+2\alpha f_yA_{ss0})\\&=0.9\times(14.3\times196\ 300+300\times6\ 082+2\times1.0\times210\times3\ 081.1)\\&=5\ 333\ 176.8(\text{N})=5\ 333.2\ \text{kN}\end{aligned}$$

按式(15-1)得

$$\begin{aligned}N_{u2}&=0.9\varphi(f_cA+f'_yA'_s)\\&=0.9\times0.966\times(14.3\times237\ 500+300\times6\ 082)\\&=4\ 539\ 006.99(\text{N})=4\ 539\ \text{kN}\end{aligned}$$

由于 $1.5N_{u2}=1.5\times4\ 539=6\ 808.5(\text{kN})>N_{u1}=5\ 333.2$ kN，说明该柱能承受的最大的轴心压力设计值可达 5 333.2 kN。

三、轴心受压构件构造要求

(一)材料选用

混凝土强度等级对受压构件的承载能力影响较大，一般不低于 C20 级，采用较高强度等级的混凝土可以减小构件截面尺寸，节省钢材，因而柱中混凝土一般宜采用较高强度等级，但不宜选用高强度钢筋。其原因是受压钢筋要与混凝土共同工作，钢筋应变受到混凝土极限压应变的限制，而混凝土极限压应变很小，所以高强度钢筋的受压强度不能充分利用。《混凝土规范》规定受压钢筋的最大抗压强度为 400 N/mm^2，因为混凝土极限压应变为 $\varepsilon_0=0.002$，则 $\sigma_s=E_s\varepsilon_0=2.0\times10^5\times0.002=400(\text{N/mm}^2)$。

一般柱中采用 C25 及以上等级的混凝土，对于高层建筑的底层柱，可采用更高强度等级的混凝土，例如采用 C40 或以上；纵向钢筋一般采用 HRB400 级和 HRB335 级热轧钢筋。

(二)截面形式及尺寸模数

轴心受压构件的截面多采用方形或矩形，有时也采用圆形或多边形。一般轴心受压柱以方形为主，偏心受压柱以矩形为主。当有特殊要求时，也可采用其他形式的截面，如轴心受压柱可采用圆形、多边形等，偏心受压柱还可采用 I 形、T 形等。

柱截面尺寸主要根据内力的大小、构件长度及构造要求等条件确定。为了充分利用材料强度，避免构件长细比太大而过多降低构件承载力，柱截面尺寸不宜过小，一般应符合 $l_0/h\leqslant25$ 及 $l_0/b\leqslant30$(其中 l_0 为柱的计算长度，h 和 b 分别为截面的高度和宽度)。为了施工方便，截面尺寸应符合模数要求，800 mm 及以下的，取 50 mm 的倍数，800 mm 以上的，可

取100 mm的倍数。方形和矩形截面,其尺寸不宜小于250 mm×250 mm。当截面尺寸过大时,应选用I形或空腹截面,翼缘厚度不宜小于120 mm,腹板厚度不宜小于100 mm。

(三)配筋构造

1.纵向受力钢筋

轴心受压构件的承载力主要由混凝土提供,设置纵向钢筋是为了协助混凝土承受压力,减小构件截面尺寸,承受可能存在的不大的弯矩,防止构件的突然脆性破坏。偏心受压构件中纵向钢筋能够承担由弯矩产生的纵向拉力。

一般宜采用根数较少、直径较粗的钢筋,以保证骨架的刚度。方形和矩形截面柱中纵向受力钢筋不少于4根,圆柱中不宜少于8根且不应少于6根。纵向受力钢筋的净距不应小于50 mm,偏心受压柱中垂直于弯矩作用平面的侧面上的纵向受力钢筋及轴心受压柱中各边的纵向受力钢筋的中距不宜大于300 mm。对水平浇筑的预制柱,其纵向钢筋的最小净距可按梁的有关规定采用。从经济和施工方便(不使钢筋太密集)角度考虑,全部纵向钢筋的配筋率不宜超过5%。受压钢筋的配筋率一般不超过3%,通常为0.5%~2%。

偏心受压构件的纵向钢筋配置方式有两种。一种是在柱弯矩作用方向的两对边对称配置相同的纵向受力钢筋,这种方式称为对称配筋。对称配筋构造简单,施工方便,不易出错,但用钢量较大。另一种是非对称配筋,即在柱弯矩作用方向的两对边配置不同的纵向受力钢筋。非对称配筋的优缺点与对称配筋相反。在实际工程中,为避免吊装出错,装配式柱一般采用对称配筋。屋架上弦、多层框架柱等偏心受压构件,由于在不同荷载(如风荷载、竖向荷载)组合下,在同一截面内可能要承受不同方向的弯矩,即在某一种荷载组合作用下受拉的部位在另一种荷载组合作用下可能就变为受压,当这两种不同符号的弯矩相差不大时,为了设计、施工方便,通常也采用对称配筋。

2.箍筋

受压构件中箍筋的作用是保证纵向钢筋的位置正确,防止纵向钢筋压屈,并与纵向钢筋形成钢筋骨架,便于施工。受压构件中的周边箍筋应做成封闭式。箍筋直径不应小于$d/4$(d为纵向受力钢筋的最大直径),且不应小于6 mm。箍筋间距不应大于400 mm及构件截面的短边尺寸,且不应大于$15d$(d为纵向受力钢筋的最小直径)。当柱中全部纵向受力钢筋的配筋率超过3%时,箍筋直径不应小于8 mm,间距不应大于$10d$(d为纵向受力钢筋的最小直径),且不应大于200 mm;箍筋末端应做成135°弯钩,且弯钩末端平直段长度不应小于箍筋直径的10倍。在纵向钢筋搭接长度范围内,箍筋的直径不宜小于搭接钢筋直径的0.25倍。箍筋间距:当搭接钢筋为受拉时,不应大于$5d$(d为受力钢筋中最小直径),且不应大于100 mm;当搭接钢筋为受压时,不应大于$10d$,且不应大于200 mm。当搭接受压钢筋直径大于25 mm时,应在搭接接头两个端面外100 mm范围内各设置2根箍筋。当柱截面短边尺寸大于400 mm且各边纵向受力钢筋多于3根时,或当柱截面短边尺寸不大于400 mm但各边纵向钢筋多于4根时,应设置复合箍筋,以防止中间钢筋被压屈,复合箍筋的直径、间距与前述箍筋相同。当偏心受压柱的截面高度$h \geq 600$ mm时,在柱的侧面上应设置直径为10~16 mm的纵向构造钢筋,并相应设置复合箍筋或拉筋。对于截面形状复杂的构件,不可采用具有内折角的箍筋。其原因是,内折角处受拉箍筋的合力向外,可能使该处混凝土保护层崩裂。箍筋的形式如图15-10所示。

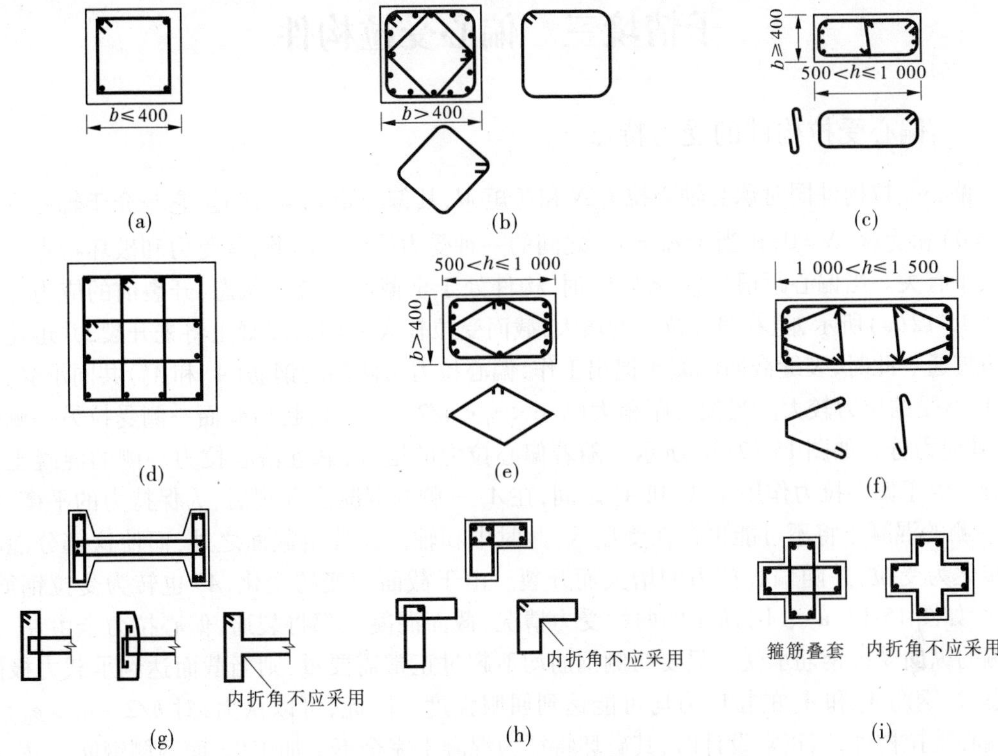

图 15-10　箍筋形式　（单位:mm）

3. 上下层柱的接头

多层现浇钢筋混凝土柱，通常在楼层面设置施工缝，上下层柱须做成接头（见图 15-11）。一般是将下层柱的纵筋伸出楼面一段搭接长度，以备与上层柱的纵向受压钢筋搭接。不加焊的受拉钢筋搭接长度不应小于 $1.2l_a$（l_a 为受拉钢筋的锚固长度），且不应小于 300 mm；受压钢筋的搭接长度不应小于 $0.85l_a$，且不应小于 200 mm。要求在受拉钢筋搭接范围内，箍筋间距不应大于 $5d$ 或 100 mm；当搭接钢筋为受压时，其箍筋间距不应大于 $10d$ 或 200 mm。

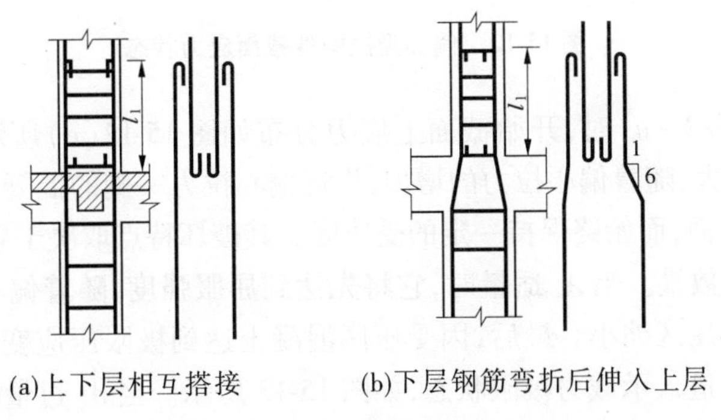

图 15-11　绑扎纵向钢筋的接头

子情境三　偏心受拉构件

一、偏心受拉构件的受力特点

偏心受拉构件同时承受轴心拉力 N 和弯矩 M，其偏心距 $e_0=M/N$。它是介于轴心受拉($e_0=0$)和受弯($N=0$，相当于 $e_0=\infty$)之间的一种受力构件。因此，其受力和破坏特点与 e_0 的大小有关。当偏心距很小($e_0<h/6$)时，构件处于全截面受拉的状态，开裂前的应力分布如图 15-12(a)所示，随着偏心拉力的增大，截面受拉较大一侧的混凝土将先开裂，并迅速向对边贯通。此时，裂缝截面混凝土退出工作，偏心拉力由两侧的钢筋(A_s 和 A_s')共同承受，只是 A_s 承受的拉力较大。当偏心距稍大($h/6<e_0<h/2-a_s$)时，起初截面一侧受拉另一侧受压，其应力分布如图 15-12(b)所示。随着偏心拉力的增大，靠近偏心拉力一侧的混凝土先开裂。由于偏心拉力作用于 A_s 和 A_s' 之间，在 A_s 一侧的混凝土开裂后，为保持力的平衡，在 A_s' 一侧的混凝土将不可能再存在受压区，此时中和轴已经移至截面之外，而使这部分混凝土转化为受拉，并随偏心拉力的增大而开裂。由于截面应变的变化，A_s' 也转为受拉钢筋。因此，如图 15-12(a)、(b)所示的两种受力情况，截面混凝土都将裂通，偏心拉力全由左、右两侧的纵向受拉钢筋承受。只要两侧钢筋均不超过正常需要量，则当截面达到承载力极限状态时，钢筋 A_s 和 A_s' 的拉应力均可能达到屈服强度。因此，可以认为，对 $h/2-a_s>e_0>0$ 的偏心受拉构件，当正常设计时，其破坏特征为混凝土完全不参加工作，而两侧钢筋 A_s 及 A_s' 均屈服。通常将这种破坏称为小偏心受拉破坏。

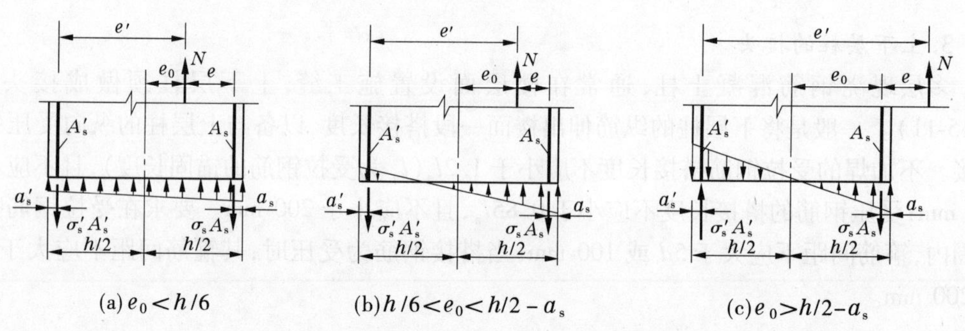

图 15-12　偏心受拉构件截面应力状态

当偏心距 $e_0>h/2-a_s$ 时，开始截面上应力分布如图 15-12(c)所示，混凝土受压区比图 15-12(b)明显增大，随着偏心拉力的增加，靠近偏心拉力一侧的混凝土开裂，裂缝虽能开展，但不会贯通全截面，而始终保持一定的受压区。其破坏特点取决于靠近偏心拉力一侧的纵向受拉钢筋 A_s 的数量。当 A_s 适量时，它将先达到屈服强度，随着偏心拉力的继续增大，裂缝开展，混凝土受压区缩小。最后，因受压区混凝土达到极限压应变及纵向受压钢筋 A_s' 达到屈服，而使构件进入承载力极限状态，如图 15-13 所示。当 A_s 过量时，则受压区混凝土先被破坏，A_s' 达到屈服强度，而 A_s 则达不到屈服强度，类似于超筋受弯构件的破坏。这两种破坏都称为大偏心受拉破坏，但设计时是以正常用钢量为前提的。

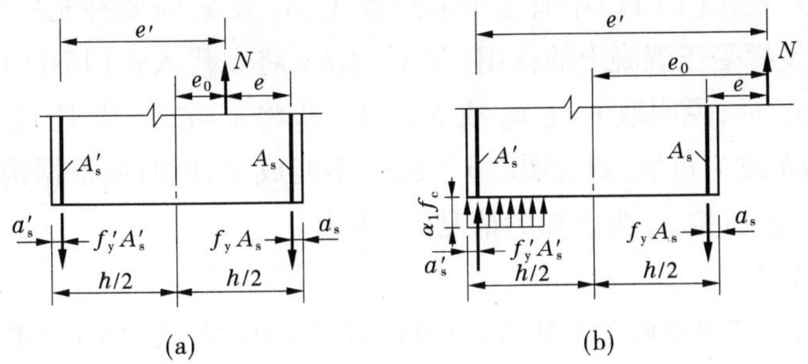

图 15-13　偏心受拉构件承载力计算图式

二、建筑工程偏心受拉构件正截面承载力计算

偏心受拉构件的两类破坏形态可由偏心力的作用位置来区别。当 $h/2 - a_s > e_0 > 0$ 时，为小偏心受拉破坏，截面上只有受拉钢筋起作用，混凝土不参与工作。当 $h/2 - a_s < e_0$ 时，为大偏心受拉构件，截面上有混凝土受压区的存在。由图 15-13 偏心受拉构件承载力极限状态的计算图式，可建立基本计算方程。

（一）基本计算公式

1. 小偏心受拉

由图 15-13（a）建立力和力矩的平衡方程

$$N \leqslant A_s f_y + A'_s f_y \tag{15-7}$$

$$Ne' = A_s f_y (h_0 - a'_s) \tag{15-8}$$

$$Ne \leqslant A'_s f_y (h_0 - a'_s) \tag{15-9}$$

式中：$e' = h/2 - a'_s + e_0$；$e = h/2 - a_s - e_0$。

2. 大偏心受拉

由图 15-13（b）建立力和力矩的平衡方程

$$N \leqslant f_y A_s - f'_y A'_s - \alpha_1 f_c bx \tag{15-10}$$

$$Ne \leqslant \alpha_1 f_c bx\left(h_0 - \frac{x}{2}\right) + A'_s f'_y (h_0 - a'_s) \tag{15-11}$$

式中：$e = e_0 - h/2 + a_s$。

为保证构件不发生超筋和少筋破坏，并在破坏时纵向受压钢筋 A'_s 达到屈服强度，上述公式的适用条件是：$x \leqslant \xi_b h_0$，$2a'_s \leqslant x$，$A_s \geqslant \rho_{\min} bh_0$。同时还应指出，偏心受拉构件在弯矩和轴心拉力的作用下，也发生纵向弯曲。但与偏心受压构件不同，这种纵向弯曲将减小轴向拉力的偏心距。为计算简化，在设计基本公式中一般不考虑这种有利的影响。

（二）截面配筋计算

1. 小偏心受拉

当截面尺寸、材料强度及截面的作用效应 M 和 N 为已知时，可直接由式（15-8）及式（15-9）求出两侧的受拉钢筋。

2. 大偏心受拉

大偏心受拉时，可能有下述几种情况发生：

（1）A_s 及 A'_s 均为未知。

此时式(15-10)及式(15-11)中有三个未知数 A_s、A'_s 及 x,需要补充一个方程才能求解。为节约钢筋,充分发挥受压混凝土的作用,令 $x=\xi_b h_0$,将 x 代入式(15-11)即可求得受压钢筋 A'_s。如果 $A'_s \geqslant \rho_{\min} bh$,说明取 $x=\xi_b h_0$ 成立。进一步将 $x=\xi_b h_0$ 及 A'_s 代入式(15-10)求得 A_s。如果 $A'_s < \rho_{\min} bh$ 或为负值,则说明取 $x=\xi_b h_0$ 不能成立,此时应根据构造要求选用钢筋 A'_s 的直径及根数。然后按 A'_s 为已知的情况(2)考虑。

(2)已知 A'_s,求 A_s。

此时公式为两个方程解两个未知数,故可由式(15-10)及式(15-11)联立求解。其步骤是:由式(15-11)求得混凝土相对受压区高度 ξ

$$\xi = 1 - \sqrt{1 - 2\frac{Ne - A'_s f'_y (h_0 - a'_s)}{\alpha_1 f_c b h_0^2}} \tag{15-12}$$

若 $2a'_s \leqslant x \leqslant \xi_b h_0$,则可将 x 代入式(15-10)求得靠近偏心拉力一侧的受拉钢筋截面面积

$$A_s = (N + \alpha_1 f_c bx + A'_s f'_y)/f_y \tag{15-13}$$

若 $x < 2a'_s$ 或为负值,则表明受压钢筋位于混凝土受压区合力作用点的内侧,破坏时将达不到其屈服强度,即 A'_s 的应力为一未知量,此时,应按情况(3)处理。

(3)A'_s 为已知,但 $x < 2a'_s$ 或为负值。

此时,可取 $x=2a'_s$ 或 $A'_s=0$ 分别计算 A_s 值,然后取两者中的较小值作为截面配筋的依据。

(三)截面承载力复核

当截面复核时,截面尺寸、配筋、材料强度以及截面的作用效应(M 和 N)均为已知。大偏心受拉时,在式(15-10)和式(15-11)中,仅 x 和截面偏心受拉承载力 N_u 为未知,故可联立求解。

若式(15-10)和式(15-11)联立求得的 x 满足公式的适用条件,则将 x 代入式(15-10),即可得截面偏心受拉承载力

$$N_u = f_y A_s - f'_y A'_s - \alpha_1 f_c bx \tag{15-14}$$

若 $x > \xi_b h_0$,说明 A_s 过量,截面破坏时,A_s 达不到屈服强度,需按式(15-11)计算纵筋 A_s 的应力 σ_s,并对偏心拉力作用点取矩,重新求 x,然后按下式计算截面偏心受拉承载力

$$N_u = \sigma_s A_s - f'_y A'_s - \alpha_1 f_c bx \tag{15-15}$$

若 $x < 2a'_s$,可利用截面上的内外力对 A'_s 合力作用点取矩的平衡条件,求得 N_u;也可假定 $A'_s=0$,按单侧配筋的情况求 N_u。由于两种算法均偏安全,故可取其中较大者。

小偏心受拉时,可由式(15-8)及式(15-9)分别求 N_u,取其中的较小值作为 N_u。

以上求得的 N_u 与 N 比较,即可判别截面承载力是否足够。

【例 15-5】 某偏心受拉构件,截面尺寸 $b \times h = 400\ \text{mm} \times 600\ \text{mm}$。截面上作用的弯矩设计值 $M=75\ \text{kN}\cdot\text{m}$,轴向拉力设计值 $N=600\ \text{kN}$,混凝土采用 C30($f_t=1.43\ \text{N/mm}^2$),纵筋为 HRB400 级($f_y=f'_y=360\ \text{N/mm}^2$)。试确定 A_s 及 A'_s。

解 设 $a_s=a'_s=40\ \text{mm}$,$h_0=600-40=560(\text{mm})$。

$$e_0 = \frac{M}{N} = \frac{75\,000}{600} = 125(\text{mm}) < \frac{h}{2} - a_s = \frac{600}{2} - 40 = 260(\text{mm})$$

属于小偏心受拉构件。

$$e = \frac{h}{2} - e_0 - a_s = \frac{600}{2} - 125 - 40 = 135(\text{mm})$$

$$e' = \frac{h}{2} + e_0 - a'_s = \frac{600}{2} + 125 - 40 = 385(\text{mm})$$

由式(15-9)求 A'_s

$$A'_s = \frac{Ne}{f_y(h_0 - a'_s)} = \frac{600\ 000 \times 135}{360 \times (560 - 40)} = 432.7(\text{mm}^2)$$

$$\rho' = \frac{A'_s}{bh_0} = \frac{432.7}{400 \times 560} = 0.193\% < 0.2\% = \rho'_{\min}$$

取 $$A'_s = \rho'_{\min}bh = 0.002 \times 400 \times 600 = 480(\text{mm}^2)$$

由式(15-8)求 A_s

$$A_s = \frac{Ne'}{f_y(h_0 - a'_s)} = \frac{600\ 000 \times 385}{360 \times (560 - 40)} = 1\ 233.97(\text{mm}^2)$$

$$\rho = \frac{A_s}{bh_0} = \frac{1\ 233.97}{400 \times 560} = 0.551\% > \rho_{\min} = 0.2\%$$

最后受拉较小侧选用2 Φ 18,A_s =509 mm^2,受拉较大侧选用4 Φ 20,A_s =1 256 mm^2,截面配筋如图15-14所示。

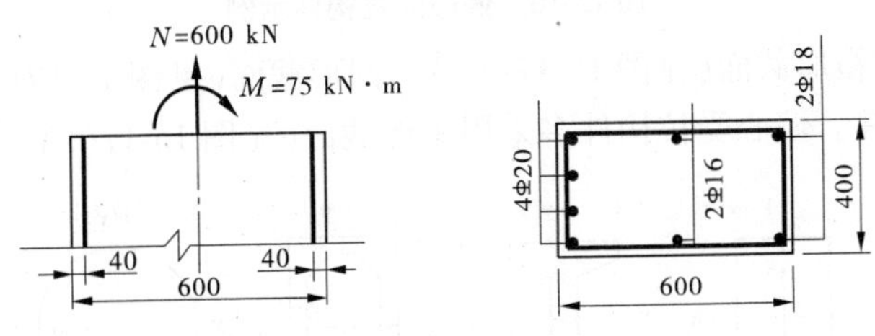

图15-14 **截面配筋图** (单位:mm)

子情境四 偏心受压构件

当结构构件的截面上受到轴力和弯矩的共同作用或受到偏心力的作用时,该结构构件称为偏心受力构件。当偏心力为压力时,称为偏心受压构件;当偏心力为拉力时,称为偏心受拉构件。

偏心受压构件按照偏心力在截面上作用位置的不同可分为单向偏心受压构件及双向偏心受压构件(见图15-15)。一般多层房屋和工业厂房柱应视为单向偏心受压构件(见图15-15(a))。钢筋混凝土框架结构的角柱,在风荷载或地震作用下,常同时受到轴向力 N 及两个方向弯矩 M_x、M_y 的作用,属于双向偏心受压构件(见图15-15(b))。

偏心受拉构件在偏心拉力的作用下,是一种介于轴心受拉构件与受弯构件之间的受力构件。承受节间荷载的悬臂式桁架上弦(见图15-16(a)),一般建筑工程及桥梁工程中的双肢柱的受拉肢属于偏心受拉构件(见图15-16(b))。此外,如图15-16(c)所示的矩形水池的池壁,其竖向截面同时承受轴心拉力及平面外弯矩的作用,故也属于偏心受拉构件。

钢筋混凝土偏心受压构件多采用矩形截面,截面尺寸较大的预制柱可采用I字形截面

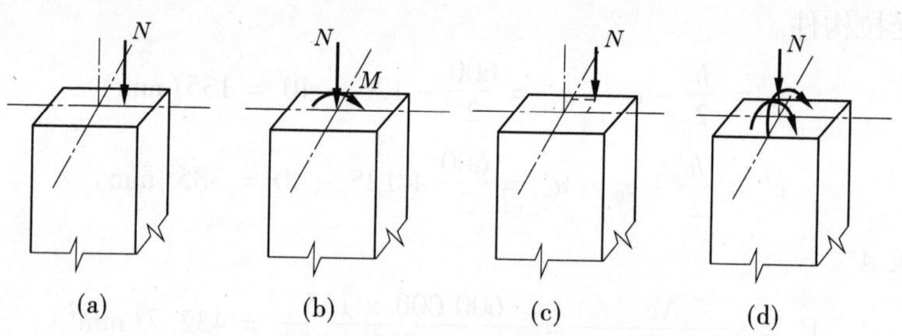

图 15-15　偏心受压构件的力的作用位置

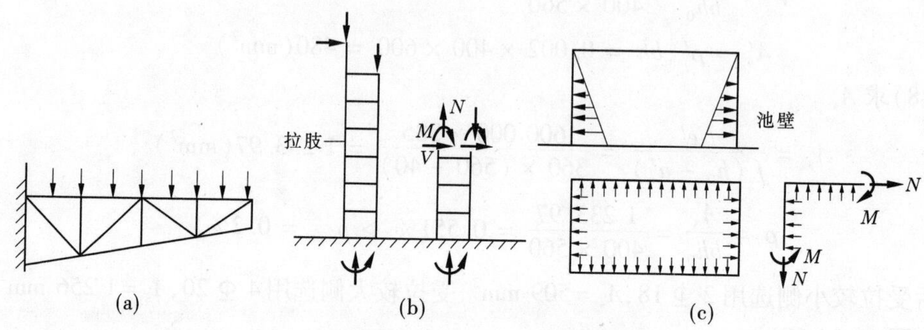

图 15-16　偏心受拉构件示例

（见图 15-17（b））和箱形截面（见图 15-17（c））。圆形截面（见图 15-17（d））主要用于桥墩、桩和公共建筑中的柱。偏心受拉构件多采用矩形截面（见图 15-17（a））。

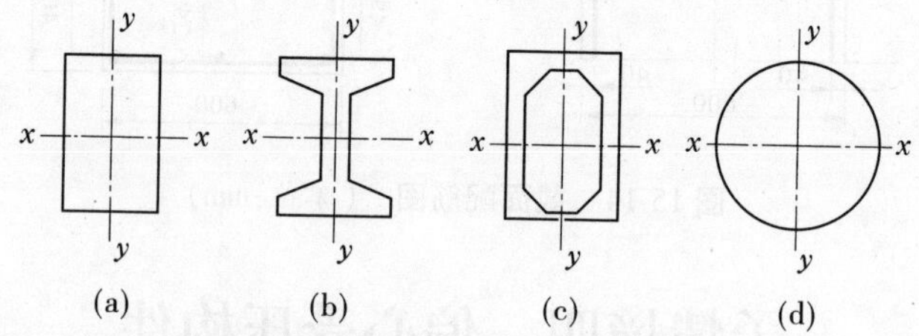

图 15-17　偏心受力构件的截面形式

一、偏心受压构件正截面承载力计算

钢筋混凝土偏心受压构件是实际工程中广泛应用的受力构件之一。构件同时受到轴向压力 N 及弯矩 M 的作用，等效于对截面形心的偏心距为 $e_0 = M/N$ 的偏心压力的作用（见图 15-18）。钢筋混凝土偏心受压构件的受力性能、破坏形态介于受弯构件与轴心受压构件之间。当 $N=0$、$Ne_0 = M$ 时为受弯构件；当 $M=0$、$e_0=0$ 时为轴心受压构件。因此，受弯构件和轴心受压构件相当于偏心受压构件的特殊情况。

二、偏心受压构件的破坏特征

（一）破坏类型

钢筋混凝土偏心受压构件也有长柱和短柱之分。现以工程中常用的截面两侧纵向受力钢筋为对称配置的（$A_s = A'_s$）偏心受压短柱为例，说明其破坏形态和破坏特征。随轴向力 N

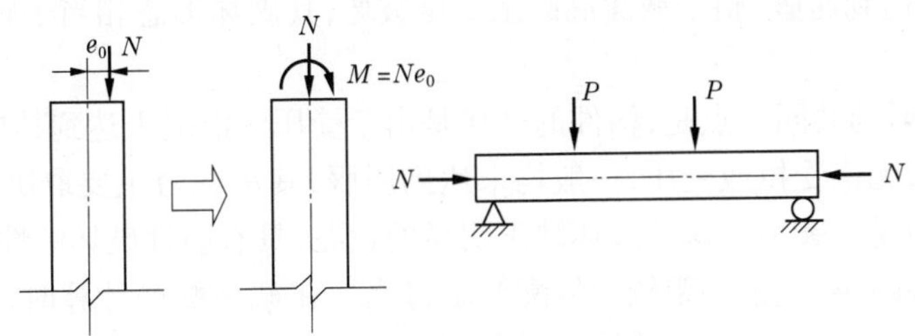

图 15-18　偏心受压构件与压弯构件

在截面上的偏心距 e_0 大小的不同和纵向钢筋配筋率($\rho=A_s/(bh_0)$)的不同,偏心受压构件的破坏特征有两种。

1. 受拉破坏——大偏心受压情况

当轴向力 N 的偏心距较大,且纵筋的配筋率不高时,受荷后截面部分受压,部分受拉。拉区混凝土较早地出现横向裂缝,由于配筋率不高,受拉钢筋(A_s)应力增长较快,首先达到屈服。随着裂缝的开展,受压区高度减小,最后受压钢筋(A_s')屈服,压区混凝土压碎。其破坏形态与配有受压钢筋的适筋梁相似(见图 15-19(a))。

因为这种偏心受压构件的破坏是受拉钢筋首先到达屈服,而导致的压区混凝土压坏,其承载力主要取决于受拉钢筋,故称为受拉破坏。这种破坏有明显的预兆,横向裂缝显著开展,变形急剧增大,具有塑性破坏的性质。形成这种破坏的条件是:偏心距 e_0 较大,且纵筋配筋率不高。因此,称为大偏心受压情况。

2. 受压破坏——小偏心受压情况

(1)当偏心距 e_0 较大,纵筋的配筋率很高时,虽然同样是部分截面受拉,但拉区裂缝出现后,受拉钢筋应力增长缓慢(因为 ρ 很高)。破坏是由于受压区混凝土达到其抗压强度被压碎,破坏时受压钢筋(A_s')达到屈服,而受拉一侧钢筋应力未达到其屈服强度,破坏形态与超筋梁相似(见图 15-19(b))。

(2)当偏心距 e_0 较小时,受荷后截面大部分受压,中和轴靠近受拉钢筋(A_s)。因此,受拉钢筋应力很小,无论配筋率的大小,破坏总是由于受压钢筋(A_s')屈服,压区混凝土达到抗压强度被压碎。临近破坏时,受拉区混凝土可能出现细微的横向裂缝(见图 15-19(c))。

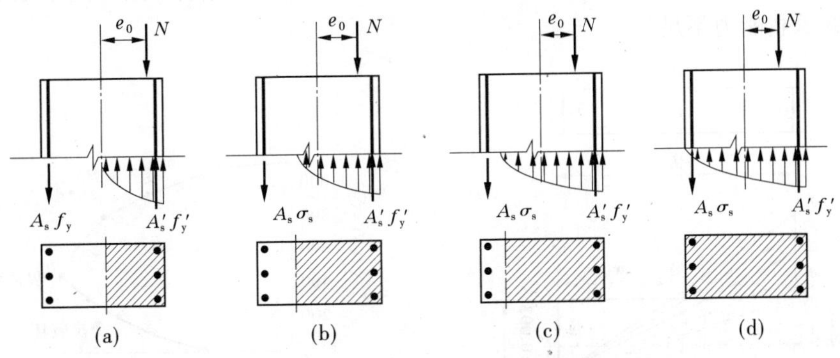

图 15-19　偏心受压构件的破坏形态

当偏心距很小($e_0<0.15h_0$)时,受荷后全截面受压。破坏是由于近轴力一侧的受压钢筋 A_s' 屈服,混凝土被压碎。距轴力较远一侧的受压钢筋 A_s 未达到屈服。当 e_0 趋近于零时,

可能 A'_s 及 A_s 均达到屈服，整个截面混凝土受压破坏，其破坏形态相当于轴心受压构件（见图 15-19(d)）。

上述三种情形的共同特点是，构件的破坏是由于受压区混凝土达到其抗压强度，距轴力较远一侧的钢筋，无论受拉或受压，一般均未达到屈服，其承载力主要取决于压区混凝土及受压钢筋，故称为受压破坏。这种破坏缺乏明显的预兆，具有脆性破坏的性质。形成这种破坏的条件是：偏心距小，或偏心距较大但配筋率过高。在截面配筋计算时，一般应避免出现偏心距大而配筋率高的情况。上述情况通称为小偏心受压情况。

（二）两类偏心受压破坏的界限

从以上两类偏心受压破坏的特征可以看出，两类破坏的本质区别就在于破坏时受拉钢筋能否达到屈服。若受拉钢筋先屈服，然后是受压区混凝土压碎即为受拉破坏；若受拉钢筋或远离力一侧钢筋无论受拉还是受压均未屈服，则为受压破坏。那么，两类破坏的界限应该是在受拉钢筋初始屈服的同时，受压区混凝土达到极限压应变。用截面应变表示（见图 15-20）这种特性，可以看出其界限与受弯构件中的适筋破坏与超筋破坏的界限完全相同。当采用热轧钢筋配筋时，ξ_b 值如表 13-3 所示。当 $\xi \leqslant \xi_b$ 时，受拉钢筋先屈服，然后混凝土被压碎，肯定为受拉破坏——大偏心受压破坏；否则为受压破坏——小偏心受压破坏。

对于给定截面、配筋及材料强度的偏心受压构件，达到承载能力极限状态时，截面承受的内力设计值 N、M 并不是独立的，而是相关的。轴力与弯矩对于构件的作用效应存在着叠加和制约的关系，也就是说，当给定轴力 N 时，有其唯一对应的弯矩 M，或者说构件可以在不同的 N 和 M 的组合下达到其极限承载力。下面以对称配筋截面（$A'_s = A_s, f'_y = f_y, a'_s = a_s$）为例说明轴向力 N 与弯矩 M 的对应关系。如图 15-21 所示，ab 段表示大偏心受压时的 $M \sim N$ 相关曲线，为二次抛物线。随着轴向压力 N 的增大，截面能承担的弯矩也相应提高。b 点为受拉钢筋与受压混凝土同时达到其强度值的界限状态。此时偏心受压构件承受的弯矩 M 最大。cb 段表示小偏心受压时的 $M \sim N$ 曲线，是一条接近于直线的二次函数曲线。由曲线趋向可以看出，在小偏心受压情况下，随着轴向压力的增大，截面所能承担的弯矩反而降低。图中 a 点表示受弯构件的情况，c 点代表轴心受压构件的情况。曲线上任一点 d 的坐标代表截面承载力的一种 M 和 N 的组合。如任意点 e 位于图中曲线的内侧，说明截面在该点坐标给出的内力组合下未达到承载能力极限状态，是安全的；若 e 点位于图中曲线的外侧，则表明截面的承载能力不足。

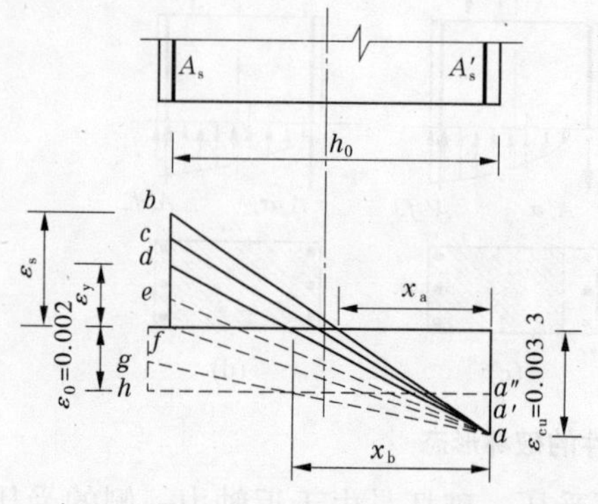

图 15-20　偏心受压构件的截面应变分布

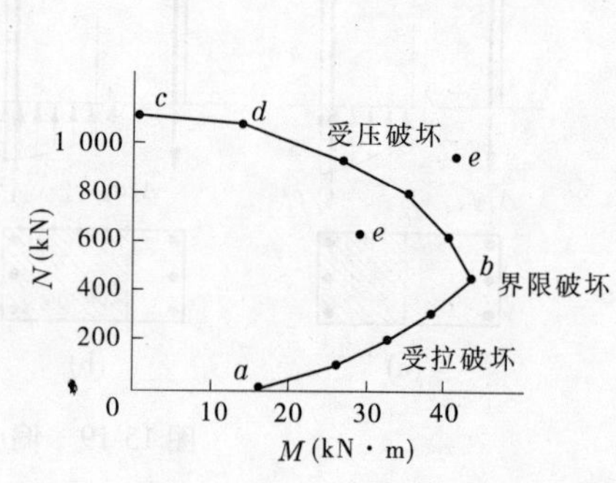

图 15-21　偏心受压构件的 $M \sim N$ 相关曲线

(三)附加偏心距

如前所述,由于荷载的不准确性、混凝土的非均匀性及施工偏差等,都可能产生附加偏心距。按 $e_0 = M/N$ 算得的偏心距,实际上有可能增大或减小。在偏心受压构件的正截面承载力计算中,应考虑轴向压力在偏心方向存在的附加偏心距,其值取 20 mm 和偏心方向截面尺寸的 1/30 二者中的较大值。截面的初始偏心距 e_i 等于 e_0 加上附加偏心距 e_a,即

$$e_i = e_0 + e_a \tag{15-16}$$

(四)结构侧移和构件挠曲引起的附加内力

钢筋混凝土偏心受压构件中的轴向力在结构发生层间位移和挠曲变形时会引起附加内力,即二阶效应。如在有侧移框架中,二阶效应主要是指竖向荷载在产生了侧移的框架中引起的附加内力,通常称为 $P \sim \Delta$ 效应;在无侧移框架中,二阶效应是指轴向力在产生了挠曲变形的柱段中引起的附加内力,通常称为 $P \sim \delta$ 效应。

三、偏心受压构件的受力图

(一)短柱

当柱的长细比较小时,侧向挠度 α_f 与初始偏心距 e_i 相比很小,可略去不计,这种柱称为短柱。《混凝土规范》规定当构件长细比 $l_0/h \leqslant 5$ 或 $l_0/d \leqslant 5$ 或 $l_0/i \leqslant 17.5$ 时(l_0 为构件计算长度,h 为截面高度,d 为圆形截面直径,i 为截面的回转半径),可不考虑挠度对偏心距的影响。短柱的 N 与 M 为线性关系(见图 15-22 中直线 OB),随荷载增大,直线与 $N \sim M$ 相关曲线交于 B 点,达到承载能力极限状态,属于材料破坏。

(二)长柱

当柱的长细比较大时,侧向挠度 α_f 与初始偏心距 e_i 相比已不能忽略。长柱是在 α_f 引起的附加弯矩作用下发生的材料破坏。图 15-22 中 OC 是长柱的 $N \sim M$ 增长曲线,由于 α_f 随 N 的增大而增大,故 $M = N(\alpha_f + e_i)$ 较 N 增长更快。当构件的截面尺寸、配筋、材料强度及初始偏心距 e_i 相同时,柱的长细比 l_0/h 越大,长柱的承载力较短柱承载力降低得就越多,但仍然是材料破坏。当 $5 < l_0/h \leqslant 30$ 时,属于长柱的范围。

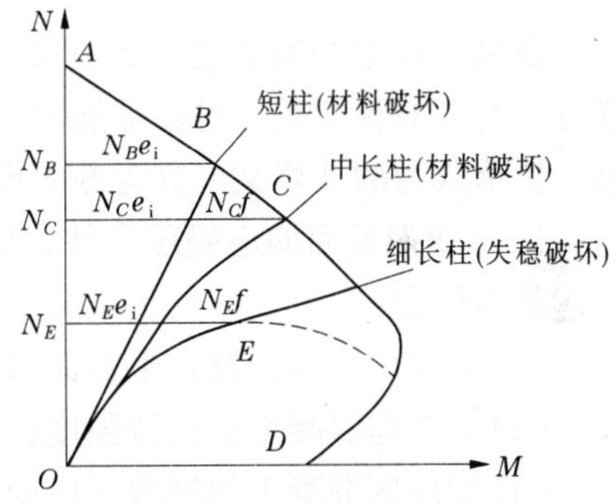

图 15-22　柱长细比对承载力的影响

(三)细长柱

当柱的长细比很大时,在内力增长曲线 OE 与截面承载力 $N \sim M$ 相关曲线相交以前,轴力已达到其最大值,这时混凝土及钢筋的应变均未达到其极限值,材料强度并未耗尽,但侧向挠度已出现不收敛的增长,这种破坏为失稳破坏。如图 15-22 所示,在初始偏心距 e_i 相同的情况下,随柱长细比的增大,其承载力依次降低,即 $N_E < N_C < N_B$。

实际结构中最常见的是长柱,其最终破坏属于材料破坏,但在计算中应考虑由于构件的侧向挠度而引起的二阶弯矩的影响。设考虑侧向挠度后的偏心距($\alpha_f + e_i$)与初始偏心距 e_i 的比值为 η,称为偏心距增大系数。

$$\eta = \frac{e_i + \alpha_f}{e_i} = 1 + \frac{\alpha_f}{e_i} \tag{15-17}$$

引用偏心距增大系数 η 的作用是将短柱（$\eta=1$）承载力计算公式中的 e_i 代换为 ηe_i，即可用来进行长柱的承载力计算。

根据大量的理论分析及试验研究，《混凝土规范》给出偏心距增大系数 η 的计算公式为

$$\eta = 1 + \frac{1}{1\,400\,\dfrac{e_i}{h_0}}\left(\frac{l_0}{h}\right)^2 \zeta_1 \zeta_2 \tag{15-18}$$

$$\zeta_1 = \frac{0.5 f_c A}{N} \tag{15-19}$$

$$\zeta_2 = 1.15 - 0.01\,\frac{l_0}{h} \tag{15-20}$$

式中：l_0 为构件的计算长度，对无侧移结构的偏心受压构件，可取两端不动支点之间的轴线长度；h 为截面高度，对环形截面取外直径 d，对圆形截面取直径 d；h_0 为截面有效高度，对环形截面，取 $h_0=r_2+r_s$，对圆形截面，取 $h_0=r+r_s$，r_2 为环形截面的外半径，r_s 为纵向普通钢筋重心所在圆周的半径，r 为圆形截面的半径；ζ_1 为小偏心受压构件截面曲率修正系数，当 $\zeta_1>1.0$ 时，取 $\zeta_1=1.0$；A 为构件的截面面积，对 T 形、I 形截面，均取 $A=bh+2(b'_f-b)h'_f$；ζ_2 为偏心受压构件长细比对截面曲率的修正系数，当 $l_0/h<15$ 时，取 $\zeta_2=1.0$。

以上考虑偏心距增大系数 η 的方法，称为 η-l_0 法，主要针对两端无侧移柱柱中点侧向挠曲引起的二阶弯矩对轴力偏心距的影响。

四、建筑工程偏心受压构件正截面承载力计算方法

建筑工程中的偏心受压构件常用的截面形式有矩形截面和 I 形截面两种，其截面的配筋方式有非对称配筋和对称配筋两种，截面受力的破坏形式有受拉破坏和受压破坏两种类型。从承载力的计算又可分为截面设计和截面复核两种情况，分述如下。

（一）矩形截面偏心受压构件计算

基本假定：

（1）截面应变分布符合平截面假定；

（2）不考虑混凝土的抗拉强度；

（3）受压区混凝土的极限压应变为：$\varepsilon_{cu}=0.003\,3-(f_{cu,k}-50)\times10^{-5}$。

受压区混凝土应力图可简化为等效矩形应力图，其受压区高度 x 可取等于按截面应变保持平面的假定所确定的中和轴高度乘以系数 β_1（当混凝土强度等级为 C50 时，取为 0.8，当混凝土强度等级为 C80 时，取为 0.74，其间按线性内插法取用）。矩形应力图的应力应取为混凝土轴心抗压强度设计值乘以 α_1（当混凝土强度等级 C50 时，取为 1.0，当混凝土强度等级为 C80 时，取为 0.94，其间按线性内插法取用）。

（二）基本计算公式

根据偏心受压构件破坏时的极限状态，以及上述基本假定，可绘出矩形截面偏心受压构件正截面承载力计算图式如图 15-23 所示。

1. 大偏心受压（$\xi\leqslant\xi_b$）

大偏心受压时受拉钢筋应力 $\sigma_s=f_y$，根据轴力和对受拉钢筋合力中心取矩的平衡（见图 15-23（a））条件有

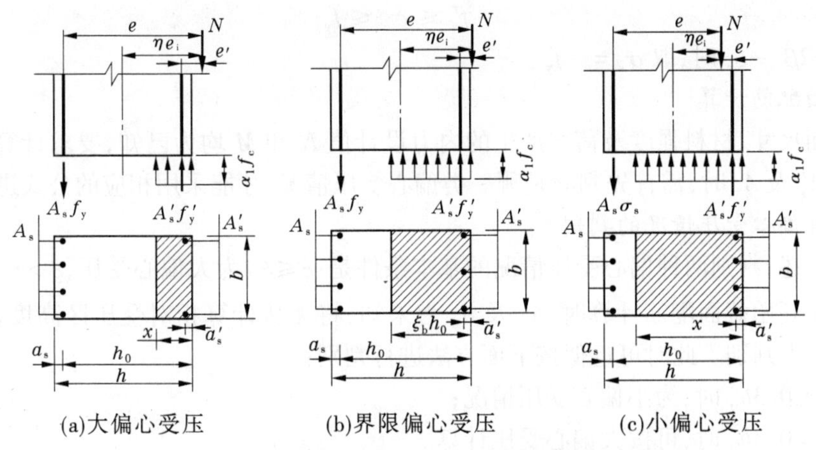

图 15-23 矩形截面偏心受压构件正截面承载力计算图式

$$N = \alpha_1 f_c bx + f'_y A'_s - f_y A_s \tag{15-21}$$

$$Ne = \alpha_1 f_c bx\left(h_0 - \frac{x}{2}\right) + f'_y A'_s (h_0 - a'_s) \tag{15-22}$$

式中：e 为轴向力 N 至钢筋 A_s 合力中心的距离

$$e = \eta e_i + \frac{h}{2} - a_s \tag{15-23}$$

为了保证受压钢筋(A'_s)应力达到f'_y 及受拉钢筋应力达到f_y，式(15-23)需符合下列条件

$$x \geqslant 2a'_s \tag{15-24}$$

$$x \leqslant \xi_b h_0 \tag{15-25}$$

当取 $N=0$，$Ne=M$ 时，式(15-21)及式(15-22)即转化为双筋矩形截面受弯构件的基本公式。

当 $x=\xi_b h_0$ 时，为大小偏心受压的界限情况，在式(15-21)中取 $x=\xi_b h_0$ 可写出界限情况下的轴向力 N_b 的表达式

$$N_b = \alpha_1 f_c \xi_b b h_0 + f'_y A'_s - f_y A_s \tag{15-26}$$

当截面尺寸、配筋面积及材料强度为已知时，N_b 为定值，可按式(15-26)确定。若作用在该截面上的轴向力设计值 $N \leqslant N_b$，则为大偏心受压情况；若 $N > N_b$，则为小偏心受压情况。

2. 小偏心受压($\xi > \xi_b$)

距轴力较远一侧纵筋(A_s)中应力 $\sigma_s < f_y$(见图 15-23(c))，这时截面上力的平衡条件为

$$N = \alpha_1 f_c bx + f'_y A'_s - \sigma_s A_s \tag{15-27}$$

$$Ne = \alpha_1 f_c bx\left(h_0 - \frac{x}{2}\right) + f'_y A'_s (h_0 - a'_s) \tag{15-28}$$

式中：σ_s 在理论上可先按应变的平截面假定确定 ε_s，再由 $\sigma_s = \varepsilon_s E_s$ 确定，但计算过于复杂。由于 σ_s 与 ξ 有关，根据实测结果可近似按下式计算，即

$$\sigma_s = f_y \frac{\xi - \beta_1}{\xi_b - \beta_1} \tag{15-29}$$

按式(15-29)算得的钢筋应力应符合下列条件

$$-f'_y \leqslant \sigma_s \leqslant f_y \tag{15-30}$$

当 $\xi \geqslant 2\beta_1 - \xi_b$ 时，取 $\sigma_s = -f_y$。

3. 截面配筋计算

当截面尺寸、材料强度及荷载产生的内力设计值 N 和 M 均为已知，要求计算需配置的纵向钢筋 A'_s 及 A_s 时，需首先判断是哪一类偏心受压情况，才能采用相应的公式进行计算。

4. 两种偏心受压情况的判别

如前所述，判别两种偏心受压情况的基本条件是：$\xi \leqslant \xi_b$ 为大偏心受压，$\xi > \xi_b$ 为小偏心受压。但在开始截面配筋计算时，A'_s 及 A_s 为未知，将无从计算相对受压区高度，因此也就不能利用 ξ 来判别。此时可近似按下面方法进行判别：

当 $\eta e_i \leqslant 0.3h_0$ 时，为小偏心受压情况；

当 $\eta e_i > 0.3h_0$ 时，可按大偏心受压计算。

5. 大偏心受压构件的配筋计算

1）受压钢筋 A'_s 及受拉钢筋 A_s 均未知

两个基本式（15-21）及式（15-22）中有三个未知数：A'_s、A_s 及 x，故不能得出唯一的解。为了使总的配筋面积（$A'_s + A_s$）为最小，和双筋受弯构件一样，可取 $x = \xi_b h_0$，则由式（15-22）可得

$$A'_s = \frac{Ne - \alpha_1 f_c b h_0^2 \xi_b (1 - 0.5\xi_b)}{f'_y (h_0 - a'_s)} = \frac{Ne - \alpha_{s,\max} \alpha_1 f_c b h_0^2}{f'_y (h_0 - a'_s)} \tag{15-31}$$

式中：$e = \eta e_i + h/2 - a_s$。

按式（15-31）求得的 A'_s 应不小于 $0.002bh$，否则应取 $A'_s = 0.002bh$，按 A'_s 为已知的情况计算。

将式（15-31）算得的 A'_s 代入式（15-21），可有

$$A_s = \frac{\alpha_1 f_c \xi_b b h_0 + f'_y A'_s - N}{f_y} \tag{15-32}$$

按式（15-32）算得的 A_s 应不小于 $\rho_{\min} bh$，否则应取 $A_s = \rho_{\min} bh$。

2）受压钢筋 A'_s 为已知，求 A_s

当 A'_s 为已知时，式（15-21）及式（15-22）中有两个未知数 A_s 及 x，可求得唯一的解。由式（15-22）可知 Ne 由两部分组成：$M' = f'_y A'_s (h_0 - a'_s)$ 及 $M_1 = Ne - M' = \alpha_1 f_c bx(h_0 - x/2)$。$M_1$ 为压区混凝土与对应的一部分受拉钢筋 A_{s1} 所组成的力矩。与单筋矩形截面受弯构件相似

$$\alpha_s = \frac{M_1}{\alpha_1 f_c b h_0^2} \tag{15-33}$$

由 α_s 按 $\gamma_s = [1 + (1 - 2\alpha_s)/2]/2$ 可求得 A_s，则

$$A_{s1} = \frac{M_1}{f_y \gamma_s h_0} \tag{15-34}$$

将 A'_s 及 A_{s1} 代入式（15-21）可写出总的受拉钢筋面积 A_s 的计算公式

$$A_s = \frac{\alpha_1 f_c bx + f'_y A'_s - N}{f_y} = A_{s1} + \frac{f'_y A'_s - N}{f_y} \tag{15-35}$$

应该指出的是，如果 $\alpha_s = M_1/(\alpha_1 f_c b h_0^2) > \alpha_{s,\max}$，则说明已知的 A'_s 尚不足，需按 A'_s 为未

知的情况重新计算。如果 $\gamma_s h_0 > h_0 - a'_s$，即 $x < 2a'_s$，与双筋受弯构件相似，可近似取 $x = 2a'_s$，对 A'_s 合力中心取矩得出 A_s

$$A_s = \frac{N\left(\eta e_i - \frac{h}{2} + a'_s\right)}{f_y(h_0 - a'_s)} \tag{15-36}$$

6. 小偏心受压构件的配筋计算

将式(15-29)代入式(15-27)及式(15-28)，并将 x 代换为 ξh_0，则小偏心受压的基本公式为

$$N = \alpha_1 f_c \xi b h_0 + f'_y A'_s - f_y \frac{\xi - \beta_1}{\xi_b - \beta_1} A_s \tag{15-37}$$

$$Ne = \alpha_1 f_c b h_0^2 \xi(1 - 0.5\xi) + f'_y A'_s (h_0 - a'_s) \tag{15-38}$$

$$e = \eta(e_0 + e_i) + h/2 - a_s \tag{15-39}$$

式(15-37)及式(15-38)中有三个未知数 ξ、A'_s 及 A_s，故不能得出唯一的解。由于在小偏心受压时，远离轴向力一侧的钢筋 A_s 无论拉压其应力都达不到强度设计值，故配置数量很多的钢筋是无意义的。因此，可取构造要求的最小用量，但考虑到在 N 较大，而 e_0 较小的全截面受压情况下，如附加偏心距 e_a 与荷载偏心距 e_0 方向相反，即 e_a 使 e_0 减小。对距轴力较远一侧受压钢筋 A_s 将更不利(见图 15-24)。对 A'_s 合力中心取矩，有

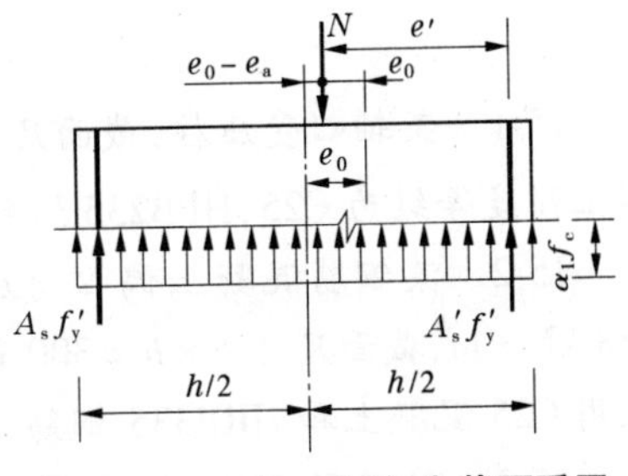

图 15-24　e_a 与 e_0 反向全截面受压

$$A_s = \frac{Ne' - \alpha_1 f_c b h\left(h'_0 - \frac{h}{2}\right)}{f'_y(h'_0 - a_s)} \tag{15-40}$$

式中：e'为轴向力 N 至 A'_s 合力中心的距离，这时取 $\eta = 1.0$ 对 A_s 最不利，故

$$e' = \frac{h}{2} - a'_s - (e_0 - e_a) \tag{15-41}$$

按式(15-40)求得的 A_s 应不小于 $0.002bh$，否则应取 $A_s = 0.002bh$。

为了说明式(15-40)的控制范围，令式(15-40)等于 $0.002bh$，对常用的材料强度及 a'_s/h_0 比值进行数值分析的结果表明：当 $N > \alpha_1 f_c bh$ 时，按式(15-40)求得的 A_s 才有可能大于 $0.002bh$；当 $N \leqslant \alpha_1 f_c bh$ 时，按式(15-40)求得 A_s 将小于 $0.002bh$，应取 $A_s = 0.002bh$。

如上所述，在小偏心受压情况下，A_s 可直接由式(15-40)或 $0.002bh$ 中的较大值确定，与 ξ 及 A'_s 的大小无关，是独立的条件。因此，当 A_s 确定后，小偏心受压的基本公式(15-37)及式(15-38)中只有两个未知数 ξ 及 A'_s，故可求得唯一的解。将式(15-40)或 $0.002bh$ 中的 A_s 较大值代入基本公式消去 A'_s 求解 ξ。

$$\xi = \left[\frac{a'_s}{h_0} + \frac{A_s f_y(1 - a'_s/h_0)}{(\xi_b - \beta_1)\alpha_1 f_c b h_0}\right] + \sqrt{\left[\frac{a'_s}{h_0} + \frac{A_s f_y(1 - a'_s/h_0)}{(\xi_b - \beta_1)\alpha_1 f_c b h_0}\right]^2 + 2\left[\frac{Ne'}{\alpha_1 f_c b h_0^2} - \frac{\beta_1 A_s f_y(1 - a'_s/h_0)}{(\xi_b - \beta_1)\alpha_1 f_c b h_0}\right]} \tag{15-42}$$

可能出现两种情形：

(1) 如 $\xi < 2\beta_1 - \xi_b$，将 ξ 代入式(15-38)可求得 A'_s，显然 A'_s 应不小于 $0.002bh$，否则取

$A'_s = 0.002bh$。

（2）如 $\xi \geqslant 2\beta_1 - \xi_b$，这时，基本公式转化为

$$N = \alpha_1 f_c \xi b h_0 + f'_y A'_s + f_y A_s \tag{15-43}$$

$$Ne = \alpha_1 f_c b h_0^2 \xi (1 - 0.5\xi) + f'_y A'_s (h_0 - a'_s) \tag{15-44}$$

将 A_s 代入上式，需按下式重新求解 ξ 及 A'_s

$$\xi = \frac{a'_s}{h_0} + \sqrt{\left(\frac{a'_s}{h_0}\right)^2 + 2\left[\frac{Ne'}{\alpha_1 f_c b h_0^2} - \frac{A_s}{b h_0}\frac{f_y}{\alpha_1 f_c}\left(1 - \frac{a'_s}{h_0}\right)\right]} \tag{15-45}$$

同样 A'_s 应不小于 $0.002bh$，否则取 $0.002bh$。

对矩形截面小偏心受压构件，除进行弯矩作用平面内的偏心受力计算外，还应对垂直于弯矩作用平面按轴心受压构件进行验算。

习　题

15-1　某轴心受压柱，截面尺寸 $b \times h = 400\ \text{mm} \times 500\ \text{mm}$，计算长度 $l_0 = 4.8\ \text{m}$，采用混凝土强度等级为 C25，HPB235 级钢筋，承受轴向力设计值 $N = 1\ 670\ \text{kN}$。计算纵筋数量。

15-2　某钢筋混凝土偏心受压柱，承受轴向压力设计值 $N = 250\ \text{kN}$，弯矩设计值 $M = 158\ \text{kN} \cdot \text{m}$，截面尺寸 $b \times h = 300\ \text{mm} \times 400\ \text{mm}$，$a_s = a'_s = 40\ \text{mm}$，柱的计算长度 $l_0 = 4.0\ \text{m}$，采用 C25 混凝土和 HRB335 钢筋。试进行截面对称配筋设计。

15-3　某矩形水池，池壁厚为 250 mm，混凝土强度等级为 C30（$\alpha_1 = 1.0$，$f_c = 14.3\ \text{N/mm}^2$），纵筋为 HRB335 级（$f_y = f'_y = 300\ \text{N/mm}^2$，$\xi_b = 0.55$），由内力计算池壁某垂直截面中的弯矩设计值 $M = 25\ \text{kN} \cdot \text{m}$（使池壁内侧受拉），轴向拉力设计值 $N = 22.4\ \text{kN}$。试确定垂直截面中沿池壁内侧和外侧所需钢筋 A_s 及 A'_s 的数量。

15-4　钢筋混凝土偏心受压构件，截面尺寸 $b \times h = 400\ \text{mm} \times 600\ \text{mm}$。构件在两个方向的计算长度均为 4.8 m。作用在构件截面上的轴力设计值 $N_d = 1\ 860\ \text{kN}$，弯矩设计值 $M_d = 250\ \text{kN} \cdot \text{m}$。拟采用 C30 混凝土，HRB335 级钢筋作为纵向钢筋。试进行截面配筋设计。

15-5　一钢筋混凝土偏心受压构件，截面尺寸 $b \times h = 400\ \text{mm} \times 600\ \text{mm}$，承受轴力设计值 $N_d = 650\ \text{kN}$。弯矩设计值 $M_d = 192\ \text{kN} \cdot \text{m}$，构件的重要性系数 $\gamma_0 = 1.0$。弯矩作用方向的计算长度 $l_{0y} = 7.5\ \text{m}$，垂直于弯矩作用方向的计算长度 $l_{0x} = 7.2\ \text{m}$。采用 C25 混凝土，纵向钢筋为 HRB335 级。试求截面所需纵向钢筋的数量（按对称配筋考虑），并复核偏心受压构件的截面承载力。

15-6　钢筋混凝土偏心受压柱，截面尺寸 $b = 300\ \text{mm}$，$h = 500\ \text{mm}$，构件的计算长度 $l_0 = 5.0\ \text{m}$，截面承受的弯矩设计值 $M_d = 180\ \text{kN} \cdot \text{m}$，轴向力设计值 $N_d = 1\ 200\ \text{kN}$。构件采用 C30 混凝土，HRB335 级钢筋。试确定纵向受力钢筋的数量（按对称配筋考虑）。

学习情境十六　预应力结构体系

【知识点】 预应力混凝土的基本概念与优缺点；预应力混凝土构件对材料的要求；预加应力的方法及锚具夹具；张拉控制应力的概念；预应力混凝土构件的构造要求。

【教学目标】 掌握预应力混凝土的基本概念与优缺点；了解预加应力的方法及锚具夹具；掌握预应力混凝土构件对材料的要求；掌握预应力混凝土构件的构造要求。

子情境一　预应力混凝土结构的基本概念

一、概述

混凝土结构由于混凝土的抗拉强度低，而采用钢筋混凝土来代替混凝土承受拉力。由于混凝土的极限拉应变很小，在使用荷载作用下受拉混凝土均已开裂。如果要求构件在使用时混凝土不开裂，钢筋的拉应力只能达到20～30 MPa，即使允许开裂，为保证构件的耐久性，常需将裂缝宽度控制在0.2～0.25 mm以内，此时钢筋拉应力也只能达到150～250 MPa，这与各种热轧钢筋的正常工作应力相近。可见，在普通钢筋混凝土结构中采用高强度的钢筋（强度设计值超过1 000 N/mm^2）是不能充分发挥作用的。

由上可知，钢筋混凝土结构在使用中存在两个无法解决的问题：一是在使用荷载作用下，钢筋混凝土受拉、受弯等构件通常是带裂缝工作的，裂缝的存在不仅使构件刚度大为降低，而且不能应用于不允许开裂的结构中；二是从保证结构耐久性出发，必须限制裂缝宽度，这就使高强度钢筋无法在钢筋混凝土结构中充分发挥其作用，相应也不可能使高强度混凝土的作用发挥出来。因此，当荷载或跨度增加时，需要增大构件的截面尺寸和用钢量来满足变形和裂缝控制的要求，这将导致自重过大，使钢筋混凝土结构用于大跨度或承受动力荷载的结构成为不可能或很不经济。要使钢筋混凝土结构得到进一步的发展，就必须解决混凝土抗拉性能弱这一缺点，而预应力混凝土结构就是克服钢筋混凝土结构的缺点，经人们长期实践而创造出来的一种具有广泛发展潜力、性能优良的结构。

二、预应力混凝土结构的分类

（一）根据预加应力值大小对构件截面裂缝控制程度的不同分类

1. 全预应力混凝土结构

在使用荷载作用下，不允许截面上混凝土出现拉应力的结构，称为全预应力混凝土结构，属严格要求不出现裂缝的结构。

全预应力混凝土结构的特点如下：

（1）抗裂性能好。由于全预应力混凝土结构所施加的预应力大，混凝土不开裂，因而其抗裂性能好，构件刚度大，常用于对抗裂或抗腐蚀性能要求较高的结构，如贮液罐、核电站安全壳等。

(2)抗疲劳性能好。预应力钢筋从张拉完毕直至使用阶段的整个过程中,其应力值的变化幅度小,因而在重复荷载作用下抗疲劳性能好,如吊车梁等。

(3)反拱值一般过大。由于预加应力较高,而恒载小,在活荷载较大的结构中经常发生影响正常使用的情况。

(4)延性较差。全预应力混凝土结构构件的开裂荷载与极限荷载较为接近,导致延性较差,对抗震不利。

2. 部分预应力混凝土结构

允许出现裂缝,但最大裂缝宽度不超过允许值的结构,称为部分预应力混凝土结构,属允许出现裂缝的结构。

部分预应力混凝土结构的特点如下:

(1)可合理控制裂缝,节约钢材。由于可根据结构构件的不同使用要求、可变荷载作用情况及环境条件等对裂缝进行控制,降低了预加应力值,从而节约钢材。

(2)控制反拱值不致过大。由于预加应力值相对较小,构件初始反拱值较小,徐变小。

(3)延性较好。部分预应力混凝土结构由于配置了非预应力钢筋,可提高构件延性,有利于结构抗震,改善裂缝分布,减小裂缝宽度。

(4)与全预应力混凝土结构相比,其综合经济效果好。对于抗裂要求不高的结构构件,部分预应力混凝土结构是一种有应用前途的结构。

(二)按照黏结方式分类

1. 有黏结预应力混凝土结构

有黏结预应力混凝土结构是指沿预应力筋全长周围均与混凝土黏结、握裹在一起的预应力混凝土结构。

2. 无黏结预应力混凝土结构

无黏结预应力混凝土结构是继有黏结预应力混凝土结构和部分预应力混凝土结构之后又一种新的预应力结构形式。无黏结预应力钢筋是将预应力钢筋的外表面涂以沥青、油脂或其他润滑防锈材料,以减小摩擦力并防锈蚀,且用塑料套管或以纸带、塑料带包裹,以防止施工中碰坏涂层,并使之与周围混凝土隔离,而在张拉时可沿纵向发生相对滑移的后张预应力钢筋。

三、预应力混凝土的特点

与钢筋混凝土相比,预应力混凝土具有以下特点:

(1)构件的抗裂性能较好。

(2)构件的刚度较大。由于预应力混凝土能延迟裂缝的出现和开展,并且受弯构件要产生反拱,因而可以减小受弯构件在荷载作用下的挠度。

(3)构件的耐久性较好。由于预应力混凝土能使构件不出现裂缝或减小裂缝宽度,因而可以减少大气或侵蚀性介质对钢筋的侵蚀,从而延长构件的使用期限。

(4)可以减小构件截面尺寸,节省材料,减轻自重,既可以达到经济的目的,又可以扩大钢筋混凝土结构的使用范围,例如可以用于大跨度结构、代替某些钢结构等。

(5)工序较多,施工较复杂,且需要张拉设备和锚具等设施。

需要注意的是,预应力混凝土不能提高构件的承载能力。也就是说,当截面和材料相同时,预应力混凝土与普通钢筋混凝土受弯构件的承载能力相同,与受拉区钢筋是否施加预应力无关。

子情境二　施加预应力的方法及设备

施加预应力的方法可分为先张法和后张法两类。

一、先张法

先张法即先张拉钢筋，后浇筑构件混凝土的方法，如图16-1所示。其主要工序如下：

（1）在台座或钢模上张拉预应力钢筋，待钢筋张拉到预定的张拉控制应力或伸长值后，将预应力钢筋用夹具固定在台座或钢模上（见图16-1（a）、（b））。

（2）支模，绑扎非预应力筋，并浇筑混凝土（见图16-1（c））。

（3）当混凝土达到一定强度后（约为混凝土设计强度的75%），切断或放松预应力钢筋，预应力钢筋在回缩时挤压混凝土，使混凝土获得预压应力（见图16-1（d））。

特点：设备简单，一次张拉可生产多个构件，成本低，可大量生产中小型构件。

先张法的张拉设备如图16-2所示。

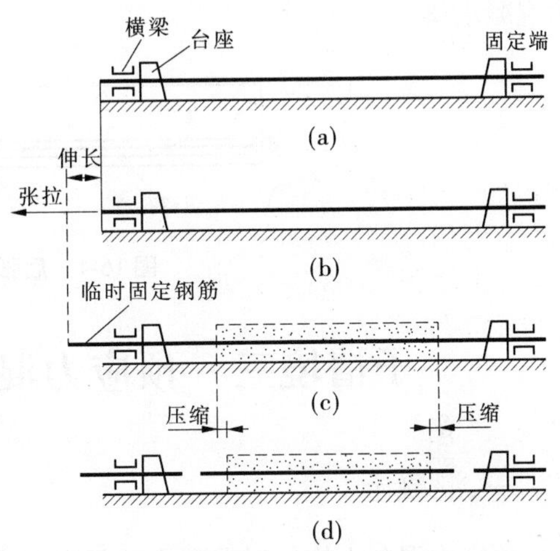

图16-1　先张法主要工序示意图

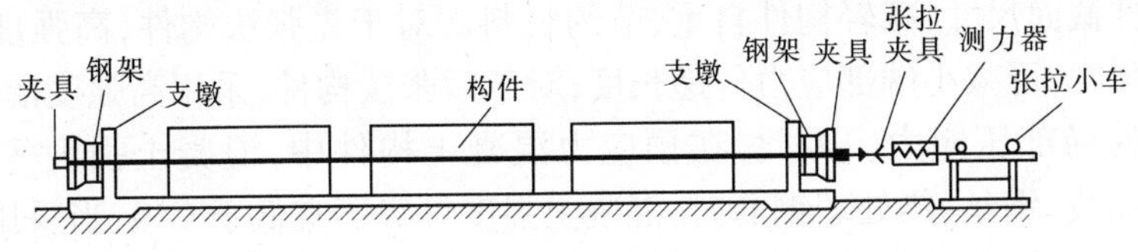

图16-2　先张法的张拉设备

二、后张法

后张法是先浇筑构件混凝土，待混凝土结硬后，再张拉钢筋束的方法，如图16-3所示。其主要工序如下：

（1）先浇筑混凝土构件，并在构件中配置预应力钢筋的位置上预留孔道。

（2）待混凝土达到规定的强度后（一般不低于混凝土设计强度的75%），将预应力钢筋穿入孔道，利用构件本身作为台座张拉钢筋，在张拉钢筋的同时，混凝土被压缩并获得预压应力。

（3）当预应力钢筋的张拉应力达到设计规定值后，在张拉端用锚具将钢筋锚住，使构件保

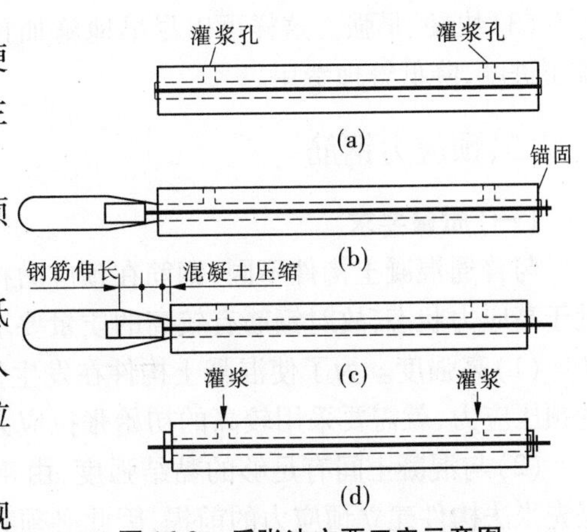

图16-3　后张法主要工序示意图

持预压状态。

(4)最后在预留孔道内灌注水泥浆,保护预应力钢筋不被锈蚀,并使预应力钢筋和混凝土结成整体;也可不灌浆,完全通过锚具传递压力,形成无黏结预应力混凝土构件。

用后张法生产预应力钢筋构件,不需要张拉台座,所以后张法构件既可以在预制厂生产,也可在施工现场生产。大型构件在现场生产可以避免长途搬运,故我国大型预应力混凝土构件主要采用后张法。但是后张法生产周期较长;需要利用工作锚锚固钢筋,钢材消耗较多,成本较高;工序多,操作较复杂,造价一般高于先张法。图 16-4 为一根典型后张法预应力混凝土梁。

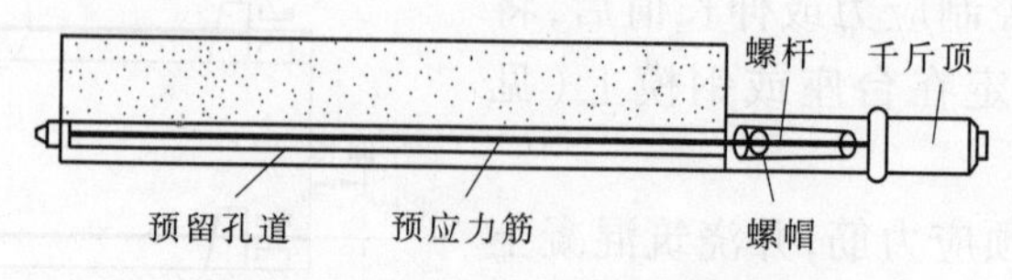

图 16-4　后张法预应力混凝土梁

子情境三　预应力混凝土构件对材料的要求

一、混凝土

预应力混凝土构件对混凝土的基本要求如下:

(1)高强度。预应力混凝土必须具有较高的抗压强度,这样才能承受大吨位的预应力,有效地减小构件截面尺寸,减轻构件自重,节约材料。对于先张法构件,高强度的混凝土具有较高的黏结强度,可减小端部应力传递长度;对于后张法构件,采用高强度混凝土,可承受构件端部很高的局部压应力。因此,在预应力混凝土构件中,混凝土强度等级不应低于C30;当采用钢绞线、钢丝、热处理钢筋时,混凝土强度等级不宜低于 C40;当采用冷轧带肋钢筋作为预应力钢筋时,混凝土强度等级不低于 C25;无黏结预应力混凝土结构的混凝土强度等级,对于板不低于 C30,对于梁及其他构件不宜低于 C40。

(2)收缩、徐变小。这样可以减少由于收缩徐变引起的预应力损失。

(3)快硬、早强。这样可以尽早地施加预应力,以提高台座、模具、夹具的周转率,加快施工进度,降低管理费用。

二、预应力钢筋

(一)质量要求

与普通混凝土构件不同,钢筋在预应力构件中,从构件制作开始,到构件破坏为止,始终处于高应力状态,故对钢筋有较高的质量要求:

(1)高强度。为了使混凝土构件在发生弹性回缩、收缩及徐变后,其内部仍能建立较高的预压应力,就需要采用较高的初始张拉应力,故要求预应力钢筋具有较高的抗拉强度。

(2)与混凝土间有足够的黏结强度,由于在受力传递长度内钢筋与混凝土间的黏结力是先张法构件建立预应力的前提,因此必须有足够的黏结强度。当采用光面高强钢丝时,表面应经“刻痕”或“压波”等措施处理后方能使用。

(3)良好的加工性能。良好的可焊性、冷镦性及热镦性能等。

(4)具有一定的塑性。为了避免构件发生脆性破坏,要求预应力筋在拉断时具有一定的延伸率,当构件处于低温环境和冲击荷载条件下时,此点更为重要。

(二)常用钢材

我国目前用于预应力混凝土结构中的钢材有热处理钢筋、消除应力钢丝(有光面、螺旋肋、刻痕)和钢绞线三大类(见图16-5)。

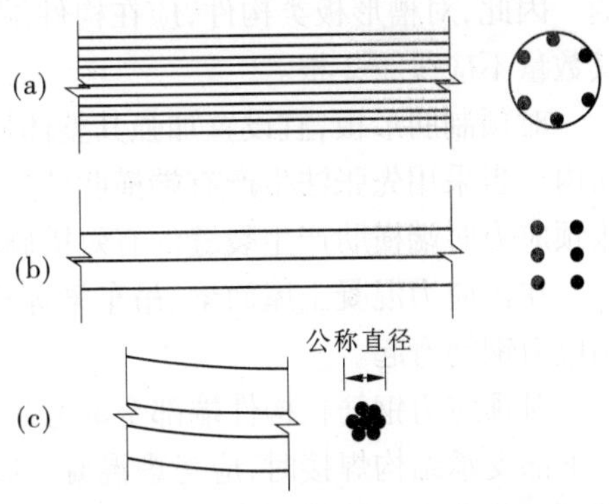

(a)钢筋束;(b)平行钢丝;(c)钢绞线

图16-5 预应力钢筋

1. 热处理钢筋

热处理钢筋具有强度高、松弛小等特点。它以盘圆形式供货,可省掉冷拉、对焊等工序,大大方便施工。

2. 高强钢丝

高强钢丝用高碳钢轧制成盘圆后经过多次冷拔而成。它多用于大跨度构件,如桥梁上的预应力大梁等。

3. 钢绞线

钢绞线一般由多股高强钢丝经绞盘拧成螺旋状而形成,它多在后张法预应力构件中采用。

子情境四 预应力混凝土构件的构造要求

一、先张法构件

试验表明,双根排列的钢丝与混凝土的黏结性能没有单根好,一般要降低10%~20%。由于黏结力降低不算太大,故当先张法预应力钢丝按单根方式配筋困难时,可采用相同直径钢丝并筋的配筋方式。并筋的等效直径,对双并筋应取为单筋直径的1.4倍,对三并筋应取为单筋直径的1.7倍。并筋的保护层厚度、锚固长度、预应力传递长度及正常使用极限状态验算均应按等效直径考虑。当预应力钢绞线、热处理钢筋采用并筋方式时,应有可靠的构造措施。

先张法预应力钢筋之间的净间距应根据浇筑混凝土、施加预应力及钢筋锚固等要求确定。预应力钢筋之间的净间距不应小于其公称直径或等效直径的1.5倍,且应符合下列规定:对热处理钢筋及钢丝,不应小于15 mm;对三股钢绞线,不应小于20 mm;对七股钢绞线,不应小于25 mm。

先张法预应力混凝土构件在放松预应力钢筋时,有时端部会产生劈裂缝。因此,对预应力钢筋端部周围的混凝土应采取下列加强措施:

(1)对单根配置的预应力钢筋,其端中宜设置长度不小于150 mm且不少于4圈的螺旋筋;当有可靠经验时,亦可利用支座垫板上的插筋代替螺旋筋,但插筋数量不应少于4根,其长度不宜小于120 mm。

(2)对分散布置的多根预应力钢筋,在构件端部10d(d为预应力钢筋的公称直径)范围内应设置 3 ~5 片与预应力钢筋垂直的钢筋网。

(3)对采用预应力钢丝配筋的薄板,在板端 100 mm 范围内应适当加密横向钢筋。

对于槽形板一类的构件,特别是预应力主筋布置在肋内时,两肋中间的板会产生纵向裂缝。因此,对槽形板类构件,应在构件端部 100 mm 范围内沿构件板面设置附加横向钢筋,其数量不应少于 2 根。

对预制肋形板,宜设置加强其整体性和横向刚度的横肋。端横肋的受力钢筋应弯入纵肋内。当采用先张法生产有端横肋的预应力混凝土肋形板时,应在设计和制作上采取防止张预应力时端横肋产生裂缝的有效措施。

在预应力混凝土屋面梁、吊车梁等构件靠近支座的斜向主拉应力较大部位,宜将一部分预应力钢筋弯起。

对预应力钢筋在构件端部全部弯起的受弯构件或直线配筋的先张法构件,当构件端部与下部支承结构焊接时,应考虑混凝土收缩、徐变及温度变化所产生的不利影响,宜在构件端部可能产生裂缝的部位设置足够的非预应力纵向构造钢筋。

二、后张法构件

在后张法预应力混凝土结构中,预应力钢筋张拉后要采取一定的措施锚固在构件两端。锚具束、钢绞线束的预留孔道应符合下列规定:对预制构件,孔道之间的水平净间距不宜小于 50 mm;孔道至构件边缘的净间距不宜小于 30 mm,且不宜小于孔道直径的一半;在框架梁中,预留孔道在竖直方向的净间距不应小于孔道外径,水平方向的净间距不应小于 1.5 倍孔道外径;从孔壁算起的混凝土保护层厚度,梁底不宜小于 50 mm,梁侧不宜小于 40 mm;预留孔道的内径应比预应力钢丝束或钢绞线束外径及需穿过孔道的连接器外径大 10 ~15 mm;在构件两端及跨中应设置灌浆孔或排气孔,其孔距不宜大于 12 m;凡制作时需要预先起拱的构件,预留孔道宜随构件同时起拱。

为了控制后张法构件端部附近的纵向水平裂缝,对后张法预应力混凝土构件的端部锚固区应进行局部受压承载力计算,并配置间接钢筋,其体积配筋率不应小于 0.5%。为了防止沿孔道产生劈裂,在局部受压间接钢筋配置区以外,在构件端部长度不小于 $3e$(e 为截面重心线上部或下部预应力钢筋的合力点至邻近边缘的距离)但不大于 $1.2h$(h 为构件端部截面高度)、高度为 $2e$ 的附加配筋区范围内,应均匀配置附加箍筋或网片,其体积配筋率不小于 0.5%(见图 16-6)。

在后张法预应力混凝土构件端部宜按下列规定布置钢筋:

(1)宜将一部分预应力钢筋在靠近支座处弯起,弯起的预应力钢筋宜沿构件端部均匀布置。

(2)当构件端部预应力钢筋需集中布置在截面下部或集中布置在上部和下部时,应在构件端部 $0.2h$(h 为构件端部截面高度)范围内设置附加竖向焊接钢筋网、封闭式箍筋或其他形式的构造钢筋。

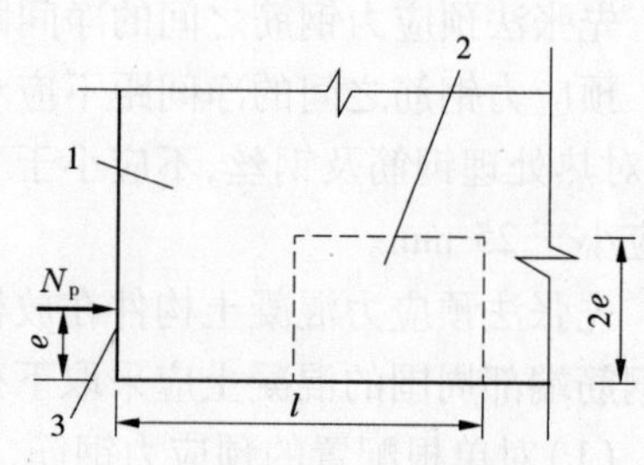

1—局部受压间接钢筋配置区;
2—附加配筋区;3—构件端部

图 16-6 防止沿孔道劈裂的配筋范围

(3)附加竖向钢筋宜采用带肋钢筋,其截面面积应符合下列要求:

当 $e \leqslant 0.1h$ 时

$$A_{sv} \geqslant 0.3 \frac{N_p}{f_y} \tag{16-1}$$

当 $0.1h < e \leqslant 0.2h$ 时

$$A_{sv} \geqslant 0.15 \frac{N_p}{f_y} \tag{16-2}$$

当 $e > 0.2h$ 时,可根据实际情况适当配置构造钢筋。

式中:N_p 为作用在构件端部截面重心线上部或下部预应力钢筋的合力,此时,仅考虑混凝土预压前的预应力损失值;e 为截面重心线上部或下部预应力钢筋的合力点至邻近边缘的距离;f_y 为附加竖向钢筋的抗拉强度设计值,查表确定,但不应大于 300 N/mm^2。

当端部截面上部和下部均有预应力钢筋时,附加竖向钢筋的总截面面积应按上部或下部的预应力合力分别计算的数值叠加后采用。

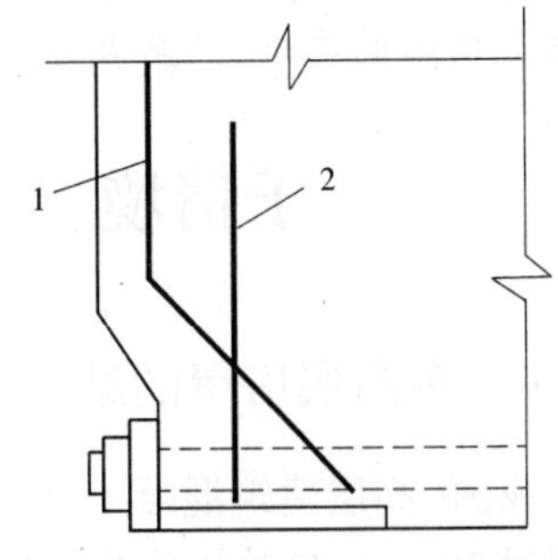

1—折线构造钢筋;2—竖向构造钢筋

图 16-7 端部凹进处构造配筋

构件端部尺寸应考虑锚具的布置、张拉设备的尺寸和局部受压的要求,必要时应适当加大。当构件在端部有局部凹进时,应增设折线构造钢筋(见图 16-7)或其他有效的构造钢筋。当对后张法预应力混凝土构件端部有特殊要求时,可通过有限元分析方法进行设计。

后张法预应力混凝土构件中,曲线预应力钢丝束、钢绞线束的曲率半径不宜小于 4 m;对折线配筋的构件,在预应力钢筋弯折处的曲率半径可适当减小。

在后张法预应力混凝土构件的预拉区和预压区中,应设置纵向非预应力构造钢筋;在预应力钢筋弯折处,应加密箍筋或沿弯折处内侧设置钢筋网片。

对外露金属锚具,应采取可靠的防锈措施。

习 题

16-1 何谓预应力混凝土?与普通钢筋混凝土结构相比,预应力混凝土结构有何优缺点?

16-2 为什么预应力混凝土结构必须采用高强钢材,且应尽可能采用高强度等级的混凝土?

16-3 预应力混凝土分为哪几类?各有何特点?

16-4 施加预应力的方法有哪几种?先张法和后张法的区别何在?试简述它们的优缺点及应用范围。

学习情境十七　多高层房屋结构体系

【知识点】 多高层结构、结构布置原则、框架结构抗震构造；高层结构抗震构造基本要求。

【教学目标】 了解多高层结构的特点与分类；掌握结构布置的基本原则；掌握框架结构抗震构造的要求；了解高层结构抗震的构造要求。

子情境一　多高层房屋的结构体系概述

一、多高层房屋的结构类型

我国《高层建筑混凝土结构技术规程》(JGJ 3—2002)规定，10层及10层以上或房屋高度超过28 m的建筑物称为高层建筑。高层以下两层以上的建筑都属于多层建筑，一层建筑一般称为单层建筑。

多层房屋常用的结构类型有砌体结构、框架结构、局部框架的混合结构。高层结构常见的结构类型有框架结构、剪力墙结构、框架－剪力墙结构、筒体结构。

(一)砌体结构

砌体结构是指承重构件是由各种块材和砌筑砂浆而成的结构。砌体结构虽然工程造价比较节省，但结构自重大、强度较低、整体性能差、抗震性能差，建筑平面布局及层数都受到限制。它适用于多层住宅、旅馆等空间要求不大的房屋。

(二)框架结构

框架结构是以梁、柱组成的框架作为竖向承重和抗水平作用的结构，如图17-1所示。框架结构的优点是空间布置灵活，能为会议室、餐厅、办公室、车间、实验室等提供大房间，其平面和立面也可以有较多变化。由于它自身有优越之处，故在多层建筑中应用极为广泛。本学习情境着重介绍现浇混凝土多层框架结构设计(非抗震设防)的有关知识。

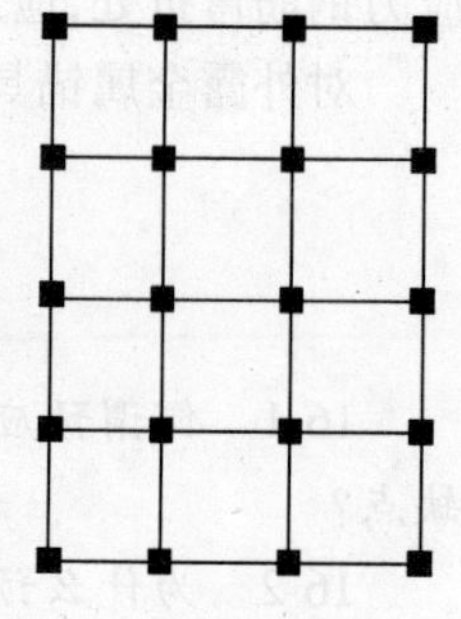

图17-1、

高层建筑采用框架结构体系时，框架梁应沿纵横向布置，形成双向抗侧力结构，使结构具有较强的空间整体性，以承受任意方向的侧向力。由于框架结构在受力性能方面属柔性结构，自振周期较长，地震反应较小，经合理设计后，可以具有较好的延性性能。

框架结构的缺点是结构的抗侧刚度较小，在地震作用下，侧向位移较大，容易使填充墙产生裂缝，并引起建筑装修、玻璃幕墙等非结构构件的损坏。地震作用下的大变形还会在框架柱内引起 $P\sim\Delta$ 效应，严重时会引起整个结构的倒塌。同时，当建筑层数较多或荷载较大时，要求框架柱截面尺寸较大，既减小了建筑使用面积，又会给室内家具或办公用品的布置带来不便。因此，框架结构一般使用于非抗震地区或层数较少的高层结构中，在抗震设防等级较高的地区，其建筑高度是受严格限制的。

(三)局部框架的混合结构

该结构形式可以克服砌体结构空间布置不灵活、自重大等缺点,也可以克服框架结构抗侧移性能差等缺点,它基本上取上述两种结构形式的优点,所以这种结构形式也有应用。

(四)剪力墙结构

剪力墙结构是由剪力墙同时承受竖向荷载和侧向力的结构,剪力墙是指在建筑外墙和内隔墙位置布置的钢筋混凝土结构墙,是下端固定在基础顶面上的竖向悬臂板,竖向荷载在墙体内主要产生向下的压力,侧向力在墙体内产生水平剪力和弯矩。因为这类墙体具有较大的承受侧向力(水平剪力)的能力,故称之为剪力墙,如图 17-2 所示。在地震较强的地区,水平地震力作用主要引起侧向力,因此剪力墙有时也称为抗震墙。

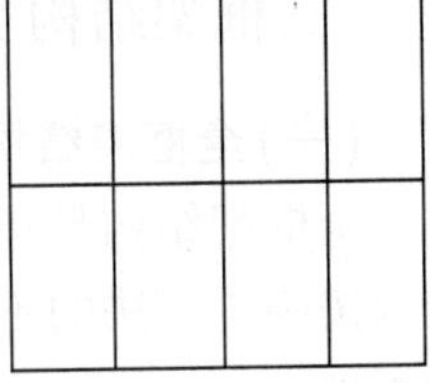

图 17-2

剪力墙结构适用范围较大,在十几层到三十几层的建筑中应用较多,在四五十层及更高的建筑中也有使用,多用于高层住宅和高层旅馆建筑中,因为这类建筑物的隔墙位置较为固定,布置剪力墙不会影响各房间的使用功能,而且房间内没柱、梁等外凸构件,既整齐美观,又便于室内家具布置。

(五)框架 – 剪力墙结构

在框架结构中的部分跨间布置剪力墙,或把剪力墙结构中的部分剪力墙抽掉改成框架承重,可构成框架 – 剪力墙结构,如图 17-3所示。它既保留了框架结构建筑布置灵活、方便的优点,又具有剪力墙结构抗侧刚度大、抗震性能好的优点,同时还可以充分发挥材料的强度作用,具有较好的技术经济指标,因而被广泛地应用于高层办公楼和旅馆建筑中。

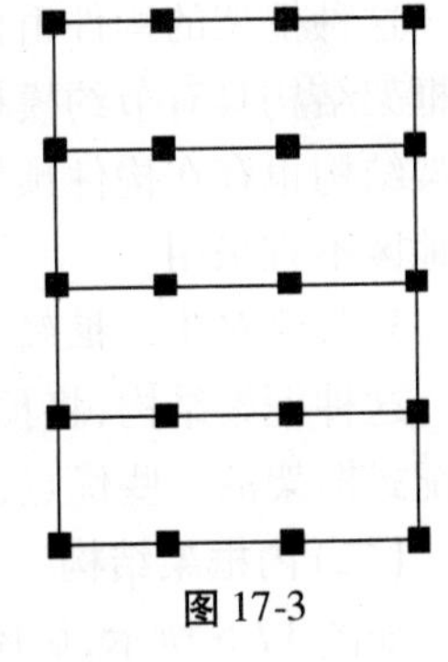

图 17-3

框架 – 剪力墙结构的适用范围很广,十几层到四十几层的高层建筑均可采用这类结构体系。当建筑物较低时,仅布置少量的剪力墙即可满足结构的抗侧要求;当建筑物较高时,则要布置较多的剪力墙,并通过合理的布置使结构具有较大的抗侧刚度和较好的整体抗震性能。

(六)筒体结构

筒体结构主要由核心筒结构和框筒结构组成。

核心筒一般由布置在电梯间、楼梯间及设备管线井道四周的钢筋混凝土墙所组成,为底端固定、顶端自由、竖向放置的薄壁筒状结构,其水平截面为单孔或多孔的箱形截面。这种结构既可以承受竖向荷载,又可承受任意方向上的侧向力作用,是一个空间受力结构。在高层建筑平面布置中,为充分利用建筑物四周观景和采光,电梯等服务性设施的用房常常位于房屋的中部,核心筒也因此得名。核心筒的刚度除与筒壁厚度有关外,与筒的平面尺寸也有很大的关系。从结构受力的角度看,核心筒平面尺寸愈大,其结构的抗侧刚度愈大。但从建筑使用的角度看,核心筒越大,则服务性用房面积越大,建筑使用面积就越小。

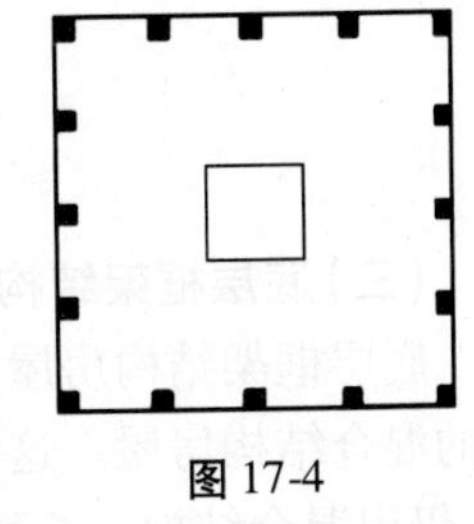

图 17-4

框筒是由布置在房屋四周的密集立柱与高跨比很大的窗间梁所组成的一个多孔筒体,如图 17-4 所示,从形式上看,犹如由四榀平面框架在房屋的四角组合而成,故称为框筒结构。因其立面上开有很多窗洞,故有时也称空腹筒。框筒结构在侧向力作用下,不但与侧向力平行的两榀框架受力,而且与侧向力垂直的两榀框架也参与工作,通过角柱的连接形成一个空间受力体系。

二、框架结构类型说明

(一)全框架结构

全框架结构是指荷载全部由框架承担,内外墙体仅起填充和维护作用的结构。全框架结构按施工方法的不同包括现浇整体式框架结构、装配式框架结构、装配整体式框架结构三种类型。

1. 现浇整体式框架

这种框架的全部承重梁、柱、板构件均在现场浇筑成整体。它的优点是:整体性能及抗震性能好,建筑平面布置灵活;缺点是:混凝土浇筑量大,模板耗费多,工期较长。但是,随着施工工艺及科学技术的进步,如定型模板、商品混凝土、泵送混凝土等新工艺和新措施的运用,逐步克服了现浇整体式框架的不足。

2. 装配式框架

这种框架的构件由构件预制厂预制,在现场进行装配,梁、柱之间的连接采用焊接。这种框架结构具有节约模板、工期短、便于机械化施工、改善工厂劳动条件等优点。但是,这种框架结构也存在构件预埋件多、用钢量大、房屋整体性及抗震性差等缺点,有抗震设防要求的地区不宜采用。

3. 装配整体式框架

这种框架结构,将预制构件就位后,再把它们连成整体框架。它兼有现浇整体式框架和装配式框架的一些优点,应用较为广泛。

(二)内框架结构

如图 17-5 所示,房屋内部由梁、柱组成的框架承重,外部由砌体承重,楼(屋)面荷载由框架与砌体共同承担,这种框架称为半框架结构或内框架结构。这种结构由于组成房屋的钢筋混凝土与砌体两种材料的弹性模量不同,两者刚度不协调,所以房屋整体性和总体刚度都比较差,抗震性能差,应用受到限制。

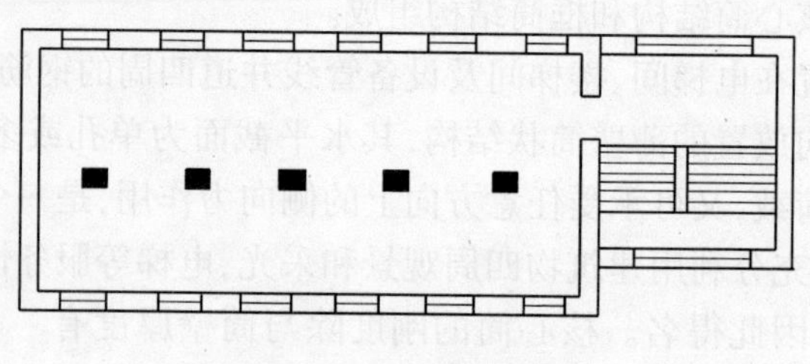

图 17-5　内框架结构

(三)底层框架结构

底层框架结构房屋是指底层为框架－抗震结构,上层为承重的砌体墙和钢筋混凝土楼板的混合结构房屋。这种房屋因为底层建筑需要较大平面而采用框架结构,上层为节省造价,仍用混合结构。这种房屋上刚下柔,抗震性能差,应用上也受到限制。

子情境二　多高层房屋的荷载

作用于多高层房屋的荷载有两种：一种是竖向荷载，包括结构自重和楼（屋）盖的均布荷载如雪荷载等；另一种是水平荷载，包括风荷载和地震作用等。在多层房屋中，往往以竖向荷载为主，但也要考虑水平荷载的影响。在高层建筑结构中，往往以水平荷载为主，如风荷载、水平地震力占主导地位，竖向荷载处于相对次要的因素，但设计时也应考虑。

一、竖向荷载

（一）恒荷载

恒荷载即结构自重和建筑装饰材料的自重等，一般可按构件的几何尺寸与材料自重计算，常用材料和构件自重可按《建筑结构荷载规范》（GB 50009—2001）（简称《荷载规范》）附录一中采用。

（二）屋面活荷载

屋面活荷载指屋面均布荷载和积雪荷载。《荷载规范》规定：屋面均布活荷载不应与雪荷载同时考虑。设计计算时，取两者中较大值。当采用不上人屋面时，屋面活荷载标准值取 0.7 kN/m^2，当采用上人屋面时取 2.0 kN/m^2；不上人屋面，当施工荷载较大时，应按实际情况采用。雪荷载计算方法详见《荷载规范》。

（三）楼面活荷载

楼面活荷载的取值方法，工业与民用建筑有所不同。

（1）民用建筑楼面均布活荷载标准值按《荷载规范》规定采取。设计楼面梁、墙、柱及基础时，要根据受荷面积（对于梁）及承荷层数（对于墙、柱及基础）的多少，对楼面活荷载乘以相应的折减系数。这是因为考虑到构件的受荷面积越大或承荷层数越多，楼面活荷载在全部承荷面上均满载的概率越小。如以住宅、旅馆、办公楼、医院病房及托儿所等房屋为例，当楼面梁的承载面积（梁两侧各占$\frac{1}{2}$梁间距范围内的实际面积）超过 25 m^2 时，楼面活荷载折减系数为 0.9；墙、柱及基础的活荷载按楼层数的折减系数如表 17-1 所示。其他类型房屋的折减系数见《荷载规范》的有关规定。

表 17-1　活荷载按楼层数的折减系数

计算截面以上的层数	1	2 ~ 3	4 ~ 5	6 ~ 8	9 ~ 20	>20
计算截面以上活荷载总和的折减系数	1.0(0.9)	0.85	0.70	0.65	0.60	0.55

根据设计经验，民用建筑多层框架结构的竖向荷载标准值平均为 14 kN/m^2。对于住宅（轻质墙体）一般为 14 ~ 15 kN/m^2，墙体较少的其他民用建筑一般为 13 ~ 14 kN/m^2。这些经验数据可用于初步设计阶段估算墙、柱及基础荷载，也可作为初定构件截面尺寸的依据。

一般民用建筑，如住宅、旅馆等，其楼面活荷载标准值较小（1.5 kN/m^2），仅占总竖向荷载的 10% ~ 15%。因此，为简化计算起见，在设计中往往不考虑活荷载的折减，偏安全地按满载分析计算。

（2）工业建筑楼面荷载在生产使用或安装检修时，由设备、管道、运输工具及可能拆移的隔墙产生的局部荷载，均应按实际情况考虑，可采用等效均布活荷载代替。具体的荷载取用详见《荷载规范》。

二、水平荷载

作用于多层房屋的水平荷载主要为风荷载。

垂直于建筑物表面上的风荷载标准值，按下列公式计算

$$w_k = \beta_z \mu_s \mu_z w_0 \tag{17-1}$$

式中：w_k 为风荷载标准值，kN/m^2；β_z 为高度 z 处的风振系数，是考虑脉动风压对结构的不利影响，对于房屋高度不大于 30 m 或高宽比小于 1.5 的房屋结构可不考虑此影响，即取 $\beta_z = 1.0$，高层建筑需要做风洞试验测此系数；μ_s 为风荷载体型系数，对于矩形平面的多层房屋，迎风面为 +0.8（压），背风面为 −0.5（吸），其他形状平面详见《荷载规范》；μ_z 为风压高度变化系数，根据地面粗糙程度类别按表 17-2 取用；w_0 为基本风压，kN/m^2，按《荷载规范》给出的全国基本风压分布采用，但不得小于 0.3 kN/m^2。

表 17-2　风压高度变化系数

离地面或海平面高度(m)		5	10	15	20	30
地面粗糙度类别	A	1.17	1.38	1.52	1.63	1.80
	B	1.00	1.00	1.14	1.25	1.42
	C	0.74	0.74	0.74	0.84	1.00
	D	0.62	0.62	0.62	0.62	0.62

注：A 类指近海海面和海岸、湖岸及沙漠地区，B 类指田野、乡村、丛林、丘陵以及房屋比较稀疏的乡镇和城市郊区，C 类指有密集建筑群的城市市区，D 类指有密集建筑群且房屋较高的城市市区。

子情境三　多高层框架结构房屋的结构布置

一、结构布置原则

房屋结构布置的合理性对建筑的安全性、适用性、经济性等影响很大。因此，结构设计者应根据房屋的使用情况、荷载情况、房屋高度及房屋造型等要求，确定一个合理的结构布置方案。

（1）多层建筑物纵、横两个方向均承受有水平荷载。因此，框架结构应在纵、横两个方向都布置框架。不可一个方向为框架，另一个方向为铰接排架，而且必须做成多次超静定结构。

（2）多层框架梁、柱轴线宜在一个平面内，尽量避免梁在柱轴线的一侧；否则，梁偏置，内力计算要考虑附加偏心弯矩，结点构造也要考虑偏心不利影响。

（3）尽可能减少框架开间、进深的类型；柱网应规则、整齐，间距合理，传力体系明确。

（4）房屋平面应尽可能规整，均匀对称，体型力求简单，以使结构受力合理。

（5）为提高房屋的总体刚度，减小房屋位移，房屋高宽比不宜过大，一般不宜超过 5。

（6）框架的填充墙宜放在框架平面内，砌体每隔 500 mm 要设 2 Φ 6 水平拉结钢筋与柱

拉结。应尽量避免填充墙外贴在柱子上。

(7)全装配框架,柱接头难处理。所以,应采用预制梁板、现浇柱子的施工方案代之。

(8)应考虑地基不均匀沉降、温度变化和混凝土收缩及抗震要求等影响,根据需要设置变形缝。

二、框架承重体系布置

框架承重体系是由若干平面框架通过连系梁连接形成的空间结构体系。在框架结构设计中,通常按平面结构的受力假定来简化框架计算,将空间框架简化为横向框架承重、纵向框架承重及纵横向框架承重。把平行于房屋短向的框架称为横向框架,而把平行于房屋长度方向的框架称为纵向框架。

(一)横向框架承重

承重框架横向布置如图 17-6(a)所示,沿纵向由连系梁相连。由连系梁与纵向柱列组成副框架,可承受纵向的水平荷载,纵向由于房屋端部受风面积小,纵向跨数较多,故纵向水平荷载产生的内力较小,常可忽略不计。横向承重框架的梁、柱截面尺寸较大,自然跨数较少,仍可获得较大的横向抗侧移刚度,有利于当房屋较长时增加其横向刚度,故在框架结构中采用较多。

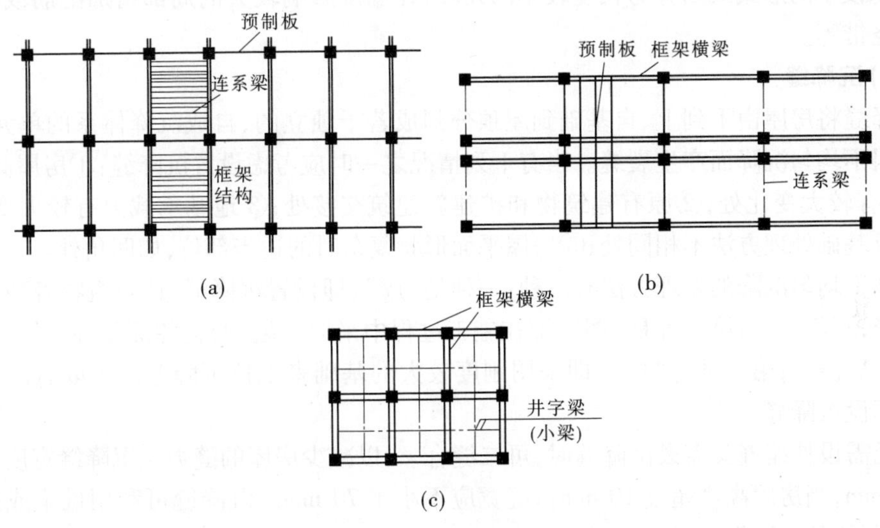

图 17-6 框架房屋的结构布置

(二)纵向框架承重

承重框架纵向布置如图 17-6(b)所示,沿横向设置连系梁相连,当为大开间柱网时,由于受预制板长度的限制,可考虑采用此种方案。

纵向承重框架房屋因在横向仅设置截面高度较小的连系梁,有利于楼层净高的利用,可设置较多的架空管道,故多适用于某些工业厂房,但因其横向刚度较差,在民用房屋中一般较少采用。

(三)纵横向框架混合承重

纵、横两个方向框架均承受各自的竖向荷载和水平荷载,如图 17-6(c)所示。这时楼面常采用现浇双向板或井字梁楼面。当柱网为正方形或接近正方形时,或楼面上的可变荷载较大时，采用此方案较为有利。

三、变形缝设置

变形缝包括伸缩缝（温度缝）、沉降缝和抗震缝。

（一）伸缩缝

当房屋的平面尺寸过大时，为了避免温度和混凝土收缩应力使房屋构件产生裂缝，必须设置伸缩缝。伸缩缝可将基础顶面以上的房屋分开，往往与沉降缝合并设置，宽度一般为20～40 mm，其最大间距如表17-3所示。

表17-3　框架结构伸缩缝最大间距　（单位：m）

施工方法	室内或土中	露天
现浇框架	55	35
装配式框架	75	50

设置伸缩缝会造成多用材料、构造复杂和施工困难等。因此，当房屋长度超过允许值不多时，尽量避免设缝，但要采取相应的可靠措施，例如屋顶设置隔热保温层，顶层可以局部改变为刚度较小的形式或划分为长度较小的几段，在温度影响较大的局部增加配筋或在施工中留后浇带等。

（二）沉降缝

沉降缝将房屋由下到上、自基础到屋顶分割成若干独立的、自成沉降体系的单元，以避免房屋因不均匀沉降而产生裂缝。当有下列情况之一时应考虑设置沉降缝：①房屋高度、自重、刚度有较大变化处；②原有建筑物和扩建新建筑交接处；③地基承载力有较大变化处；④地基或基础处理方法不相同处；⑤房屋平面形状复杂时的适当部位，如凹角处。

地基不均匀沉降的处理方法有三种：一种是“放”，即设置沉降缝，让建筑物各独立部分自由沉降，互不干扰；第二种是“调”，即在施工过程中采取措施，调整各部分沉降使之协调，如留施工后浇带；第三种是“抗”，即采用刚度较大的基础来抵抗沉降差。采取后两种措施后可以不设沉降缝。

在既需设伸缩缝又需设沉降缝时，可二缝合一，以减少房屋的缝数。沉降缝宽度一般不小于50 mm，当房屋高度超过10 m时，缝宽应不小于70 mm。沉降缝可利用挑梁或搁置预制板、预制梁的办法做成，如图17-7所示。

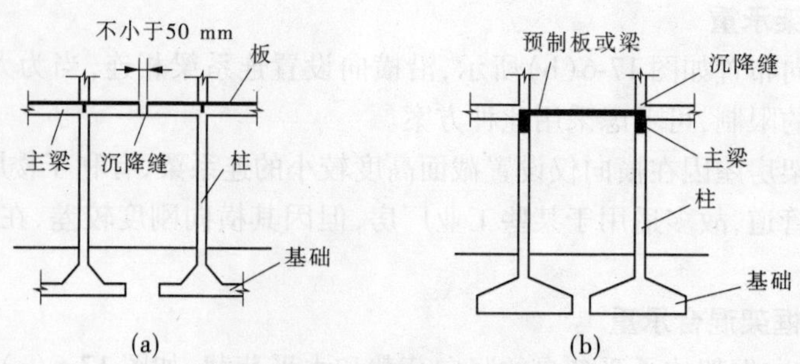

图17-7　沉降缝设置示意图

（三）抗震缝

抗震缝的作用是将体型复杂的房屋划分为体型简单、刚度均匀的独立单元，以便减少地震时的破坏作用。《建筑抗震设计规范》（GB 50011—2002）规定，下列情况宜设抗震缝：①平面形状复杂而无加强措施；②各部分结构的刚度、活荷载相差较大；③房屋有较大的错层。当需要同时设置伸缩缝、沉降缝和抗震缝时，应三缝合一。抗震缝宽度详见《建筑抗震设计规范》（GB 50011—2002）。

子情境四　多层框架结构计算简图

一、框架梁、柱截面尺寸的初步选定

框架结构在进行荷载计算和内力分析之前需预先初步选定梁、柱截面尺寸。一般情况下，可根据经验初步确定，然后给予粗略验算。

（一）框架梁

（1）框架梁的截面形状常用的有T形、矩形，有时根据需要也可做成梯形、花篮形和倒L形等。其截面尺寸一般先按经验的高跨比和宽度比初步选定：

单跨框架高　　$h=\left(\frac{1}{12}\sim\frac{1}{8}\right)l$（$l$为梁的跨度）

多跨架结构　　$h=\left(\frac{1}{16}\sim\frac{1}{10}\right)l$

框架梁宽　　$b=\left(\frac{1}{3}\sim\frac{1}{2}\right)h$

截面高度h一般在800 mm以下，以50 mm为模数；800 mm以上，以100 mm为模数。截面宽度b常取180 mm、200 mm、220 mm、240 mm、250 mm、300 mm、350 mm、400 mm。

（2）对初选尺寸的验算。按受弯构件正截面和斜截面承载力验算，应满足框架估计的设计弯矩M_0和设计剪力V_0作用下不超筋和截面不致斜压破坏的要求，同时纵筋配筋率ρ最好在经济配筋率的范围，即

$$M_0 \leqslant \alpha_{\max} f_c b h_0^2 \quad (\xi \leqslant \xi_b)$$

$$V_0 \leqslant 0.25 f_c b h_0 \quad (h_0/h < 4\text{ 的矩形截面})$$

$$0.8\% \leqslant \rho \leqslant 1.5\%$$

式中：M_0、V_0为按全部竖向荷载的0.6～0.8倍作用的简支梁的跨中最大弯矩和支座剪力设计值；$\alpha_{\max}=\xi_b(1-0.5\xi)$。

（二）框架柱

框架柱的截面形状常用正方形和矩形。

（1）截面尺寸可由经验初步定为

框架柱高h　　$h=\left(\frac{1}{12}\sim\frac{1}{6}\right)H$　（H为层高）

框架柱宽b　　$b=(1.5\sim1)h$　（$b>300$ mm）

（2）对初选框架柱截面的验算

$$A = bh > \frac{(1.2 \sim 1.4) N_0}{f_c + 0.03 f_y} \tag{17-2}$$

式中：N_0 为按该柱负荷面积大小计算的作用在基础顶面的轴向设计值；1.2～1.4 为系数，对边柱取较大值。

当不满足上述验算的要求时，一般情况需要调整初选截面尺寸。

二、计算单元的选取

多层框架实际上是纵、横向框架所组成的空间结构，但在一般情况下，为简化计算，可忽略其空间作用，在纵、横向分别按平面框架计算，即根据楼盖的梁、板布置，各榀框架独自承担作用于其上的荷载，并按此划分纵、横框架的平面计算单元，如图 17-8 所示。

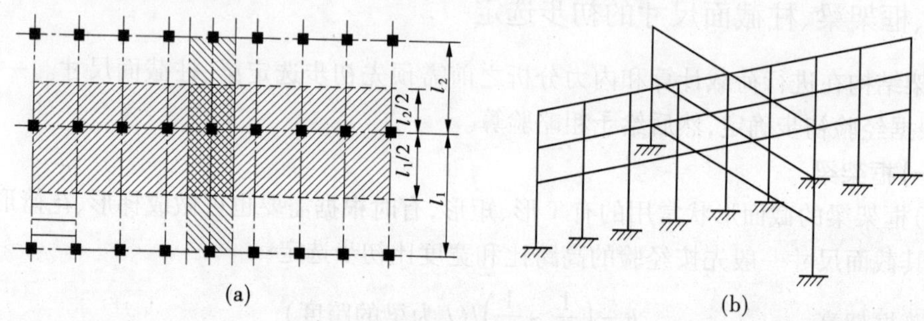

图 17-8　平面框架的计算单元

三、计算模型的确定

在计算简图中，框架梁和柱一般用其截面形心轴线表示；杆件之间的连接用点表示，对于现浇整体式框架，各节点视为刚节点，杆件长度用节点的距离表示；对于受压截面杆件，应以该杆件的最小截面的形心轴线表示，认为框架柱接于基础顶面，如图 17-9（a）所示。

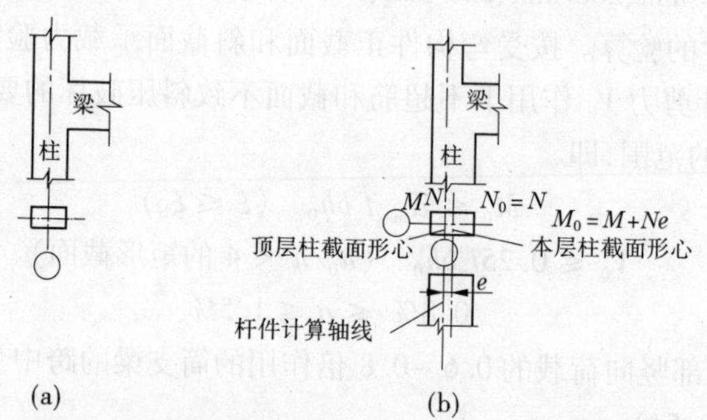

图 17-9　框架柱轴线位置

具体处理方法有：框架跨度取柱轴线之间的距离；当框架的上、下层柱截面不同时，一般取顶层柱的形心为柱的轴线，如图 17-9（b）所示。但必须注意，按此计算简图算出的内力是计算简图轴线上的内力，由于此轴线不一定是各截面的形心线，因此在计算截面配筋时，应将算得的内力转化为截面形心轴处的内力，如图 17-9（b）所示。

框架层高，对于楼层取层高，即取梁面到梁面之间的距离；对于底层，偏安全地取基础顶面到二层梁面间的距离，当基础顶标高未能确定时，可近似取底层的层高加 1.0 cm。考虑楼板对梁刚度的影响，框架各杆的线刚度按如下确定：梁、柱的线刚度分别为 $i_b=\frac{EI_b}{L}$ 和 $i_c=\frac{EI_c}{H}$，此处 I_b、I_c 分别为梁、柱的截面惯性矩，L、H 分别为梁的跨度和柱高。柱的 I_c 按实际截面计算，而梁的 I_b 应根据梁与板的连接方式而定。对于现浇整体式框架：中框架梁 $I_b=2.0I_0$，边框架梁 $I_b=1.5I_0$；对于装配整体式框架：中框架梁 $I_b=1.5I_0$，边框架梁 $I_b=1.2I_0$。其中 I_0 为按矩形截面计算的惯性矩。

四、计算图式的简化

(1)为简化计算，当各跨度相差不超过 10% 时，可作为有平均跨度的等跨架梁；对于斜梁或折线形横梁，当其倾斜度不超过 $\frac{1}{8}$ 时，可视作水平横梁；当基础顶面标高相差小于 1.0 m 时，低柱可按平均高度计算；当个别横梁高差小于 1.0 m 时，也按同标高处理，如图 17-10 所示。

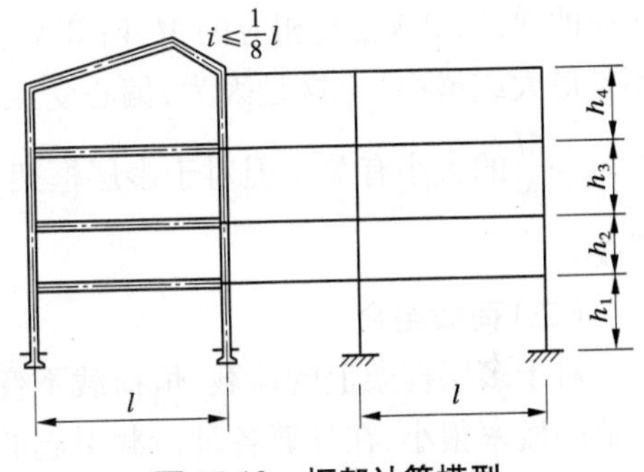

图 17-10　框架计算模型

(2)当框架梁为带腋的变截面时，若 $\frac{h'_b}{h_b}<1.6$，可不考虑斜腋的影响，按等截面梁进行内力计算(h'_b 为梁端带腋截面的高度，h_b 为跨中截面梁高)。

(3)水平风荷载可简化成作用于框架节点处的水平集中荷载，并合并于迎风面一侧。

(4)作用在框架上的次要荷载可以简化为与主要荷载相同的荷载形式。

子情境五　多层框架的内力组合与构件设计

一、内力组合

框架结构内力组合的目的是确定构件的控制截面的最不利内力，以便进行框架梁、柱截面的设计。

(一)控制截面及最不利内力类型

(1)框架梁的控制截面是支座截面和跨中截面。支座截面处一般产生最大负弯矩和最大剪力或有可能出现的最大正弯矩；跨中截面则产生最大正弯矩和有可能出现的负弯矩。

由于内力分析的结果是轴线位置处的内力，而梁支座截面的最不利位置应是柱边缘处，因此在确定该处的最不利内力时，应根据柱轴线处的弯矩和剪力算出柱边缘截面的弯矩和剪力，如图 17-11 所示，即

$$M'=M-(h/2)V \tag{17-3}$$

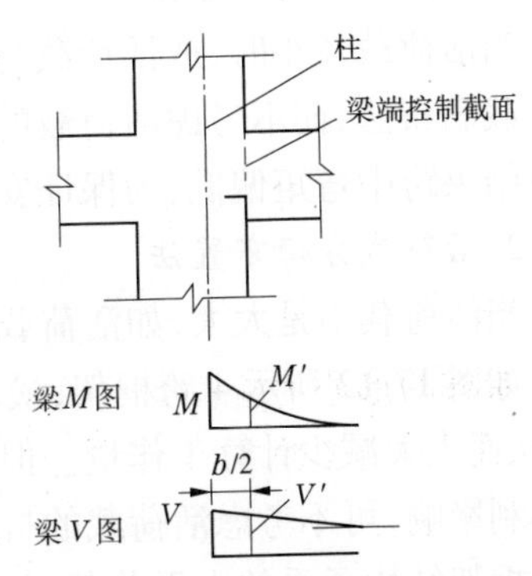

图 17-11　梁端控制截面的弯矩和剪力

$$V' = V - \Delta V \tag{17-4}$$

式中：M'、V'为柱边缘处梁截面的弯矩和剪力；M、V为柱轴线处梁截面的弯矩和剪力；h为柱截面高度；ΔV为在长度$\frac{h}{2}$范围内的剪力改变量。

(2)由内力分析可知，框架柱弯矩最大值在柱的两端，剪力和轴力通常在一层内无变化或变化很小，因此框架柱的控制截面是柱的上、下端。

由于随着M、V的比值不同，柱破坏形态将发生变化。在出现大偏心受压破坏时，M越大柱越不利；而出现小偏心破坏时，N越大柱越不利。此外，柱的正、负弯矩绝对值也不相同，因此最不利内力组合有多种情况。但一般框架柱配筋均采用对称配筋，因此只需选择绝对值最大的弯矩来考虑即可，从而柱的最不利内力组合可归结为如下几种类型：①$|M|_{max}$及相应的N、V；②N_{max}及相应的M、V；③N_{min}及相应的M、V；④$|M|$较大，而N比较大或较小（但不是最大或最小）。这是因为，偏心受压柱的截面承载力不仅取决于M、N的大小，还与偏心距$e_0 = \frac{M}{N}$的大小有关。但对于多层框架，一般情况下只考虑前三种最不利情况已满足工程需要。

（二）荷载组合

对于多层框架上的荷载，恒荷载不变，而活荷载的出现有各种可能，但同时达到各自最大值的概率很小，在计算各种荷载引起的结构最不利内力组合时，可将某种荷载适当降低，乘以小于1的组合系数。

对于非地震区的多层框架，有下列三种荷载组合方式：①恒荷载＋活荷载；②恒荷载＋风荷载；③恒荷载＋0.9（活荷载＋风荷载）。

当进行框架梁、柱的使用极限状态验算时，应根据不同的设计要求，采用荷载的标准组合、频遇组合或准永久组合。

在用计算机进行结构内力计算时，对于每一控制截面，直接由影响线确定其最不利的活荷载位置，然后进行内力分析；或采用将活荷载逐层逐跨单独作用在框架上，求出每种活荷载作用下的框架内力，然后针对各控制截面最不利内力的几种类型，分别进行组合。

采用手算时，在满足设计精度的前提下，对于活荷载和恒荷载之比不大于3的情况，常采用下面的简化计算法。

1. 活荷载满跨布置法

当活荷载较小时，或活荷载与恒荷载之比不大于1时，它所产生的内力较小，可以采用活荷载满布法，而不考虑活荷载的最不利布置计算内力，与恒荷载计算的内力直接组合。但计算结果跨中弯矩偏低，为保证安全，将所求跨中弯矩乘以1.1～1.3的提高系数。

2. 活荷载分跨布置法

当活荷载不是太大，如活荷载设计值与恒荷载设计值之比不大于3时，可采用分跨布置法。如图17-12所示4跨框架，最多只考虑4种布置。对于n跨框架，活荷载的布置只有n种，从而大大减少计算工作量。但这样的布置法，其内力组合并非最不利。为弥补由此产生的不利影响，可不考虑活荷载的折减。

框架结构承受的水平荷载（风荷载或地震荷载）有向左和向右两个方向，考虑水平荷载作用的内力时，只能二者择一。

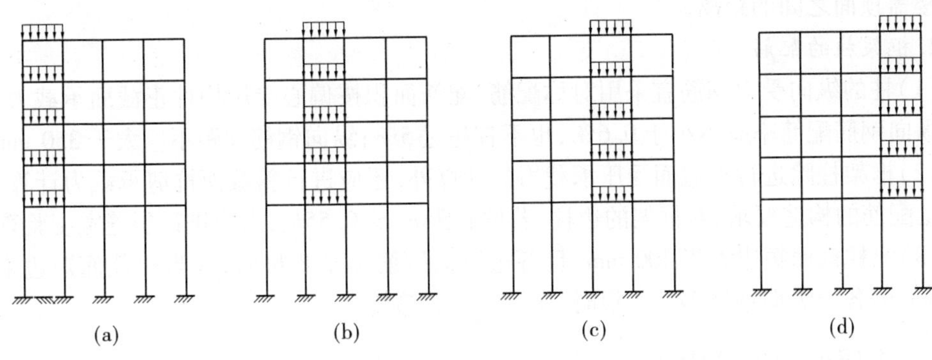

图 17-12　活荷载分跨布置

钢筋混凝土结构为弹塑性体，框架梁、柱节点非绝对刚结，框架中允许梁端出现塑性铰，因此在梁中可以考虑塑性内力重分布，通常是降低支座弯矩，也就是梁两端负弯矩乘以调幅系数 β。《钢筋混凝土高层建筑结构设计与施工规程》（JBJ 3—91）：装配整体式框架 $\beta=0.7\sim0.8$，现浇整体式框架 $\beta=0.8\sim0.9$。梁端负弯矩减小后，梁跨中正弯矩应按平衡条件相应增大。另外，梁端负弯矩减小有利于缓解框架支座截面负钢筋配置较拥挤的情况，同时也便于施工。

二、框架梁、柱截面设计要点

当求得框架梁、柱各控制截面的最不利内力组合后，应进行截面配筋设计。

（一）框架梁

（1）框架梁的纵向受力钢筋应根据内力组合得到的支座及跨中弯矩设计值，按正截面受弯承载力计算。这时，截面的相对受压区高度 ξ 应符合 $\xi\leqslant\xi_b$。

（2）当考虑两框架梁端塑性内力重分布而对梁负弯矩（由竖向荷载引起）进行调幅时，要求支座截面 $\xi\leqslant0.35$，以保证支座截面有一定的塑性转动能力。

（3）跨中及支座截面的纵向受拉钢筋配筋率不应小于最小配筋率 ρ_{min}。

（4）纵筋应满足裂缝宽度的要求，纵筋的弯起和截断位置一般应根据弯矩包络图作材料图的方法进行。但当均布荷载与恒荷载的比例不是很大（$q/g\leqslant3$）或考虑塑性内力重分布对支座弯矩进行调幅时，可参照学习情境十三受弯构件中次梁的做法，对框架梁的纵筋弯起和截断。

（5）梁沿全长箍筋的配筋率 $\rho_{sv}\geqslant\rho_{sv,min}$，其直径和间距应满足有关规定。同时，梁的最大剪力设计值 V 应不大于 $0.25\beta_c f_c bh_0$，此处 β_c 为混凝土强度影响系数。

（二）框架柱

1. 框架柱的计算长度

（1）一般多层房屋，各层框架柱的计算长度如下：

现浇楼盖：底层柱 $l_0=1.0H$，其余各层柱 $l_0=1.25H$；装配式楼盖：底层柱 $l_0=1.25H$，其余各层柱 $l_0=1.5H$。

（2）可按无侧移的框架结构，如只有非轻质隔墙的多层房屋，当为三跨及三跨以上或为两跨且房屋的总宽度不小于房屋总高度的 1/3 时，其各层框架柱的计算长度如下：

现浇楼盖：$l_0=0.7H$；装配式楼盖：$l_0=1.0H$。其中 H 为层高，对底层柱，取基础顶面至一层楼盖顶面之间的距离。

2. 框架柱的配筋

(1)柱的纵向受力钢筋宜采用对称配筋,配筋面积按偏心受压构件正截面承载力计算。全部纵向钢筋配筋率应不小于0.6%,也不宜超过5%;纵向钢筋间距不应大于350 mm。

(2)框架柱除进行正截面受压承载力的计算外,还应进行斜截面抗剪承载力计算,同时应满足配筋的构造要求,对框架的边柱,若偏心距 $e_0 > 0.55h_0$,尚应进行裂缝宽度验算。

(3)当柱截面短边大于400 mm,且各边纵向钢筋多于3根时,或当柱截面短边未超过400 mm,但各边纵向钢筋多于4根时,应设置复合箍筋。

三、多层框架连接构造

框架结构只有通过构件连接才能形成整体。构件连接是框架设计的一个重要组成部分。现浇框架的连接构造主要是梁与柱、柱与柱之间的配筋构造。

(一)梁与柱连接构造

现浇框架的梁、柱连接节点应浇筑成刚性节点。在节点处,柱的纵向钢筋应连续穿过,梁的纵向钢筋应有足够的锚固长度。

1. 中间层楼面梁与柱的连接

中间层梁与柱的连接节点中,对于边柱节点,梁上部钢筋伸入节点内的锚固长度,按充分受力考虑,应不小于 l_a,并且应通过节点中心线;当上部纵向钢筋在节点水平锚固长度不够时,应沿柱节点外边向下弯折,但水平投影长度不应小于 $0.4l_a$,垂直投影长度不应小于 $15d$。下部纵筋伸入节点长度不小于 l_{as}。如需上弯,则钢筋自柱边到上弯点的水平长度不应小于 $10d$,如图17-13(a)所示。

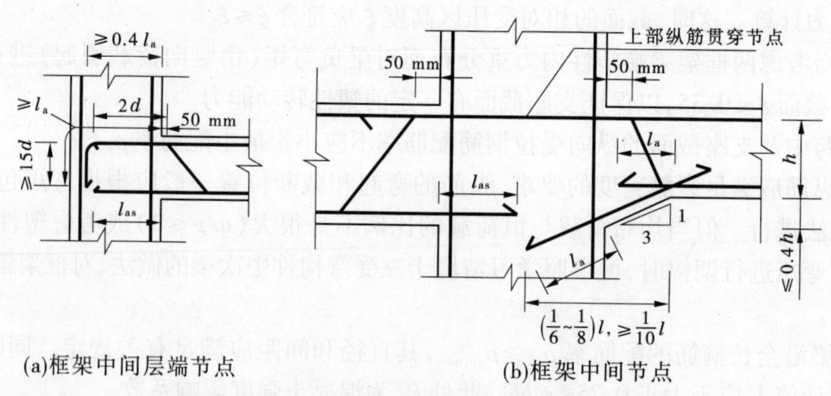

图17-13 梁中纵向钢筋在节点范围内的锚固

对于楼层中间节点,梁上部纵向钢筋应贯穿中间节点范围(见图17-13(b))。当梁的截面尺寸较小而支座剪力又很大时,可在支座处加腋,其长度一般取跨度 l 的1/6~1/8,但不小于 $l/10$,而高度不大于梁高的0.4倍。斜向钢筋直径、根数与伸入支座的梁下部钢筋相同。

2. 顶层楼面梁与柱的连接

顶层中间节点的柱筋及顶层节点内侧柱筋可用直线方式锚入顶层节点,其长度应不小于 l_a,但柱筋必须伸至柱顶。当顶层节点处梁截面高度不足时,柱筋应伸至柱顶并向节点内水平弯折。当充分利用柱筋的抗拉强度时，其弯折前的垂直投影长度 l_{av} 不应小于 $0.44l_a$，弯折后的水平投影长度应不小于 $12d$。当楼盖为现浇，且板的混凝土强度等级不低于 C20 时，柱筋水平段亦可向外弯入框架梁和现浇板内，此时水平段端头伸出柱边尚不应小于 $12d$，且不应小于 250 mm（见图 17-14）。

对于框架顶层端节点处，可将柱外侧纵向钢筋部分弯入梁内作梁上部纵向钢筋使用；亦可将梁上部纵向钢筋和柱外侧纵向钢筋在顶层端节点及其邻近部位搭接。

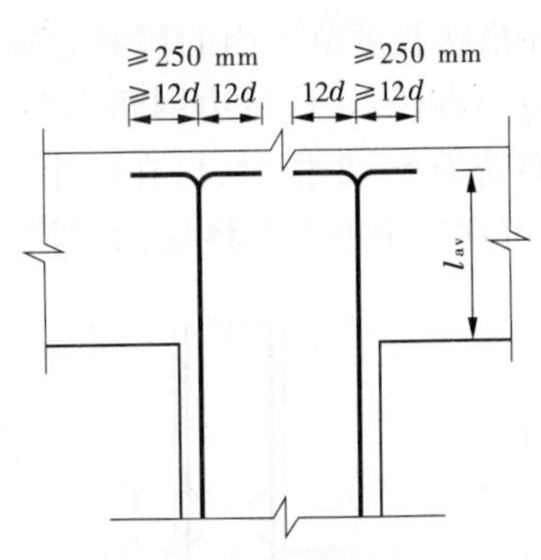

图 17-14　柱纵向钢筋在框架顶层中间节点中带 90°弯折的锚固

（1）搭接接头可沿顶层端节点外侧及梁端顶部布置，如图 17-15（a）所示。搭接长度应不小于 $1.5l_a$，伸入梁内的外侧柱筋截面面积不应小于外侧柱筋全部截面面积的 70%，其中不能伸入梁内的外侧柱筋应沿节点顶部伸至柱内边，向下弯折不少于 $8d$ 后截断（d 为该部分柱筋直径）。当有现浇板且板厚不小于 80 mm，混凝土强度等级不低于 C20 时，不能伸入梁内的外侧柱筋亦可伸入现浇板内，其长度与伸入墙内的外侧柱筋相同。梁上部纵向钢筋应伸至节点外侧并向下弯折至梁下边缘高度，再向内弯折不小于 $8d$ 后截断；当梁上部纵向钢筋弯入节点外侧第二排时，其末端可不向节点内弯折。当外侧钢筋梁配筋率超过 1.2% 时，伸入梁内的外侧柱筋在满足以上规定的搭接长度后应分两批截断，其截断点之间的距离不宜小于 $20d$。

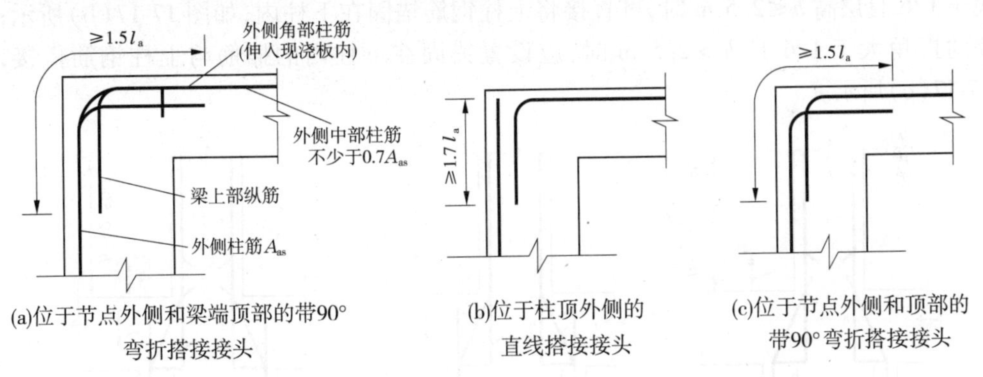

(a)位于节点外侧和梁端顶部的带90°弯折搭接接头　(b)位于柱顶外侧的直线搭接接头　(c)位于节点外侧和顶部的带90°弯折搭接接头

图 17-15　梁上部纵向钢筋与柱外侧纵向钢筋在顶层端节点的搭接

（2）搭接接头亦可沿顶层端节点及柱顶外层布置，如图 17-15（b）所示。搭接长度不应小于 $1.7l_a$。当上部梁筋配筋率超过 1.2% 时，弯入柱外侧的上部钢筋在满足以上的搭接长度后应分两批截断，其截断点之间的距离不宜小于 $20d$。

（3）当节点尺寸较大，梁、柱纵向钢筋直径不大时，搭接接头亦可只沿节点顶部及外侧布置，如图 17-15（c）所示。搭接长度应不小于 $1.5l_a$，且梁筋应沿节点外侧伸至梁底高度，柱筋应沿节点顶部伸至柱内侧，并分别向节点内弯折不少于 $8d$ 后截断；当梁筋弯入节点外侧第二排，柱筋弯入节点顶部第二排时，其末端可不再向节点内弯折。

（二）上、下柱连接

上、下柱的钢筋宜采用焊接，也可采用搭接。一般在楼板面（对现浇板）或梁顶面（对装配式楼板）设置施工缝。下柱钢筋伸出搭接长度 l_l。当偏心距 $e_0 \leqslant 0.2h$ 时，$l_l = 0.85l_a$；当 $e_0 > 0.2h$时，l_l 按受拉钢筋采用 $l_l = 1.2l_a$。

在搭接长度范围内的箍筋除满足计算要求外，箍筋间距不应大于 $10d$（d 为纵向受力钢筋的最小直径）。柱每边钢筋不多于 4 根时，可在一个水平面搭接，如图 17-16（a）所示；柱每边钢筋为 5 ~ 8 根时，可在两个水平面上搭接，如图 17-16（b）所示；柱每边钢筋为 9 ~ 12 根时，可在三个平面上搭接，如图 17-16（c）所示。

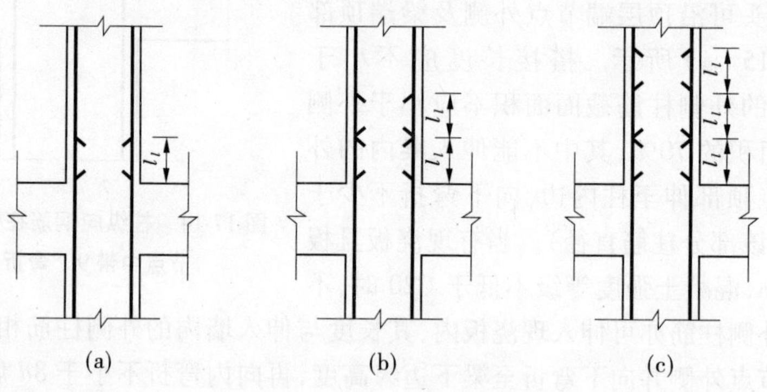

图 17-16　上、下柱钢筋接头

当上、下柱钢筋直径不同时，搭接长度 l_l 按上柱钢筋直径计算。当上、下柱截面高度不同时，若钢筋的折角不大于1/6，钢筋可弯折伸入上柱搭接，如图 17-17（a）所示；当钢筋的折角大于 1/6 且层高 $h \leqslant 2.5$ m 时，可直接将上柱钢筋锚固在下柱内，如图 17-17（b）所示；当钢筋的折角大于 1/6 且 $h > 2.5$ m 时，应设置锚固在下柱内的插筋与上柱钢筋搭接，如图 17-17（c）所示。

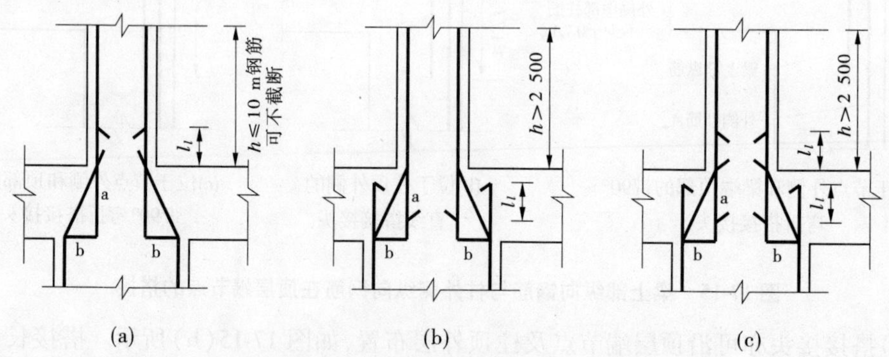

图 17-17　上、下柱变截面的接头　（单位：mm）

子情境六　剪力墙结构简介

一、剪力墙结构分类及受力特征

剪力墙结构承受竖向力和水平力的作用，根据混凝土墙面的开洞情况，可将剪力墙分为以下几类：

(1)整体剪力墙。当剪力墙上开洞面积小于等于墙体面积的15%，且洞口至墙边的净距及洞口之间的净距大于洞口长边尺寸时，可忽略洞口对墙体的影响，这种剪力墙称为整体剪力墙。整体剪力墙的受力相当于一竖向的悬臂构件，在水平荷载作用下，在沿墙肢的整个高度上，弯矩图无突变、无反弯点，这种变形称为弯曲型。剪力墙水平截面内的正应力分布呈线性分布或接近于线性分布，如图17-18(a)所示。

(2)整体小开口剪力墙。当剪力墙上开洞面积大于墙体面积的15%，或洞口至墙边的净距小于洞口长边尺寸时，在水平荷载的作用下，剪力墙的弯矩图在连梁处发生突变，在墙肢高度上个别楼层中弯矩图出现反弯点，剪力墙截面的正应力分布偏离了直线分布的规律。但当洞口不大、墙肢中的局部弯矩不超过墙体弯矩的15%时，剪力墙的变形仍以弯曲型为主，其截面变形仍接近于整体剪力墙，这种剪力墙称为整体小开口剪力墙，如图17-18(b)所示。

(3)联肢剪力墙。当剪力墙沿竖向开有一列或多列较大洞口时，剪力墙截面的整体性被破坏，截面变形不再符合平截面假定。开有一列洞口的联肢墙称为双肢墙，开有多列洞口时称为多肢墙，其弯矩图和截面应力分布与整体小开口剪力墙类似，如图17-18(c)所示。

(4)壁式框架。当剪力墙的洞口尺寸较大，墙肢宽度较小，连梁的线刚度接近于墙肢的线刚度时，剪力墙的受力性能接近于框架，这种剪力墙称为壁式框架。壁式框架柱的弯矩图在楼层处突变，在大多数楼层中出现反弯点，剪力墙的变形以剪切型为主，如图17-18(d)所示。

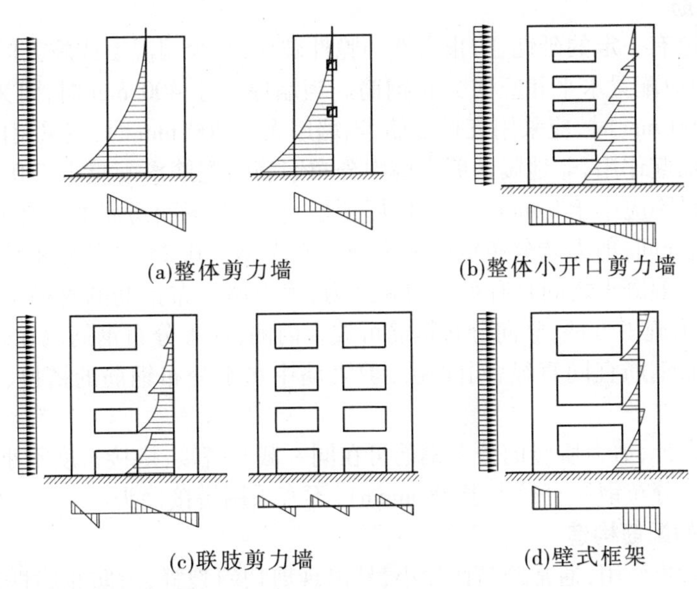

图17-18　剪力墙分类

二、剪力墙的构造措施

(一)剪力墙的配筋

剪力墙结构中常配有抵御偏心受拉或偏心受压的纵向受力钢筋 A_s 和 A'_s，抵御剪力的水平分布钢筋 A_{sh} 和竖向分布钢筋 A_{sv}，此外还配有箍筋和拉结钢筋，其中 A_s 和 A'_s 集中配置在墙肢的端部，组成暗柱，如图17-19所示。

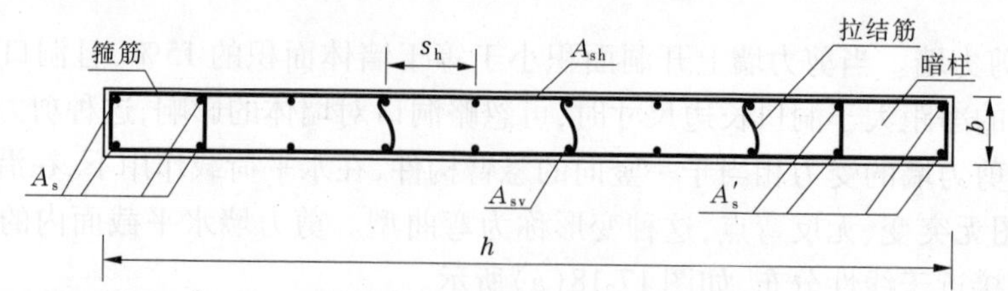

图 17-19 剪力墙的配筋形式

(二)剪力墙的材料

为保证剪力墙的承载力和变形能力,钢筋混凝土剪力墙的混凝土强度等级不应低于C20,墙中分布钢筋和箍筋一般采用 HPB235 级钢筋,其他钢筋可采用 HRB335 级或 HRB400级钢筋。

(三)截面尺寸

为保证剪力墙体平面外的刚度和稳定性,钢筋混凝土剪力墙的厚度不应小于 140 mm,同时不应小于楼层高度的 1/25。

(四)墙肢纵向钢筋

剪力墙两端和洞口两侧应按规范设置构造边缘构件。非抗震设计剪力墙端部应按正截面承载力计算配置不少于 4 根直径 12 mm 的纵向受力钢筋,沿纵向钢筋应配置不少于直径 6 mm、间距为 250 mm 的拉结筋。

(五)分布钢筋

为保证剪力墙有一定的延性,防止突然的脆性破坏,减少因温度或施工拆模等因素产生的裂缝,剪力墙中应配置水平和竖向分布钢筋。当墙厚小于 400 mm 时,可采用双排配筋;当墙厚为 400 ~ 700 mm 时,应采用三排配筋;当墙厚大于 700 mm 时,应采用四排配筋。

为使分布钢筋起作用,非地震区剪力墙中分布钢筋的配筋率不应小于 0.2%,间距不应大于 300 mm,直径不应小于 8 mm。对于房屋顶层、长矩形平面房屋的楼梯间和电梯间、端部山墙、纵墙的端开间,剪力墙分布钢筋的配筋率不应小于 0.25%,间距不应大于 200 mm。为保证分布钢筋与混凝土之间具有可靠的黏结力,剪力墙分布钢筋的直径不宜大于墙肢截面厚度的 1/10。为施工方便,竖向分布钢筋可放在内侧,水平分布钢筋放在外侧,且水平分布钢筋与纵向分布钢筋宜同直径、同间距。剪力墙中水平分布钢筋的搭接、锚固及连接如图 17-20所示。

对于非抗震设计,剪力墙竖向分布钢筋可在同一截面搭接,搭接长度不小于 $1.2l_a$,且不应小于 300 mm;当分布钢筋直径大于 28 mm 时,不宜采用搭接接头。

(六)连系梁的配筋构造

连系梁受反弯矩作用,通常跨高比较小,易出现剪切斜裂缝,为防止脆性破坏,《高层建筑混凝土结构技术规程》(JGJ 3—2002)中规定:连梁顶面、底面纵向受力钢筋伸入墙内的锚固长度不应小于 l_a,且不应小于 600 mm;沿连梁全长的箍筋直径不应小于 6 mm,间距不应大于 150 mm;顶层连梁纵向钢筋伸入墙体的长度范围内,应配置间距不大于 150 mm 的构造箍筋,箍筋直径应与该连梁的箍筋直径相同;墙体水平分布钢筋应作为连梁的腰筋在连梁范围内拉通连续配置;当连梁截面高度大于 700 mm 时,其两侧面沿梁高范围设置的纵向构造钢筋的直径不应小于 10 mm,间距不应大于 200 mm;对于跨高比不大于 2.5 的连梁,梁两侧的纵向构造钢筋的面积配筋率不应小于 0.3%。

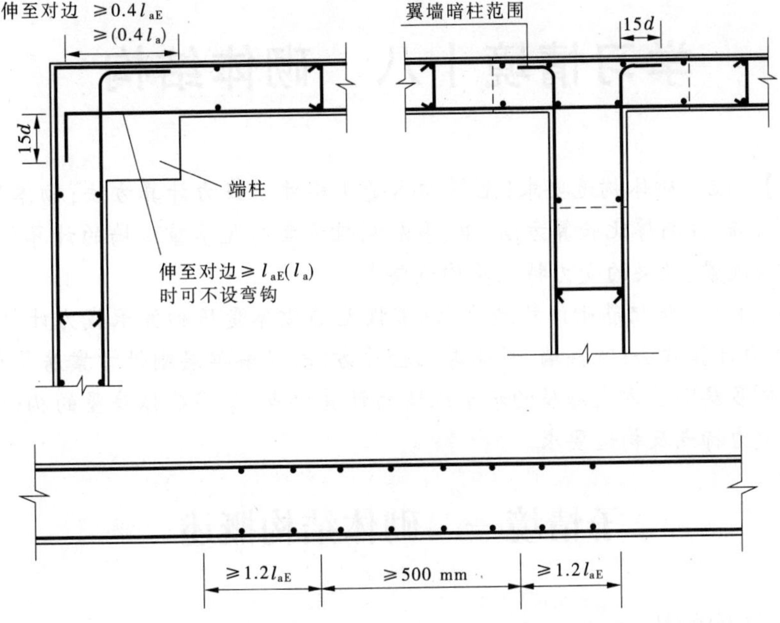

图 17-20　剪力墙水平分布钢筋的连接构造

学习情境十八　砌体结构

【知识点】 配筋砌体构造要求；无筋砌体受压构件承载力计算方法；砌体局部受压承载力计算方法；墙、柱高厚比验算方法；单、多层刚性方案房屋承重纵墙的计算要点；砌体房屋的构造要求；过梁、挑梁的受力特点及构造要求。

【教学目标】 了解配筋砌体构造要求；掌握无筋砌体受压构件承载力计算方法，砌体局部受压承载力计算方法；掌握墙、柱高厚比验算方法；了解单层刚性方案房屋承重纵墙的计算要点；掌握多层刚性方案房屋的承重纵墙的计算要点；掌握砌体房屋的构造要求；掌握过梁、挑梁的受力特点及构造要求。

子情境一　砌体结构概述

一、砌体结构的概念

砌体结构是由块体和砂浆砌筑而成的墙、柱作为建筑物主要受力构件的结构，是砖砌体、砌块砌体和石砌体结构的统称。

二、砌体结构的特点

(一)砌体结构的优点

(1)材料来源广泛。砌体的原材料黏土、砂、石为天然材料，分布极广，取材方便，且砌体块材的制造工艺简单，易于生产。

(2)性能优良。砌体隔音、隔热、耐火性能好，故砌体在用作承重结构的同时还可起到围护、保温、隔断等作用。

(3)施工简单。砌筑砌体结构不需支模、养护，在严寒地区冬季可采用冻结法施工，且施工工具简单，工艺易于掌握。

(4)费用低廉。可大量节约木材、钢材及水泥，造价较低。

(二)砌体结构的缺点

(1)强度较低。砌体的抗压强度比块材低，抗拉、弯、剪强度更低，因而抗震性能差。

(2)自重较大。因强度较低，砌体结构墙、柱截面尺寸较大，材料用料较多，因而结构自重大。

(3)劳动量大。因采用手工方式砌筑，生产效率较低，运输、搬运材料时的损耗也大。

(4)占用农田。采用黏土制砖，要占用大量农田，不但严重影响农业生产，也将破坏生态平衡。

三、砌体结构的发展趋势

砌体结构的发展，除计算理论和方法的改进外，更重要的是材料的改革。在发展高强块材的同时,也需研制高强度等级的砌筑砂浆。目前,最高等级的砂浆强度为 M15。我国的《混凝土小型空心砌块灌孔混凝土》(JC 861—2000)行业标准中砂浆的强度等级为 M5 ~ M30,灌孔混凝土的强度等级为 C20 ~ C40,这是混凝土砌块配套材料方面的重要进展,对推动高强材料结构的发展起着重要的作用。

砌体结构正在越来越多地克服传统的缺点,取得不断的发展。随着砌块材料的改进、设计理论研究的深入和建筑技术的发展,砌体结构将日臻完善。

子情境二　砌体材料及性能

一、块体

块体是砌体的主要部分,目前我国常用的块体材料有砖(烧结普通砖、烧结多孔砖、蒸压灰砂砖和蒸压粉煤灰砖)、砌块、石材。

(一)砖

砖的种类包括烧结普通砖、烧结多孔砖、蒸压灰砂砖和蒸压粉煤灰砖。块体的强度等级符号以"MU"表示,单位为 MPa(N/mm^2)。《砌体结构设计规范》(GB 50003—2001)(简称《砌体规范》)将砖的强度等级分成五级:MU30、MU25、MU20、MU15、MU10。其中:

(1)烧结普通砖、烧结多孔砖的强度等级分为五级:MU30、MU25、MU20、MU15、MU10。

(2)蒸压灰砂砖、蒸压粉煤灰砖的强度等级分为四级:MU25、MU20、MU15、MU10。

(二)砌块

块体尺寸较大时,称为砌块。我国目前应用的砌块按材料分有混凝土空心砌块和轻骨料混凝土空心砌块,其强度等级分为五级:MU20、MU15、MU10、MU7.5、MU5。

(三)石材

在建筑中,常用的有重质天然石(花岗岩、石灰岩、砂岩)及轻质天然石。

石材按其加工后的外形规则程度,可分为料石和毛石。石砌体中的石材应选用无明显风化的天然石材。

石材的强度等级,可用边长为 70 mm 的立方体试块的抗压强度表示。抗压强度取三个试件破坏强度的平均值。石材强度等级划分为 MU100、MU80、MU60、MU50、MU40、MU30 和 MU20。当采用其他边长尺寸的立方体试块时,其强度等级应乘以相应的换算系数。

二、砂浆

砂浆是由胶结料(石灰、水泥)和细骨料(砂)加水搅拌而成的混合材料。胶结料一般有水泥、石灰和石膏等。砂浆的作用是将砌体中的砖石联结成整体而共同工作。同时,因砂浆抹平砖石表面使砌体受力均匀。此外,砂浆填满砖石间缝隙,提高了砌体的保温性与抗冻性。

砂浆按其配合成分可分为水泥砂浆、混合砂浆和非水泥砂浆。

水泥砂浆是按一定的重量比或体积比由水泥与砂加水拌和而成的,它是无塑性掺合料的纯水泥砂浆。

混合砂浆是按一定质量比由水泥、掺合料(石灰膏、黏土)与砂加水拌和而成的,它是有掺合料的水泥砂浆,如石灰水泥砂浆、黏土水泥砂浆。

非水泥砂浆是按一定质量比由胶结材料石灰与砂加水拌和而成的,它是不含水泥的砂浆,如石灰砂浆、石灰黏土砂浆。

砂浆的强度是由28 d龄期的每边长为70.7 mm的立方体试件的抗压强度指标为依据,其强度等级符号以"M"表示,划分为M15、M10、M7.5、M5、M2.5。砌筑用砂浆除强度和耐久性等要求外,还应具有以下特性:

(1)流动性(或可塑性)。在砌筑砌体过程中,要求块材与砂浆之间有较好的密实度,应使砂浆容易而且能够均匀地铺开,也就是有合适的稠度,以保证它有一定的流动性。砂浆的可塑性,采用重3 N、顶角30°的标准锥体沉入砂浆中的深度来测定,锥体的沉入深度根据砂浆的用途规定为:用于砖砌体的为70~100 mm,用于砌块砌体的为50~70 mm,用于石砌体的为30~50 mm。

(2)保水性。砂浆能保持水分的能力叫作保水性。砂浆的质量在很大程度上取决于其保水性。在砌筑时,砖将吸收一部分水分,如果砂浆的保水性很差,新铺在砖面上的砂浆的水分很快被吸去,则使砂浆难以铺平,而使砌体强度有所下降。

砂浆的保水性以分层度表示,即将砂浆静止30 min,上、下层沉入量之差宜为10~20 mm。

在砂浆中掺入适量的掺合料,可提高砂浆的流动性和保水性,既能节约水泥,又能提高砌体的砌筑质量。

三、砌体

由块体和砂浆砌筑而成的整体结构称为砌体。

(一)无筋砌体

1. 砖砌体

在房屋建筑中,砖砌体用作内外承重墙或围护墙及隔墙。其厚度是根据承载力及高厚比的要求确定的,但外墙厚度往往还需考虑到保暖及隔热的要求。砖砌体一般砌成实砌的,有时也可砌成空斗的,砖柱则应实砌。

2. 砌块砌体

目前采用的砌块砌体有普通混凝土小型空心砌块砌体、轻骨料混凝土小型空心砌块砌体。用小型砌块可砌成190 mm、90 mm等不同厚度的墙体。

3. 石砌体

由石材和砂浆或石材与混凝土砌筑而成的整体结构称为石砌体。石砌体分为料石砌体、毛石砌体和毛石混凝土砌体。

(二)配筋砌体

1. 网状配筋砖砌体

在砖柱或墙体的水平灰缝内配置网状钢筋或水平钢筋,则构成网状配筋砌体。

2. 组合砌体

由砖砌体和钢筋混凝土面层或钢筋砂浆面层组成的砌体称为组合砌体。这种砌体用于承受偏心压力较大的墙和柱。

3. 配筋砌块砌体

在对孔砌筑的混凝土砌块的竖向孔洞中设置竖向钢筋，并配以水平分布钢筋和箍筋，然后灌注灌孔混凝土，形成配筋砌块砌体。

四、砌体的计算指标

(1)龄期为28 d的以毛截面计算的各类砌体的抗压强度设计值，当施工质量控制等级为B级时，应根据块体和砂浆的强度等级分别按下列规定采用：

①烧结普通砖和烧结多孔砖砌体的抗压强度设计值，应按表18-1采用。

表18-1　烧结普通砖和烧结多孔砖砌体的抗压强度设计值　(单位：MPa)

砖强度等级	砂浆强度等级					砂浆强度
	M15	M10	M7.5	M5	M2.5	0
MU30	3.94	3.27	2.93	2.59	2.26	1.15
MU25	3.60	2.98	2.68	2.37	2.06	1.05
MU20	3.22	2.67	2.39	2.12	1.84	0.94
MU15	2.79	2.31	2.07	1.83	1.60	0.82
MU10	—	1.89	1.69	1.50	1.30	0.67

②蒸压灰砂砖和蒸压粉煤灰砖砌体的抗压强度设计值，应按表18-2采用。

表18-2　蒸压灰砂砖和蒸压粉煤灰砖砌体的抗压强度设计值　(单位：MPa)

砖强度等级	砂浆强度等级				砂浆强度
	M15	M10	M7.5	M5	0
MU25	3.60	2.98	2.68	2.37	1.05
MU20	3.22	2.67	2.39	2.12	0.94
MU15	2.79	2.31	2.07	1.83	0.82
MU10	—	1.89	1.69	1.50	0.67

③单排孔混凝土和轻骨料混凝土砌块砌体的抗压强度设计值，应按表18-3采用。

表18-3　单排孔混凝土和轻骨料混凝土砌块砌体的抗压强度设计值　(单位：MPa)

砖强度等级	砂浆强度等级				砂浆强度
	Mb15	Mb10	Mb7.5	Mb5	0
MU20	5.68	4.95	4.44	3.94	2.33
MU15	4.61	4.02	3.61	3.20	1.89
MU10	—	2.79	2.50	2.22	1.31
MU7.5	—	—	1.93	1.71	1.01
MU5	—	—	—	1.19	0.70

注：(1)对错孔砌筑的砌体，应按表中数值乘以0.8。

(2)对独立柱或厚度为双排组砌的砌块砌体，应按表中数值乘以0.7。

(3)对T形截面砌体，应按表中数值乘以0.85。

(4)表中轻骨料混凝土砌块为煤矸石和水泥煤渣混凝土砌块。

④单排孔混凝土砌块对孔砌筑时，灌孔砌体的抗压强度设计值f_g应按下列公式计算

$$f_g = f + 0.6\alpha f_c \tag{18-1}$$

$$\alpha = \delta\rho \tag{18-2}$$

式中：f_g为灌孔砌体的抗压强度设计值，并不应大于未灌孔砌体抗压强度设计值的2倍；f为未灌孔砌体的抗压强度设计值，应按表18-3采用；f_c为灌孔混凝土的轴心抗压强度设计值；α为砌块砌体中灌孔混凝土面积和砌体毛面积的比值；δ为混凝土砌块的孔洞率；ρ为混凝土砌块砌体的灌孔率，即截面灌孔混凝土面积和截面孔洞面积的比值，ρ不应小于33%。

砌块砌体的灌孔混凝土强度等级不应低于Cb20，也不宜低于2倍的块体强度等级（灌孔混凝土的强度等级Cb××等同于对应的混凝土强度等级C××的强度指标）。

⑤孔洞率不大于35%的双排孔或多排孔轻骨料混凝土砌块砌体的抗压强度设计值，应按表18-4采用。

表18-4　轻骨料混凝土砌块砌体的抗压强度设计值　（单位：MPa）

砖块强度等级	砂浆强度等级			砂浆强度
	Mb10	Mb7.5	Mb5	0
MU10	3.08	2.76	2.45	1.44
MU7.5	—	2.13	1.88	1.12
MU5	—	—	—	1.31

注：(1)表中的砌块为火山渣、浮石和陶粒轻骨料混凝土砌块。

(2)对厚度方向为双排组砌的轻骨料混凝土砌块砌体的抗压强度设计值，应按表中数值乘以0.8。

⑥块体高度为180～350 mm的毛料石砌体的抗压强度设计值，应按表18-5采用。

表18-5　毛料石砌体的抗压强度设计值　（单位：MPa）

毛料石强度等级	砂浆强度等级			砂浆强度
	M7.5	M5	M2.5	0
MU100	5.42	4.80	4.18	2.13
MU80	4.85	4.29	3.73	1.91
MU60	4.20	3.71	3.23	1.65
MU50	3.83	3.39	2.95	1.51
MU40	3.43	3.04	2.64	1.35
MU30	2.97	2.63	2.29	1.17
MU20	2.42	2.15	1.87	0.95

注：对下列各类料石砌体，应按表中数值分别乘以系数：细料石砌体，1.5；半细料石砌体，1.3；粗料石砌体，1.2；干砌勾缝石砌体，0.8。

⑦毛石砌体的抗压强度设计值应按表18-6采用。

(2)龄期为28 d的以毛截面计算的各类砌体的轴心抗拉强度设计值、弯曲抗拉强度设计值和抗剪强度设计值，当施工质量控制等级为B级时，应按表18-7采用。

单排孔混凝土砌块对孔砌筑时，灌孔砌体的抗剪强度设计值f_{vg}应按下列公式计算

表 18-6 毛石砌体的抗压强度设计值 （单位:MPa）

毛石强度等级	砂浆强度等级			砂浆强度
	M7.5	M5	M2.5	0
MU100	1.27	1.12	0.98	0.34
MU80	1.13	1.00	0.87	0.30
MU60	0.98	0.87	0.76	0.26
MU50	0.90	0.80	0.69	0.23
MU40	0.80	0.71	0.62	0.21
MU30	0.69	0.61	0.53	0.18
MU20	0.56	0.51	0.44	0.15

注:(1)对于用形状规则的块体砌筑的砌体，当搭接长度与块体高度的比值小于1时，其轴心抗拉强度设计值f_t和弯曲抗拉强度设计值f_{tm}应按表中数值乘以搭接长度与块体高度的比值后采用。

(2)对孔洞率不大于35%的双排孔或多排孔轻骨料混凝土砌块砌体的抗剪强度设计值，可按表中混凝土砌块砌体抗剪强度设计值乘以1.1。

(3)对蒸压灰砂砖、蒸压粉煤灰砖砌体，当有可靠的试验数据时，表中强度设计值允许作适当调整。

(4)对烧结页岩砖、烧结煤矸石砖、烧结粉煤灰砖砌体，当有可靠的试验数据时，表中强度设计值允许作适当调整。

$$f_{vg} = 0.2f_g^{0.55} \tag{18-3}$$

式中:f_g为灌孔砌体的抗压强度设计值，MPa。

表 18-7 沿砌体灰缝截面破坏时砌体的轴心抗拉强度设计值、弯曲抗拉强度设计值和抗剪强度设计值 （单位:MPa）

强度类别	破坏特征及砌体种类		砂浆强度等级			
			≥M10	M7.5	M5	M2.5
轴心抗拉	沿齿缝	烧结普通砖、烧结多孔砖	0.19	0.16	0.13	0.09
		蒸压灰砂砖、蒸压粉煤灰砖	0.12	0.10	0.08	0.06
		混凝土砌块	0.09	0.08	0.07	
		毛石	0.08	0.07	0.06	0.04
弯曲抗拉	沿齿缝	烧结普通砖、烧结多孔砖	0.33	0.29	0.23	0.17
		蒸压灰砂砖、蒸压粉煤灰砖	0.24	0.20	0.16	0.12
		混凝土砌块	0.11	0.09	0.08	
		毛石	0.13	0.11	0.09	0.07
	沿通缝	烧结普通砖、烧结多孔砖	0.17	0.14	0.11	0.08
		蒸压灰砂砖、蒸压粉煤灰砖	0.12	0.10	0.08	0.06
		混凝土砌块	0.08	0.06	0.05	
抗剪	烧结普通砖、烧结多孔砖		0.17	0.14	0.11	0.08
	蒸压灰砂砖、蒸压粉煤灰砖		0.12	0.10	0.08	0.06
	混凝土和轻骨料混凝土砌块		0.09	0.08	0.06	
	毛石		0.21	0.19	0.16	0.11

(3)下列情况的各类砌体，其砌体强度设计值应乘以调整系数 γ_a：

①有吊车房屋砌体，跨度不小于9 m的梁下烧结普通砖砌体，跨度不小于7.5 m的梁下烧结多孔砖、蒸压灰砂砖、蒸压粉煤灰砖砌体，混凝土和轻骨料混凝土砌块砌体，γ_a 为0.9。

②对无筋砌体构件，当其截面面积小于0.3 m^2 时，γ_a 为其截面面积加0.7。对配筋砌体构件，当其中砌体截面面积小于0.2 m^2 时，γ_a 为其截面面积加0.8。构件截面面积以 m^2 计。

③当砌体用水泥砂浆砌筑时，对表18-1～表18-6中的数值，γ_a 为0.9；对表18-7中数值，γ_a 为0.8；对配筋砌体构件，当其中的砌体采用水泥砂浆砌筑时，仅对砌体的强度设计值乘以调整系数 γ_a。

④当施工质量控制等级为C级时，γ_a 为0.89。

⑤当验算施工中房屋的构件时，γ_a 为1.1。

注：配筋砌体不允许采用C级。

(4)砌体的弹性模量、线膨胀系数和收缩系数及摩擦系数可分别按表18-8～表18-10采用。砌体的剪变模量可按砌体弹性模量的0.4倍采用。

①砌体的弹性模量可按表18-8采用。

表18-8　砌体的弹性模量　（单位：MPa）

砌体种类	砂浆强度等级			
	≥M10	M7.5	M5	M2.5
烧结普通砖、烧结多孔砖砌体	1 600 f	1 600 f	1 600 f	1 390 f
蒸压灰砂砖、蒸压粉煤灰砖砌体	1 060 f	1 060 f	1 060 f	960 f
混凝土砌块砌体	1 700 f	1 600 f	1 500 f	—
粗料石、毛料石、毛石砌体	7 300	5 650	4 000	2 250
细料石、半细料石砌体	22 000	17 000	12 000	6 750

注：轻骨料混凝土砌块砌体的弹性模量，可按表中混凝土砌块砌体的弹性模量采用；f 为未灌孔砌体的抗压强度设计值。

单排孔且对孔砌筑的混凝土砌块灌孔砌体的弹性模量，应按下列公式计算

$$E = 1\,700 f_g \tag{18-4}$$

式中：f_g 为灌孔砌体的抗压强度设计值。

②砌体的线膨胀系数和收缩系数可按表18-9采用。

表18-9　砌体的线膨胀系数和收缩系数

砌体类别	线膨胀系数（10^{-6}/℃）	收缩系数（mm/m）
烧结黏土砖砌体	5	−0.1
蒸压灰砂砖、蒸压粉煤灰砖砌体	8	−0.2
混凝土砌块砌体	10	−0.2
轻骨料混凝土砌块砌体	10	−0.3
料石和毛石砌体	8	—

注：表中的收缩系数是由达到收缩允许标准的块体砌筑28 d的砌体收缩系数，当地方有可靠的砌体收缩试验数据时，亦可采用当地的试验数据。

③砌体的摩擦系数,可按表 18-10 采用。

表 18-10　砌体摩擦系数

材料类别	摩擦面情况	
	干燥的	潮湿的
砌体沿砌体或混凝土滑动	0.70	0.60
木材沿砌体滑动	0.60	0.50
钢沿砌体滑动	0.45	0.35
砌体沿砂或卵石滑动	0.60	0.50
砌体沿粉土滑动	0.55	0.40
砌体沿黏性土滑动	0.50	0.30

子情境三　砌体结构构件的承载力计算

一、无筋砌体受压构件承载力计算

(一)无筋砌体受压构件的破坏特征

以砖砌体为例研究其破坏特征,通过试验发现,砖砌体受压构件从加载受力起到破坏大致经历如图 18-1 所示的三个阶段:

从加载开始到个别砖块上出现初始裂缝为止是第Ⅰ阶段,出现初始裂缝时的荷载为破坏荷载的 0.5 ~0.7 倍,其特点是:荷载不增加,裂缝也不会继续扩展,裂缝仅是单砖裂缝。若继续加载,砌体进入第Ⅱ阶段,其特点是:荷载增加,原有裂缝不断开展,单砖裂缝贯通形成穿过几皮砖的竖向裂缝,同时有新的裂缝出现,若不继续加载,裂缝也会缓慢发展。当荷载达到破坏荷载的 0.8 ~0.9 倍时,砌体进入第Ⅲ阶段,此时荷载增加不多,裂缝也会迅速发展,砌体被通长裂缝分割为若干个半砖小立柱,由于小立柱受力极不均匀,最终砖砌体会因小立柱的失稳而破坏。

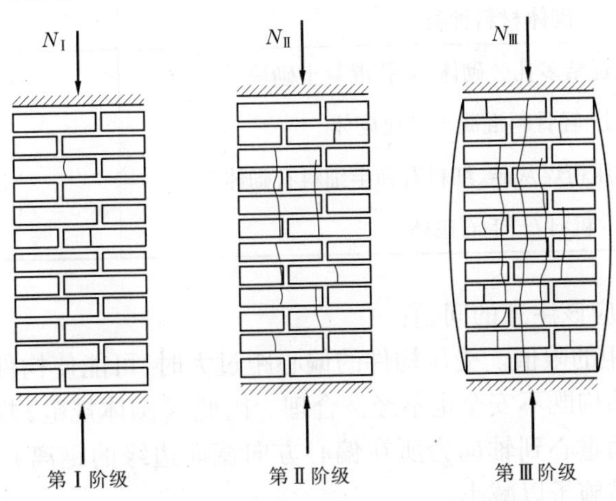

图 18-1　无筋砌体受压构件破坏过程

（二）无筋砌体受压构件承载力计算

砌体构件的整体性较差，因此砌体构件在受压时，纵向弯曲对砌体构件承载力的影响较其他整体构件显著。同时，又因为荷载作用位置的偏差、砌体材料的不均匀性以及施工误差，轴心受压构件产生附加弯矩和侧向挠曲变形。《砌体规范》规定，把轴向力偏心距和构件的高厚比对受压构件承载力的影响采用同一系数 φ 来考虑。

《砌体规范》规定，对无筋砌体轴心受压构件、偏心受压承载力均按下式计算

$$N \leqslant \varphi f A \tag{18-5}$$

式中：N 为轴向力设计值；φ 为高厚比 β 和轴向力偏心距 e 对受压构件承载力的影响系数；f 为砌体抗压强度设计值；A 为截面面积，对各类砌体均按毛截面计算，对带壁柱墙，其翼缘宽度可按规定采用。

高厚比 β 和轴向力偏心距 e 对受压构件承载力的影响系数按下式计算

$$\varphi = \frac{1}{1 + 12\left[\frac{e}{h} + \sqrt{\frac{1}{12}\left(\frac{1}{\varphi_0} - 1\right)}\right]^2} \tag{18-6}$$

$$\varphi_0 = \frac{1}{1 + \alpha\beta^2} \tag{18-7}$$

式中：e 为轴向力的偏心距，按内力设计值计算；h 为矩形截面轴向力偏心方向的边长，当轴心受压时为截面较小边长，若为 T 形截面，则 $h = h_T$，h_T 为 T 形截面的折算厚度，可近似按 $3.5i$ 计算，i 为截面回转半径；φ_0 为轴心受压构件的稳定系数，当 $\beta \leqslant 3$ 时，$\varphi_0 = 1$；α 为与砂浆强度等级有关的系数，当砂浆强度等级大于或等于 M5 时，$\alpha = 0.0015$，当砂浆强度等级等于 M2.5 时，$\alpha = 0.002$，当砂浆强度等于 0 时，$\alpha = 0.009$。

计算影响系数 φ 或查 φ 表时，构件高厚比 β 按下式确定

$$\beta = \gamma_\beta \frac{H_0}{h} \tag{18-8}$$

式中：γ_β 为不同砌体的高厚比修正系数，查表 18-11，该系数主要考虑不同砌体种类受压性能的差异性；H_0 为受压构件计算高度；h 的含义同式(18-6)中。

表 18-11　高厚比修正系数

砌体材料种类	γ_β
烧结普通砖、烧结多孔砖砌体、灌孔混凝土砌块	1.0
混凝土、轻骨料混凝土砌块砌体	1.1
蒸压灰砂砖、蒸压粉煤灰砖、细料石和半细料石砌体	1.2
粗料石、毛石砌体	1.5

受压构件计算中应该注意的问题：

(1)轴向力偏心距的限值。受压构件的偏心距过大时，可能使构件产生水平裂缝，构件的承载力明显降低，结构既不安全也不经济合理。因此，《砌体规范》规定：轴向力偏心距不应超过 $0.6y$（y 为截面重心到轴向力所在偏心方向截面边缘的距离）。若设计中超过以上限值，则应采取适当措施予以减小。

(2)对于矩形截面构件，当轴向力偏心方向的截面边长大于另一方向的截面边长时，除

按偏心受压计算外，还应对较小边长按轴心受压计算。

【例 18-1】 某截面为 370 mm×490 mm 的砖柱，柱计算高度 $H_0 = H = 5$ m，采用强度等级为 MU10 的烧结普通砖及 M5 的混合砂浆砌筑，柱底承受轴向压力设计值 $N = 150$ kN，结构安全等级为二级，施工质量控制等级为 B 级。试验算该柱底截面是否安全。

解 查表 18-1 得 MU10 的烧结普通砖与 M5 的混合砂浆砌筑的砖砌体的抗压强度设计值 $f = 1.50$ MPa。

由于截面面积 $A = 0.37 \times 0.49 = 0.18(\text{m}^2) < 0.3\ \text{m}^2$，因此砌体抗压强度设计值应乘以调整系数 γ_a

$$\gamma_a = A + 0.7 = 0.18 + 0.7 = 0.88$$

将 $\beta = \gamma_\beta \dfrac{H_0}{h} = 1.0 \times \dfrac{5\ 000}{370} = 13.5$ 代入式(18-7)得

$$\varphi = \varphi_0 = \frac{1}{1 + \alpha\beta^2} = \frac{1}{1 + 0.001\ 5 \times 13.5^2} = 0.785$$

则柱底截面的承载力为

$$\varphi\gamma_a fA = 0.785 \times 0.88 \times 1.50 \times 490 \times 370 \times 10^{-3} = 188(\text{kN}) > 150\ \text{kN}$$

故柱底截面安全。

二、无筋砌体局部受压承载力计算

局部受压是工程中常见的情况，其特点是压力仅仅作用在砌体的局部受压面上，如独立柱基的基础顶面、屋架端部的砌体支承处、梁端支承处的砌体均属于局部受压的情况。若砌体局部受压面积上压应力呈均匀分布，则称为局部均匀受压，如图 18-2 所示。

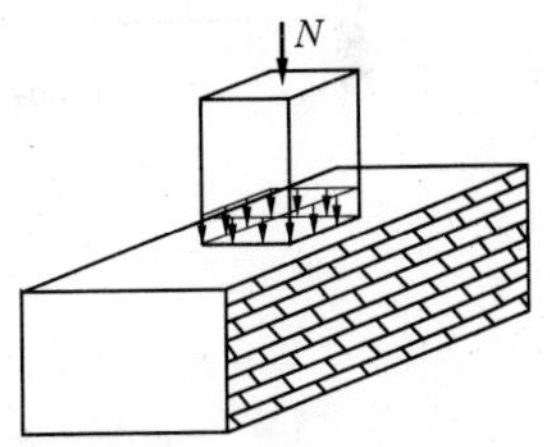

图 18-2　局部均匀受压

通过大量试验发现，砖砌体局部受压可能有三种破坏形态：

(1)因纵向裂缝的发展而破坏。在局部压力作用下有竖向裂缝、斜向裂缝，其中部分裂缝逐渐向上或向下延伸并在破坏时连成一条主要裂缝。

(2)劈裂破坏。在局部压力作用下产生的纵向裂缝少而集中，且初裂荷载与破坏荷载很接近，在砌体局部面积大而局部受压面积很小时，有可能产生这种破坏形态。

(3)与垫板接触的砌体局部破坏。墙梁的墙高与跨度之比较大，砌体强度较低时，有可能产生梁支承附近砌体被压碎的现象(见图 18-3)。

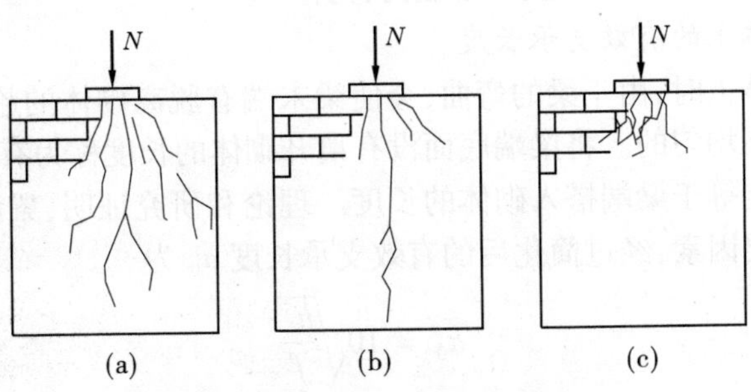

图 18-3　与垫板接触的砌体局部破坏

(一)砌体局部均匀受压时的承载力计算

砌体截面中受局部均匀压力作用时的承载力应按下式计算

$$N_l \leqslant \gamma f A_l \tag{18-9}$$

式中：N_l 为局部受压面积上的轴向力设计值；γ 为砌体局部抗压强度提高系数；f 为砌体局部抗压强度设计值，可不考虑强度调整系数 γ_a 的影响；A_l 为局部受压面积。

由于砌体周围未直接受荷部分对直接受荷部分砌体的横向变形起着约束的作用，因而砌体局部抗压强度高于砌体抗压强度。规范用局部抗压强度提高系数 γ 来反映砌体局部受压时抗压强度的提高程度。

砌体局部抗压强度提高系数按下式计算

$$\gamma = 1 + 0.35\sqrt{\frac{A_0}{A_l} - 1} \tag{18-10}$$

式中：A_0 为影响砌体局部抗压强度的计算面积，按图 18-4 规定采用。

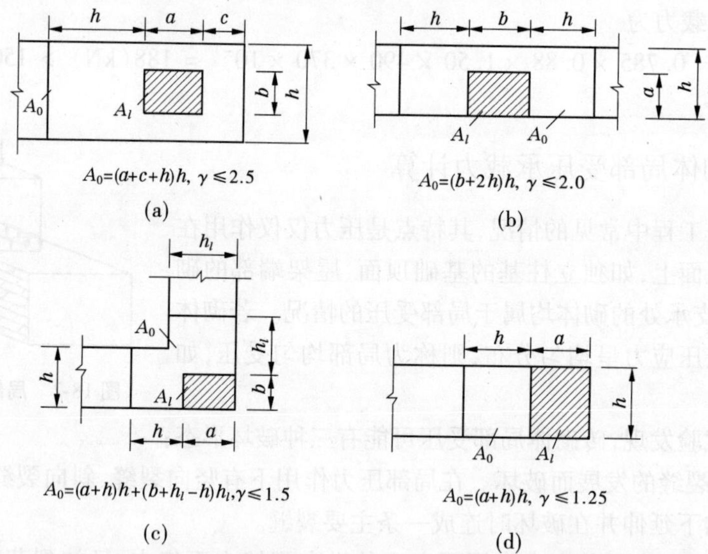

a、b —矩形局部受压面积 A_l 的边长；h、h_l —墙厚或柱的较小边长，墙厚；

c —矩形局部受压面积的外边缘至构件边缘的较小边距离，当大于 h 时，应取 h

图 18-4

(二)梁端支承处砌体的局部受压承载力计算

1. 梁支承在砌体上的有效支承长度

当梁支承在砌体上时，由于梁的弯曲，会使梁末端有脱离砌体的趋势，因此梁端支承处砌体局部压应力是不均匀的。将梁端底面没有离开砌体的长度称为有效支承长度 a_0，因此有效支承长度不一定等于梁端搭入砌体的长度。理论和研究证明，梁和砌体的刚度是影响有效支承长度的主要因素，经过简化后的有效支承长度 a_0 为

$$a_0 = 10\sqrt{\frac{h_c}{f}} \tag{18-11}$$

式中：a_0 为梁端有效支承长度，mm，当 $a_0 > a$ 时，应取 $a_0 = a$；a 为梁端实际支承长度，mm；h_c 为梁的截面高度，mm；f 为砌体的抗压强度设计值，MPa。

2. 上部荷载对局部受压承载力的影响

梁端砌体的压应力由两部分组成:一种为局部受压面积 A_l 上由上部砌体传来的均匀压应力 σ_0;另一种为由本层梁传来的梁端非均匀压应力,其合力为 N_l。

当梁上荷载增加时,与梁端底部接触的砌体产生较大的压缩变形,此时如果上部荷载产生的平均压应力 σ_0 较小,梁端顶部与砌体的接触面将减小,甚至与砌体脱开,试验时可观察到有水平缝隙出现,砌体形成内拱来传递上部荷载,引起内力重分布(见图 18-5)。σ_0 的存在和扩散对梁下部砌体有横向约束作用,对砌体的局部受压是有利的,但随着 σ_0 的增加,上部砌体的压缩变形增大,梁端顶部与砌体的接触面也增加,内拱作用减小,σ_0 的有利影响也减小,规范规定,当 $\dfrac{A_0}{A_l}\geqslant 3$ 时,不考虑上部荷载的影响。

上部荷载折减系数可按下式计算

$$\varphi = 1.5 - 0.5\frac{A_0}{A_l} \tag{18-12}$$

式中:A_l 为局部受压面积,$A_l = a_0 b$,其中 b 为梁宽,a_0 为有效支承长度。

当 $\dfrac{A_0}{A_l}\geqslant 3$ 时,取 $\varphi=0$。

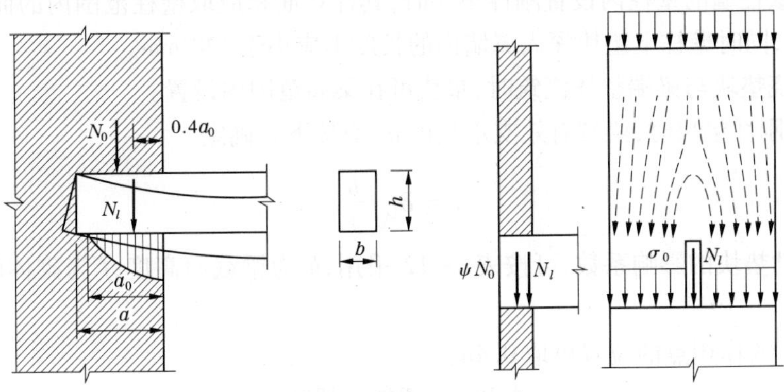

图 18-5

3. 梁端支承处砌体的局部受压承载力计算公式

梁端支承处砌体的局部受压承载力计算公式按下式计算

$$\psi N_0 + N_l \leqslant \eta\gamma f A_l \tag{18-13}$$

式中:N_0 为局部受压面积内上部荷载产生的轴向力设计值,$N_0 = \sigma_0 A_l$;σ_0 为上部平均压应力设计值,MPa;N_l 为梁端支承压力设计值,N;η 为梁端底面应力图形的完整系数,一般可取 0.7,对于过梁和圈梁可取 1.0;f 为砌体的抗压强度设计值,MPa。

(三)梁端下设有刚性垫块的砌体局部受压承载力计算

当梁端局部受压承载力不足时,可在梁端下设置刚性垫块(见图 18-6),设置刚性垫块不但增大了局部承压面积,而且可以使梁端压应力比较均匀地传递到垫块下的砌体截面上,从而改善了砌体受力状态。

刚性垫块下的砌体局部受压承载力应按下式计算

$$N_0 + N_l \leqslant \varphi\gamma_1 f A_b \tag{18-14}$$

式中:N_0 为垫块面积 A_b 内上部轴向力设计值,$N_0=\sigma_0 A_b$;A_b 为垫块面积,$A_b=a_b b_b$,a_b 为垫块伸入墙内的长度,b_b 为垫块的宽度;φ 为垫块上 N_0 及 N_l 的合力的影响系数,应采用式(18-6)当$\beta \leqslant 3$ 时的 φ 值,即 $\varphi_0 \doteq 1$ 时的 φ 值;γ_1 为垫块外砌体面积的有利影响系数,γ_1 应为0.8γ,但不小于1.0,γ 为砌体局部抗压强度提高系数,按式(18-10)计算(以 A_b 代替 A_l)。

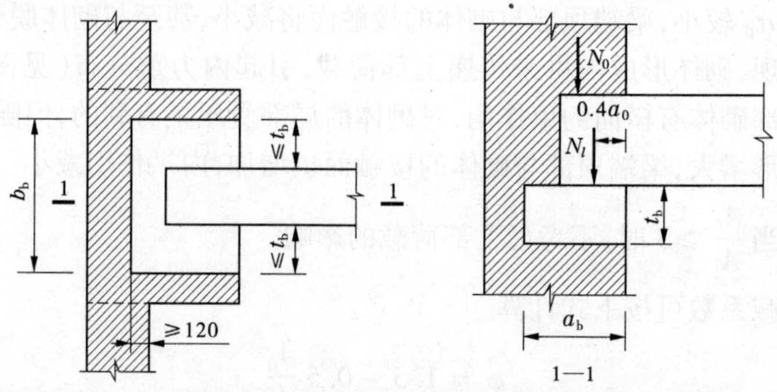

图 18-6　梁端下设预制垫块时的局部受压情况　(单位:mm)

刚性垫块的构造应符合下列规定:

(1)刚性垫块的高度不宜小于 180 mm,自梁边算起的垫块挑出长度不宜大于垫块高度 t_b。

(2)在带壁柱墙的壁柱内设置刚性垫块时,其计算面积应取壁柱范围内的面积,而不应计入翼缘部分,同时壁柱上垫块深入翼墙内的长度不应小于 120 mm。

(3)当现浇垫块与梁端整体浇筑时,垫块可在梁高范围内设置。

梁端设有刚性垫块时,梁端有效支承长度 a_0 应按下式确定

$$a_0 = \delta_1\sqrt{\frac{h}{f}} \tag{18-15}$$

式中:δ_1 为刚性垫块的影响系数,可按表 18-12 采用;h 为梁截面高度;f 为砌体的抗压强度设计值。

垫块上 N_l 的作用点的位置可取 0.4a_0。

表 18-12　系数 δ_1 取值

σ_0/f	0	0.2	0.4	0.6	0.8
δ_1	5.4	5.7	6.0	6.9	7.8

注:中间的数值可采用内插法求得。

三、配筋砌体

配筋砌体是在砌体中设置了钢筋或钢筋混凝土材料的砌体。配筋砌体的抗压、抗剪和抗弯承载力高于无筋砌体,并有较好的抗震性能。

(一)网状配筋砌体

1. 受力特点

当砖砌体受压构件的承载力不足而截面尺寸又受到限制时,可以考虑采用网状配筋砌体,如图 18-7 所示。常用的形式有方格网和连弯网。

砌体承受轴向压力时,除产生纵向压缩变形外,还会产生横向膨胀,当砌体中配置横向

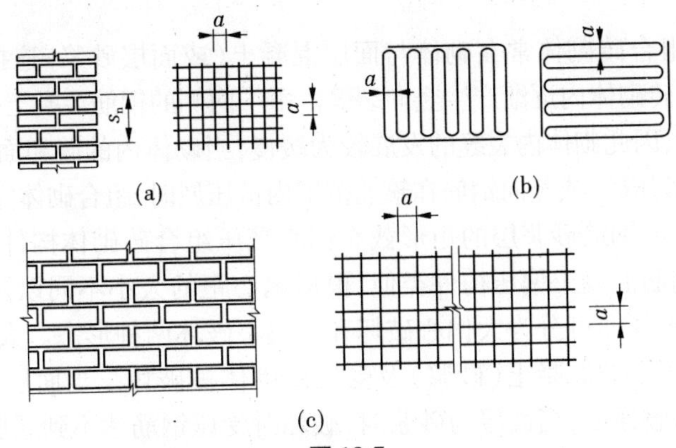

图 18-7

钢筋网时，由于钢筋的弹性模量大于砌体的弹性模量，因此钢筋能够阻止砌体的横向变形，同时，钢筋能够连接被竖向裂缝分割的小砖柱，避免了因小砖柱的过早失稳而导致整个砌体的破坏，从而间接地提高了砌体的抗压强度，因此这种配筋也称为间接配筋。

2. 构造要求

网状配筋砖砌体构件的构造应符合下列规定：

（1）网状配筋砖砌体的体积配筋率不应小于 0.1%，也不应大于 1%。

（2）采用钢筋网时，钢筋的直径宜采用 3～4 mm；当采用连弯钢筋网时，钢筋的直径不应大于 8 mm。钢筋过细，钢筋的耐久性得不到保证；钢筋过粗，会使钢筋的水平灰缝过厚或保护层厚度得不到保证。

（3）钢筋网中钢筋的间距不应大于 120 mm，并不应小于 30 mm。

（4）钢筋网的竖向间距不应大于 5 皮砖，并不应大于 400 mm。

（5）网状配筋砖砌体所用的砂浆强度等级不应低于 M7.5，钢筋网应设在砌体的水平灰缝中，灰缝厚度应保证钢筋上下至少 2 mm 厚的砂浆层。其目的是避免钢筋锈蚀和提高钢筋与砌体之间的联结力。为了便于检查钢筋网是否漏放或错放，可在钢筋网中留出标记，如将钢筋网中的一根钢筋的末端伸出砌体表面 5 mm。

（二）组合砖砌体

当无筋砌体的截面尺寸受限制，设计成无筋砌体不经济或轴向压力偏心距过大（$e>0.6y$）时，可采用组合砖砌体，如图 18-8 所示。

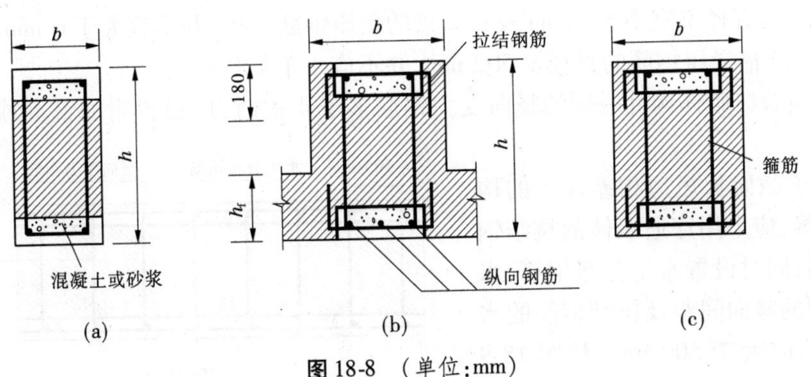

图 18-8 （单位：mm）

1. 受力特点

受轴心压力时，组合砖砌体常在砌体与面层混凝土（或面层砂浆）连接处产生第一批裂缝，随着荷载的增加，砖砌体内逐渐产生竖向裂缝。由于两侧的钢筋混凝土（或钢筋砂浆）对砖砌体有横向约束作用，因此砌体内裂缝的发展较为缓慢，当砌体内的砖和面层混凝土（或面层砂浆）严重脱落甚至被压碎，或竖向钢筋在箍筋范围内被压屈时，组合砌体完全破坏。

外设钢筋混凝土或钢筋砂浆层的矩形截面偏心受压组合砖砌体构件的试验表明，其承载力和变形性能与钢筋混凝土偏压构件类似，根据偏心距的大小不同以及受拉区钢筋配置多少的不同，构件的破坏亦可分为大偏心破坏和小偏心破坏两种形态。大偏心破坏时，受拉钢筋先屈服，然后受压区的混凝土（砂浆）及受压砖砌体被破坏。当面层为混凝土时，破坏时受压钢筋可达到屈服强度；当面层为砂浆时，破坏时受压钢筋达不到屈服强度。小偏心破坏时，受压区混凝土或砂浆面层及部分受压砌体受压破坏，而受拉钢筋没有达到屈服。

2. 构造要求

组合砖砌体构件的构造应符合下列规定：

（1）面层混凝土强度等级宜采用 C20，面层水泥砂浆强度等级不宜低于 M10，砌筑砂浆的强度等级不宜低于 M7.5。

（2）竖向受力钢筋的混凝土保护层厚度不应小于表 18-13 的规定，竖向受力钢筋距砖砌体表面的距离不应小于 5 mm。

表 18-13　混凝土保护层最小厚度　（单位：mm）

构件类别	环境条件	
	室内正常环境	露天或室内潮湿环境
墙	15	25
柱	25	35

注：当面层为水泥砂浆时，对于柱，保护层厚度可减小 5 mm。

（3）砂浆面层的厚度可采用 30 ~ 45 mm，当面层厚度大于 45 mm 时，其面层宜采用混凝土。

（4）竖向受力钢筋宜采用 HPB235 级钢筋，对于混凝土面层，亦可采用 HRB335 级钢筋。受压钢筋的配筋率：对砂浆面层，不宜小于 0.1%；对混凝土面层，不宜小于 0.2%。受拉钢筋的配筋率不应小于 0.1%。竖向受力钢筋的直径不应小于 8 mm，钢筋的净间距不应小于 30 mm。

（5）箍筋的直径不宜小于 4 mm 及 0.2 倍的受压钢筋直径，并不宜大于 6 mm；箍筋的间距不应大于 20 倍受压钢筋的直径及 500 mm，并不应小于 120 mm。

（6）当组合砖砌体构件一侧的竖向受力钢筋多于 4 根时，应设置附加箍筋或设置拉结钢筋。

（7）对于截面长短边相差较大的构件，如墙体等，应采用穿通墙体的拉结钢筋作为箍筋，同时设置水平分布钢筋，水平分布钢筋的竖向间距及拉结钢筋的水平间距均不应大于 500 mm，如图 18-9 所示。

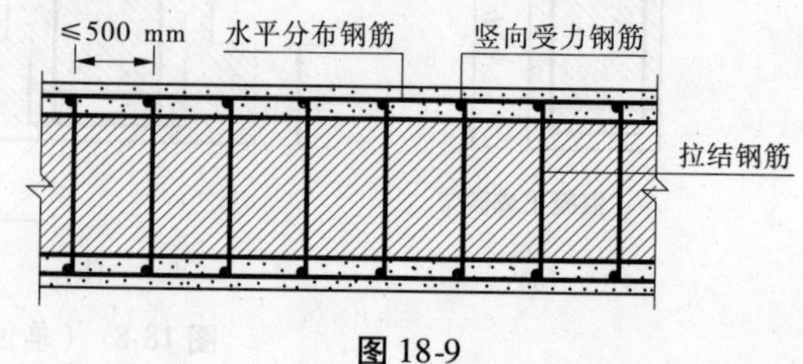

图 18-9

(8)组合砖砌体构件的顶部和底部，以及牛腿部位，必须设置钢筋混凝土垫块。竖向受力钢筋伸入垫块的长度必须满足锚固要求。

四、墙、柱高厚比验算

砌体结构房屋中，作为受压构件的墙、柱，除满足承载力要求外，还必须满足高厚比的要求。墙、柱的高厚比验算是保证砌体房屋施工阶段和使用阶段稳定性与刚度的一项重要构造措施。

所谓高厚比 β，是指墙、柱计算高度 H_0 与墙厚 h（或与矩形柱的计算高度相对应的柱边长）的比值，即 $\beta = \frac{H_0}{h}$。墙、柱的高厚比过大，虽然强度满足要求，但是可能在施工阶段因过度的偏差倾斜以及施工和使用过程中的偶然撞击、振动等因素而丧失稳定。同时，过大的高厚比，还可能使墙体发生过大的变形而影响使用。

砌体墙、柱的容许高厚比[β]是指墙、柱高厚比的允许限值（见表 18-14），它与承载力无关，而是根据实践经验和现阶段的材料质量以及施工技术水平综合研究而确定的。

表 18-14　砌体墙、柱的容许高厚比[β]值

砂浆强度等级	墙	柱
M2.5	22	15
M5.0	24	16
≥M7.5	26	17

墙、柱高厚比应按下式验算

$$\beta = \frac{H_0}{h} \leqslant \mu_1\mu_2[\beta] \qquad (18\text{-}16)$$

$$\mu_2 = 1 - 0.4\frac{b_s}{s} \qquad (18\text{-}17)$$

式中：[β]为墙、柱的容许高厚比，按表 18-14 采用；H_0 为墙、柱的计算高度，应按表 18-15 采用；h 为墙厚或矩形柱与 H_0 相对应的边长；μ_1 为自承重墙容许高厚比的修正系数，按下列规定采用：当 h =240 mm 时，μ_1 =1.2，当 h =90 mm 时，μ_1 =1.5，当 90 mm < h < 240 mm 时，μ_1 可按插入法取值；μ_2 为有门窗洞口墙容许高厚比的修正系数；b_s 为在宽度 s 范围内的门窗洞口总宽度（见图 18-10）；s 为相邻窗间墙、壁柱或构造柱之间的距离（见图 18-10）。

按式(18-17)计算得到的 μ_2 的值小于 0.7 时，应采用 0.7，当洞口高度等于或小于墙高的 1/5 时，可取 μ_2 =1。

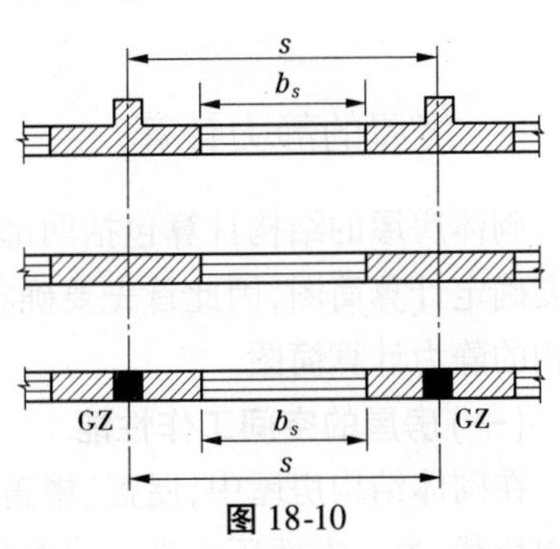

图 18-10

上述计算高度是指对墙、柱进行承载力计算或验算高厚比时所采用的高度，用 H_0 表示，它由实际高度 H 并根据房屋类别和构件两端支承条件按表 18-15 确定。

上端为自由端的允许高厚比，除按上述规定提高外，尚可提高 30%；对厚度小于 90 mm 的墙，当双面用不低于 M10 的水泥砂浆抹面，包括抹面层的墙厚不小于 90 mm 时，可按墙厚等于 90 mm 验算高厚比。

表 18-15　受压构件计算高度 H_0

<table>
<tr><th colspan="3" rowspan="2">房屋类别</th><th colspan="2">柱</th><th colspan="3">带壁柱墙或周边拉结的墙</th></tr>
<tr><th>排架方向</th><th>垂直排架方向</th><th>$s>2H$</th><th>$2H \geqslant s>H$</th><th>$s \leqslant H$</th></tr>
<tr><td rowspan="3">有吊车的单层房屋</td><td rowspan="2">变截面柱上段</td><td>弹性方案</td><td>$2.5H_u$</td><td>$1.25H_u$</td><td colspan="3">$2.5H_u$</td></tr>
<tr><td>刚性、刚弹性方案</td><td>$2.0H_u$</td><td>$1.25H_u$</td><td colspan="3">$2.0H_u$</td></tr>
<tr><td colspan="2">变截面柱下段</td><td>$1.0H_l$</td><td>$0.8H_l$</td><td colspan="3">$1.0H_l$</td></tr>
<tr><td rowspan="5">无吊车的单层和多层房屋</td><td rowspan="2">单跨</td><td>弹性方案</td><td>$1.5H$</td><td>$1.0H$</td><td colspan="3">$1.5H$</td></tr>
<tr><td>刚弹性方案</td><td>$1.2H$</td><td>$1.0H$</td><td colspan="3">$1.2H$</td></tr>
<tr><td rowspan="2">多跨</td><td>弹性方案</td><td>$1.25H$</td><td>$1.0H$</td><td colspan="3">$1.25H$</td></tr>
<tr><td>刚弹性方案</td><td>$1.1H$</td><td>$1.0H$</td><td colspan="3">$1.1H$</td></tr>
<tr><td colspan="2">刚性方案</td><td>$1.0H$</td><td>$1.0H$</td><td>$1.0H$</td><td>$0.4s+0.2H$</td><td>$0.6s$</td></tr>
</table>

注：(1)表中 H_u 为变截面柱的上段高度，H_l 为变截面柱的下段高度，s 为房屋横墙间距。

(2)对于上端为自由端的构件，$H_0=2H$。

(3)独立砖柱，当无柱间支撑时，柱在垂直排架方向的 H_0 应按表中数值乘以 1.25 后采用。

(4)自承重墙的计算高度应根据周边支承或拉结条件确定。

【例 18-2】 某单层房屋层高为 4.5 m，砖柱截面为 490 mm × 370 mm，采用 M5.0 混合砂浆砌筑，房屋的静力计算方案为刚性方案。试验算此砖柱的高厚比。

解 查表 18-15 得

$$H_0 = 1.0H = 4\,500 + 500 = 5\,000(\text{mm})$$

(500 mm 为单层砖柱从室内地坪到基础顶面的距离)

查表 18-14 得 $[\beta]=16$

$$\beta = \frac{H_0}{h} = \frac{5\,000}{370} = 13.5 < [\beta] = 16$$

高厚比满足要求。

子情境四　刚性方案房屋计算

一、房屋的静力计算

砌体房屋的结构计算包括两部分内容：内力计算和截面承载力计算。进行墙、柱内力计算要确定计算简图，因此首先要确定房屋的静力计算方案，即根据房屋的空间工作性能确定结构的静力计算简图。

(一)房屋的空间工作性能

在砌体结构房屋中，屋盖、楼盖、墙、柱、基础等构件一方面承受着作用在房屋上的各种竖向荷载，另一方面还承受着墙面和屋面传来的水平荷载。由于各种构件之间是相互联系的，不仅是直接承受荷载的构件起着抵抗荷载的作用，而且与其相连接的其他构件也不同程度地参与工作，因此整个结构体系处于空间工作状态。

图 18-11(a)所示是一单层房屋，外纵墙承重，装配式钢筋混凝土屋盖，两端无山墙，在水平风荷载作用下，房屋各个计算单元将会产生相同的水平位移，可简化为一平面排架。水平荷载传递路线为：风荷载→纵墙→纵墙基础→地基。

图 18-11(b)所示为两端加设了山墙的单层房屋，由于山墙的约束，在均布水平荷载作用下，整个房屋墙顶的水平位移不再相同，距离山墙越近的墙顶受到山墙的约束越大，水平位移越小。水平荷载传递路线为：风荷载→纵墙→纵墙基础（或屋盖结构→山墙→山墙基础）→地基。通过试验分析发现，房屋空间工作性能的主要影响因素为楼盖（屋盖）的水平刚度和横墙间距的大小。

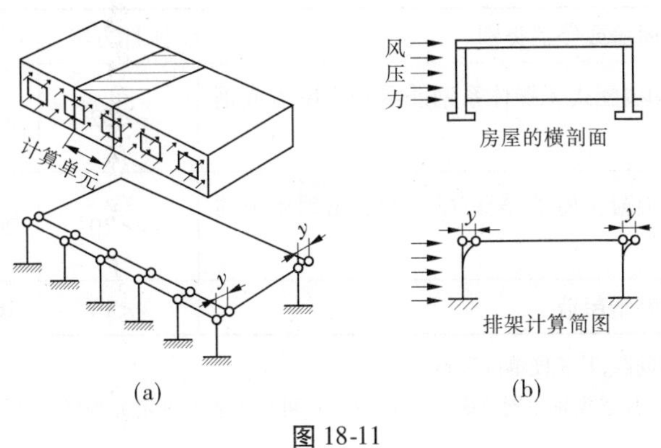

图 18-11

（二）房屋静力计算方案

根据房屋的空间工作性能将房屋的静力计算方案分为刚性方案、弹性方案、刚弹性方案。

1. 刚性方案

当房屋的横墙间距较小、楼盖（屋盖）的水平刚度较大时，房屋的空间刚度较大，在荷载作用下，房屋的水平位移很小，可视墙、柱顶端的水平位移等于零。在确定墙、柱的计算简图时，可将楼盖或屋盖视为墙、柱的水平不动铰支座，墙、柱内力按不动铰支座的竖向构件计算（见图 18-12(a)）。按这种方法进行静力计算的方案为刚性方案，按刚性方案进行静力计算的房屋为刚性方案房屋。一般多层砌体房屋的静力计算方案都属于这种方案。

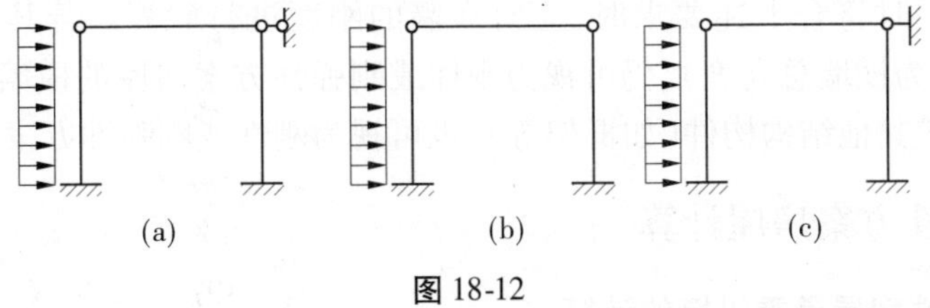

图 18-12

2. 弹性方案

当房屋横墙间距较大，楼盖（屋盖）水平刚度较小时，房屋的空间刚度较小，在荷载作用下房屋的水平位移较大，在确定计算简图时，不能忽略水平位移的影响，不能考虑空间工作性能。按这种方法进行静力计算的方案为弹性方案，按弹性方案进行静力计算的房屋为弹性方案房屋。一般的单层厂房、仓库、礼堂的静力计算方案多属此种方案。静力计算时，可按屋架或大梁与墙（柱）铰接的、不考虑空间工作性能的平面排架或框架计算。

3. 刚弹性方案

刚弹性方案的房屋空间刚度介于刚性方案和弹性方案之间。在荷载作用下，房屋的水平位移也介于两者之间。在确定计算简图时，按在墙、柱有弹性支座（考虑空间工作性能）的平面排架或框架计算。按这种方案法进行静力计算的方案为刚弹性方案，按刚弹性方案进行静力计算的房屋为刚弹性方案房屋。

根据楼（屋）盖类型和横墙间距的大小，计算时可根据表 18-16 确定房屋的静力计算方案。

表 18-16　房屋的静力计算方案　（单位：m）

屋盖或楼盖类别	刚性方案	刚弹性方案	弹性方案
整体式、装配整体式和装配式无檩体系钢筋混凝土屋盖或钢筋混凝土楼盖	$s<32$	$32\leqslant s\leqslant 72$	$s>72$
装配式有檩体系钢筋混凝土屋盖、轻钢屋盖和有密铺望板的木屋盖或木楼盖	$s<20$	$20\leqslant s\leqslant 48$	$s>48$
瓦材屋面的木屋盖和轻钢屋盖	$s<16$	$16\leqslant s\leqslant 36$	$s>36$

注：(1) 表中 s 为房屋横墙间距，其长度单位为 m。

(2) 当多层房屋的楼盖、屋盖类别不同或横墙间距不同时，可按本表的规定分别确定各层（底层或顶部各层）房屋的静力计算方案。

(3) 对无山墙或伸缩缝处无横墙的房屋，应按弹性方案考虑。

（三）刚性和刚弹性方案房屋的横墙

由上面分析可知，房屋墙、柱的静力计算方案是根据房屋空间刚度的大小确定的。作为刚性和刚弹性方案的房屋的横墙必须有足够的刚度。《砌体规范》规定，刚性方案和刚弹性方案房屋的横墙，应符合下列要求：

(1) 横墙开有洞口时，洞口的水平截面面积不应超过横墙截面面积的 50%。

(2) 横墙的厚度不宜小于 180 mm。

(3) 单层房屋的横墙长度不宜小于其高度，多层房屋的横墙长度不宜小于横墙总高度的 1/2。

当横墙不能同时符合上述要求时，应对横墙的刚度进行验算。若其最大水平位移值 $u_{max}\leqslant H/4\ 000$（$H$ 为横墙总高度），仍可视为刚性或刚弹性方案房屋的横墙。凡符合此刚度要求的一段横墙或其他结构构件（如框架等），也可视为刚性或刚弹性方案房屋的横墙。

二、单层刚性方案房屋计算

（一）单层刚性房屋承重纵墙的计算

1. 静力计算假定

刚性方案的单层房屋，由于其屋盖刚度较大，横墙间距较密，其水平变位可不计，内力计算时有以下基本假定：

(1) 纵墙、柱下端与基础固接，上端与大梁（屋架）铰结。

(2)屋盖刚度等于无限大,可视为墙、柱水平方向的不动铰支座。

2. 计算单元

计算单层房屋承重纵墙时,一般选择有代表性的一段或荷载较大以及截面较弱的部位作为计算单元。有门窗洞口的外纵墙,取一个开间为计算单元,无门窗洞口的纵墙,取1 m长的墙体为计算单元。其受荷宽度为该墙左右各1/2的开间宽度。

3. 计算简图

计算简图如图18-13所示。

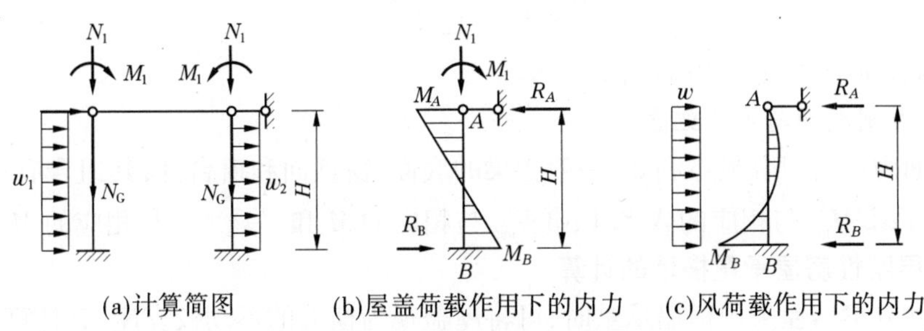

图18-13 单层刚性方案房屋

4. 纵墙、柱的荷载

(1)屋面荷载。屋面荷载包括屋盖构件自重、屋面活荷载或雪荷载,这些荷载以集中力(N_1)的形式通过屋架或大梁作用于墙、柱顶部,对屋架,其作用点一般距墙体中心线150 mm,对屋面梁,N_1距墙体边缘的距离为$0.4a_0$,则其偏心距$e_1 = h/2 - 0.4a_0$,a_0为梁端的有效支承长度。因此,作用于墙顶部的屋面荷载通常由轴向力(N_1)和弯矩($M_1 = N_1e_1$)组成。

(2)风荷载。风荷载包括作用于屋面上和墙面上的风荷载,屋面上(包括女儿墙上)的风荷载可简化为作用于墙、柱顶部的集中荷载W,作用于墙面上的风荷载为均布荷载w。

(3)墙体荷载。墙体荷载(N_G)包括砌体自重、内外墙粉刷和门窗等自重,作用于墙体轴线上。等截面柱(墙)不产生弯矩,若为变截面,则上柱(墙)自重对下柱产生弯矩。

5. 内力计算

1)在屋盖荷载作用下的内力计算

在屋盖荷载作用下,该结构可按一次超静定结构计算内力,其计算结果为

$$R_A = -R_B = -\frac{3M_1}{2H}$$

$$M_A = M_1, M_B = -\frac{M_1}{2}$$

$$M_x = \frac{M_1}{2H}(2 - 3\frac{x}{H})$$

2)在风荷载作用下的内力计算

由于由屋面风荷载作用产生的集中力W,将由屋盖传给山墙再传到基础,因此计算时将不予考虑,而仅仅只考虑墙面风荷载w。

$$R_A = \frac{3}{8}wH$$

$$R_B = \frac{5}{8}wH$$

$$M_B = \frac{1}{8}wH^2$$

在离上端 x 处弯矩

$$M_x = \frac{wHx}{8}\left(3 - 4\frac{x}{H}\right)$$

当 $x = \frac{3}{8}H$ 时

$$M_{\max} = -\frac{9}{128}wH^2$$

对迎风面，$w = w_2$；对背风面，$w = w_1$。

6. 墙、柱控制截面与内力组合

控制截面为内力组合最不利处，一般指梁的底面、窗顶面和窗台处，其组合有：①$M_{\max}$与相应的 N 和 V；②$M_{\min}$与相应的 N 和 V；③$N_{\max}$与相应的 M 和 V；④$N_{\min}$与相应的 M 和 V。

(二)单层刚性房屋承重横墙的计算

单层刚性方案房屋采用横墙承重时，可将屋盖视为横墙的不动铰支座，其计算与承重纵墙相似。

三、多层刚性方案房屋计算

(一)多层刚性方案房屋承重纵墙的计算

1. 计算单元

在进行多层房屋纵墙的内力及承载力计算时，通常选择有代表性的一段或荷载较大以及截面较弱的部位作为计算单元。计算单元的受荷宽度为$\frac{l_1 + l_2}{2}$，如图 18-14 所示。一般情况下，对有门窗洞口的墙体，计算截面宽度取窗间墙宽度；对无门窗洞口的墙体，计算截面宽度取$\frac{l_1 + l_2}{2}$。对无门窗洞口且受均布荷载的墙体，取 1 m 宽的墙体计算。

2. 计算简图

1)竖向荷载作用下墙体的计算简图

对多层民用建筑，在竖向荷载作用下，多层房屋的墙体相当于一竖向连系梁，由于楼盖嵌砌在墙体内，使墙体在楼盖处被削弱，因此此处墙体所能传递的弯矩减小，可假定墙体在各楼盖处均为不连续的铰支承(见图 18-15)，在刚性方案房屋中，墙体与基础连接的截面竖向力较大，弯矩值较小，按偏心受压与按轴心受压计算结果相差很小，为简化计算，也假定墙铰支于基础顶面，因此在竖向荷载作用下，多层砌体房屋的墙体可假定为以楼盖和基础为铰支的

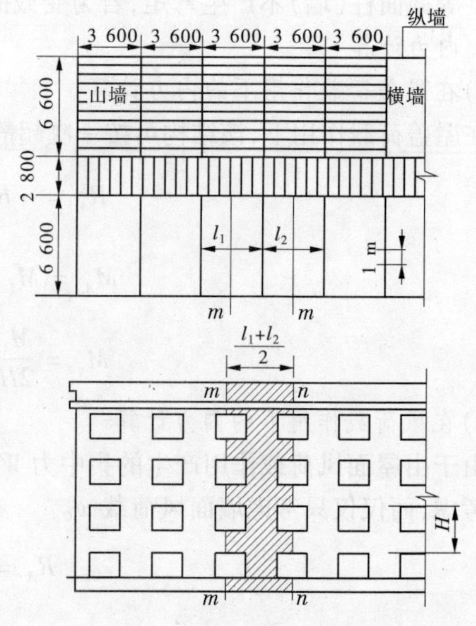

图 18-14　多层刚性方案房屋计算单元　(单位：mm)

多跨简支梁。计算每层内力时,分层按简支梁分析墙体内力,其计算高度等于每层层高,底层计算高度要算至基础顶面。

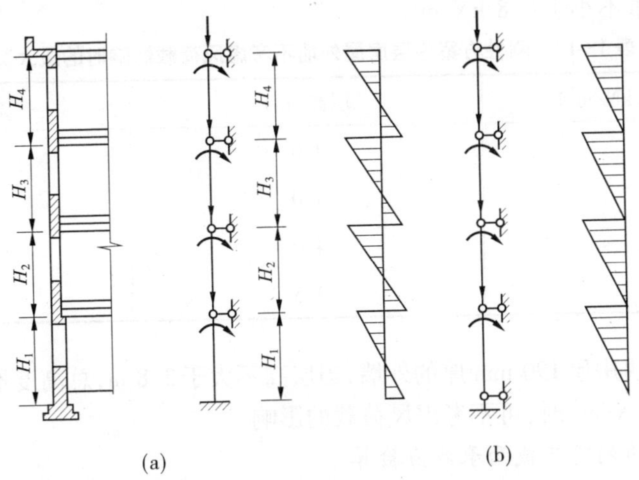

图 18-15 竖向荷载作用下的计算简图

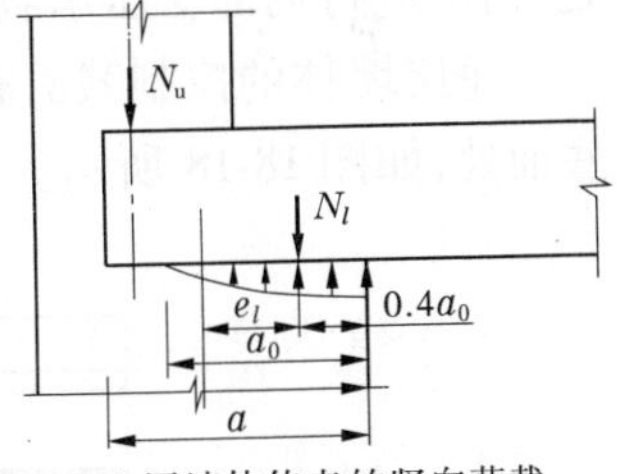

N_u—上层墙体传来的竖向荷载;
N_l—本层楼盖传来的竖向荷载

图 18-16 竖向荷载的作用位置

因此,竖向荷载作用下多层刚性方案房屋的计算原则为:

(1)上部各层荷载沿上一层墙体的截面形心传至下层。

(2)在计算某层墙体弯矩时,要考虑梁、板支承压力对本层墙体产生的弯矩,当本层墙体与上层墙体形心不重合时,要考虑上层墙体传来的荷载对本层墙体产生的弯矩,其荷载作用点如图 18-16 所示。

(3)每层墙体的弯矩按三角形变化,上端弯矩最大,下端为零。

2)水平荷载作用下墙体的计算简图

作用于墙体上的水平荷载是指风荷载,在水平风荷载作用下,纵墙可按连续梁分析其内力,其计算简图如图 18-17所示。

由风荷载引起的纵墙的弯矩可近似按下式计算

$$M = \frac{1}{12}wH_i^2 \tag{18-18}$$

式中:w 为计算单元内,沿每米墙高的风荷载设计值;H_i 为第 i 层墙高。

在迎风面,风荷载表现为压力,在背风面,风荷载表现为吸力。

在一定条件下,风荷载在墙截面中产生的弯矩很小,对截面承载力影响不显著,因此风荷载引起的弯矩可以忽略不计。《砌体规范》规定:刚性方案多层房屋的外墙符合下列要求时,静力计算可不考虑风荷载的影响:

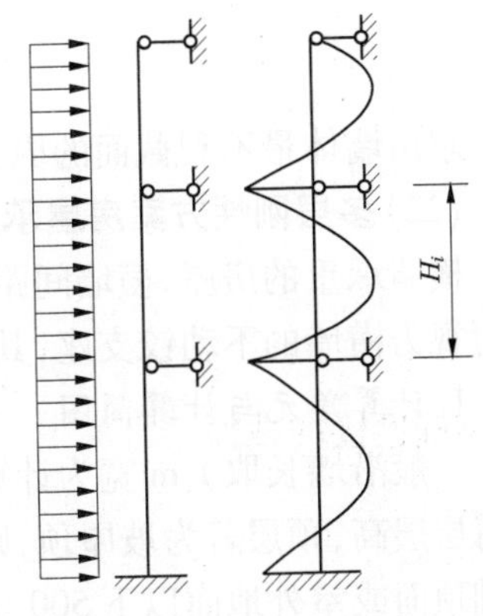

图 18-17 水平风荷载作用下纵墙计算简图

(1)洞口水平截面面积不超过全截面面积的2/3。

(2)层高和总高度不超过表 18-17 的规定。

(3)屋面自重不小于 0.8 kN/m^2。

表 18-17　刚性方案多层房屋外墙不考虑风荷载影响时的最大高度

基本风压值(kN/m^2)	层高(m)	总高度(m)
0.4	4.0	28
0.5	4.0	24
0.6	4.0	18
0.7	3.5	18

对于多层砌块房屋 190 mm 厚的外墙,当层高不大于 2.8 m,总高度不大于 19.6 m,基本风压不大于 0.7 kN/m^2 时,可不考虑风荷载的影响。

3. 控制截面的确定与截面承载力验算

对于多层砌体房屋,如果每一层墙体的截面与材料强度都相同,则只需验算底层墙体承载力,如有截面或材料强度的变化,则还需要验算变截面处墙体的承载力。对于梁下支承处,尚应进行局部受压承载力验算。

每层墙体的控制截面有楼盖大梁底面处、窗口上边缘处、窗口下边缘处、下层楼盖大梁底面处,如图 18-18 所示。

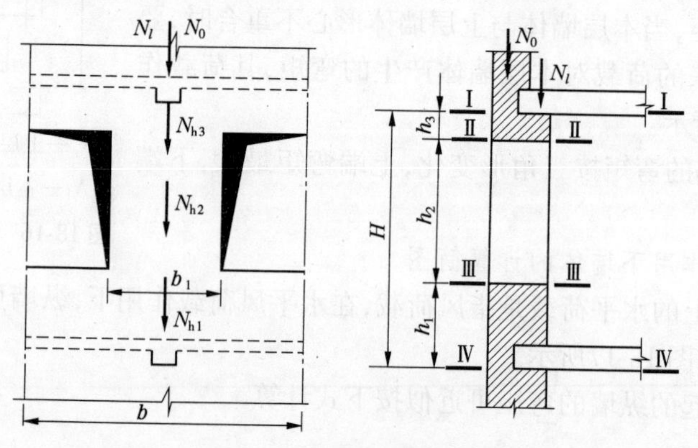

图 18-18　控制截面内力

求出墙体最不利截面的内力后,按受压构件承载力计算公式进行截面承载力验算。

(二)多层刚性方案房屋承重横墙的计算

横墙承重的房屋,横墙间距一般较小,所以通常属于刚性方案房屋。房屋的楼盖和屋盖均可视为横墙的不动铰支座,其计算简图如图 18-19 所示。

1. 计算单元与计算简图

一般沿墙长取 1 m 宽为计算单元,每层横墙视为两端为不动铰结的竖向构件,构件高度为每层层高,顶层若为坡屋顶,则构件高度取顶层层高加上山尖高度 h 的平均值,底层算至基础顶面或室外地面以下 500 mm 处。

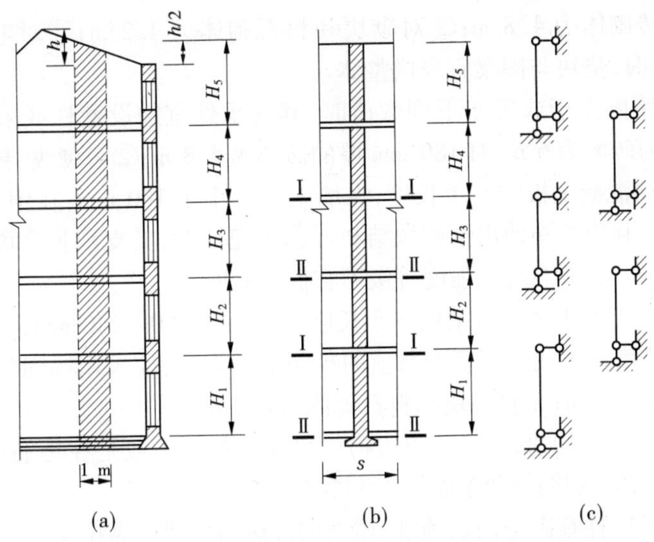

图 18-19 多层刚性方案房屋承重横墙的计算简图

2. 内力分析要点

作用在横墙上的本层楼盖荷载或屋盖荷载的作用点均作用于距墙边 $0.4a_0$ 处。

如果横墙两侧开间相差不大,则视横墙为轴心受压构件,如果相差悬殊或只是一侧承受楼盖传来的荷载,则横墙为偏心受压构件。

承重横墙的控制截面一般取该层墙体截面Ⅱ—Ⅱ,如图 18-20所示,此处的轴向力最大。

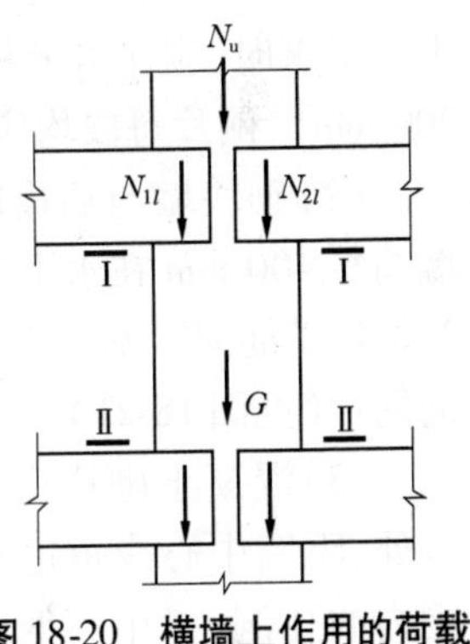

图 18-20 横墙上作用的荷载

子情境五 砌体房屋构造要求

一、一般构造要求

工程实践表明,为了保证砌体结构房屋有足够的耐久性和良好的整体工作性能,必须采取合理的构造措施。

(一) 最小截面规定

为了避免墙柱截面过小导致稳定性能变差,以及局部缺陷对构件的影响增大,规范规定了各种构件的最小尺寸:承重的独立砖柱截面尺寸不应小于 240 mm × 370 mm;毛石墙的厚度不宜小于 350 mm;毛料石柱截面较小边长不宜小于 400 mm;当有振动荷载时,墙、柱不宜采用毛石砌体。

(二) 墙、柱连接构造

为了增强砌体房屋的整体性和避免局部受压损坏,规范规定:

(1)跨度大于 6 m 的屋架和跨度大于下列数值的梁,应在支承处设置混凝土或钢筋混凝土垫块:①对砖砌体为 4.8 m;②对砌块和料石砌体为 4.2 m;③对毛石砌体为 3.9 m。当墙中设有圈梁时,垫块与圈梁宜浇成整体。

(2)当梁的跨度大于或等于下列数值时,其支承处宜加设壁柱或采取其他加强措施:①对240 mm 厚的砖墙为 6 m,对 180 mm 厚的砖墙为 4.8 m;②对砌块、料石墙为 4.8 m。

(3)预制钢筋混凝土板的支承长度,在墙上不宜小于 100 mm;在钢筋混凝土圈梁上不宜小于 80 mm;当利用板端伸出钢筋拉结和混凝土灌注时,其支承长度可为 40 mm,但板端缝宽不小于 80 mm,灌缝混凝土强度等级不宜低于 C20。

(4)预制钢筋混凝土梁在墙上的支承长度不宜小于 180 ~ 240 mm,支承在墙、柱上的吊车梁、屋架以及跨度大于或等于下列数值的预制梁的端部,应采用锚固件与墙、柱上的垫块锚固:①对砖砌体为 9 m;②对砌块和料石砌体为 7.2 m。

(5)填充墙、隔墙应采取措施与周边构件可靠连接。一般是在钢筋混凝土结构中预埋拉结筋,在砌筑墙体时,将拉结筋砌入水平灰缝内。

(6)山墙处的壁柱宜砌至山墙顶部,屋面构件应与山墙可靠拉结。

(三)砌块砌体房屋

(1)砌块砌体应分皮错缝搭砌,上下皮搭砌长度不得小于 90 mm。当搭砌长度不满足上述要求时,应在水平灰缝内设置不少于 2 Φ 4 的焊接钢筋网片(横向钢筋间距不宜大于 200 mm),网片每段均应超过该垂直缝,其长度不得小于 300 mm。

(2)砌块墙与后砌隔墙交接处,应沿墙高每 400 mm 在水平灰缝内设置不少于 2 Φ 4、横筋间距不大于 200 mm 的焊接钢筋网片(见图 18-21)。

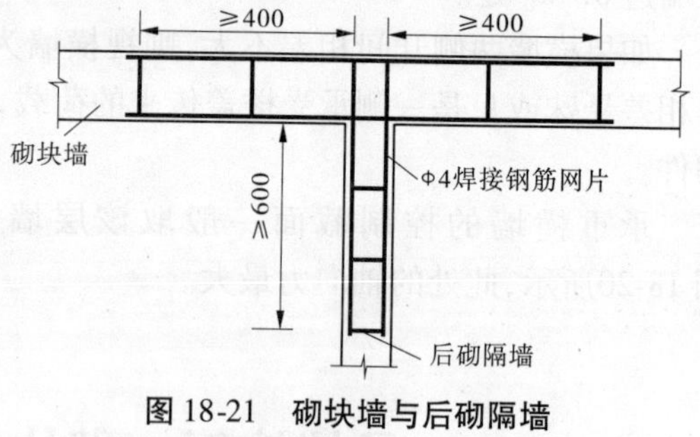

图 18-21　砌块墙与后砌隔墙交接处的焊接钢筋网片　(单位:mm)

(3)混凝土砌块房屋,宜将纵横墙交接处、距墙中心线每边不小于 300 mm 范围内的孔洞,采用不低于 Cb20 灌孔混凝土将孔洞灌实,灌实高度应为墙身全高。

(4)混凝土砌块墙体的下列部位,如未设圈梁或混凝土垫块,应采用不低于 Cb20 灌孔混凝土将孔洞灌实:

①搁栅、檩条和钢筋混凝土楼板的支承面下,高度不应小于 200 mm 的砌体;

②屋架、梁等构件的支承面下,高度不应小于 600 mm,长度不应小于 600 mm 的砌体;

③挑梁支承面下,距墙中心线每边不应小于 300 mm,高度不应小于 600 mm 的砌体。

(四)砌体中留槽洞或埋设管道时的规定

(1)不应在截面长边小于 500 mm 的承重墙体、独立柱内埋设管线。

(2)不宜在墙体中穿行暗线或预留、开凿沟槽,无法避免时应采取必要的措施或按削弱后的截面验算墙体承载力。对受力较小或未灌孔的砌块砌体,允许在墙体的竖向孔洞中设置管线。

二、防止或减轻墙体开裂的主要措施

(一)墙体开裂的原因

产生墙体裂缝的原因主要有三个:外荷载、温度变化、地基不均匀沉降。墙体承受外荷载后，按照规范要求，通过正确的承载力计算，选择合理的材料并满足施工要求，受力裂缝是可以避免的。

1. 因温度变化和砌体干缩变形引起的墙体裂缝

(1)温度裂缝形态有水平裂缝、八字裂缝两种(见图18-22(a)、(b))。水平裂缝多发生在女儿墙根部、屋面板底部、圈梁底部附近以及比较空旷高大房间的顶层外墙门窗洞口上下水平位置处；八字裂缝多发生在房屋顶层墙体的两端，且多数出现在门窗洞口上下，呈八字形。

(2)干缩裂缝形态有垂直贯通裂缝、局部垂直裂缝两种(见图18-22(c)、(d))。

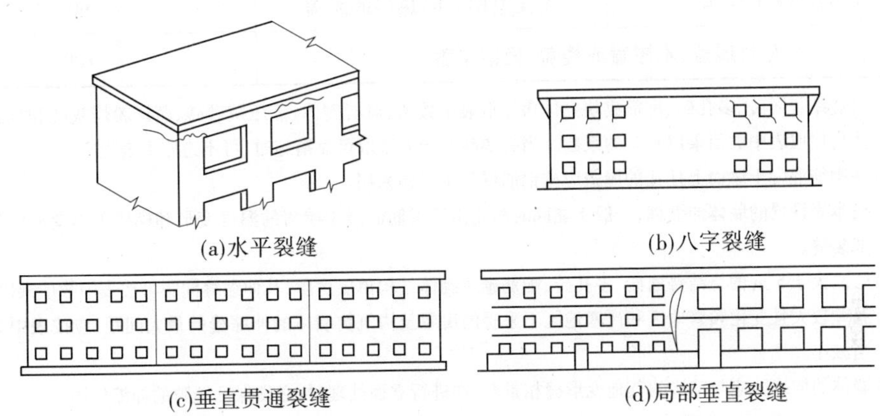
(a)水平裂缝 (b)八字裂缝
(c)垂直贯通裂缝 (d)局部垂直裂缝

图18-22 温度与干缩裂缝形态

2. 因地基发生过大的不均匀沉降而产生的裂缝

常见的因地基不均匀沉降引起的裂缝形态有：正八字形裂缝、倒八字形裂缝、高层沉降引起的斜向裂缝、底层窗台下墙体的斜向裂缝(见图18-23)。

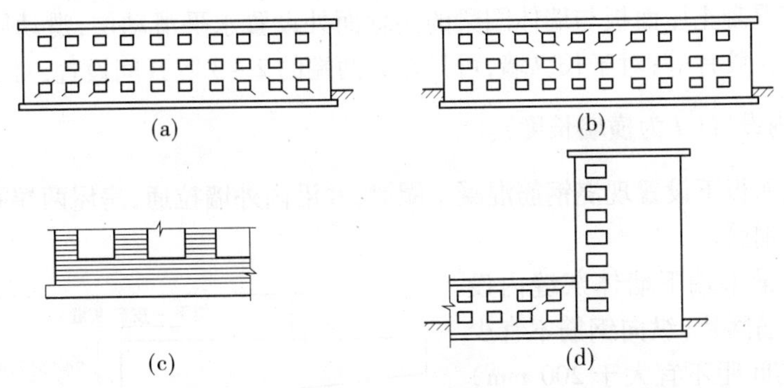
(a)正八字形裂缝；(b)倒八字形裂缝；(c)、(d)斜向裂缝

图18-23 由地基不均匀沉降引起的裂缝

(二)防止墙体开裂的措施

(1)为了防止或减轻房屋在正常使用条件下，由温度和砌体干缩引起的墙体竖向裂缝，应在墙体中设置伸缩缝。伸缩缝应设置在因温度和收缩变形可能引起应力集中、砌体产生裂缝可能性最大的地方。伸缩缝的间距可按表18-18采用。

表 18-18　砌体房屋伸缩缝的最大间距

屋盖或楼盖类别		最大间距(m)
整体式或装配整体式钢筋混凝土楼盖	有保温层或隔热层的屋盖、楼盖	50
	无保温层或隔热层的屋盖	40
装配式无檩体系钢筋混凝土楼盖	有保温层或隔热层的屋盖、楼盖	60
	无保温层或隔热层的屋盖	50
装配式有檩体系钢筋混凝土楼盖	有保温层或隔热层的屋盖	75
	无保温层或隔热层的屋盖	60
瓦材屋盖、木屋盖或楼盖、轻钢屋盖		100

注:(1)对烧结普通砖、多孔砖、配筋砌块砌体房屋取表中数值;对石砌体、蒸压灰砂砖、蒸压粉煤灰砖和混凝土砌块砌体房屋取表中数值乘以0.8的系数。当有实践经验并采取可靠措施时,可不遵守本表规定。

(2)在钢筋混凝土屋面上挂瓦的屋盖应按钢筋混凝土屋盖采用。

(3)按本表设置的墙体伸缩缝,一般不能同时防止由于钢筋混凝土屋盖的温度变形和砌体干缩变形引起的墙体局部裂缝。

(4)层高大于5 m的烧结普通砖、多孔砖、配筋砌块砌体结构单层房屋,其伸缩缝间距可按表中数值乘以1.3。

(5)温差较大且变化频繁地区和严寒地区不采暖的房屋及构筑物墙体的伸缩缝的最大间距,应按表中数值予以适当减小。

(6)墙体的伸缩缝应与结构的其他变形缝相重合,在进行立面处理时,必须保证缝隙的伸缩作用。

(2)为了防止和减轻房屋顶层墙体的开裂,可根据情况采取下列措施:

①屋面设置保温、隔热层。

②屋面保温(隔热)层或屋面刚性面层及砂浆找平层应设置分格缝,分格缝间距不宜大于6 m,并与女儿墙隔开,其缝宽不小于30 mm。

③用装配式有檩体系钢筋混凝土屋盖和瓦材屋盖。

④在钢筋混凝土屋面板与墙体圈梁的接触面处设置水平滑动层,滑动层可采用两层油毡夹滑石粉或橡胶片等;对于长纵墙,可只在其两端的2~3隔开间设置,对于横墙可只在其两端 $\frac{l}{4}$ 范围内设置(l 为横墙长度)。

⑤顶层屋面板下设置现浇钢筋混凝土圈梁,并沿内外墙拉通,房屋两端圈梁下的墙体宜适当设置水平钢筋。

⑥顶层挑梁末端下墙体灰缝内设置3道焊接钢筋网片(纵向钢筋不宜少于2 Φ 4,横筋间距不宜大于200 mm)或2 Φ 6钢筋,钢筋网片或钢筋应自挑梁末端伸入两边墙体不小于1 m(见图18-24)。

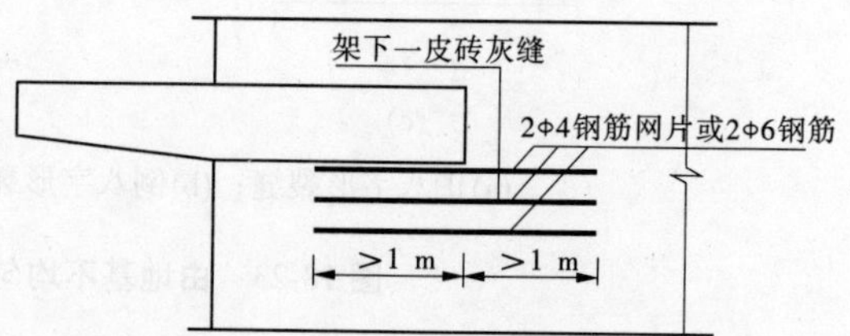

图 18-24　顶层挑梁末端钢筋网片或钢筋

⑦顶层墙体有门窗洞口时,在过梁上的水平灰缝内设置2~3道焊接钢筋网片或2 Φ 6钢筋,并应伸入过梁两边墙体不小于600 mm。

⑧顶层及女儿墙砂浆强度等级不低于 M5。

⑨女儿墙应设置构造柱，构造柱间距不宜大于 4 m，构造柱应伸至女儿墙顶并与现浇钢筋混凝土压顶整浇在一起。

⑩房屋顶层端部墙体内应适当增设构造柱。

(3)防止或减轻房屋底层墙体裂缝的措施。

底层墙体的裂缝主要是地基不均匀沉降引起的，或地基反力不均匀引起的，因此防止或减轻房屋底层墙体裂缝可根据情况采取下列措施：

①增加基础圈梁的刚度。

②在底层的窗台下墙体灰缝内设置 3 道焊接钢筋网片或 2 Φ 6 钢筋，并应伸入两边窗间墙不小于 600 mm。

③采用钢筋混凝土窗台板，窗台板嵌入窗间墙内不小于 600 mm。

(4)墙体转角处和纵横墙交接处宜沿竖向每隔 400 ~ 500 mm 设置拉结钢筋，其数量为每 120 mm 墙厚不少于 1 Φ 6 或焊接钢筋网片，埋入长度从墙的转角或交接处算起，每边不少于 600 mm。

(5)对于灰砂砖、粉煤灰砖、混凝土砌块或其他非烧结砖，宜在各层门、窗过梁上方的水平灰缝内及窗台下第一、第二道水平灰缝内设置焊接钢筋网片或 2 Φ 6 钢筋，焊接钢筋网片或钢筋应伸入两边窗间墙内不小于 600 mm。

(6)为防止或减轻混凝土砌块房屋顶层两端和底层第一、二开间门窗洞口处开裂，可采取下列措施：

①在门窗洞口两侧不少于一个孔洞中设置 1 Φ 12 的钢筋，钢筋应在楼层圈梁或基础锚固，并采取不低于 Cb20 的灌孔混凝土灌实。

②在门窗洞口两边墙体的水平灰缝内，设置长度不小于 900 mm、竖向间距为 400 mm 的 2 Φ 4 焊接钢筋网片。

③在顶层和底层设置通长钢筋混凝土窗台梁，窗台梁的高度宜为块高的模数，纵筋不少于 4 Φ 10，箍筋不少于Φ 6@ 200。

(7)当房屋刚度较大时，可在窗台下或窗台角处墙体内设置竖向控制缝。在墙体的高度或厚度突然变化处也宜设置竖向控制缝，或采取可靠的防裂措施。竖向控制缝的构造和嵌缝材料应能满足墙体平面外传力和防护的要求。

(8)灰砂砖、粉煤灰砖砌体宜采用黏结性好的砂浆砌筑，混凝土砌块砌体应采用砌块专用砂浆砌筑。

(9)对防裂要求较高的墙体，可根据实际情况采取专门措施。

(10)防止墙体因为地基不均匀沉降而开裂的措施如下：

①设置沉降缝。在地基土性质相差较大处，房屋高度、荷载、结构刚度变化较大处，房屋结构形式变化处，及高低层的施工时间不同处设置沉降缝，将房屋分割为若干刚度较好的独立单元。

②加强房屋整体刚度。

③在处于软土地区或土质变化较复杂地区，利用天然地基建造房屋时，房屋体型力求简单，采用对地基不均匀沉降不敏感的结构形式和基础形式。

④合理安排施工顺序，先施工层数多、荷载大的单元，后施工层数少、荷载小的单元。

子情境六　过梁、挑梁和砌体结构的构造措施

一、过梁

（一）过梁的种类与构造

过梁是砌体结构中门窗洞口上承受上部墙体自重和上层楼盖传来的荷载的梁，常用的过梁有以下四种类型：

（1）砖砌平拱过梁（见图18-25(a)）。高度不应小于240 mm，跨度不应超过1.2 m。砂浆强度等级不应低于M5。此类过梁适用于无振动、地基土质好、无抗震设防要求的一般建筑。

（2）砖砌弧拱过梁（见图18-25(b)）。竖放砌筑砖的高度不应小于120 mm。当矢高$f=(1/8\sim1/12)l$时，砖砌弧拱的最大跨度为2.5～3 m；当矢高$f=(1/5\sim1/6)l$时，砖砌弧拱的最大跨度为3～4 m。

（3）钢筋砖过梁（见图18-25(c)）。过梁底面砂浆层处的钢筋，其直径不应小于5 mm，间距不宜大于120 mm，钢筋伸入支座砌体内的长度不宜小于240 mm，砂浆层厚度不宜小于30 mm；过梁截面高度内砂浆强度等级不应低于M5；砖的强度等级不应低于MU10；跨度不应超过1.5 m。

（4）钢筋混凝土过梁（见图18-25(d)）。其端部支承长度不宜小于240 mm；当墙厚不小于370 mm时，钢筋混凝土过梁宜做成L形。

工程中常采用钢筋混凝土过梁。

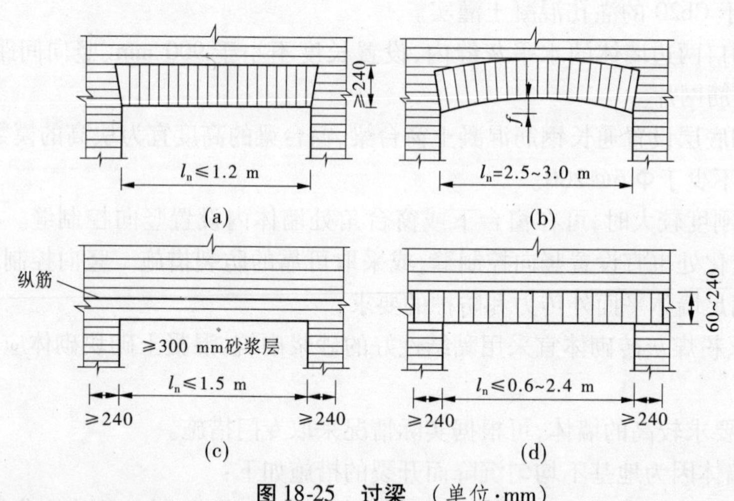

图18-25　过梁　（单位：mm）

（二）过梁的受力特点

作用在过梁上的荷载有墙体自重和过梁计算高度内的梁板荷载。

（1）墙体自重。对于砖砌墙体，当过梁上的墙体高度$h_w<\frac{l_n}{3}$时，应按全部墙体的自重作为均布荷载考虑；当过梁上的墙体高度$h_w\geq\frac{l_n}{3}$时，应按高度$\frac{l_n}{3}$的墙体自重作为均布荷载考

虑。对于混凝土砌块砌体，当过梁上的墙体高度 $h_w < \frac{l_n}{2}$时，应按全部墙体的自重作为均布荷载考虑；当过梁上的墙体高度 $h_w \geq \frac{l_n}{2}$时，应按高度$\frac{l_n}{2}$的墙体自重作为均布荷载考虑。

(2)梁板荷载。当梁、板下的墙体高度 $h_w < l_n$ 时，应计算梁、板传来的荷载，如 $h_w \geq l_n$，则可不计梁、板的作用。

砖砌过梁承受荷载后，上部受拉、下部受压，像受弯构件一样地受力。随着荷载的增大，当跨中竖向截面的拉应力或支座斜截面的主拉应力超过砌体的抗拉强度时，将先后在跨中出现竖向裂缝，在靠近支座处出现阶梯形斜裂缝。对于钢筋砖过梁，过梁下部的拉力将由钢筋承担；对砖砌平拱，过梁下部拉力将由两端砌体提供的推力来平衡。对于钢筋混凝土过梁，与钢筋砖过梁类似。试验表明，当过梁上的墙体达到一定高度后，过梁上的墙体形成内拱将产生卸载作用，使一部分荷载直接传递给支座。

(三)钢筋混凝土过梁通用图集

钢筋混凝土过梁分为现浇过梁和预制过梁，预制过梁一般为标准构件，全国和各地区均有标准图集，现以全国标准图集钢筋混凝土过梁图集 03G322－1、2、3 为例：

(1)构件代号：用于烧结普通砖、蒸压灰砂砖、蒸压粉煤灰砖的过梁构件代号为图 18-26(a)，用于烧结多孔砖的过梁构件代号为图 18-26(b)，对于混凝土小型空心砌块的过梁构件代号，则只需将图 18-26(b)所示的构件代号中代表砖型的 P 或 M 改为代表混凝土小型空心砌块的 H，同时将其代表墙厚的数字改为 1、2，其分别代表 190、290 墙。

(2)梁、板荷载等级：设定为 6 级，分别为 0、10 kN/m、20 kN/m、30 kN/m、40 kN/m、50 kN/m，相应的荷载等级为 0、1、2、3、4、5。

如 GL－4243 代表 240 mm 厚承重墙，洞口宽度为 2 400 mm，梁、板传到过梁上的荷载设计值为 30 kN/m。

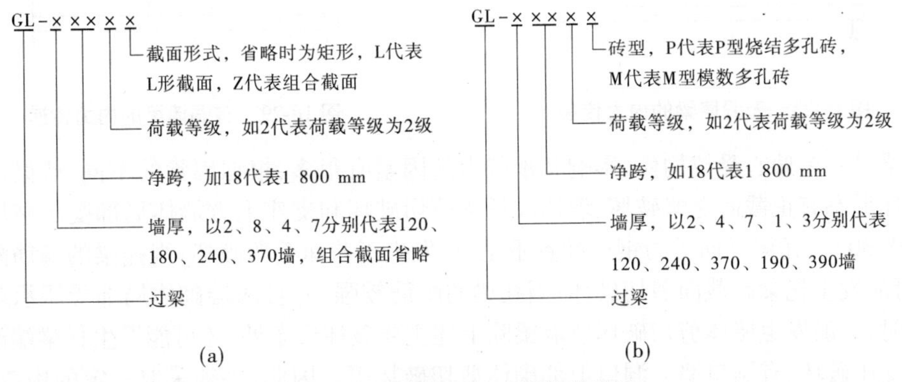

图 18-26　钢筋混凝土过梁构件代号

二、墙梁

由钢筋混凝土托梁及其以上计算高度范围内的墙体共同工作，一起承受荷载的组合结构称为墙梁(见图 18-27)。墙梁按支承情况分为简支墙梁、连续墙梁、框支墙梁，按承受荷载情况可分为承重墙梁和自承重墙梁。除承受托梁和托梁以上的墙体自重外，还承受由屋盖或楼盖传来的荷载的墙梁称为承重墙梁，如底层为大空间、上层为小空间时所设置的墙梁。只承受托梁以及托梁以上墙体自重的墙梁称为自承重墙梁，如基础梁、连系梁。

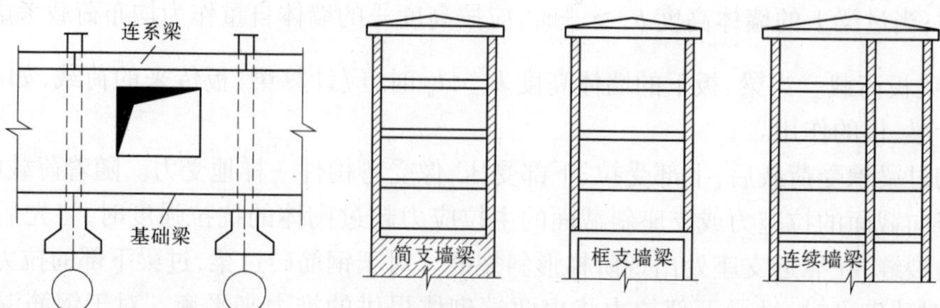

图 18-27　墙梁

墙梁中承托砌体墙和楼盖（屋盖）的混凝土简支梁、连续梁和框架梁，称为托梁；墙梁中考虑组合作用的计算高度范围内的砌体墙，称为墙体；墙梁的计算高度范围内墙体顶面处的现浇混凝土圈梁，称为顶梁；墙梁支座处与墙体垂直相连的纵向落地墙，称为翼墙。

（一）受力特点

当托梁及其上砌体达到一定强度后，墙和梁共同工作形成墙梁组合结构。试验表明，墙梁上部荷载主要通过墙体的拱作用传向两边支座，托梁承受拉力，两者形成一个带拉杆拱的受力结构（见图 18-28）。这种受力状况从墙梁开始一直到破坏。当墙体上有洞口时，其内力传递如图 18-29 所示。

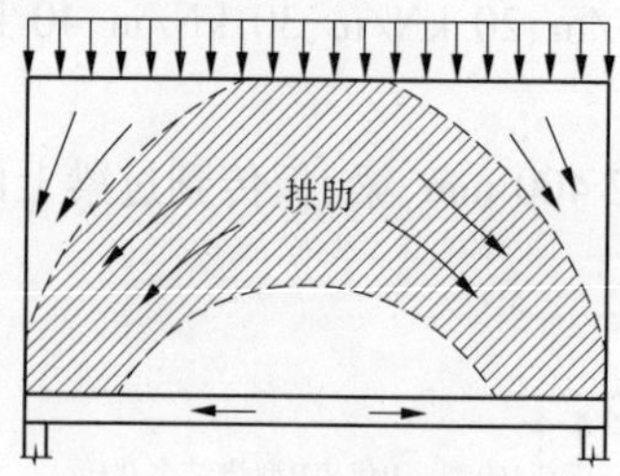

图 18-28　无洞墙梁的内力传递

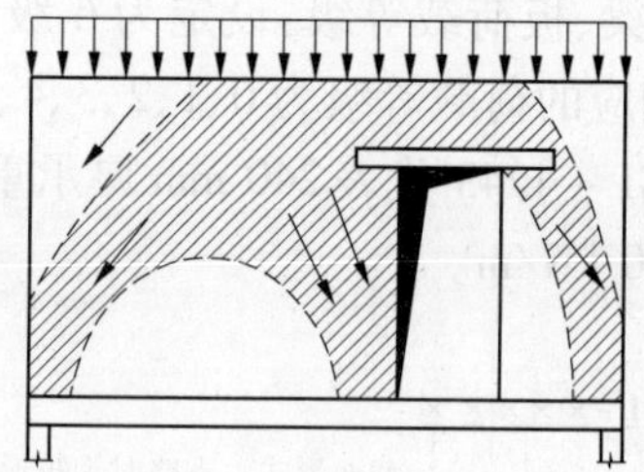

图 18-29　有洞墙梁的内力传递

墙梁是一个偏心受拉构件，影响其承载力的因素有很多，根据因素的不同，墙梁可能发生的破坏形态有正截面受弯破坏、墙体或托梁剪切破坏和支座上方墙体局部受压破坏三种（见图 18-30）。托梁纵向受力钢筋配置不足时，发生正截面受弯破坏；当托梁的箍筋配置不足时，可能发生托梁斜截面剪切破坏；当托梁的配筋较强，并且两端砌体局部受压承载力得到保证时，一般发生墙体剪切破坏。墙梁除上述主要破坏形态外，还可能发生托梁端部混凝土局部受压破坏、有洞口墙梁洞口上部砌体剪切破坏等。因此，必须采取一定的构造措施，防止这些破坏形态的发生。

（二）构造要求

墙梁除应符合《砌体规范》和现行国家标准《混凝土规范》有关构造要求外，尚应符合下列构造要求。

（1）材料：

①托梁的混凝土强度等级不应低于 C30。

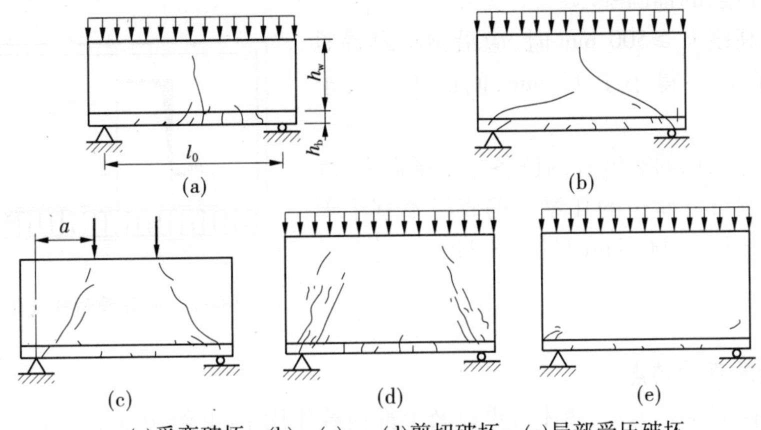

(a)受弯破坏；(b)、(c)、(d)剪切破坏；(e)局部受压破坏

图 18-30 墙梁的破坏形态

②纵向钢筋宜采用 HRB335、HRB400、RRB400 级钢筋。

③承重墙梁的块材强度等级不应低于 MU10，计算高度范围内墙体的砂浆强度等级不应低于 M10。

(2)墙体：

①框支墙梁的上部砌体房屋，以及设有承重的简支墙梁或连续墙梁的房屋，应满足刚性方案房屋的要求。

②计算高度范围内的墙体厚度，对砖砌体不应小于 240 mm，对混凝土小型砌块不应小于 190 mm。

③墙梁洞口上方应设置混凝土过梁，其支承长度不应小于 240 mm，洞口范围内不应施加集中荷载。

④承重墙梁的支座处应设置落地翼墙，翼墙厚度，对砖砌体不应小于 240 mm，对混凝土砌块砌体不应小于 190 mm，翼墙宽度不应小于墙梁墙体厚度的 3 倍，并于墙梁墙体同时砌筑。当不能设置翼墙时，应设置落地且上、下贯通的构造柱。

⑤当墙梁墙体在靠近支座 1/3 跨度范围内开洞时，支座处应设置上、下贯通的构造柱，并与每层圈梁连接。

⑥墙梁计算高度范围内的墙体，每天砌筑高度不应超过 1.5 m，否则，应加设临时支撑。

(3)托梁：

①有墙梁的房屋的托梁两边各一个开间及相邻开间处应采用现浇混凝土楼盖，楼板厚度不宜小于 120 mm，当楼板厚度大于 150 mm 时，宜采用双层双向钢筋网，楼板上应少开洞，洞口尺寸大于 800 mm 时应设置洞边梁。

②托梁每跨底部的纵向受力钢筋应通长设置，不得在跨中段弯起或截断。钢筋接长应采用机械连接或焊接。

③墙梁的托梁跨中截面纵向受力钢筋总配筋率不应小于 0.6%。

④托梁距边支座边 $l_0/4$ 范围以内，上部纵向钢筋截面面积不应小于跨中下部纵向钢筋截面面积的 1/3。连续墙梁或多跨框支墙梁的托梁中支座上部附加纵向钢筋从支座算起每边延伸不得少于 $l_0/4$。

⑤承重墙梁的托梁在砌体墙、柱上的支承长度不应小于 350 mm。纵向受力钢筋伸入支

座应符合受拉钢筋的锚固要求。

⑥当托梁高度 $h_b \geq 500$ mm 时，应沿梁高设置通长水平腰筋，直径不得小于 12 mm，间距不应大于 200 mm。

⑦墙梁偏开洞口的宽度及两侧各一个梁高 h_b 范围内直至靠近洞口支座边的托梁箍筋直径不宜小于 8 mm，间距不应大于 100 mm(见图 18-31)。

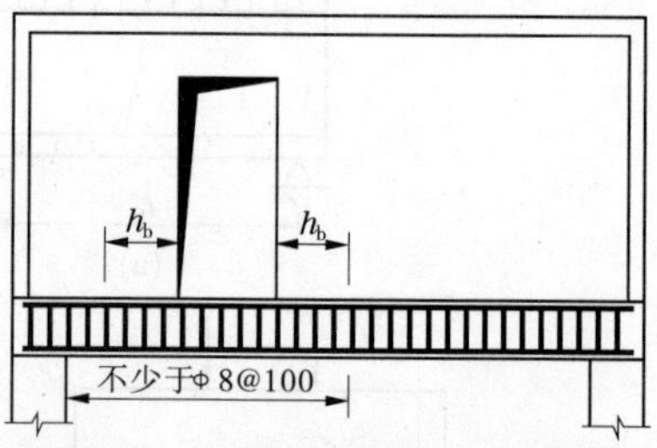

图 18-31　偏开洞时托梁箍筋加密区

三、挑梁

(一)挑梁的受力特点

挑梁在悬挑端集中力 F、墙体自重以及上部荷载作用下，共经历以下三个工作阶段。

(1)弹性工作阶段。挑梁在未受外荷载之前，墙体自重及其上部荷载在挑梁埋入墙体部分的上、下界面产生初始压应力，当挑梁端部施加外荷载 F 后，随着 F 的增加，将首先达到墙体通缝截面的抗拉强度而出现水平裂缝(见图 18-32(a))，出现水平裂缝时的荷载为倾覆时外荷载的 20% ~30%，此为第一阶段。

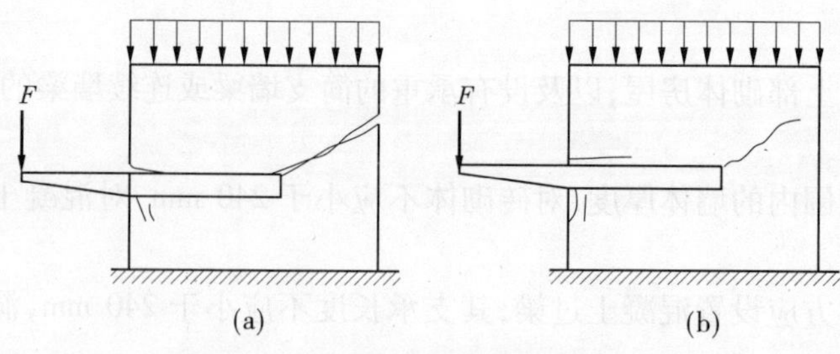

图 18-32

(2)带裂缝工作阶段。随着外荷载 F 的继续增加，最开始出现的水平裂缝将不断向内发展，同时挑梁埋入端下界面出现水平裂缝并向前发展。随着上下界面水平裂缝的不断发展，挑梁埋入端上界面受压区和墙边下界面受压区也不断减小，从而在挑梁埋入端上角砌体处产生裂缝。随着外荷载的增加，此裂缝将沿砌体灰缝向后上方发展为阶梯形裂缝，此时的荷载约为倾覆时外荷载的 80%。斜裂缝的出现预示着挑梁进入倾覆破坏阶段，在此过程中，也可能出现局部受压裂缝。

(3)破坏阶段。挑梁可能发生的破坏形态有以下三种：

①挑梁倾覆破坏：挑梁倾覆力矩大于抗倾覆力矩，挑梁尾端墙体斜裂缝不断开展，挑梁绕倾覆点发生倾覆破坏。

②梁下砌体局部受压破坏：当挑梁埋入墙体较深、梁上墙体高度较大时，挑梁下靠近墙边小部分砌体由于压应力过大而发生局部受压破坏。

③挑梁弯曲破坏或剪切破坏。

(二)挑梁的构造要求

挑梁设计除应满足现行国家规范《砌体规范》的有关规定外，尚应满足下列要求：

(1)纵向受力钢筋至少应有 1/2 的钢筋面积伸入梁尾端，且不少于 2 Φ 12。其余钢筋伸入支座的长度不应小于$2l_1/3$。

(2)挑梁埋入砌体长度l_1与挑出长度之比l宜大于1.2;当挑梁上无砌体时,l_1与l之比宜大于2。

四、雨篷

(一)雨篷的种类及受力特点

按施工方法,雨篷分为现浇雨篷和预制雨篷,按支承条件分为板式雨篷和梁式雨篷,按材料分为钢筋混凝土雨篷和钢结构雨篷。

在工业与民用建筑中用得最多的是现浇钢筋混凝土板式雨篷。当悬挑长度较小时,常采用现浇板式雨篷,它由雨篷板和雨篷梁组成,雨篷板支承在雨篷梁上,雨篷板是一个受弯构件,雨篷梁一方面要承受雨篷板传来的扭矩,另一方面要承受上部结构传来的弯矩和剪力,因此雨篷梁是一个弯剪扭构件。当悬挑长度较大时,常采用现浇梁式雨篷。现浇梁式雨篷由雨篷板、雨篷梁、边梁组成,与板式雨篷的不同之处在于,其雨篷板是四边支承的板,而板式雨篷的雨篷板是一边支承的板。

大量试验表明,现浇钢筋混凝土板式雨篷在荷载作用下,可能出现以下三种破坏形态:

(1)雨篷板根部抗弯承载力不足而破坏,如图18-33(a)所示。

(2)雨篷板弯扭破坏,如图18-33(b)所示。

(3)整个雨篷板的倾覆破坏,如图18-33(c)所示。

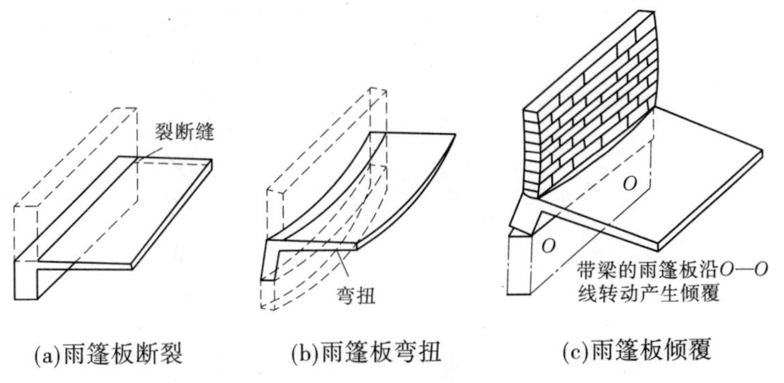

图18-33　雨篷的破坏形式

(二)雨篷的构造特点

(1)雨篷板端部厚度$h_e \geqslant 60$ mm,根部厚度$h=(\frac{1}{10}\sim\frac{1}{12})l$($l$为挑出长度)且大于等于80 mm,当其悬臂长度小于500 mm时,根部最小厚度为60 mm。

(2)雨篷板受力钢筋按计算求得,但不得小于Φ6@200($A_s=141$ mm^2/m),且深入墙内的锚固长度取l_a(l_a为受拉钢筋锚固长度),分布钢筋不少于Φ6@200。

(3)雨篷梁宽度b一般与墙厚相同,高度$h=\left(\frac{1}{8}\sim\frac{1}{10}\right)I_0$($I_0$为计算高度),且为砖厚的倍数,梁的搁置长度$a\geqslant 370$ mm。

此外,雨篷梁还需满足弯剪扭构件的构造要求。

习　题

18-1　某截面为490 mm×490 mm的砖柱，柱计算高度$H_0=H=5$ m，采用强度等级为MU10的烧结普通砖及M5的水泥砂浆砌筑，柱底承受轴向压力设计值为$N=180$ kN，结构安全等级为二级，施工质量控制等级为B级。试验算该柱底截面是否安全。

18-2　一偏心受压柱，截面尺寸为490 mm×620 mm，柱计算高度$H_0=H=4.8$ m，采用强度等级为MU10的蒸压灰砂砖及M2.5的混合砂浆砌筑，柱底承受轴向压力设计值为$N=200$ kN，弯矩设计值$M=24$ kN·m(沿长边方向)，结构安全等级为二级，施工质量控制等级为B级。试验算该柱底截面是否安全。

18-3　某单层房屋层高为4.5 m，砖柱截面尺寸为490 mm×370 mm，采用M5.0混合砂浆砌筑，房屋的静力计算方案为刚性方案。试验算此砖柱的高厚比。

18-4　某单层单跨无吊车的仓库，柱间距离为4 m，中间开宽为1.8 m的窗，车间长40 m，屋架下弦标高为5 m，壁柱截面尺寸为370 mm×490 mm，墙厚为240 mm，房屋静力计算方案为刚弹性方案。试验算带壁柱墙的高厚比。

学习情境十九　钢筋混凝土单层工业厂房

【知识点】 单层工业厂房结构选型与布置;排架结构的荷载计算;排架的内力组合;单层工业厂房柱的设计;牛腿的受力特征;牛腿的构造要求。

【教学目标】 了解单层工业厂房的组成与结构布置;掌握排架结构的荷载分类与计算;掌握排架内力组合情况;掌握单层工业厂房柱的设计要点;了解牛腿的受力特征;了解牛腿的构造。

子情境一　单层工业厂房的结构组成概述

一、单层工业厂房结构的分类与组成

单层工业厂房按生产规模可分为大型工业厂房、中型工业厂房和小型工业厂房。

单层工业厂房按承重结构的材料大致可分为混合结构、混凝土结构和钢结构。一般来说,无吊车或吊车起重量≤50 kN、跨度≤15 m、柱顶标高≤8 m,无特殊工艺要求的小型厂房,可采用混合结构(砖柱、钢筋混凝土屋架或木屋架或轻钢屋架);吊车起重量≥2 500 kN、跨度≥36 m的大型厂房或有特殊工艺要求的厂房(如设有100 kN以上锻锤的车间以及高温车间的特殊部位等),一般采用钢屋架、钢筋混凝土柱或全钢结构;其他大部分厂房均可采用混凝土结构,一般应优先采用装配式和预应力混凝土结构。

按结构形式不同,钢筋混凝土单层工业厂房结构通常有两种基本类型:排架结构与刚架结构。

排架结构由屋架(或屋面梁)、柱、基础组成,柱与屋架(或屋面梁)铰结而与基础刚结。排架结构是目前单层工业厂房结构的基本形式,其跨度可达20~30 m或更高,吊车吨位在150 t或150 t以上。该结构传力明确,结构简单,施工也比较方便。

目前,常用的刚架结构是装配式钢筋混凝土门式钢架。其优点是柱与横梁刚结成一个构件,柱与基础通常为铰结。梁柱合一,构件种类少,制作较简单且结构轻巧。其缺点是刚度较差,梁柱转角处易产生早期裂缝,所以有较大吨位吊车的厂房中钢架的应用受到了一定的限制。

本章主要讲述钢筋混凝土排架结构的单层工业厂房。这类厂房通常由下列结构构件所组成(见图19-1)。

(一)屋盖结构

屋盖结构是整个厂房中用料最多和造价最高的部分,分无檩和有檩两种体系。无檩体系屋盖的承重结构包括大型屋面板(含天沟板)、屋架(或屋面梁)和支撑体系。有檩体系屋盖的承重结构包括小型屋面板、檩条、屋架(或屋面梁)及支撑体系。目前,单层工业厂房多采用无檩体系屋盖。屋盖结构有时还有天窗架、托架,其作用主要是维护和承重,以及采光和通风。

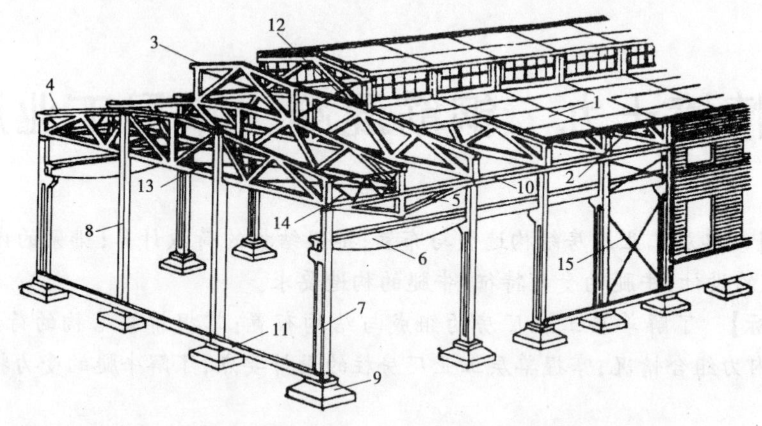

1—屋面板;2—天沟板;3—天窗架;4—屋架;5—托架;6—吊车梁;7—排架柱;
8—抗风柱;9—基础;10—连系梁;11—基础梁;12—天窗架垂直支撑;
13—屋架下弦横向水平支撑;14—屋架端部垂直支撑;15—柱间支撑

图 19-1　单层工业厂房的屋架组成

(二)吊车梁

吊车梁是有吊车厂房的重要构件,简支在柱牛腿上,直接承受吊车传来的竖向荷载和纵横向水平制动力,并将这些力传给厂房柱。

(三)排架柱

排架柱是排架结构厂房中最主要的受力构件,厂房结构的大部分荷载都是通过排架柱传至柱基础的。

(四)围护结构

围护结构由外墙、连系梁、抗风柱及基础梁等构件组成。外墙一般仅有围护作用,连系梁及基础梁还在厂房纵向起联系作用,提高纵向稳定性和刚度。这些构件所承受的荷载,主要是墙体和构件的自重以及作用在墙面上的风荷载。厂房两端的山墙,迎风面比较大,常常需设置抗风柱,将墙面风荷载传给屋盖和基础。

(五)支撑

支撑包括屋盖支撑和柱间支撑,其作用是加强厂房结构的空间刚度和整体性,并保证结构构件在安装和使用阶段的稳定和安全,同时起传递风荷载和吊车水平荷载及地震的作用。

(六)基础

基础承受柱和基础梁传来的荷载,并将它们传至地基。

二、单层工业厂房的受力分析及计算模型

单层工业厂房就是上述各类结构构件按照一定方式相互连接而组成的一个整体的空间结构。其中任一结构构件受到荷载作用,都将通过纵、横向的连接传至其他构件,使其他构件也产生内力及变形。显然,考虑纵、横向荷载特点及内力的相互影响,按实际厂房的空间结构进行内力分析是非常复杂的。目前,在设计中都是采用简化的计算方法,将厂房结构沿纵、横两个主轴方向,按横向平面排架和纵向平面排架分别计算,即假定作用在某一平面排架上的荷载完全由该排架承担,不考虑其他结构构件的影响。如图 19-2 所示。

(一)横向平面排架

横向平面排架由横梁(屋面梁货物架)和横向列柱(包括基础)组成,它是厂房的基本承

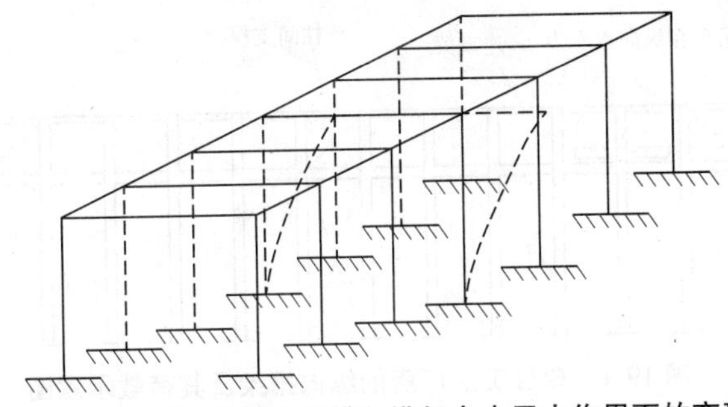

图 19-2　平面排架结构及横向排架在水平力作用下的变形

重结构。厂房结构承受的竖向荷载(结构自重、屋面活载、雪荷载和吊车荷载等)及横向水平荷载(风荷载和吊车横向制动力、地震作用等)主要通过它传至基础和地基,如图 19-3 所示。

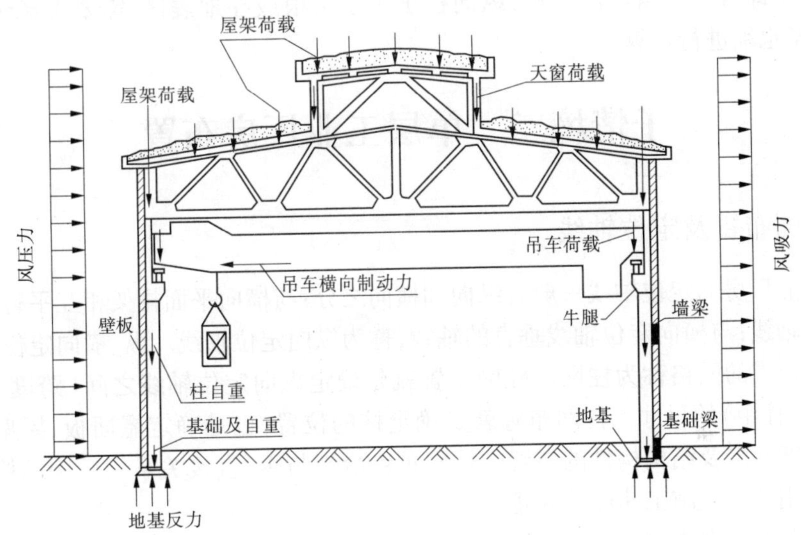

图 19-3　单层工业厂房的横向排架及荷载作用示意图

竖向荷载的传力路径有以下几种：

屋面荷载→屋面板→屋架→横向排架柱→基础→地基；

吊车荷载→吊车梁→横向排架柱→基础→地基；

墙体荷载→连系梁→横向排架柱→基础→地基；

墙体荷载→基础梁→基础→地基。

水平荷载的传力路径如下：

风荷载→墙体→横向排架柱→基础→地基；

吊车梁横向水平制动力→吊车梁→横向排架柱→基础→地基。

(二)纵向平面排架

纵向平面排架由纵向柱列、连系梁、吊车梁和柱间支撑等组成。主要承受纵向由山墙传来的水平风荷载及吊车水平力、地震水平作用及温度应力等,如图 19-4 所示。

纵向平面排架传力路径如下：

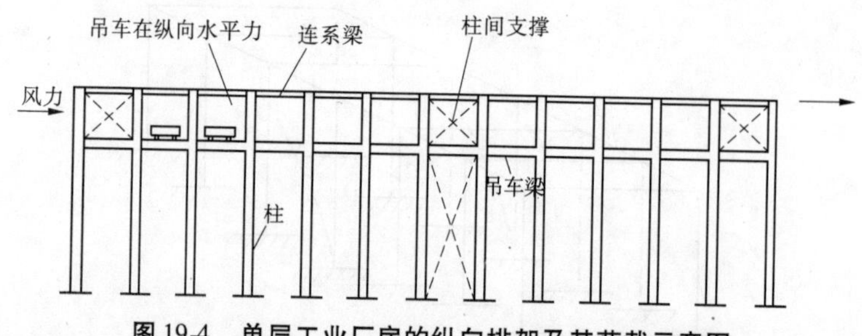

图 19-4　单层工业厂房的纵向排架及其荷载示意图

风荷载→山墙→抗风柱→屋盖水平横向支撑→连系梁→纵向排架柱→基础→地基；

吊车纵向水平制动力→吊车梁→纵向排架柱→基础→地基。

通常在设计时，只计算受力较大的横向排架，纵向排架承担的荷载较小，且一般厂房沿纵向柱子较多，又有柱间支撑的加强，故纵向排架的刚度大，内力小，一般可不作计算，采取一些构造措施即可。但当厂房较短，纵向柱子少于 7 根或在地震区，需要考虑纵向地震力时，纵向排架也须进行计算。

子情境二　单层工业厂房布置

一、柱网布置及定位轴线

单层工业厂房的定位轴线一般有纵向和横向之分：与横向平面排架相互平行的轴线，称为横向定位轴线；与横向定位轴线垂直的轴线，称为纵向定位轴线。纵、横向定位轴线，在平面上排列所形成的网格称为柱网。柱网布置就是确定纵向定位轴线之间（跨度）和横向定位轴线之间（柱距）的尺寸。柱网布置就是确定柱的位置，也是确定屋面板、屋架和吊车梁等构件的跨度并涉及结构构件的布置。柱网布置恰当与否，直接关系到厂房结构的经济合理和生产使用性以及施工速度等问题。

柱网布置的原则为：

（1）符合生产工艺和正常使用的要求。

（2）建筑平面和结构方案经济合理。

（3）在厂房结构形式和施工方法上具有先进性和合理性。

（4）符合厂房建筑统一化基本规则。

（5）适应生产发展和技术革新的要求。

厂房柱网尺寸应符合模数化要求，当厂房跨度在 18 m 及以下时，应采用扩大模数 30M 数列；在 18 m 以上时，应采用扩大模数 60M 数列或其他柱距。当工艺布置和技术经济有明显的优越性时，也可采用扩大模数 30M 数列或其他柱距，如图 19-5 所示。

目前，工业厂房特别是高度较低的厂房，大多采用 6 m 柱距，因为从经济指标、材料消耗、施工条件等方面综合比较衡量，6 m 柱距优于 12 m 柱距。但从现代工业发展趋势来看，扩大柱距可以增加车间的有效面积，提高设备布置的灵活性，加快施工进度。当然，由于构件尺寸的增大，会给制作、运输及吊装工作带来不便。在大、小车间相结合时，6 m 柱距和 12 m 柱距可以配合使用。

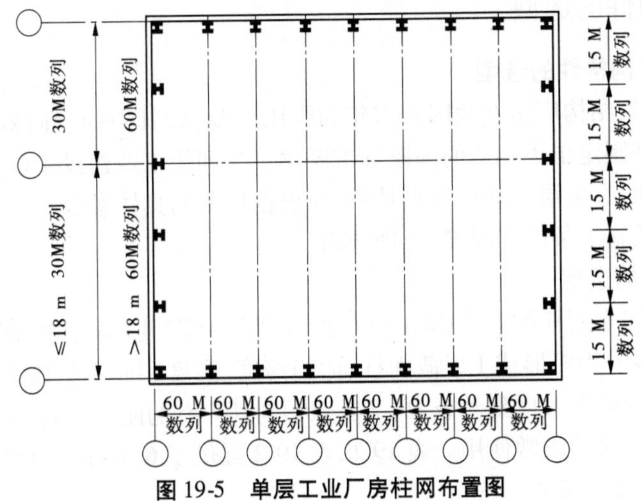

图 19-5　单层工业厂房柱网布置图

二、变形缝的设置

单层工业厂房中的变形缝包括伸缩缝、沉降缝和防震缝三种。

(一)伸缩缝

如果厂房长度和宽度过大,当温度变化时,引起墙面、屋面及其他结构构件的热胀冷缩,严重时会将这些结构构件拉裂,影响使用。为预防这种情况的发生,应在沿厂房适当部位设置一条竖缝,即伸缩缝,将厂房结构分成若干温度区段。伸缩缝要从基础顶面开始,将两个温度区段的上部结构完全断开,并留出一定宽度的缝隙,使上部结构在气温发生变化时水平方向可以较自由地发生变形,不致引起房屋开裂。温度区段的形状,应力求简单,并应使伸缩缝的数量最少。温度区段的长度(即伸缩缝之间的长度),取决于结构类型和温度变化情况。《混凝土规范》对钢筋混凝土结构伸缩缝的最大距离作了规定:对装配式钢筋混凝土排架结构,当处于室内或土中时,其伸缩缝的最大间距为 100 m;当处在露天环境时,其伸缩缝的最大间距为 70 m。超过上述规定或对厂房有特殊要求时,应进行温度应力验算。伸缩缝的具体做法见相关的《房屋建筑视图与构造》教材。

(二)沉降缝

有些情况下,为避免厂房因基础不均匀沉降而引起裂缝破坏,在适当部位需用沉降缝将厂房垂直方向划分成若干个刚度较一致的单元,使相邻单元可以自由沉降,而不影响建筑的整体。在一般单层工业厂房中不做沉降缝,只在特殊情况下才设置:如厂房相邻两部分高差很大,地基承载力或下卧层有巨大差别,两跨间吊车起重量相差悬殊,或厂房各部分施工时间先后相差较长,地基土的压缩程度不同等情况,一般沉降缝同时可起伸缩缝的作用,而伸缩缝不能代替沉降缝,沉降缝应将建筑物从屋顶到基础全部分开。

(三)防震缝

在地震区建造厂房,应考虑地震的影响,当厂房体型复杂或有贴建的建筑物和构筑物时,要设置防震缝将相邻部分分开。地震区的伸缩缝和沉降缝均应符合防震缝的要求。防震缝的要求及做法参见《建筑抗震设计规范》(GB 50011—2008)。

三、主要构件的选型

（一）标准结构构件的选型

单层铰结排架结构厂房在我国有多年的应用经验，对其中的屋面板、檩条、屋架及吊车梁等结构构件，都制定出了相应的国家标准图集。为加快工业建设步伐，提高设计标准化水平，缩短施工工期，在单层工业厂房设计中，应根据厂房的具体参数和标准，并考虑当地材料供应、技术水平及施工条件等因素，合理选用。

（二）排架柱的选型

单层工业厂房常用柱的形式如图 19-6 所示，当厂房跨度、高度和吊车起重量不大，柱截面尺寸较小时，多采用矩形或 I 形截面柱；而当跨度、高度和起重量较大时，宜采用双肢柱。柱截面尺寸的选择既要考虑到承载力，又要兼顾到其应有的刚度，防止结构构件产生过大变形或裂缝而影响厂房的正常使用。表 19-1、表 19-2 提供了 6 m 柱距单层工业厂房柱的截面形式和尺寸，供设计时参考。

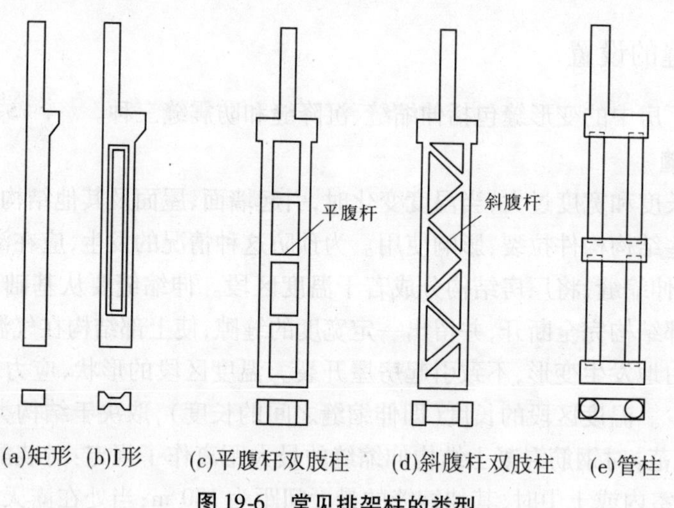

图 19-6　常见排架柱的类型

表 19-1　柱距为 6 m 的单层工业厂房矩形、I 形截面尺寸限制

<table>
<tr><th rowspan="3">项次</th><th rowspan="3">柱的类型</th><th colspan="4">截面尺寸</th></tr>
<tr><th rowspan="2">宽度 b</th><th colspan="3">高度 h</th></tr>
<tr><th>$Q\leqslant10$ t</th><th>$10\ \text{t}<Q\leqslant30$ t</th><th>$30\ \text{t}<Q\leqslant50$ t</th></tr>
<tr><td>1</td><td>有吊车厂房下柱</td><td>$\geqslant H_l/25$</td><td>$\geqslant H_l/14$</td><td>$\geqslant H_l/12$</td><td>$\geqslant H_l/10$</td></tr>
<tr><td>2</td><td>露天吊车柱</td><td>$\geqslant H_l/25$</td><td>$\geqslant H_l/10$</td><td>$\geqslant H_l/8$</td><td>$\geqslant H_l/7$</td></tr>
<tr><td>3</td><td>单跨无吊车厂房</td><td>$\geqslant H/30$</td><td colspan="3">$\geqslant1.5H/25$</td></tr>
<tr><td>4</td><td>多跨无吊车厂房</td><td>$\geqslant H/30$</td><td colspan="3">$\geqslant1.25H/25$</td></tr>
<tr><td>5</td><td>山墙柱
（仅承受风荷载及自重）</td><td>$\geqslant H_b/40$</td><td colspan="3">$\geqslant H_l/25$</td></tr>
<tr><td>6</td><td>山墙柱
（同时承受由连系梁传来的墙重）</td><td>$\geqslant H_b/30$</td><td colspan="3">$\geqslant H_l/25$</td></tr>
</table>

注：H_l 为下柱高度（算至基础顶面）；H 为柱全高；H_b 为山墙抗风柱从基础顶面至柱平面外（柱宽方向）支撑点的高度。

表 19-2　厂房柱截面形式和尺寸参考(中级工作制)　(单位:mm)

吊车起重量(t)	轨道高度(m)	6 m柱距(边柱)		6 m柱距(中柱)		12 m柱距(中柱)	
		上柱	下柱	上柱	下柱	上柱	下柱
≤5	6~8	□400×400	I400×600×100	□400×400	I400×600×100	□400×500	I400×1 000×150
10	8	□400×400	I400×700×100	□400×600	I400×800×150	□500×600	I500×1 000×200
	10	□400×400	I400×800×150	□400×600	I400×800×150	□500×600	I500×1 000×200
15~20	8	□400×400	I400×800×150	□400×600	I400×800×150	□500×600	I500×1 200×200
	10	□400×400	I400×900×150	□400×600	I400×1 000×150	□500×600	I500×1 200×200
	12	□400×400	I500×1 000×200	□500×600	I500×1 200×200	□500×600	I500×1 400×200
30	8	□400×400	I400×1 000×150	□400×600	I400×1 000×150	□500×700	I500×1 400×200
	10	□400×500	I400×1 000×200	□500×600	I500×1 200×200	□500×700	I500×1 400×200
	12	□500×500	I500×1 000×200	□500×600	I500×1 200×200	□500×700	双500×1 600×300
	14	□600×500	I600×1 200×200	□600×600	I600×1 200×200	□600×700	双600×1 600×300
50	10	□500×500	I500×1 200×200	□500×700	双500×1 600×300	□600×700	双600×1 800×300
	12	□500×600	I500×1 400×200	□500×700	双500×1 600×300	□600×700	双600×1 800×300
	14	□600×600	I600×1 400×200	□600×700	双600×1 800×300	□600×700	双600×2 000×300

注:□为矩形截面的符号,如□600×500 表示截面的宽为600、高为500;I 为I 形截面的符号,如I600×1 400×200 表示I 形截面的宽为600、高为1 400、翼缘高度为500;双为双肢柱的符号,如双 600×2 000×300 表示双肢柱的宽为600、高为2 000、肢柱高度为300。

(三)基础选型

单层工业厂房的柱下基础一般常用杯形单独基础,这种基础外形简单,施工方便。当表层土壤松软,持力层较浅时,也常采用爆扩桩基础、桩基础,以提高基础承载力,基础的设计与构造见《建筑地基基础设计规范》(GB 50007—2002)。

四、支撑的布置原则

在装配式钢筋混凝土单层工业厂房中,支撑是形成空间结构,联系各独立结构的重要构件。如果没有各种支撑体系将各单片排架联系起来,并对厂房整体性薄弱的部位予以加强,不仅厂房整体性不好,还可能导致某些构件的局部破坏,乃至厂房总体倒塌,因而进行厂房结构布置时,对支撑体系的布置应予以足够重视。

(一)屋盖支撑

1. 屋架(屋面梁)间的垂直支撑和水平系杆

屋架间的垂直支撑和水平系杆能保证屋架的整体稳定性,提高屋架的抗倾覆能力,当有吊车工作时防止屋架下弦发生侧向颤动。上弦水平系杆则用以保证屋架上弦或屋面梁受压翼缘的侧向稳定,防止局部失稳,并可减小屋架上弦平面外的压杆计算长度。

当屋面梁或屋架的跨度 $l\leq 18$ m,且无天窗时,一般可不设垂直支撑和水平系杆,但对梁支座应进行抗倾覆验算;当 $l>18$ m 时,应在第一或第二柱间设置垂直支撑并在下弦设置通长水平系杆,如图 19-7 所示。当为梯形屋架时,除按上述要求处理外,还需在伸缩缝区段两端第一或第二柱间,在屋架支座处设置端部垂直支撑。

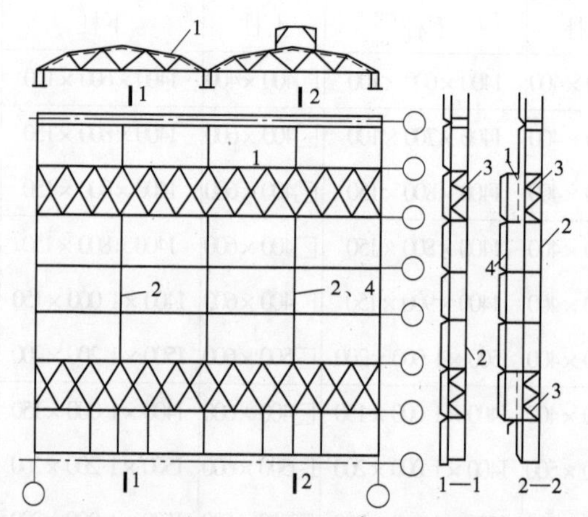

1—上弦横向水平支撑;2—下弦系杆;3—垂直支撑;4—上弦系杆

图 19-7 屋盖结构支撑

2. 屋架(屋面梁)间的横向水平支撑

上弦横向水平支撑的作用是形成刚性框架,增强屋盖的整体性,保证屋架上弦或屋面梁上翼缘的侧向稳定,同时可将抗风柱传来的风力传递到纵向排架柱顶。当屋面为大型屋面板,并与屋架或梁有三点焊接,且屋面板纵肋间用细石混凝土密灌,能保证屋盖平面稳定并能传递山墙风力时,屋面板可起上弦横向支撑的作用。此时,可不必设置上弦横向水平支撑。凡屋面为有檩体系,或山墙风力传至屋架上弦,而大型屋面板的连接不符合上述要求时,应在屋架上弦平面的伸缩区段内的两端第一或第二柱间各设一道上弦横向水平支撑,如图 19-7 所示。当天窗通过伸缩缝时,应在伸缩缝处天窗缺口下设置上弦横向水平支撑。

下弦横向水平支撑的设置:当屋架下弦设有悬挂吊车或受有其他水平力,或抗风柱与屋架下弦连接,抗风柱风力传至下弦时,则应设置下弦横向水平支撑。下弦横向水平支撑的作用是将屋架受到的水平力传至纵向排架柱顶。

3. 屋架(屋面梁)间的纵向水平支撑

屋架纵向支撑的设置与厂房跨数、高度,厂房是否等高,屋盖结构形式,吊车类型、起重量和工作制等因素有关,屋架纵向支撑除端斜杆为下降式的梯形屋架可在上弦平面设置外,其他形式的屋架均应设在屋架下弦平面,并尽可能地与下弦横向水平支撑形成封闭的支撑系统。

屋架下弦纵向水平支撑的作用是:提高厂房刚度,保证横向水平力的纵向分布,加强横向排架的空间作用,设计时应根据厂房的跨度、跨数和高度,屋盖承重结构方案,吊车起重量及工作制等因素,考虑是否在下弦平面端节间设置纵向水平支撑。如果下弦尚设有横向支撑,则纵、横支撑应尽可能形成封闭的支撑体系,如图 19-8(a)所示。在任何情况下,如设有托架,应设置纵向水平支撑,如图 19-8(b)所示。如只在部分柱间设置托架,则必须在设有托架的柱间及两端相邻的一个柱间布置纵向水平支撑,以承受屋架传来的横向风力。

4. 天窗架间的支撑

天窗架间的支撑包括天窗架上弦的横向水平支撑和天窗架间的垂直支撑,前者的作用是

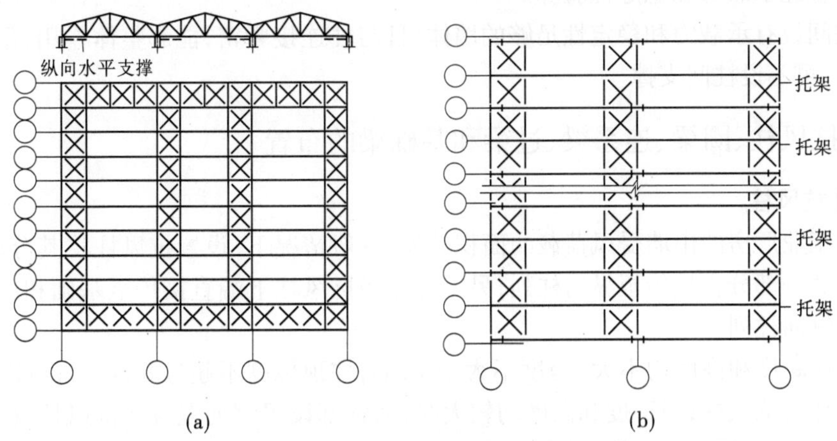

图 19-8　下弦纵向水平支撑的布置

传递天窗端壁所受的风力和保证天窗架上弦的侧向稳定,当屋盖为有檩体系或虽为无檩体系,但大型屋面板的连接不起整体作用时,应设置这种支撑。后者的作用是保证天窗架的整体稳定,应在天窗架的第一柱间设置。天窗架支撑与屋架上弦支撑应尽可能布置在同一柱间。

(二)柱间支撑

柱间支撑的作用主要是提高厂房的纵向刚度和稳定性。对于有吊车的厂房,柱间支撑分上部和下部两种。前者位于吊车梁上部,用以承受墙上的风力并保证厂房上部的纵向刚度,并将它们传至基础,如图 19-9 所示。一般单层工业厂房,有下列情况之一者,应设置柱间支撑:

(1)设有悬臂式吊车或 3 t 及 3 t 以上悬挂吊车。

(2)设有重级工作制吊车或中、轻级工作制吊车,起重量在 10 t 及 10 t 以上。

(3)厂房跨度在 18 m 及以上或柱高在 8 m 及以上。

(4)纵向柱列总数每排在 7 根以下。

(5)露天吊车的柱列。

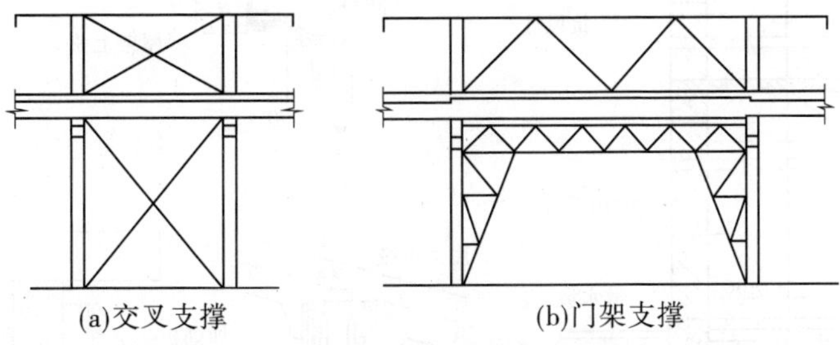

图 19-9　柱间支撑

柱间支撑应布置在伸缩缝区段的中央或临近中央的柱间,有利于在温度变化或混凝土收缩时,厂房可以自由变形,不致产生较大的温度和收缩应力。当柱顶纵向水平力没有简捷途径传递时,必须在柱顶设置一道通长的纵向水平系杆。柱间支撑宜用交叉的形式,杆件倾角通常为 35°~55°,如图 19-9(a)所示。当柱间因交通、设备布置或柱距较大而不宜或不能采用交叉式支撑时,可采用如图 19-9(b)所示的门架支撑。柱间支撑一般采用钢结构,杆件截面尺寸应经承载力和稳定性验算。

当柱间设有承载力和稳定性足够的墙体，且与柱连接紧密，能起整体作用，吊车起重量又较小时，可不设柱间支撑。

五、抗风柱、圈梁、连系梁、过梁和基础梁的布置

（一）抗风柱

单层工业厂房的山墙受风荷载的面积较大，一般情况下，设置抗风柱将其分成区格，将墙面风荷载一部分直接传至纵向柱列，另一部分经抗风柱下端直接传至基础和经上端屋盖系统传至纵向柱列。

当厂房跨度和高度均不大（跨度不大于 12 m，柱顶标高不超过 8 m）时，可以在山墙中设砖壁柱作为抗风柱；当跨度和高度均较大时，通常都设置钢筋混凝土抗风柱，柱外侧贴砌山墙，柱与山墙之间要用钢筋拉结，如图 19-10（a）所示。若厂房很高，为减小抗风柱的截面尺寸，可加设水平抗风梁或抗风桁架作为抗风柱的中间铰支点，如图 19-10（b）所示。

抗风柱柱脚通常采用插入基础杯口的固结方式。抗风柱上端与屋架（屋面梁）上弦铰结，根据具体情况，也可与下弦铰结或同时与上、下弦铰结。抗风柱与屋架的连接要满足两个要求：一是在水平方向必须与屋架有可靠的连接，以保证有效地传递风荷载；二是在竖向脱开，且二者之间能允许一定的相对位移，以防厂房与抗风柱沉降不均匀产生不利影响。因此，抗风柱与屋架一般采用竖向可以移动、水平方向又有较大刚度的弹簧板连接，如图 19-10（c）所示。若不均匀沉降可能较大，宜采用螺栓连接，如图 19-10（d）所示。

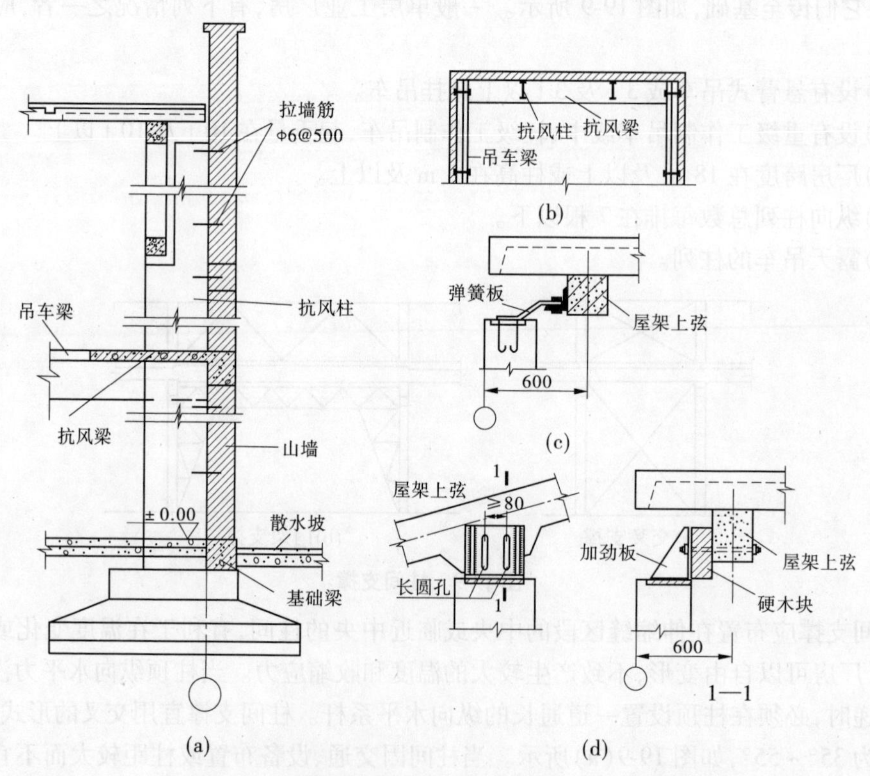

图 19-10　抗风柱的布置和连接构造　（单位：mm）

抗风柱的上柱宜用矩形截面，其截面尺寸 $b \times h$ 不宜小于350 mm×350 mm；下柱宜采用I形或矩形截面，当柱较高时也可用双肢柱。

(二)圈梁、连系梁、过梁和基础梁

当用砖砌体作为厂房围护墙时，为了增强厂房的总体刚度和墙体的整体性，一般要设置圈梁、连系梁、过梁和基础梁。

圈梁的布置与墙体高度、对厂房的要求以及地基情况有关。单层工业厂房一般参照下述原则布置：无桥式吊车厂房，当墙厚不大于240 mm，檐高为5～8 m时，应在檐口附近布置一道，当檐高大于8 m时，宜增设一道；有桥式吊车或有较大振动设备的厂房，除在檐口或窗顶布置外，尚应在吊车梁处或墙中适当位置增设一道，当外墙高度大于15 m时，还应适当增设。圈梁的其他构造要求参考学习情境十八的内容。

当厂房高度较大时，为防止墙体在基础顶面处局部承压不足，常以连系梁代替圈梁。连系梁多为预制，两端支撑在柱子牛腿上，通过连系梁将上面墙体的自重直接传给柱子，如图19-11所示。

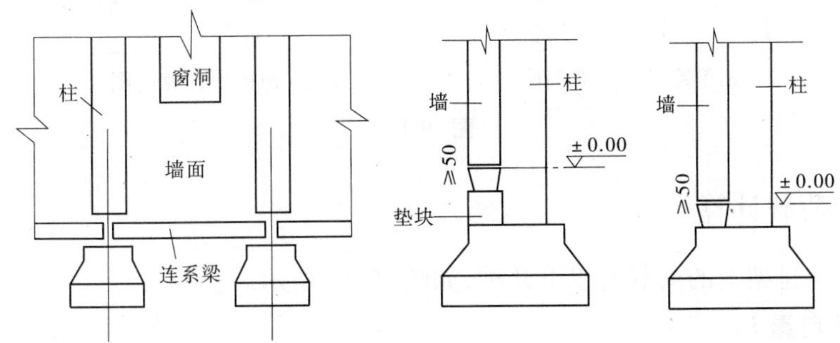

图19-11　基础梁的示意图（尺寸单位：mm）

在门窗洞口上布置过梁，以承托洞口上部墙体的自重。

当厂房采用钢筋混凝土柱承重时，常用基础梁承托围护墙的自重，并将其传至桩基，而不另做墙基础。

子情境三　单层工业厂房排架计算方法与构造要求

一、排架计算简图

(一)计算单元

在不考虑排架间空间作用的情况下，对一般单层工业厂房，柱距相等，每一中间的横向排架所承担的荷载(吊车荷载除外)及受力情况是相同的。因此，计算时可取任意一个柱距内的结构作为计算单元(见图19-12)。作用在计算单元上的荷载由该单元内的横向排架承担。吊车荷载按吊车梁传给柱子的局部荷载计算。

(二)基本假定与计算简图

在计算简图的简化中，根据构造与实践经验作如下假定：

(1)屋架(屋面梁)与柱顶为铰结，柱下端嵌固于基础顶面。

(2)横梁为没有轴向变形的刚性杆件。(本假定不适用于下弦为柔性拉杆的屋架及两铰、三铰拱)

(3)柱的计算轴线应取上、下部柱截面的形心线。

柱的总高 H 可由柱顶标高加上基础顶面标高的绝对值求和。上柱高 H_u 由柱顶标高减去轨顶标高,再加上轨道构造高度和吊车梁支撑处的梁高求得。

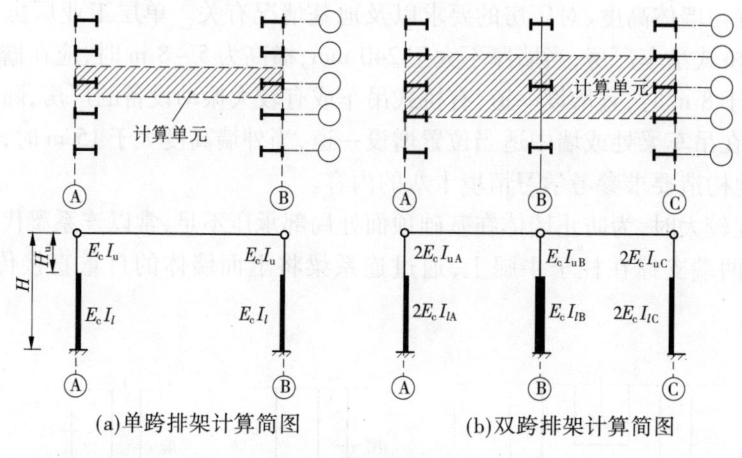

图 19-12

二、排架荷载计算

作用在横向排架上的荷载有以下几种,如图 19-13 所示。

(一)屋盖自重 P_1

屋盖自重包括各构造层、屋面板、天沟板、屋架、天窗架、屋盖支撑以及与屋架连接的设备管道等的自重,其值可根据构件的设计尺寸和材料重力密度进行计算;标准构件可从标准图集上查得。常用材料自重标准值可查《建筑结构荷载规范》(GB 50009—2001)。这些荷载总和 P_1 通过屋架的支点作用于柱顶,作用点位于厂房定位轴线内侧 150 mm 处(见图 19-14)。因此,P_1 对上、下柱截面的几何中心分别有偏心距 e_1 和 e_2,$e_1=\frac{h_1}{2}-150$,$e_2=\frac{h_2}{2}-150$(h_1、h_2 分别为上、下柱截面在弯矩作用平面方向的尺寸)。

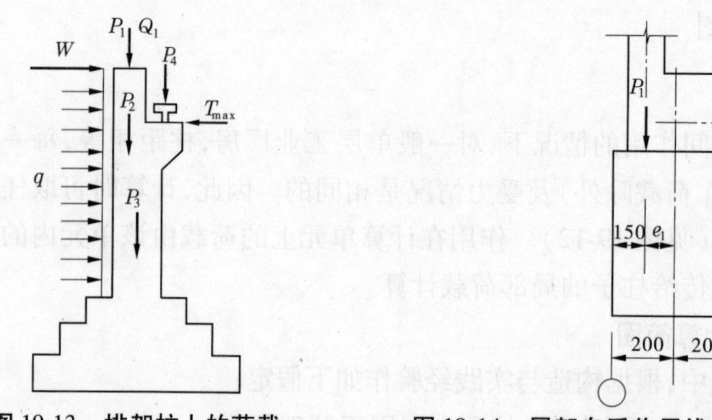

图 19-13 排架柱上的荷载　　图 19-14 屋架自重作用线与轴线的关系 (单位:mm)

（二）上柱自重 P_2、下柱自重 P_3、吊车梁及轨道自重 P_4

上柱自重 P_2 沿上柱中心线作用，按上柱截面尺寸和柱高计算；下柱自重 P_3 沿下柱中心线作用，按下柱截面尺寸和柱高计算；吊车梁及轨道自重 P_4 按标准图采用，作用线与吊车梁轨道中心线相重合。一般吊车梁中心线到边柱外缘或中柱中心线距离为 750 mm。

（三）活荷载 Q_1

屋面活荷载包括屋面均布活荷载、雪荷载和屋面积灰荷载。屋面活荷载 Q_1 以集中形式与 P_1 一样，通过层架支点作用于柱顶。

1. 屋面均布活荷载

按《荷载规范》采用。

2. 雪荷载

按《荷载规范》第 6.5.1 条采用，屋面水平投影面上雪荷载标准值按下式计算

$$s_k = \mu_r s_0 \tag{19-1}$$

式中：s_k 为雪荷载标准值，kN/m²；μ_r 为屋面积雪分布系数，按《荷载规范》中表 5.2.1 采用，排架计算时可按积雪全跨均布考虑，取 $\mu_r = 1$；s_0 为基本雪压，kN/m²，按《荷载规范》中的基本雪压分布图确定。

3. 屋面积灰荷载

生产中有大量排灰的厂房应考虑积灰荷载，见《荷载规范》表 4.4.1。《荷载规范》规定，屋面均布活荷载不与雪荷载同时考虑，取两者中较大值。积灰荷载应与雪荷载或者与屋面均布活荷载同时考虑，取两者的较大值。

（四）风荷载

垂直于厂房各部分表面的风荷载标准值 w_k（kN/m²）按下式计算

$$w_k = \beta_z \mu_s \mu_z w_0 \tag{19-2}$$

式中：w_0 为基本风压值，按《荷载规范》中的基本风压分布图确定，但不得小于 0.25 kN/m²；β_z 为 z 高度处的风振系数，单层工业厂房的 $\beta_z = 1.0$；μ_s 为风荷载体型系数，按建筑物的体型查《荷载规范》的表 6.3.1；μ_z 为风压高度变化系数。

为简化计算，可以假定作用在柱顶以下墙面上的风荷载为均布，迎风面为 w_1，背风面为 w_2，其风压高度变化系数按柱顶标高取值；柱顶以上的风荷载按作用于柱顶的水平集中力 W 计算，这时风压高度变化系数为：无天窗时，按天窗檐口标高取值（见图 19-15）。

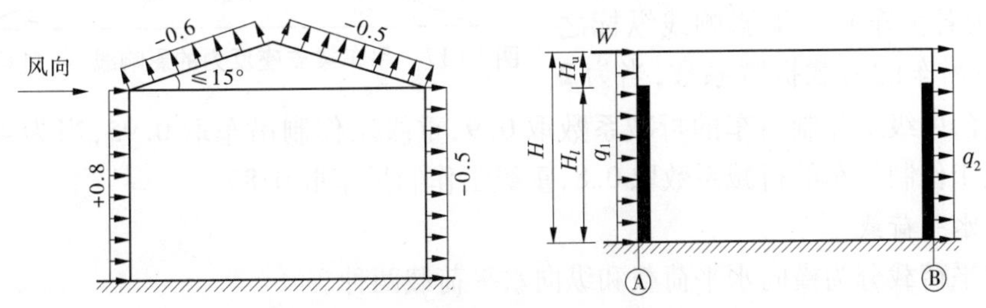

图 19-15　风荷载作用下的计算简图

（五）吊车荷载

吊车荷载分为竖向荷载和水平荷载两种形式。

1. 吊车竖向荷载 D_{max}（或 D_{min}）

吊车竖向荷载指的是吊车（大车和小车）自重与所吊物体自重经吊车梁传给柱的竖向压力。如图 19-16 所示，当吊车起重量达到额定最大值且小车同时驶到大车一侧的极限位置时，则作用在该柱列吊车梁轨道上的压力为最大轮压 P_{max}，另一侧轨道上的轮压为最小轮压 P_{min}，P_{max} 和 P_{min} 同时发生。计算吊车轮压施加于排架柱的荷载时，应考虑数台吊车的不利组合：对单跨厂房，最多考虑 2 台吊车；对多跨厂房，最多考虑 4 台吊车。P_{max} 和 P_{min} 的标准值 $P_{max,k}$ 及 $P_{min,k}$ 可以从吊车产品目录或起重运输机械专业标准中查得。

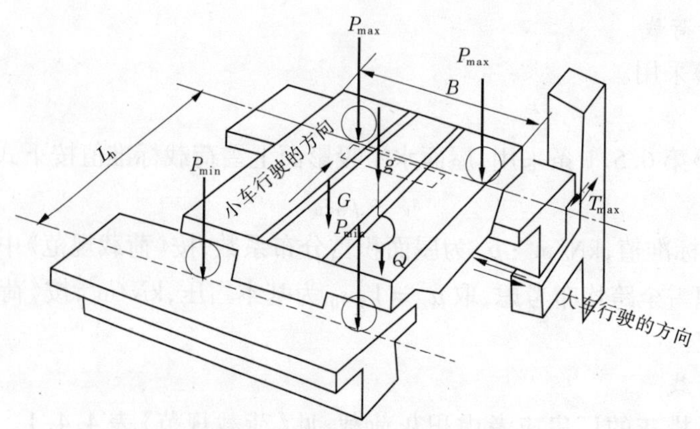

图 19-16　桥式吊车的受力情况

P_{max} 和 P_{min} 的设计值按下式计算

$$\left.\begin{aligned} P_{max} &= \gamma_Q P_{max,k} \\ P_{min} &= \gamma_Q P_{min,k} \end{aligned}\right\} \tag{19-3}$$

P_{max} 和 P_{min} 确定后，即可根据吊车梁的支座反力影响线及吊车轮子的最不利位置（见图 19-17），计算出由吊车梁传给柱子的最大吊车竖向荷载 D_{max} 和最小吊车竖向荷载 D_{min}

$$\left.\begin{aligned} D_{max} &= \beta P_{max} \sum y_i \\ D_{min} &= \beta P_{min} \sum y_i \end{aligned}\right\} \tag{19-4}$$

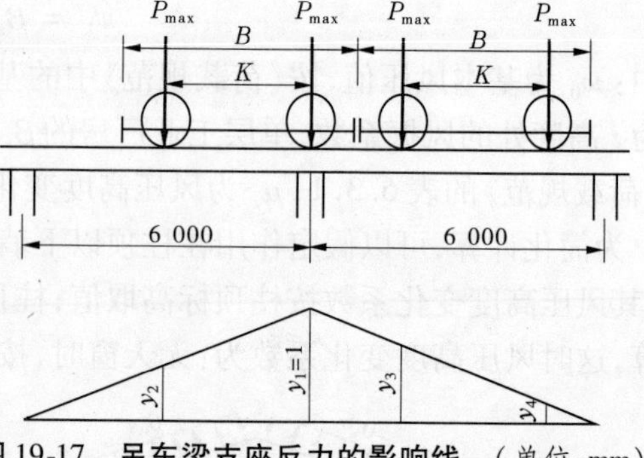

图 19-17　吊车梁支座反力的影响线　（单位：mm）

式中：$\sum y_i$ 为各大车轮子下影响线纵标之和；β 为多台吊车的荷载折减系数，当为 2 台吊车时，轻、中级工作制吊车的折减系数取 0.9，重级工作制吊车取 0.95，当为 4 台吊车时，轻、中级工作制吊车的折减系数取 0.8，重级工作制吊车取 0.85。

2. 吊车水平荷载

吊车水平荷载分为横向水平荷载和纵向水平荷载两种。

吊车的横向水平荷载主要是指小车吊起重物在大车轨道上启动或刹车时产生的惯性力。这种横向惯性力通过小车制动轮与大车上的轨道间的摩擦力传给大车，大车又通过它的车轮在吊车轨顶作用于吊车梁的顶面与柱联结处。其方向与轨道垂直，并考虑正反两个方向的情况。

一般四轮吊车满载运行时，大车每一个车轮上产生的横向水平制动力的标准值按下式确定

$$T_k = \frac{1}{4}\alpha(Q + g) \tag{19-5}$$

式中：Q 为吊车额定起重量标准值，kN；g 为小车自重标准值，kN；α 为横向制动系数。

对软钩吊车：当 $Q \leqslant 10$ t 时，取 $\alpha = 0.12$；当 $Q = 15 \sim 50$ t 时，取 $\alpha = 0.10$；当 $Q \geqslant 75$ t 时，取 $\alpha = 0.08$。对硬钩吊车，取 $\alpha = 0.20$。

吊车在排架上产生最大横向水平荷载标准值 $T_{max,k}$ 时的吊车位置与产生 D_{max}、D_{min} 时相同。因此，排架柱所受的最大横向水平荷载标准值和设计值可由下面两式求得

$$\left.\begin{aligned} T_{max,k} &= \beta T_k \sum y_i \\ T_{max} &= \gamma_Q T_{max,k} = \gamma_Q \beta T_k \sum y_i \end{aligned}\right\} \tag{19-6}$$

《荷载规范》规定，在计算横向水平荷载时，一个排架上最多能考虑两台吊车。

吊车的纵向水平荷载是指大车在厂房纵向启动或刹车时所产生的惯性力，作用于刹车轮与轨道的接触点上，方向与轨道平行，由厂房的纵向排架承担，与横向排架结构无关。吊车纵向水平荷载设计值应按作用在一边轨道上所有刹车轮的最大轮压之和的10%计算，即

$$T_0 = \gamma_Q \frac{nP_{max}}{10} \tag{19-7}$$

式中：P_{max} 为吊车最大轮压；n 为吊车每侧的制动轮数，对一般四轮吊车，$n = 1$。

三、排架内力计算与不利荷载组合

单层工业厂房的横向排架可分为两种类型：等高排架和不等高排架。如果排架各柱顶标高相同，或柱顶标高不同，由倾斜横梁贯通联结，当排架发生水平位移时，各柱顶位移相同，这类排架称为等高排架；若柱顶位移不相同，则称为不等高排架。用剪力分配法计算等高排架的方法见结构力学教材，对于不等高排架，可以参阅有关资料按力法进行计算。

按上述排架内力计算方法，可以分别求出排架柱在各种作用下所产生的内力（M、N、V），但对排架柱的某一截面而言，在恒荷载及哪几种活荷载的作用下才产生最不利的内力？然后根据这个最不利内力来进行柱截面的配筋计算，这是排架的内力组合和荷载组合所需解决的问题。

（一）控制截面

控制截面是指对柱的配筋和基础设计起控制作用的截面。

荷载作用下，排架柱的内力是沿柱高变化的。设计时应根据内力图及截面变化情况，分段选取若干个控制截面来计算。为方便施工，一般阶形柱的各段均采用相同的截面配筋。单阶柱中，对上柱来说，上柱底截面的内力一般比其他截面的内力大，通常取上柱柱底截面为控制截面（见图19-18中的Ⅰ—Ⅰ截面）；对下柱来说，在吊车竖向荷载作用下，牛腿顶面处弯矩最大，在风荷载和吊车横向水平荷载作用下，柱底截面弯矩最大。因此，通常取图19-18中的Ⅱ—Ⅱ、Ⅲ—Ⅲ截面作为下柱的控制截面。

（二）荷载组合

《荷载规范》规定，对一般的排架、框架结构，采用下列简化的组合方式

$$S = \gamma_G C_G G_k + \Psi \sum_{i=1}^{n} \gamma_{Qi} C_{Qi} Q_{ik}$$

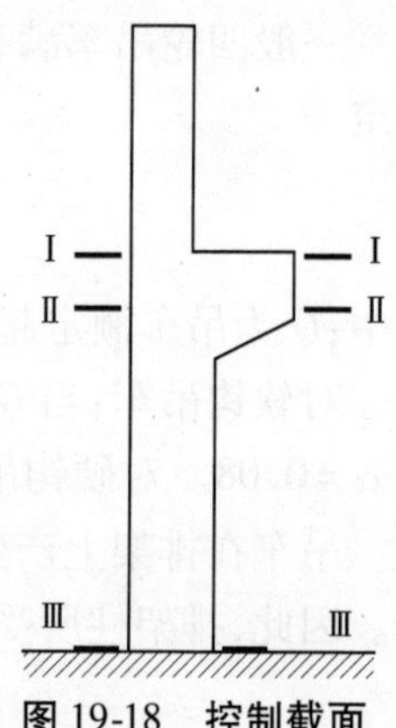

图 19-18 控制截面

式中：Ψ 为可变荷载的组合系数，当参与组合的可变荷载有两个或两个以上，且其中包括风荷载时，取 $\Psi = 0.85$，其他情况均取 $\Psi = 1.0$。

根据以上原则，荷载组合可有：

(1)恒荷载+0.85(屋面活荷载+吊车荷载+风荷载)；

(2)恒荷载+0.85(吊车荷载+风荷载)；

(3)恒荷载+0.85(屋面活荷载+风荷载)；

(4)恒荷载+风荷载；

(5)恒荷载+屋面活荷载+吊车荷载；

(6)恒荷载+吊车荷载；

(7)恒荷载+屋面荷载。

实际上，主要的荷载组合是第(1)~(4)种。在吊车起重量不太大的厂房中，第(3)、(4)种组合常起控制作用。

(三)内力组合

普通矩形、I形截面柱的每一控制截面，一般应考虑以下四种不利内力组合：

(1) $+M_{max}$ 及相应的 N、V；

(2) $-M_{max}$ 及相应的 N、V；

(3) N_{max} 及相应的 $\pm M$(取绝对值较大者)、V；

(4) N_{min} 及相应的 $\pm M$(取绝对值较大者)、V。

以上四种内力组合中，第(1)、(2)、(4)组是以构件可能出现大偏心受压破坏进行组合的，第(3)组则是以构件可能出现小偏心受压破坏进行组合的。

计算表明，在以上四种组合外，还可能存在更不利的内力组合。但实际工程经验表明，按上述四种内力组合确定的最不利内力已能满足工程设计要求。

在上述四种组合中，对柱底截面必须组合相应的剪力 V 值，以供基础设计的需要。

(四)内力组合的注意点

(1)恒荷载在任意情况下都应参加组合。

(2)在吊车竖向荷载中，对单跨厂房应在 D_{max} 和 D_{min} 中两者取一；对多跨厂房，因一般按不多于4台吊车考虑，因此对 D(指 D_{max}、D_{min})最多只能在不同跨各取一项。

吊车横向水平荷载 T_{max} 同时作用于其左右两边的柱上，其方向可左可右，不论是单跨还是多跨，因为只考虑2台吊车，因此组合时均只能取一项。

同一跨内的 D_{max} 与 T_{max} 不一定同时产生，但组合时不能仅组合 T_{max} 项而不组合 D_{max} 或 D_{min} 项，以及 T_{max} 不能脱离吊车竖向荷载而单独存在。

风荷载有左风和右风，两者取一。

在每一种组合中，M、N、V 应是相应的，即应是在相同荷载下产生的。

在组合时，吊车荷载应乘以折减系数后采用，折减系数按《荷载规范》采用。

四、单层工业厂房柱的设计

单层工业厂房排架柱的设计内容一般包括确定柱截面尺寸，根据各控制截面的最不利组合的内力进行截面配筋设计,施工吊装运输阶段的强度和裂缝宽度验算,连接构造和绘制施工图等。

(一)截面尺寸

柱截面尺寸除应保证具有足够的承载能力外,还应有一定的刚度,以免造成厂房横向的最不利纵向变形过大,发生吊车轮和轨道的过早磨损,影响吊车正常运行或导致墙与屋盖产生裂缝,影响厂房的正常使用。柱截面尺寸可按表 19-1、表 19-2 确定。

I 形柱的翼缘厚度不宜小于 100 mm,腹板厚度不宜小于 80 mm。I 形柱的腹板可以开孔洞。当孔的横向尺寸小于柱截面高度的一半,竖向尺寸小于相邻两孔洞中距的一半时,柱的刚度可按实腹 I 形柱计算,承载力计算时,应扣除孔洞的削弱部分。当开孔尺寸超过上述范围时,则应按双肢柱计算。

(二)截面配筋设计

根据排架计算求得的控制截面最不利内力组合 M、N、V,按偏心受压构件进行截面配筋计算。由于柱截面在排架方向有正反方向相近的弯矩,并为了避免施工中出现差错,一般常采用对称配筋。具有刚性屋盖的单层工业厂房排架柱和露天栈桥柱的计算长度 l_0 按表 19-3取用。

表 19-3　采用刚性屋盖的单层工业厂房排架柱和露天栈桥柱的计算长度 l_0

项次	柱的类型		排架方向	垂直排架方向	
				有柱间支撑	无柱间支撑
1	无吊车厂房柱	单跨	$1.5H$	$1.0H$	$1.2H$
		两跨及多跨	$1.25H$	$1.0H$	$1.2H$
2	有吊车厂房柱	上柱	$2.0H_u$	$1.25H_u$	$1.5H_u$
		下柱	$1.0H_l$	$0.8H_l$	$1.0H_l$
3	露天吊车和栈桥柱		$2.0H_l$	$1.0H_l$	—

注:(1)H 为从基础顶面算起的柱全高;H_l 为从基础顶面至装配式吊车梁底面或现浇吊车梁顶面的柱下部高度;H_u 为从装配式吊车梁底面或从现浇吊车梁顶面算起的柱上部高度。

(2)表中有吊车厂房排架柱的计算长度,当计算中不考虑吊车荷载时,可按无吊车厂房的计算长度采用,但上柱的计算长度仍按有吊车厂房采用。

(3)表中有吊车厂房排架柱,在排架方向上柱的计算长度仅适用于$\frac{H_u}{H_l}\geq 0.3$ 的情况,当$\frac{H_u}{H_l}<0.3$ 时,宜采用$2.5H_u$。

(三)吊装运输阶段的验算

单层厂房施工时,常采用预制柱。预制柱在吊装运输时的受力状态与其使用阶段不同,所以应进行施工阶段的承载力及裂缝宽度验算。

预制柱的混凝土强度达到设计值的 70%,即可进行吊装。当柱中配筋能满足平吊时的承载力和裂缝宽度要求时,宜采用平吊,以简化施工。但是,当平吊带来柱中配筋大幅度增加时,为节约钢筋用量,则应考虑翻身起吊。

吊装验算时的计算简图应根据吊装方法确定,如采用一点起吊,吊点位置设在牛腿下边缘处。当吊点刚离开地面时,柱子底端搁在地上,柱子相当于带悬臂的外伸梁,计算简图如图 19-19 所示。吊装验算时作用于柱上的荷载为其自重,将自重乘以动力系数 1.5,以考虑起吊时的动力作用,而且考虑吊装过程时间短促,承载力验算时结构的重要性系数较使用阶段降低一级。当采用翻身起吊时,截面受力方向与使用阶段一致,一般不需验算。平吊时,截面的受力方向为短边方向,I 形截面的腹板可以忽略,简化为宽为 $2h_f$、高为 b_f 的矩形受弯构件进行验算。这时只考虑两翼缘最外边一根钢筋作为受力筋 A_s 和 A'_s。

为简化计算,吊装运输阶段裂缝宽度可按控制钢筋应力和直径的办法来间接控制,即满足下式要求

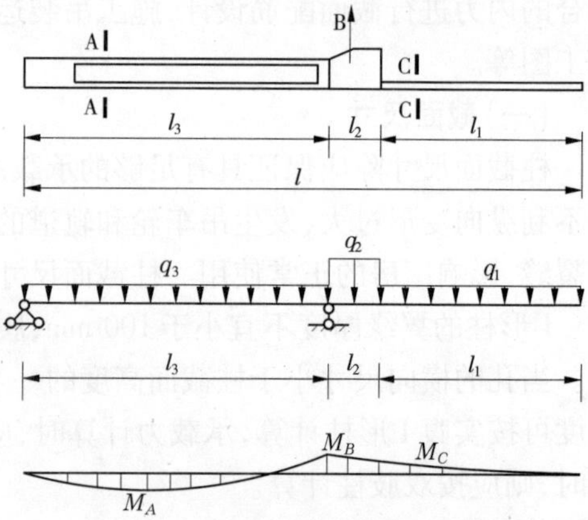

图 19-19　柱吊装时的受力示意图

$$\sigma_{ss} = \frac{M_s}{0.87A_s h_0} \leqslant [\sigma_{ss}] \qquad (19\text{-}8)$$

式中:M_s 为吊装运输阶段的最大弯矩标准值;$[\sigma_{ss}]$为不需验算裂缝宽度的钢筋最大容许应力。

五、牛腿设计

单层厂房排架柱一般都带有牛腿,以支撑吊车梁、屋架及连系梁。

根据牛腿所受竖向荷载作用点到牛腿下部与柱边缘交接点水平距离 a 的大小,可把牛腿分成两类:当 $a \leqslant h_0$ 时为短牛腿,如图 19-20(a)所示;当 $a > h_0$ 时为长牛腿,如图 19-20(b)所示。此处 h_0 为牛腿垂直截面的有效高度。

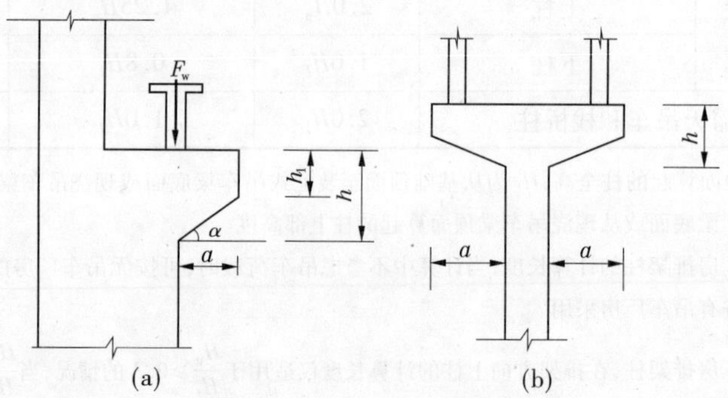

图 19-20　牛腿的分类

长牛腿可按悬臂梁进行设计。短牛腿实质上是一变截面悬臂深梁,应力状态与普通悬臂梁不同,以下主要讨论短牛腿(简称牛腿)的设计方法。

牛腿的截面高度通常以斜截面的抗裂度为控制条件,设计时一般可先根据经验预先假定牛腿高度,然后按式(19-9)进行验算,如图 19-21 所示。

$$F_{vk} = \beta\left(1 - 0.5\frac{F_{hk}}{F_{vk}}\right)\frac{f_{tk}bh_0}{0.5 + a/h_0} \qquad (19\text{-}9)$$

式中:F_{vk}为作用于牛腿顶部的竖向力标准值;F_{hk}为作用于牛腿顶部的水平拉力标准值;β 为裂缝控制系数,对承受重级工作制吊车的牛腿取 $\beta = 0.65$,其他牛腿,取 $\beta = 0.80$;a 为竖向

力作用点至下柱边缘的水平距离,此时应考虑安装偏差 20 mm,当 $a<0$ 时,取 $a=0$;b 为牛腿宽度;h_0 为牛腿与下柱交接处的垂直截面有效高度,取 $h_0=h_1-a_s+c\tan\alpha$,当 $\alpha>45°$时,取 $\alpha=45°$,c 为下柱边缘到牛腿外边缘的水平长度。

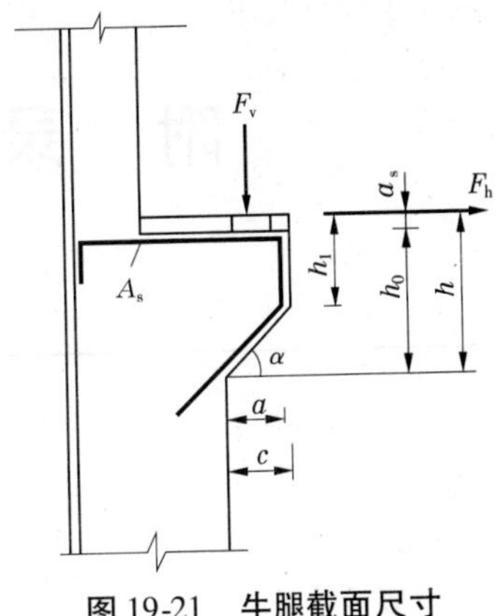

图 19-21 牛腿截面尺寸

牛腿的受压面在竖向力 F_{vk} 作用下,局部压应力不得超过 $0.75f_c$,否则应采取加大受压面积或设置钢筋网等措施。

习 题

19-1 单层工业厂房可分为哪几类?

19-2 单层工业厂房的主要构件有哪些?传力路径是什么?

19-3 单层工业厂房结构布置的原则有哪些?

19-4 单层工业厂房中有哪些支撑?各有什么作用?

19-5 单层工业厂房中排架上的荷载有哪些?

19-6 排架柱在进行最不利内力组合时,如何组合各荷载引起的内力?应进行哪些组合?

19-7 排架柱的截面尺寸是怎样确定的?

19-8 常见的屋面板、屋架、吊车梁有哪些?分别适用于怎样的工程中?

附　录　常用型钢规格表

附表 1　普通工字钢

符号：h—高度；

b—宽度；

t_w—腹板厚度；

t—翼缘平均厚度；

I—惯性矩；

W—截面模量；

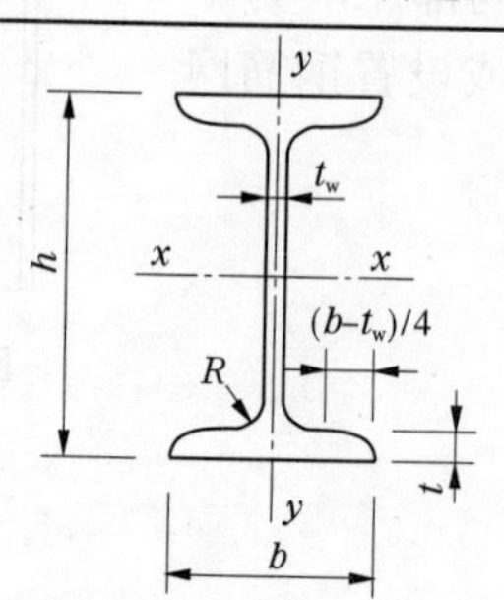

i—回转半径；

S_x—半截面的面积矩。

长度：

型号 10 ~ 18，长 5 ~ 19 m；

型号 20 ~ 63，长 6 ~ 19 m

型号	尺寸(mm)					截面面积 (cm^2)	理论质量 (kg/m)	x—x 轴				y—y 轴		
	h	b	t_w	t	R			I_x (cm^4)	W_x (cm^3)	i_x (cm)	I_x/S_x (cm)	I_y (cm^4)	W_y (cm^3)	i_y (cm)
10	100	68	4.5	7.6	6.5	14.3	11.2	245	49	4.14	8.69	33	9.6	1.51
12.6	126	74	5	8.4	7	18.1	14.2	488	77	5.19	11	47	12.7	1.61
14	140	80	5.5	9.1	7.5	21.5	16.9	712	102	5.75	12.2	64	16.1	1.73
16	160	88	6	9.9	8	26.1	20.5	1 127	141	6.57	13.9	93	21.1	1.89
18	180	94	6.5	10.7	8.5	30.7	24.1	1 699	185	7.37	15.4	123	26.2	2.00
20 a	200	100	7	11.4	9	35.5	27.9	2 369	237	8.16	17.4	158	31.6	2.11
b		102	9			39.5	31.1	2 502	250	7.95	17.1	169	33.1	2.07
22 a	220	110	7.5	12.3	9.5	42.1	33	3 406	310	8.99	19.2	226	41.1	2.32
b		112	9.5			46.5	36.5	3 583	326	8.78	18.9	240	42.9	2.27
25 a	250	116	8	13	10	48.5	38.1	5 017	401	10.2	21.7	280	48.4	2.4
b		118	10			53.5	42	5 278	422	9.93	21.4	297	50.4	2.36
28 a	280	122	8.5	13.7	10.5	55.4	43.5	7 115	508	11.3	24.3	344	56.4	2.49
b		124	10.5			61	47.9	7 481	534	11.1	24	364	58.7	2.44
32 a	320	130	9.5	15	11.5	67.1	52.7	11 080	692	12.8	27.7	459	70.6	2.62
b		132	11.5			73.5	57.7	11 626	727	12.6	27.3	484	73.3	2.57
c		134	13.5			79.9	62.7	12 173	761	12.3	26.9	510	76.1	2.53

续附表 1

型号		尺寸(mm)					截面面积	理论质量	x—x 轴				y—y 轴		
		h	b	t_w	t	R	(cm^2)	(kg/m)	I_x (cm^4)	W_x (cm^3)	i_x (cm)	I_x/S_x (cm)	I_y (cm^4)	W_y (cm^3)	i_y (cm)
36	a	360	136	10	15.8	12	76.4	60	15 796	878	14.4	31	555	81.6	2.69
	b		138	12			83.6	65.6	16 574	921	14.1	30.6	584	84.6	2.64
	c		140	14			90.8	71.3	17 351	964	13.8	30.2	614	87.7	2.6
40	a	400	142	10.5	16.5	12.5	86.1	67.6	21 714	1 086	15.9	34.4	660	92.9	2.77
	b		144	12.5			94.1	73.8	22 781	1 139	15.6	33.9	693	96.2	2.71
	c		146	14.5			102	80.1	23 847	1 192	15.3	33.5	727	99.7	2.67
45	a	450	150	11.5	18	13.5	102	80.4	32 241	1 433	17.7	38.5	855	114	2.89
	b		152	13.5			111	87.4	33 759	1 500	17.4	38.1	895	118	2.84
	c		154	15.5			120	94.5	35 278	1 568	17.1	37.6	938	122	2.79
50	a	500	158	12	20	14	119	93.6	46 472	1 859	19.7	42.9	1 122	142	3.07
	b		160	14			129	101	48 556	1 942	19.4	42.3	1 171	146	3.01
	c		162	16			139	109	50 639	2 026	19.1	41.9	1 224	151	2.96
56	a	560	166	12.5	21	14.5	135	106	65 576	2 342	22	47.9	1 366	165	3.18
	b		168	14.5			147	115	68 503	2 447	21.6	47.3	1 424	170	3.12
	c		170	16.5			158	124	71 430	2 551	21.3	46.8	1 485	175	3.07
63	a	630	176	13	22	15	155	122	94 004	2 984	24.7	53.8	1 702	194	3.32
	b		178	15			167	131	98 171	3 117	24.2	53.2	1 771	199	3.25
	c		780	17			180	141	102 339	3 249	23.9	52.6	1 842	205	3.2

附表2 H型钢

符号：h—高度；

b—宽度；

t_1—腹板厚度；

t_2—翼缘厚度；

I—惯性矩；

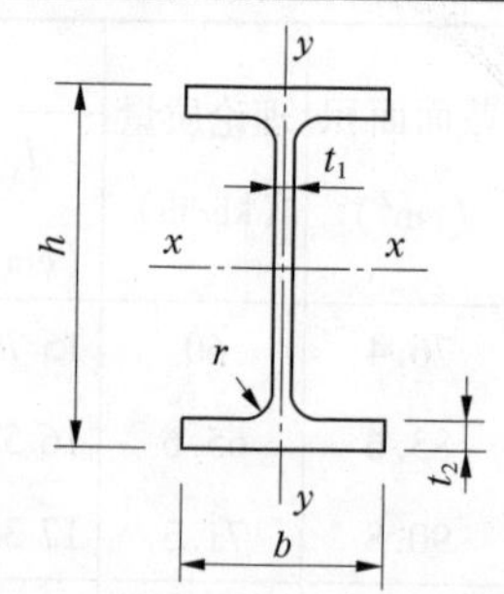

W—截面模量；

i—回转半径

类别	H 型钢规格 ($h \times b \times t_1 \times t_2$)	截面面积 A (cm^2)	质量 q (kg/m)	x—x 轴			y—y 轴		
				I_x (cm^4)	W_x (cm^3)	i_x (cm)	I_y (cm^4)	W_y (cm^3)	i_y (cm)
HW	100×100×6×8	21.9	17.22	383	76.5	4.18	134	26.7	2.47
	125×125×6.5×9	30.31	23.8	847	136	5.29	294	47	3.11
	150×150×7×10	40.55	31.9	1 660	221	6.39	564	75.1	3.73
	175×175×7.5×11	51.43	40.3	2 900	331	7.5	984	112	4.37
	200×200×8×12	64.28	50.5	4 770	477	8.61	1 600	160	4.99
	#200×204×12×12	72.28	56.7	5 030	503	8.35	1 700	167	4.85
	250×250×9×14	92.18	72.4	10 800	867	10.8	3 650	292	6.29
	#250×255×14×14	104.7	82.2	11 500	919	10.5	3 880	304	6.09
	#294×302×12×12	108.3	85	17 000	1 160	12.5	5 520	365	7.14
	300×300×10×15	120.4	94.5	20 500	1 370	13.1	6 760	450	7.49
	300×305×15×15	135.4	106	21 600	1 440	12.6	7 100	466	7.24
	#344×348×10×16	146	115	33 300	1 940	15.1	11 200	646	8.78
	350×350×12×19	173.9	137	40 300	2 300	15.2	13 600	776	8.84
	#388×402×15×15	179.2	141	49 200	2 540	16.6	16 300	809	9.52
	#394×398×11×18	187.6	147	56 400	2 860	17.3	18 900	951	10
	400×400×13×21	219.5	172	66 900	3 340	17.5	22 400	1 120	10.1
	#400×408×21×21	251.5	197	71 100	3 560	16.8	23 800	1 170	9.73
	#414×405×18×28	296.2	233	93 000	4 490	17.7	31 000	1 530	10.2
	#428×407×20×35	361.4	284	119 000	5 580	18.2	39 400	1 930	10.4
HM	148×100×6×9	27.25	21.4	1 040	140	6.17	151	30.2	2.35
	194×150×6×9	39.76	31.2	2 740	283	8.3	508	67.7	3.57
	244×175×7×11	56.24	44.1	6 120	502	10.4	985	113	4.18
	294×200×8×12	73.03	57.3	11 400	779	12.5	1 600	160	4.69
	340×250×9×14	101.5	79.7	21 700	1 280	14.6	3 650	292	6

续附表 2

类别	H 型钢规格 $(h \times b \times t_1 \times t_2)$	截面面积 A (cm^2)	质量 q (kg/m)	$x—x$ 轴 I_x (cm^4)	W_x (cm^3)	i_x (cm)	$y—y$ 轴 I_y (cm^4)	W_y (cm^3)	i_y (cm)
HM	390×300×10×16	136.7	107	38 900	2 000	16.9	7 210	481	7.26
	440×300×11×18	157.4	124	56 100	2 550	18.9	8 110	541	7.18
	482×300×11×15	146.4	115	60 800	2 520	20.4	6 770	451	6.8
	488×300×11×18	164.4	129	71 400	2 930	20.8	8 120	541	7.03
	582×300×12×17	174.5	137	103 000	3 530	24.3	7 670	511	6.63
	588×300×12×20	192.5	151	118 000	4 020	24.8	9 020	601	6.85
	#594×302×14×23	222.4	175	137 000	4 620	24.9	10 600	701	6.9
HN	100×50×5×7	12.16	9.54	192	38.5	3.98	14.9	5.96	1.11
	125×60×6×8	17.01	13.3	417	66.8	4.95	29.3	9.75	1.31
	150×75×5×7	18.16	14.3	679	90.6	6.12	49.6	13.2	1.65
	175×90×5×8	23.21	18.2	1 220	140	7.26	97.6	21.7	2.05
	198×99×4.5×7	23.59	18.5	1 610	163	8.27	114	23	2.2
	200×100×5.5×8	27.57	21.7	1 880	188	8.25	134	26.8	2.21
	248×124×5×8	32.89	25.8	3 560	287	10.4	255	41.1	2.78
	250×125×6×9	37.87	29.7	4 080	326	10.4	294	47	2.79
	298×149×5.5×8	41.55	32.6	6 460	433	12.4	443	59.4	3.26
	300×150×6.5×9	47.53	37.3	7 350	490	12.4	508	67.7	3.27
	346×174×6×9	53.19	41.8	11 200	649	14.5	792	91	3.86
	350×175×7×11	63.66	50	13 700	782	14.7	985	113	3.93
	#400×150×8×13	71.12	55.8	18 800	942	16.3	734	97.9	3.21
	396×199×7×11	72.16	56.7	20 000	1 010	16.7	1 450	145	4.48
	400×200×8×13	84.12	66	23 700	1 190	16.8	1 740	174	4.54
	#450×150×9×14	83.41	65.5	27 100	1 200	18	793	106	3.08
	446×199×8×12	84.95	66.7	29 000	1 300	18.5	1 580	159	4.31
	450×200×9×14	97.41	76.5	33 700	1 500	18.6	1 870	187	4.38
	#500×150×10×16	98.23	77.1	38 500	1 540	19.8	907	121	3.04
	496×199×9×14	101.3	79.5	41 900	1 690	20.3	1 840	185	4.27
	500×200×10×16	114.2	89.6	47 800	1 910	20.5	2 140	214	4.33
	#506×201×11×19	131.3	103	56 500	2 230	20.8	2 580	257	4.43
	596×199×10×15	121.2	95.1	69 300	2 330	23.9	1 980	199	4.04
	600×200×11×17	135.2	106	78 200	2 610	24.1	2 280	228	4.11
	#606×201×12×20	153.3	120	91 000	3 000	24.4	2 720	271	4.21
	#692×300×13×20	211.5	166	172 000	4 980	28.6	9 020	602	6.53
	700×300×13×24	235.5	185	201 000	5 760	29.3	10 800	722	6.78

注："#"表示的规格为非常用规格。

附表 3　普通槽钢

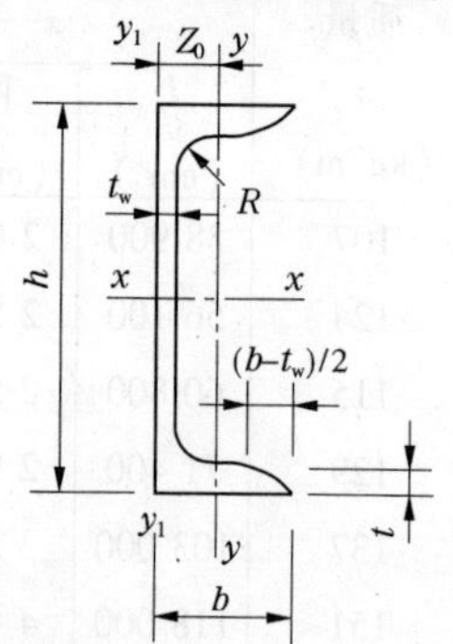

符号：

同普通工字钢，但 W_y 为对应翼缘肢尖

长度：

型号 5 ~ 8，长 5 ~ 12 m；

型号 10 ~ 18，长 5 ~ 19 m；

型号 20 ~ 20，长 6 ~ 19 m

型号		尺寸(mm)					截面面积 (cm²)	理论质量 (kg/m)	x—x 轴			y—y 轴			$y—y_1$ 轴	Z_0 (cm)
		h	b	t_w	t	R			I_x (cm⁴)	W_x (cm³)	i_x (cm)	I_y (cm⁴)	W_y (cm³)	i_y (cm)	I_{y1} (cm⁴)	
5		50	37	4.5	7	7	6.92	5.44	26	10.4	1.94	8.3	3.5	1.1	20.9	1.35
6.3		63	40	4.8	7.5	7.5	8.45	6.63	51	16.3	2.46	11.9	4.6	1.19	28.3	1.39
8		80	43	5	8	8	10.24	8.04	101	25.3	3.14	16.6	5.8	1.27	37.4	1.42
10		100	48	5.3	8.5	8.5	12.74	10	198	39.7	3.94	25.6	7.8	1.42	54.9	1.52
12.6		126	53	5.5	9	9	15.69	12.31	389	61.7	4.98	38	10.3	1.56	77.8	1.59
14	a	140	58	6	9.5	9.5	18.51	14.53	564	80.5	5.52	53.2	13	1.7	107.2	1.71
	b		60	8	9.5	9.5	21.31	16.73	609	87.1	5.35	61.2	14.1	1.69	120.6	1.67
16	a	160	63	6.5	10	10	21.95	17.23	866	108.3	6.28	73.4	16.3	1.83	144.1	1.79
	b		65	8.5	10	10	25.15	19.75	935	116.8	6.1	83.4	17.6	1.82	160.8	1.75
18	a	180	68	7	10.5	10.5	25.69	20.17	1 273	141.4	7.04	98.6	20	1.96	189.7	1.88
	b		70	9	10.5	10.5	29.29	22.99	1 370	152.2	6.84	111	21.5	1.95	210.1	1.84
20	a	200	73	7	11	11	28.83	22.63	1 780	178	7.86	128	24.2	2.11	244	2.01
	b		75	9	11	11	32.83	25.77	1 914	191.4	7.64	143.6	25.9	2.09	268.4	1.95
22	a	220	77	7	11.5	11.5	31.84	24.99	2 394	217.6	8.67	157.8	28.2	2.23	298.2	2.1
	b		79	9	11.5	11.5	36.24	28.45	2 571	233.8	8.42	176.5	30.1	2.21	326.3	2.03
25	a	250	78	7	12	12	34.91	27.4	3 359	268.7	9.81	175.9	30.7	2.24	324.8	2.07
	b		80	9	12	12	39.91	31.33	3 619	289.6	9.52	196.4	32.7	2.22	355.1	1.99
	c		82	11	12	12	44.91	35.25	3 880	310.4	9.3	215.9	34.6	2.19	388.6	1.96
28	a	280	82	7.5	12.5	12.5	40.02	31.42	4 753	339.5	10.9	217.9	35.7	2.33	393.3	2.09
	b		84	9.5	12.5	12.5	45.62	35.81	5 118	365.6	10.59	241.5	37.9	2.3	428.5	2.02
	c		86	11.5	12.5	12.5	51.22	40.21	5 484	391.7	10.35	264.1	40	2.27	467.3	1.99

续附表 3

型号		尺寸(mm)					截面面积(cm²)	理论质量(kg/m)	x—x 轴			y—y 轴			$y—y_1$ 轴	Z_0 (cm)
		h	b	t_w	t	R			I_x (cm⁴)	W_x (cm³)	i_x (cm)	I_y (cm⁴)	W_y (cm³)	i_y (cm)	I_{y1} (cm⁴)	
32	a	320	88	8	14	14	48.5	38.07	7 511	469.4	12.44	304.7	46.4	2.51	547.5	2.24
	b		90	10	14	14	54.9	43.1	8 057	503.5	12.11	335.6	49.1	2.47	592.9	2.16
	c		92	12	14	14	61.3	48.12	8 603	537.7	11.85	365	51.6	2.44	642.7	2.13
36	a	360	96	9	16	16	60.89	47.8	11 874	659.7	13.96	455	63.6	2.73	818.5	2.44
	b		98	11	16	16	68.09	53.45	12 652	702.9	13.63	496.7	66.9	2.7	880.5	2.37
	c		100	13	16	16	75.29	59.1	13 429	746.1	13.36	536.6	70	2.67	948	2.34
40	a	400	100	10.5	18	18	75.04	58.91	17 578	878.9	15.3	592	78.8	2.81	1 057.9	2.49
	b		102	12.5	18	18	83.04	65.19	18 644	932.2	14.98	640.6	82.6	2.78	1 135.8	2.44
	c		104	14.5	18	18	91.04	71.47	19 711	985.6	14.71	687.8	86.2	2.75	1 220.3	2.42

附表4 等边角钢

型号		圆角 R (mm)	重心矩 Z_0 (mm)	截面面积 A (cm²)	质量 (kg/m)	惯性矩 I_x (cm⁴)	截面模量 $W_{x\max}$ (cm³)	截面模量 $W_{x\min}$ (cm³)	回转半径 i_x (cm)	回转半径 i_{x0} (cm)	回转半径 i_{y0} (cm)	i_y,当 a 为下列数值 6 mm (cm)	8 mm	10 mm	12 mm	14 mm
20×	3	3.5	6	1.13	0.89	0.40	0.66	0.29	0.59	0.75	0.39	1.08	1.17	1.25	1.34	1.43
	4		6.4	1.46	1.15	0.50	0.78	0.36	0.58	0.73	0.38	1.11	1.19	1.28	1.37	1.46
∟25×	3	3.5	7.3	1.43	1.12	0.82	1.12	0.46	0.76	0.95	0.49	1.27	1.36	1.44	1.53	1.61
	4		7.6	1.86	1.46	1.03	1.34	0.59	0.74	0.93	0.48	1.30	1.38	1.47	1.55	1.64
∟30×	3	4.5	8.5	1.75	1.37	1.46	1.72	0.68	0.91	1.15	0.59	1.47	1.55	1.63	1.71	1.8
	4		8.9	2.28	1.79	1.84	2.08	0.87	0.90	1.13	0.58	1.49	1.57	1.65	1.74	1.82
∟36×	3	4.5	10	2.11	1.66	2.58	2.59	0.99	1.11	1.39	0.71	1.70	1.78	1.86	1.94	2.03
	4		10.4	2.76	2.16	3.29	3.18	1.28	1.09	1.38	0.70	1.73	1.8	1.89	1.97	2.05
	5		10.7	2.38	2.65	3.95	3.68	1.56	1.08	1.36	0.70	1.75	1.83	1.91	1.99	2.08
∟40×	3	5	10.9	2.36	1.85	3.59	3.28	1.23	1.23	1.55	0.79	1.86	1.94	2.01	2.09	2.18
	4		11.3	3.09	2.42	4.60	4.05	1.60	1.22	1.54	0.79	1.88	1.96	2.04	2.12	2.2
	5		11.7	3.79	2.98	5.53	4.72	1.96	1.21	1.52	0.78	1.90	1.98	2.06	2.14	2.23
∟45×	3	5	12.2	2.66	2.09	5.17	4.25	1.58	1.39	1.76	0.90	2.06	2.14	2.21	2.29	2.37
	4		12.6	3.49	2.74	6.65	5.29	2.05	1.38	1.74	0.89	2.08	2.16	2.24	2.32	2.4
	5		13	4.29	3.37	8.04	6.20	2.51	1.37	1.72	0.88	2.10	2.18	2.26	2.34	2.42
	6		13.3	5.08	3.99	9.33	6.99	2.95	1.36	1.71	0.88	2.12	2.2	2.28	2.36	2.44
∟50×	3	5.5	13.4	2.97	2.33	7.18	5.36	1.96	1.55	1.96	1.00	2.26	2.33	2.41	2.48	2.56
	4		13.8	3.90	3.06	9.26	6.70	2.56	1.54	1.94	0.99	2.28	2.36	2.43	2.51	2.59
	5		14.2	4.80	3.77	11.21	7.90	3.13	1.53	1.92	0.98	2.30	2.38	2.45	2.53	2.61
	6		14.6	5.69	4.46	13.05	8.95	3.68	1.51	1.91	0.98	2.32	2.4	2.48	2.56	2.64
∟56×	3	6	14.8	3.34	2.62	10.19	6.86	2.48	1.75	2.2	1.13	2.50	2.57	2.64	2.72	2.8
	4		15.3	4.39	3.45	13.18	8.63	3.24	1.73	2.18	1.11	2.52	2.59	2.67	2.74	2.82
	5		15.7	5.42	4.25	16.02	10.22	3.97	1.72	2.17	1.10	2.54	2.61	2.69	2.77	2.85
	8		16.8	8.37	6.57	23.63	14.06	6.03	1.68	2.11	1.09	2.60	2.67	2.75	2.83	2.91

续附表 4

型号	圆角	重心矩	截面面积	质量	惯性矩	截面模量		回转半径			i_y，当 a 为下列数值				
	R	Z_0	A	(kg/m)	I_x	W_{xmax}	W_{xmin}	i_x	i_{x0}	i_{y0}	6 mm	8 mm	10 mm	12 mm	14 mm
	(mm)		(cm^2)		(cm^4)	(cm^3)		(cm)			(cm)				
4		17	4.98	3.91	19.03	11.22	4.13	1.96	2.46	1.26	2.79	2.87	2.94	3.02	3.09
5		17.4	6.14	4.82	23.17	13.33	5.08	1.94	2.45	1.25	2.82	2.89	2.96	3.04	3.12
∟63 × 6	7	17.8	7.29	5.72	27.12	15.26	6.00	1.93	2.43	1.24	2.83	2.91	2.98	3.06	3.14
8		18.5	9.51	7.47	34.45	18.59	7.75	1.90	2.39	1.23	2.87	2.95	3.03	3.1	3.18
10		19.3	11.66	9.15	41.09	21.34	9.39	1.88	2.36	1.22	2.91	2.99	3.07	3.15	3.23
4		18.6	5.57	4.37	26.39	14.16	5.14	2.18	2.74	1.4	3.07	3.14	3.21	3.29	3.36
5		19.1	6.88	5.40	32.21	16.89	6.32	2.16	2.73	1.39	3.09	3.16	3.24	3.31	3.39
∟70 × 6	8	19.5	8.16	6.41	37.77	19.39	7.48	2.15	2.71	1.38	3.11	3.18	3.26	3.33	3.41
7		19.9	9.42	7.40	43.09	21.68	8.59	2.14	2.69	1.38	3.13	3.2	3.28	3.36	3.43
8		20.3	10.67	8.37	48.17	23.79	9.68	2.13	2.68	1.37	3.15	3.22	3.30	3.38	3.46
5		20.3	7.41	5.82	39.96	19.73	7.30	2.32	2.92	1.5	3.29	3.36	3.43	3.5	3.58
6		20.7	8.80	6.91	46.91	22.69	8.63	2.31	2.91	1.49	3.31	3.38	3.45	3.53	3.6
∟75 × 7	9	21.1	10.16	7.98	53.57	25.42	9.93	2.30	2.89	1.48	3.33	3.4	3.47	3.55	3.63
8		21.5	11.50	9.03	59.96	27.93	11.2	2.28	2.87	1.47	3.35	3.42	3.50	3.57	3.65
10		22.2	14.13	11.09	71.98	32.40	13.64	2.26	2.84	1.46	3.38	3.46	3.54	3.61	3.69
5		21.5	7.91	6.21	48.79	22.70	8.34	2.48	3.13	1.6	3.49	3.56	3.63	3.71	3.78
6		21.9	9.40	7.38	57.35	26.16	9.87	2.47	3.11	1.59	3.51	3.58	3.65	3.73	3.8
∟80 × 7	9	22.3	10.86	8.53	65.58	29.38	11.37	2.46	3.1	1.58	3.53	3.60	3.67	3.75	3.83
8		22.7	12.30	9.66	73.50	32.36	12.83	2.44	3.08	1.57	3.55	3.62	3.70	3.77	3.85
10		23.5	15.13	11.87	88.43	37.68	15.64	2.42	3.04	1.56	3.58	3.66	3.74	3.81	3.89
6		24.4	10.64	8.35	82.77	33.99	12.61	2.79	3.51	1.8	3.91	3.98	4.05	4.12	4.2
7		24.8	12.3	9.66	94.83	38.28	14.54	2.78	3.5	1.78	3.93	4	4.07	4.14	4.22
∟90 × 8	10	25.2	13.94	10.95	106.5	42.3	16.42	2.76	3.48	1.78	3.95	4.02	4.09	4.17	4.24
10		25.9	17.17	13.48	128.6	49.57	20.07	2.74	3.45	1.76	3.98	4.06	4.13	4.21	4.28
12		26.7	20.31	15.94	149.2	55.93	23.57	2.71	3.41	1.75	4.02	4.09	4.17	4.25	4.32
6		26.7	11.93	9.37	115	43.04	15.68	3.1	3.91	2	4.3	4.37	4.44	4.51	4.58
7		27.1	13.8	10.83	131	48.57	18.1	3.09	3.89	1.99	4.32	4.39	4.46	4.53	4.61
8		27.6	15.64	12.28	148.2	53.78	20.47	3.08	3.88	1.98	4.34	4.41	4.48	4.55	4.63
∟100 ×10	12	28.4	19.26	15.12	179.5	63.29	25.06	3.05	3.84	1.96	4.38	4.45	4.52	4.6	4.67
12		29.1	22.8	17.9	208.9	71.72	29.47	3.03	3.81	1.95	4.41	4.49	4.56	4.64	4.71
14		29.9	26.26	20.61	236.5	79.19	33.73	3	3.77	1.94	4.45	4.53	4.6	4.68	4.75
16		30.6	29.63	23.26	262.5	85.81	37.82	2.98	3.74	1.93	4.49	4.56	4.64	4.72	4.8

续附表 4

型号	圆角	重心矩	截面面积	质量	惯性矩	截面模量		回转半径			i_y，当 a 为下列数值				
	R	Z_0	A	(kg/m)	I_x	$W_{x\max}$	$W_{x\min}$	i_x	i_{x0}	i_{y0}	6 mm	8 mm	10 mm	12 mm	14 mm
	(mm)		(cm^2)		(cm^4)	(cm^3)		(cm)			(cm)				
7		29.6	15.2	11.93	177.2	59.78	22.05	3.41	4.3	2.2	4.72	4.79	4.86	4.94	5.01
8		30.1	17.24	13.53	199.5	66.36	24.95	3.4	4.28	2.19	4.74	4.81	4.88	4.96	5.03
∟110×10	12	30.9	21.26	16.69	242.2	78.48	30.6	3.38	4.25	2.17	4.78	4.85	4.92	5	5.07
12		31.6	25.2	19.78	282.6	89.34	36.05	3.35	4.22	2.15	4.82	4.89	4.96	5.04	5.11
14		32.4	29.06	22.81	320.7	99.07	41.31	3.32	4.18	2.14	4.85	4.93	5	5.08	5.15
8		33.7	19.75	15.5	297	88.2	32.52	3.88	4.88	2.5	5.34	5.41	5.48	5.55	5.62
∟125× 10	14	34.5	24.37	19.13	361.7	104.8	39.97	3.85	4.85	2.48	5.38	5.45	5.52	5.59	5.66
12		35.3	28.91	22.7	423.2	119.9	47.17	3.83	4.82	2.46	5.41	5.48	5.56	5.63	5.7
14		36.1	33.37	26.19	481.7	133.6	54.16	3.8	4.78	2.45	5.45	5.52	5.59	5.67	5.74
10		38.2	27.37	21.49	514.7	134.6	50.58	4.34	5.46	2.78	5.98	6.05	6.12	6.2	6.27
∟140× 12	14	39	32.51	25.52	603.7	154.6	59.8	4.31	5.43	2.77	6.02	6.09	6.16	6.23	6.31
14		39.8	37.57	29.49	688.8	173	68.75	4.28	5.4	2.75	6.06	6.13	6.2	6.27	6.34
16		40.6	42.54	33.39	770.2	189.9	77.46	4.26	5.36	2.74	6.09	6.16	6.23	6.31	6.38
10		43.1	31.5	24.73	779.5	180.8	66.7	4.97	6.27	3.2	6.78	6.85	6.92	6.99	7.06
∟160× 12	16	43.9	37.44	29.39	916.6	208.6	78.98	4.95	6.24	3.18	6.82	6.89	6.96	7.03	7.1
14		44.7	43.3	33.99	1 048	234.4	90.95	4.92	6.2	3.16	6.86	6.93	7	7.07	7.14
16		45.5	49.07	38.52	1 175	258.3	102.6	4.89	6.17	3.14	6.89	6.96	7.03	7.1	7.18
12		48.9	42.24	33.16	1 321	270	100.8	5.59	7.05	3.58	7.63	7.7	7.77	7.84	7.91
∟180× 14	16	49.7	48.9	38.38	1 514	304.6	116.3	5.57	7.02	3.57	7.67	7.74	7.81	7.88	7.95
16		50.5	55.47	43.54	1 701	336.9	131.4	5.54	6.98	3.55	7.7	7.77	7.84	7.91	7.98
18		51.3	61.95	48.63	1 881	367.1	146.1	5.51	6.94	3.53	7.73	7.8	7.87	7.95	8.02
14		54.6	54.64	42.89	2 104	385.1	144.7	6.2	7.82	3.98	8.47	8.54	8.61	8.67	8.75
16		55.4	62.01	48.68	2 366	427	163.7	6.18	7.79	3.96	8.5	8.57	8.64	8.71	8.78
∟200×18	18	56.2	69.3	54.4	2 621	466.5	182.2	6.15	7.75	3.94	8.53	8.6	8.67	8.75	8.82
20		56.9	76.5	60.06	2 867	503.6	200.4	6.12	7.72	3.93	8.57	8.64	8.71	8.78	8.85
24		58.4	90.66	71.17	3 338	571.5	235.8	6.07	7.64	3.9	8.63	8.71	8.78	8.85	8.92

附表 5　不等边角钢

角钢型号 $B\times b\times t$	单角钢								双角钢							
	圆角	重心矩		截面面积	质量	回转半径			i_y，当 a 为下列数值				i_y，当 a 为下列数值			
	R	Z_x	Z_y	A	(kg/m)	i_x	i_y	i_{y0}	6 mm	8 mm	10 mm	12 mm	6 mm	8 mm	10 mm	12 mm
	(mm)			(cm^2)		(cm)			(cm)				(cm)			
∟25×16×3	3.5	4.2	8.6	1.16	0.91	0.44	0.78	0.34	0.84	0.93	1.02	1.11	1.4	1.48	1.57	1.65
∟25×16×4		4.6	9.0	1.50	1.18	0.43	0.77	0.34	0.87	0.96	1.05	1.14	1.42	1.51	1.6	1.68
∟32×20×3	3.5	4.9	10.8	1.49	1.17	0.55	1.01	0.43	0.97	1.05	1.14	1.23	1.71	1.79	1.88	1.96
∟32×20×4		5.3	11.2	1.94	1.52	0.54	1	0.43	0.99	1.08	1.16	1.25	1.74	1.82	1.9	1.99
∟40×25×3	4	5.9	13.2	1.89	1.48	0.7	1.28	0.54	1.13	1.21	1.3	1.38	2.07	2.14	2.23	2.31
∟40×25×4		6.3	13.7	2.47	1.94	0.69	1.26	0.54	1.16	1.24	1.32	1.41	2.09	2.17	2.25	2.34
∟45×28×3	5	6.4	14.7	2.15	1.69	0.79	1.44	0.61	1.23	1.31	1.39	1.47	2.28	2.36	2.44	2.52
∟45×28×4		6.8	15.1	2.81	2.2	0.78	1.43	0.6	1.25	1.33	1.41	1.5	2.31	2.39	2.47	2.55
∟50×32×3	5.5	7.3	16	2.43	1.91	0.91	1.6	0.7	1.38	1.45	1.53	1.61	2.49	2.56	2.64	2.72
∟50×32×4		7.7	16.5	3.18	2.49	0.9	1.59	0.69	1.4	1.47	1.55	1.64	2.51	2.59	2.67	2.75
∟56×36×3	6	8.0	17.8	2.74	2.15	1.03	1.8	0.79	1.51	1.59	1.66	1.74	2.75	2.82	2.9	2.98
∟56×36×4		8.5	18.2	3.59	2.82	1.02	1.79	0.78	1.53	1.61	1.69	1.77	2.77	2.85	2.93	3.01
∟56×36×5		8.8	18.7	4.42	3.47	1.01	1.77	0.78	1.56	1.63	1.71	1.79	2.8	2.88	2.96	3.04
∟63×40×4	7	9.2	20.4	4.06	3.19	1.14	2.02	0.88	1.66	1.74	1.81	1.89	3.09	3.16	3.24	3.32
∟63×40×5		9.5	20.8	4.99	3.92	1.12	2	0.87	1.68	1.76	1.84	1.92	3.11	3.19	3.27	3.35
∟63×40×6		9.9	21.2	5.91	4.64	1.11	1.99	0.86	1.71	1.78	1.86	1.94	3.13	3.21	3.29	3.37
∟63×40×7		10.3	21.6	6.8	5.34	1.1	1.96	0.86	1.73	1.8	1.88	1.97	3.15	3.23	3.3	3.39
∟70×45×4	7.5	10.2	22.3	4.55	3.57	1.29	2.25	0.99	1.84	1.91	1.99	2.07	3.39	3.46	3.54	3.62
∟70×45×5		10.6	22.8	5.61	4.4	1.28	2.23	0.98	1.86	1.94	2.01	2.09	3.41	3.49	3.57	3.64
∟70×45×6		11.0	23.2	6.64	5.22	1.26	2.22	0.97	1.88	1.96	2.04	2.11	3.44	3.51	3.59	3.67
∟70×45×7		11.3	23.6	7.66	6.01	1.25	2.2	0.97	1.9	1.98	2.06	2.14	3.46	3.54	3.61	3.69
∟75×50×5	8	11.7	24.0	6.13	4.81	1.43	2.39	1.09	2.06	2.13	2.2	2.28	3.6	3.68	3.76	3.83
∟75×50×6		12.1	24.4	7.26	5.7	1.42	2.38	1.08	2.08	2.15	2.23	2.3	3.63	3.7	3.78	3.86
∟75×50×8		12.9	25.2	9.47	7.43	1.4	2.35	1.07	2.12	2.19	2.27	2.35	3.67	3.75	3.83	3.91
∟75×50×10		13.6	26.0	11.6	9.1	1.38	2.33	1.06	2.16	2.24	2.31	2.4	3.71	3.79	3.87	3.96
∟80×50×5	8	11.4	26.0	6.38	5	1.42	2.57	1.1	2.02	2.09	2.17	2.24	3.88	3.95	4.03	4.1
∟80×50×6		11.8	26.5	7.56	5.93	1.41	2.55	1.09	2.04	2.11	2.19	2.27	3.9	3.98	4.05	4.13
∟80×50×7		12.1	26.9	8.72	6.85	1.39	2.54	1.08	2.06	2.13	2.21	2.29	3.92	4	4.08	4.16
∟80×50×8		12.5	27.3	9.87	7.75	1.38	2.52	1.07	2.08	2.15	2.23	2.31	3.94	4.02	4.1	4.18

续附表 5

角钢型号 $B \times b \times t$		圆角 R	重心矩 Z_x	Z_y	截面面积 A	质量 (kg/m)	回转半径 i_x	i_y	i_{y0}	i_y，当 a 为下列数值 6 mm	8 mm	10 mm	12 mm	i_y，当 a 为下列数值 6 mm	8 mm	10 mm	12 mm
		(mm)			(cm²)		(cm)			(cm)				(cm)			
∟90×56×	5	9	12.5	29.1	7.21	5.66	1.59	2.9	1.23	2.22	2.29	2.36	2.44	4.32	4.39	4.47	4.55
	6		12.9	29.5	8.56	6.72	1.58	2.88	1.22	2.24	2.31	2.39	2.46	4.34	4.42	4.5	4.57
	7		13.3	30.0	9.88	7.76	1.57	2.87	1.22	2.26	2.33	2.41	2.49	4.37	4.44	4.52	4.6
	8		13.6	30.4	11.2	8.78	1.56	2.85	1.21	2.28	2.35	2.43	2.51	4.39	4.47	4.54	4.62
∟100×63×	6	10	14.3	32.4	9.62	7.55	1.79	3.21	1.38	2.49	2.56	2.63	2.71	4.77	4.85	4.92	5
	7		14.7	32.8	11.1	8.72	1.78	3.2	1.37	2.51	2.58	2.65	2.73	4.8	4.87	4.95	5.03
	8		15	33.2	12.6	9.88	1.77	3.18	1.37	2.53	2.6	2.67	2.75	4.82	4.9	4.97	5.05
	10		15.8	34	15.5	12.1	1.75	3.15	1.35	2.57	2.64	2.72	2.79	4.86	4.94	5.02	5.1
∟100×80×	6	10	19.7	29.5	10.6	8.35	2.4	3.17	1.73	3.31	3.38	3.45	3.52	4.54	4.62	4.69	4.76
	7		20.1	30	12.3	9.66	2.39	3.16	1.71	3.32	3.39	3.47	3.54	4.57	4.64	4.71	4.79
	8		20.5	30.4	13.9	10.9	2.37	3.15	1.71	3.34	3.41	3.49	3.56	4.59	4.66	4.73	4.81
	10		21.3	31.2	17.2	13.5	2.35	3.12	1.69	3.38	3.45	3.53	3.6	4.63	4.7	4.78	4.85
∟110×70×	6	10	15.7	35.3	10.6	8.35	2.01	3.54	1.54	2.74	2.81	2.88	2.96	5.21	5.29	5.36	5.44
	7		16.1	35.7	12.3	9.66	2	3.53	1.53	2.76	2.83	2.9	2.98	5.24	5.31	5.39	5.46
	8		16.5	36.2	13.9	10.9	1.98	3.51	1.53	2.78	2.85	2.92	3	5.26	5.34	5.41	5.49
	10		17.2	37	17.2	13.5	1.96	3.48	1.51	2.82	2.89	2.96	3.04	5.3	5.38	5.46	5.53
∟125×80×	7	11	18	40.1	14.1	11.1	2.3	4.02	1.76	3.11	3.18	3.25	3.33	5.9	5.97	6.04	6.12
	8		18.4	40.6	16	12.6	2.29	4.01	1.75	3.13	3.2	3.27	3.35	5.92	5.99	6.07	6.14
	10		19.2	41.4	19.7	15.5	2.26	3.98	1.74	3.17	3.24	3.31	3.39	5.96	6.04	6.11	6.19
	12		20	42.2	23.4	18.3	2.24	3.95	1.72	3.21	3.28	3.35	3.43	6	6.08	6.16	6.23
∟140×90×	8	12	20.4	45	18	14.2	2.59	4.5	1.98	3.49	3.56	3.63	3.7	6.58	6.65	6.73	6.8
	10		21.2	45.8	22.3	17.5	2.56	4.47	1.96	3.52	3.59	3.66	3.73	6.62	6.7	6.77	6.85
	12		21.9	46.6	26.4	20.7	2.54	4.44	1.95	3.56	3.63	3.7	3.77	6.66	6.74	6.81	6.89
	14		22.7	47.4	30.5	23.9	2.51	4.42	1.94	3.59	3.66	3.74	3.81	6.7	6.78	6.86	6.93
∟160×100×	10	13	22.8	52.4	25.3	19.9	2.85	5.14	2.19	3.84	3.91	3.98	4.05	7.55	7.63	7.7	7.78
	12		23.6	53.2	30.1	23.6	2.82	5.11	2.18	3.87	3.94	4.01	4.09	7.6	7.67	7.75	7.82
	14		24.3	54	34.7	27.2	2.8	5.08	2.16	3.91	3.98	4.05	4.12	7.64	7.71	7.79	7.86
	16		25.1	54.8	39.3	30.8	2.77	5.05	2.15	3.94	4.02	4.09	4.16	7.68	7.75	7.83	7.9
∟180×110×	10	14	24.4	58.9	28.4	22.3	3.13	8.56	5.78	2.42	4.16	4.23	4.3	4.36	8.49	8.72	8.71
	12		25.2	59.8	33.7	26.5	3.1	8.6	5.75	2.4	4.19	4.33	4.33	4.4	8.53	8.76	8.75
	14		25.9	60.6	39	30.6	3.08	8.64	5.72	2.39	4.23	4.26	4.37	4.44	8.57	8.63	8.79
	16		26.7	61.4	44.1	34.6	3.05	8.68	5.81	2.37	4.26	4.3	4.4	4.47	8.61	8.68	8.84

续附表 5

角钢型号 $B\times b\times t$	圆角	重心矩		截面面积	质量	回转半径			i_y,当 a 为下列数值				i_y,当 a 为下列数值			
	R	Z_x	Z_y	A	(kg/m)	i_x	i_y	i_{y0}	6 mm	8 mm	10 mm	12 mm	6 mm	8 mm	10 mm	12 mm
	(mm)			(cm^2)		(cm)			(cm)				(cm)			
∟200×125× 12	14	28.3	65.4	37.9	29.8	3.57	6.44	2.75	4.75	4.82	4.88	4.95	9.39	9.47	9.54	9.62
∟200×125× 14	14	29.1	66.2	43.9	34.4	3.54	6.41	2.73	4.78	4.85	4.92	4.99	9.43	9.51	9.58	9.66
∟200×125× 16	14	29.9	67.8	49.7	39	3.52	6.38	2.71	4.81	4.88	4.95	5.02	9.47	9.55	9.62	9.7
∟200×125× 18	14	30.6	67	55.5	43.6	3.49	6.35	2.7	4.85	4.92	4.99	5.06	9.51	9.59	9.66	9.74

注:一个角钢的惯性矩 $I_x=Ai_x^2$,$I_y=Ai_y^2$;一个角钢的截面模量 $W_{xmax}=I_x/Z_x$,$W_{xmin}=I_x/(b-Z_x)$;$W_{ymax}=I_y/Z_y$,$W_{ymin}=I_y/(b-Z_y)$。

参 考 文 献

[1] 杨星钊. 建筑力学与结构[M]. 北京:经济日报出版社,2009.
[2] 蓝宗建. 混凝土结构设计原理[M]. 南京:东南大学出版社,2002.
[3] 赵西安. 现代高层建筑结构设计[M]. 北京:北京科学出版社,2000.
[4] 张学宏. 建筑结构[M]. 北京:中国建筑工业出版社,2007.
[5] 张保善. 混凝土结构[M]. 武汉:武汉理工大学出版社,2003.
[6] 钟善桐. 钢结构[M]. 武汉:武汉大学出版社,2005.
[7] 刘雁宁,郭清燕,张秀丽. 建筑结构[M]. 北京:北京理工大学出版社,2009.
[8] 李前程,安学敏. 建筑力学[M]. 北京:中国建筑工业出版社,2011.
[9] 中国建筑科学研究院. GB 50010—2010 混凝土结构设计规范[S]. 北京:中国建筑工业出版社,2010.
[10] 中国建筑科学研究院. GB 50009—2012 建筑结构荷载规范[S]. 北京:中国建筑工业出版社,2012.
[11] 中国建筑科学研究院. GB 50011—2010 建筑抗震设计规范[S]. 北京:中国建筑工业出版社,2010.
[12] 中国建筑科学研究院. GB 50003—2011 砌体结构设计规范[S]. 北京:中国建筑工业出版社,2011.
[13] 中国建筑科学研究院. GB 50017—2011 钢结构设计规范[S]. 北京:中国建筑工业出版社,2011.